"十三五"国家重点出版物出版规划项目

面向可持续发展的土建类工程教育丛书

环境科学与工程导论

主　编　赵景联　徐　浩

参　编　杨　柳　史小妹　赵　靓

　　　　陈　梦　Eric Zhao

U0190834

机　械　工　业　出　版　社

本书以简洁的形式系统地阐述了环境科学与工程的基本概念、基本原理、环境污染控制的基本方法等环境科学与工程的核心知识。全书共 12 章，包括绪论、生态学基础、资源与环境、全球环境问题、环境与可持续发展、大气污染及其控制、水污染及其控制、土壤污染及其控制、固体废物污染及其控制、物理性污染及其控制、有毒化学物质污染及其控制、环境质量评价。

本书采用了一种新颖的编写风格，内容简明扼要，图表简练，每章前列出导读、提要和要求，便于教学。

本书为高等院校非环境类专业大学生环境教育公共课设计，对于环境类专业也同样适用，是指导学生快速掌握环境科学与工程基础知识的教材。同时，本书简明扼要的特点对授课教师制订教学计划和备课也大有裨益，可以使教师在课堂有充分发挥的余地。本书还可供工程技术人员及从事环境保护工作的各类人员参考。

图书在版编目（CIP）数据

环境科学与工程导论/赵景联，徐浩主编 . —北京：机械工业出版社，2019.8（2024.7 重印）

（面向可持续发展的土建类工程教育丛书）

"十三五"国家重点出版物出版规划项目

ISBN 978-7-111-62889-7

Ⅰ. ①环… Ⅱ. ①赵… ②徐… Ⅲ. ①环境科学 – 高等学校 – 教材 ②环境工程 – 高等学校 – 教材 Ⅳ. ①X

中国版本图书馆 CIP 数据核字（2019）第 103729 号

机械工业出版社（北京市百万庄大街 22 号 邮政编码 100037）
策划编辑：马军平 刘春晖 责任编辑：马军平
责任校对：郑 婕 封面设计：张 静
责任印制：单爱军
北京虎彩文化传播有限公司印刷
2024 年 7 月第 1 版第 3 次印刷
184mm×260mm · 25.75 印张 · 640 千字
标准书号：ISBN 978-7-111-62889-7
定价：69.00 元

电话服务 网络服务
客服电话：010-88361066 机 工 官 网：www.cmpbook.com
　　　　　010-88379833 机 工 官 博：weibo.com/cmp1952
　　　　　010-68326294 金 书 网：www.golden-book.com
封底无防伪标均为盗版 机工教育服务网：www.cmpedu.com

前　言

目前，环境问题已成为人类面临的最重要问题之一。环境保护作为我国的基本国策，对国家经济、文化、科技、政治的各个方面都有着深远的影响。究竟什么是环境问题？环境问题是如何产生的？当前的环境问题有哪些？环境污染治理与控制的方法又有哪些？这些问题正是环境科学与工程的研究对象，也是每一个关注环境问题的大学生必须了解的。因此，在高等院校非环境类专业开设概论性环境保护课程是环境教育的重要组成部分，这可以拓宽学生的知识结构，进一步培养学生分析问题和解决问题的能力，使高等学校培养出来的人才更能适应21世纪社会的需要。

环境科学是研究人类社会发展活动与环境演化规律之间相互作用关系，寻求人类社会与环境协同演化、持续发展途径与方法的科学。环境工程学是运用工程技术的原理和方法，防治环境污染、合理利用自然资源、保护和改善环境质量的科学。环境科学与工程介于基础学科与工程应用学科之间，是一门研究人类环境质量及其控制的新兴的文、理、工交叉与综合的边缘学科。自20世纪60年代以来，环境科学与工程发展甚为迅速，知识库急剧膨胀。为容纳新的理论和资料，相关教科书的内容大大扩充与复杂化，给面向非环境类专业学生的教学带来了困难。基于目前环境科学与工程的发展状况和教学工作的需要，本书提炼了环境科学与工程关键领域的精华，去除了一些烦冗的专业理论与计算，以帮助非环境类专业学生以较少的学时掌握基本的环境科学与工程知识。

本书以简洁的形式系统地阐述了环境科学与工程的基本概念、基本原理、环境污染控制的基本方法等环境科学与工程的核心知识；采用了一种新颖的编写风格，每章前列出导读、提要和要求，便于教学；内容简明扼要，图表简练，易于学生理解和掌握；注重知识性和可读性，穿插了大量的小知识、小资料，供教师选讲和学生课外选读；为了方便学生学习，每章后附有本章涉及的相关网站链接。

本书由西安交通大学赵景联教授、徐浩副教授任主编，其他参与编写的人员有杨柳、史小妹、赵靓、陈梦、Eric Zhao。

本书在编写过程中，参考了大量国内外的文献资料，在每一章后均列出文献出处，在此，向参考文献的作者致以诚挚的谢意！

由于环境科学与工程是一门新兴学科，涉及的学科范围非常广泛，而且许多研究成果仍在不断丰富中，其资料浩如烟海。限于编者的水平，书中难免有不完善之处，敬请读者提出宝贵意见。

赵景联

目　录

前　言

第1章　绪论 …………………………………………………………………………… 1

1.1　环境概述 ………………………………………………………………………… 1

1.2　环境问题 ………………………………………………………………………… 6

1.3　环境科学 ………………………………………………………………………… 10

1.4　环境工程 ………………………………………………………………………… 17

思考题 ………………………………………………………………………………… 19

参考文献 ……………………………………………………………………………… 19

推介网址 ……………………………………………………………………………… 20

第2章　生态学基础 ………………………………………………………………… 24

2.1　生态学概述 ……………………………………………………………………… 24

2.2　生态系统 ………………………………………………………………………… 27

2.3　生态学在环境保护中的应用 …………………………………………………… 46

思考题 ………………………………………………………………………………… 58

参考文献 ……………………………………………………………………………… 58

推介网址 ……………………………………………………………………………… 59

第3章　资源与环境 ………………………………………………………………… 60

3.1　自然资源与环境 ………………………………………………………………… 61

3.2　粮食与环境 ……………………………………………………………………… 76

3.3　能源与环境 ……………………………………………………………………… 89

思考题 ………………………………………………………………………………… 93

参考文献 ……………………………………………………………………………… 93

推介网址 ……………………………………………………………………………… 94

第4章　全球环境问题 ……………………………………………………………… 95

4.1　大气污染对全球大气环境的影响 ……………………………………………… 95

4.2　生物多样性锐减 ………………………………………………………………… 115

4.3　海洋污染 ………………………………………………………………………… 123

思考题 ………………………………………………………………………………… 124

参考文献 ……………………………………………………………………………… 125

推介网址 ……………………………………………………………………………… 125

第5章　环境与可持续发展 ·· 127

5.1　可持续发展理论 ··· 128

5.2　清洁生产 ·· 133

5.3　循环经济 ·· 139

5.4　低碳经济 ·· 144

5.5　环境经济与环境管理 ··· 152

5.6　环境伦理观 ··· 162

思考题 ·· 167

参考文献 ··· 168

推介网址 ··· 168

第6章　大气污染及其控制 ··· 169

6.1　大气概述 ·· 169

6.2　大气污染 ·· 174

6.3　影响污染物在大气中扩散的因素 ··· 182

6.4　大气污染控制 ·· 191

思考题 ·· 216

参考文献 ··· 217

推介网址 ··· 217

第7章　水污染及其控制 ··· 218

7.1　水环境概述 ··· 218

7.2　水体污染与自净 ··· 220

7.3　水质指标、水环境标准与水环境保护法规 ································· 225

7.4　污水处理基本方法与系统 ·· 229

7.5　污水的物理处理 ··· 231

7.6　污水的化学处理 ··· 237

7.7　污水的物理化学处理 ··· 239

7.8　污水的生物处理 ··· 242

7.9　污泥的处理与处置 ·· 255

思考题 ·· 256

参考文献 ··· 257

推介网址 ··· 257

第8章　土壤污染及其控制 ··· 258

8.1　土壤概述 ·· 258

8.2　土壤环境污染 ·· 263

8.3　土壤环境污染的危害 ··· 268

8.4　土壤污染预防 ·· 276

8.5　污染土壤修复 ·· 278

思考题 ·· 291

参考文献 ·· 291
推介网址 ·· 291

第9章　固体废物污染及其控制 ·············· 292
9.1　固体废物概述 ······························ 292
9.2　固体废物处理 ······························ 301
9.3　固体废物处置 ······························ 312
9.4　固体废物资源化 ···························· 318
思考题 ·· 323
参考文献 ·· 323
推介网址 ·· 323

第10章　物理性污染及其控制 ·············· 324
10.1　噪声污染及其控制 ······················ 324
10.2　振动公害污染及其控制 ················ 336
10.3　放射性污染及其控制 ··················· 338
10.4　电磁辐射污染及其控制 ················ 346
10.5　光污染及其控制 ························· 350
10.6　热污染及其控制 ························· 352
思考题 ·· 356
参考文献 ·· 356
推介网址 ·· 356

第11章　有毒化学物质污染及其控制 ········ 357
11.1　有毒化学物质概述 ······················ 357
11.2　典型有毒化学物质的污染 ············· 364
11.3　有毒化学物质污染的控制 ············· 379
思考题 ·· 386
参考文献 ·· 386
推介网址 ·· 387

第12章　环境质量评价 ····················· 388
12.1　环境质量评价概述 ······················ 388
12.2　环境质量现状评价 ······················ 390
12.3　环境影响评价 ···························· 393
12.4　建设项目环境影响评价 ················ 399
思考题 ·· 405
参考文献 ·· 406
推介网址 ·· 406

第1章

绪　　论

[导读]　人类与其周围的环境组成了不可分割的互动体系，二者可谓休戚与共。自工业革命以来，人类文明迈上了高速发展的突破之路，但人与自然和谐相处的良性链条却被强行割断。在享受着现代文明的效率与便捷之时，人类也为此付出了高昂的代价。越来越多的人从短期利益的迷梦中觉醒过来，开始意识到以牺牲环境求得发展的模式终归不是人类文明延续辉煌的长远之道。为此，体悟和谐之道的先行者们开始关注并投身于医治满目疮痍的地球，环境理论和污染治理技术不断取得进展和突破，一门新的学科——环境科学与工程学也就随之诞生了。

[提要]　环境科学是研究人类社会发展活动与环境演化规律之间相互作用关系，寻求人类社会与环境协同演化、持续发展途径与方法的科学。环境工程学是运用工程技术的原理和方法，防治环境污染、合理利用自然资源、保护和改善环境质量的科学。本章第一部分简要介绍了环境的定义、分类、要素、结构与特点、系统、功能和基本特性等环境基本概念；第二部分简要介绍了环境问题的概念、分类，环境问题的产生与发展，当前全球及中国的环境问题以及解决环境问题的根本途径；第三部分主要介绍了环境科学与工程学的概念、研究对象、研究任务、研究内容、系统、研究方法及环境科学与工程学的产生与发展。

[要求]　本章旨在帮助学生了解环境、环境问题的一些基本概念，解决环境问题的途径以及环境科学与工程学的基本概念，引领后续课程的学习。

1.1　环境概述

"环境（Environment）"是一个应用广泛的名词或术语，它的含义和内容极其丰富，又随各种具体状况而不同。从哲学上来说，环境是一个相对于主体而言的客体，它与其主体相互依存，它的内容随着主体的不同而不同。所以，在不同的学科中，环境一词的科学定义也不尽相同，其差异源于主体的界定。对于环境科学而言，"环境"的定义应是"以人类社会为主体的外部世界的总体"。这里所说的外部世界主要指：人类已经认识到的、直接或间接影响人类生存与社会发展的周围事物。它既包括未经人类改造过的自然界众多要素，如阳光、空气、陆地（山地、平原等）、土壤、水体（河流、湖泊、海洋等）、天然森林和草原、野生生物等；又包括经过人类社会加工改造过的自然界，如城市、村落、水库、港口、公路、铁路、空港、园林等。它既包括这些物质性的要素，又包括由这些要素构成的系统及其呈现出的状态。目前，还有一类为适应某些方面工作的需要，而给"环境"下的定义，它们大多出现在世界各国颁布的环境保护法规中。例如，《中华人民共和国环境保护法》中明确规定："本法所称环境，是指影响人类生存和发展的各种天然的和经过人工改造的自然因素的总体，包括大气、水、海洋、土地、矿藏、森林、草原、野生生物、自然遗迹、人文遗迹、自然保护区、风景名胜区、城市和乡村等。"这是一种把环境中应当保护的要素或对象界定为环境的一种工作定义，其目的是从实际工作的需要出发，对环境一词的法律适用对象或适用范围做出规定，以保证法律的准确实施。

1.1.1　环境的分类

环境是一个非常复杂的体系，目前尚未形成统一的分类方法。一般按照环境的主体、环境的范围、环境的要素、人类对环境的利用或环境的功能进行分类。

（1）按照环境的主体分类　此种分类目前有两种体系。一种是以人或人类作为主体，其他的生物体和非生命物质都视为环境要素，即环境就指人类生存的环境，或称人类环境（Human environment）。在环境科学中，大多数人采用这种分类法。另一种是以生物体（界）作为环境的主体，不把人以外的生物看成环境要素。在生态学中，往往采用这种分类法。

（2）按照环境的范围大小分类　此种分类比较简单。如把环境分为特定空间环境（如航空、航天的密封舱环境等）、车间环境（劳动环境）、生活区环境（如居室环境、院落环境等）、城市环境、区域环境（如流域环境、行政区域环境等）、全球环境和星际环境等。

（3）按照环境要素分类　此种分类比较复杂。如按环境要素的属性可分成自然环境（Natural environment）和社会环境（Social environment）两类。目前地球上的自然环境，虽然由于人类活动而产生了巨大变化，但仍按自然规律发展着。在自然环境中，按其主要环境组成要素，可再分为大气环境、水环境（如海洋环境、湖泊环境等）、土壤环境、生物环境（如森林环境、草原环境等）、地质环境等。社会环境是人类社会在长期的发展中，为了不断提高人类的物质和文化生活而创造出来的。社会环境常按人类对环境的利用或环境的功能再进行下一级的分类，分为聚落环境（如院落环境、村落环境、城市环境）、生产环境（如工厂环境、矿山环境、农场环境、林场环境、果园环境等）、交通环境（如机场环境、港口环境）、文化环境（如学校及文化教育区、文物古迹保护区、风景游览区和自然保护区）等。

1.1.2　环境要素

构成环境整体的各个独立的、性质不同而又服从总体演化规律的基本物质组分称为环境要素（Environment element），也称为环境基质。环境要素分为自然环境要素和社会环境要素，目前研究较多的是自然环境要素，故环境要素通常指自然环境要素。环境要素主要包括水、大气、生物、土壤、岩石和阳光等要素，由它们组成环境的结构单元，环境的结构单元组成环境整体或环境系统。如由水组成水体，全部水体总称为水圈；由大气组成气层，全部气层总称为大气圈；由土壤构成农田、草地和林地等，由岩石构成岩体，全部土壤和岩石构成固体壳层—岩石圈或土壤—岩石圈；由生物体组成生物群落，全部生物群落集称为生物圈。

环境要素具有一些非常重要的特点。它们不仅体现着各环境要素间互相联系、互相作用的基本关系，还是认识环境、评价环境、改造环境的基本依据。这些特点如下：

1）最小限制律。该定律是指"整体环境的质量，不能由环境诸要素的平均状况决定，而是受环境诸要素中那个与最优状态差距最大的要素控制"。这是针对环境质量而言的。

2）等值性。无论各个环境要素本身在规模上和数量上如何不相同，但只要是一个独立的要素，那么它们对环境质量的限制作用并无质的差别。任何一个环境要素，只有处于最差状态，对于环境质量的限制具有等值性。

3）环境的整体性大于环境诸要素的个体之合。环境诸要素互相联系、互相作用产生的整体效应，是个体效应基础上质的飞跃。

4）各环境要素互相联系。环境诸要素在地球演化史上出现的顺序虽然有先后之别，但它们是相互联系、相互制约和相互依赖的。从地球演化的角度来看，某些要素孕育着其他要素。例如，岩石圈的形成为大气的出现提供了条件；岩石圈和大气圈的存在，又为水的产生提供了条件；岩石圈、大气圈和水圈又孕育了生物圈。

1.1.3 环境结构

环境要素的配置关系称为环境结构（Environment structure）。环境结构表示环境要素是怎样结合成一个整体的。环境的内部结构和相互作用直接制约着环境的物质交换和能量流动的功能。人类赖以生存的环境包括自然环境和社会环境两大部分，它们各自具有不同的结构和特点。

自然环境是指环绕于人类周围的各种自然因素的总和。它在人类出现以前便已存在，并已经历了漫长的发展过程。自然环境由空气、水、土壤、阳光和各种矿物质资源等非生物因素组成，一切生物离开了它就不能生存。目前人类活动的自然环境即生物圈，主要限于地壳表层和围绕它的大气层的一部分，一般包括海平面以下约 12km 到海平面以上约 10km 的范围。对庞大的地球（赤道半径为 6378km，极半径为 6357km）而言，仅仅是靠近地壳（地壳厚度各处不一，大陆地壳厚度平均为 35km，海底地壳平均厚度为 6km）表面薄薄的一层而已。除上述的非生物因素，自然环境还有动物、植物和微生物等生物因素。目前环境科学研究主要集中于自然环境中的生物圈这一层。

社会环境是指人类长期生产活动的结果。人类在长期发展过程中，不断地提高科学技术和物质文化生活水平，并创造了城市、工矿区、村落、道路、农田、牧场、林场、港口、旅游胜地等人工环境因素，形成了人类的社会环境。

从全球环境而言，环境结构的配置及其相互关系具有圈层性、地带性、节律性、等级性、稳定性和变异性等特点。

（1）圈层性 在垂直方向上，整个地球环境的结构具有同心球状的圈层性。在地壳表层分布着土壤—岩石圈、水圈、生物圈、大气圈。在这种格局支配下，地球上的环境系统，与这种圈层性相适应。地球表面是土壤—岩石圈、水圈、大气圈和生物圈的交汇之处。这个无机界和有机界交互作用最集中的区域，为人类的生存和发展提供了最适宜的环境。另外，球形的地表，使各处的重力作用几乎相等，这对于植物的引种和传播、动物的活动和迁移，乃至环境系统的稳定和发展，均产生着积极的作用。

（2）地带性 在水平方向上，球面的地表各处位置、曲率和方向不同，使地表得到的太阳辐射能量密度存在地区差异，因而产生了与纬线平行的地带性结构格局。

（3）节律性　在时间上，任何环境结构都具有谐波状的节律性。地球形状和运动的固有性质在随时间变化的过程中都具有明显的周期节律性，这是环境结构叠加上时间因素的四维空间的表现。如地表上各处（除极地在某些时间段内）的昼夜交替现象，这种往复过程的影响，使白日生物量增加，夜晚减少；白日近地面空气中 CO_2 含量减少，夜晚增加。太阳辐射能、空气温度、水分蒸发、土壤呼吸强度、生物活动的日变化等，都是这种节律性的体现。在较大的时间尺度上，有一年四季的交替变化等。

（4）等级性　在有机界的组成中，依照食物摄取关系，生物群落的结构中具有阶梯状的等级性。地球表面的绿色植物利用环境中的太阳辐射能、H_2O 和 CO_2，通过光合作用生成碳水化合物；这种有机物质的生产者被高一级的消费者草食动物所取食；而草食动物又被更高一级的消费者肉食动物所取食。动植物死亡后，由数量众多的各类微生物分解成为无机成分，形成了一条严格有序的食物链结构。这种结构制约并调节生物的品种和数量，影响生物的进化及环境结构的形态和组成方式。这种在非同一水平上进行的物质能量的统一传递过程，使环境结构表现出等级性的特点。

（5）稳定性和变异性　环境结构具有相对的稳定性、永久的变异性和有限的调节能力。任何一个地区的环境结构，都处于不断的变化之中。在人类出现以前，只要环境中某一个要素发生变化，整个环境结构就会相应地发生变化，并在一定限度内自行调节，在新条件下达到平衡。人类出现以后，尤其是在现代生产活动日益发展，人口压力急剧增长的条件下，对于环境结构的变动，无论在深度上、广度上，还是在速度上、强度上，都是空前的。从环境结构本身来看，虽然具有自发的趋稳性，但是环境结构总是处于变化之中。

1.1.4　环境系统

地球表面各种环境要素或环境结构及其相互关系的总和称为环境系统（Environmental system）。环境系统概念的提出，是把人类环境作为一个统一的整体看待，避免人为地把环境分割为互不相关、支离破碎的各个组成部分。环境系统的内在本质在于各种环境要素之间的相互关系和相互作用过程。揭示这种本质，对于研究和解决当前许多环境问题有重大的意义。环境系统和生态系统两个概念的区别是：前者着眼于环境整体，而后者侧重于生物彼此之间及生物与环境之间的相互关系。

1.1.5　环境的功能

根据环境概念的定义，各种环境要素都是人类需要的资源。环境的功能（Environmental function）首先是为人类生存提供所需的资源。如岩石圈一方面为人类提供大量的矿产资源，另一方面，地表的土壤又为人类所需食物的生产提供了农作物生长所需的条件；生物圈不仅提供了食物、药材和大量的工业原料，同时，生物圈的生物多样性又为保护人类生存环境的质量提供着各种服务；水是人类生存的一种必需资源，洁净的空气也是宝贵的资源等。

（1）环境具有调节功能（Regulatory function）　自然环境的各要素中，无论是生物圈、水圈还是大气圈或岩石圈，都是变化着的动态系统和开放系统，各系统间都存在着物质和能量的交换及流动，在一定的时空尺度内，环境在自然状态下通过调节作用，使系统的输入和输出相等，这时就出现一种动态的平衡过程，称为环境平衡或生态平衡。当外部干扰影响了环境系统的输入和输出时，譬如，环境系统中能量的输出大于输入，就会造成环境系统的失衡，相应地会引起环境问题。

（2）环境具有**服务功能**（Service function） 实际上，自然资源和自然生态环境的具体体现形式是各类生态系统，所以，它们都是生命的支持系统，如森林、草地、海洋、河流、湖泊等。它们对人类的贡献不仅是提供大量的食物、药材、各类生产和生活资料，还为人类提供着许多服务，如调节气候、净化环境、减缓灾害、为人们提供休闲娱乐的场所等。生态系统的这些服务功能是人类自身不能取代的。美国"生物圈二号"的科学实验也证明，在现有技术条件下还无法模拟出一个可供人类生存的生态系统。

（3）环境具有**文化功能**（Cultural function） 人类社会的进步是物质文明与精神文明的统一，也是人与自然和谐的统一。人类的文化、艺术素质是对自然环境生态美的感受和反应。从时间序列看，自然美比人类存在更早，它是自然界长期协同进化的结果。秀丽的名山大川、众多的物种及其和谐而奥妙的内在联系，使人类领悟到自然界中充满着美的艺术和无限的科学规律。自古以来，对自然美的创造和欣赏，一直是人类生活的重要内容，是自然使人类在整体和人格上得到发展与升华，而各地独特的自然环境塑造了各民族的特定性格、习俗和民族文化，优美的自然环境又是艺术家们艺术创作和美学倾向的源泉，蕴含着科学和艺术的真谛，给人类无穷无尽的文化艺术和科学奉献，这就是环境的整体文化功能最本质的概况。

1.1.6 环境的基本特性

环境的基本特性（Environmental characteristics）可概括为五个方面。

（1）**环境的整体性**（The integrity of the environment） 环境是一个系统。自然环境的各要素间存在着紧密的相互联系、相互制约的关系。局部地区的污染或破坏，总会对其他地区造成影响和危害。所以人类的生存环境及其保护，从整体上看是没有地区界线、省界和国界的。

（2）**环境资源的有限性**（The limitations of environmental resources） 环境是资源，但这种资源不是无限的。环境中的自然资源可分为非再生资源和再生资源两大类。非再生资源指一些矿产资源，如铁矿石、煤炭等。这类资源随着人类的开采其储量不断减少。生物属可再生的资源，如森林生态系统的树木被砍伐后还可以再生；水域生态系统中只要捕获量适度并保证生存环境不被破坏，就可以源源不断地向人类提供鱼类等各种水产品。但由于受各种因素（如生存条件、繁衍速度、人类获取的强度等）制约，在具体时空范围内，对人类来说各类资源都不可能是无限的。水是可以循环的，也属可再生资源，但因其大部分的循环更替周期太长，加上区域分布不均匀和季节降水差异性大，淡水资源已出现危机。就是洁净的空气也并非是取之不尽。据美国公共卫生局的统计，为解决空气污染所付出的总开支大约每人每年 60 美元，这意味着在许多大气污染比较严重的地区，为了健康，有的人不得不为净化空气付出投资。

（3）**环境的区域性**（The environment of the regional） 这是自然环境的基本特征。由于纬度的差异，地球接收的太阳辐射能不同，热量从赤道向两极递减，形成了不同的气候带。即便是同一纬度，因地形高度的不同，也会出现地带性差异，一般来说，距海平面一定高度内，地形每升高 100m，气温下降 $0.5 \sim 0.6℃$。经度也有地带性差异，这是地球内在因素造成的，如受海、陆分布格局和大气环流特点的影响，我国就形成了自东南沿海的湿润地区向西北内陆的半湿润地区、半干旱和干旱地区的有规律的变化。不同区域自然环境的这种多样性和差异性具有特别重要的生态学意义，它是自然资源多样性的基础和保证。因此，保护生态环境的多样性不仅保护了自然环境的整体性，也为自然资源的永续利用提供基本的物质保证。

（4）**环境的变动性和稳定性**（Volatility and stability of the environment） 环境的变动性是指环境要素的状态和功能始终处于不断的变化中。从大的时间尺度看，今天人类的生存环境与早期人类的生存环境有很大差别。从小的时间尺度看，我们生活的区域环境的变化更是显而易见。因此，环境的变动性就是自然的、人为的或两者共同作用的结果。但在一定的时间尺度或条件下，环境又有相对稳定的特性。所谓稳定性，其实质就是环境系统对超出一定强度干扰的自我调节，使环境在结构或功能上基本无变化或变化后得以恢复。环境的稳定性和变动性是相辅相成的，变动是绝对的，稳定是相对的：没有变动性，环境系统的功能就无法实现，生物的进化和生物的多样性就不会存在，社会的进步就不能实现；但没有环境的稳定性，环境的结构和功能就不会存在，环境的整体功能就无法实现。

（5）**危害作用的时滞性**（The harmful effects of time lag） 自然环境一旦被破坏或被污染，许多影响的后果是潜在的、深刻的和长期的。例如，一片森林被砍伐后，对区域气候的明显影响能被立即和直接感受到。而由此引发的其他许多影响，一是不能很快反映出来，如水土流失将会加剧；二是其影响的范围和放大程度还很难认识清楚，如生物多样性的改变等；三是恢复时间较长。污染的危害也是如此，日本汞污染引发的水俣病是污染排放后 20年才显现出来的。污染危害的这种时滞性，一是由于污染物在生态系统各类生物中的吸收、转化、迁移和积累需要时间；二是与污染物的化学性质有关，如半衰期的长短、化学物质的寿命等。人类合成的用作制冷剂的氟氯碳化物（CFCs）类化学物质，是能破坏臭氧层的化学制剂，它们的存留期平均约为 90 年。这意味着，即使人类现在停止使用，这些污染物还将在大气层中存在很长一段时间，并将继续对臭氧层构成破坏。

20 世纪 80 年代开始，对环境的资源功能的认识有了很大进步，人们开始认识到环境价值的存在。到 90 年代，环境资源价值性的研究成为环境科学的热点，是现代环境科学的一个重要标志。它的意义首先在于，人们承认了环境资源并非是取之不尽、用之不竭的，树立了珍惜资源的意识，促进了科学技术的发展；其二，认识到了良好的生态环境条件是社会经济可持续发展的必要条件，增强了环境保护的意识。

■ 1.2 环境问题

环境问题（Environmental problems）就其范围大小而论，可从广义和狭义两个方面理解。从广义上理解，由自然力或人力引起生态平衡破坏，最后直接或间接影响人类的生存和发展的一切客观存在的问题，都是环境问题；从狭义上理解，由于人类的生产和生活活动，使自然生态系统失去平衡，反过来影响人类生存和发展的一切问题，都是环境问题。

三四十年前，对环境问题的认识只局限在环境污染或公害的方面，因此那时把环境污染（Environmental pollution）等同于环境问题，而把地震、水、旱、风灾等认为是自然灾害（Natural hazard）。可是近几十年来自然灾害发生的频率及受灾的人数都在增加。以水灾为例，全世界 20 世纪 60 年代平均每年受水灾人数达 244 万人，而 70 年代则为 1540 万人，即受水灾人数增加 4.3 倍。1998 年夏季，中国南方出现罕见的多雨天气。持续不断的大雨以逼人的气势铺天盖地地压向长江，使长江无须臾喘息之机地经历了自 1954 年以来最大的洪水。加上东北的松花江、嫩江泛滥，包括受灾最重的江西、湖南、湖北、黑龙江四省，共有 29 个省、市、自治区都遭受了这场无妄之灾，受灾人数上亿，近 500 万所房屋倒塌，2000 万 hm^2 土地被淹，经济损失达 1600 多亿元人民币。2013 年"雾霾（Fog haze）"成为中国年度关键词。这一年的 1 月，4 次雾霾过程笼罩 30 个省（区、市）。有报告显示，中国最大的 500 个城市中，只有不到 1% 的城市达到世界卫生组织推荐的空气质量标准，与此同时，世界上污染最严重的 10 个城市有 7 个在中国。这些都是由人类活动引起的自然灾害，也都是环境问题。

人类当前面临的主要问题是人口问题、资源问题、生态破坏问题和环境污染问题。它们之间相互关联、相互影响，成为当今世界环境科学关注的主要问题。

1.2.1 环境问题分类

从引起环境问题的根源考虑，可以将环境问题分为两类。由自然力引起的为原生环境问题，又称第一环境问题（Primary environmental problems），它主要指火山活动、地震、台风、洪涝、干旱、滑坡等自然灾害问题。对于这类环境问题，目前人类的抵御能力还很弱。由人类活动引起的为次生环境问题，也叫第二环境问题（Secondary environmental problems），它又可分为环境污染（Environmental pollution）和生态环境破坏（Ecological environmental destruction）两类。

1）环境污染指人类活动产生并排入环境的污染物或污染因素超过了环境容量（Environment capacity）和环境自净能力（Self-purification ability of environment），使环境的组成或状态发生了改变，环境质量恶化，从而影响和破坏了人类正常的生产和生活，如工业"三废"排放引起的大气、水体、土壤污染等。

2）生态环境破坏是指人类开发利用自然环境和自然资源的活动超过了环境的自我调节能力，使环境质量恶化或自然资源枯竭，影响和破坏了生物正常的发展和演化，以及可更新自然资源的持续利用，如砍伐森林引起的土地沙漠化、水土流失、一些动植物物种灭绝等。

有时把污染和生态破坏统称为环境破坏，有的国家则统称为环境公害（Environmental hazard）。环境问题的分类如图 1-1 所示。

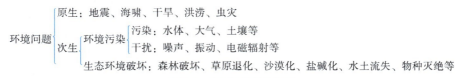

图 1-1 环境问题的分类

原生和次生两类环境问题都是相对的。它们常常相互影响，重叠发生，形成所谓的复合效应。例如，大面积毁坏森林可导致降雨量减少；大量排放 CO_2 可使温室效应加剧，使地球气温升高、干旱加剧。目前，人类对第一类环境问题尚不能有效防治，只能侧重于监测和预报。

1.2.2 环境问题产生与发展

环境问题是伴随着人类的出现、生产力的发展和人类文明的进步产生的，并从小范围、低程度危害，发展到大范围、对人类生存环境造成不容忽视的危害；即由轻度污染、轻度破坏、轻度危害向重度污染、重度破坏、重度危害方向发展。依据环境问题产生的先后和轻重程度，环境问题的产生和发展大致可分为生态环境早期破坏与环境问题的产生、"公害"加剧与城市环境问题的产生和全球大气环境恶化与当代环境问题产生三个阶段。

（1）生态环境的早期破坏阶段　这个阶段从人类出现开始直到工业革命，与后两个阶段相比，是一个漫长的时期。但总的说来，这一阶段的人类活动对环境的影响还是局部的，没有达到影响整个生物圈的程度。

（2）近代城市环境问题阶段　这个阶段从工业革命开始到 20 世纪 80 年代发现南极上空的臭氧洞为止。工业革命（从农业占优势的经济向工业占优势的经济的迅速过渡）是世界史上一个新时期的起点，此后的环境问题也开始出现新的特点并日益复杂化和全球化。这一阶段的环境问题与工业和城市同步发展，同时伴随着严重的生态破坏。著名的"八大公害事件"大多发生在本阶段，见表 1-1。

表 1-1　世界著名八大公害事件

事件和地点	时间	概况	主要原因
马斯河谷事件 比利时马斯河谷工业区	1930 年 12 月初	出现逆温、浓雾，工厂排出有害气体在近地层积累，一周内约 60 多人死亡	刺激性化学物质损害呼吸道
多诺拉事件 美国工业区	1948 年 10 月底	受反气旋逆温控制，污染物积累不散，4 天内死亡约 17 人，病 5900 人	主要为 SO_2 及其氧化产物损害呼吸系统
伦敦烟雾事件	1952 年 12 月初	浓雾不散，尘埃浓度 4.46mg/cm^3，SO_2 质量分数为 1.34×10^{-6}，3 天内死亡 4000 人	尘埃中的 Fe_2O_3 等金属化合物催化 SO_2 转化成硫酸烟雾
洛杉矶光化学烟雾 美国洛杉矶	1946～1955 年	城市保有汽车 250 万辆，耗油 1600 万 L/日，1955 年事件中，65 岁以上的老人死亡约 400 人，刺激眼睛，损害呼吸系统	HCN、NO_x、CO 等汽车排放物在日光下形成以 O_3 为主，并伴有醛类、过氧硝酸酯等污染物
水俣事件 日本熊本县水俣市	1953～1956 年	动物与人出现语言、动作、视觉等异常，死 60 余人，病约 300 人	化工厂排出含汞废水，无机汞转化为有机汞，主要是甲基汞，通过食物链转移、浓缩
痛痛病事件 日本富山县神通川下游	1955～1972 年	矿山废水污染河水，居民骨损害、肾损害、疼痛，死 81 人，患者 130 余人	铅锌冶炼厂排出的含镉废水，污染稻米，危害人群
四日市哮喘事件 日本四日市	1961～1972 年	日本著名的石油城，哮喘发病率高，患者 800 余人	降尘酸性高，SO_2 浓度高，导致呼吸系统受损
米糠油事件 日本北九州爱知县	1968 年	食用米糠油后中毒，死 16 人，患者 5000 余人	生产米糠油过程中多氯联苯作为脱臭工艺中的热载体，混入米糠油中

（3）当代环境问题阶段　从 1984 年英国科学家发现、1985 年美国科学家证实南极上空出现的"臭氧洞（Ozone hole）"开始，人类环境问题发展到当代环境问题阶段。这一阶段环境问题主要集中在酸雨（Acid rain）、臭氧层（Ozone layer）破坏和全球变暖（Greenhouse effect）三大全球性大气环境问题上。与此同时，发展中国家的城市环境问题和生态破坏、一些国家的贫困化愈演愈烈，水资源短缺在全球范围内普遍发生，其他资源（包括能源）也相继出现将要耗竭的信号。环境污染与公害发生的频率与强度越来越严重，表 1-2 列出了近 40 年发生的公害事故次数和公害病人数。

表 1-2 近 40 年来发生的严重公害事件

事 件	发生时间	发生地点	产生危害	产生原因
阿摩柯卡的斯油轮泄漏事件	1978 年 3 月	法国西北部布列塔尼半岛	藻类、湖间带动物、海鸟灭绝	油轮触礁，$2.2 \times 10^5 t$ 原油入海
三哩岛核电站泄漏事件	1979 年 3 月	美国宾夕法尼亚州	直接损失超过 10 亿美元	核电站反应堆严重失水
威尔士饮用水污染事件	1985 年 1 月	英国威尔士州	200 万居民饮用水污染，44% 人中毒	化工公司将酚排入迪河
墨西哥油库爆炸事件	1984 年 11 月	墨西哥	4200 人受伤，400 人死亡，10 万人要疏散	石油公司油库爆炸
博帕尔农药泄漏事件	1984 年 12 月	印度中央邦博帕尔市	2 万人严重中毒，1408 人死亡	45t 异氰酸甲酯泄漏
切尔诺贝利核电站泄漏事件	1986 年 4 月	乌克兰	203 人受伤，31 人死亡，直接经济损失 30 亿美元	4 号反应堆机房爆炸
莱茵河污染事件	1986 年 11 月	瑞士巴塞尔市	事故段生物绝迹，160km 内鱼类死亡，480km 内的水不能饮用	化学公司仓库起火，30t 硫、磷、汞等剧毒物进入河流
莫农格希拉河污染事件	1988 年 11 月	美国	沿岸 100 万居民生活受严重影响	石油公司油罐爆炸，$1.3 \times 10^4 m^3$ 原油进入河流
埃克森瓦尔迪兹油轮泄漏事件	1989 年 3 月	美国阿拉斯加	海域严重污染	漏油 $4.2 \times 10^4 t$

为了解决环境恶化这个全球性的问题，1992 年 6 月 3 日至 14 日，联合国环境与发展大会在巴西的里约热内卢举行。会议通过了《里约宣言》和《21 世纪议程》两个纲领性文件以及关于森林问题的原则性声明。这是联合国成立以来规模最大、级别最高、影响最为深远的一次国际会议。它标志着人类在环境和发展领域自觉行动的开始，可持续发展已经成为人类的共识。人类开始学习掌握自己的发展命运，摒弃了那种不考虑资源、不顾及环境的生产技术和发展模式。

中国现阶段正处于迅速推进工业化和城市化的发展阶段，对自然资源的开发强度不断加大，加上采取粗放型的经济增长方式，技术水平和管理水平比较落后，污染物排放量不断增加。从全国总的情况来看，我国的环境污染仍在加剧，生态恶化积重难返，环境形势不容乐观。

中国是发展中国家的一员，工业化程度总体水平不高，某些方面还相当落后。近十年来，在改革开放进程中，我国政府逐步改变了单项突击、片面追求产量和产值的传统战略倾向，确定了"注重效益，提高质量，协调发展，稳定增长"的经济指导方针；提出了"经济社会与环境保护协调发展"的战略思想，大大促进了我国的经济发展。如按可比价格计算，1991—2015 年的国内生产总值年均增长速度为 9.6%，远高于同期美国 3.4% 的速度。因此，当前我国的环境建设和环境问题，与其他发展中国家具有许多共同点，又有其自身的特点。用一句话概括，我国环境保护工作成就很大，但城市水、气、声、渣的环境污染和自然生态的破坏仍相当严重，不容忽视。

由上述讨论可见，我国的环境保护事业任重道远。无论世界范围还是我国，也无论是发展中国家还是发达国家，除了某些方面或局部区域的环境问题获得不同程度的解决外，就总体而言，当代的世界环境问题仍然十分严重，特别是解决全球性大气环境问题，已到了刻不容缓的时候，以致环境保护工作者不得不大声疾呼"人类只有一个地球"，这已获得国际社会的全面认同。

1.2.3 解决环境问题的根本途径

人口激增、经济发展和科技进步，是产生和激化环境问题的根源。因此，解决环境问题必须依靠控制人口，加强教育，提高人口素质，增强环境意识，强化环境管理，依靠强大的经济实力和科技进步。

1）控制人口对于解决当代环境问题有着特别重要的作用。与此同时，还要加强教育，普遍提高群众的环境意识，促使人们在进行任何一种社会活动、生产生活活动、科技活动与发明创造时，都能考虑到是否会对环境造成危害，或能否采取相应的措施，将对环境的危害降到最低限度。这些措施包括各种技术手段，以及环境管理。特别是加强环境管理，是一种低投入、高效益的解决环境问题的根本途径。

2）解决环境问题必须要有相当的经济实力，即需要付出巨大的财力、物力，并且需要经过长期的努力。有人做过初步的估计，要把目前我国的城市污水全部进行二级处理，按80年代中期的不变价格估算，至少需要300亿元；如果把控制工业和城市大气污染、防治生态环境破坏的资金也计算在内，至少需要几千亿元的资金。但是要知道，即便把1991年内、外债461亿元的收入计算在内，我国该年的财政收入才达到3611亿元。显然不可能把全国全年的财政收入都用于环境保护工作。我国1990—1995年的五年计划中环保投资占国民生产总值的0.7%，1996—2000年环保投资增加到4500亿元，约占国民生产总值的1.2%，已高于国家对科研开发投入的资金（占国民生产总值的0.7%～0.8%）。显然，我国有限的环保投资，对于我们这样一个幅员辽阔、有几千年人类活动的历史、环境污染和生态破坏的欠账都十分巨大的国家来说，远不能达到有效控制污染和生态环境破坏的目的。因此，更有必要借助科技的进步解决环境问题。

3）科技进步与发展，虽然会产生各种各样的环境问题，但环境问题的解决仍离不开科技进步。如燃煤带来的环境污染（大气和水污染及固体废物污染、全球变暖和酸沉降，以及人造化学物氟氯烃等的应用造成臭氧层的破坏等环境问题），需要改善和提高燃煤设备的性能和效率，寻找洁净能源或氟氯烃的替代物，从根本上清除污染源或降低污染源的危害强度，以及研制和生产高效、低能耗的环保产品，治理污染；或者通过科学规划，以区域为单元，制定区域性污染综合防治措施等，都可以实现在较低的或有限的环保投资下，获得较佳的环保效益。

毫无疑问，上述三个方面，都是解决环境问题的根本途径。

■ 1.3 环境科学

环境科学（Environmental science）可定义为"研究人类社会发展活动与环境演化规律之间相互作用关系，寻求人类社会与环境协同演化、持续发展途径与方法的科学"。

环境科学是在人们亟待解决环境问题的社会需求下迅速发展起来的。它是一个由多学科到跨学科的庞大科学体系组成的新兴学科，也是一个介于自然科学、社会科学和技术科学之间的边缘学科。环境科学形成的历史虽然只有短短的几十年，但它随着环境保护实际工作的迅速扩展和环境科学理论研究的深入，其概念和内容日益丰富和完善。

1.3.1 环境科学的研究对象

环境科学的研究对象是"人类—环境"系统，这是一个既包括自然界又包括人类本身的复杂系统。自然环境的发生与发展，主要受自然规律支配，人类的发生与发展既受自然规律的支配，又受社会规律的制约，人类又反作用于环境，构成错综复杂的关系。在我国国家自然科学基金的项目指南中，对于环境科学研究的对象是这样表达的："环境科学的研究对象是人类环境的质量结构与演变。"

环境科学研究人类和环境这对矛盾之间的关系，其目的是要通过调整人类的社会行为，以保护、发展和建设环境，从而使环境永远为人类社会的持续、协调、稳定的发展提供良好的支持和保证。

环境科学研究环境在人类活动强烈干预下发生的变化，以及为了保持这个系统的稳定性应采取的对策与措施。在宏观上，它研究人类与环境之间相互作用、相互促进、相互制约的统一关系，揭示社会经济发展和环境保护协调发展的规律；在微观上，它研究环境中的物质，尤其是人类排放的污染物在有机体内迁移、转化和积累的过程与运动规律，探索其对生命的影响及作用机理等。

1.3.2 环境科学的研究任务

环境科学的研究任务是研究人类与环境的关系，掌握人类与环境的变化发展规律，以便能动地顺应环境和改造环境，促使环境朝着有利于人类的方向演化。在我国国家自然科学基金的项目指南中，对于环境科学研究的任务是这样表述的："环境科学的任务在于揭示社会进步、经济增长与环境保护相协调发展的基本规律，研究保护人类免于环境因素负影响，以及为提高人类健康和生活水平而改善质量的途径。"

因此，环境科学的主要任务应包括以下几个方面：

（1）了解人类与自然环境的发展演化规律 了解人类与自然环境的发展演化规律是研究环境科学的前提。在环境科学诞生以前，有关的科学部门已经为此积累了丰富的资料，如人类学、人口学、地质学、地理学、气候学等。环境科学必须从这些相关学科中吸取营养，从而了解人类与环境的发展规律。

（2）研究人类与环境的相互依存关系 研究人类与环境的相互依存关系是环境科学研究的核心。在人类与环境的矛盾中，人类作为矛盾的主体，一方面从环境中获取其生产与生活必需的物质与能量，另一方面又把生产与生活中产生的废弃物排放到环境中，这就必然引起环境资源消耗与环境污染问题。而环境作为矛盾的客体，虽然消极地承受人类对资源的开采与废弃物的污染，但这种承受是有一定限度的，这就是所谓的环境容量。这个容量就是对人类发展的制约，超过这个容量就会造成环境的退化和破坏，从而给人类带来意想不到的灾难。

（3）探索人类活动强烈影响下环境的全球变化 探索人类活动强烈影响下环境的全球变化是环境科学研究的长远目标。环境是一个多因素组成的复杂系统，其中有许多正、负反馈机制。人类活动多造成一些暂时性的、局部性的影响，常常会通过这些已知的和未知的反馈机制积累、放大或抵消，其中必然有一部分转化为长期的和全球性的影响，如大气中 CO_2 含量增加的问题。因此，关于全球环境变化的研究已成为环境科学的热点之一。

（4）开发环境污染防治技术与制定环境管理法规　开发环境污染防治技术与制定环境管理法规是环境科学的应用方面的任务。在这方面，西方发达国家已取得了一些成功的经验：从20世纪50年代的污染源治理，到60年代转向区域性污染综合治理，70年代则更强调预防为主，加强区域规划和合理布局；同时，制定了一系列有关环境管理的法规，利用法律手段推行环境污染防治的措施。近几年，我国在这方面也取得了可喜的成绩，但是要实现控制污染、改善环境的目标，还需做出更大的努力。

从上述环境科学的研究任务可知，环境科学的主要任务：一是研究人类活动影响下环境质量的变化规律和环境变化对人类生存的影响；二是研究保护和改善环境质量的理论、技术和方法。

1.3.3　环境科学的分支

20世纪60年代，当环境问题日趋严重并引起人们广泛关注时，一些学科首先参与环境科学，并在这些学科内部产生了一些新的分支学科，如环境物理学、环境地学、环境化学、环境生物学、环境法学、环境经济学等。这些分支学科从不同的角度分别应用各自的观点和方法研究环境问题。进入70年代，随着这些学科的相互渗透、相互作用，就产生了更高层次的、统一的、独立的新学科——环境学。环境学是环境科学的核心，其分支学科如下：

1）理论环境学。理论环境学包括环境科学方法论、环境质量评估的原理与方法、环境区划和环境规划的原理和方法、人类—社会生态系统的原理与方法。其主要任务是以辩证唯物论和历史唯物论为指导，应用系统论、信息论、控制论等现代科学理论，总结历史经验，继承和发展有关"人类—环境"的理论，以建立与现代科学技术水平相适应的环境科学基本理论。其目的是建立一套控制人类与环境之间的物质和能量交换过程的理论和方法，为解决环境问题提供方向性、战略性的科学依据。

2）综合环境学。综合环境学是全面研究"人类—环境"这一矛盾体发展、调控、改造和利用的科学。

3）部门环境学。部门环境学是研究"人类—环境"这一矛盾体某种特殊矛盾的发展、调控、改造和利用的科学。部门环境学向自然科学过渡就是自然环境学（如物理环境学、化学环境学、生物环境学等），向社会科学过渡就是社会环境学（如经济环境学、文化环境学、政治环境学等），向技术科学过渡就是工程技术环境学，这是研究人类与技术圈之间的对立统一关系的科学。

1.3.4　环境科学系统

环境科学是交接于自然科学、社会科学和技术科学的综合性基础学科，属一级学科。环境科学的学科分支很多，形成了一个庞大的多层次相互交错的网络结构系统。由于环境科学是20世纪70年代才形成的新兴学科，所以其学科系统还没有一致的看法。不同的学者从不同的角度提出各种不同的分科方法。

图1-2所示为环境科学分科的四维结构。人类所处的生态环境是多向结构的，因而对应的研究内容也是多维的。图1-2较清楚地反映了环境科学的这一特性。图1-3所示为另一形

式的环境科学的学科系统。环境学科的各分支为二级学科，由这些分支衍生出来的分支则是三级学科。

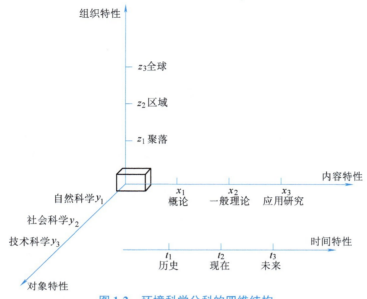

图 1-2 环境科学分科的四维结构

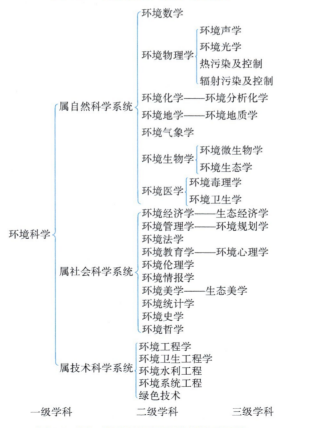

图 1-3 另一形式的环境科学的学科系统

1.3.5 环境科学的产生

环境科学是在环境问题日益严重中产生和发展起来的一门综合性科学。到目前为止，这门学科的理论和方法还在发展之中。环境科学的形成大体可分为环境科学的萌芽和环境科学的产生两个阶段。

1. 环境科学萌芽阶段

早在公元前5000年，我国已在烧制陶瓷的瓷窑上安装了烟囱，使燃烧产生的烟气能迅速排出，这既提高了燃烧速度，又改善了周围的空气环境。公元前2300年我们的祖先开始采用陶瓷的排水管道。公元前6世纪古罗马已修建了地下排水道。公元前3世纪春秋战国时期，我国的思想家就已开始考虑对自然的态度，如老子说"人法地，地法天，天法道，道法自然"，意为人应该遵循自然的规律。公元1661年，英国人丁·伊林写了《驱逐烟气》一书，献给英王查理二世，书中指出了空气污染的危害，提出了一些防治烟气的措施。公元1775年英国著名外科医生P·波特发现扫烟囱的工人患阴囊癌的较多，认为这种疾病同接触煤烟有关。

18世纪后半叶，蒸汽机的出现，引发了工业革命的浪潮。在工业集中的地区，生产活动逐渐成为环境污染的主要原因。工业文明的发展，迄今为止大都是以损害生态环境为代价的。恩格斯早在一百多年前就指出："不要过分陶醉于我们对自然界的胜利，对于每一次这样的胜利，自然界都报复了我们。"在产业革命发源地英国，工业城市曼彻斯特的树木、树干被煤烟熏黑后，使生活在树干上的70种昆虫，如多种蛾类、蜘蛛、瓢虫和树皮虱等，几乎全部从灰色型转变成黑色型，科学家把这称为"工业黑化现象"，并写进了教科书。

2. 环境科学的产生阶段

19世纪以来，地学、化学、生物学、物理学、医学及一些工程技术学科开始涉及环境问题。1847年德国植物学家C. 弗腊斯的《各个时代的气候和植物界》一书，论述了人类活动影响到植物界和气候的变化。1850年人们开始用化学消毒法杀死饮用水中的病菌，防止饮水造成的传染病。1859年出版的英国生物学家C. R. 达尔文的名著《物种起源》，揭示了生物的进化与环境的变化有很大的关系。1863年英国生物学家T. 赫胥黎的演讲集《人类在自然界中的位置》出版，他继承和发展了达尔文的学说，阐述了动物与人类的关系，说明了人类在自然界的位置及进化过程。1864年美国学者G. P. 马什出版了《人和自然》一书，从全球观点出发，论述了人类活动对地理环境的影响，特别是对森林、水、土壤和野生动植物的影响，呼吁开展保护活动。1869年德国生物学家Ernst Haeckel提出了生态学的概念（当时只是生物学的一个分支），论述了物种变异是适应和遗传互相作用的结果。19世纪后半叶，环保技术已有发展，如消烟除尘技术。1982年德国地理学家V. 拉第尔出版了《人类地理学》一书，探讨了地理环境对种族分布、人口分布、密度和迁移，以及人类聚落形成和分布等方面的影响。布吕纳的《人地学原理》更明确地指出了地理环境对人类活动的影响。1879年，英国建立了污水处理厂。20世纪初，开始采用布袋除尘器和旋风除尘器，且至今仍然在广泛使用。1911年美国学者E. C. 塞普尔出版了《地理环境之影响》一书。1915年日本学者山极胜二郎用实验证明了煤焦油能引发皮肤癌，自此，环境因素致癌作用的研究成为热点。1935年英国生态学家A. G. Tansly提出了生态系统的概念，至今已成为环境科学重要的理论基础。

20 世纪中期，环境问题成为社会的核心问题。这对当代科学是个挑战，要求自然科学、社会科学和技术科学都来参与环境问题的研究，揭示环境问题的实质，并寻求解决环境问题的科学途径，这些就是环境科学产生的社会背景。

当今公认的第一部有重要影响的环境科学著作的著者是雷·卡逊，一个美国海洋生物学家，1962 年她在美国波士顿出版了《寂静的春天》（Silent Spring）一书，书中用生态学的方法揭示了有机氯农药对自然环境造成的危害，有人认为这本书的出版标志着环境科学的诞生。1954 年美国研究宇宙飞船内人工环境的科学家们首次提出环境科学的概念。同时美国首先成立环境科学协会（Environmental science association of American），并出版《环境科学》杂志。

 【小资料】

寂静的春天（Silent Spring）

从前，在美国中部有一个城镇，这里的一切生物看来与其周围环境生活得很和谐。这个城镇坐落在像棋盘般排列整齐的繁荣的农场中央，其周围是庄稼地，小山下果园成林。春天，繁花像白色的云朵点缀在绿色的原野上；秋天，透过松树的屏风，橡树、枫树和白桦树闪烁出火焰般的彩色光辉，狐狸在小山上叫着，小鹿静悄悄地穿过了笼罩着秋色晨雾的原野。

沿着小路生长的月桂树和赤杨树以及巨大的羊齿植物和野花在一年的大部分时间里都使旅行者感到目悦神怡。即使冬天，道路两旁也是美丽的地方，那儿有无数小鸟飞来，在初露雪层之上的浆果和干草的穗头上啄食。郊外事实上正以其鸟类的丰富多彩而驰名，当迁徙的候鸟在整个春天和秋天蜂拥而至的时候，人们都长途跋涉地来这里观看它们。另有些人来小溪边捕鱼，这些洁净又清凉的小溪从山中流出，形成了绿荫掩映的生活着鳟鱼的池塘。野外一直是这个样子，直到许多年前的有一天，第一批居民来到这儿建房舍，挖井筑仓，情况才发生了变化。

——摘自 ［美］蕾切尔·卡逊著《寂静的春天》

蕾切尔·卡逊（Rachel Carson）所著的《寂静的春天》于 1962 年问世于美国，该书惊世骇俗地讲述了农药危害生态环境的预言。卡逊这位瘦弱、身患癌症的女学者在当时受到了与之利害攸关的生产与经济部门的猛烈诋毁和抨击。在《寂静的春天》出版两年后，卡逊心力交瘁，与世长辞。然而她的思想却强烈地震撼了广大公众，引起人们对野生动物的关注，唤起了人们的环保意识，为人类的生态环境保护事业启蒙点燃了一盏明灯！

1.3.6 环境科学的发展

环境科学是在环境问题日益严重中产生和发展起来的一门综合性科学，是为了研究和解决环境问题而产生的，是随着环境问题的发展而发展的。一般认为，环境科学的发展经历两个阶段。

1. 环境科学分支学科体系的形成阶段

现代科学技术在研究环境问题时取得了惊人的成绩，促使了环境科学中分支学科的形成。例如，分析化学在仪器分析和微量分析方面的进展，直接应用于分析、检测和监测环境中的污染物质，现代分析手段已可以测定度量污染物质，进而可以查清污染物的来源，在环境中的分布、迁移、转化和积累的规律，还可以研究其对生物体和人体的毒害机理，使环境化学应运而生。应用现代工程技术解决大气、水体、固体污染问题及噪声等物理污染的防治，促进了环境工程学这一新兴学科的产生。在社会科学方面，哲学家从人、社会与自然是统一整体的观点来看待环境问题，产生了生态哲学的世界观和方法论，它既是环境科学的分支学科，又是环境科学的指导思想。环境物理学、环境生物学、环境医学、环境经济学、环境法学等也都相继产生。一批研究环境问题的环境科学机构也如雨后春笋般出现。1962 年国际水污染研究协会成立。1963 年世界气象组织第四次大会批准了世界天气监测网计划，调查城市、工业区及较远地区的污染扩散和变化情况，并进行相应的气候研究。1964 年防止大气污染协会国际联合会成立。同年国际科学联合会理事会通过了《国际生物学》大纲，这是《人和生物圈》大纲的前身，呼唤科学家们重视生物圈（Biosphere）正面临的威胁和危险。《国际水文十年》和《全球大气研究方案》，也促使人们重视水和气候变化问题。1968 年国际科学联合会理事会设立了环境问题科学委员会。同年联合国教科文组织制定了《人与生物圈计划》，还在第 21 届国际地理学大会上成立了国际性的"人和环境"学术委员会。

在环境工程技术的基础上发展出了环境保护产业，这是以防治环境污染、改善环境质量和保护自然生态为目标的新兴产业部门。现在全世界每年用于环境保护工业的投资在 2000 亿美元以上，环保产品的商品市场每年达 3000～6000 亿美元，并以每年 5%～20% 的速度增长。

2. 环境科学跨学科的整体化发展阶段

为解决环境问题，尤其是全球性环境问题，20 世纪 50 年代以来，环境科学中的多学科合作进一步发展。主要特点是以环境问题为中心，形成不同的学科共同体，以跨学科研究的形式推动环境科学和环境保护工作向多学科和多行业合作的方式全方位展开。

国际学术界在《人与生物圈计划》研究的基础上，在自然科学领域开展《全球变化研究：国际地图—生物圈计划》（1990—2000 年）；在社会科学领域开展《全球变化的人类因素：一项关于人类和地球相互作用的国际研究计划》（1990—2000 年）。1972 年英国经济学家 B. 沃德和美国微生物学家 R. 沃博斯主编出版了《只有一个地球：对一个小小行星的关怀和维护》，这是受联合国委托作为 1972 年第一次世界人类环境会议的背景材料编写的，他们从整个地球的前途出发，从社会、经济和政治的角度阐述了环境问题的主要方面、严重性及对人类的影响，号召人类科学地管理地球，并探讨了解决环境问题的途径。

环境科学跨学科研究整体化发展的主要特点是：围绕环境科学的统一模式，就解决某一重大环境问题，联合不同学科的专家，组成科学共同体，开展共同课题的合作研究。这种共同体和合作研究并不是机械的"拼盘式"，也不是简单的"大杂烩"。参加共同体的学者都具有自己的专长和学科方面的优势，他们以自己专业的理论和方法参与问题的解决，它们在合作研究中的作用是不可替代的；参加共同体的学者也不是各干各的，他们为了解决总体课题，围绕共同的目标，发挥各自专业在理论和方法方面的优势，相互渗透、启发和补充，起到了真正的协同效应；这种合作研究共同体不仅在解决环境问题中推动环境科学的整体化发展，同时对传统学科提出了新的问题和挑战，成为科学发展中新的生长点，使一些古老的学科焕发出新的活力。环境科学跨学科研究整体化发展的成就对整个世界的科学文化、技术经济的发展起到了推动作用。

由于环境科学是一门新兴的、充满活力和综合性的学科，所以环境科学学者队伍的建设也具有自己的特色。对环境问题的关注吸引了一大批原来从事传统自然科学、社会科学及技术科学的专门人才，其中不乏著名的专家学者，他们自觉不自觉地转入环境科学领域后，从科学知识基础、思维方式和研究方法等方面给环境科学研究带来多样性的活力，由于转入新的研究方向，这些方向又是科学的新生长点和前沿，许多人很快取得新成果，成为新兴学科的开拓者，进入环境科学家的队伍；各高等院校和研究机构也在加紧培养环境科学方面的专业人才，他们将成为环境科学研究的接班人和主力军。环境科学不仅成为发展最为迅速、吸引科学人才最多的学科，而且是 20 世纪 90 年代带动世界科学—技术—经济进步的最重要的科学领域之一。

在环境科学蓬勃发展的同时，其他科学技术领域也在发生着一场新的科学技术革命，这就是科学技术的研究和发展必须符合生态保护的方向，为保护地球生态环境服务。

■ 1.4　环境工程

环境工程学（Environmental engineering）是环境科学的一个分支，又是工程学的一个重要组成部分，可定义为"运用工程技术的原理和方法，防治环境污染，合理利用自然资源，保护和改善环境质量的学科"。除了研究具体污染物（如污水、废气、固体废物、噪声等）与污染对象（如水、土和空气等）的防治技术外，还研究环境污染综合防治技术和进行技术发展的环境影响评价等。

1.4.1　环境工程学的研究内容

环境工程学是一个庞大而复杂的技术体系，它不仅研究防治环境污染和公害的技术和措施，而且研究自然资源的保护和合理利用，探讨废物资源化技术，改革生产工艺，发展无废或少废的闭路生产系统，以及对区域环境进行系统规划与科学管理，以获得最优的环境效益、社会效益和经济效益。

具体来说，环境工程学的基本内容主要有以下几个方面：

1）水质净化与水污染控制工程。主要研究预防和治理水体污染，保护和改善水环境质量，合理利用水资源以及提供不同用途和要求用水的工艺技术和工程措施。

2）大气污染控制工程。主要研究预防和控制大气污染，保护和改善大气质量的工程技术措施。

3）固体废弃物处理处置与管理工程。主要研究城市垃圾、工业废渣、放射性及其他有毒有害固体废弃物的处理、处置和回收利用、资源化等的工艺技术措施。

4）噪声、振动与其他公害防治技术。主要研究声音、振动、电磁辐射等对人类的影响及消除这些影响的技术途径和控制措施。

美国土木工程师学会（American Society of Civil Engineers，ASCE）环境工程分会对环境工程的解释是："环境工程通过健全的工程理论与实践来解决环境卫生（Environmental sanitation）问题，主要包括提供安全、可口和充足的公共给水，适当处理与循环使用废水和固体废物，建立城市和农村符合卫生要求的排水系统，控制水、土壤和空气污染，并消除这些问题对社会和环境造成的影响；而且，它涉及公共卫生领域里的工程问题，如控制通过节肢动物传染的疾病，消除工业健康危害，为城市、农村和娱乐场所提供合适的卫生设施，评价技术进步对环境的影响等。"

1.4.2　环境工程学的主要任务

环境工程学是一门运用环境科学、工程学和其他有关学科的理论方法，研究和保护合理利用自然资源，控制和防治环境污染与生态破坏，以及改善环境质量。使人们得以健康、舒适地生存与发展的学科。

因此，环境工程学有两个方面的任务：保护环境，使其免受和消除人类活动对它的有害影响；保护人类的健康和安全免受不利的环境因素的损害。

1.4.3　环境工程学的产生和发展

环境工程学是在人类同环境污染做斗争、解决环境问题、保护和改善生存环境的过程中逐渐形成的。环境工程学主要以土木工程、公共卫生工程及相关工业技术等学科为基础。给水排水工程是土木工程的主要研究内容之一，也是解决水污染的重要技术措施和途径。在排水管道方面，中国早在公元前2000年以前就利用陶土管修筑地下排水道；约公元前6世纪，古代罗马开始修建地下排水道。在净水处理方面，中国在明朝以前开始使用明矾净水；英国在19世纪开始用砂滤池净化自来水，在19世纪中叶采用漂白粉消毒。在污水处理方面，英国在19世纪中叶开始建立污水处理厂，20世纪初开始采用活性污泥法处理污水。1854年，伦敦Broad街井水污染导致霍乱病流行，此后水污染控制逐渐成为公共卫生工程的重要内容。20世纪中叶以来，一系列环境污染公害在世界各地相继发生，严重威胁人类的生命和健康，使得环境污染控制备受关注，由此推动了环境工程学科的形成。

自产业革命以来，世界各地的环境污染问题由水体污染逐步向大气污染、固体废弃物污染及城市噪声污染等多方向发展，环境工程涉及的领域不断扩大。根据化学、物理学、生物学等基础理论，运用卫生工程、给排水工程、化学工程、机械工程等技术原理和手段，解决废水、废气、固体废物、噪声污染等问题，逐渐形成治理技术的单元操作、单元过程，以及某些水体和大气污染治理工艺系统。

为消除工业生产造成的粉尘污染，美国在1885年发明了离心除尘器。进入20世纪以后，除尘、空气调节、燃烧装置改造、工业气体净化等工程技术逐渐得到推广应用。

固体废物处理历史更为悠久。约在公元前3000—前1000年，古希腊即开始对城市垃圾采用了填埋的处置方法。在20世纪，固体废物处理和利用的研究工作不断取得新的成就，出现了利用工业废渣制造建筑材料等工程技术。

中国和欧洲一些国家的古建筑中，墙壁和门窗位置的安排都考虑到了隔声的问题。在20世纪，人们对控制噪声问题进行了广泛的研究。20世纪50年代起，噪声控制的基础理论建立，并形成了环境声学。

20世纪以来，根据化学、物理学、生物学、地学、医学等基础理论，运用卫生工程、给排水工程、化学工程、机械工程等技术原理和手段，解决废气、废水、固体废物、噪声污染等问题，使单项治理技术有了较大的发展，逐渐形成了治理技术的单元操作、单元过程，以及某些水体和大气污染治理工艺系统。

20世纪50年代末，中国提出了资源综合利用的观点。60年代中期，美国开始了技术评价活动，并在1969年的《国家环境政策法》中，规定了环境影响评价的制度。至此，人们认识到控制环境污染不仅要采用单项治理技术，还要采取综合防治措施和对控制环境污染的措施进行综合的技术经济分析，以防止在采取局部措施时与整体发生矛盾而影响清除污染的效果。

在这种情况下，环境系统工程和环境污染综合防治的研究工作迅速发展起来。随后，陆续出现了环境工程学的专门著作，形成了一门新的学科。

自1978年开始，环境工程被纳入我国科学技术体系，成为高等院校专业中的一个新兴专业。20世纪90年代，我国高校的环境工程专业教育快速发展。据统计，截至2018年，全国设置环境科学、环境工程本科专业的院校有300余所。

思 考 题

1. 什么叫环境？环境是如何分类的？
2. 试分析人类环境的组成、结构、功能和特性等诸方面因素的内在联系。
3. 什么叫环境系统？环境系统有哪些功能和特征？
4. 什么叫环境问题？它如何产生？又是如何发展的？它与社会经济的发展有何关系？
5. 环境问题有哪些分类方法？分几类？
6. 环境问题有哪些性质？其实质是什么？
7. 当前世界关注的全球环境问题有哪些？
8. 当前中国环境问题的特点是什么？
9. 解决环境问题的根本途径是什么？
10. 什么叫环境科学？它如何产生，又是如何发展的？它与其他科学有何关系？
11. 环境科学研究的内容、对象和任务是什么？
12. 什么是环境工程学？其研究内容和任务有哪些？
13. 非环境类专业的大学生为什么要掌握环境科学和环境工程学的基础知识？

参 考 文 献

[1] 赵景联，史小妹．环境科学导论 [M]．2版，北京：机械工业出版社，2017.
[2] 崔灵周，王传华，肖继波．环境科学基础 [M]．北京：化学工业出版社，2014.
[3] 盛连喜．现代环境科学导论 [M]．2版．北京：化学工业出版社，2011.
[4] 关伯仁．环境科学基础教程 [M]．北京：中国环境科学出版社，1995.
[5] 刘培桐．环境科学基础 [M]．北京：化学工业出版社，1987.
[6] 何强，等．环境学导论 [M]．3版．北京：清华大学出版社，2004.
[7] 窦贻俭，等．环境科学原理 [M]．南京：南京大学出版社，1988.
[8] 钱易，唐孝炎．环境保护与可持续发展 [M]．2版．北京：高等教育出版社，2007.

［9］林肇信．环境保护概论［M］．北京：高等教育出版社，1999．

［10］王光辉，丁忠浩．环境工程导论［M］．北京：机械工业出版社，2006．

［11］戴维斯，康韦尔．环境工程导论［M］．王建龙，译．北京：清华大学出版社，2010．

［12］Sawyer C N. Chemistry for Environmental Engineering［M］．北京：清华大学出版社，2000．

［13］马光，等．环境与可持续发展导论［M］．北京：科学出版社，2014．

［14］孔昌俊，杨凤林．环境科学与工程概论［M］．北京：科学出版社，2004．

推介网址

1. Enviroscience：http：//enviroscienceinc. com/

2. 2015world's worst pollution problems：http：//www. worstpolluted. org/

3. United States Environmental Protection Agency：http：//www. epa. gov/science-and-technology/air-science

4. 环境资源数据库

1）EnviroLink Library：http：//www. environlink. org/envrionlink_ library/

2）Deichmann, milj itteratur, Oslo：http：//193. 156. 57. 120/deichmann/miljo. html

3）Index Page. Searchable Environment Sites：http：//lb. kth. se/ ~ lg/eindex/htm

4）BIBSYS：http：//www. bibsys. no/

5. NEWS

1）CNN Earth：http：//cnn. com/earth/index/html

2）Earth Magazine：http：//www. kalmbach. com/earth/earthmag. htm/

3）Origo：http：//www. origo. no/

 【阅读材料】

人类环境宣言

联合国人类环境会议联合国人类环境会议于 1972 年 6 月 5 日—16 日在瑞典斯德哥尔摩举行。这是世界各国政府共同讨论当代环境问题、探讨保护全球环境战略的第一次国际会议。会议通过了《联合国人类环境会议宣言》（Declaration of United Nations Conference on Human Environment），简称《人类环境宣言》，呼吁各国政府和人民为维护和改善人类环境，造福全体人民，造福后代而共同努力。为引导和鼓励全世界人民保护和改善人类环境，《人类环境宣言》提出和总结了 7 个共同观点，26 项共同原则。

7 个共同观点如下：

1）人类既是他的环境的创造物，又是他的环境的塑造者，环境给予人以维持生存的东西，并给他提供了在智力、道德、社会和精神等方面获得发展的机会。生存在地球上的人类，在漫长和曲折的进化过程中，已经达到这样一个阶段，即由于科学技术发展的迅速加快，人类获得了以无数方法和在空前的规模上改造其环境的能力。人类环境的两个方面，即天然和人为的两个方面，对于人类的幸福和享受基本人权，甚至生存权利本身，都是必不可少的。

2）保护和改善人类环境是关系到全世界各国人民的幸福和经济发展的重要问题，也是全世界各国人民的迫切希望和各国政府的责任。

3）人类总得不断地总结经验，有所发现，有所发明，有所创造，有所前进。在现代，人类改造其环境的能力，如果明智地加以使用的话，就可以给各国人民带来开发的利益和提高生活质量的机会。如果使用不当，或轻率地使用，这种能力就会给人类和人类环境造成无法估量的损害。在地球上许多地区，我们可以看到周围有越来越多的人为的损害的迹象；在水、空气、土壤以及生物中污染达到危险的程度；生物界的生态平衡受到严重和不适当的扰乱；一些无法取代的资源受到破坏或陷于枯竭；在人为的环境，特别是生活和工作环境里存在着有害于人类身体、精神和社会健康的严重缺陷。

4）在发展中的国家中，环境问题大半是由发展不足造成的。千百万人的生活仍然远远低于像样的生活需要的最低水平。他们无法取得充足的食物和衣服、住房和教育、保健和卫生设备。因此，发展中的国家必须致力于发展工作，牢记他们优先任务和保护及改善环境的必要。为了同样的目的，工业化国家应当努力缩小他们自己与发展中国家的差距。在工业化国家里，环境一般同工业化和技术发展有关。

5）人口的自然增长持续不断地给环境保护带来一些问题，但是如果采取适当的政策和措施，这些问题是可以解决的。世间一切事物中，人是第一宝贵的。人民推动着社会进步，创造着社会财富，发展着科学技术，并通过自己的辛勤劳动，不断地改造着人类环境。随着社会进步和生产、科学及技术的发展，人类改善环境的能力也与日俱增。

6）现在已达到历史上这样一个时刻：我们在决定在世界各地的行动时，必须更加审慎地考虑它们对环境产生的后果。由于无知或不关心，我们可能给我们的生活和幸福所依赖的地球环境造成巨大的无法挽回的损害。反之，有了比较充分的知识并采取比较明智的行动，我们就可能使我们自己和我们的后代在一个比较符合人类需要和希望的环境中过着较好的生活。改善环境的质量和创造美好生活的前景是广阔的。我们需要的是热烈而镇定的情绪，紧张而有秩序的工作。为了在自然界里取得自由，人类必须利用知识在同自然合作的情况下建设一个较好的环境。为了这一代和将来的世世代代，保护和改善人类环境已经成为人类一个紧迫的目标，这个目标将同争取和平、全世界的经济与社会发展这两个既定的基本目标共同和协调地实现。

7）为实现这一环境目标，公民和团体以及企业和各级机关应承担责任，应平等地共同地努力。各界人士和许多领域中的组织，凭他们有价值的品质和全部行动，将确定未来的世界环境的格局。各地方政府和全国政府，将对在他们管辖范围内的大规模环境政策和行动，承担最大的责任。为筹措资金以支援发展中国家完成他们在这方面的责任，还需要进行国际合作。越来越多种的环境问题，因为在范围上它们是地区性或全球性的，或者因为它们影响着共同的国际领域，要求国与国之间广泛合作，国际组织采取行动以谋求共同的利益。会议呼吁各国政府和人民为着全体人民和他们的子孙后代的利益而做出共同的努力。

26项共同原则如下：

1）人类有权在一种能够享受尊严和福利的生活的环境中，享有自由、平等和充足的生活条件的基本权利，并且负有保护和改善这一代和将来的世世代代的环境的庄严责任。在这方面，促进或维护种族隔离、种族分离与歧视、殖民主义和其他形式的压迫及外国统治的政策，应该受到谴责，必须消除。

2）为了这一代和将来的世世代代的利益，地球上的自然资源，其中包括空气、水、土地、植物和动物，特别是自然生态类中具有代表性的标本，必须通过周密计划或适当管理加以保护。

3）地球生产非常重要的再生资源的能力必须得到保持，而且在实际可能的情况下加以恢复或改善。

4）人类负有特殊的责任保护和妥善管理由于各种不利的因素导致的野生生物后嗣及其产地的严重危害。因此，在计划发展经济时必须注意保护自然界，其中包括野生生物。

5）在使用地球上不能再生的资源时，必须防范将来把它们耗尽的危险，并且必须确保整个人类能够分享从这样的使用中获得的好处。

6）为了保证不使生态环境遭到严重的或不可挽回的损害，必须制止在排出有毒物质或其他物质以及散热时其数量或集中程度超过环境能维持自身不受损害的能力。应该支持各国人民反对污染的正义斗争。

7）各国应该采取一切可能的步骤来防止海洋受到那些会对人类健康造成危害的、损害生物资源和破坏海洋生物舒适环境的或妨害对海洋进行其他合法利用的物质的污染。

8）为了保证人类有一个良好的生活和工作环境，为了在地球上创造那些对改善生活质量必要的条件，经济和社会发展是非常必要的。

9）不发达和自然灾害导致环境破坏造成了严重的问题。克服这些问题的最好办法，是移用大量的财政和技术援助以支持发展中国家本国的努力，并且提供可能需要的及时援助，以加速发展工作。

10）对于发展中的国家来说，由于必须考虑经济因素和生态进程，因此，使初级产品和原料有稳定的价格和适当的收入是必要的。

11）所有国家的环境政策应该提高，而不应该损及发展中国家现有或将来的发展潜力，也不应该妨碍大家生活条件的改善。各国和各国际组织应该采取适当步骤，以便就应付因实施环境措施可能引起的国内或国际的经济后果达成协议。

12）应筹集资金来维护和改善环境，其中要照顾到发展中国家的情况和特殊性，照顾到他们由于在发展计划中列入环境保护项目而需要的任何费用，以及应他们的请求而供给额外的国际技术和财政援助的需要。

13）为了实现更合理的资源管理从而改善环境，各国应该对他们的发展计划采取统一和协议的做法，以保证为了人民的利益，使发展同保护和改善人类环境的需要相一致。

14）合理的计划是协调发展的需要，与保护与改善环境的需要是一致的。

15）人的定居和城市化工作必须加以规划，以避免对环境的不良影响，并为大家取得社会、经济和环境三方面的最大利益。在这方面，必须停止为殖民主义和种族主义统治而制订的项目。

16）在人口增长率或人口过分集中可能对环境或发展产生不良影响的地区，或在人口密度过低可能妨碍人类环境改善和阻碍发展的地区，都应采取不损害基本人权和有关政府认为适当的人口政策。

17）必须委托适当的国家机关对国家的环境资源进行规划、管理或监督，以期提高环境质量。

18）为了人类的共同利益，必须应用科学和技术以鉴定、避免和控制环境恶化并解决环境问题，从而促进经济和社会发展。

19）为了更广泛地扩大个人、企业和基层社会在保护和改善人类各种环境方面提出开明舆论和采取负责行为的基础，必须对年轻一代和成人进行环境问题的教育，同时应该考虑对不能享受正当权益的人进行这方面的教育。

20）必须促进各国，特别是发展中国家的国内和国际范围内从事有关环境问题的科学研究及其发展。在这方面，必须支持和促使最新科学情报和经验的自由交流以便解决环境问题；应该使发展中的国家得到环境工艺，其条件是鼓励这种工艺的广泛传播，而不成为发展中的国家的经济负担。

21）按照联合国宪章和国际法原则，各国有按自己的环境政策开发自己资源的主权；并且有责任保证在他们管辖或控制之内的活动，不致损害其他国家的或在国家管辖范围以外地区的环境。

22）各国应进行合作，以进一步发展有关他们管辖或控制之内的活动对他们管辖以外的环境造成的污染和其他环境损害的受害者承担责任和赔偿问题的国际法。

23）在不损害国际大家庭可能达成的规定和不损害必须由一个国家决定的标准的情况下，必须考虑各国的现行价值制度和考虑对最先进的国家有效，但是对发展中国家不适合和具有不值得的社会代价的标准可行程度。

24）有关保护和改善环境的国际问题应当由所有的国家，不论其大小，在平等的基础上本着合作精神来加以处理，必须通过多边或双边的安排或其他合适途径的合作，在正当地考虑所有国家的主权和利益的情况下，防止、消灭或减少和有效地控制各方面的行动对环境造成的有害影响。

25）各国应保证国际组织在保护和改善环境方面起协调的、有效的和能动的作用。

26）人类及其环境必须免受核武器和其他一切大规模毁灭性手段的影响。各国必须努力在有关的国际机构内就消除和彻底销毁这种武器迅速达成协议。

第 2 章

生态学基础

[导读]　一个新兴学科的产生和形成是与人类历史发展密切相关的。过去，人类一直从地球上自由索取各种资源，又自由地通过再循环途径消除使用后的废物。这种索取方式，已使自然循环系统局部超负荷，但没有引起人们的注意。直到 20 世纪，各资本主义国家工业加速发展，给环境带来了严重的污染问题，从震惊世界的"八大公害"事件到目前的温室效应、臭氧层破坏、酸雨等新问题，使地球生态系统失去平衡，直接威胁到人类的生存。因此，人们开始了从不同角度去研究环境问题，使人类和环境协调发展，这就使生态学这一分支学科随着环境科学的产生、发展和形成而发展起来。

生态学是一门新兴的渗透性很强的边缘学科。它是研究在人类干扰下，生态系统内在变化机理、规律和对人类的反效应，寻求受损生态系统的恢复、重建及保护生态对策的科学，即运用生态学的原理，阐明人类对环境影响及解决环境问题的生态途径的科学。它是环境科学与工程的重要分支。

[提要]　本章重点介绍与环境科学与工程密切相关的生态学基础知识、理论和应用。首先从环境与生态的区别和内在联系入手，深入剖析生态的基本内涵，系统阐述生态系统的组成和结构，重点论述对环境保护最为重要的生态系统两大基本功能——物质循环和能量流动，最后延展性地分析生态学对环境保护的意义及应用。

[要求]　通过本章的学习，了解生态学基本概念、生态系统和生态学在环境保护中的应用。

■ 2.1　生态学概述

2.1.1　生态学定义

生态学（Ecology）一词由德国生物学家 Ernst Haeckel 于 1869 年首次提出，并于 1886 年创立了生态学这门学科。Haeckel 把生态学定义为："研究有机体与环境相互关系的科学"。此后出现了生态学的各种定义，都不同程度地反映出当时生态学的主流和发展趋势。著名生态学家 E. Odum 把生态学定义为"研究生态系统结构和功能的学科"。

生态学是研究生物之间、生物与环境之间相互关系及其作用机理的科学。生态学定义反映出了该学科最基本的特点，即生物是具有适应能力的，环境是复杂变化的统一系统。

环境（Environment）与生态（Ecology）在概念上是不同的，"环境"是指独立存在于某一主体对象（人或生物等中心事物）以外的所有客体总和。"生态"则是指某一生物（系统）与其环境或与其他生物之间的相对状态或相互关系。两者的侧重点不同，环境单方面强调客体，生态则强调主体与客体之间的相互关系。环境与生态通过物质、能量和信息交换构成特定边界中的统一整体，即生态系统（Ecological system）。在生态系统中，任何环境因子变化都会影响生态系统，但并非环境中的任何所谓"破坏"都必然导致生态失调。现在人们常把生态与环境混合使用，以致在对发展过程中出现的环境问题在理解上产生分歧。实际上，人类在资源开发过程中对环境的干扰是必然的、绝对的。我们关心的并不是环境是否变化，而是这种变化是否破坏环境与人及其与其他生物之间的平衡协调关系——动态的平衡和协调关系。

2.1.2　生态学研究对象

生态学研究的对象包括生物分子、个体、种群、群落、生态系统直到生物圈。生态学涉及的环境从无机环境、生物环境到人与人类社会，以及由人类活动导致的环境问题。

由于生物是以等级组织存在的，由生物大分子—基因—细胞—个体—种群—群落—生态系统—景观，直到生物圈。生态学过去主要研究个体以上层次，较为宏观，近年来还向个体以下层次渗透。20世纪90年代初期出现了"分子生物学"。可见，从分子到生物圈都是生态学研究的对象。生态学涉及的环境也非常复杂，从无机环境（岩石圈、大气圈、水圈）、生物环境（植物、动物、微生物）到人与人类社会，以及由人类活动导致的环境问题。生态学研究的范围异常广泛。以下为几个有关生态学的基本概念：

（1）种群（Population）　种群是一个生物物种在一定范围内的所有个体的总和。生物只有形成一个群体，才能繁衍和发展，群体是个体发展的必然结果。

（2）群落（Community）　群落是一定自然区域中许多不同种生物的总和。各种群落的范围有大有小，有的边界明显，有的边界又难以划分，大的如一片热带雨林，小的如一汪积水、一块农田。

（3）生态系统（Ecosystem）　生态系统是任何一个生物群落与周围非生物环境的综合体，是自然界一定空间内的生物与环境之间相互作用、相互制约、不断演变而达到动态平衡的相对稳定的统一体。

（4）生物圈（Ecosphere）　生物圈是地球表面全部有机体及与之发生作用的物理环境的总称。

2.1.3 生态学分类

当今人与自然的关系日益密切，在社会与经济不断发展的过程中，生态学成为最活跃的前沿学科之一。从生态环境、生态问题、生态平衡、生态危机、生态意识、生态安全等词语的高频使用可以看出，生态学具有广泛的包容性和强烈的渗透性。目前，生态学已形成一个庞大的学科体系。

根据研究对象组织水平可将其划分为分子生态学（Molecular Ecology）、进化生态学（Evolutionary Ecology）、个体生态学（Autecology）、生理生态学（Physiological Ecology）、

种群生态学（Population Ecology）、群落生态学（Community Ecology）、生态系统生态学（Ecosystem Ecology）、景观生态学（Landscape Ecology）和全球生态学（Global Ecology）。

根据研究对象生境可将其分为陆地生态学（Terrestrial Ecology）、海洋生态学（Marian Ecology）、淡水生态学（Freshwater Ecology）、岛屿生态学（Island Ecology）。

根据研究性质可将其划分为理论生态学（数学生态）和应用生态学（农业生态学、森林生态学、草地生态学、家畜生态学、自然资源生态学等）。

此外，还有学科间相互渗透而产生的边缘学科，如数量生态学、化学生态学、物理生态学和经济生态学等。近年来，生态学家把注意力转向生物与污染环境之间相互关系及对生态系统的影响方面，产生了污染生态学（Pollution Ecology）。

2.1.4　生态学发展史

生态学创立于 19 世纪。20 世纪前半叶，生态学基础理论和方法都已形成，并在许多方面有了发展，但还是隶属于生物学的一个分支学科。20 世纪后半叶，由于工业发展、人口膨胀、环境污染和资源紧张等一系列世界性问题出现，人们不得不以极大的关注去寻求协调人与自然的关系，探索全球持续发展的途径。社会的需求推动了生态学的发展。

近代系统科学、控制论、电脑技术和遥感技术的广泛应用，为生态学对复杂系统结构的分析和模拟创造了条件，为深入探索复杂系统的功能和机理提供了更科学先进的手段。同时，生态学的研究吸收了其他学科的方法及成果，拓宽了生态学研究范围和深度。生态学向其他学科领域扩散或渗透导致了大量分支学科纷纷涌现。如生态学与数学交叉产生数学生态学；生态学与物理学交叉产生能量生态学；生态学与热理学交叉产生功能生态学；生态学与化学交叉产生化学生态学；与应用和社会学科交叉渗透产生了许多应用科学：农业生态学、林业生态学、污染生态学、环境生态学、人类生态学、社会生态学、人口生态学……

20 世纪 60 年代以来，工业的高度发展和人口的大量增长，带来了许多涉及人类的生死存亡的全球性问题（如人口、环境、资源和能源等）。人类居住环境污染、自然资源破坏与枯竭，这些都迅速地改变着人类自身的生存环境，对人类未来的生活产生威胁。上述问题的控制和解决都要以生态学原理为基础，因而引起了社会对生态学的兴趣与关心。生态学已由生物学的分支学科发展为生物学与环境科学的交叉学科，生态学理论已与自然资源的利用及人类生存环境问题高度相关，并成为环境科学的重要理论基础。

2.1.5　生态学发展趋势

现代生态学较传统生态学在研究层次、研究手段和研究范围上有所不同，表现为如下发展趋势：

（1）研究层次上向宏观与微观两极发展　宏观扩展到生态系统、景观、全球研究（全球变化、生物多样性、臭氧空洞等研究都有较大进展），从区域扩展到整个生物圈。微观已发展了分子生态学和基因生态学水平。

（2）研究手段随着科学技术的发展更加多样化、自动化和精确化　传统的生态学着重对研究对象的描述，所用方法和仪器都很简单。现代生态学研究体现于以下几个方面：①野外自动电子仪器的应用（测植物光合作用、呼吸作用、蒸腾作用，水分状况、叶面积、生物量及微环境等）；②用同位素示踪来检测物质转移与物质循环等；③稳定同位素用于研究生物进化、物质循环和全球变化等；④遥感与地理信息系统用于时空现象的定量、定位与监测；⑤生态建模用于生态过程的动态模拟等。以上技术支持了现代生态学的长远发展。

（3）研究范围的扩展　经典生态学以研究自然现象为主。现代生态学结合人类活动对生态过程的影响，从纯自然现象研究扩展到自然—经济—社会复合系统的研究。生态学在解决资源、环境、可持续发展等重大问题上具有重要作用，从而受到社会的普遍重视。

■ 2.2　生态系统

2.2.1　生态系统

生态系统（Ecological system）是生态学也是污染生态学最重要的概念之一，最早由英国植物学家 A. G. Tansly 于 1935 年提出。他认为生态系统的基本概念是物理学上使用的"系统"整体，这个系统不仅包括有机复合体，而且包括形成环境的整个物理因素复合体。Tansly 的定义实质上强调的是生态系统各组分之间功能上的统一性。这一概念在 20 世纪 50 年代得到了较为广泛的传播。对生态学的发展产生了巨大的影响，在生态学的发展史中是一次重大飞跃，20 世纪 60 年代开始了以生态系统为中心的生态学。

1971 年，世界著名生态学家 E. P. Odum 根据许多生态学者观点，对生态系统这一重要概念进行了科学凝练。他指出"生态系统就是包括特定地段中的全部生物和物理环境的统一体"。

E. P. Odum 在生态系统营养动态和能量流动方面提出了许多新思想和新方法。如提出了大小不同的组织层次谱系（图 2-1），进一步把生态系统概念系统化；生态系统可按图谱所示，把研究对象划分为基因、细胞、器官、个体、种群、群落等层次；每个层次的生物成分和非生物成分的相互关系（物质和能量关系）产生了具有不同特征的功能系统。

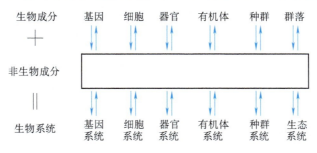

图 2-1　组织层次谱系

生态系统可以是一个很具体的概念，一片池塘、一座别墅、一片森林、一块草地都是一个生态系统，同时它又是在空间范围上抽象出来的概念。小的生态系统可连接成大的生态系统，简单的生态系统可连接成复杂的生态系统。最大最复杂的生态系统就是生物圈。

总之，生态系统可以概括为：在一定时间和空间范围内，由生物群落及其环境组成的一个整体，该整体具有一定的大小和结构，各成员借助能量流动、物质循环和信息传递而相互联系、相互影响、相互依存，并形成具有自组织和自调节功能的复合体。生态系统是生命系统与环境系统在特定空间的组合。

从以上概念可以看出，生态系统有四个基本含义：第一，生态系统是客观存在的实体，有时间和空间的概念；第二，由生物成分和非生物成分组成；第三，以生物为主体；第四，各成员间有机地组织在一起，具有统一的整体功能。

2.2.2　生态系统组成

生态系统由非生物环境、生产者、消费者和分解者四个基本成分组成。生态系统组成成分是指系统内包括的若干类相互联系的各种要素。生态系统由两大部分（即非生物和生物）组成，这两大部分又由四个基本组成成分构成，如图2-2所示。

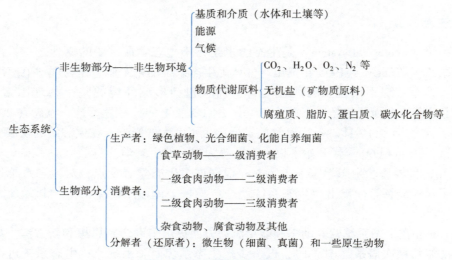

图 2-2　生态系统的组成成分

（1）**非生物环境**（Abiotic environment）　非生物环境指气候因子与营养因子等生物赖以生存的介质和物质代谢原料。气候因子如光照、热量、降水、温度、空气等；营养因子如无机物质（如 C、H_2、O_2、N_2 及矿物盐分等）和有机物质（如糖、蛋白质、脂类及腐殖质）。非生物环境是生物生活的场所，是生物物质和能量的源泉，可谓生命的支持系统。然而随着工农业生产的发展，非生物环境受到了人类活动的强烈干扰。例如，长期的工业燃烧，大气中 CO_2 含量不断上升，由此导致了全球气温升高；有毒化学品的长期释放，导致了土壤和水体中有害物质大量增加。

（2）**生产者**（Producer）　生产者指生物成分中能利用太阳能等能源并将简单无机物转化为复杂有机物的自养生物，如陆生的各种植物、水生的高等植物和藻类，还包括一些光能细菌和化能细菌。生产者是生态系统中生物进行光合作用、制造有机物质、将光能转化为化学能的最积极的因素，是地球上一切生物的食物来源，在生态系统能量流动和物质循环中居于重要地位，是生态系统所需能量的基础。

（3）**消费者**（Consumer）　消费者指以自养生物或其他生物为食而获得生存能量的异养生物，主要是各类动物。它们不能直接利用太阳能来生成食物，只能直接或间接地以绿色植物为食，并从中获得能量。根据不同的取食地位，又可分为：一级消费者（直接依赖生产者为生，包括所有食草动物，如牛、马、兔、池塘中的草鱼以及许多陆生昆虫等，这些食草动物又称为初级消费者）、二级消费者（以一级消费者为食，是捕杀草食动物的食肉动物，如食昆虫的鸟类、青蛙、蜘蛛、蛇和狐狸等，这些食肉动物又可统称为次级消费者）、三级消费者（是猎食食肉动物的捕食者），有时还有四级消费者等（它们通常是生物群落中体形较大、性情凶猛的种类）。值得注意的是，消费者中最常见的是杂食消费者，如池塘中的鲤鱼、大型兽类中的熊等。它们的食性很杂，食物成分季节性变化大，在生态系统中，正是杂食性消费者的这种营养特点构成了极其复杂的营养网络关系。消费者在生态系统中起着重要作用，不仅对初级生产者起着加工、再生产的作用，而且许多消费者对其他生物种群数量起着调控作用。此外，生态系统中还有两类特殊的消费者，一类是腐食消费者，它们是以动植物尸体为食，如白蚁、蚯蚓、兀鹰等；另一类是寄生生物，它们寄生于生活着的动植物体表或体内，靠吸收寄主养分为生，如虱子、蛔虫、线虫和寄生菌类等。

（4）分解者（Decomposer）　也称还原者。这类生物也属异养生物，故又称小型消费者，包括细菌、真菌和原生动物。它们在生态系统中的重要作用是把复杂的有机物分解为简单的无机物，归还到环境中供生产者重新使用。

生态系统的组成成分性质及相互关系如图2-3所示。

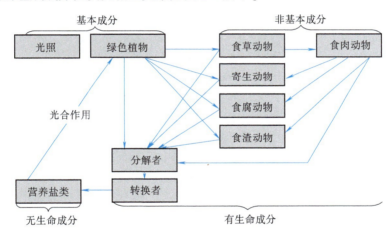

图 2-3　生态系统组成成分性质及相互关系

2.2.3　生态系统分类

自然界中的生态系统是多种多样的，为了研究方便，人们从不同角度，把生态系统分成若干类型。

1. 按生物成分分类

1）植物生态系统（Plant ecological system）。主要由植物和无机环境构成，如森林和草地生态系统。

2）动物生态系统（Animal ecological system）。由植物生态系统和动物组成，在系统中动物起主导作用，以动物取食植物获得能量为主要过程，如鱼塘、畜牧场等生态系统。

3）微生物生态系统（Microbial ecological system）。主要由细菌、真菌等微生物和无机环境组成的生态系统，如落叶层，活性污泥等生态系统，系统中以微生物为主，进行有机物质分解。

4）人类生态系统（Human ecological system）。以人群为主体的生态系统，如城市、乡镇等生态系统。

2. 按生态系统结构以及外界物质和能量交换状况分类

1）开放系统（Open system）。生态系统内外能量与物质都可进行不断交换，地球上绝大多数生态系统属于此种类型。

2）封闭系统（Closed system）。特点是它的周围可以阻止物质输入和输出，但不能阻止能量输入。如宇宙飞船，这种系统是自给的装置，不仅需要生命必需的全部非生物物质，还需要通过生物作用，由生产、消费、分解等各种生命过程来维持平衡状态。

3）隔离系统（Isolated system）。这种生态系统具有封闭的边缘，不仅能阻止物质，而且能阻止能量的输入和输出。与外界处于完全隔绝状态。这是为特殊需要设计的，如科学研究设计的微生态系统在隔离状态下，为进行较为深入模拟试验而建立的一个完全独立自给的生态系统。

3. 按人类活动及其影响程度分类

1）自然生态系统（Natural ecological system）。实际上未受或轻度受人类活动影响的生态系统。该系统具有自动调控和不断更新的能力。

2）半自然生态系统（Half the natural ecological system）。由生物中或多或少有固定联系的生物群落复合体构成。其营养结构和类型受人类活动影响有了变化。生态系统保持了一定自行调控和更新的能力，可分为适度破坏和严重破坏的半自然生态系统。

3）人工复合生态系统（Artificial complex ecological system）。主要特征是人在此系统中起主导作用，并在很大程度上，生物群落已失去自行调控和恢复能力，只有在人的积极参与下，生物群落的生产、更新和物质循环才有可能有序地进行。

4）社会—经济—自然复合生态系统（Social-economic-natural compound ecological system）。随着城市化发展，人类面临的人口、资源和环境等问题都直接或间接关系到经济、社会和人类赖以生存的自然环境三个不同性质的问题。因此，产生了社会—经济—自然复合生态系统的新概念。该系统最为复杂，把生态、社会和经济多个目标一体化，使系统复合效应最高、风险最小、活力最大。

4. 按生态系统大环境条件的不同分类

按生态系统大环境条件的不同，可分为陆地生态系统（Terrestrial ecological system）、水生生态系统（Aquatic ecological system）。

2.2.4 生态系统结构

生态系统（Ecosystem）的各个组成部分、生物种类、数量、分布等在一定时间内处于相对稳定的状态，即生态系统在一定时期保持一个相对稳定的结构。生态系统有三种结构形式，即空间结构（Space structure）、时间结构（Time structure）、营养结构（Nutrition structure）。

1. 空间结构

1）自然生态系统都有分层现象，在结构布局上有一致性，上层阳光充足，集中分布着绿色植物或藻类，有利于光合作用，故上层可称为绿带，或光合作用层。在绿带以下为异养层或分解层。生态系统中的分层有利于生物充分利用阳光、水分、养料和空间。

2）生态系统中生产者和消费者，以及消费者之间相互作用，彼此交织在一起。

3）生态系统边界有不确定性，这主要是由生态系统内部生产者、消费者和分解者在空间位置上变动引起的，其结构较为疏松。一般系统范围越大，结构越疏松。

2. 时间结构

生态系统结构和外貌会随时间不同而变化。一般可从三个时间量度来考察，一是长时间尺度量度，即以生态系统的进化为主要内容；二是中时间尺度量度，以群落演替为主要内容；三是以昼夜、季节和年份等短时间尺度量度的周期变化，如绿色植物白天主要进行光合作用，夜晚进行呼吸作用，且其群落季节性变化十分明显。生态系统短时间结构变化反映了植物、动物等因适应环境因素的周期性变化而出现的整个生态系统的外貌变化。

3. 营养结构

生态系统中各种成分之间最本质的联系是通过营养来实现的，即通过食物链把生物与非生物、生产者与消费者、消费者与消费者连成一个整体。

食物链（Food chain）指生态系统内不同生物之间在营养关系中形成的一环套一环似链条式的关系，即物质和能量从植物开始，然后一级一级地转移到大型食肉动物。食物链上的每一环节称为营养级。一个生态系统中可以有许多条食物链。根据食物链起点不同，可以将食物链分成两大类型：

1）捕食食物链（牧食食物链）：一般是从活体绿色植物开始，然后是草食动物，一级食肉动物，二级食肉动物等。

2）腐食食物链（碎屑食物链）：是从死亡的有机体开始的食物链。

生态系统中食物链交错成网，即食物网（Food web）。食物网从形态上反映了生态系统内各生物机体间的营养位置和相互关系，如陆地生态系统食物网（图2-4）。

图 2-4　陆地生态系统食物网

生态系统中各生物成分之间通过食物网发生直接或间接联系，从而保证生态系统结构和功能的稳定性。生态系统内部营养结构不是固定不变的，而是在不断发生变化。如一条食物链发生故障，可通过其他食物链进行必要的调节和补偿。有时食物网上的某一环节的变化会波及整个生态系统。食物网在生态系统中十分重要：首先，生物网将生物与生物、生物与非生物环境有机连接成一个整体，生态系统中能量流动和物质循环正是沿着食物链（网）渠道进行的；其次，生物网可揭示环境中有毒污染物质转移积累的原理和规律，通过食物网可把有毒物质扩散开来，增大其危害范围，如北极熊和南极企鹅体内都能检测出 DDT，食物链是一条重要传播途径。生物还可以在食物链上使有毒物质逐级富集。在食物链开始，毒物含量较低，随营养级升高，毒物含量逐渐增大百倍、千倍，甚至可达万倍，最终毒物处于较高营养级生物，此现象叫生物放大。人往往处于食物链顶端，所以应十分注意此问题。

【小知识】

鹿"作恶"及狼"行善"

在各个民族，哪怕是风情迥异的民族的童话中，狼几乎永远背负着一个欺负小动物的恶名。"大灰狼，坏蛋！"三岁孩童在动物园里见到狼，多半会这么喊。鹿则不同，在童话中，它总是美丽、善良的化身。

然而，我们在这里要讲一个与上述观念不同的故事：鹿怎样"作恶"，狼怎样"行善"。这个故事可不是童话，它是真事！

1906 年以前，美国北亚利桑那州的凯巴伯森林还是松杉葱郁，生机勃勃。大约有 4 千多头的鹿在林间出没，以贪婪的眼光尾随鹿群的，是以凶残著称的狼。

生机勃勃　松杉葱郁

鹿的忧患，不知怎的引起了当时的美国总统西奥多·罗斯福的关怀。他宣布凯巴伯森林为全国狩猎保护地，随后由政府雇请猎人到那里去消灭狼，好心好意的罗斯福，希望鹿在他的庇护下，能繁殖得更旺些，使人们可以猎到更多的鹿。

枪声震荡！在青烟袅袅的枪口下，"可恶"的狼一个跟着一个，哀嚎着倒在血泊中。"镇压"持续了 25 年，狼与其他一些鹿的捕食者，总共被消灭了 6 千多只。

消灭了恶狼，看来是功德无量的事了。一点不错，受到特别保护的鹿，渐渐地把凯巴伯森林变成了它们的"自由王国"。自由的鹿，自由自在地繁育，自由自在地在大森林里啃来啃去。很快，在这片森林里，鹿的同胞总数超过了 10 万。同时人们也发现，它们好像被宠坏了一样，越来越不可爱。首先是闹起了"饥荒"：灌木、小树、树皮……一切鹿能吃到且吃得下去的绿色植物，都遭到了扫荡。整个森林像受了灾一样，绿色在消退，枯黄在蔓延。紧接着，灾难降临鹿群：饥饿、疾病，像魔怪的影子一样在鹿群中游荡。只过了两个寒冬，鹿群就减少了 6 万头。到 1942 年，凯巴伯森林只剩下 8 千头病鹿。

罗斯福起初大概怎么也不会想到，他下令捕杀的狼，居然是森林的守护神；不仅如此，它们还守护着鹿群的康宁。狼吃掉一些鹿，控制着森林中鹿的总数，森林就不至于被鹿糟蹋得如此不堪；狼吃掉的鹿，多半是生存能力弱的病鹿，这自然又抑制了疾病对鹿群的威胁。相反，罗斯福要保护的鹿，一旦在森林中过多地繁殖，倒成了毁林的罪魁祸首。

鹿是善良的、有益的，狼是凶残的、有害的，这种观念延续了几千年，已成为根深蒂固的偏见。凯巴伯森林的故事反驳了这种偏见。什么事都不能绝对化，只顾眼前，而不顾后患。从局部看，人需要鹿，而除去鹿的捕食者狼；从整体看，森林里却少不了控制食草动物过分繁殖的肉食动物。

　　生活在同一地球上的所有生物都由形式不同的纽带联系在一起。凯巴伯森林的变迁提醒人们要注意这种纽带，人为破坏这种纽带，必将给人类自己带来灾难。这就是大自然的辩证法。

　　摘自刘允洲等编：《生命之网-生态平衡趣谈》，知识出版社1988年出版

2.2.5　生态系统基本功能

　　物质生产（Material production）、能量流动（Energy flow）、物质循环（Material circulation）和信息传递（Information transfer）是生态系统的四大基本功能。任何生态系统都不断地进行着能量流动和物质循环，两者紧密联系形成了一个整体，是生态系统的动力。

1. 物质生产

　　生态系统不断运转，有机体在代谢过程中通过能量转化和物质重新组合，形成新产物的过程称为生态系统的生产。生态系统的生物生产可分为初级生产和次级生产两个过程。前者是生产者把太阳能转化为化学能的过程，又称植物性生产。后者是消费者将初级生产物转化为动物能，故称为动物性生产。

　　（1）初级生产（Primary production）　初级生产是指绿色植物的生产，即植物吸收和固定光能，通过光合作用把无机物转化为有机物的过程。初级生产的过程可用下列化学反应式概述

$$6CO_2 + 12H_2O \xrightarrow{\text{光能、叶绿体}} C_6H_{12}O_6 + 6O_2 + 6H_2O \tag{2-1}$$

式中，CO_2 和 H_2O 是原料，糖（葡萄糖/$C_6H_{12}O_6$）是光合作用的主要产物，由其再合成蔗糖、淀粉和纤维素等。

　　植物在单位面积、单位时间内通过光合作用固定的太阳能的量称为总初级生产量（P_G），常用单位 $J/(m^2 \cdot a)$。总初级生产量减去植物的呼吸量（R），余下的有机物质即净初级生产量（P_N）。总初级生产量与净初级生产量之间的关系可用下式表示

$$P_N = P_G - R \tag{2-2}$$

　　生态系统初级生产的能源来自太阳辐射能，如果把照射在植物叶面的太阳光计作100%，除去叶面蒸腾、反射、吸收等消耗，用于光合作用的太阳能约为 0.5% ~ 3.5%，这就是光合作用能量的全部来源。生产过程的结果是太阳能转变为化学能，使简单的无机物转变为复杂的有机物。

　　在一个时间范围内，生态系统的物质贮存量称为生物量（Biomass）。不同的生态系统，不同的水、热条件下的不同生物群落，太阳能的固定及其速率、总初级生产量、净初级生产量和生物量都有很大差异。全球初级生产量分布有以下特点：

　　1）陆地比水域的初级生产量大。主要是因为占海洋面积最大的大洋区缺乏营养物质，其生产能力很低，平均仅为 $125g/(m^2 \cdot a)$，有"海洋沙漠"之称。

2）陆地上初级生产量又有随纬度的增加而逐渐减少的趋势。陆地生态系统中热带雨林的初级生产量最高，由热带雨林向温带常绿林、落叶林、北方针叶林、稀树草原、温带草原、沙漠依次减少。初级生产量从热带到亚热带、温带、寒带逐渐减少。

3）海洋中初级生产量有由河口湾向大陆架和大洋区逐渐减少的趋势。河口湾由于有大陆河流携带的营养物质输入，其净初级生产量平均为 $1500g/(m^2 \cdot a)$。

（2）次级生产（Secondary production） 生态系统的次级生产是指消费者和分解者利用初级生产物质进行同化作用建造自己和繁衍后代的过程。次级生产形成的有机物（消费者体重增加和后代繁衍）的量叫次级生产量（P）。

生态系统净初级生产量只有一部分被食草动物利用，大部分未被采食或触及。真正被食草动物摄取利用的这一部分称为消耗量。消耗量中大部分被消化吸收，剩余部分经消化道排出体外。被动物固定的能量，一部分用于呼吸而被消耗掉，剩余部分被用于个体生长和生殖。生态系统次级生产量用下式表示

$$P_S = C - F_U - R \tag{2-3}$$

式中，P_S 为次级生产量；C 为摄入的能量；F_U 为排泄物中的能量；R 为呼吸消耗的能量。

2. 能量流动

能量是做功能力的度量。在生态系统中，能量是基础，一切生命活动都存在着能量的流动和转化。

生态系统的能量流动是指能量通过食物网在生态系统内的传递与耗散过程。它始于生产者的初级生产，止于还原者的功能完成，整个过程包括能量形式的转化、能量的转移与耗散。

生态系统中能量包括动能（Kinetic energy）和潜能（势能）（Potential energy）两种形式，生物与环境之间以传导和对流的形式相互传递与转化的能量是动能，包括热能与光能；通过食物链在生物之间传递与转化的能量是势能。生态系统的能量流动也可看作是动能和势能在系统内的传递与转化过程。

生态系统的能量流动有能量形式的转变、能量的转移、能量的利用、能量的耗散四种基本模式，如图 2-5 所示。

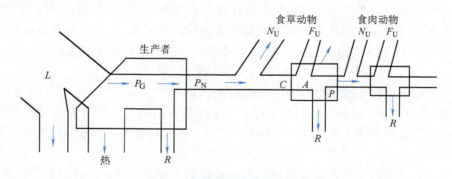

图 2-5 生态系统能量流动模式

L—太阳总辐射 P_G—总初级生产固定能量 P_N—净初级生产固定能量 R—呼吸耗能量 C—摄入的能量
A—同化固定能量 P—次级生产能量 N_U—利用能量 F_U—随粪尿流失的能量

（1）能量形式的转变 生态系统中能量形式是可以转变的。如在光合作用中将光能转

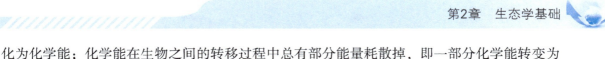

化为化学能；化学能在生物之间的转移过程中总有部分能量耗散掉，即一部分化学能转变为热能耗散到环境中。

（2）能量的转移　生态系统中，以化学能形式存在的初级生产产品是生态系统内的基本能源。这些初级生产产品一部分为各种食草动物采食，另一部分（如凋落的枯枝败叶）成为分解者的食物来源。该过程中能量由植物转移到动物和微生物身上。

（3）能量利用　能量在生态系统流动中，总有一部分被生物所利用，供其生长繁殖。

（4）能量耗散　无论是初级生产还是次级生产，能量在传递和转变中总有部分被耗散。生产者呼吸作用消耗的能量约占生物总初级生产量的50%，能量在动物之间传递也是如此，两个营养层次间能量利用率一般只有10%左右。

生态系统中能量流动是通过食物关系得以实现的，即植物—食草动物—食肉动物。所以，生态系统能流的渠道就是食物链和食物网。生态学中把具有相同营养方式和食性的生物归为同一营养层次，即一个营养级。如生产者称为第一营养级，它们都是自养生物；食草动物为第二营养级，它们是异养生物，并具有以植物为食的共同食性；食肉动物为第三、第四……营养级。但有些动物可能同时占有多个营养层次，如杂食动物。根据生物之间的食物联系方式和环境特点，可把生态系统的能量流动分为以下类型：

1）第一能流。指生态系统中牧食食物链传递的能量。如小麦—麦蚜虫—肉食性瓢虫—食虫小鸟—猛兽。

2）第二能流。指生态系统中腐生性食物链传递的能量。如动植物残体—微生物—土壤动物；有机碎屑—浮游动物—鱼类。

3）第三能流。指生态系统能流过程中，被贮存和矿化的能量。如森林蓄积的大量木材和植物纤维等。又如地质年代中大量动植物被埋藏于地层形成化石燃料。这部分能量经燃烧或风化而散失，从而完成其能流过程。

生态系统中能量传递与转化是遵循热力学第一、第二定律的。热力学第一定律就是能量守恒定律，即能量由一种形式转化为其他形式时，能量既不能消灭，也不能凭空产生。热力学第二定律阐述了任何形式的能（除了热）转变到另一种形式能的自发转换中，不可能100%被利用，总有一些能量以热的形式被耗散出去，这时熵就增加了。

生态系统能量流动具有以下特点：

1）能流是变化着的。与非生命的物理系统不同，生态系统中能流是变化的，且常成非线性。如捕食者的捕食量和消化率都是变化的，无法确定。所以无论是短期行为，还是长期进化，生态系统中的能流都是变化的。

2）能流的不可逆性。生态系统中能量只能是朝一个方向的单向流，是不可逆的。其流动方向为：太阳能—绿色植物—食草动物—食肉动物—微生物。就总的能流途径而言，能量只能一次性流经生态系统。

3）能量的耗散。在生态系统能量传递与转化过程中，除了一部分可继续传递和做功的自由能外，还有一部分不能传递和做功的能，以热的形式耗散，即能量从太阳辐射能被生产者固定开始，沿营养级转移，每次转移都有能量以热的形式散失，流动中的能量则逐渐减少。以各营养级所含能量绘制成图，形似塔状，称为"生态金字塔（Ecological pyramid）"，如图2-6所示。

4）能量利用率低。生产者对太阳能利用率很低，只有约1.2%。然后能量通过食物营养关系从一个营养级转移到下一营养级，能量大约减少90%，通常只有4.5%～17%（平均约为10%）转移到下一营养级，即能量转化率为10%，这就是生态学中的"**十分之一定律**"，也称"林德曼效率"，是由美国生态学家林德曼于1942年提出的。这一定律证明了生态系统的能量转化效率是很低的，因而食物链的营养级不可能无限增加。国外有学者先后对100多个食物链进行了分析，结果表明大多数食物链有三或四个营养级，而有五个或六个营养级的食物链的比例很少。

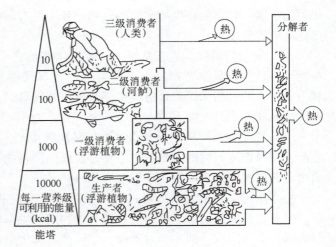

图 2-6　生态金字塔

3. 物质循环

物质循环是生态系统的重要功能之一。生态系统中生物的生命活动除需要能量外，还需要物质基础。生态系统中各种营养物质经过分解者分解成为可被生产者利用的形式归还至环境中重复利用，周而复始地循环，这个过程就是物质循环。

生态系统的物质循环是闭路循环，在系统内，在环境、生产者、消费者和还原者之间进行。植物根系吸收土壤中营养元素通过光合作用建立植物本身，消费者和分解者直接或间接以植物为食，植物的枯枝败叶、动物的尸体，经过还原者的分解，又归还到土壤中重新利用。

（1）生态系统物质循环的常用概念

1）库（Pool），是指某一物质在生物或非生物环境中暂时滞留（被固定或贮存）的数量。如在一个湖泊生态系统中，磷在水体中的数量是一个库，磷在浮游生物中的含量又是一个库，磷在这两个库中的流动变化就是磷这一营养物质的流动。可见生态系统的物质循环实际上就是物质在库与库之间的转移。库可分为两类：贮存库，其容量大，元素在库中滞留的时间长，流动速率小，多数为非生物成分，如岩石或沉积物；交换库或循环库，是指元素在生物和其环境之间进行迅速交换的较小而非常活跃的部分，如植物库、动物库和土壤库等。

2）流通率（Flow rate），指物质在生态系统中单位时间、单位面积（或体积）内移动的量。

3）周转率（Turnaround rate）。是指某物质出入一个库的流通率与库量之比，即

$$周转率 = 流通率/库中该物质的量 \qquad (2-4)$$

4）周转时间（Turnaround time），就是周转率的倒数。周转率越大，周转时间就越短。如CO_2周转时间大约是一年多一点；大气圈中的N_2周转时间大约近一百万年；大气圈中水的周转时间只有10.5天，即大气圈中的水分一年要更新34次；海洋中主要物质的周转时间，硅最短，约8000年，钠最长，约2.06亿年。

（2）生态系统中的物质　生物的生命过程中约需30～40种化学元素，这些元素大致可分为三类：

1）能量元素（Energy element），也称结构元素，是构成生命体〔如蛋白质（Protein）、核酸（Nucleic acid）、多糖（Polysaccharide）和脂类（Lipid）〕的必需的基本元素，包括碳、

氢、氧、氮。

2）大量元素（Constant element），是生命过程大量需要的元素，包括钙、镁、磷、钾、硫、钠等。

3）微量元素（Trace elements），以人体为例，上述两类元素约占99.95%，而微量元素在人体只占0.05%，包括铁、锌、铜、硼、锰、钼、钴、氟、碘、硒、硅、锶等。微量元素的需要量很少，但却是不可缺少的。在人体中，铁元素是血红素的主要成分，钴是维生素B_2不可缺少的元素，钼、锌、锰是多种酶的组成元素。这些物质主要存在于水域和土壤中。

（3）生态系统物质循环和能量流动关系　生态系统中生命的生存和繁衍，既需要能量，也需要物质。没有物质，生态系统就会解体；没有能量，物质也不能在生态系统中进行循环，生态系统也不能存在。

物质是能量的载体，没有物质，能量就不可能沿着食物链传递。物质是生命的基础，也是贮存、运载能量的载体。

生态系统的能量流和物质流紧密结合，维持着生态系统的生长发育和进化（图2-7）。生态系统能量来自太阳，物质来自地球，即地球上的大气圈（Atmosphere）、水圈（Hydrosphere）、岩石圈（lithosphere）和土壤圈（Soil circle）。"天"与"地"结合，才有了生命和生态系统。

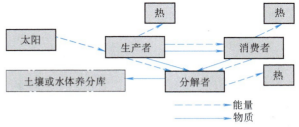

图2-7　生态系统能量流动与物质循环

（4）生态系统物质循环分类　从物质循环层次上分，可分为生物个体层次的物质循环、生态系统层次的物质循环和生物圈层次的物质循环。

1）生物个体层次的物质循环主要指生物个体吸收营养物质建造自身的同时，还经过新陈代谢活动把体内产生的废物排出体外，经分解者作用归还于环境。

2）生态系统层次的物质循环是在一个具体范围内进行的（某一生态系统内），在初级生产者代谢的基础上，通过各级消费者把营养物质归还于环境之中的营养物质循环。

3）生物圈层次的物质循环是营养物质在各生态系统之间输入和输出，以及它们在大气圈、水圈和土壤圈之间的交换，称为生物地球化学循环或生物地质化学循环。

根据物质参与循环的主要形式，可以将循环分为气相循环、液相循环和固相循环三种。气相循环为气态，以这种形态进行循环的主要营养物质有碳、氧、氮等。液相循环主要指水循环，是水在太阳能驱动下，由一种形式转变为另一种形式，并在气流和海流的推动下在生物圈内循环；固相循环又称沉积型循环，参与循环的物质中有一部分通过沉积作用进入地壳而暂时或长期离开循环。这是一种不完全性循环。属于这种循环方式的有磷、钙、钾和硫等。

（5）主要的生物地球化学循环

1）水循环。水循环（Water cycle）属于液相循环，是太阳能驱动的全球性循环。地球表面三分之二以上被水所占据，海洋、湖泊、河川中的水不断蒸发，进入大气。水蒸气随着大气流动，遇冷凝结成雨、雪、雹等降落地面。降水中有一部分流入江河，最后汇入海洋；另一部分成为地下水，一部分被植物吸收。被植物吸收的水，除了少量结合在植物组织外，大部分通过植物叶面的蒸腾作用重返大气。为了维持生命，动物也从外界摄入一定量的水

（直接摄入或通过吃植物），并通过体表蒸发和排泄把水释放到外界环境，但总量比通过植物的水要少得多。

图 2-8 所示为生物圈中水循环的简图。全球水循环是最基本的生物地球化学循环，它强烈地影响着其他所有各类物质的循环。水循环对一切生物的生命维持系统，对人类的生产和生活都是必不可少的，此外，它还起到调节气候、清洁大气和净化环境等作用。

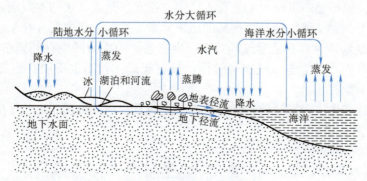

图 2-8　生物圈中水循环

2）碳循环。碳循环（Carbon cycle）是生物圈（Biosphere）中一个很重要的循环。碳是构成有机物的必需元素，生物体干重的 40% ~50% 为碳元素。碳还以二氧化碳的形式存在于大气中。绿色植物从空气中获取二氧化碳，通过光合作用，把二氧化碳和水转变为葡萄糖，同时放出氧气。这一过程可视为自然界碳循环的第一步。植物本身的新陈代谢（Metabolism）或作为食物进入动物体内时，植物性碳一部分转化为动物体的构造物质等，一部分在动植物呼吸时，以二氧化碳形式排入大气，这是碳循环的第二步。最后植物败叶、动物尸体等有机物，又被微生物分解，生成二氧化碳排入大气，从而完成了一次完整的碳循环。如图 2-9 所示。

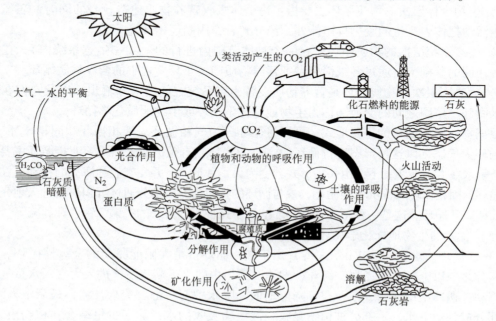

图 2-9　生物圈中碳循环

另外，还有一些碳的支循环，如岩石中的碳酸盐从大气中吸取二氧化碳，溶于水中，形成的碳酸氢钙在一定条件下转变为碳酸钙沉积于水底。水中的碳酸钙被鱼类、甲壳类动物摄取并构成它们的贝壳、骨骼等组织，一部分最终又转移到陆地上来，这是碳循环的又一途径。还有一条途径是在地质年代，动植物尸体长期埋在地层中，形成各种化石燃料，人类在燃烧这些化石燃料时，燃料中的碳氧化成二氧化碳，重新回到大气中，完成碳的循环。

目前，碳循环出现了两个方面的主要问题，一是人为活动向大气中输送的二氧化碳大大增加，二是人类的砍伐破坏使森林面积逐渐缩小，被植物吸收利用的二氧化碳越来越少，结果使大气中二氧化碳含量有了显著增加，即在碳循环过程中，二氧化碳在大气中停滞或聚集，其"温室效应"的加强，将导致全球气候变暖，这已成为全世界忧虑的环境问题之一。

3）氧循环。氧（Oxygen）存在于大气圈、水圈、岩石圈与生物体中。大气中的氧气，是在生物圈漫长的岁月中由植物光合作用积累形成的，是人类、动物和好氧微生物呼吸所需氧气的来源。大气中的氧气大体上稳定在一个水平上，正常空气中按体积计算的氧气含量是20.95%。大气与海洋在交界面上进行的氧气交换，对稳定大气中的氧气含量起一定的作用。大气中氧气含量的波动范围在0.5%左右。

一个正常的成年人每小时大约需吸入25L氧气，呼出22.6L二氧化碳。当空气中含氧量降到12%时，可发生代偿性呼吸困难；降到10%时，可发生恶心、呕吐、智力活动减退等现象；当空气中氧气含量在7%～8%以下，又不能及时供氧时，可危及生命，使呼吸、心脏活动停止。

4）氮循环。氮是生物细胞的基本元素之一，蛋白质和核酸都是含氮物质。大气中78%都是氮气，但绝大多数生物无法直接利用，氮只有从游离态变成含氮化合物时，才能成为生物的营养物质。

氮循环（Nitrogen cycle）主要是在大气、生物、土壤和海洋之间进行。大气中的氮进入生物有机体主要有四种途径。一是生物固氮（Biological nitrogen fixation），某些植物（豆科植物）的根瘤菌和一些蓝细菌褐藻类能把空气中的惰性氮转变为硝酸氮，供植物利用。二是工业固氮（Industrial nitrogen），是人类通过工业手段，将大气中的氮合成为氨或铵盐，即农业上使用的氮肥。三是岩浆固氮（Magma of nitrogen），火山爆发时喷出的岩浆可以固定一部分氮。四是大气固氮，雷雨天气发生的闪电现象产生的电离作用，可以使大气中的氮和氧化合成硝酸盐，经雨水淋洗进入土壤。植物从土壤中吸收铵盐或硝酸盐等含氮离子，在植物体内与复杂的含碳分子结合成各种氨基酸和核酸，氨基酸缩合形成蛋白质，核酸构成生命的遗传物质。动物直接或间接从植物中摄取植物性蛋白，作为自身蛋白质组成的来源，并在新陈代谢过程中将一部分蛋白质分解成氨、尿素和尿酸等排出体外，进入土壤。动植物死后，体内的蛋白质和核酸被微生物分解成硝酸盐或铵盐回到土壤中，重新被植物吸收利用。土壤中的一部分硝酸盐，在反硝化细菌作用下，变成氮回到大气中。所有这些过程总合起来构成氮的循环（图2-10）。

人类活动使氮循环出现了问题。现在在氮循环中，工业固氮量已占很大比例。据统计，在20世纪70年代，全世界工业固氮总量已与全部陆生生态系统的固氮量基本相等。这种人为干扰，使氮循环的平衡被破坏，每年被固定的氮超过了返回大气的氮。大量的化合氮进入江河、湖泊和海洋，使水体出现富营养化，使藻类和其他浮游生物极度增殖，鱼类等难以生存。这种现象在江河湖泊中成为水华，在海洋中成为赤潮。另外，大气中被固定的氮，不能

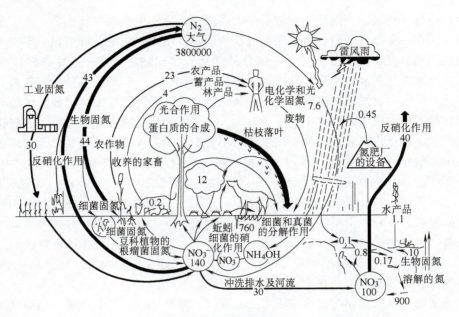

图 2-10　生物圈中氮循环

以相应数量的分子氮返回大气，却形成一部分氮氧化物进入大气，是造成现在大气污染的主要原因之一。

5）硫循环（Sulfur cycle）。硫是构成氨基酸和蛋白质的基本成分，它以二硫键的形式把多肽链的不同部分连接起来，对蛋白质的构型起着重要作用。硫循环兼有气相循环和固相循环的双重特征。SO_2 和 H_2S 是硫循环中的重要组成部分，属气相循环；硫酸盐被长期束缚在无机沉积物中，释放十分缓慢，属于固相循环。

大气中的 SO_2 主要来自化石燃料燃烧及动植物废物、残体的燃烧；H_2S 主要来自有机物的厌氧分解和火山喷发，它们经雨水的淋洗，进入土壤，形成硫酸盐。土壤中的硫酸盐一部分供植物直接吸收利用，另一部分则沉积海底，形成岩石。

人类对硫循环的干扰，主要是化石燃料的燃烧，向大气排放了大量的 SO_2，这不仅对生物和人体健康带来直接危害，还会形成酸雨，使地表水和土壤酸化，对生物和人类生存造成更大的威胁。

（6）生物地球化学循环与全球环境变化　工业革命以来，人类的生产和生活活动强度大大增加，产生了大量的 C、N、P 和 S 污染物，导致了大气、水体、土壤和动植物，乃至整个生态系统的污染，全球生态环境日益恶化。当这些污染物加入到原有的 C、N、P 和 S 的生物地球化学循环中，可能出现两种结局：生物地球化学循环一方面使环境中的这些污染物的数量减少了，而且可能转化为毒性较小或没有毒性的其他物质；另一方面，也有可能转化为毒性更大的二次污染物，使 C、N、P 和 S 的局部污染有可能成为全球性的环境问题。

全球生态环境恶化是 C、N、P 和 S 等元素生物地球化学循环受到破坏的必然结果。反过来，全球生态环境不断恶化，必然打乱 C、N、P 和 S 等元素的生物地球化学循环，甚至使它们终止而成为"非循环"状态。正如 Hutchinson 指出的，"我们加快了许多物质的迁移运动，以至于使循环区域更加不完善，导致了矛盾的局面"。如温室效应（Greenhouse effect）的发生与人类对全球水平上的 C、N、P、S 和水的循环的巨大干扰有着不可分割的关系。温室气体（Greenhouse gas）包括 CO_2、H_2O、SO_2、CH_4 等。再如臭氧层耗竭，氯和溴的生物地球化学循环与臭氧层耗竭有关，如含卤烃类（特别是氟利昂）通过光化学反应（Photochemical reactions）对臭氧层中的臭氧产生破坏作用；此外，平流层中的 NO、NO_2 等氮氧化物也可消耗臭氧。还有酸雨，也与 C、N、S 和水的生物地球化学循环有着密切的联系，释放到大气中的 NO 和 NO_2 等氮氧化物及 SO_2、SO_3 等硫氧化物通过生物地球化学循环和水蒸气相互作用，产生了危害性更大的稀 HNO_3 和 H_2SO_4 微滴，形成酸雨。N、P 通过化肥、洗涤剂和动物粪便等进入水体是导致河流和湖泊发生富营养化（Eutrophication）、海湾和近海海域产生赤潮的主要原因。

4. 信息传递

生态系统包含着大量的复杂信息，既有系统内要素间关系的"内信息"，又存在着与外部环境关系的"外信息"。信息是生态系统的基础要素之一。

生态系统信息传递又称信息流（Information flow），是生态系统中生命成分之间相互作用、相互影响的一种特殊形式。整个生态系统中的能流和物质流的行为是由信息决定的，而信息又寓于物质和能量流动之中，因此，物质流和能量流是信息流的载体。

信息流与物质流、能量流相比有其自身的特点：物质流是循环的，能量流是单向的不可逆的，而信息流是有来有往的双向流。正是由于信息流的存在，生态系统的自动调节机制才得以实现。

信息流从生态学角度主要分为营养信息、物理信息、化学信息和行为信息。

（1）营养信息 通过营养传递的形式，把信息从一个种群传递给另一个种群，或从一个个体传递给另一个个体，即营养信息（Nutrition information）。实际上食物链、食物网就可以视为一种营养信息传递系统。例如，在英国，牛的饲料是三叶草，三叶草传粉靠土蜂，土蜂的天敌是田鼠，田鼠的天敌是猫，猫的多少会影响牛饲料的丰欠，这就是一个营养信息的传递过程。食物链中任一环节出现变化，都会发出一个营养信息，对别的环节产生影响。

（2）物理信息 通过声音、光、色彩等物理现象传递的信息，都是生态系统的物理信息（Physical information）。这些信息对于生物而言，有的表示吸引，有的表示排斥，有的表示友好，有的表示恐吓。

与植物有关的物理信息主要是光和色彩。植物与光的信息联系是紧密的，植物和动物之间信息常是非常鲜艳的色彩。例如，很多被子植物依赖动物为其传粉，很多动物依赖花粉取得食物，被子植物产生鲜艳的花色，就是给传粉的动物一个醒目的标志，是以色彩传递的物理信息。

动物间的物理信息十分活跃、复杂，它们更多地使用声音信息。昆虫是用声信号进行种内通信的一批陆生动物。用摩擦发出声信号，是昆虫中最常见的声信号通信方式。鸟类的鸣叫、兽类的吼叫可以表达惊恐、安全、恫吓、警告、嫌恶、有无食物和要求配偶等各种信息。这些实际上就是动物的语言。鸟类以用声音信息通信而著称。鸟类声音信号可分为三类，即机械声、叫声和歌声。动物世界还没有一类动物像鸟类那样善于使用声音通信。已知9000 种左右鸟类，几乎都能发出声音信号，这是鸟类进化的标志。动物间使用光信号的有荧光昆虫和鱼类的闪光等。

（3）化学信息 化学信息（Chemical information）是生物在某些特定条件下，或某个生长发育阶段，分泌出的某些特殊的化学物质，这些分泌物不提供营养，而是在生物的个体或种群间传递某种信息，这就是化学信息，这些分泌物称为化学信息素，也称为生态激素。

随着化学生态学的迅速发展，多种化学信息素被发现。这些物质制约着生态系统内各种生物的相互关系，使它们之间相互吸引、促进和相互排斥、克制，在种间或种内发生作用。例如，有的植物可以分泌某些有毒化学物质，抑制或灭杀其他个体的生长；有的生物个体可以分泌某种激素，用以识别、吸引、报警、防卫，或者引起性欲或兴奋等。这些生态激素在生物体内含量极少，但是一旦进入生态系统，就会作为信息传递物质而使物种内和物种间关系发生明显变化。

（4）行为信息 许多动物的不同个体相遇时，常会表现出有趣的行为，即行为信息（Behavior information）。这些信息有的表示识别，有的表示威胁、挑战，有的向对方炫耀自己的优势，有的则表示从属。例如，大部分鸟类进攻时头向前伸、身体下伏、振动翅膀、嘴巴向上，即所谓"张牙舞爪"；表示屈服时，头向后缩、颈羽膨起，一副"俯首帖耳""夹着尾巴"的样子。燕子在求偶时，雄燕会围绕雌燕在空中做出特殊的飞行形式。社会性昆虫如蜜蜂、白蚁等生活中基本特点是信息的频繁传递，没有信息的传递，就难以想象数万、甚至上百万的个体能有分工、有协作、行动中有条不紊形成整体。蜜蜂除具有光、声、化学信号通信外，舞蹈行为是它们信息传递的又一重要方面。

对于生态系统的信息传递，人类还知之甚少。生态系统的信息比任何其他系统都要复杂，所以在生态系统中才形成了自我调节、自我建造、自我选择的特殊功能。生态系统信息传递是生态学研究中的薄弱环节，也是颇具吸引力的研究领域。另外，通过对生物信息传递的研究，还可获得其他生态信息。

2.2.6 生态系统平衡

1. 生态系统平衡定义

广义的生态平衡（Ecosystem balance）是指生命各个层次上主体与环境的综合协调。生态平衡是生态系统在一定时间内结构与功能的相对稳定状态，其物质和能量的输入、输出接近相等，在外来干扰下，能通过自我调节恢复到原初稳定状态。也就是说生态平衡应包括三个方面的平衡，即结构上的平衡、功能上的平衡、输入和输出物质数量上的平衡。

生态平衡是相对的平衡。任何生态系统都不是孤立的，都会与外界发生联系，会经常受到外界的干扰和冲击。生态系统的某一部分或某一环节，经常在一定的限度内有所变化，只是由于生物对环境的适应性，以及整个生态系统的自我调节机制，才使系统保持相对稳定状态。所以，生态系统的平衡是相对的，不平衡是绝对的。当外来干扰超过生态系统自我调节能力，不能回复到原初状态时，就说是生态失调，或生态平衡的破坏。

生态平衡是动态的平衡。生态系统各组成部分不断地按照一定的规律运动和变化，能量在不断地流动，物质在不断地循环，整个系统都处于动态变化之中。维护生态平衡不是为保持其原初状态。生态系统在有益的人为影响下，可以建立新的平衡，达到更合理的结构、更高效的功能和更好的生态效益。

2. 保持生态平衡的因素

生态系统有很强的自我调节能力。例如，在森林生态系统中，若由于某种原因发生大规模的虫害，在一般情况下不会发生生态平衡的毁灭性破坏。因为害虫大规模发生时，以这种害虫为食的鸟类获得更多的食物，促进了鸟类的繁殖，从而会抑制害虫发展。这就是生态系统的自我调节。但是任何一个生态系统的调节能力都是有限的，外部干扰或内部变化超过了这个限度，生态系统就会遭到破坏，这个限度称为生态阈值。生态系统自我调节能力，与下列因素有关。

（1）结构多样性　生态系统的结构越复杂，自我调节能力越强；结构越简单，自我调节能力越弱。例如，一个草原生态系统，若只有草、野兔和狼构成简单食物链，那么一旦某一环节出了问题，如野兔被消灭，这个生态系统就会崩溃。如果这个生态系统食草动物不限于野兔，还有山羊和鹿等，那么，在野兔不足时，狼会去捕食山羊和鹿，野兔又可得以恢复，生态系统仍会处于平衡状态。同样是森林，热带雨林的结构要比温带的人工林复杂得多，所以，热带雨林就不会发生人工林那样毁灭性的害虫"爆发"。生态系统的自我调节能力与结构的复杂程度有着密切的关系。

（2）功能完整性　是指生态系统能量流动和物质循环再生的合理运转。运转得越合理，自我调节能力就越强。例如，我国北方的河流就没有南方的河流对污染的承受能力强，河流对污染的自我净化能力与稀释水量、温度、生物降解所需的微生物等因素有关，南方河流水量大，水温高，可以进行生物降解的微生物数量和种类多，所以南方河流抗污染，进行自我调节的能力比北方河流强。

3. 破坏生态平衡的因素

导致生态系统失衡的原因有自然因素和人为因素。

自然因素（Natural factors）主要是指自然界发生的异常变化或自然界本来就存在的对人类和生物的有害因素。如火山爆发、海啸、水旱灾害、地震、台风、流行病等自然灾害，都会使生态平衡遭到破坏。自然因素对生态系统的破坏是严重的，甚至可能是毁灭性的，并具有突发性的特点。但这类自然因素一般是局部的，出现的频率不高。由自然因素引起的生态平衡破坏，称为第一环境问题。

人为因素（Human factors）主要指人类对自然资源不合理利用，以及人类生产和社会活动产生的有害因素。人为因素是引起生态失衡的主要原因。由人为因素引起的生态平衡破坏，称为第二环境问题，主要表现在以下几个方面：

（1）物种改变引起的生态失衡　人类有意或无意地使生态系统中某一种生物消失或往其中引进某一种生物，都可能对生态系统造成影响。在一个稳定的生态系统中，如果人们引进某个生物物种，这个物种在原来的生态系统中由于环境的阻力，其种群密度被控制在一个生物学常数的水平上，但在迁入一个新的生态系统中，开始阶段这个物种也有一个适应新环境的过程，到一定阶段，因为没有天敌，可能会急剧增加，引起"生态爆炸"，打破生态平衡。例如，1859年一个名叫托马斯·奥斯京的澳大利亚人，从英国带回24只野兔，放养在自己的庄园里，供自己打猎用，在几乎没有天敌的情况下，欧洲野兔在短时间内以惊人的速度大量繁殖，在草原上以每年推进113km的速度向外蔓延，侵占了大量肥沃草地，与牛羊争牧场，使该地区原来的青草和灌木被吃光，造成了严重的水土流失，生态系统遭到了严重的破坏。直到1950年引进该野兔的天敌——种黏液瘤病，才控制了该野兔的蔓延。又如，1956年非洲蜜蜂被引进巴西，与当地的蜜蜂交配，产生的杂种具有极强的毒性且主动向人攻击。这些"杀人蜂"在南美洲森林中，因没有天敌而迅速繁殖，每年以200~300km的速度扩散，后来甚至到达美国南方几个州，对人和家畜的生命构成极大的威胁。我国20世

50 年代曾举国动员消灭麻雀，致使许多地方出现严重的虫害，其影响延至今日。2001 年我国把麻雀列为国家保护鸟类，这是我国在生态环境保护意识上的一大进步。从这个意义上讲，基因工程技术（Gene engineering technology）研制的生物新种，也是没有天敌的，应谨慎对待这一技术的应用与推广。

（2）环境因素引起的生态失衡　人类社会活动的迅猛发展，大大地改变了生态系统的环境因素，甚至破坏生态平衡。首先，会对生态系统产生直接破坏。例如，被称为地球之肺的森林生态系统，是陆地上最稳定、最复杂、最大的生态系统，是人类赖以生存的基础，具有一系列的生态效应。而人类已将地球上一半以上的森林砍伐殆尽，现在还在以森林生长速度的 10~20 倍砍伐森林。这势必会破坏整个地球生物圈生态系统的平衡。其次，大规模建设会引起环境因素改变。例如，埃及阿斯旺水坝只考虑了灌溉和发电之利，而未将尼罗河入海口、地下水、生物群落当作一个整体生态系统加以考虑，造成了农田盐渍化、红海海岸侵蚀、捕鱼量锐减、血吸虫和疟疾传播等不良后果。第三，人类的生活和生产使大量的污染物质进入环境，也大大改变了生态系统的环境因素，破坏了生态系统的平衡。

（3）信息系统的破坏引起的生态失衡　各种生物种群必须依靠彼此间的信息传递，才能保持其集群性，才能正常繁殖。而人类对环境的破坏和污染，破坏了某些信息，就可能使生态平衡遭到破坏。例如，噪声会影响鸟类、鱼类的信息传递，使它们迷失方向或繁殖受阻。有些雌性昆虫在繁殖期，将一种体外激素排放到大气中，有引诱雄性昆虫的作用。如果人们向大气中排放的污染物与这种激素发生化学反应，性激素失去作用，昆虫的繁殖就会受到影响，种群数量会减少，甚至消失。

4. 生态系统平衡调节

生态系统平衡调节主要是通过系统的反馈机制、抵抗力和恢复力实现的。

（1）反馈机制　自然生态系统可以看作一个反馈控制系统，如图 2-11 所示。系统中，正常的输入有能量流、物流、信息流，而环境污染则是使系统产生偏离的干扰，反馈控制系统的输出端对系统的干扰输入再产生正的影响（如污染加重干扰）或负的影响（如绿色植物的生态效应）。如果反馈是倾向于反抗系统偏离目标的运动，最终使系统趋于稳定状态，实现动态平衡，这就是负反馈。一般而言，正常的自然生态系统具有负反馈调节能力。当然，物质系统没有绝对的稳定，负反馈系统也是相对的。

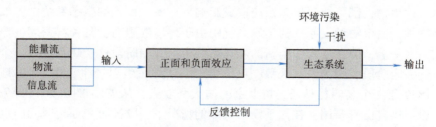

图 2-11　生态平衡的反馈调控

（2）抵抗力　抵抗力是自然生态系统抵抗外来干扰，并维持系统结构和功能原状的能力，是维持生态平衡的重要途径之一。这种抵抗力与系统发育阶段及状况有关，那些生物种类复杂、由生物网组成的物流及能流复杂的生态系统，比那些简单的生态系统的抗干扰能力和自我调节能力要强得多，因而稳定得多。环境容量（Environmental capacity）、自净作用

（Self-purification）等是系统抵抗力的表现形式。生态系统抵抗力与稳定性的关系如图2-12所示。

（3）恢复力　恢复力是指生态系统遭受外来干扰破坏后，系统恢复到原状的能力。一般来说，恢复力强的生态系统，生物的世代短，结构比较简单。如杂草生态系统遭受破坏后恢复速度要比森林生态系统快得多。生物成分世代长、结构复杂的生态系统，一旦遭到破坏则长期难以恢复。

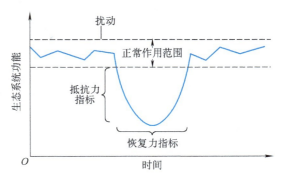

图2-12　生态系统抵抗力与稳定性的关系

抵抗力和恢复力是生态系统稳定性的两个方面，两者正好相反，抵抗力强的生态系统的恢复力一般较弱，反之亦然。森林生态系统对干扰的抵抗力很强，然而，一旦遭到破坏，恢复起来则十分困难。抵抗力、恢复力与生态系统稳定性有关（图2-12）。当扰动超出生态系统功能正常活动范围，生态系统的抵抗力逐渐减弱，而恢复力逐渐增强，生态系统功能在两者作用下呈现出稳定性下降后再恢复的趋势。

在自然生态系统中，生物的潜能与环境的阻力处于动态平衡中，能量与物质的输入与输出基本上保持平衡，生产者、消费者、还原者在种类和数量上保持相对稳定，组成完善的食物链与能量流动的金字塔营养结构。自然生态系统在演变发展过程中，逐渐形成一种相对稳定的自律系统。

生态系统平衡的条件，至少应包括生态系统结构的平衡、功能的平衡、物质与能量在输入与输出上的平衡、信息的通畅，以及外干扰小于临界值。

 【举例】

生态破坏与失衡

● 西双版纳的热带雨林是一个原始的生态系统，后从巴西引进橡胶，开辟了一个橡胶林，由于气候的变化，遭到低温的袭击，热带雨林完好无损，橡胶林大片冻死。

● 1986年，委内瑞拉在加罗尼河谷建坝，造出了一个4300km²的人造湖，数百座山峰变成了湖中岛屿，最小0.1ha，最大150ha。1993—1994年，多国生物科学家对其中12座岛进行科学考察，结果表明，大岛上原有的物种基本保留，小岛则有75%以上的脊椎动物灭绝。

● 英国平原上，在那些牛群经常吃草的地方，石楠一直保持着凄凉的状态，而在那些禁止放牧牛群的地方，石楠显著地发生了变异，在石楠之中长出了很多松树（在这以前，由于牛群啃食松树的缘故，松树不可能生长）。25年以后，这些地区在不知不觉中和放牛的地区大不相同了。除了松树外，还出现了12种新植物，很多的昆虫及6种食虫鸟类。

● 草原的大规模开垦导致植被破坏，引发大规模的黑风暴。1934年5月11日凌晨，美国西部草原地区发生了一场人类历史上前所未有的黑色风暴。黑色风暴一路洗劫，将肥沃的土壤表层刮走，露出贫瘠的沙质土层，使受害之地的土壤结构发生变化，严重制约了

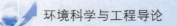

灾区农业生产的发展。1960 年 3 月和 4 月，苏联新开垦地区先后遭到黑风暴的侵蚀，农庄几天之间全部被毁。1963 年的又一次黑风暴，使哈萨克新开垦地区受灾面积达 $2 \times 10^7 \mathrm{hm}^2$。

● 人类违背生态规律，掠夺自然资源，破坏植被，引起水土流失和土地沙化。20 世纪 80 年代连续 10 年干旱，在非洲撒哈拉干旱荒漠区的 21 个国家中，干旱高峰区有 3500 万人口受到影响，1000 多万人背井离乡成为"生态难民"。

2.2.7　生态系统特征

生态系统和其他"系统"一样，都是具有一定的结构，各组成成分之间相互关联，并执行一定功能的有序整体，从这个意义上讲，生态系统与物理系统是相同的。但生态系统是一个有生命的系统，这使其具有不同于机械系统的许多特征，主要表现在以下几个方面：

（1）生态系统具有生物学特征　生态系统具有生物有机体的一系列生物学特性，如发育、代谢、繁殖、生长与衰老等。这就意味着生态系统具有内在的动态变化能力。任何一个生态系统都是处于不断发展、进化和演变之中，人们可根据发育状况将生态系统分为幼年期、成长期和成熟期等不同发育阶段。

（2）生态系统具有一定的区域特征　生态系统都与特定的空间相联系，这种空间都存在着不同的生态条件。生命系统与环境系统的相互作用及生物对环境的长期适应的结果，使生态系统的结构与功能反映出一定的地区特征。如同是森林生态系统，寒带针叶林有着明显的地域差异，这种差异是区域自然环境不同的反映，也是生命成分在长期进化过程中对各自空间环境是否能够适应和相互作用的结果。

（3）生态系统是开放的"自律系统"　机械系统是在人的管理和操纵下完成其功能的，而自然生态系统则不同。生态系统具有代谢机能，这种代谢机能是通过系统内的生产者、消费者和分解者三个不同营养水平的生物种群来完成的，它们是生态系统"自我维持"的结构基础。在生态系统中，不断地进行着能量和物质的交换和转移，保证生态系统发生功能，并输出系统内生物过程所制造的产品或剩余物质和能量，自然生态系统不需管理和操纵，它是开放的自律系。

（4）生态系统是一种反馈系统　反馈指系统的输出端通过一定通道（即反馈环）返送到输入端，变成了决定整个系统未来功能的新输入端。生态系统就是一种反馈系统，能自动调节并维持自己正常功能。系统内不断通过（正、负）反馈进行调整，使系统维持和达到稳定。自然生态系统在没有受到人类干扰和破坏时，其结构和功能是非常和谐的，这是因为生态系统具有这种自动调节功能。在生态系统受到外来干扰而使稳定状态改变时，系统靠自身反馈系统的调节机制再返回稳定、协调状态。应当指出：生态系统的自动调节功能是有一定限度的，超过这个限度，会对生态系统造成破坏。

■ 2.3　生态学在环境保护中的应用

2.3.1　全面考察人类活动对环境的影响

处于一定时空范围内的生态系统，都按一定规律进行着能量流动和物质循环。只有顺从

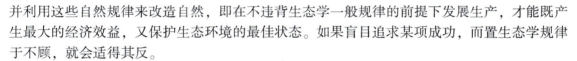

并利用这些自然规律来改造自然，即在不违背生态学一般规律的前提下发展生产，才能既产生最大的经济效益，又保护生态环境的最佳状态。如果盲目追求某项成功，而置生态学规律于不顾，就会适得其反。

以我国三峡工程为例，说明上述认识的重要性。举世瞩目的三峡工程，被列为全球超级工程之一，有"世界十大之最"，曾引起很大争议，其焦点之一就是如何全面考察三峡工程对生态环境的影响。

长江是我国最大的河流。长江流域位于东亚副热带季风区，地形起伏变化大，雨量丰沛，但时空分布不一。虽然长江流域的水资源、内河航运、工农业总产值都在全国占有相当的比重，但长江经常发生峰高量大、持续时间长的暴雨洪水，特别是中下游，其中又以荆江河段为最。

1. 兴建三峡工程有利影响

1）防洪。三峡工程的兴建可有效地控制长江中下游地区的洪水，使下游荆江大堤的防洪能力，由防御十年一遇的洪水，提高到抵御百年一遇的大洪水，防洪库容为73亿～220亿 m^3，减轻洪水对千百万人民生命财产的威胁和对生态环境的破坏。

2）发电。长江三峡水电站建成后，年发电量为 $8.8 \times 10^{10} kW \cdot h$，可节约原煤 $4 \times 10^7 t$，主要供应华中、华东、华南、重庆等地区，这对长江中下游煤炭、石油资源相对贫乏的地区来说，无疑是一个巨大的补充。水电清洁无污染，可减少排放 CO_2 一亿多吨。

3）航运。三峡工程位于长江上游与中游的交界处，能够较为充分地改善重庆至武汉间通航条件，通航能力可以从每年1000万t提高到5000万t，大大提高长江的航运效益，满足长江上中游航运事业远景发展的需要。

2. 兴建三峡工程不利影响

1）淹没土地。按三峡工程大坝正常蓄水位175m的方案，四川、湖北两省20个区县市的277乡镇、1680个村、6301个组将被淹没，有2座城市、11座县城、116个集镇需要全部或部分重建。淹没耕地 $2.3 \times 10^3 hm^2$、柑橘地 $5 \times 10^3 hm^2$、工厂657家。移民达113万人。

2）毁坏历史名城。从宜昌到重庆的长江沿岸，坐落着很多历史悠久的城市，他们凝固了从春秋时期以来几千年的中国古文化。如屈原和昭君的故乡秭归，还有巴东、云阳、奉节、巫山这些旅游名胜所在的城市，都将被无情地摧毁。被三峡工程淹没的，更有3000年以上历史的大西古镇。

3）淹没无价古迹。不管是纤夫们上千年心血在岸边拉出的石槽，还是架在水边运行了上千年的盐渠；不论是各民族古人的墓葬群，还是长江两岸的摩崖石刻，都是无价的瑰宝。许多文物将永远葬身水下，许多遗迹在还没来得及发掘的情况下就要被摧毁。

4）自然遗产被破坏。大三峡最雄伟的地方被拦腰截断了175m，像大宁河小山峡这样的旅游胜地被完全淹没，神农架自然保护区周边的自然资源被破坏。

5）珍稀物种的灭绝。受淹没影响的陆生植物物种约有120科、380属、560种。如果没有适当的措施，一些洄游鱼类的生长繁殖也将受到影响。

兴建三峡大坝后，三峡地区以奇、险为特色的自然景观将有所改变，但将呈现"高峡出平湖"的新壮丽景色，沿三峡库区各支流险礁的自然风光将待开发。三峡沿岸地少人多，如开发利用不当，可能加剧水土流失，使水库中泥沙淤积。

1992年全国人民代表大会经过认真热烈的讨论之后，认为兴建三峡工程利大于弊，从而通过了兴建三峡工程的议案。

这一实例说明，"生态学的一个中心思想是整体和全局的概念"。不仅要考虑现在，还要充分考虑将来；不仅要考虑本地区，还要考虑相关的其他地区；要在时间和空间上全面考虑，统筹兼顾。按照生态学的原则，我们对生态系统采取任何一项措施时，该措施的性质和强度不应超过生态系统的忍耐极限或调节复原的弹性范围，否则就会招致生态平衡的破坏，引起不利的环境后果。

应该指出：保持生态平衡绝不能误解为不允许触动它，或不许改造自然界，而永远保持其原始状态状况。由于人口越来越多，为了满足生活上的要求，越需要发展生产，因此对自然界不触动是根本不可能的。

2.3.2 生态系统自净作用

当污染物进入生态系统后，对系统的平衡产生了冲击，为避免由此造成的生态平衡的破坏，系统内部具有一定的消除污染危害的能力，以维持相对平衡，这就是生态系统的自净作用。

1. 绿色植物对大气污染的净化作用

绿色植物不仅具有调节气候、保持水土、防风固沙等作用，在净化空气、防治大气污染和减少城市噪声等方面也起着重要作用。绿色植物对大气污染的净化作用如图 2-13 所示。

（1）绿色植物对有害气体的吸收作用绿色植物是通过叶面实现对有害气体的吸收的。如 $1m^2$ 柳树和松树每年可吸收 $0.07kg$ SO_2，$1kg$ 椰子壳吸收 $0.3g$ 氟，$1m^2$ 洋槐吸收 $4.2g$ 氯。但当大气中有害气体超过植物承受浓度时，植物本身就会受害。所以那些对有害气体抗性强、吸收量大的绿色植物将发挥重要的作用。例如，经研究，垂柳、加杨、山楂、杨槐、云杉、桃树等 15 余种植物对 SO_2 具有较强的吸收能力；此外，许多植物对氟化氢、氯气、汞蒸汽和铅等也有吸收能力。

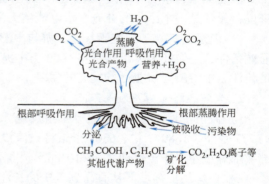

图 2-13 绿色植物对大气污染的净化作用

（2）绿色植物的减尘作用绿色植物对降尘和飘尘有滞留和过滤作用，滞尘量的大小与树种、林带、草皮面积、种植情况及气象条件等有关系。树木滞尘的方式有停着、附着和粘着三种。绿色树木减尘效果十分明显，绿化树木地带比非绿化带飘尘量低得多。据报道，北京地区测定绿化树地带对飘尘减尘率为 21%～39%，南京地区测得结果为 37%～60%。因此，森林可谓天然吸尘器。绿地也能起到一定的减尘作用。绿草根茎与土壤表层紧密结合，形成堤坡，有风时也不易出现二次扬尘，对减尘有特殊的功效。为减少沙尘暴，可种植防尘树种，选择总叶面积大、叶面粗糙多绒毛、能分泌黏性油脂或汁浆的树种，如核桃、毛白杨、板栗、臭椿、侧柏、华山松、刺楸、悬铃木、女贞、泡桐等。

（3）绿色植物的除菌和杀菌作用大气中散布着各种细菌，尘粒上通常附着着不少细菌，通过绿色植物的减尘作用，可以减少大气中的细菌含量。此外，绿色植物本身还具有一定的杀菌作用。据报道，在绿化地带和公园中，空气中细菌量一般为 1000～5000 个/m^3，但在公共场所或热闹街道，空气中细菌量高达 20000～50000 个/m^3。基本没有绿化的闹市区比行道树枝叶浓密的闹市区空气中的细菌量增加 0.8 倍左右。

（4）绿色植物吸收 CO_2，放出 O_2 绿色植物是吸收 CO_2、放出 O_2 的天然工厂。这对全球生物的生存与气候的稳定有着重要的影响。通常 $1m^3$ 的阔叶林在生长季节一天消耗 1t CO_2，放出 0.73t O_2。据估计全球全部植物每年可吸收 9.36×10^{10}t CO_2。

（5）绿色植物减弱噪声、吸滞放射性物质的作用 有关试验说明，40m 宽的林带可以减低噪声 10 ~ 15dB；城市公园中成片林带可把噪声减少到 26 ~ 43dB，接近对人无害的程度。林带应靠近声源，一般林带边沿地区距离声源 6 ~ 15m 效果最好。林带以乔木、灌木、草地相结合，形成一个连续、密集的障碍带，效果会更好。绿色植物还可吸滞放射性物质，据有关实验表明，在辐射性污染严重的厂矿周围，设置一定结构的绿化林带，可明显防止或减少放射性物质的危害。

2. 水体对污染物的净化作用

进入河流、湖泊、水库、海洋等水体的污染物，由于物理、化学、生物等方面的作用，使污染物浓度逐渐降低，经过一段时间后恢复到受污染前的状态。水体自净作用包括沉淀、稀释、混合等物理过程，氧化还原、分解化合、吸附凝聚等化学和物理化学过程以及生物化学过程，各个过程相互影响、交织进行。此外，自净能力是有限的，当污染物浓度过高，超过生物生存阈值时，整个生态系统功能就会受到冲击。水体的生物自净作用往往也会遭到破坏。河流水体污染物自净化作用过程如图 2-14 所示。

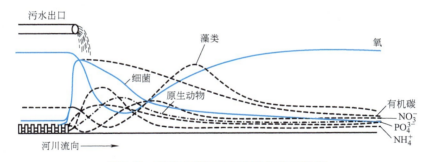

图 2-14 河流水体污染物自净化作用过程

许多水生植物也能吸收水中有害物质。如 100g 鲜芦苇在 24h 内能将 8mg 酚代谢为 CO_2。凤眼莲（水葫芦）、绿萍、菱角等能吸收水中汞、镉等重金属。另外，利用水生生物吸收利用氮、磷元素进行代谢活动可去除水中营养物质。许多国家采用大型水生植物处理富营养化水体，包括凤眼莲、芦苇、香蒲等。基于水生植物的作用，人工湿地污水处理技术得到了很好的发展，植物与根区微生物共生，可协同净化污水。经过植物吸收、微生物转化、物理吸附和沉降作用去除氮、磷和悬浮颗粒，同时对重金属也有一定的去除效果。可根据污水性质和不同气候条件选择适宜植物。水生植物一般生长较快，收割后经处理可作为燃料、饲料，或经发酵产生沼气。

3. 土壤污染净化作用

首先，控制和消除外部污染源。污染物可通过大气、水、固体废物和农业四种途径进入土壤。因此，应从以上四个方面限制污染物进入土壤。此外，应研制和采用低毒、高效、低残留农药，倡导生物农药的开发与应用；要大力发展生物防治技术，利用天敌防治害虫，即以虫治虫、以菌治菌；要促进生物转化与降解作用，通过微生物的酶促反应和共代谢等作用实现对有毒有机污染物的分解与转化。

其次，发展土壤—植物系统的生物净化（Biological purification）作用。可通过以下几个方面来实现：

1）植物根系的吸收、转化、降解和合成。

2）土壤中细菌、真菌和放线菌等微生物区系对污染物的降解转化和生物固定作用。据报道，科学家用实验的方法成功地从土壤中分离出能高效分解某些污染物的微生物。如美国从土壤中分离出反硝化小球菌，能降解 30% ~ 40% 的多氯联苯。这类微生物称为超级细菌（Super bacteria）。

3）土壤中动物区系对含有氮、磷、钾的有机物质的作用。如蚯蚓对有毒有害有机污染物的吞食和消化分解作用。

2.3.3　污染生态监测与评价

生态监测（Ecological monitoring）就是利用生物系统的各层次对自然或人为因素引起环境变化的反应来判定环境质量，是研究生命系统和环境系统相互关系的科学技术之一。生物监测（Biological monitoring）是利用生物对环境中污染物质的反应，也就是生物在污染环境中发出的信息，来判断环境污染状况的一种手段。生物监测属于生态监测的个体层次。生物评价（Biological evaluation）是指用生物学方法按一定标准对一定范围内的环境质量进行评价和预测。

与化学监测和仪器检测相比，生态监测和生物评价不仅可以反映环境和物质的综合影响，还能反映出环境污染的历史状况。

（1）指示生物法（Biological indicator method）　是利用指示生物来监测环境状况的一种方法。指示生物就是对环境中某些物质，包括污染物的作用或环境条件的改变能较敏感和快速地产生明显反应的生物，通过其做出的反应可了解环境的现状和变化。生物对环境变化的监测指标包括生物的形态、行为、生理、遗传和生态等方面。

（2）群落和生态系统层次的生态监测（Ecological monitoring）是指人为干扰或污染对群落和生态系统压迫导致的结构—功能变化的检测。监测指标包括生物多样性指数、营养指数等表征生命成分结构信息为基础的生态指数（Ecological index）。

（3）生物测试（Biological detection）　是利用生物受到污染物毒害作用后产生的生理机能等微观水平的变化来测试污染状况的方法。通过现代生物学实验手段，考察化学品或环境中的化学残留物对生物的生殖、呼吸、代谢、免疫等生理指标和细胞微观结构、酶活性、染色体、基因等细胞和分子指标的影响，从而评价这些化学品的环境污染状况。由于这种方法一方面具备高度的敏感性，可在进入环境中的化学品未扰乱生态系统平衡前对这些化学品的毒性影响进行预警，另一方面能够直接、精确地透视污染暴露引起的生物效应，特别是能特异性地检测到环境中的致癌、致畸和致突变化合物的生物利用性。

目前，生态监测对象主要是大气、水体和土壤。

2.3.4　生态工程

1. 生态工程概念

生态工程（Ecology Engineering）是近年来新兴的一门着眼于生态系统持续发展能力的

整合工程和技术，它根据整体、协调、循环、自生的生态学原理去系统设计、规划和调控人工生态系统的结构要素、工艺流程、信息反馈关系及控制机构，在系统范围内获取高的经济和生态效益。生态工程强调资源的综合利用、技术的系统组合、学科的边缘交叉和产业的横向结合。

生态工程的概念是著名生态学家 H. T. Odum 和我国著名生态学家马世俊教授于20世纪60年代及70年代提出的，但各自的侧重点不同。西方生态工程理论强调自然生态恢复，强调环境效益和自然调控。中国生态工程则强调人工生态建设，追求经济效益和生态效益的统一、人的主动创造与建设，这被认为是发展中国家可持续建设方法论的基础。

生态工程是应用生态系统中物种共生与物质循环再生原理、结构与功能协调原则，结合系统分析的最优化方法，设计促进分层次多级利用物质的生产工艺系统。生态工程的目标就是在促进自然界良性循环的前提下，充分发挥资源的再生潜力，防治环境污染，达到经济效益与生态效益同步发展。它可以是纵向的层次结构，也可以发展为几个纵向工艺连锁横向联系而成的网状工程系统。

与典型的高新技术相比，生态工程通常是常规、适用技术的组装，其投资少，周期短，技术要求和人员素质不必追求高、精、尖。

2. 生态工程的主要应用类型

（1）生态恢复（Ecological restoration）　是相对于生态破坏而言的，就是要恢复被破坏了的生态系统的合理结构、高效功能和协调关系。也就是从生态和社会需求出发，恢复生态系统的合理结构和功能，实现期望达到的生态—社会—经济效益，通过对系统物理、化学、生物甚至社会文化要素的控制，带动生态系统的恢复过程，达到系统的自维持状态。生态恢复并不意味着在所有场合下恢复到原有生态系统状态，这没有必要也不可能，其本质是恢复系统的必要功能并实现系统自维持。如湿地的生态恢复、矿区废弃地的生态恢复、沙地和山地的生态恢复。

（2）生物防治（Biological control）　是指用生物或生物产物来防止有害生物的方法，主要有以虫治虫和以菌治虫两种。以虫治虫就是利用天敌防治有害生物的方法。以菌治虫就是利用病原微生物在害虫种群中引起流行病，以达到控制害虫的目的。这些可以利用的微生物有细菌、真菌和病毒。

（3）生态农业（Ecological agriculture）　是按照生态学原理和经济学原理，应用现代科学技术方法、现代管理手段及传统农业的有效经验建立起来的一种多层次、多结构、多功能的集约经营管理的综合农业生产体系，它不同于传统农业，是世界农业发展史上的一次重大变革。生态农业的生产结构是农林牧副渔各业合理结合，是初级生产者农作物的产物能沿食物链的各个营养级进行多层次利用，以更有效地发挥各种资源的经济效益、生态效益和社会效益的现代化农业。它把发展粮食与多种经济作物生产，发展大田种植与林、牧、副、渔业，发展大农业与第二、三产业结合起来，利用传统农业精华和现代科技成果，通过人工设计生态工程，协调发展与环境、资源利用与保护之间的矛盾，形成生态上与经济上的两个良性循环，经济、生态、社会三大效益的统一。农业生态系统结构如图2-15所示。

1）生态农业主要特点。

① 综合性。生态农业强调发挥农业生态系统的整体功能，以大农业为出发点，按"整体、协调、循环、再生"的原则，全面规划、调整和优化农业结构，使农、林、牧、副、

渔各业和农村一、二、三产业综合发展，并使各业之间互相支持、相得益彰，提高综合生产能力。

② 多样性。生态农业针对我国地域辽阔，各地自然条件、资源基础、经济与社会发展水平差异较大的情况，充分吸收我国传统农业精华，结合现代科学技术，以多种生态模式、生态工程和丰富多彩的技术类型装备农业生产，使各区域都能扬长避短，充分发挥地区优势，各产业都根据社会需要与当地实际协调发展。

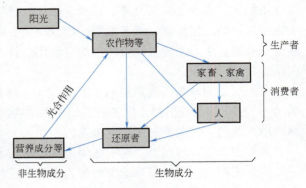

图 2-15　农业生态系统结构

③ 高效性。生态农业通过物质循环和能量多层次综合利用和系列化深加工，实现经济增值，实行废弃物资源化利用，降低农业成本，提高效益，为农村大量剩余劳动力创造农业内部就业机会，保护农民从事农业的积极性。

④ 持续性。发展生态农业能够保护和改善生态环境，防治污染，维护生态平衡，提高农产品的安全性，变农业和农村经济的常规发展为持续发展，把环境建设同经济发展紧密结合起来，最大限度地满足人们对农产品日益增长的需求，同时提高生态系统的稳定性和持续性，增强农业发展后劲。

2）生态农业模式类型。

① 时空结构。这是一种根据生物种群的生物学、生态学特征和生物之间的互利共生关系而合理组建的农业生态系统。处于不同生态位置的生物种群在系统中各得其所，相得益彰，更加充分地利用太阳能、水分和矿物质营养元素，是在时间上多序列、空间上多层次的三维结构，其经济效益和生态效益均佳。具体有果林地立体间套模式、农田立体间套模式、水域立体养殖模式，农户庭院立体种养模式等。

② 食物链型。这是一种按照农业生态系统的能量流动和物质循环规律而设计的一种良性循环的农业生态系统。系统中一个生产环节的产出是另一个生产环节的投入，使得系统中的废弃物多次循环利用，从而提高能量的转换率和资源利用率，获得较大的经济效益，并有效地防止农业废弃物对农业生态环境的污染。具体有种植业内部物质循环利用模式、养殖业内部物质循环利用模式、种养加工三结合的物质循环利用模式等。

③ 综合型。这是时空结构型和食物链型的有机结合，使系统中的物质得以高效生产和多次利用，是一种适度投入、高产出、少废物、无污染、高效益的模式。

3）生态农业举例。

① 菲律宾马雅农场生态系统。

马雅农场被视为世界生态农业的一个典范，如图 2-16 所示。农场把农田、林地、鱼塘、畜牧场、加工厂和沼气池巧妙地连接成一个有机整体，使能源和物质得到充分利用，把农场建成一个高效、和谐的农业生态系统。在这个农业生态系统中，农作物和林业生产的有机物经过三次重复使用，通过两个途径完成物质循环。用农作物生产的粮食和秸秆、林业生产的枝叶喂养牲畜，用牲畜粪便和肉食加工厂的废水生产沼气，是对营养物质的二次利用；沼气经过氧化塘处理，用来养鱼、灌溉，沼气渣生产的肥料肥田，生产的饲料喂养牲畜，是对营

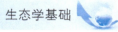

养物质的第三次利用。"农作物、森林→粮食、秸秆、枝叶→喂养牲畜→粪便→沼气→沼渣→肥料→农作物、森林"构成了第一个物质循环途径。"牲畜→粪便→沼气→沼渣→饲料→牲畜"构成了第二个物质循环途径。这种巧妙的安排和设计，既充分利用了营养物质，创造了高额的利润，又不向环境排放废弃物，防止了环境污染。

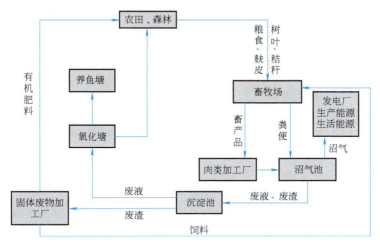

图 2-16 马雅农场生态系统

在这个农业生态系统中，农作物和林木通过光合作用将光能转化为化学能，储存在有机物质中，这些化学能又通过沼气发电转化成电能，在加工厂中，电能带动机器，电能又转化成机械能，用电照明，电能又转化成光能。这样，实现了能量的流动和转化，使能量得到充分利用。

② 珠江三角洲地区桑基鱼塘生态系统图。我国古代珠江三角洲地区桑基鱼塘（图 2-17、图 2-18）的生产方式，就是生态农业的一个典型例子。现在又发展为桑基（果园）、鱼塘和农舍三结合的新型农村生态系统。农民在桑园内建造两层楼房，楼上住人，楼下养蚕，旁边池塘。池塘上有水上厕所，粪便及养蚕工厂的废料作为养鱼的饲料，塘泥是桑园肥料，构成了一个完整的生态系统小循环。

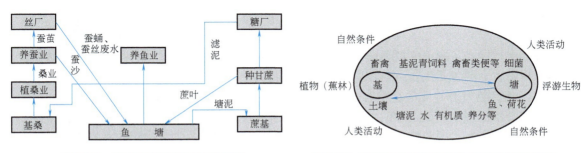

图 2-17 珠江三角洲地区桑基鱼塘   图 2-18 基塘系统水陆相互作用中的物质循环

（4）生态工业（Ecological industry） 是一种根据工业生态学基本原理建立的、符合生态系统环境承载能力、物质和能量高效组合利用以及工业生态功能稳定协调的新型工业组合和发展形态。它是仿照自然界的生态过程物质循环模式来规划工业生产系统生产的一种工业模式。在生态工业系统中各生产过程不是孤立的，而是通过物料流、能量流和信息流相互联系，一级生产过程的废物可作为另一级生产过程的原料加以利用。生态工业追求的是系统内各生产过程从原料、中间产物、废物到产品的物质循环，达到能源、资源和资金的最优利用及最小环境影响。如粪便发酵产生沼气提供绿色能源，沼液用来无土栽培青绿饲料或蔬菜，沼渣再制成混合饲料等多种生产项目及工艺结合，既分层多级处理了废物，又获得了可观的综合效益。建立无（少）废工艺系统：进行工业系统的内环境治理，如新建工厂、工业项目和工业园区要加强无污染工艺设计，建立废物再生利用系统，包括废热的再利用、废渣的资源化、废水的净化和再生循环利用等，达到无废或少废，即无污染或少污染。如许多造纸企业采用生态工业的理念实现了生产的闭路循环，如图 2-19 所示。

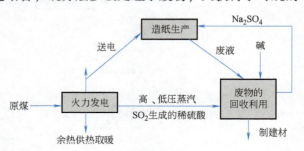

图 2-19　造纸工业闭路循环工艺流程

该工艺包括火力发电、造纸和废弃物的回收利用三大部分。这样既使资源和能源得到综合利用，又减少了污染，保护了环境。

生态工业在实践循环经济的减量化（Reduce）、再使用（Reuse）、再循环（Recycle）3R 原则时，主要表现在产品、企业以及企业间三个层次上。在这三个层次中，企业间按生态链和闭路循环形成的生态工业园区（Eco-Industrial Parks，EIPs），已经成为工业生态一个重要的发展形态。生态工业园区正在成为许多国家工业园区改造的方向，同时也正在成为我国第三代工业园区的主要发展形态。

（5）生态建筑及生态城镇　充分利用本地生态资源，建设能耗低、绿量高、废弃物就地资源化的方便、舒适、和谐、经济的生态住宅、生态小区和生态城镇（Eco-City），这样的生态建筑要满足对健康、自然保护、物质循环及生态环境改善四方面的要求。所用建材、室内装饰、服务设施、建筑结构要对居住者或使用者的身心健康及所在环境的健康无害而有利，使人居其中方便、舒适。保温、隔热效率高，通风采光好，所用设施在运转中消耗动力少、节能、节水，尽可能应用再生能源和动力，如太阳能、风能、生物质能，垃圾及污水可就地处理与利用，其中有机质和营养盐在庭院内和附近的园艺农业中能方便、完全利用，形成良性循环。植物及绿化区要尽可能靠近建筑，屋顶及外墙尽可能绿化，以增加绿化面积，不仅便于生活废水、废渣的就地净化与利用，而且有利于美化环境及改善小气候。选址要按生态学原则，人与包括生物群落在内的自然环境要实现和谐、互利、共生。

（6）废弃物资源与能源化综合利用的生态工程　废水的减量、回收、再生、回用、再循环等寓废水处理于利用之中的生态工程近年来有较快的发展。在干旱、半干旱地区及缺水地区已经或正在开展的收集雨水和地表水并合理利用的工程，在广大地区正在推行的节水灌溉系统工程，以及城市、工业节水系统工程等均可以运用生态工程原理进行设计与规划。如对于那些不含或含有较少有害成分的生活污水，可采用生态工艺系统进行污水处理。在污水处理过程中，农作物可利用污水中的营养成分增产，主要是对 N 和 P 等营养元素的利用。在我国干旱的北方地区，污水的生态处理具有灌溉土地和地下水填充等多重作用，因此具有重要的现实意义。

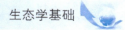

污泥（Sludge）从本质上讲是一类可利用的重要资源。因为污泥中含有许多农作物必需的营养元素，所以它还是很好的土壤团粒结构促进剂。但是污泥中也含有一些有毒的微量元素，以及某些病原体和寄生虫，可以通过食物链危及人体健康。因此，污泥利用的关键在于必须根据污泥的物化特性和化学组成，应用于不同的场地（农业用地、森林、牧场、公园、高尔夫球场、矿区或边缘地带的土地复垦等）。特别是，当污泥中含有高浓度的有毒重金属或有毒有机物质时，应禁止土地利用。

采用土地填埋法处理生活垃圾（Living garbage）等固体废弃物（Solid waste），不仅会消耗大量的土地，还会在处理过程中产生垃圾渗滤液（Garbage leachate）这一棘手问题。因此，对城市垃圾进行减量化、无害化、资源化和产业化处理，既可减少环境污染，又可增加产值。如将垃圾进行分选收集实现资源化再利用，废纸进入造纸工业再循环，废金属和废玻璃通过金属工业和玻璃工业实现再利用；将生活垃圾中有机部分和人畜粪便通过堆肥腐化生产优质生态复合肥；利用畜禽粪便与田间秸秆养殖食用菌后，再培养蚯蚓，蚓粪残渣再作为肥料还田；蔗渣、玉米芯等废弃生物质可用于生产纸、纤维板、糠醛、木糖醇、木质素磺酸钠等。各类食品工业的废弃物可经深层利用和循环再生，为社会提供饲料、燃料、肥料和工业原料。

如地处桂林市的拥有200床位的综合性医院采用生态工艺处理污水（图2-20），对可能产生的中间物质，尽可能地循环利用，最大程度上做到系统优化，减少污染的影响，并保证了一定的经济效应。经该工艺处理后的废水，各项指标达到规定的排放标准，水质外观与自来水相近。

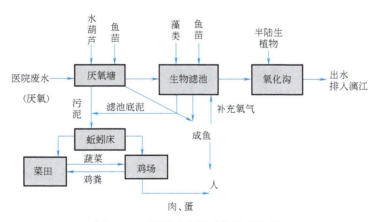

图2-20 医院废水的生态处理流程

（7）流域和区域的生态治理与开发的生态工程 流域的生态治理与开发是在现有资源基础上，通过低耗、高效和持续地利用流域内的自然资源，如将治坡、治沟、修梯田与发展草业、牧业、林业等相结合，来实现农村经济向集约型经济的转变。目前我国正进行的三北、长江中上游防护林生态工程是当今世界上面积最大的流域治理与利用的生态工程。

在良好的自然和半自然生态系统区域开发生态旅游，促进区域生态、经济和社会的全面发展。生态旅游不消耗和破坏当地的自然旅游资源（山、川、湖、海、森林、草原、农田等自然环境和名胜古迹、历史文化、当地民俗风情等人文环境），旅游基础设施尽量生态化，并与自然环境相协调；生态旅游不仅可增加当地经济收入，而且可吸纳海内外游客，吸引国内外投资，并作为催化剂融合多种产业，独特的旅游产品将具有强烈的市场吸引力和产业开发的凝聚力，能够促进当地经济发展。

【阅读材料】

低吟的荒野（The Singing Wilderness）

[奥] 西格德·F. 奥尔森（Sigurd F. Olson）著；程虹 译

《低吟的荒野》是美国自然文学的经典之作，其作者西格德·F. 奥尔森（1899—1982）不仅是美国自然文学的最高奖项——约翰·巴勒斯奖章的获得者，也是唯一获得四项美国最具影响力的民间自然资源保护组织奖项的人。

《低吟的荒野》分春、夏、秋、冬四部，共三十四章。呈现给我们的是自然中的古朴之美，是人们的一种共同的怀旧，是对远古荒野的深切思念。

《低吟的荒野》赞赏的是宁静之美，因为那是奥尔森终生所追求的一种境界，也是他保持良好的精神状态的心理需求。他在荒野或带有荒野气息的景物中寻到了宁静之美。

《低吟的荒野》中弥漫着"祥和之美"，那是荒野与人文的融合，是人与自然的和谐。

《低吟的荒野》中还展现出自然中的刚强之美，并从中寻到了做人应有的个性及坚强。

——程虹 译序

"一天清晨，离破晓一小时之前，我掩上小木屋的门，将禁地留给了正在融化的冰雪和将至的汹涌激流，还有它神秘古老的梦。我没有发现奇帕瓦人的秘密，可是，我领略了他们孤寂古老的美丽、四月阳光的温暖、银光闪烁的冰路以及像蝴蝶般大小的霜花。我看到了低垂的星斗，听到了土狼的号叫，听见了冻结的湖泊第一声深深的呼吸。我与山雀和灰噪鸦结友交流，与渡乌玩捉迷藏，钓到了一条鳟鱼并看到它在湖泊深处黑蓝色的水中闪闪发光。我曾像一头出了窝的熊一样逍遥度日，沉浸于温柔的春光里。"——P19

"对我来说，知更鸟的叫声寓意良多。它意味着早早地起身听鸟叫；它意味着长途跋涉，穿过阳光下的森林，走向有鳟鱼溪流的源头；它意味着矮树丛中的露珠闪闪发光。它意味着黄昏时在那些低地中又弥漫着刺鼻的香味：溪畔山茱萸枝上盛开的花朵，枫叶渐渐变红，以及枫树长叶之前绽放的小花。它意味着每片湿地上摇曳着的褪色柳，它们那白色的柳絮在冰冻的、褐色的湿地上空漂浮；白杨被涂上了尼罗绿，还有大片银灰色的大齿白杨，使得每一座山丘和溪谷都成为清淡柔和的梦。"——P21

"回忆令他容光焕发。他那双碧眼炯炯有神，目光越过我，抛向河流，投向那个池塘、下面的浅滩，以及下游一英里内那些小池塘。我随着他的目光，一时间感到仿佛以前我从未见过马尼图河似的。那些被山火烧毁涂黑的老树桩腐烂后变成了参天的松树，那些长满杂树丛的河畔原本纯净无瑕，堆积着多年的落叶。我们面前的河水消失了，成为永久的幻影，溪流再度涨满了春潮。现在露出的岩石原先隐藏在水下，而那时它们的顶部漂浮着长长的、摇曳着的苔藓。河水在岩石周围打着漩涡，鳟鱼在尾波中等待着诱饵。"——P38

"不久前的一个清晨，我沿着湖畔的小道边散步边听着春天的声音：潺潺的流水和水打岩石时'叮咚'的响声，刚刚融化的泥土浸透渗出的声音。红翅黑鹂在香蒲丛中啼叫，双领鸻在草地上哀鸣。然而，比那个五月清晨的声音更妙的是湿润的土地和百花齐放的芳香。麦加香脂树散发出的那迷人浓郁的香气充满了活力，可谓沁人心脾，独占鳌头。树上带着黏稠树脂的大花蕾刚绽开坚硬的外膜，周边一英里内皆是飘浮的芬芳。"——P41

"清晨的气味堪称是一种奇遇，如果你能在新一天开始之时，走出户外，吸一吸气，总会令你精神振奋。假若你持之以恒，或许有一天你能够从空气中闻出即将来临的雨水或风暴。但是可以肯定的是：无论你是否彻底恢复了原始直觉，都会发现许多新鲜的事物并且打开一些梦想不到的欢乐通道。"——P44

"然而，还有比只是赞赏鳟鱼更要紧的事儿。我们把鱼拿到门外的水泵下又冲洗了一遍，细心用一条干净的毛巾将它们擦干，撒上面粉和盐，然后将它们码好了在金色的黄油上煎烤。鱼尾开始卷曲，鱼腹由点缀这红斑的墨绿色变成了金黄色。

随后，在厨房的灯光下，在一张铺了新花格桌布的餐桌上，我们，一个八十高龄的老太太和一个十二岁的男孩，坐下来吃着由鳟鱼、牛奶和刚出炉的面包组成的美味佳肴，谈论着春天、知更鸟以及钓鱼带来的永恒的欢乐。"——P57

"移动的独木舟颇像一叶风中摇曳的芦苇。宁静是它的一部分，还有拍打的水声，树中的鸟语和风声。它是与它漂流而过的天空、水域和湖畔进行交流的媒介之一。

无论浪有多大，水流有多急，荡舟就如同骑马一般，每个动作都要同心协力。当每次划桨的节律与独木舟本身前进的节律相吻合时，疲劳便被忘却，还有时间来观望天空和岸上的风景，不必费力，也不必去考虑行驶的距离。此时，独木舟随意滑行，划桨就如同呼吸那样毫无意识，悠然自得。倘若你幸而划过一片映照着云影的平静水面，或许还会有悬在天地之间的感觉，仿佛不是在水中而是在天上荡舟。"——P61－62

"当他荡舟漂流多日，远离自己的家园时；当他查看外出的行囊，知道那是他的全部家当并将靠着它旅行到任何他想去的新天地时，就会感到自己终于可以直接面对真实的生活本质。以前他在一些琐碎小事中花费了过多的精力，如今才回到一种古老明智的生活惯例之中。不知何故，生活突然间变得简单圆满；他的欲望所剩无几，迷茫与困惑全无，取而代之的是深深的幸福和满足。"——P65

"我躺在睡袋里思索着，如果月光能使人和动物暂且忘记生活的重担也就足矣；我想到世间确有一些享受生活，随自然之天性挥洒精力的时刻。我知道如果一个人能够像我可爱的小老鼠那样放纵自己，每个月，或者每一年都沿地球表面滑一次，那么对他的心灵将是有益的。"——P71

"他打开渔篮，给我看放在绿蕨上的那条漂亮的鳟鱼。那肯定是条好鱼，但我知道那天他真正想捕获到的东西：池塘中的倒影、色彩、声音和孤寂，而鳟鱼只不过是所有这一切的象征。"——P74

"在随后的那些年月中，我逐步熟悉了每一座岛屿，每一个海峡，每一道水湾和悬崖。春季，我知道五月花和杓兰花在何处开放；夏季，我知道哪些地方开满了白色的睡莲；秋季，我知道哪里的橡树和枫树红似火焰。萨格纳加湖总是那么完美无缺，我每次返回这里，它都是一如既往。在这里，我如愿以偿找到了家的感觉。"——P82

"当一个人面对一团火而坐时，总会伴随些许微妙的变化。他的心中会产生难以言表的激动，眼中会闪烁以前未曾有过的光芒。一堆篝火刹那间会将他所处的情境变成为冒险和浪漫的经历……在跳跃的火苗前，人们又重新提起现代征服的话题，又谈起与过去的版本相差无几的口头协约。围坐在篝火旁，人们感到整个世界就是他们的篝火，所有的人都是他们路上的伙伴。"——P87－88

　　"那天夜里正值月圆，我的帐篷支在溶溶的月光下。由于那时的河水是南北向流淌，洒下的月光照在一条长长的银白色的池塘上，使得它起点处那奔腾的急流变成了无数舞动的点点银花。北美夜莺在啼叫，整个伊莎贝尔拉溪谷都充满了它那令人难以忘怀的音乐，那种音乐仿佛融入了湍湍急流的声音，鳟鱼跃出水面溅起的水声，以及被'噼噼啪啪'的火花声吵醒的白喉带鹀那困倦的鸣声。

　　池塘顶端的云杉在夜空下呈现出黑色的轮廓，每一片树叶都染上了银色。一条鳟鱼不停地跃出水面，激起的涟漪，一圈圈地涌向池边，渐渐抹掉了水面上原本平静的冷光。"——P90－91

　　"然而，我却知道下次我要做的事情。我要背着背包、划着独木舟进入那片水乡，我要奋力来获取我知道能够在那里找到的心灵宁静。我将再度成为一个麝鼠，体验脚下岩石的感觉，呼吸阳光下香脂冷杉和云杉的气味，感受水花和沼泽地的湿气，使自己成为荒野的一部分。"——P97

思　考　题

1. 阐述生态学定义与内涵。
2. 讨论生态学研究对象及学科发展趋势。
3. 解释生态系统及其组成。
4. 讨论食物链与食物网的概念及生态系统营养结构的重要意义。
5. 生态系统具有哪些基本功能？各功能之间的相互关系是怎样的？
6. 什么是生态平衡？影响和维持生态平衡的因素有哪些？
7. 什么是生态系统的自净作用？举例说明我们能从环境污染防治过程中得到哪些启示？
8. 试述生态监测和生物监测的概念及相互关系，生态监测有哪些方法。举例说明各方法在实际工作中是如何运用的。
9. 什么是生态工程？主要应用类型有哪些？

参 考 文 献

[1] 赵景联，史小妹. 环境科学导论［M］. 2版. 北京：机械工业出版社，2017.

[2] 崔灵周，王传华，肖继波. 环境科学基础［M］. 北京：化学工业出版社，2014.

[3] 卢升高. 环境生态学［M］. 杭州：浙江大学出版社；2010.

[4] 李洪远. 环境生态学［M］. 2版. 北京：化学工业出版社，2012.

[5] 杨京平. 生态工程［M］. 北京：中国环境科学出版社，2011.

[6] 孙濡泳，等. 普通生态学［M］. 北京：高等教育出版社，1997.

［7］周启星．复合污染生态学［M］．北京：中国环境科学出版社，1995．

［8］孙铁珩，周启星，李培军．污染生态学［M］．北京：科学出版社，2001．

［9］孟伟庆．环境生态学［M］．2版．北京：化学工业出版社，2012．

［10］赵晓光，石辉．环境生态学［M］．北京：机械工业出版社，2007．

［11］曲向荣．环境生态学［M］．北京：清华大学出版社，2012．

［12］冷宝林．环境保护基础［M］．北京：化学工业出版社，2001．

［13］赵景联．环境修复原理与技术［M］．北京：化学工业出版社，2007．

［14］窦贻俭，李春华．环境科学原理［M］．南京：南京大学出版社，1998．

［15］刘云国，李小明．环境生态学导论［M］．长沙：湖南大学出版社，2000．

［16］孔繁德．生态保护概论［M］．2版．北京：中国环境科学出版社，2010．

推 介 网 址

1. 中国生态系统研究网：http：//www. cern. ac. cn/

2. 生态环境建设网：http：//www. swcc. org. cn/

3. Biodiversity Information Network：http：//osprey. erin. gov/au/bin21/bin21. html

4. 国际生态网：http：//www. 21ceo. com

5. 中国生态问题

1）http：//www. wow. org. tw/easia，/china/china. i. htm

2）http：//www. wow. org. tw/easia/china/d. index. htm

3）http：//www. ran. org/infocenter/factsheets/03b. html

4）http：//www. ozone. org/emissions. html

6. 生态系统

1）http：//www. cc. nctu. edu. tw/%7Ehumeco/8teach/ecohs01. htm.

2）http：//www. cc. nctu. cdu. tw/～humeco/8teach/eco00. htm.

3）http：//www. wwf. org. hk/

4）http：//www. ase. org/. educators/lessons/index. htm

7. 产业生态

1）http：//www. eea. eu. int.

2）http：//www. CCPP. org. cn/

3）http：//www. eiolca. net/

第3章

资源与环境

[导读]　人类在为了生存而与自然界的斗争中，运用自己的智慧和劳动，不断地改造自然，创造和改善自己的生存条件。同时，又将经过改造和使用的自然物和各种废弃物还给自然界，使它们又进入自然界参与了物质循环和能量流动过程。其中，有些成分会引起环境质量的下降，影响人类和其他生物的生存和发展，从而产生了环境问题。

环境问题可以说自古就有。产业革命后，社会生产力的迅速发展，机器的广泛使用，为人类创造了大量财富，而工业生产排放出的废弃物却进入环境。环境本身是有一定的自净能力的，但是当废弃物产生量越来越大，超过环境的自净能力时，就会影响环境质量，造成环境污染。尤其是第二次世界大战以后，社会生产力突飞猛进。工业动力的使用猛增，产品种类和产品数量急剧增大，农业开垦的强度和农药使用的数量也迅速扩大，致使许多国家普遍发生了严重的环境污染和生态破坏的问题。同时，随着全球人口的急剧增长和经济的快速发展，资源需求也与日俱增，人类正受到某些资源短缺和耗竭的严重挑战。资源和环境的问题威胁着人类的生存和持续发展。

污染往往是由局地向区域，再向全球逐步发展的。20世纪40—50年代，人们刚开始认识环境污染，首先发现局地污染，然后发展到区域污染，到20世纪80—90年代，全球环境问题已经提上议事日程，受到了全世界的关注。中国对环境污染的认识也是经由局部到全球的过程。目前，各个国家除了密切关注本国的环境问题之外，已经对区域和全球的环境问题给予了充分的关注。

本章主要针对目前已经存在的矛盾，着重介绍在自然资源、粮食、能源与环境方面的主要问题。这三者其实是密切关联的。由于全球环境问题关系到全人类和子孙后代的利益，环境污染、生态破坏和可持续发展等内容将单独设章或在相关章节中叙述。

[提要]　资源与环境问题是当前世界上人类面临的重要问题之一。这些问题是多方面的，本章重点介绍与人类利用资源和环境不当，以及人类社会发展中与自然不相协调导致的自然与环境的内容。

[要求]　通过本章的学习，了解自然资源、粮食和能源基本概念、生产现状及其与环境的关系。

■ 3.1 自然资源与环境

3.1.1 自然资源

人类环境（Human environment）是一个多因素多层次构成的复杂体系。这些因素之间相互联系、相互影响、相互制约。其中联系和制约最为密切的是四种因素：环境、资源、粮食、能源。

1. 自然资源与发展的关系

世界上一切能被人类用作生产资料和生活资料的物质，包括人类在生产和生活中排出的废弃物，经过一定技术处理后能够回收利用的物质都统称为资源（Resources）。自然资源既是环境要素，又是人类生存和经济发展的物质基础，一个国家地理条件和自然资源状况对社会发展起着重要作用。古代两河流域、中国、地中海地区都曾因资源丰富而成为古代文明的中心。人类定居都是依山傍水，世界上不少战争的起因都是争夺自然资源。可见自然资源对一个国家的经济腾飞与发展有着多么重要的意义。

未来的经济增长、人口增长和城市化进程加快，将给环境和资源能源带来巨大压力。为了保障人类的长远利益，保持我国可持续发展，应该对自然资源倍加珍惜，要切实规划好各种自然资源的合理利用。处理好环境、资源、粮食、能源与发展的协调关系，为当代也为子孙后代创建一个物质丰富、环境优美、自然生态良性循环的美好明天。要实现这一美好愿望，首先要规划控制好自然资源的开发利用。

对于人类来说，随着社会的进步和科技的发展，过去认为无用的物质今天可能变为有用资源，如工业废渣、城市生活垃圾是一种取之不尽、用之不竭的第二资源。现在不少研究人员都在致力于"三废"的综合利用与开发，有些成果已应用于生产中，逐步成为有限资源的替代品。如今塑料制品随处可见，极大地方便人们的衣、食、住、行，而且正在替代钢铁制作工程中的某些结构材料。在能源上，现在广泛利用石油和天然气来代替煤，核能、太阳能、生物能、风能、潮汐能成为新一代的能源，也是发展的趋势。

2. 资源的分类

资源可分为两个大类，即第一资源（自然资源）和第二资源（再生资源），具体分类如图3-1所示。

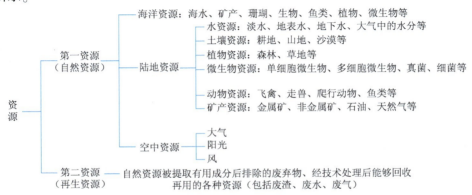

图3-1　资源分类图

（1）自然资源　在一定的技术经济条件下，自然界中对人类有用的一切物质和能量都称为自然资源（Natural resources），如土壤、水、草场、森林、野生动植物、矿物、阳光等。自然资源可分为有限资源和无限资源。

1）有限资源。有限资源（Limited resources）是指储量有限或者说有数的资源，能被用尽，即使有的资源能为人类反复利用，但过度开采使用，超过承载能力，要使它更新或恢复，其速度非常缓慢。因此有限资源又可分为可更新资源和不可更新资源。

① 可更新资源是指通过自然再生产过程或人工经营能为人类反复利用的各种自然资源，如土壤、水、动物、植物（草场、森林）、微生物等。它们或者能够再生，如动植物等；或者通过自然或人工循环过程被补充或更新，如水、土壤等。可更新资源的恢复是以不同速度进行的，如森林的恢复需要数十年乃至上百年，而野生动物种群的恢复在破坏不太严重的情况下只需几年至几十年，因而更新资源的消耗速度必须符合它们的恢复速度。

② 不可更新资源与可更新资源是相对的概念，它是指储量有限、能被用尽的资源。它们的形成极其缓慢，有的需要数千年、百万年，以至上亿年。各种金属矿、非金属矿、煤、石油等都是不可更新资源，它们的形成除了要有足够丰富的自然资源外，还需漫长的岁月。因此，对这种不可更新资源必须合理地、有计划地综合利用，在使用过程尽可能减少损耗和浪费。

2）无限资源（Unlimited resources，不断更新的资源）。无限资源是指取之不尽、用之不竭的资源，如风能、太阳能、潮汐能等。无限资源是相对有限资源而言的，它可以不断更新。人类经过长期的实践目前已意识到有限资源的有限，开始发掘利用无限资源。如利用风能发电，太阳能煮饭、烧水等。这些只是仅仅停留在简单的利用，且利用率相当低。有限资源的不断减少，人口不断增加，需要量的增大，将迫使人类从依赖有限资源向无限资源索取转变，这是必然的发展规律，我们可以想象在将来，住房取暖、发光、汽车、火车的行驶都将利用太阳能。

（2）再生资源　再生资源（Renewable resources）是指人类在生产和生活中提取自然资源有用成分后排除的废弃物，经过一定的科学方法和技术处理后，能够回收再利用的物质。如旧包装盒、板、塑料袋可回收生产成再生塑料、提炼汽油、建筑材料等；各类矿山尾矿、火力发电厂的粉煤灰、炉渣等工业废渣可开发利用；利用城市垃圾发电、发酵生产沼气、堆肥等。

3.1.2　土地资源

土地是地球陆地的表层，是农业的基本生产资料，是工业生产和城市活动的主要场所，也是人类生活和生产的物质基础。它是极其宝贵的自然资源，是人类赖以生存和发展的重要物质基础和必要条件。

1. 土地的概念

土地是一个综合性的科学概念，它是由地质、地貌、气候、植被、土壤、水文、生物及人类活动等因素相互作用下形成的高度综合的自然经济复合生态系统。

土地的基本属性是位置固定、面积有限和不可替代。在目前的经济技术条件下，人类活动一般都是在土地上进行的，一定面积土地上创造价值的多少，反映了开发利用这块土地的水平和程度。不同的土地利用方式对土地状态和持续创造价值的能力会有不同的影响。因此，合理开发利用土地资源，保护土地生产力，使土地为人类持续创造更多的财富，是关系到当地经济和社会发展，乃至人类生存的大事。位置固定是指每块土地所处的经纬度都是固定的，土地只能就地利用。面积有限指除非经过漫长的地质过程，否则土地面积不会有明显的增减。不可替代是指土地不论是作为人类生活的基地，还是作为生产资料或动植物的栖息地，一般都不能用其他物质来代替。当然随着科学技术的发展，不可代替这个概念会有所变化，如无土栽培植物的出现就是一例。

从农业生产的角度看，利用合理、因地制宜就能提高土地利用率。实行集约经营，不断提高土地质量，就可以改善土壤肥力，增加农作物产量。如果利用不当，甚至进行掠夺式经营，就会导致土地退化，生产力下降，甚至使环境恶化，影响人类和动植物的生存。从土地资源合理利用的角度看，没有不能利用的土地。应该把每块土地利用好，让它充分发挥作用。不同的用途对土地有不同的要求。如新建厂，它重视的是工程地质和水文地质条件及土地面积的大小，而试验原子弹则要求在荒无人烟的大沙漠，这就叫物尽其用。

2. 我国土地资源的现状与特征

据资料介绍，地球上陆地总面积只有 1.35 亿 km^2。还有一半土地暂时不能供人类利用，原因是 10% 终年积雪、4% 为冻土、20% 为沙漠、16% 为陡坡山地。我国土地总面积约 960 万 km^2，耕地面积只占国土面积的 10% 多一点，且中低耕地的比例高达 83.2%，其中分布在山地、丘陵和高原地区的占 66%，分布在平原和盆地中的仅占 34%，干旱、半干旱地区的耕地中，还有 40% 存在不同程度的退化。随着城市化进程加快，城市不断扩大，铁路、公路交通建设的扩充，传统建筑材料砖瓦的烧制占用、毁坏耕地，加上土地盐碱化、沙漠化的不断扩大，我国的有限耕地正不断减少。据国土资源部门的数据显示，1996—2006 年，我国耕地面积由 19.51 亿亩降至 18.27 亿亩，10 年间减少了 1.24 亿亩，人均耕地面积也由 1.59 亩降到 1.39 亩。2006 年春天，第十届全国人民代表大会第四次会议上通过的《国民经济和社会发展第十一个五年规划纲要》明确提出，18 亿亩耕地是未来五年一个具有法律效力的约束性指标，是不可逾越的一道红线。2008 年 8 月 13 日，国务院审议并原则通过了《全国土地利用总体规划纲要（2006—2020 年）》，纲要重申要坚守 18 亿亩耕地的"红线"，提出到 2010 年和 2020 年，全国耕地应分别保持在 18.18 亿亩和 18.05 亿亩。据国土资源部公布的 2016 年度全国土地变更调查主要数据显示，截至 2016 年底，全国耕地面积 20.24 亿亩。相比 2015 年，全国耕地面积略有减少，但质量有所提升。

我国土地资源的特点：

（1）土地类型多样 从南北看，我国北起寒温带，南至热带，南北长达 5500km，跨越 49 个纬度。其中，中温带至热带的面积约占总土地面积的 72%，热量条件良好。从东西看，我国东起太平洋西岸，西达欧亚大陆中部，东西长达 5200km，跨越 62 个经度。其中，湿润、半湿润地区土地面积占 52.6%。从地形高度看，从平均海拔 50m 以下的东部平原，逐级上升到西部海拔 4000m 以上的青藏高原。由于地域辽阔，水热条件不同和复杂的地形、地质条件组合的差异，形成了多种多样的土地类型，这为农、林、牧、副、渔和其他各业利用土地提供了多样化的条件。

（2）山地面积大 我国山地面积约 633.7 万 km^2，占土地总面积的 66%，其中西北、西南地区的山地还是主要的牧场。山地资源丰富多彩，开发潜力很大。但是山地土层薄，坡度大，如使用不当，自然资源与生态环境易遭破坏。

（3）农用土地资源比重小　我国土地总面积很大，居全世界第三位，但按现有技术经济条件，可以被农林牧副渔各业和城乡建设利用的土地资源仅 627 万 km^2，占国土总面积的 2/3，其余 1/3 的土地是农业难以利用的沙漠、戈壁、冰川、石山、高寒荒漠地带。在农业可利用的土地中，耕地 1.30 亿 hm^2，占 29%；池水水域面积约 0.18 亿 hm^2，占 2%；建设用地 0.27 亿 hm^2，占 3%。

（4）后备耕地资源不足　我国人均占地面积不足，只有世界人均占地面积的 1/2，而且每年还以 67 万 hm^2 的速度锐减。如果不加以控制，将会出现土地资源危机。为此，国家有关部门对我国陆地面积进行全面预测，天然草场、灌木林地的土地约 3530 万 hm^2，其中 40% 开发后可主要用于种植粮食和经济作物，但是这些为数不多的后备土地大多在边远地区，开垦难度较大，而且单位产量不高。

3. 土地资源利用与开发

我国虽然地域辽阔，但人口众多，耕地面积仅占世界总面积的 7%，却解决了占世界人口总数 25% 的人吃饭问题，基本上满足了人民的生活需要。这不能不说是一项了不起的成就。然而我们要清楚我国目前土地利用情况与可利用的前景。

（1）土地的利用概况和规划管理　随着人口的不断增加，土地资源问题已摆在世人面前。与发达国家相比，我国农业机械化程度不高、高新技术含量低、管理方法和手段还处于传统模式，农林牧地的生产力不高，粮食单产仅达世界平均水平，每公顷草原牛羊肉、奶、皮毛产量只有澳大利亚的 30% 左右。许多农村本可种两季水稻的农田，如今只种一季，使得现有良好土地资源没有充分利用，甚至出现有田无人种的现象。

尽管有土地管理法规，但随着我国城市化的进程，全国各个城市乃至县城都比以前扩大了几倍的面积，有的城市还在不断扩展。要想稳定目前人均耕地面积，首先要严格控制任意占用耕地搞建设和建砖瓦厂，所以从中央到地方都必须做好土地资源使用规划，并严格管理，否则再过二三十年，许多农民将无地可种。

（2）改造被毁土地和开垦新土地，提高土地使用效率　我国土地资源本就缺乏，所以现有土地的懒人耕作法应该引起农业部门的重视。如今农民种田大量使用化肥，给农田的稳产高产是带来了短期的效益，但从长远来看对土地资源是一种摧残，应该提倡多使用有机肥，改善现有土地贫瘠状态，方能挖掘出土地资源的潜力。

近年来北方土地沙化越来越严重，盐渍土地也不断扩大，国家除采取措施阻止蔓延外，还应对这些已被自然界摧毁的土地在一定条件下尽快恢复使用价值。另外，也需将那些边远土地、陡山坡地开垦出来，以应对未来人口增多的需要。如果采取积极有效措施，刹住任意占用耕地的风气，提高现有土地使用效率，恢复部分已摧毁土地，并新开垦部分土地，我国的土地开发前景还是光明的，但其道路是艰辛的。

4. 土地资源的保护

有限的土地资源这已是无法改变的事实，除充分利用经营管理好外，更重要的是如何保护好这些宝贵的资源。在过去的土地资源管理利用过程中，虽然制定了一系列的法律、法规，起到了一定的保护作用，但存在的问题仍然是严重的，主要反映在以下几方面：①土地利用布局不合理；②任意侵占耕地，烧砖烧瓦禁而不止，使得耕地面积逐年减少；③化肥使用过多，土壤肥力下降、活力不足；④土壤污染严重；⑤水土流失加剧；⑥沙漠化、盐渍化蔓延。这些问题的存在应该引起人们，特别是国家有关部门及各级地方政府的高度重视和

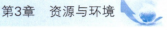

关注。

（1）**健全法制，加大执法力度** 我国政府从中国国情出发，于1998年8月29日颁布了由全国九届人大常委会第四次会议修订通过的《中华人民共和国土地管理法》，采用世界上最严格的土地管理措施，保护耕地资源，明确规定以下制度：

1）国家实行土地用途管理制度。国家编制土地利用总体规划，规定土地用途，将土地分为农用地、建设用地和未利用土地，严格限制农用地转为建设用地，控制建设用地总量，对耕地实行特殊保护。

2）国家实行占用耕地补偿制度。非农业建设经批准占用耕地的，按照"占多少，垦多少"的原则，由占用耕地的单位负责开垦与占用耕地的数量与质量相当的耕地。

3）国家实行基本农田保护制度。各省、自治区、直辖市划定的基本农田应当占本行政区域内耕地的80%以上，并明确规定：非农业建设必须节约使用土地，可以利用荒地的，不得占用耕地，可以利用劣地的，不得占用好地，禁止占用基本农田发展林果业和挖塘养鱼。

4）采取有力措施，保护土地资源。

新修订的《中华人民共和国土地管理法》要求：各级人民政府应当采取措施，维持排灌工程设施，改良土壤，提高地力，防止土地荒漠化、盐渍化、水土流失和污染土地。

（2）**加强生态环境保护、遏制土地衰退** 任何一个正常的生态系统中，能量流动和物质循环总是不断地进行着，在一定时期内保持相对稳定平衡。这种平衡包括结构上的平衡，功能上的平衡，以及能量和物质的输入、输出数量上的平衡等。生态系统之所以能够保持相对的平衡状态，主要是其内部具有自动调节的功能。当系统中某一部分出现了机能异常或遭到破坏，就会使系统调节功能降低或丧失，造成系统功能紊乱。如水域严重污染，会使水的净化功能降低，淡水发生水华，海水发生赤潮，森林、植被遭到破坏会使土地沙化、水土流失，后果是沙尘暴肆虐、河床抬高、洪水泛滥等。因此保护生态环境才是遏制土地退化的根本。

2011—2020年是我国经济社会发展的重要战略机遇期，也是资源环境约束加剧的矛盾凸显期。为确保实现全面建成小康社会的奋斗目标，根据我国生态保护与建设面临的新形势和党中央、国务院对生态保护与建设提出的新要求，适应经济社会发展的需要，国家发展改革委会同有关部门组织编制了《全国生态保护与建设规划（2013—2020年）》，作为当前和今后一个时期全国生态保护与建设的行动纲领。

总体目标：到2020年，全国生态环境得到改善，国家重点生态功能区生态服务功能增强，重点治理地区生态实现良性循环，生态系统的稳定性明显加强，防灾减灾、净化空气和应对气候变化能力明显提升，生物多样性下降趋势得到遏制，生态保护与建设和区域经济发展协调推进，基本构筑"两屏三带一区多点"的国家生态安全屏障骨架，努力建成生态环境良好国家。

具体目标：到2020年，森林覆盖率、蓄积量继续实现双增长，森林生态功能显著提高；全面实现草畜平衡，草原生态步入良性循环；初步遏制自然湿地萎缩和河湖生态功能下降趋势，主要河湖生态水量得到基本保证；重点治理区域水土流失和土地沙化、石漠化得到有效防控；重点生态区农田基本实行保护性耕作；城市建成区绿化覆盖率稳定并有所提升，大气粉尘吸附和阻隔能力增强；有效保护重要海洋环境和海洋景观，大幅提升近岸受损海域修复率，局部海域生态恶化趋势得到遏制；生物多样性丧失的速度得到基本控制。生态脆弱区贫困人口生产生活水平明显提高。

3.1.3 水资源

1. 水资源概述

水资源通常是指供人们经常可用的淡水，即陆地上由大气降水补给的各种地表、地下淡水体的储存量和动态水量。地表水包括河流、湖泊、冰川等，其动态水量为河流径流量。地表水资源是由地表水体的储量和河流径流量组成。地下水的动态水量为降水渗入和地表水渗入补给的水量。地下水资源由地下水储存量和地下水补给量组成。

水是一切生命赖以生存的物质，是人类生活和生产中不可缺少的基本物质之一。在过去的 100 年中，全世界人口增长了 3 倍，经济增长了 20 倍，用水量增长了 10 倍。加上人们忽视生态平衡和自然规律，取水无度，世界上许多国家和地区水荒频频告急。

我国也不例外。在世界 153 个国家和地区人均水资源的排序表上，我国被列为世界 13 个贫水国家之一。尽管我国水资源总量约有 2.8 万亿 m^3，居世界第 6 位，但是由于我国人口数量巨大，人均占有量仅 2400m^3，只相当于我国人均的 1/4，居世界第 121 位。同时我国水资源在时空上分布不均匀，全国有 18 个省（自治区、直辖市）人均占有的水量低于全国平均水平，其中北方有 9 个省（自治区、直辖市）低于 500m^3。

联合国专家预言，水将是 21 世纪全世界最紧迫的自然资源。目前世界上大约有 90 个国家、40% 的人口面临缺水的局面。因水的问题而产生的社会动荡和地区冲突已成为影响全球和平发展的焦点之一。

2. 水资源的分布与现状

地球上水的总量约 14 亿 km^3，其中 97% 以上分布在海洋中，淡水量仅占 2.8%，而且淡水大部分以两极的冰盖、冰川和深度在 750m 以上的地下水的形式存在，详见表 3-1。

表 3-1　地球上水的分布　　　　　　　　　　　　　　　　　（单位:%）

地球上水	海水	97.2
	淡水	2.8
淡水的分配比	冰盖、冰川	77.2
	地下水、土壤水	22.4
	湖泊、沼泽	0.35
	大气	0.04
	河流	0.01

从表 3-1 可见，地球上真正能使用的淡水资源不到 1%，只有河流、湖泊等地表水和地下水的一部分。

我国水资源空间分布很不均匀，长江流域以北的淮河、黄河、海滦河、辽河、黑龙江五个流域水资源量合计仅占全国总量的 14.4%，而人口却占全国总量的 43.5%，所以这五个流域的人均水资源占有量只是略高于 900m^3。其中海滦河流域更少，仅有 400m^3 左右。北京位于海滦河流域，人均水资源占有量仅是我国人均水资源占有量的 1/6，为全世界人均水资源占有量的 1/25，在世界 120 个国家的首都中居百位以后。因此，北京地区缺水程度与沙漠地区缺水的以色列相似。所以，必须特别注意节约用水，加强水资源保护，防止污染，提高水资源的利用率。

20世纪初，世界耗水量为460亿 m³，而现在达到5970亿 m³，增加了15倍之多。世界人均水资源为7690m³，但分布不均。联合国一项研究报告指出，全球现有12亿人面临中度到高度饮水的压力，80个国家水源不足，20亿人的饮水得不到保证。预计到2025年，形势将会进一步恶化，缺水人口将达到28亿~33亿。瑞典首都斯德哥尔摩2003年8月9日召开的一年一度的世界水资源大会公布的统计报告称，全球约有14亿人喝不到安全的饮用水，有23亿人没有起码的卫生条件，每天有6000名儿童死于卫生不良引起的疾病。

我国也属于世界贫水国之一，淡水资源十分紧缺，随着工业的发展，大量工业污水的排放使原本不足的淡水资源质量严重恶化，城市缺水非常严重。统计数据显示，目前全国660多个城市中有400多个供水不足，其中比较严重的有110个，缺水总量达到60亿 m³，其中在32个百万人口以上城市中，有30个长期受到缺水干扰。目前全国年缺水量约为400亿 m³，超过北京年用水量的10倍。农业方面平均每年因旱减产粮食280多亿 kg。地表水不足，使许多城市和地区不得不超采地下水，北方已有9个省市属严重超采，每年开采量555亿 m³，是当地可开采量的131%。河北、山西、山东、天津地区地下水超采竟达160%。其结果是地下水位下降，发生地面沉陷、塌陷、裂缝等地质灾害。

水利部《21世纪中国水供求》预测，我国已开始进入严重缺水期，至2030年，我国将出现缺水高峰。全国水环境日趋恶化，七大江河水系和地下水污染严重。农业灌溉用水的有效利用系数仅为0.3~0.4，工业用水的重复利用率仅为5%，水资源浪费严重。预计到2020年前后，我国年缺水总量可能达到500多亿 m³。这是摆在我国面前的现实。我们不能造水，只能保护和节约用水。

3. 我国水资源问题

中国人口数量基数大，人口增加很快，按照每年增加1500万人的速度，每人每天使用200L的生活饮用水计算，一年将增加100多亿 m³的生活饮用水，这还不包括人口增加带来的粮食和其他生活必需品所需的水量。如今我国已有13亿人口，人均水资源量由原来的2400m³下降到2100m³。到21世纪中叶，我国人口总数将达到15亿~16亿，我们的水资源将如何承受这来自人口的压力？

我国工业生产耗水量大。在工业生产中，采1t煤约需1~1.5t水，炼1t钢约需20~40t水，生产1t氮肥要用500~600t水，提取1t人造纤维更需1200~1700t水。哪怕是火力发电，每生产1度电也要耗用3kg左右的水；核电耗水量大概为6~7kg/度。

水污染日趋严重是造成缺水现状的另一重要原因。我国523条河流中，现有436条受到严重污染，湖泊和水库的80%以上也遭到不同程度的污染，甚至一些小河沟及池塘也被污染得多色多味。世界卫生组织专家估计，发展中国家约有80%的疾病和1/3的死因与水有关。水中微生物的污染可引起肠道传染病的流行。我国因河流污染造成各种疾病的事例常有报道。黄河流域的山东、河南的许多市县生活用水中的沉淀物已近30%。而人均水资源占有量高于全国平均水平的长江流域的污染也越来越严重。人口密集的淮河流域，由于工业废水的任意排放，短短几年时间，80%的干、支河变黑、发臭，导致两岸大量农田土壤结构遭到破坏，粮食减产，沿淮群众疾病多发。1995年7月，淮河上游突降暴雨，不得不开闸泄水，导致2亿 t污染严重的河水像山洪暴发般向下游狂泄。污水所到之处，鱼、虾、蟹、蛙等水生生物全部死光,部分水面出现几千米的死鱼飘浮带。在地面水受到严重污染后,许多地方大量超采地下水,超采导致一些城市地面下沉,水、电、气管线变形,公共基础设施破坏,工业城市受到了严重威胁,超采造成的地面沉降、塌陷、裂缝等地理灾害尾随而至。

我国不少工厂企业设备陈旧、工艺落后,水的重复利用率只有 $50\% \sim 60\%$。我国农业用水每年耗水 3800 亿 m^3,占全国总用水量的 73%,落后的灌溉用水有效利用率只有 $30\% \sim 40\%$,全国城市自来水管网水量损失率高达 $20\% \sim 30\%$,这还不包括使用中的跑、冒、滴、漏。

从以上情况分析,我国水资源的开发利用潜力非常大。首先要加强宣传,使每个人清楚我国是水资源贫乏的国家,水是有限资源,从而提高节水意识。再者,无论是工业、农业,还是生活用水,要下大力气彻底改变目前状况。总之,我们要开源节流,保护水源,要让有限的水、宝贵的水奔流不息,碧水长清,为我国经济和社会发展提供稳定可靠的保障。

3.1.4 生物资源

生物资源（Biological resources）可分为动物资源、植物资源和微生物资源三大类。它们均属于可更新资源。

1. 森林资源

森林是由乔木或灌木组成的绿色植物群体,是整个陆地生态系统的重要组成部分。现在地球上有 1/5 以上的地面被森林覆盖。它是人类赖以生存的重要的绿色宝库,为人类提供大量林木资源,保护环境,调节气候。我国现有森林面积 13370 万 hm^2,森林覆盖率为 13.92%,占世界森林面积 $3\% \sim 4\%$,人均占有量为 0.114hm^2,森林蓄积量为 101.37 亿 m^2。

（1）森林的功能与作用　森林在自然界中的作用越来越受到人们的关注。它不仅为社会提供大量的木材资源,还具有其他无可代替的作用,如调节气候、防风固沙、蓄水保土、涵养水源、净化大气、保护生物多样性、吸收二氧化碳、美化保护环境及生态旅游等功能。

1）森林是陆地生命的制氧机。自然界中一切动物都要靠氧气来维持生命,而森林是天然的制氧机。据测定,1hm^2 阔叶林每天可吸收 1t 二氧化碳,放出 730kg 氧气,可供 1000 人正常呼吸。如果没有森林等绿色植物制造氧气,则生物的生存将失去保障。

2）森林是净化器。森林除产生氧气外,还有净化的功能。1hm^2 云杉林可吸滞粉尘10.5t,除净化空气,还可衰减噪声,30m 宽的林带可衰减噪声 $10 \sim 15dB$。森林还可分泌杀菌素,有的树木能促使臭氧产生,杀死空气中的细菌,还能阻止酸雨的形成。

3）森林是自然界物质能量的中转站。一般来说,有林地带的温度比无林地带的温度要低 2℃ 以上,夏天要低 10℃ 左右。森林树冠可以截留降水量的 $15\% \sim 40\%$。因此,森林有涵养水分、促进水循环的作用。据测算,世界森林每年可向大气蒸腾 48 亿 t 的水量,起到调节气候、延缓干旱和沙漠化的发展、保护农田、增加有机质、改良土壤的作用。森林通过光合作用每年可使全球 550 亿 t 的二氧化碳吸收转化。

4）森林是陆地上最大、最理想的物种基因库。森林是世界上最富有的生物区,它孕育了各种各样的生物物种,保存着世界上珍稀特有的野生动植物。如祁连山是我国西部干旱地区的生物种源库和物种遗传基因库,在那里生存着 1000 多种高等植物和近 300 种脊椎动物、100 多种鸟类。特别是它的水涵养林,有着涵养水源、保持水土、调节气候、调蓄高山冰雪融水及大气降水等功能,是河西内陆河贮水的中心,是河西工农业生产和人们生活的命脉。

（2）森林资源的利用与存在的问题 随着生活水平的提高，居住条件不断改善，人们在装饰过程中要求使用原木装饰材料，还有其他行业，如造纸、一次性卫生筷都大量使用原木材料，使得这种可更新材料的更新速度跟不上人们无限的索求。据统计，黄河源头地区的森林覆盖率只有 7.56%，长江源头地区仅为 2.03%。森林资源每年向人类提供约 23 亿 m^3 的木材，由于更新速度缓慢，目前世界上的原始森林已被人类砍伐了 80%。美国原始森林仅剩 5%，因此，美国 25 家著名大公司，包括耐克、IBM、戴尔计算机公司联合发出声明，保证将在生产中逐步减少直至完全停用原始森林木材。全世界每年生产 100 亿支铅笔，其中就有 75 亿支是中国产，消耗木材 10 万 m^3。日本森林覆盖率是世界上最高的国家之一，却不生产一次性筷子，全部从中国进口，而我国每年生产一次性筷子耗木材达 130 万 m^3，减少森林面积 200 万 m^3。从这些侧面不难看出，我国一些企业急功近利的做法值得大家反思。我国目前森林存在的问题是：

1）我国森林覆盖率偏低，人均占有量少。我国森林资源十分匮乏，全国森林面积 1.34 亿 hm^2，林木蓄积 117，8 亿 m^3，森林覆盖率只有 13.92%。每人平均森林面积不到 0.11 hm^2，人均林木蓄积仅 8.6 m^3，远远低于世界人均占有量。正因为我国是一个少林的国家，森林总量不足，而且分布不均，加上历史上种种客观原因，保护不力，森林资源面积还在不断减少，质量日益下降，功能较低，不适应国民经济持续发展和维护生态平衡的需要。

2）国家政策失误，造成森林锐减。由于我国过去一些政策的失误，使得森林遭受几次大规模的砍伐。加上我国曾片面强调以粮为纲，大力发展农业生产，不少地区毁林造田，极大地破坏了生态环境。我国造林技术不高，忽视质量，片面追求数量，造林后又缺乏认真管理，造林存活率偏低，致使目前林场出现无木可伐的现象。过去许多地方是"林木参天"，但如今呈现的是"山无树鸟无窝"的荒凉景象。

3）森林火灾频繁。火灾是森林的天敌，其中 90% 是人为引起的。目前我国大部分林区防火设施差，经营管理水平低，火灾预防和控制能力低。据国家统计局资料，2000 年以来我国的森林火灾以每年近 10000 次、毁林约 7 万 hm^2 的速度吞噬着有限的森林资源，森林受害率远高于发达国家的水平。仅 2016 年全国共发生森林火灾 2034 起，受害森林火灾 6.22 万 hm^2，因灾造成人员伤亡 36 人，直接经济损失约 100 亿元。林火不仅烧毁森林，降低林木密度，还破坏森林结构，降低森林的利用价值。

4）森林病虫害严重。森林病虫害也是影响林业发展的重要因素。据 20 世纪 80 年代中期对全国 28 个省、市主要森林及树种的普查结果，危害严重的树木病害有 60 多种，如落叶松落叶病、枯梢病、杨树腐烂病等；危害严重的森林害虫有 200 多种，如松毛虫、白蚁等。

各种因素导致森林锐减，不仅使木材和林副产品短缺，野生动物迁移，珍稀动植物减少甚至灭绝，还使林相结构、森林生物、气象、水域和土地性能发生急剧变化，降低了森林在水土保护、涵养水源、调节气候方面的作用，使地表裸露，地温增高，风力加大，土壤有机质破坏，表层酸化、板结、失去蓄水能力，造成了低陆地沼泽化、台阶坡地的荒芜，最终使得生态平衡失调。

（3）加强森林资源的保护

1）健全法制，依法保护森林资源。1998 年 4 月修正并通过的《中华人民共和国森林法》中规定，国家对森林资源实行以下保护性措施：①对森林实行限额采征，鼓励植树造林、封山育林，扩大森林覆盖面积；②根据国家和地方人民政府有关规定，对集体和个人造林、育林，给予经济扶持或者长期贷款；③提倡木材综合利用和节约使用木材，鼓励开发、利用木材代用品；④征收育林费，专门用于造林育林，煤炭、造纸等部门，按照煤炭和木浆纸张等产品的质量提取一定数量的资金，专门用于营造坑木、造纸等用材林；⑤建立林业基金制度。此外，地方各级政府应组织有关部门建立护林组织，增加护林设施，设立森林公安机关，维护辖区治安，保护森林资源。地方各级政府还应做好森林火灾的预防和补救工作，组织森林病虫害的防治工作。禁止毁林开荒，毁林采石、采砂、取土，以及其他毁林行为。禁止在幼林地和特种用途林内砍柴、放牧。对自然保护区以外的珍贵树木和林区具有特殊价值的植物资源，应当认真保护，未经批准不得采伐和采集。

2）实施生态建设规划，坚持不懈地植树造林。《全国生态建设规划》提出了近、中远期的奋斗目标。近期目标：到 2010 年，新增森林面积 3900 万 hm^2，森林覆盖率达到 19% 以上（按郁闭度大于 0.2 计算，下同），退耕还林 500 万 hm^2，建设高标准、林网化农田 1300 万 hm^2。中期目标：2011—2030 年，新增森林面积 4600 万 hm^2，全国森林覆盖率达 24% 以上。远期目标：2031—2050 年，宜林地全部绿化，全国森林覆盖率达到并稳定在 26% 以上。

为达到上述奋斗目标，需采取以下政策措施：①提高人们对森林的资源意识和生态意识，大力保护、更新、再生、增殖和积累森林资源。要充分发挥森林的多种功能、多种效益，经营管理好现有森林资源。②大力培育森林资源，实施重点生态工程。建立五大防护林体系和四大林业圣地，即三北防护林体系、长江中上游防护林体系、沿海防护林体系、太行山绿化工程、平原绿化工程，以及用材和防护林基地、南方速生丰产林基地、特种经济林基地、果树生产基地；③制定各种造林和开发计划。提高公众绿化意识，提倡全民搞绿化；坚持适地造林，重视营造混交林，采取人工造林、飞播造林、封山育林和四旁植树等多种方式造林绿化，在农村地区，继续深化"四荒"承包改革，鼓励在无法耕作的荒山、荒沟、荒丘、荒滩植树造林，稳定和完善有关鼓励政策。④广泛开展国际合作，吸收国外森林资源资产化管理经验，以及市场经济条件下的森林资源的监督管理模式，争取示范工程和培训基地的国外技术援助。

2. 草原资源

草原是以旱生多年生草本植物为主的植物群落。草原是半干旱地区把太阳能转化为生物能的巨大绿化能源库，也是丰富宝贵的生物圈基因库。它适应性强，覆盖面积大，更新速度快，具有调节气候、保持水土、涵养水源、防风固沙等功能，具有重要的生态学意义。草地是一种可更新、能增殖的自然资源，它是畜牧业发展的基础，并伴有丰富的野生动植物、名贵药材、土特产品，具有重要的经济价值。

（1）我国草原资源概况 《2004 年中国环境状况公报》中提到：中国天然草原面积近 4 亿 hm^2，约占国土总面积的 41.7%，其中可利用草原面积为 3.31 亿 hm^2，占草原总面积 84.3%。我国是一个草原大国，仅次于澳大利亚，约占全球草原面积的 13%。但人均占有量却只有 0.33 hm^2，为世界人均值的 1/2。我国现有草原资源可分为东北草原区，内蒙古、甘、宁草地区，新疆草地区，青藏草地区和南方的草山五个区。我国草原资源的分布特点是：①草原面积大、分布广、类型多样；②大部分牧区草原和草山草地都居住着少数民族，其中相当一部分是老区和贫困地区；③草原和草地大多是黄河、长江、淮河等水系的源头区和中上游区，具有生态屏障的功能；④目前，草地资源平均利用面积小于 50%，在牧业草原中约有 2700 万 hm^2 缺水草原和夏季牧业未合理利用。

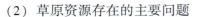

（2）草原资源存在的主要问题

1）草场退化严重。世界草地资源面积占陆地总面积的38%。多年来由于人类过度放牧、开垦、占用，挖草为薪，挖草为药（如我国素有甘草之乡的宁夏盐池县，由于人们只图眼前利益，掘地三尺，将好端端的甘草之乡变成了望不尽的黄沙之地，引发每年的沙尘暴），加上环境污染，草地面积不断缩小，草场质量日益退化，不少草地出现灌丛化、盐渍化，甚至正向荒漠化发展。目前全世界有45亿hm²土地受干旱、退化影响。

由于我国长期以来对草地资源采取自然粗放经营的方式，过牧超载、乱开滥垦，草原破坏严重。1997年底90%的草地已经或正在退化，其中1.3亿hm²达到中度退化（沙化、碱化），并且以每年200万hm²的速度递增，退化速度为每年0.5%，而人工草地、改良草地的建设速度每年仅0.3%，建设速度赶不上退化速度，过去那种"天苍苍，地茫茫，风吹草低见牛羊"的景观已不复存在。

严重的鼠虫害也加剧了草场的退化。1983—1984年，内蒙古累计鼠害的发生面积达3000万hm²，虫害发生的面积达2300万hm²。危害最大的虫害是蝗虫，新疆和硕县山区夏牧场，仅1980年蝗虫危害面积达80%，蝗虫多的地方达50～60只/m²。牲畜的发展与草场的生产力不相适应也是造成草场退化的原因。不少牧场放牧牲畜成倍增加，而草场由于开垦、筑路及其他用途正不断减少。

2）动植物资源遭到严重破坏。滥垦过牧，重利用、轻建设，造成草原土壤营养成分锐减，生物资源破坏惊人。如塔里木盆地原有天然胡杨林约53万hm²，到2017年只剩下20万hm²，减少了62%，新疆原分布有330万～400万hm²的红柳林，现已大半被砍；许多药用草木因乱挖滥采，数量越来越少，如名贵药材肉苁蓉、锁阳和"内蒙古黄芪"等现已很少见到了，新疆山地的雪莲、贝母数量也锐减，宁夏盐池的甘草几乎绝种；乱捕滥猎和人类活动的加剧，野生动物的栖息地日渐缩小，不少种类濒临灭绝，如双峰野骆驼在20世纪60年代还成群出没，现在除阿尔金山前及东疆少数地方外，已难找到，赛加羚羊、河狸、雪鸡等珍稀动物也日渐稀少。

3）草地资源管理落后，利用率低。我国大部分草地牧业基本上处于原始或半原始自然放牧利用阶段，草地资源的综合优势和潜在生产力未能有效发挥，牧区草原生产率仅为发达国家（如美国、澳大利亚）的5%～10%。

（3）草地资源的保护措施　为了加强草地资源的利用和保护，国家已制定《全国草地生态环境建设规划》。具体措施是：

1）加强草原建设、治理退化草场。纵观国际畜牧业发展现状，建设人工草场是生产发展的必然趋势。近几十年世界上许多畜牧业发达国家人工草场所占的比例都比较高，如荷兰占80%、新西兰占60%、英国占55%。我国牧区人工草地有所发展，但进展缓慢，跟不上牧业生产发展的需要。要进一步实行国家、集体和个人相结合，大力建设人工和半人工草场，发展围栏草场，推广草库（仓），积极改良退化草场。大力发展人工牧草改革，适宜地区可实行草田轮作，采取科学措施，综合防治草原的病虫鼠害。注意防止农药及工矿企业排放"三废"对草原的污染。

2）加强畜牧业的科学管理。与其他行业一样，要有计划地控制放牧，调整畜牧群结构，实行以草定畜，禁止草场超载放牧。建立两季或三季为主的季节营地，保护优良品种，加速品种改良和推广新品种。

3）开展草地资源的科学研究，实行"科技兴草"，发展草业科学，加强草业生态研究，引种驯化，筛选培育优良牧草，加强牧草病虫鼠害防治技术的研究，建立草原生态监测网，为草原建设和管理提供科学依据。

4）开展草地资源可持续利用的工程建设。一是加强自然保护区建设，如新疆的天山山地森林草原、内蒙古的呼伦贝尔草甸草原、湖北神农架大九湖草甸草场、安徽黄山低中小灌木丛草场等；二是开展草原退化治理工程建设，如新疆北部和南疆部分地区，河西走廊青海环湖地区，山西太行山、吕梁山等地区；三是建设一批草地资源综合开发的示范工程，如华北、西北和西南草原地区的家畜温饱工程，北方草地的肉、毛、绒开发工程等。

3.1.5　矿产资源

1. 矿产资源的概况

矿产资源是地壳形成后，经过几千万年、几亿年甚至几十亿年各种不同地质作用形成的天然固态矿物组成的集合体。目前已发现的矿物有3300多种，绝大多数是固态无机物，已被利用的矿物有150多种。我国的矿产种类较多，是世界上矿产品种比较齐全的少数几个国家之一。1949年以前，我国仅对不足20种矿产进行过评价，新中国成立后对130多种矿山进行了评价并初步探明了储量。不少矿产资源储量居世界各国前列。但由于我国人口基数大，人均资源远远低于世界人均矿产资源水平。

矿产资源消耗是一个国家富裕水平的指标，矿物资源的利用与生活水平有关。当前世界各国矿产资源的消耗存在巨大的差别，美国主要矿物的消耗量是世界其他发达国家平均消耗量的两倍，是不发达国家的几十倍。美国人口不到世界人口的5%，消耗的能源却占世界能源的34%，其他资源的消耗也占有相同的份额。不列颠哥伦比亚大学的一个研究小组统计，普通北美人每人每年消耗的资源相当于12英亩农田和林地矿山提供的可再生资源。全世界的人都按照这一速度消耗，全人类需要拥有相当于4个地球的生产用地。随着经济的发展和人口增长，今后世界对矿产资源的需求有增无减，而矿产资源是有限资源，即使储量很大，仍会出现资源枯竭的问题，这是当今全世界人类关心的问题。

从不同的研究出发，可以有不同的矿物分类法。目前常用的分类法有工业分类法、成因分类法和晶体化学分类法三种。这里主要介绍矿物的工业分类法，它是依据矿物的不同性质和用途划分的。

（1）金属矿物类　①黑色金属矿物：铁、锰、铬、钛、钒等；②有色金属矿物：铜、铅、锌、铂、镁、镍、钴、钨、锡、钼、铋、汞、锑、铂族金属的工业矿物；③稀有金属矿物：钽、铍、锂、锆、铯、铷、铈族重稀土及锶的工业矿物；④分散元素：锗、镓、铟、铊、铪、铼、镉、钪、硒、碲10种元素，这些元素在地壳中的含量稀少，又很少形成独立的矿物和单独开采的矿床，主要赋存在铜、铅、锌等金属硫化物中；⑤放射性金属矿物：铀、钍的工业矿物。

（2）非金属矿物类　①冶金辅助原料非金属矿物：菱镁矿、白云石、红柱石、蓝晶石、石英、方解石、萤石、蛇纹石、石棉等矿物；②化工原料非金属矿物：磷、硫、钾盐、石膏、钾长石、方解石、雄黄、雌黄、毒砂、明矾石、硼砂、重晶石、滑石等矿物；③特种非金属矿物：金刚石、水晶、萤石、白云母、金云母等矿物，④建筑材料及其他非金属矿物：这类矿物名目繁多，主要有石棉、石墨、石膏、滑石、高岭石、长石、石英、方解石、萤

石、花岗岩、大理石、刚玉等。

（3）能源矿物类　煤、石油、天然气、油页岩、铀等。

我国目前已探明储量的矿产中，钨、锑、稀土、锌、萤石、重晶石、煤、锡、汞、钼、石棉、菱镁矿、石膏、石墨、滑石、铅、锌等矿产资源的储量在世界上居于前列，占有重要地位。另外有些矿产资源储量很少，如铂、铬、金刚石、钾盐等，远不能满足国内的需要。无论资源储量大与小，我国人口众多，终归属于资源贫乏的国家，因此，我们要珍惜可贵的矿产资源。

2. 矿产资源开发对环境的影响

矿产资源给人类创造了巨大的财富。当前国民经济建设中95%的能源和80%的工业原材料都依赖矿产资源供给。在开采矿产资源获得巨大财富的过程中也产生了不少问题，一是不合理的开采造成大量矿产资源浪费和损失；二是开采过程中导致生态环境的破坏，威胁人们的身心健康，具体表现有如下几个方面：

（1）对土地资源的破坏　据《中国21世纪议程》提供的数字，我国大规模矿产采掘产生的废弃物堆放占用大量土地，采空塌陷等损毁土地面积已达200万 hm^2，现每年仍以2.5万 hm^2 的速度发展，破坏了大面积的地貌景观和植被。如有煤都之称的阜新市，地下基本挖空，云南东川是中国的铜城，过去全市工业总产值和财政收入2/3来源于铜业，随着铜资源的不断枯竭，东川矿务局下属的4个铜矿全部破产，1999年，东川成为新中国历史上第一个"矿竭城衰"的城市。许多城市过去靠矿产资源致富，随着资源枯竭，如今地下无矿可采，地上破坏严重，经济建设举步艰难。

（2）对大气的污染　矿产资源的开采无论是地下开采还是露天开采，在采矿、运输过程中都会产生大量粉尘，提取有用矿产资源后剩下的尾渣露天堆放，刮风天尘土飞扬，还会自然释放出的大量有害气体；矿物冶炼排放的大量烟气，化石燃料的燃烧，特别是含硫高的煤炭燃烧均会产生大量的二氧化硫及一些有害物质，严重污染大气，破坏区域环境。

（3）对水源的污染　矿石采出后必须通过选矿，选矿时为了富集有用矿物常添加一些化学药剂，有些还是剧毒药品，如选金加氰化钾之类，这些有毒有害的尾矿水处理不彻底排入尾砂坝，随着雨水溢流到水沟、河流、农田，经常造成人畜中毒事件，甚至破坏整个水系，影响居民生活用水和工农业用水。

（4）对海洋的污染　海上采油、运油、油井的漏油、喷油必然会造成海洋污染。目前世界石油产量的17%来自海底油田，这一比例还在迅速增长。随着陆地矿产资源的衰减，世界各国，尤其是发达国家将目标瞄准海洋底层的各种矿产资源。随着海洋矿产资源的开采，海洋污染将越来越重。

我国在矿产资源的开发利用中，采矿、选矿、冶炼的回收率都较低，不少矿山采出率只有50%，甚至还不到50%，未被回收的化学元素被带到环境中，不但浪费资源，还污染环境，威胁人类的健康。

可见，对矿产资源的大量开发，虽然可以大大提高人类的物质生活水平，但不合理和过度开发也会造成对自然资源的破坏和对环境的污染。因此，合理而有计划地开发利用矿产资源，减少矿产资源在开采加工过程中对环境的污染破坏，既为当代也为后代造福，已成为我国矿产资源开发利用中的紧迫任务。

3. 我国矿产资源保护与可持续发展

（1）矿产资源可持续发展的总体目标　虽然我国矿产资源有的储量较大，但大多数贫乏，而且矿产资源属有限资源。如何将这些有限资源可持续利用是我国政府及有关部门应该重点考虑的头等大事。对国家现有矿产资源应有计划地控制使用，另外适当利用国外资源，提高资源的优化配置和合理利用资源的水平，尤其要加大对回收有用矿产资源的技术水平和尾矿、尾渣的再利用的研究，减少资源浪费，最大限度地保证国家经济建设对矿产资源的需要，努力减轻矿产资源开发造成的环境破坏，全面提高资源效益、环境效益和社会效益。

（2）加强对矿产资源的保护和管理　首先要提高对保护矿产资源的认识，自觉珍惜矿产资源，继而要加强法制管理。具体采取以下措施：

1）完善矿产资源保护法，为了加强对矿产资源的国家所有权的保护，我国已专门制定了矿产资源中长期开发利用战略和矿产资源保护政策及相关法规、条例来保护矿产资源。

2）组织制定矿产资源开发战略，各地各政府部门应根据当地矿产资源储量、特点，认真贯彻国家为矿产资源勘查开发规定：统一规划、综合勘查、合理布局、合理开采和综合利用的方针。

3）建立集中统一领导、分级管理的矿山资源执法监督组织体系。

4）建立健全矿产资源核算制度、有偿占有开采制度和资产化管理制度。

（3）建立完善矿产资源开发中的环境保护措施

1）制定矿山环境保护法规、依法保护矿山环境。矿产资源的开发利用是人类生存发展不可避免的，但在开采利用中，存在设备陈旧、技术落后、管理不当、野蛮生产现象，导致矿产资源浪费，环境恶化。必须执行"谁开发谁保护、谁闭坑谁复垦、谁破坏谁治理"的原则。

2）制定适合矿山特点的环境影响评价办法，进行矿山环境质量检测，实施矿山开发的全过程的环境管理。

3）对当前矿山环境现状进行全面的调查评价，制定保护恢复计划，使现有矿产资源得到有效保护，已采空或破坏的矿山恢复昔日的青山绿水，还人们一片蓝天。

4）积极开展矿产综合利用的研究。积极开展采矿、选矿、冶炼等方面的新技术、新工艺、新方法的研究，提高矿物有用成分的回收率，鼓励和监督矿山企业对矿产资源的综合利用和"三废"的资源化活动，鼓励推广矿产资源开发废弃物最小量化和清洁生产技术，以减少尾矿，最大限度地利用矿产资源。

5）尽快出台"资源型城市向经济型城市转变"的发展方略。现在资源城市经济结构单一，经济发展日益落后，生态破坏和环境污染日益严重，人民生活和就业日益困难，可以说已经到了非转型不可的阶段了。我国政府已认识到了这一严峻形势，但需出台鼓励转型的优惠政策或者大的方略，使曾经为中国经济建设做出过巨大的贡献的城市及人们，能尽快转型到经济型城市轨道上来，做到"矿竭城不衰"。2004年在中国举行的国际矿山测量大会上，德国亚琛大学教授爱克塞勒·普菇伊塞就中国的经济转型提出了宝贵建议：应该设立资源型城市向经济型城市转型专项基金，集中用于帮助资源枯竭型城市摆脱生存困难，集中解决其社会保障、职业培训等方面的特殊困难，尤其是搞好生态环境方面的治理。

6）加强国际合作和交流。如引进国外先进的采、选、冶炼等技术、工艺，提高综合勘查开发能力。多开展国际学术交流、技术合作，推进矿山"三废"资源化和矿产开采，开

展对周围环境影响无害化方面的国际合作，以便更好地利用资源、保护环境。

3.1.6 二次资源综合利用

二次资源（Secondary resources）是相对于自然界原始天然资源而言，指人们在生产和生活过程中，对天然资源加工利用后排放的剩余废弃物。该废弃物随着人类经济发展的客观需要和环境保护的要求，急待妥善处理和处置，并随着科学技术的不断进步，使其重新具备再利用的可行性，产生经济价值，减少环境污染。通过进一步加工利用，建立起资源利用的良性循环，延续了天然资源的利用年限，增加了资源来源，提高了资源利用率。因此二次资源也称为再生资源。

二次资源的来源广泛，大体来自两方面：一是人们在生产劳动中产生的废弃物，主要指工农业生产中排放的各种类型的废弃物，如农业产出的废秸秆、废稻草、棉籽壳等，以及各工矿企业产出的废气、废液和其他固体废弃物，如废渣、尾矿、粉煤灰等；二是在生活消费中产生的废弃物，指城市污水和城市垃圾，如废纸、废塑料、废金属、废橡胶、废建筑材料等。实际上，从物质形态角度，二次资源就是指环境工程中的"三废"。

"三废"除了通常意义上的产品生产中产生的废弃物，实质上还隐含着工业生产和人们生活中使用的产品。工业代谢分析明确地表明，许多产品的使用都是消耗性的，如包装物料、润滑剂、溶剂、絮凝剂、防冻剂、去污剂、肥皂、增白与洗涤剂、染色剂、油漆、色素、大部分的纸、药品、杀虫剂、杀真菌剂和杀菌剂等。大部分有毒重金属，诸如砷、镉、铬、铜、铝、汞、银和锌等，包含在不同的产品之中，也随着使用及正常老化而同样消耗掉了，最终排放到环境之中。有些消耗性污染是隐伏性的，过程相当缓慢。特别是油漆，它经常包含有铬、锌或铬，以一种渐渐的方式慢慢消耗。橡胶轮胎的磨损，特别是腐蚀，也是物质消耗性污染的重要来源。有时，消耗性是产品的固有特性，一经使用便完成使命，最典型的例子是食品及其添加剂（防腐剂、色素等）、碳氢燃料、矿物燃料等。所有垃圾，一开始就包含在消费品中，后来被当作垃圾扔掉，形成固体废弃物。

在许多主要技术门类中，化学工业"三废"自然占据首要位置。工业体系中使用的几乎所有产品都与化学工业有关，从矿产资源开发到染料，其间包括药品和食品。化学工业的第一大类废料来源是生产中使用的原材料，化学工业产生大量的废料经常是危险的。化学工业的第二大类废料是生产过程中以消耗方式使用的原料，因此包括在产品中，如最主要的硫酸（每年损失 300 万 t）和盐酸（100 万 t）。这些消耗物中大部分由于很难检测而对其所知甚少，在"瞬间"散发，或挥发（蒸发、以气态或气雾形式的逃逸）掉。第三类废料是生产过程中的残留物：没有发生反应的物质和燃烧后的灰烬，成为一般意义上的无价值的废料。但化学工业也最有可能将废料作为资源使用。化学工业处理废料已有很长的历史，许多行业的活动甚至都源于化学工业的一些副产品。就废料的利用和化学工业的生产过程的优化，以工业生态学的视角进行系统的研究，可以使现有大量化工物质流更为有效使用。许多化工产品部分地或全部地用于合成其他产品。

总之，"三废"虽是废弃物，但不是绝对废弃物，对某个生产部门是废弃物，而对另一部门则可能是宝贵的原料。在目前条件下是废弃物，但随着科技进步和发展则可能变成宝贵的资源，这是二次资源的特点之一。二次资源具有双重性，即若对其进行再生利用，它就是资源，就可为社会带来明显的环境和经济效益，若弃之不用，则不仅浪费大量资源，还会造成环境污染，限制人类社会的可持续发展。以往为保护环境，"三废"治理多强调达标排放，今后为保护环境和扩大资源来源，必须走综合治理之路，做到二次资源的再生利用，以期在资源与环境治理中达到社会、环境、经济效益的最佳化。

目前，为保证我国国民经济持续、稳定、健康的发展，在现代化建设中，以实现可持续的方针作为一个重大的战略决策，其中重要的措施就包括二次资源的再生利用。其在发展国民经济中的重要意义是：

（1）减少资源（不可再生资源）的开发程度　二次资源再生利用可以减少对原始自然资源的开采，从而减小我国有限自然资源供求矛盾的压力，延长现有资源的使用年限。如我国目前钢产量的 1/3 以上是以废钢铁为原料生产的，年利用废钢铁 3000 多万 t，相当于节约开采铁矿石 12000 多万 t。

（2）直接生产转化为产品，降低生产成本　二次资源再生利用为新资源来源的主要途径，除能缓解我国对自然资源的供求矛盾，减少环境污染外，还能直接生产出各种产品，增加社会财富，提高企业经济效率。如广西贵糖（集团）股份有限公司用废蔗渣造纸，用废糖蜜生产酒精，用造纸废液提碱，相继开发出 14 种综合利用产品，1995 年综合利用产值和利税占企业总产值和利税的 70.1% 和 42.7%。可见二次资源的再生利用已成为该企业的主要利润增长点。

（3）保护生态与环境　二次资源的再生利用可减少环境污染，改善环境质量，保持生态平衡。如废塑料涂抹膜对环境尤其是对土壤等方面已构成严重的白色污染。据测算，每亩土地残留的塑料盒、塑料膜等 3.9kg，可使玉米减产 11%～23%，小麦减产 9%～16%，大豆减产 5.5%～9%。反之，若将这些废物塑料制品回收利用，不仅能消除环境污染，还能避免粮食减产。

（4）减少处理费用　由于资源的再生利用一方面节约了生产原料，另一方面减少了必须排放的污染物，从而大大减少了环境工程处理的负担，既减少了处理工程系统的投资，又降低了处理费用和运行成本。

（5）增加就业人数　资源的再生利用本身是一个产业，扩大了劳动就业人数。

从上述不难看出，二次资源再生利用在国民经济可持续发展的核心内容中，即在资源的合理开发利用、环境保护和发展经济中占有重要地位。

■3.2　粮食与环境

当前人类面临的另一个重大问题是粮食问题。在过去的几十年中，从世界总的情况看，在增加全球粮食生产方面已经取得了较大的收益。但是，由于人口的迅速增加和粮食分配的不均，饥饿仍然存在。据联合国统计，近年来全世界只有约半数国家的粮食能够自给，其余国家粮食均短缺，且多数是发展中国家。有 9.5 亿人仍受着营养不良之苦，其中 80% 生活在世界上低收入的国家。

3.2.1　粮食在人类生活中的重要作用

中国有句古语："国以民为本，民以食为天"。人类自从进入文明以来，粮食在解决人类食物方面，始终起着决定性的作用。我国绝大多数人习惯以粮食为主要食物，称之为

"主食"，现在世界上大约有90%的人都是以粮食为主要食物，其原因是人类生命活动所需的热量主要来自粮食。

1. 热量和食物量

人体各种生命活动的动力是能量（热量）。由于人类不能直接利用太阳能，故只能靠获取食物来解决，这样，获取食物便成为人类赖以生存和繁衍的最基本的条件。

不同的食物所含的热量和营养成分差别极大。不过大体上来说，人类必须有足够数量的食物以供给身体各项活动所需的热量，同时必须有品种齐全的食物以供给所需的脂肪、淀粉、蛋白质、维生素和各种矿物质等。联合国粮农组织曾对各个国家和地区人民每天每人所需的蛋白质和热量做过估计，由于每人的需要量因年龄、性别、体重和体力劳动等而异，故只能取平均值：人类平均每天需要的热量为2385千卡/人·日，男性3000千卡/人·日，女性2200千卡/人·日；人类平均每天需要的蛋白质为38.7克/人·日，男性0.57克/公斤体重·日，女性0.51克/公斤体重·日。

我国营养学工作者根据我国的实际情况，研究制定出我国各类人群每日膳食中需要的各种营养素和热量见表3-2。每人每日营养（Nutrition）的需要量是指维持身体正常生理功能所需的能量，表3-3列举了每人每天从动物性食物和植物性食物中摄取的热量、蛋白质和脂肪的量。由表可知，就世界平均水平而言，植物性食物比动物性食物更重要，它提供了84.4%的热量、65.7%的蛋白质和51.3%的脂肪；动物来源的食物一般价格较高，仅提供15.6%的热量、34.3%的蛋白质和48.7%的脂肪。

表3-2 我国居民每日膳食中需要的主要营养素供给和热量

	劳动强度或年龄	热量/千卡	维生素A		维生素B_1/毫克	维生素B_2/毫克	维生素C/毫克	蛋白质/克
			维生素A/国际单位	胡萝卜素/毫克				
成年男子 65kg 体重	轻体力	2600	2200	4.00	1.3	1.3	75	75
	中等体力	3000	2200	4.00	1.5	1.5	75	80
	重体力	3600	2200	4.00	1.8	1.8	75	90
成年女子 55kg 体重	轻体力	2400	2200	4.00	1.2	1.2	70	70
	中等体力	2800	2200	4.00	1.4	1.4	70	75
	重体力	3400	2200	4.00	1.7	1.7	70	85
少年男子 54kg 体重	16～19 岁	3000	2200	4.00	1.8	1.5	90	90
少年女子 50kg 体重	16～19 岁	2700	2200	4.00	1.6	1.4	75	80

注：1 国际单位 = 0.3 微克

表3-3 每人每天食物热值、蛋白质及脂肪含量

	国　　家		美国	法国	英国	西德	印度	埃及	世界平均
食物热值	植物性食物	热值/4.2×10^3J	2414	2049	2089	2180	2070	3065	2274
		%	66.3	62.6	64.9	62.7	93.9	92.5	84.4
	动物性食物	热值/4.2×10^3J	1228	1224	1129	1295	134	248	420
		%	33.7	37.4	35.1	37.3	6.1	7.5	15.6

（续）

国　家			美国	法国	英国	西德	印度	埃及	世界平均
食物蛋白质含量	植物性食物	含量/g	35.6	36.5	35.1	36.5	46.9	66.5	46.2
		%	33.4	32.8	39.9	36.1	87.0	82.0	65.7
	动物性食物	含量/g	70.9	74.8	52.9	64.5	7.0	14.6	24.1
		%	66.6	67.2	60.1	63.9	13.0	18.0	34.3
食物脂肪含量	植物性食物	含量/g	71.1	41.5	51.4	44.1	26.7	61.3	33.5
		%	43.2	30.6	35.9	29.6	74.8	76.0	51.3
	动物性食物	含量/g	93.3	94.0	91.9	104.9	9.0	19.4	31.8
		%	56.8	69.4	64.1	70.4	25.2	24.0	48.7

2. 人类食物的来源

人类食物可分为两大类，即陆地食物和海洋食物。但从生态学的观点来看，可分为植物性食物和动物性食物两大类。

（1）海洋食物　从面积上看来，地球表面约有四分之三是海洋，似乎海洋的食物来源应该远比陆地食物多，但实际情况并非如此。在海洋中，对鱼类和其他食用水生生物的生存繁殖，能提供必要条件的只限于沿海一带；几乎占海洋面积90%的深海远洋区域，能生产的人类食物数量极低，可称为水生生物的荒漠地带。在2013年全世界人类食物所提供的热量中，水产品在全球人口动物蛋白摄入量中占比约17%，其中鱼类只占0.8%，在所有蛋白质总摄入量中约占6.7%，鱼类也只占4.6%，因此，对整个人类的食物来源来说，仅居于比较次要的地位。1983—1985年，世界年均捕鱼7217万t，2014年总捕鱼量达9430万t，在今后人类的食物中，海洋提供的份额预计仍然是很低的。

1969年，美国列克尔（W. E. Ricker）对海洋食物链中每一营养层次的最大年产量做过估计，结果见表3-4。表中第四营养层次可供人类食用，其年产量约为3亿t。在目前的条件下，其中约有一半能为人类捕获供作食物。但据FAO估计，常规鱼类的最大可持久维持的产量约2亿t（最大可持久维持的产量是指在不断减少自然繁殖数量的前提下每年可捕获的鱼量）；而且目前世界渔业正在逐渐接近这一海洋最大可持久维持的捕捞量（图3-2），如再显著增大捕获量，势必破坏海洋生态系统，使资源丧失恢复能力，最后捕获量也必然随之下降。当然淡水养殖业仍有相当的发展潜力，特别是在我国，应充分利用河湖、水库，大力发展淡水养鱼，以增加鱼类产量。

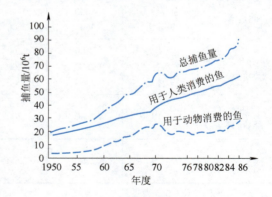

图3-2　全球渔业捕捞及消费量（1950—1986）

表3-4　海洋食物链中各营养层次的最大年产量估计量

营 养 层 次	最大年产量/亿 t 鲜重	营 养 层 次	最大年产量/亿 t 鲜重
1	1300	4	3
2	130	5	0.45
3	20		

我国水产品产量的变化，总的趋势是在上升。虽然20世纪70年代以来的10年中，由于过渡捕捞使海洋生态系统遭到破坏从而使海产品减产，但自1985年以来，对渔业生产管理体制和水产流通体制进行了改革，水产品产业稳步发展，尤其是淡水渔业（表3-5）。2016年我国人均水产品产量达到36.86kg，人均水产品直接食用消费量城镇居民为28kg，农村居民为11.4kg，全国人均20.3kg。尽管如此，与其他食物种类相比，鱼类所占比例仍然不大，而且再提高不是件容易的事情。

表3-5　我国水产品产量（1980—2010）　　　　　　　　（单位：万t）

年　度	总 产 量	海水产品产量			淡水产品产量		
		合　计	捕　捞	养　殖	合　计	捕　捞	养　殖
1980	517.35	389.96	312.21	77.75	127.39	37.24	90.15
1981	529.04	388.10	307.93	80.17	140.94	39.53	101.41
1982	590.24	430.49	343.92	86.57	159.75	39.03	120.72
1983	624.63	436.42	341.03	95.39	188.21	45.39	142.82
1984	707.98	478.62	366.88	111.74	229.36	48.25	181.11
1985	801.69	511.51	386.86	124.65	290.18	52.26	237.92
1986	935.76	582.29	432.21	150.08	353.47	58.32	295.15
1987	1,091.93	678.91	486.30	192.61	413.02	64.61	348.41
1988	1,225.32	763.59	514.30	249.29	461.73	71.98	389.75
1989	1,332.58	834.77	559.04	275.73	497.81	80.78	417.03
1990	1,427.26	895.71	611.49	284.22	531.55	85.64	445.91
1991	1,572.99	1,010.01	676.70	333.31	562.98	100.39	462.59
1992	1,824.46	1,191.58	767.27	424.31	632.88	99.09	533.79
1993	2,152.31	1,391.98	851.75	540.23	760.33	112.07	648.26
1994	2,515.69	1,599.24	994.44	604.80	916.45	126.79	789.66
1995	2,953.04	1,861.26	1,139.75	721.51	1,091.78	151.02	940.76
1996	3,280.72	2,011.53	1,245.64	765.89	1,269.19	175.43	1,093.76
1997	3,118.59	1,888.10	1,196.44	691.66	1,230.49	163.45	1,067.04
1998	3,382.66	2,047.55	1,295.56	751.99	1,338.11	197.51	1,140.60
1999	3,570.15	2,145.26	1,293.37	851.89	1,424.89	197.95	1,226.94
2000	3,706.23	2,203.91	1,275.95	927.96	1,502.32	193.44	1,308.88
2001	3,795.92	2,233.50	1,244.12	989.38	1,562.43	186.23	1,376.20
2002	3,954.86	2,298.45	1,237.98	1,060.47	1,656.40	194.71	1,461.69
2003	4,077.02	2,332.83	1,236.97	1,095.86	1,774.20	213.28	1,530.92
2004	4,246.57	2,404.47	1,253.18	1,151.29	1,842.09	209.60	1,632.49
2005	4,419.86	2,465.89	1,255.08	1,210.81	1,953.97	220.97	1,733.00
2006	4,583.60	2,509.63	1,245.47	1,264.16	2,073.97	220.38	1,853.59
2007	4,747.52	2,550.89	1,243.55	1,307.34	2,196.63	225.64	1,970.99
2008	4,895.60	2,592.28	1,251.96	1,340.32	2,297.32	224.82	2,072.50
2009	5,116.40	2,681.10	1,275.88	1,405.22	2,434.85	218.39	2,216.46
2010	5,373.00	2,797.53	1,315.23	1,482.30	2,575.47	228.94	2,346.53

如果能利用海洋中的浮游生物供人类食用，则按表3-4中所列第二和第三营养层次的最大年产量，似乎人类海洋食物的供应量可增加几倍到几十倍。不幸的是，浮游生物体小质轻，捕捞起来需消耗大量动力，成本很高，而如大海藻等可供人类食用的海洋植物，其产地又仅局限于沿岸浅水一带，总产量也不大。更可惜的是人类生活和生产活动中排出的有害

污染物,大部分通过河流归入大海,积聚在这些沿岸的港湾海域中,尤其像农药和重金属这类残毒性强的污染物极可能引起沿岸水域中生态系统的严重破坏,使海洋食物受到损失。

(2)陆地食物 如上所述,海洋虽大,而成为人类食物主要来源的可能性却不大,因此,为了满足人类生活的要求,必须增加陆地食物的产量。所谓陆地食物,主要是指粮食、肉类、蔬菜、油脂和水果等。不论在过去、现在或可以预见的将来,粮食都直接或间接地起着主导的和决定性的作用。虽然今后畜牧业、蔬菜和果品业都将有相当大的发展,但对粮食的需要量还是日益提高的。

我国党中央和国务院提出的"决不放松粮食生产,积极开展多种经营",是一项在农业生产中具有深远意义的战略性方针。

3.2.2 目前世界粮食的供应情况

如前所述,世界粮食生产总体平稳,只是生产和供应的分配不均造成了严重的问题。据统计,1988年,发展中国家食物不足的人口约9.5亿,占世界人口的20%;世界上有半数以上人口营养不良或食物质量不好,即大多数人缺乏需要的蛋白质。图3-3表示从1965年以来,世界发达的和发展中的国家和地区人均粮食供应情况。图3-4表明全球的食物消费状况。

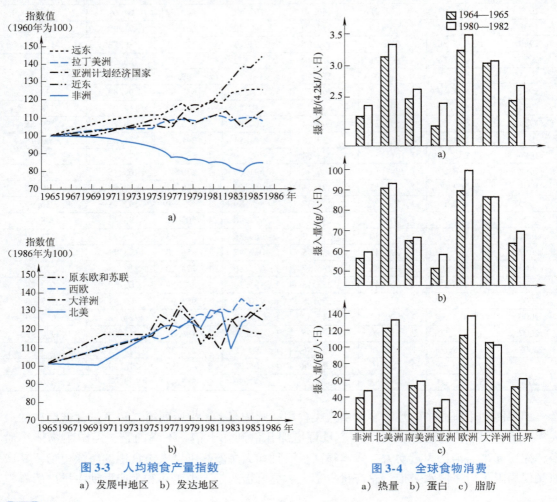

图3-3 人均粮食产量指数
a)发展中地区 b)发达地区

图3-4 全球食物消费
a)热量 b)蛋白 c)脂肪

从整体上讲，粮食产量已超过需求。除了非洲，全世界的人均产量自 1965 年以来有了实质性的增长，特别是 20 世纪 90 年代以来，亚洲的人均粮食量得到了非常可观的增长，增长率超过了发达地区。这在很大程度上归功于近年来我国在改善农业方面的进展。非洲的人均粮食产量则呈下降趋势。

目前，南亚和非洲地区的粮食供应量最为缺乏。南亚 20% 的人口严重发育不良，50% 的每日营养摄入量不足以维持正常的劳动生活。北非有 2000 万人、非洲南部撒哈拉地区有 15000 万人营养不良。造成这种情况的原因一方面有政治的，一方面也有地理的。全世界 2/3 的人口居住在粮食产量不足的地方。

3.2.3 提高粮食产量带来的环境问题

目前世界各国主要通过开垦荒地和施用化肥与农药这两种途径提高粮食产量。但是，这些措施都给人类的生存环境带来不容忽视的影响。

1. 开垦土地对生态平衡的破坏

从历史上看，粮食需求的增长是通过耕地的扩大来满足的。虽然从 1950 年起产量的增加变得更加重要，但耕地仍在继续扩展。1850—1950 年，全部耕地从约 53800 万 hm² 增加到近 12 亿 hm²。到 1980 年，达到了 15 亿 hm²。耕地的增加是以牧地、湿地及其他生态系统特别是森林的减少为代价的，因而会破坏生态平衡，形成水旱灾害，并对粮食和其他农业生产带来极为不利的影响。

例如我国西双版纳傣族自治州，据 1959 年普查，全州森林覆盖率为 40%，20 年后，覆盖率降为 26%。在减少的森林面积中，约有 80% 是由毁林垦荒引起的。目前，这个地区生态平衡遭到破坏，粮食问题很突出。

又如印度尼西亚的爪哇岛，人口增长，越来越多的人去耕种边界土地、砍伐森林作为农业用地，结果加剧了土壤的侵蚀和土地中养分的消耗，每年有近 20 万 hm² 的土地退化。持续的土地退化与侵蚀不仅威胁着 1200 万人的生计，使越来越多的人成为赤贫；而且减少了山地中水的蓄存量，加剧了下游地区的河道淤塞，使雨季洪水泛滥，损害了下游的城市和农村。

另一方面，目前世界上垦荒的潜力到底如何？据统计，在地球上现有的 480 亿亩可耕地中，已开垦的只有总耕地的一半左右，剩下的近半数可耕地，由于水、肥、热等条件差，垦殖费用高，短期内难以充分利用，尤其是这些土地大多分布在经济欠发达的国家（图 3-5），更给垦殖利用带来许多困难。世界人口的增长主要在亚洲，而亚洲的耕地面积所余无几，因此，从整体上看来，世界耕地面积的扩大是十分有限的，必须另找其他出路。

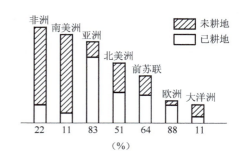

图 3-5 世界各地区已耕地和未耕地的分布情况

2. 使用化肥对环境的影响

我国现有人均耕地面积 1.3 亩，而美国约 13.2 亩，世界平均为 4.4 亩。即我国无论耕地还是粮食的人均占有量都是比较低的。如上所述，扩大耕地面积会破坏生态平衡，引起土地沙漠化和水旱灾害，但提高单位面积产量也会遇到农药和化肥对环境的影响。

化肥种类很多，目前主要是氮（N）、磷（P）、钾（K）三种，它们都是农作物必不可少的要素。土壤里这三种元素的含量一般不能满足植物生长的需要，其余30种微量元素如铁、铜、镁等都可由土壤供给。

全世界矿物肥料的消耗量1990年已达到17100万t。氮肥使用量增长尤其快，目前已超过7000万t。化肥使用量的增加，虽然提高了农作物的产量，但由于施用量不当及施肥方法不合理，常使很多化肥被浪费掉；而且随水土流失进入水体，从而加剧了对环境的污染，导致生态系统多方面失调。据联合国粮农组织统计，1976—1977年，全世界三大化肥的总消耗量中氮肥占48%，磷肥占28%，钾肥占24%。氮肥的用量远远超过磷肥和钾肥，但是，氮肥的利用率很低，美国为30%～50%，德国为50%～70%，俄罗斯为30%～41%，罗马尼亚为31%～34%，日本为50%～60%。

我国现在年产化肥7000万t，2/3为氮肥，但利用率只有30%左右，每年就有近3200万t进入环境，造成严重污染。

化肥的主要环境问题是对水体的污染。氮肥的流失导致水中硝酸盐含量增加，有资料表明：世界各国近20年来，地下水中硝酸盐浓度约以1～3mg/L·a的速度增长。硝酸盐污染已成为癌症发生的一个重要环境因素。

另一个严重后果是水体的富营养化。富营养化在湖泊演化过程中起着重要作用。水体中有了大量的氮、磷、钾营养物质后，会促进藻类大量繁殖，首先是窗格平板藻（*Tabellaria fenestrata*），继而出现红色颤藻（*Red trematode*）。藻类的过分繁殖，藻类的呼吸作用和藻类死后的分解作用，耗掉了水体中大量的溶解氧，在一定时间内，会使水体严重缺氧，引起水中鱼类的大量死亡。

一般认为，无机氮含量在$300mg/m^3$、总磷含量在$20mg/m^3$以上时就可能出现富营养化的现象。我国渤海湾污染的原因，过去认为主要是石油和汞等重金属排入海中造成的。最近的研究认为，渤海湾主要是氮、磷等有机物的污染。1977年，渤海湾出现过一次赤潮现象，大约有$560km^2$的海面变成赤褐色，并有不少死鱼漂浮水面，这主要是海水中微型原甲藻（*Prorocentrum*）大量繁殖的结果。

要控制化肥（主要是氮肥）对环境的不良影响，既要控制其施用量，又要严格执行使用规程。目前国外实施一系列法定的一般预防性措施和农业技术措施。前者的方向是消灭不合理的使用化肥，控制其在环境中的积累，如利用有机肥在最佳时期按规定用量、用适合当地的方法施肥，在轮作中栽培过渡性作物，施用长效肥料等。一般预防性措施包括对肥料的正确运送、保存和施用等。

3. 使用农药对环境的污染

农药是消灭对人类和植物的病虫害的有效药物，在农牧业的增产、保收和保存以及人类传染病的预防和控制等方面都起很大的作用。在日本，由于大量使用化学农药，稻米产量自1945—1950年的$3.2t/hm^2$提高到1966—1968年的$4.2t/hm^2$。在菲律宾、巴基斯坦和巴西的示范农场中，利用除莠剂使稻米增产约46%。第二次世界大战期间，诺贝尔奖获得者默勒（Poul Mueller）发明了滴滴涕，使虱子受到控制从而防止了欧洲斑疹伤寒病的传播。滴滴涕还能消灭蚊子，因此对防止疟疾和脑炎病的传染也起重要作用。印度在1952年的疟疾发病病例达7500万，使用滴滴涕控制后，到1964年就减

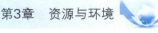

少到了 10 万。

随着化学工业的发展和农药使用范围的扩大，化学农药的数量和品种都不断增加，现在世界化学农药总产量（以有效成分计）超过 200 万 t，预计到 2000 年，世界农药的使用量在 300 万 t 左右。但农药有利也有害。由于长期大量使用农药，空气、水源、土壤和食物受到污染，毒物累积在牲畜和人体内引起中毒，造成农药公害问题。因此，如何正确地使用农药、农药的发展方向如何都引起了人们的普遍关注。

（1）农药和杀虫剂 农药（Pesticides）包括许多种类，除了最常见的杀虫剂（Insecticides）外，还有除莠剂（Herbicides）、灭真菌剂（Fungicides）、熏剂（Fumigants）和灭鼠剂（Rodenticides）等。造成环境污染并对人体有害的农药主要是一些有机氯农药和含铅、砷、汞等重金属制剂，以及某些除莠剂。某些有机磷农药对牧畜和人体有剧毒，使用不慎会引起急性中毒。

滴滴涕是一种合成的有机氯杀虫剂（对氯苯基三氯乙烷），目前许多国家已禁止使用。合成的有机杀虫剂分为三类：氯化碳氢化合物（及有机氯农药）、有机磷酸盐（即有机磷农药）和氨基甲酸酯。表 3-6 列出了各类中较重要的一些杀虫剂，其正确命名和化学结构可参阅有关文献。

表 3-6 几种常见的重要杀虫剂

氯化碳氢化合物	有机磷酸盐	氨基甲酸酯
滴滴涕、滴滴滴、滴滴伊（DDT DDD DDE） 艾氏剂（Aldrin） 狄氏剂（Dieldrin） 恩氏剂（Endrin） 七氯（Heptachlor） 氯丹（chlordane） 林丹（Lindane） （或高丙体六六六）	甲基对硫磷（Methyl parathion） 对硫磷（parathion） 马拉硫磷（Malathion） 二农（Diazinon） 芬硫磷（Fenthion） 特普（TEPP） Azinphosmethyl	caroaryl zeetran

有机杀虫剂一般具有下列五个特性：①对害虫的毒性，主要是破坏神经系统，反复不断地刺激神经，引起痉挛和死亡；②不降解性和化学稳定性，一次施用后药效可维持很长一段时间，这样既可减少用药次数和用量，又能节约劳动力；③广泛的毒性，一药多效，能控制或消灭许多种害虫，因此在供应和使用上都非常方便而且经济；④脂溶性，难溶于水但易溶于油脂中，所以接触后能透过虫体表面的油脂保护膜，使其中毒死亡；⑤物理分散性，在应用时喷液约有 20%、粉剂约有 10% 附着在作物上，其余约 40% ~60% 药剂降落地面，约 5% ~30% 飘浮空中。附着的部分经水冲刷还会分散到周围水、土、空气中去。这样使害虫的生存随时随地都受到威胁，以至灭亡。

上述这些特性也有其不利的一面。它们大多数对环境有极大影响，并会引起生殖系统的严重破坏。特别是滴滴涕等有机氯农药是最典型的例子，它们严重地污染环境并危害人类健康。

（2）农药对环境的影响 表 3-7 是几种杀虫剂的相对安全性评价。图 3-6 是几种农药在环境中的半衰期。

表 3-7　几种杀虫剂对不同种类动物的毒性（半数致死量：mg/kg）

动物种类	有机氯杀虫剂			有 机 磷			氨基甲酸酯		
	滴滴涕	狄氏剂	艾氏剂	双硫磷	毒死蜱	对硫磷	西维因	残杀威	自克威
鸭	2240	381	5.64	100	75.6	1.90	2179	11.9	3.0
野鸡	1296	79	1.78	21.5	17.7	12.40	707	20.0	4.5
鹅	4000	27	2.50	50.1	26.9	2.52	3000	60.4	6.5
牛蛙	2000	—	—	2000	400	—	4000	595	800
黑尾鹿	—	150	—	—	—	44	400	350	30

可以看出，有机氯农药半衰期较长，同时具有较高的毒性，有机磷农药和氨基甲酸酯类尽管毒性很大，但半衰期较短。

这些农药一旦进入环境，其毒性、高残留特性便会发生效应，造成严重的大气、水体及土壤的污染。

1）农药对大气的污染。农药微粒和蒸汽散发空中，随风飘移，污染全球。据世界卫生组织报告，伦敦上空 1t 空气中约含 10μg 滴滴涕。北极地区的格陵兰，估计在 1500 万 km² 的水区里每年可能沉积 295t 滴滴涕。其原因除了化学稳定性和物理分散性外，滴滴涕还具有独特的流动性，它能随水汽共同蒸发到处流传，使整个生物圈都受到污染。

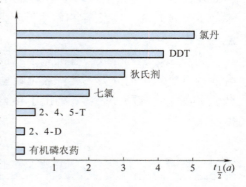

图 3-6　几种农药在环境中的半衰期

2）农药对水体的污染。同样，农药对水体的污染也是很普遍的。全世界生产了约 150 万 t 滴滴涕，其中有 100 万 t 左右仍残留在海水中。英美等发达国家中几乎所有河流都被有机氯杀虫剂污染了。据报告，伦敦雨水中含滴滴涕 70～400ppt（1ppt = 10^{-12}，即万亿分之一）。

3）农药对土壤的污染。在农药使用过程中，约有一半药剂落入土壤中。由于农药本身不易被阳光和微生物分解，对酸和热稳定，不易挥发且难溶于水，故残留时间很长，尤其对黏土和富有机质的土壤残留性更大。以我国为例，虽然从 1983 年起已全面禁用有机氯农药，但以往累积的农药仍在继续起作用。据调查，DDT 用量虽仅及六六六的十分之一，但因其高残留特性，在土壤中积累比六六六还多；我国目前土壤中积累的 DDT 总贮量约 8 万 t，贮存的六六六约 5.9t。这些累积的农药，还将在相当长的时间内发挥作用。

（3）农药对人体健康的影响　农药主要是通过食物进入人体，在脂肪和肝脏中积累，从而影响正常的生理活动。它对人体的危害主要有以下几个方面：

1）对神经的影响。有机氯农药具有神经毒性。滴滴涕大量进食会危害神经中枢，以致痉挛而死，但使用时人体的吸入量不大，不致引起急性中毒。有机磷农药最近也认为具有迟发性神经毒性，人类对此毒性特别敏感。

2）致癌作用。动物实验证明，滴滴涕等农药有明显的致癌性能。虽然动物实验不能完全外推到人类，但可反映出它对人的危险性。

3）对肝脏的影响。有机氯农药能诱发肝脏酶的改变，从而改变体内的生化过程，使肝脏肿大以致坏死。此外，有机氯农药还能侵犯肾脏，并引起病变。

4）诱发突变。滴滴涕和除莠剂245-涕等是一种诱变物质，即具有遗传毒性，能导致畸胎，影响后代健康和缩短寿命。

5）慢性中毒。有机氯农药慢性中毒时，会引起倦乏、头痛、食欲不振、肝脏损害等。

农药污染食品的途径：一是农药残留在作物上，使其直接受到污染；二是直接通过食物链的富集作用间接地污染食物。当有毒农药施用在农作物、蔬菜和果树上时，残留在作物表面上的农药，由于其脂溶性强，很容易渗入表皮的蜡质层，很难完全清洗掉。如果以这些受污染的粮食、蔬菜作饲料，则残留的农药就会转移到肉类、乳类和蛋品中引起污染，最终随食物进入人体。据资料报道，日本人体中六六六含量达 12.11ppm，人乳中也检出六六六，而滴滴剂对人类的污染，有 96.6% 是通过动物性食物进入人体的，其中蛋类占 32.4%，鱼类占 32.0%。

种子中脂肪含量高的农作物对农药的吸收量也高，如花生、块茎和薯类等使用部分埋在土中的作物，也可能因土壤中的残留农药而受到污染。

在使用农药时，有一部分农药会散发到空气中，引起空气的污染。还有一部分农药会随灌溉水排入江河，引起水域的污染，如在水域中直接使用农药灭蚊，则危害更大。

一般来说，水生昆虫、蟹、虾等节肢动物对有机氯农药较敏感；而蚌、螺等软体动物的抗药力则较强。水生植物对除莠剂以外的农药，耐药性一般都强，农药存留于这些植物中，随后经过复杂的生物化学循环而在鸟类、鱼类和水禽体中积累起来。例如，滴滴涕在水中的溶解度为 0.002ppm，但在脂肪中则为 10 万 ppm，相差 5000 万倍。因此，它会积累在生物体的脂肪中，随着食物链的营养层次逐渐富集和转移，最终进入人体，引起慢性中毒，甚至引起癌症。图 3-7 表明滴滴涕在全球环境中的迁移、转化和富集过程。

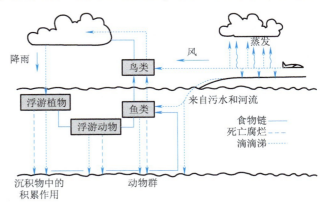

图 3-7 滴滴涕在全球环境中的迁移、转化和富集过程

农药对食品和饮用水的污染是十分严重的。据报道，在萨尔瓦多，从鱼、虾、肉、奶（包括人奶）中检测出的 DDT 及其他高残留农药都达到了很危险的水平。美国 1984 年在 18个州的地下水中测出含量高的 12 种农药；1986 年在 23 个州测出 17 种农药。结果，佛罗里达州封闭了 1000 多口饮用水井，该州地下水二溴乙烷的污染程度高出最高允许量的 64 倍；在艾奥瓦州 27% 的居民受到农药污染水源的危害。

我国的情况也不容忽视。如 1984 年南昌市对市场小白菜、甘蓝等抽样检测，结果超标8 倍；西安市黄瓜、番茄中有机磷农药残留有半数以上严重超标。

（4）农药除虫害的问题 农药除了污染环境，危及人体健康外，在防治病虫害时也带来了两点十分不利的副作用：

1）对害虫的天敌和其他益虫、益鸟有杀伤作用。日本长野县使用农药防治苹果红蜘蛛，短期内红蜘蛛被消灭了，但秋后又发了红蜘蛛，数量比用药前还要多，其原因就是天敌同时也被杀死。在农作物→农业害虫 →害虫天敌这一简单的食物链中，使用农药对害虫天敌的影响常常比害虫要大,以致不能彻底消灭害虫,或旧害未除新害又至,问题仍然不能解决。究其原因大致有如下三点:第一是害虫的数目一般比天敌多,故少数害虫有较大的概率逃避死亡而幸存下来;其次是食物链中由于毒性的富集作用,营养层次越高的中毒剂量也越大,以致天敌中毒的程度比害虫严重,死亡的机会也越多;最后是农药大多具有广泛的毒性,可能不止一种天敌受到无意的危害,以致意外地一害未除反而引起了新的虫害。图3-8说明美国加利福尼亚州于1868年偶然从澳洲输入柑橘的害虫(一种名为Lcerypuachasi的介壳虫),繁殖不久后使全州柑橘都受到惨重损失。1883年左右由于引入两种该介壳虫的天敌,很快将其控制并解除危害,保持了60年左右。不料1964年起该地区开始应用滴滴涕农药,结果使这两种天敌逐渐灭亡,引起该害虫死灰复燃,又猖獗起来。后来禁止使用滴滴涕,该虫害才又逐渐得到控制,使柑橘生产恢复正常。

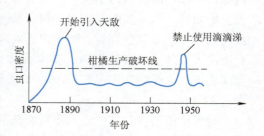

图3-8 美国柑橘害虫的天敌受滴滴涕的伤害使虫害复发的过程

2)使害虫产生抗药性,增加用药的次数和数量,加重了对环境的污染和危害。按照进化论中物竞天择、适者生存的原理,害虫的抗药性还会不断增加,最后使农药损失其除害的作用。当害虫在生理上受到农药的毒性作用时,它必然会产生一种抵抗这种毒性的反作用,从而使少部分虫体有机会幸存下来并把抗药性遗传到下一代去,以免于种群的灭绝;另一方面,人们为了除恶务尽,常常增加用药量,甚至采用毒性更广泛的农药或扩大用药的范围。殊不知由于上述同样的道理,那些幸存的害虫抗药性越来越强,这无异于在选择性地培养一种能抗农药的"超级害虫"。再加上害虫密度的暂时降低和其他虫种的减少,使具有抗药性的害虫更容易繁殖成长。

3.2.4 农药污染的防治与发展方向

1. 防止农药污染的途径

适当地利用农药以保证农业的增产和消灭某些传染性疾病,从当前的趋势看来是十分必要的,不过,化学农药的大量使用确实也引起了不少严重的问题。目前防止农药的污染和危害,大致有下列几方面的措施:

1)采取综合防治的方法,研究新的杀虫除害途径,联合或交替使用化学、物理、生物和其他有效方法,克服单纯依赖化学农药的做法。如选育和推广抗病虫害的优良品种,使用微生物农药,以菌治虫,以虫治虫以及推广冬季灭虫、诱杀、辐射处理等办法,以减少农药的使用量。

2)搞好农药安全性评价和安全使用标准的制定工作。对目前广泛使用的农药品种和剂型进行安全评价,并从急性、蓄积性和慢性的毒性,致突变性、致癌性、致畸性,联合毒性,对眼和皮屑刺激性和变态反应,农药代谢产物的毒性,农药的残留行为,对水生动物和益虫的毒性等方面综合分析,全面比较,然后制定允许残留标准和安全间隔期。

3)安全合理地使用现有的农药,搞好植物病虫害的预测预报工作,合理调配农药,改进喷洒方法和农药使用的性能,以便用药及时适量,提高药效,减少污染和防止产生抗药性,做到经济有效地消灭病虫害并充分发挥农药的积极作用。

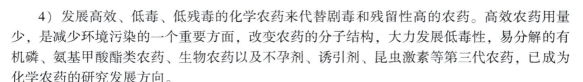

4）发展高效、低毒、低残毒的化学农药来代替剧毒和残留性高的农药。高效农药用量少，是减少环境污染的一个重要方面，改变农药的分子结构，大力发展低毒性，易分解的有机磷、氨基甲酸酯类农药、生物农药以及不孕剂、诱引剂、昆虫激素等第三代农药，已成为化学农药的研究发展方向。

2. 现有农药的合理使用

要做到安全合理使用农药，首先必须调查研究各种病虫害的起因和发生的条件，做到能预测预报、对症下药，并防止由于措手不及而加大农药的浓度和用量，造成大面积作物的严重污染事件。其次是混合和交替地使用不同的农药，以防止产生抗药性并保护害虫的天敌。

农药的使用效果除了它本身的药效外，与所用的药械关系也很大。目前的趋势是向低量和超低量喷洒的方向发展，即要求喷雾和喷粉器械做到喷得快、喷得细而且喷得均匀。这样不但使药剂的杀虫效率提高，而且能够耐热、耐光、耐雨和渗透力强。

最近报道过一种有效的使用方法，是把农药加在泡沫剂内使农药喷出后呈泡沫状，覆盖在叶面上。这样，药剂散失少。减少了污染环境和毒害工作人员的危险，而且附着在叶面的量多，维持的时间久，因而大大提高了杀虫的效力。

在改进农药的使用性能方面，也有许多有效的办法。如在农药中掺杂一些辅助性的物质，可以改进其在使用中的某些缺点。我国农村往往因地制宜地利用当地的三废和土农药掺和使用，既节省农药又提高药效。又如采用玻璃微囊（直径约 $65\,\mu m$）装 1605 等剧毒农药原液喷洒使用。害虫取食后微囊经消化道摩擦破裂，很快就中毒死亡。这样既能保护天敌，又能防止污染，还能延长残效的时间。再如将挥发性和水解性的农药（如敌敌畏）吸收在脂溶性物质内或包在塑料薄膜中，以延长农药的寿命和提高药效。对根部内吸收剂如 3911 和 21149 等农药，为防止水分渗入和控制颗粒剂农药释放的速度，可将其包在胶质薄层内，也可延长其在土壤中的寿命并提高其残效。

此外，国家应该订立法规，对剧毒和长效农药严格控制其使用范围，以保证这类农药得到安全和合理的使用。1990 年以来，我国开始实施绿色食品工程，其食品标准中即对农药的使用做了严格的规定，这是我国农药防治的一个重要措施。

3. 加强生物防治并推广无公害的农药

利用害虫的天敌以虫治虫，是生物防治的一种行之有效的方法。如图 3-8 所示，利用天敌控制柑橘的介壳害虫，便是一个很好的例子。这种方法经济简便，没有化学农药污染环境和产生抗药的缺点。

寻找能分解长效性农药的土壤微生物，使大部分落在土壤内的农药很快被分解，这对免除环境污染极为有利。

微生物农药是生物防治的重要组成部分，通常是利用微生物本身或其产物制成的农药。由害虫病原微生物制成的称为微生物杀虫剂，如白僵菌、杀虫冥杆菌等。由植物病害病原菌的抗体或微生物代谢产物抗生素制成的称为药用抗生素。微生物农药是 20 世纪 60 年代发展起来的一种新型农药，在国外发展很快。据估计，美国微生物杀虫剂占农药的四分之一。日本着重研究农用抗生素，如春日霉素、灭瘟菌素、多氧霉素、威大霉素等都已大量生产和全面使用。

微生物农药具有许多优点：杀虫效率高，可达 80% 以上；不产生公害，对人畜无毒，能增强植物的抗病性并刺激植物生长；生产简便，成本低，可利用农副产品甚至工业废水做原料；许多农用抗生素有内吸性，药效长，能充分发挥作用；与化学农药相比，害虫不易产生抗药性。

现有微生物农药有细菌、真菌、病毒和抗生素等四类，前三类用于杀虫，后一类用于防治病害。

此外，生物防治还包括昆虫农药、动物农药和植物农药等。植物农药如除虫菊、烟草、鱼藤根等均能用于杀虫，并已经得到广泛应用。

物理性防治害虫也是发展方向之一。例如利用昆虫的趋性（趋光、趋热等特性），安装黑光灯诱杀成虫；利用糖醋液引诱害虫；利用扎草诱杀早期成虫等。无论是农业害虫还是果树害虫，这种方法都能收到良好的效果。还可以利用昆虫的性信息特征，人工合成昆虫的性信息并利用昆虫的微波传播信息诱杀异性和同类。

但是，即使在全面采用无污染的害虫防治方法以后，粮食问题仍然不能解决。世界上最好的土地几乎都已被耕种。这些土地由于保护不好以及转用到非农业方面，其面积在不断减少。提高单位面积产量，如前所述，不仅投资会越来越大，而且过多使用化肥还会造成土壤碱化和板结。因此，利用生态学规律，来扩大人类食物的产量，特别是在发展中国家，其前景可能更大些。

3.2.5 利用生态学原理提高粮食产量

1. 植树造林，保护森林，减少水、旱灾害

前面指出，森林具有蓄水保土的功能，破坏森林，就可能导致水旱灾害，使作物减产。我国历年因水灾减产30%以上的面积，每年达1800万亩到1.7亿亩，平均每年约有6300万亩，相当于我国耕地面积的4.2%。当然，造成这些灾害的原因不能完全归于森林的破坏，但是可以肯定这是主要原因。如1981年四川省的两次大水灾，主要是长江上游水源林遭破坏造成的。因此，植树造林、严禁滥伐和保护森林，是保护农田、减少作物损失、增加收获量的重要途径。

2. 充分利用太阳能，增加初级净产量

在空间和时间上，增加太阳能利用率，加强光合作用，是增加植物初级净产量，即增加人类食物来源的另一重要途径。

由于照射到叶片上的阳光，有76%被反射和透射出去（图3-9），根本未被利用。因此，如果在一块土地上，同时穿插种植高度不同、对光能要求不同的植物，组成层次分明的人工植物群落，或合理密植，都能充分利用太阳能，增加初级净产量。如果光能利用率从1%增加到2%，则世界食物产量就增加1倍。

选育良种，缩短作物的生长期，在一定的日照期间内，增加播种次数，即增大土地的复种指数，或使作物生长期与日照强度变化获得最佳协调，或使作物成熟期避开雨季等，都可以增加作物的产量。

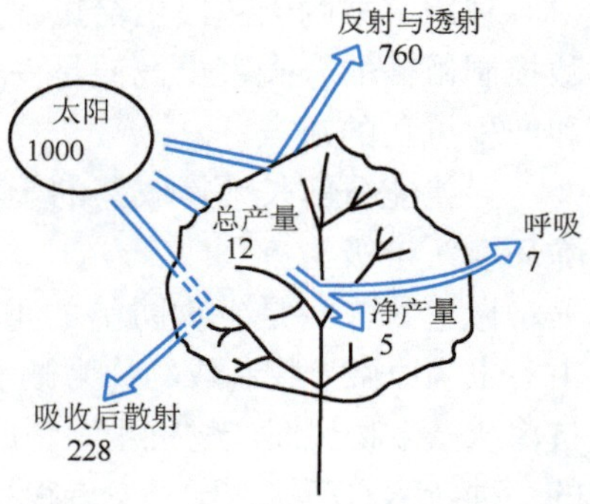

图3-9 照射到叶面的光能利用情况

3. 充分发挥初级净产量转化为食物的作用

目前相当大一部分农业废弃物（也包括杂草）或直接用于沤肥，或用作燃料烧掉，这是很不经济的。据联合国粮农组织估算，在亚洲、中东和非洲，每年由于能源紧缺和燃料不

足而烧掉的粪便约4亿t，仅印度就烧掉6800万t。粪便和秸秆大量烧掉，使土壤的有机物减少，肥力下降，反过来又加重了土地的负担。要是把这些废弃物和杂草经过加工制成饲料，首先喂养牲畜或家禽，生产肉食品，然后这些动物的粪便再用于生产沼气供作能源，而沼气渣作为肥料还田，使土壤的养分得以循环恢复。这样，固定于作物、废弃物中的太阳能的利用率可达到90%，比直接燃烧约大9倍，同时增加了食物的产量。

此外，大量的农、副、鱼产品加工过程中的下脚料，更可以先制成饲料，喂养家畜家禽以生产肉类食品，其粪便再用于生产沼气和肥料。这样，不但充分利用了初级净产量，而且减少了对环境的污染。

4. 遵循物流平衡规律，保护土地肥力

任何植物在其生长过程中，都要根据它自身的需要从土壤中摄取一定种类和数量的营养成分（有机物或无机元素）。在自然生态系统中，植物通过其枯枝落叶在分解者的作用下，使等质等量的营养分回到土壤中，形成输入输出平衡关系，土壤的肥力也得以保持。但在人工的农田生态系统中，作物收获后便被移离土地，同时在一块土地上长期只种单一作物，结果某种营养成分长期被提取，形成输出大于输入，以致严重短缺，破坏了原来的平衡，引起作物减产。采取轮作（即每年或每茬种植不同的作物，2～3年为一轮）或套种的制度（如耗氮量大的作物与具有固氮功能的作物交错种在一起），可以使耕地恢复肥力，比长期使用化肥，更有利于作物的生长。

5. 合理捕捞，保护海产资源

近年来，海洋捕捞强度一再增加，如我国1983年一网可捕鱼60万公斤。这样做，一个时期的海产品产量可以有较大增加，可是，随后由于资源的恢复速度赶不上捕捞强度，结果反而造成海产品产量的下降。近几年来我国海产品市场，大量上市小带鱼，而大、小黄鱼几乎脱销，便是很好的例子。因此，必须根据生态学规律，按照不同鱼类的生长成熟周期及资源量，在有利于资源恢复的前提下，规划捕捞活动，才能持续稳定地获得最大的海产品产量。

此外，兴修水利，保证灌溉用水，或发展海洋虾、贝类及淡水养殖业等措施，都是增加食物来源的途径。

■ 3.3 能源与环境

能源的大量开发和使用是造成大气和其他多种类型环境污染与生态破坏的主要原因之一。如何在开发和使用能源资源的同时保护好我们赖以生存的地球环境与生态，已经成为一个全球性的重大研究课题。

3.3.1 能源的概念及分类

人类自学会钻木取火后，知道以薪焙烧食物和取暖，这是人类利用能源为自身服务的开端，草木燃料至今在我国偏远贫困地区（尤其是山区）仍然是人们一日三餐煮饭取暖的主要能源。煤炭的出现将人类社会向前推进了一大步，首先是将手工作坊式工业推上了机械化工业，电能的出现又将机械化工业推向电气化工业到今天的现代化工业。人类社会每前进一步都离不开能源，现代人的衣食住行和各行各业更是离不开能源。现在能源结构发生了很大

变化，除传统的薪能、煤炭之外，出现了许多新的能源，如电能、风能、生物质能、太阳能、海洋能、氢能等。总之，凡通过各种形式（如燃烧、物理摩擦、化学反应等）能转化为热能和动能并能做功的资源都称为能源。

在自然界中能源以各种形态存在于地球和宇宙之间。按能源的形态可分为固态能源，如煤炭、薪能、黑色火药等；液态能源，如石油、甲醇、水电能、海洋能等；气态能源，如天然气、沼气、太阳能、风能、氢能。按时间区段划分可分为传统能源，如煤块、薪能等；近代能源，如石油、天然气、地热能、水电能等；新能源，核能、风能、太阳能、氢能、海洋能等；可再生能源，如沼气能、垃圾焚烧能等。还可分为地球内部能，如煤炭、石油、天然气、地热能、原子能、核能等；地球外部能，如太阳能、风能、宇宙射线、流星和其他星际物质带进地球大气的能量。还有来自地球与其他天体相互作用能，如潮汐能、波浪海洋热能等。

3.3.2 世界能源消耗

当前世界能源消耗的特点如下：

1）能源主要来自一次不可再生能源。20世纪80年代末以前，在世界一次能源消耗结构中，石油的比例最大，占40%以上；其次是煤，占20%以上；再次是天然气，占10%以上。全世界目前已探明的剩余可开采储量有限，石油尚可开采40年，煤炭可开采200多年，天然气可开采40年。近年来一次能源消耗结构发生较大变化，即由以石油为主的一次能源消耗，转变为以煤为主的能源消耗，并且天然气的消耗比重明显上升。我国煤炭量为世界第三，开采量为世界第一，在能源结构中一直是以煤为主。

2）能源消耗水平差异甚大。占世界人口1/4的工业化国家，消耗世界能源的3/4。其中，占世界人口5%的美日，能源消耗却占世界的25%。发展中国家能源消耗普遍较低。占世界人口15%的印度，却只消耗世界能源的1.5%；中国的人均能源消耗不到世界人均能耗的1/3。

3）世界能耗在继续增长。虽然自1972年以来工业化国家的能耗强度（指能源消耗与国民生产总值之比）有所下降，但是由于人口增长和发展中国家能源的需求，世界平均能源强度仍在继续上升。

3.3.3 我国能源现状

能源是赖以生存的五大要素之一，是国民经济建设和社会发展的重要战略物资。经济、能源与环境的协调发展，是实现我国现代化目标的重要前提。

我国很久以前就开始开发和利用自然界中各种形态的能源，但是能源的社会化和大规模的商业化开发和利用还是新中国成立以后才真正开始。1949年新中国成立时，全国一次能源的生产总量只有2400万t标准煤。到1953年，经过经济修复，一次能源生产总量已经达到5200万t标准煤，一次能源消费也达到了5400t标准煤。随着社会主义经济建设的展开，我国的能源工业得到了迅速的发展。到2017年一次能源生产和消费分别达到了35.9亿t和44.9亿t标准煤。经过近70年的发展，目前我国能源工业已经形成了以煤炭为主、多能互补的能源生产体系，在2017年能源生产结构中，煤炭占68.6%，石油占7.6%，天然气占5.5%，一次电力（水电、核电、风电等）占18.3%。我国能源工业许多领域已接近或赶上世界先进水平，同时我们也要清楚地认识到，我国虽然地大物博，自然资源丰富，总量排世界第七位，能源资源总量约 4 万亿 t 标准煤，居世界第三位，石油资源量为 930 亿 t，天然气的资源量为 38 万亿 m^3，现已探明的石油和天然气储量只占资源量的约 20% 和 30%，水力可开发装机容量为 3.78 亿 kW，居世界首位，新能源与可再生能源资源丰富，风能资源量约为 16 亿 kW，可开发利用的风能资源约 2.53 亿 kW，地热资源的远景储量为 1353.5 亿 t 标准煤，探明储量为 31.6 亿 t 标准煤，太阳能、生物质能、海洋能等储量更是处于世界领先地位。由于我国人口众多，尽管有的能源总储量居世界前列，但人均能源资源相对匮乏，不到世界平均水平的 1/2，石油仅为 1/10。世界人均能源消费 24t 标准煤，北美人均能源消费总量超过 10t 标准煤，欧洲及独联体人均能源消费量为 5t 标准煤，而我国人均能源消费量仅为 1.165t 标准煤。随着我国经济的快速发展和人们生活水平的不断提高，我国年人均能源消费量将逐年增加，预计到 2050 年将达到 2.33t 标准煤左右，相当于目前世界平均值，远远低于发达国家目前消费水平。人均能源资源的不足，对我国经济、社会可持续发展是一个制约因素，迫使我国必须加快发展新能源与可再生能源，开辟新的能源供应渠道。

3.3.4 我国能源发展面临的问题

1）人均能源资源和人均消费量不足。

2）能源资源分布不均。我国煤炭资源的 64% 集中在华北地区，水电资源约 70% 集中在西南地区，而能源消耗地则分布在东部经济较发达地区。因此，"北煤南运""西电东送"的不合理格局将长期存在，造成能源输送损失和过大的输送建设投资。

3）能源构成以煤为主。我国能源生产和消费构成中煤占有主要地位。2017 年煤炭在我国能源消费结构中占 60.4%。2016 年全球一次能源消费结构中，石油、天然气占比为 57.4%，煤炭占比为 28.1%，我国煤炭的比重比世界平均水平高 1 倍以上。

4）工业部门能源消耗占有很大的比重。2017 年工业部门消耗的能源，约占全国总能耗量的 72%，商业和服务业消费能源的比重约为 8%，交通运输和居民消费的能源比重分别约为 11% 和 9%。我国的能耗比例关系反映了我国工业生产中的能源管理水平低。

5）农村能源短缺，以生物质能为主。据农业部统计，中国农村生活用能的 2/3 靠薪材和秸秆，煤炭供应不足，优质油、气能源的供应严重短缺。

3.3.5 能源利用对环境的影响

任何一种能源的开发和利用都会对环境造成一定的影响。例如，水能开发利用可能造成地面沉降、地震、上下游生态系统显著变化、地区性疾病（如血吸虫病）蔓延、土壤盐碱化、野生动植物灭绝、水质发生变化等；地热能的开发利用能引起地面下沉，使地下水或地表水受到氯化物、硫酸盐、碳酸盐等的污染，水质发生变化等。在诸多的能源中以不可再生能源引起的环境影响最为严重和显著，在开采、运输、加工、利用等环节都会对环境产生严重的影响。它们给环境带来的问题主要有以下几个方面。

1）城市大气污染。一次能源利用过程中，产生大量的 CO、SO_2、NO_2、尘及多种芳烃化合物，已对一些国家的城市造成了十分严重的污染，不仅导致对生态的破坏，而且损害人体健康。据经济合作与发展组织的研究，到 2060 年，室外空气污染使全球经济每年损失约 2.6 万亿美元，占全球 GDP 的 1%。

2）增加了大气中 CO_2 的含量。大气中的 CO_2 按体积计算是每 100 万大气单位中有 280 个单位的 CO_2。由于矿物燃料的燃烧，1980 年已达 340 个单位，预计 21 世纪中期至末期，其数量可达 360 个单位。如果大气中 CO_2 含量增加 1 倍，由于其温室效应，全球平均表面温度将上升 1.5～3℃，极地温度可能上升 6～8℃。这样的温度可能导致海平面上升 20～140cm，将对全球许多国家的经济、社会产生严重影响。

3）酸雨。如同温室效应一样，酸雨也是一个全球的重大区域性问题。SO_2、NO_2 等污染物通过大气传输，在一定条件下形成大面积酸雨，改变酸雨覆盖区的土壤性质，危害农作物和森林生态系统，改变湖泊水库的酸度，破坏了水生生态系统，腐蚀材料，带来重大经济损失。酸雨还导致地区气候改变，造成难以估量的后果。

4）核废料问题。发展核能技术，尽管在反应堆方面已有了安全保障，但在世界范围内的民用核能计划的实施，已产生了上千吨的核废料。这些核废料的最终处理问题并没有完全解决，在数百万年里仍将保持强的放射性。

3.3.6 清洁能源的概念与开发前景

能源是人类生存发展不可缺少的一种资源，长期以来人类都是以煤炭为主要燃料供给，随着煤炭资源的日益减少和对环境污染的加重，人们逐渐认识到发展新能源的必要性和必然性。所谓清洁能源是相对传统的常规能源而言，它具有干净（无污染）、使用快捷方便、能量利用率高、资源丰富的优点，是未来社会经济发展的主流能源。除继续发展电力能源外，要大力开发利用取自不尽的太阳能、风能、海洋能和氢能等新能源和可再生能源，这是彻底解决目前环境污染严重的根本途径。

能源紧缺已引起人们的密切关注。20 世纪初，煤炭占全球商业能源的 95% 以上，现在的能源开发和配置虽然有了很大变化，石油、天然气、电力、核能等被广泛利用，但当今世界经济发展之快对能源的需求非常迫切，经济发展与能源用量比例失调，必须加大新能源和可再生能源的开发建设工作。近 30 年特别是"八五"以来，新能源与可再生能源在中国得到巨大的发展，至 2016 年全国累计风电装机容量达 1.69 亿 kW，2006—2016 年中国新增及累计风电装机容量如图 3-10 所示；2017 年我国太阳电池的产量为 931.7 万 kW；我国海洋能开发已有近 50 年的历史，迄今建成的潮汐电站 8 座，电站总装机容量为 6000kW，年发电量

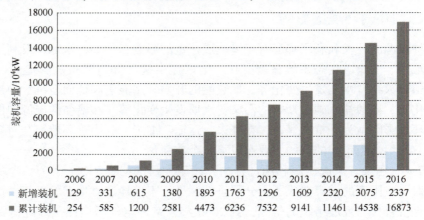

图 3-10　2006—2016 年中国新增及累计风电装机容量

1000 万余度；地热能方面全国已发现地热 3200 多处，打成的地热井 2000 多眼，其中具有高温地热发电潜力有 255 处，预计可获发电装机 5800Mw，现已利用近 30Mw，其他新能源与可再生能源特别是燃料电池和氢能也取得了较大的进展。

2008 年我国在北京举办了奥运会，为了改善能源结构保护北京地区的大气环境。国家投巨资建设一批新能源基础设施和能源工程。2008 年北京市 90% 公交车和全部的市政用车为清洁燃料车；建设天然气加气站和液化气加气站约 290 个，完成地热井 160 眼，为奥运场馆提供地热采暖面积 40 万 m^2；大力推进太阳能利用，实施光伏发电示范工程，在奥运公园内实现光伏发电 3Mw，同时实现 90% 的生活热水由太阳能加热，在北京周边地区现有计划建设风力发电厂装机容量约 5 万 kW，其能力基本达到奥运公园所带电力的 20%（申奥承诺）。为了提高农村用能品位，改善农村大气环境和水环境，实现农业废弃物资源综合利用，主要实施生物质气化集中供气系统工程和沼气能源工程。

在开发利用新能源和可再生能源方面，北京带了个好头，并已逐步推广到全国，这是我国走经济可持续发展的必由之路。

思 考 题

1. 简述资源的概念、分类。
2. 我国土地资源、水资源、生物资源的现状与特征是什么？
3. 为什么说粮食对人类生活至关重要。
4. 人类食物的主要来源是哪些？其供应情况如何？有什么特点？
5. 我国的食物供应状况如何？
6. 有哪些途径可以提高粮食产量？
7. 为什么施用农药化肥能污染环境？应如何防治？
8. 简述能源的概念及分类。
9. 分析当前世界能源的消耗与供应情况及其特点。
10. 你认为核能与水电的发展前景如何？
11. 试系统分析各类常规能源开发利用对环境的影响。
12. 电厂温排水的热污染对生态环境有什么影响？
13. 资源的开发、能源的利用过程对环境有什么影响？
14. 什么是清洁能源？新能源有哪些？你认为还有哪些新型能源值得研究发展？

参考文献

［1］钱易，唐孝炎．环境保护与可持续发展［M］．2 版，北京：高等教育出版社，2007．

［2］何强，等．环境学导论［M］．3 版，北京：清华大学出版社，2004．

［3］马光，等．环境与可持续发展导论［M］．北京：科学出版社，2014．

［4］孔昌俊，杨凤林．环境科学与工程概论［M］．北京：科学出版社，2004．

［5］王光辉，丁忠浩．环境工程导论［M］．北京：机械工业出版社，2006．

［6］龙湘犁，何美琴．环境科学与工程概论［M］．上海：华东理工大学出版社，2007．

［7］卢平．能源与环境概论［M］．北京：水利水电出版社，2011．

［8］周乃君．能源与环境［M］．长沙：中南大学出版社，2008．

［9］赵景联，史小妹．环境科学导论［M］．2 版．北京：机械工业出版社，2016.

［10］林肇信．环境保护概论（修订版）［M］．北京：高等教育出版社，1999.

推 介 网 址

1. 中国自然网：http：//www. nre. com. cn

2. 中国环境资源网：http：//www. Ce65. com

3. 能源

1）International Energy Agency：http：//www. iea. org/

2）Bioenergy：http：//www. abdn. ac. uk/ieabioenergy

3）Energy Efficiency in small and medium sized Enterprises：

http：//www. psychologie. uni-kiel. de/nordlicht/sme/intersee. htm

4. 淡水资源

World Commission on Dams：http：//iucn. org/themes/wcd/

5. 水产资源

1）FAO Fisheries Department：http：//www. fao. org/waicent/faoinfo/fishery/fishery. htm

2）FAO Code of Conduct for Responsible Fisheries：http：//www. fao. org/waicent/faoinfo/fihery/agreem/codecond/ficonde. htm

3）Institute of Marine Research，Bergen：http：//www. imr. no/

4）National Marine Fisheries Service（US）：http：//kingfish. ssp. nmfs/gov/

6. 森林

1）FAO Industry：http：//www. fao. org/waicent/faoinfo/forestry/forestry. htm

2）Forest resources-WRI：http：//www. wri. org/wri

7. 资源浪费

1）Recycler World：http：//www. sentex. net. recycle/

2）Global Recycling Network：http：//grn. com. grn/

3）Waste Management Education and Research Consortium：http：//www. nmsu. edu/ ~ wrc/index. html/

4）TVA Environmental Waste Management and Industrial Waste Reduction：http：//tva. gov/orgs/iwr/iwrhome. htm

第4章

全球环境问题

[导读] 人类进入20世纪80年代以来，随着经济的发展，具有全球性影响的环境问题日益突出。不仅发生了区域性的环境污染和大规模的生态破坏，而且出现了全球气候变暖（或温室效应）、臭氧层破坏、生物多样性减少、酸雨蔓延、森林锐减、土地沙漠化、水体污染、海洋污染、固体废物污染等大范围的和全球性的环境危机，严重威胁着全人类的生存和发展。国际社会在经济、政治、科技、贸易等方面形成了广泛的合作关系，并建立起了一个庞大的国际环境条约体系，联合治理环境问题。

解决这些重大问题必须通过正确处理环境保护与发展的关系；明确国际环境问题主要责任；维护各国资源主权，遵循不干涉他国内政的原则；发展中国家充分参与国际环境领域中的活动与合作；充分考虑发展中国家的特殊情况和需要等措施。

[提要] 全球气候变暖（或温室效应）、臭氧层破坏、生物多样性减少、酸雨蔓延、森林锐减、土地沙漠化、水体污染、海洋污染、固体废物污染等十大全球环境问题部分内容分别在相关章节中有介绍，本章重点介绍人类利用资源和环境不当，以及人类社会发展中与自然不相协调导致的大气污染对全球大气环境的影响、生物多样性保护和生物资源的持续利用和海洋污染等部分的内容。

[要求] 通过本章的学习，了解对全球大气环境的影响较大的温室效应、臭氧层破坏、酸雨蔓延、烟雾等大气污染，生物多样性锐减和海洋污染基本概念、基本原理及防治措施。

■ 4.1 大气污染对全球大气环境的影响

4.1.1 全球大气环境问题的形成

全球大气污染问题的形成经历了三个阶段：

（1）第一阶段 18世纪末到20世纪中，大气污染状况随着工业的发展而加重。这一阶段大气污染主要是燃煤引起的，即所谓"煤烟型"污染。主要大气污染物是烟尘、二氧化硫等。

（2）第二阶段 20世纪五六十年代，各国工业畸形发展，汽车数量倍增，重油等燃料消耗量剧增，大气污染日趋严重。这一时期的大气污染，已不再限于城市和工矿区了，而是呈现为所谓的"石油型"的广域污染。飘尘、重金属、硫氧化物、氮氧化物、一氧化碳和碳氢化合物等已经普遍存在。大气污染的危害，已不能用单一污染的特性加以解释，而是多种污染物协同作用的结果，即所谓复合污染（Compound pollution）。

（3）第三阶段。20 世纪 70 年代以来，各国更加重视环境保护，花了大量人力、物力和财力，经过严格控制，综合治理，取得了显著成效，环境污染基本得到控制，环境质量明显改善。但是，由于汽车数量不断增加，一氧化碳、氮氧化合物、碳氢化合物和光化学烟雾等的污染仍是严重的。

大气污染对全球大气环境的影响目前已明显表现在三个方面：酸雨、臭氧层破坏及全球变暖。这些问题如不及时控制将对整个地球造成灾难性的危害。

4.1.2 酸雨问题

酸雨（Acid rain）即酸沉降（Acid deposition），是指降水中的 pH 值要比未受污染的降水的 pH 值（约 5.6）低的大气降水。

1. 酸雨的由来

1872 年英国化学家 R. A. 史密斯在其《空气和降雨：化学气候学的开端》一书中首先使用了"酸雨"这一术语，指出降水的化学性质受燃煤和有机物分解等因素的影响，也指出酸雨对植物和材料是有害的。20 世纪 50 年代初瑞典和挪威的淡水鱼类明显减少，原因不详，直到 1959 年，此现象才被挪威渔场的一名检查员揭示：这是酸雨污染造成的。1972 年瑞典政府向联合国人类环境会议提出一份报告：《穿越国界的大气污染：大气和降水中的硫对环境的影响》。从此，更多国家关注这一问题，研究规模不断扩大。1982 年 6 月在瑞典斯德哥尔摩召开了国际环境酸化会议。至此，酸雨被公认为是当前全球性的环境污染问题之一。

我国对酸雨的监测与研究起步较晚。1979 年开始在北京、上海、南京、重庆、贵阳等地开展对降水化学成分的测定。在 1981 年开展了全国性酸雨普查，监测结果表明，全国有多个省、市、自治区出现不同程度的酸雨，占普查数的 87%，这说明酸雨已成为我国日益严重的区域性环境问题。长江以南六个城市的降水最低 pH 值低于 4.0，其中贵阳降水 pH 值曾低到 3.1。表 4-1 列出我国部分城市降水的平均 pH 值。

表 4-1　我国部分城市降水的平均 pH 值

城　　市	pH 值	城　　市	pH 值
贵阳	4.07	石家庄	5.36
重庆	4.14	武汉	5.47
长沙	4.30	北京	5.96
南京	4.59	天津	5.96
杭州	4.72	济南	6.10
宜宾	4.87		

2. 酸雨的成因

雨水的酸化主要是因为污染大气中的 SO_2 和 NO_x（主要指 NO 和 NO_2）在雨水中分别转化为 H_2SO_4 和 HNO_3。平均来讲，有 80% ~ 100% 是硫酸和硝酸的成分。

（1）SO$_2$和酸雨 SO$_2$在转化成 H$_2$SO$_4$ 之前的一个重要环节，是 SO$_2$ 氧化成 SO$_3$。在干燥空气中，SO$_2$ 通过光化学过程氧化成 SO$_3$，其过程是 SO$_2$ 分子先吸收波长为 2900~4000 埃的紫外线，变为活性的二氧化硫分子，然后与 O$_2$ 或 O$_3$ 作用而变成 SO$_3$。基于上述过程的 SO$_2$ 的光化学氧化速率是很慢的，每小时只有千分之一左右，在此情形下，SO$_2$ 从源地排放出来以后可以在大气中被输送到很远的地方而不受很大的影响。若空气中有氮氧化物和碳氢化物存在，这种光化学氧化过程可以加快，每小时可达百分之几到百分之几十不等，但这个过程仍然比在潮湿空气和云雾中的氧化过程缓慢得多。SO$_2$ 很容易跟碱性氧化物（如 CaO、Na$_2$O）作用生成相应的硫酸盐，和空气中的水蒸气作用生成硫酸。

在潮湿大气中，SO$_2$ 转化成 H$_2$SO$_4$ 往往和成云雾过程同时进行，因为大气中悬浮着大量气溶胶粒子，当它们作为凝结核开始凝聚水汽而变成小水滴时，SO$_2$ 连同 O$_2$ 被吸附到水滴的表面，并从表面扩散到水滴内部，生成 H$_2$SO$_3$，特别当这类粒子含有铁、锰等金属盐杂质时，它们作为催化剂使 H$_2$SO$_3$ 与水中的 O$_2$ 迅速氧化成 H$_2$SO$_4$。值得注意的是，当空气中含有 NH$_3$ 时，雨水的酸化过程便会进一步发展。因为 SO$_2$ 在水中的溶解度随着水中酸度的增大而减少，然而空气中的 NH$_3$ 被含硫酸的水滴所吸收，与 H$_2$SO$_4$ 结合成（NH$_4$）$_2$SO$_4$ 的进程得以持续。一方面，$2NH_4^+ + SO_2^{2-} \rightarrow (NH_4)_2SO_4$，使与 SO$_4^{2-}$ 平衡的 H$_2$SO$_4$ 减少，从而更多吸收 SO$_3$。另一方面，$NH_3 + H_2O \rightarrow NH_4^+ + OH^-$，从而可以中和酸，升高 pH 值。另外，空气中大量存在的 NaCl 与 H$_2$SO$_4$ 作用后还可以产生 Na$_2$SO$_4$ 和 HCl。在成云和降水冲刷过程中，H$_2$SO$_4$ 和 HCl 都可以增加水中所含的 H$^+$，从而降低了雨水的 pH 值。

（2）NO$_x$ 和酸雨 大气中重要的含氮化合物有 N$_2$O、NO、NO$_2$、NH$_3$ 和具有 NO$_3^-$、NH$_4^+$ 的盐，其中构成空气污染的成分是 NO、NO$_2$ 和 NH$_3$，尤以 NO 和 NO$_2$ 为最主要的污染物质。人工排放的 NO 主要是燃料在高温下燃烧产生的，它的产生速率随着温度的升高而迅速增加。以汽油为燃料的汽车发动机排放的 NO 主要由空气中的 N$_2$ 和 O$_2$ 结合而成；但煤、石油、天然气和木材中也含有一定量的氮化合物，故以这些物质为燃料的工业和民用锅炉排放的 NO 除了来自空气中的 N$_2$ 和 O$_2$ 之外，还来自燃料本身。

在紫外线的作用下，NO 和氧分子、氧原子、臭氧，以及其他化学成分（如水汽、碳氢化合物）的相互作用，可以通过多达几十个过程转化为 NO$_2$，并互相转化，最后使 NO$_2$ 和 NO 达到一定的比例。就整个大气来讲，NO 和 NO$_2$ 的比值大致为 $1 : (2.0 \sim 2.5)$。但也有人认为在夜间 NO 占优势，在白天两者的含量相近。

在白天，通过光化学反应，NO$_2$ 和 NO 相互转化，并趋于平衡，若不考虑水汽和碳氢化合物，一般认为以下三个过程是主要的

$$NO_2 + h\nu \rightarrow NO + O \tag{4-1}$$

$$O + O_2 + M \rightarrow O_3 + M \tag{4-2}$$

$$O_3 + NO \rightarrow NO_2 + O_2 \tag{4-3}$$

式中，M 是只起传递能量作用，不参与化学反应的第三类物质。这三个过程构成了 NO$_2$ 和 O$_3$ 的循环，这个循环也是光化学烟雾的起源。

湿度比较大或有云雾存在时，NO$_2$ 将进一步与水分子作用生成 HNO$_3$，从而构成酸雨的第二位重要的酸分。一些研究指出，在凝结过程中，水滴对气体的吸收要比非生长条件下的水滴快，因为水滴表面的连续更新，使得质量输送系数远比按边界层理论估算的数值高。由

于这个缘故，成云生雾和降水形成过程显然提高了水分对 SO_2 和 NO_2 的吸收效率，从而加速了雨水的酸化过程。在大气中，$NO_x \rightarrow HNO_3$ 的主要过程可以归纳为以下四类：

1）慢过程，O_3 不参加反应。

$$2NO + O_2 \rightarrow 2NO_2 \qquad (4-4)$$

$$3NO_2 + H_2O \rightarrow 2NO_3^- + NO + 2H^+ \qquad (4-5)$$

2）快过程，O_3 参加反应，这个过程的第一部分即光化学反应方程组的第三式。

$$NO + O_3 \rightarrow NO_2 + O_2 \qquad (4-6)$$

$$3NO_2 + H_2O \rightarrow 2NO_3^- + NO + 2H^+ \qquad (4-7)$$

3）当 NO_2 和 O_3 都达到比较高的浓度时，中间将出现 N_2O_5。

$$2NO_2 + O_3 \rightarrow N_2O_5 + O_2 \qquad (4-8)$$

$$N_2O_5 + H_2O \rightarrow 2NO_3^- + 2H^+ \qquad (4-9)$$

4）NO_2 在雾和水滴中有催化剂的条件下的氧化，催化剂可以是金属或 SO_2。

$$4NO_2 + 2H_2O + O_2 \xrightarrow{\text{催化剂}} 4NO_3^- + 4H^+ \qquad (4-10)$$

何种过程占优势取决于空气中污染物的种类和程度以及气象条件，其速率从几分钟到几小时甚至几天。NO_2 本身除了是直接构成硝酸的物质，在它和 SO_2 同时存在时，还可以促进 SO_2 向 SO_3 和 H_2SO_4 的转化。另外，NO_2 在形成毒性很大的光化学烟雾过程中是一个主要的角色，而 NO 在转化成 NO_2 的光化学氧化过程中对 O_3 平衡所起的破坏作用也是人们十分关心的问题。

3. 酸雨的危害和影响

酸沉降循环是以污染物排入大气为起点的，它可以从大气和地球这两个不同角度来考虑。大气过程包括：形成酸的物质扩散进入大气中，输送和混合到云中，最后随干或湿沉降过程返回地面。形成酸的物质输送的距离则取决于污染物所处的位置、当时的气象条件，以及输送过程中发生的化学反应等。这些污染物在大气中停留的时间可以短至排放后便直接进入云、雾、降水中，或者延长至几天甚至几个星期后。后一种情况下，污染物可以被输送到数百或数千千米之外。污染物最后被"捕获"或"吸收"到云中或者直接被降水所冲刷，最后都沉降到地面。这叫湿沉降（Wet deposition）。其中，云对酸性物质的化学清洗和浓缩起着关键的作用。第二种沉降过程是干沉降（Dry deposition），是无降水时酸性物质直接降落在地面上，这里包括粒子靠重力沉降或撞击到地面和地面及其覆盖物对气态污染物的吸收等。过去认为湿沉降更重要，但最近研究指出，在西欧和北美大部分地区，这两者同样重要，当然，要下这样的结论还为时过早。沉降后的酸性物质同土壤和地面水的相互作用可以看成是酸雨的第二个阶段，也就是酸性沉降物对地球—生物圈的影响，主要影响有以下几个方面：

（1）湖泊酸化（Lake acid）　淡水湖泊酸度的增加已经成了影响水生生态的主要环境因素。但是，湖水的酸化除了与大气湿、干沉降有关外，还取决于流域的基岩和土壤状况、湖的水文情况，地面水的化学成分等因素，其中尤以流域的基岩和土壤状况最为重要。

（2）对水生生态系统（Aquatic ecological system）的影响　pH 值在短时间内突然下降会引起鱼的死亡，它常发生在早春，这是由于雪的融化释放出在冬季时积累的大量酸性物质导致水中 pH 值骤降。pH 值缓慢减少会影响产卵，并且使鱼变大和老化（即鱼群的年龄结构上变成老的多、小的少），当然，这是指酸性不是特别强烈的情形。pH 的降低可以改变水生植物系的组成和结构，减少产量，改变品种等，湖水的酸化还可以引起浮游生物系、矿物质以及其他营养物的减少。所有这一切，自然也就减少了鱼类的食物供应。湖水的酸化使微生物的活动能力减弱了，降低了它们对有机物的分解速率，从而影响整个水生生态系中有机质的积累和循环，而有机质在湖水生态系动力学中起着关键的作用。

（3）对土壤（Soil）的影响　酸雨对土壤的影响视土壤的性质而异，如果土壤含有碱性物质（如碳酸钙），酸性则被中和，具有抵御降水酸化的能力；如果土壤是酸性，抵御酸化的能力就很差。至于酸沉降在土壤里长期积累将在多大程度上冲掉土壤中的养分，改变土壤的酸碱度，并最后导致土壤结构的变化还很难预测。

（4）对建筑物的影响　酸雨中的硫酸成分能与活泼金属反应生成硫酸盐和放出氢气，使建筑物的金属表面受到腐蚀；硫酸还和 $CaCO_3$ 作用生成 $CaSO_4$ 和水，使主要成分为 $CaCO_3$ 的纪念碑、塑像等受到腐蚀。

（5）对人类健康的影响　酸性气体通过呼吸道对人体健康的危害是十分清楚的。另外，酸雨使土壤中金属游离后通过食鱼和饮水危害人体。

4. 酸雨的监测和分析研究

酸雨的研究大致有四个方面内容：降水化学和酸雨的监测、大气过程、环境效应（主要是生态）和经济影响、防治方法。其中酸雨和降水化学的监测是酸雨研究中最根本的基础，在此基础上才能了解酸雨在各地区的长期趋势及其对各方面的影响，研究它在大气中的传输和变化，模拟酸雨的过程和制定防治的对策。

5. 酸雨的防治对策

1）加强酸雨的科研工作。

2）建立模型，对酸雨污染作时空预测。

3）制定严格的排放标准，控制二氧化硫对大气的污染。

4）使用低硫燃料和改进燃烧方法，减少二氧化硫排放量。

5）采用石灰法，中和已酸化的水质。

6）开展国际合作，解决跨国污染。

4.1.3　臭氧层破坏

臭氧（O_3）是大气的微量成分之一，总质量是 $3.29 \times 10^9 t$，是大气整个质量的 0.64×10^{-6}。按标准海平面压力与温度，它相当于 0.3cm 厚的一薄层。在下层大气中，它的主要天然源是雷电作用和某些有机物的氧化；在城市上空，烟雾中的氧化氮和有机组分之间的光化学作用也能形成臭氧。臭氧是一种高度活跃而有毒害的气体（Toxic gas）。在空气中，它的质量浓度只要达到 $0.0429mg/m^3$，人们就可以闻到它的气味（类似氯气气味）。它与大多数大气气体成分不同的一点是它的不稳定性，它在大气中的数量实际上是形成过程与破坏过程的净和（76t/min）。大气中臭氧分子的平均寿命约为 1.4 年，但不同地区不同高度上的变动很大。臭氧在大气辐射过程中起着两个重要而又相互关联的作用。第一，它吸收紫外 ß 带（光的波长范围为 290～320nm）的紫外光，因此保护了地球上的生命，使之不受这种辐射的有害影响；第二，臭氧层通过吸收紫外线辐射将平流层加热，造成平流层温度逆增，并使低层大气（对流层）难与高空大气混合。这种作用，无疑对地球气候有重大的影响。

1. 臭氧层破坏的原因

对于臭氧层破坏的原因，科学家们有多种见解。多数科学家认为是由于人类活动排放的一些气体，进入大气平流层，与臭氧发生化学反应，大幅度削减了 O_3 的含量。大气光化学研究已经表明，平流层臭氧破坏率的急剧增大，与某些催化剂的存在分不开。其中最重要的催化剂是氮的氧化物

$$NO + O_3 \rightarrow NO_2 + O_2 \qquad (4-11)$$
$$NO_2 + O \rightarrow NO + O_2 \qquad (4-12)$$

两个化学反应的净效应是

$$O_3 + O \rightarrow O_2 + O_2 \qquad (4-13)$$

这两种氮氧化物，可以用通式 NO_x 来表示，它们来源于对流层。对流层的氮氧化物是以 N_2O（氧化亚氮）形式进入的。第三种氮氧化物是土壤反硝化细菌（Denitrifying bacteria）对氮氧化合物在反硝化过程（Denitrification process）中产生。当前大规模推广化学氮肥，有可能对臭氧产生严重的影响。反硝化细菌能把土壤中硝酸盐和亚硝酸盐还原，产生氧化亚氮。氧化亚氮在对流层中是比较稳定的，类似二氧化碳，但它能缓慢地迁移到平流层中，在平流层中通过与氧原子反应，生成一氧化氮：$N_2O + O \rightarrow NO + NO$，新生成的一氧化氮，进入氮循环的反应是促使臭氧分解，但它自身却迅速地恢复并未消失，只是起了催化剂的作用。因此，任何使平流层中 NO_x 含量增多的人为活动，都将加速臭氧的消失。

另一种对于臭氧层含量有影响的物质是水汽分子。平流层中有天然的水汽分子存在，在紫外线的照射下，水汽分子可以裂解为氢原子、氢氧基和过氧氢基，通称为 HO_x。这些化合物能够去除臭氧分子（或组成臭氧分子的氧原子）。在平流层中产生的臭氧，约有 11% 是通过与 HO_x 反应的方式消失的。

臭氧还有一个很次要的天然破坏过程，这与含氯物质有关，这种物质是从对流层上升进入平流层的。这里所说的含氯物质是指天然产生的，如火山喷发物或其他天然含氯化合物。包括氯原子、一氧化氯及其他，可用通式 ClO_x 表示。它们在平流层中发生的化学反应可达 20 多种形式。

人类活动把相当数量人工合成的含氯化合物加入到平流层中，其中最重要的是含氯氟烃（氟利昂，Freon）的广泛使用，这是一种用做气溶胶喷雾剂和冰箱空调制冷剂的常用含氯化合物，所有这些物质都会使臭氧减少。

$$CF_2Cl_2 + h\nu \rightarrow CF_2Cl + Cl \qquad (4-14)$$

氯原子能毁灭臭氧，并产生 ClO，后者能去除氧原子，而氧原子则有助于臭氧的形成。氯原子可以再次产生，因而每一个氟利昂分子的解体，都能够引起化学连锁反应，导致成百个、成千个臭氧分子的毁灭。

2. 臭氧层破坏的危害

虽然目前还不能精确预测臭氧层浓度降低可能造成的环境效应（Environmental effect）的全貌，但已认识到大气中的臭氧层破坏后，照射到地球上的紫外线辐射就会急剧增加，对人类、生态系统会产生严重的危害。

1）对人类健康的影响。紫外线辐射会使人患上皮肤癌（Skin cancer）和白内障（Cataract）疾病。研究表明，平流层中臭氧浓度减少 1%，人类皮肤癌的发病率就会增加 3%。紫外线辐射还会加速人的皮肤老化和损坏人的免疫能力。

2）对动物的危害。紫外线辐射可轻而易举杀死动物产出的卵，影响卵生动物的正常繁殖，进而影响整个生态系统结构。紫外线辐射也会减少动物的生存寿命。

3）对植物的危害。植物受紫外线辐射后，叶片变小，减少了光合作用的面积，导致植物生长的不正常甚至死亡，引起农作物产量急剧减产。

4）对材料的危害。紫外线辐射还会影响材料的使用寿命，如塑料老化、油漆裂化等。

5）臭氧消耗的气候效应。平流层的温度在很大程度上由于臭氧吸收太阳辐射与臭氧、二氧化碳和水汽辐射的红外辐射相互平衡而保持不变。用一维模式估算得出：如果臭氧柱总量稳定消耗15%，那么在40km高度上的局部臭氧就可能减少到45%，这种臭氧的局部消耗将造成局部温度下降10℃，从而引起区域气候的变化。氟利昂和一些其他的卤素混合物在部分红外光谱中有强烈的吸收谱带，在这部分光谱中，其他的微量气体是"透明"的，因此对流层中的这些混合物含量的增加将通过它们的"温室效应"引起气候的变化。

3. 臭氧层破坏的防治对策

大气层中臭氧层的消耗，主要是消耗臭氧的化学物质引起的。因此防治臭氧层消耗的基本途径就是减少这些化学物质的排放，其中尤以减少氟氯烃和溴氟烷烃最为重要。氟氯烃和溴氟烷烃主要用于制冷剂和灭火器中，要抑制这些物质的排放，最好办法就是不使用它们，因此要大力开发它们的替代品。

【阅读材料】

保护臭氧层行动

◇ 臭氧层

臭氧是一种具有刺激性气味、略带有淡蓝色的气体，在大气层中，氧分子因高能量的辐射而分解为氧原子，而氧原子与另一氧分子结合，即生成臭氧。臭氧又会与氧原子、氯或其他游离性物质反应而分解消失，这种反复不断的生成和消失，使臭氧含量维持在一定的均衡状态，而大气中约有90%的臭氧存在于离地面15～50km之间的区域，也就是平流层（Stratosphere），平流层的较低层，即离地面20～30km处，为臭氧含量最高的区域，即臭氧层（Ozone Layer），臭氧层具有吸收太阳光中大部分的紫外线，以屏蔽地球表面生物不受紫外线侵害的功能。

◇《保护臭氧层维也纳公约》（*Vienna* Convention for the Protection of the Ozone Layer）

1985年国际社会在联合国环境规划署（UNEP）的号召和组织下进行了有关保护臭氧层的国际公约谈判，通过并签署了《保护臭氧层维也纳公约》。该公约在前言中指出了臭氧层破坏给人类带来的潜在影响，并根据《联合国人类环境宣言》中的原则，呼吁各国采取预防措施，使本国内开展的活动不要对全球环境造成破坏。同时呼吁各国加强该领域的研究。该公约在前言中指出：在保护臭氧层中应考虑发展中国家的特殊情况和要求，这实际上暗示了发达和发展中国家在处理全球一半问题上的合作原则，即1992年联合国环发大会所确定的"共同但有区别的责任"原则。

◇《蒙特利尔破坏臭氧层物质管制议定书》（Montreal Protocol on Substances that Deplete the Ozone Layer）

《蒙特利尔破坏臭氧层物质管制议定书》是联合国为了避免工业产品中的氟氯碳化物对地球臭氧层继续造成恶化及损害，承续 1985 年保护臭氧层维也纳公约的大原则，于 1987 年 9 月 16 日邀请所属26个会员国在加拿大蒙特利尔签署的环境保护公约。该公约自 1989 年 1 月 1 日起生效。

蒙特利尔公约中对 CFC-11、CFC-12、CFC-113、CFC-114、CFC-115 五项氟氯碳化物及三项哈龙（Halon）的生产做了严格的管制规定，并规定各国有共同努力保护臭氧层的义务，凡是对臭氧层有不良影响的活动，各国均应采取适当防治措施，影响的层面涉及电子光学清洗剂、冷气机、发泡剂、喷雾剂、灭火器等。此外，公约中也决定成立多边信托基金，援助发展中国家进行技术转移。

议定书中虽然规定将氟氯碳化物的生产冻结在 1986 年的规模，并要求发达国家在 1988 年减少 50% 的制造，同时自 1994 年起禁止哈龙的生产。但是 1988 年的春天，美国国家航空航天局发表了"全球臭氧趋势报告"，报告中指出全球遭破坏的臭氧层并不仅存在于南极与北极的上空，也间接证实了蒙特利尔公约对于氟氯碳化物的管制仍嫌不足。

有鉴于此，联合国于 1990 年 6 月在英国伦敦召开蒙特利尔公约缔约国第二次会议，并对公约内容作了大幅度修正，其中最为重要的就是扩大列管物质，除原先列管物质，另增加 CFC-13 等 10 种物质和四氯化碳以及三氯乙烷，共计 12 种化学物质，并加速提前于 2000 年完全禁用上述物质。之后联合国又陆续修订管制范围，包括 1992 年的哥本哈根修正案、1997 年的蒙特利尔修正案，以及 1999 年的北京修正案。其中最重要的是哥本哈根修正案，决议将发达国家的氟氯碳化物禁产时程提前至 1996 年 1 月实施，而非必要的消费量均严格禁止。

◇ 国际臭氧层保护日（International Day for the Preservation of theOzone Layer）

随着人类活动的加剧，地球表面的臭氧层出现了严重的空洞，1970 年荷兰大气化学家克鲁增（Paul Crutzen）因提出氮氧化合物如何通过催化反应进一步加强臭氧损失的机制，1974 年美国加利福尼亚大学的教授罗兰（F. Sherwood Rowland）和穆连（Mario Molina）发现少量氯氟烃类（CFCs）能在平流层以催化作用方式损耗大量的臭氧而获得 1995 年诺贝尔化学奖。他们的工作唤起了世界各国对臭氧的关注。1995 年 1 月 23 日，联合国大会通过决议，确定从 1995 年开始，每年的 9 月 16 日为"国际保护臭氧层日"，旨在纪念 1987 年 9 月 16 日签署的《关于消耗臭氧层物质的蒙特利尔议定书》，要求所有缔约国根据"议定书"及其修正案的目标，采取具体行动纪念这一特殊的日子。

4.1.4 温室效应

近地大气中的某些微量气体，不能接收或很少接收太阳辐射，对地面的长波辐射却强烈吸收，导致大气升温，这种现象称为温室效应（Greenhouse effect）。

1. 温室效应的形成

大气中 CO_2、O_3、水蒸气、悬浮水滴和云层中冰晶及卤代烃等微量物质能有效吸收地面辐射的各波段谱线（图4-1），即有相当一部分能量被大气中的这些组分吸收。随后，吸收的辐射能又被这些气体以相同波长发射，其中一部分返回地面。这样，大气就像一个"玻璃屋顶"（"屋顶"高度约在距地面15km处，地面长波辐射到此已大部分被吸收），"屋顶"与地面之间形成一个"温室"，对地面起保温作用。

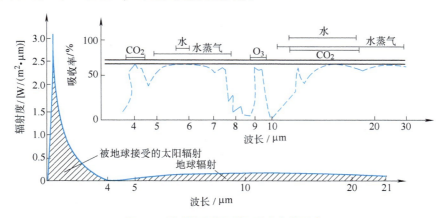

图4-1 地球辐射及大气层对它的吸收

2. 温室气体

大气由许多气体组成，其中氮、氧虽占了总体积的99%，但主要影响温室效应的却是众多的微量气体，这些气体可以让太阳的短波辐射自由通过，同时吸收地面发出的长波辐射。当它们在大气中的含量增加时，就会加剧"温室效应"，引起地球表面和大气层下沿温度升高，因而，这些气体被统称为"温室气体（Greenhouse gas）"。它们主要有二氧化碳、臭氧、甲烷、氟利昂、一氧化二氮等。这些温室气体的现有浓度和增长率见表4-2。

表4-2 大气中温室气体的现有浓度和增长率

名 称	现有质量浓度/（mg/m^3）	估计年增长率（%）
CO_2	688	0.4
对流层臭氧	（0.0428～0.214）（随高度增多）	0～0.7
平流层臭氧	（0.214～21.4）（随高度增多）	0～0.5
CH_4	1.214	1～2
N_2O	0.589	0.2
CO	0.15	0.2
氟利昂 CFC_{11}	0.00167	5.0
CFC_{12}	0.00313	5.0

温室气体对地球辐射热量的收支平衡有重要影响。由图4-2可知，CO_2吸收带在波长12500～17000nm处，正是在这一谱段地球射出的长波受到很大削弱。而在波长为7500～13000nm长波辐射被削减得较少，有70%～90%的地球长波辐射是从这个波段散失到宇宙空间去的。这一谱段也常被称为"大气窗（Atmospheric window）"。在这一谱段中有N_2O、CH_4、O_3、氟利昂等微量气体的吸收带。一旦这些微量气体大量增多，在7500～13000nm谱段的地球长波辐射也将被大量吸收，即地球赖以散失辐射热量的大气窗被关闭，温室效应就会加剧。

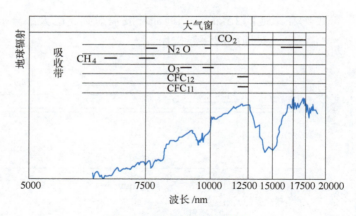

图4-2 温室气体的吸收带

（1）二氧化碳 19世纪初工业化以前，大气中CO_2的质量浓度为$530mg/m^3$，而1988年已上升到$688mg/m^3$，一百多年增长了将近30%。大气中CO_2含量急剧增加的原因主要有两个：首先，随着工业化的发展和人口剧增，人类消耗的矿物燃料迅速增加，燃烧产生的CO_2释放进入大气层，使大气中CO_2含量增加，其次，大片森林的毁坏一方面使森林吸收的CO_2大量减少，另一方面烧毁森林时又释放大量的CO_2，使大气中CO_2含量增多。目前，矿物能源消耗达70亿TDE（吨石油当量），占全部能源消耗的90%。热带森林平均每年以$900\sim2450hm^2$的速率从地球上消失。19世纪60年代每年排放到大气中的CO_2只有0.9亿t左右，而到1985年已达50亿t。大气中的CO_2主要是燃烧矿物燃料产生的，约占排放总量的70%，其余为森林毁坏造成的，主要在发展中国家，尤其是热带雨林地区，如巴西、印度尼西亚等。另外，排放到大气中的CO_2有45%被生物（主要为陆地植物、海洋浮游生物等）吸收和溶于海水，人们在开发利用煤炭、石油和天然气等由亿万年前生物形成的资源时，相当于把远古时期禁锢的CO_2释放到现代大气中。

未来CO_2含量的增长率，取决于世界各国的能源需求变化，即未来的能源战略。不同研究者对未来世界能源消耗的估计不同，推测出的结果也就不同，实际的估算过程是非常复杂的，有许多不确定因素，其一般思路是：首先，估算未来全球矿物燃料消耗量的增长，以及排放到大气中CO_2的数量；其次，估算生物对CO_2吸收量和海水对CO_2溶解量及其变化，还需考虑未来石灰石生产和其他社会活动释放的CO_2及其进入或退出大气的途径。这样即可从理论上预测出未来大气中CO_2含量的增长速度，如图4-3所示。

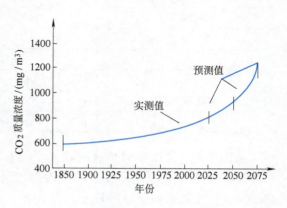

图4-3 CO_2含量的变化与预测

（2）其他温室气体

1）甲烷。甲烷（Methane）的温室效应比CO_2大20倍，因此其含量的持续增长也是不容忽视的。根据南极冰芯成分的分析，工业化以前大气中甲烷的质量浓度仅为$0.5mg/m^3$左右，目前则为 1.179mg/m³，近一百年增长了 1 倍多，而且正以每年 1.1% 的速率增加。据研究，大气中甲烷的含量与世界人口密切相关，在过去 600 年中大气中甲烷含量的增长与世界人口的增长趋势是一致的。

2）氟氯烃（氟利昂）。氟氯烃是人类的工业产品，其中起温室作用的主要是 $CFCl_3$ 和 CF_2Cl_2，其半衰期可达 70～80 年。近几十年来，由于人为的因素，向大气中排放的氟利昂大增。1980 年初，对流层下沿 CFC_{11} 的平均质量浓度估计达到 0.00102mg/m³，每年递增 5.7%，CFC_{12} 的质量浓度估计达 0.00152mg/m³，每年递增 6%。按照这样的增长率，氟利昂将在 21 世纪成为温室效应的第二大促成因素，仅次于 CO_2。

3）N_2O。由于施用化肥的影响，N_2O 在大气中的含量也在缓慢增长，年增长率为 0.2%～0.3%。

4）臭氧。臭氧是大气中含量仅次于 CO_2 的温室气体。在近几十年里，平流层的臭氧在减少，对流层的臭氧却有所增加。在过去 20～30 年里，中高纬度地区的对流层臭氧含量上升率约为 1%～2%/每年，但是由于大多数臭氧集中在平流层，从总的趋势看，大气中臭氧总量在减少。

总之，温室气体含量在迅速增加，与此同时全球气候逐渐变暖。许多科学家认为，温室气体的增多可能是近百年来全球变暖的原因之一。

3. 温室效应的影响

温室效应对人类的影响主要表现在全球气候变暖（Global warming）。

1861 年以来，全球平均表面温度（即近地面空气温度和海洋表面温度）已经明显上升，不同时期的变暖情况很不相同，其中主要温升发生在 20 世纪中，这一百年温度上升了 0.6℃±0.2℃，而且主要发生 1910—1945 年和 1976—2000 年两个时期。就全球而言，20 世纪 90 年代是最温暖的 10 年，而 1998 年是最热的一年。对于北半球，20 世纪的温升可能是过去 1000 年中最高的。

根据观测，1950—1993 年陆地上夜间日平均最低温度升温速率为 0.2℃/10 年，这大约是白天日平均温度增幅 0.1℃/10 年的两倍。这种现象使得许多中纬度和高纬度地区的非冰冻期明显延长。同一时期，海洋表面温度升幅大约是陆地平均地面空气温度升幅的一半。20 世纪 50 代末开始了较精确的天气气球观测，结果显示近地面 8km 高度以内的大气温升与地面空气温度情况类似，升幅为 0.1℃/10 年。1979 年开始了卫星观测，卫星和天气气球观测结果显示，近地面 8km 大气全球平均温度增幅为 0.05℃±0.1℃/10 年，但是地面空气温度全球平均增幅高达 0.15℃±0.05℃。

全球气候变暖必对人类生活产生影响，主要反映在两个方面：

1）沿海地区的海岸线变化。全球气候变暖一方面会使两极和高山上的冰盖融化，另一方面随着温室效应增强，气温升高，海水温度也随之升高，海水由于升温而膨胀，从而使海水平面上升。海水平面上升主要使沿海地区受到威胁，沿海低地有被淹没的危险，还会引起海水倒灌、洪水排泄不畅、土地盐渍化等后果。

2）气候带移动。全球气候变暖会引起温度带的北移，温度带北移会使大气运动发生相应的变化，全球降水也会发生变化。对于大多数干旱、半干旱地区，降水的增多可以获得更多的水资源，这是十分有益的。但是对于低纬度热带多雨地区，则面临着洪涝威胁。气候变暖对农业的影响也有利有弊，使农业生产的不稳定性增大，使生物多样性发生变化等。

【阅读材料】

厄尔尼诺现象

厄尔尼诺现象（El Niño Phenomenon）又称厄尔尼诺海流，是太平洋赤道带大范围内海洋和大气相互作用后失去平衡而产生的一种气候现象。正常情况下，热带太平洋区域的季风洋流是从美洲走向亚洲，使太平洋表面保持温暖，给印尼周围带来热带降雨。但这种模式每 2～7 年被打乱一次，使风向和洋流发生逆转，太平洋表层的热流就转而向东走向美洲，带走了热带降雨。由于太平洋是一个控制大气运动的巨大热源和水汽源，因此厄尔尼诺现象的发生将引起全球气候异常。厄尔尼诺又分为厄尔尼诺现象和厄尔尼诺事件。厄尔尼诺现象要维持 3 个月以上，才认定是真正发生了厄尔尼诺事件。2014 年，国家气候中心预测年内将发生厄尔尼诺事件，厄尔诺尼现象对我国的影响已经通过持续降雨呈现出来。预计 2015 年也将会是厄尔尼诺年。

4. 温室效应的防治对策

全球气候变暖是由温室效应引起的，而温室效应又是由温室气体的排放造成的，因而控制和防治温室效应的根本途径是减少大气中温室气体的含量，特别是 CO_2 的含量。基本对策有：

1）调整能源战略。CO_2 主要是来源于化石燃料（Fossil fuels）的燃烧，要减少 CO_2 的排放，就必须减少对化石燃料的使用，提高现有能源利用率，以及向核能、太阳能、水能、风能、氢能等清洁能源转化。

2）开展绿化对策。绿色植物对减少大气中的 CO_2 含量具有持续稳定的作用，所以大力开展绿化政策，同时对已有的森林生态系统要切实保护。

 【阅读材料】

《联合国气候变化框架公约》简介

◇ 公约概要

《联合国气候变化框架公约》（United Nations Framework Convention on Climate Change，简称《框架公约》，英文缩写 UNFCCC）是一个国际公约，是联合国政府间谈判委员会就气候变化问题达成的公约，于 1992 年 5 月在纽约联合国总部通过，1992 年 6 月在巴西里约热内卢召开的有世界各国政府首脑参加的联合国环境与发展会议期间开放签署。1994 年 3 月 21 日，该公约生效。《联合国气候变化框架公约》是世界上第一个为全面控制二氧化碳等温室气体排放，以应对全球气候变暖给人类经济和社会带来不利影响的国际公约，也是国际社会在对付全球气候变化问题上进行国际合作的一个基本框架。

◇ 主要内容

公约由序言及 26 条正文组成。这是一个有法律约束力的公约，旨在控制大气中二氧化碳、甲烷和其他造成"温室效应"的气体的排放，将温室气体的含量稳定在使气候系统免遭破坏的水平上。公约对发达国家和发展中国家规定的义务以及履行义务的程序有所区别。公约要求发达国家作为温室气体的排放大户，采取具体措施限制温室气体的排放，并向发展中国家提供资金以支付他们履行公约义务所需的费用。而发展中国家只承担提供温室气体源与温室气体汇的国家清单的义务，制订并执行含有关于温室气体源与汇方面措施的方案，不承担有法律约束力的限控义务。公约建立了一个向发展中国家提供资金和技术，使其能够履行公约义务的资金机制。

◇ 设立目的

《联合国气候变化框架公约》的目标是减少温室气体排放，减少人为活动对气候系统的危害，减缓气候变化，增强生态系统对气候变化的适应性，确保粮食生产和经济可持续发展。为实现上述目标，公约确立了五个基本原则：①"共同而区别"的原则，要求发达国家应率先采取措施，应对气候变化；②要考虑发展中国家的具体需要和国情；③各缔约国方应当采取必要措施，预测、防止和减少引起气候变化的因素；④尊重各缔约方的可持续发展权；⑤加强国际合作，应对气候变化的措施不能成为国际贸易的壁垒。

◇ 主要影响

世界上第一个为全面控制二氧化碳等温室气体排放，应对全球气候变暖给人类经济和社会带来不利影响的国际公约，也是国际社会在应对全球气候变化问题上进行国际合作的一个基本框架。据统计，如今已有190多个国家批准了《公约》，这些国家被称为《公约》缔约方。《公约》缔约方做出了许多旨在解决气候变化问题的承诺。每个缔约方都必须定期提交专项报告，其内容必须包含该缔约方的温室气体排放信息，并说明为实施《公约》所执行的计划及具体措施。《公约》于1994年3月生效，奠定了应对气候变化国际合作的法律基础，是具有权威性、普遍性、全面性的国际框架。

【阅读材料】

《京都议定书》

《京都议定书》（Kyoto Protocol，又译《京都协议书》《京都条约》），全称《联合国气候变化框架公约的京都议定书》，是《联合国气候变化框架公约》（United Nations Framework Convention on Climate Change，UNFCCC）的补充条款。是1997年12月在日本京都由联合国气候变化框架公约参加国三次会议制定的。其目标是"将大气中的温室气体含量稳定在一个适当的水平，进而防止剧烈的气候改变对人类造成伤害"。2011年12月，加拿大宣布退出《京都议定书》，继美国之后第二个签署但后又退出的国家。2012年12月8日，在卡塔尔召开的第18届联合国气候变化大会（2012 United Nations Climate Change Conference）上，本应于2012年到期的京都议定书被同意延长至2020年。

4.1.5　洛杉矶型光化学烟雾

光化学烟雾（Photochemical smog）最早发生在美国洛杉矶市，故称洛杉矶型光化学烟雾，又称石油型烟雾。汽车、工厂等污染源排入大气的碳氢化合物和氮氧化物等一次污染物，在阳光的作用下发生光化学反应，生成臭氧、醛、酮、酸、过氧乙酰硝酸酯等二次污染物。参与光化学反应过程的一次污染物和二次污染物的混合物形成的烟雾，称为光化学烟雾。

（1）洛杉矶光化学烟雾的由来　20 世纪 40 年代初期，洛杉矶上空出现一种浅蓝色的刺激性烟雾，有时持续几天不散，使大气可见度大大降低，许多人喉头发炎，鼻眼受到刺激，而且有不同程度头痛，从此洛杉矶失去了优美的环境。现在，每年有 60 天烟雾比较严重，洛杉矶成了"美国的烟雾城"。洛杉矶烟雾的来源及形成条件，经过大量的现场调查研究才弄清楚。起初调查认为是二氧化硫造成的，因为二氧化硫刺激眼鼻喉，能引起上述一些病状，于是采取措施，减少包括石油精炼在内的各工业部门二氧化硫的排放量，但是烟雾并没有减少。后来发现石油挥发物（碳氢化合物）同二氧化氮或空气中的其他成分一起，在太阳光作用下，产生一种不同于一般煤尘烟雾的浅蓝色烟雾（其中含有臭氧、二氧化氮、乙醛及其氧化剂），即所谓光化学烟雾。

（2）光化学烟雾形成的化学机理　通过对光化学烟雾形成的模拟实验，已经初步明确碳氢化物和氮氧化物的相互作用主要有以下过程：

1）污染空气中二氧化氮的光解是光化学烟雾形成的起始反应。

2）碳氢化合物被 HO、O 等自由基和臭氧氧化，导致醛、酮、醇、酸等产物及很重要的中间产物 RO_2、HO_2、RCO 等自由基生成。

过氧自由基引起 NO_2 的转化，并导致 O_3 和 PAN 生成。整个是个链式反应（chain reaction），一共有 12 个反应式。其中，HC 和 NO_x 是 O_3 生成的前体物（Fragment analogue），光化学反应中生成的臭氧、醛、酮、醇、过氧乙酰硝酸酯等统称为光化学氧化剂，以臭氧为代表，所以光化学烟雾污染的标志是臭氧含量的升高。表 4-3 为光化学烟雾中发生的反应种类及反应式，图 4-4 所示为光化学烟雾形成的基本过程。

表 4-3　光化学烟雾中发生的反应种类及反应式

反应种类	反应式
NO_2 的光解及 O_3 的形成	$NO_2 + h\nu \longrightarrow NO + O$ $O + O_2 + M \longrightarrow O_3 + M$ $O_3 + NO \longrightarrow NO_2 + O_2$
HC 的氧化及 RO_x 型自由基的形成	$HC + O \longrightarrow 2RO_3$ $HC + O_3 \longrightarrow RO_2$ $HC + HO \longrightarrow 2RO_3$
NO 氧化反应	$RO_2 + NO \longrightarrow NO_2 + RO$
自由基消耗反应及酸的产生	$HO + NO \longrightarrow HNO_3$ $HO + NO_2 \longrightarrow HNO_3$ $RO_2 + NO_2 \longrightarrow PAN$ $HNO_2 + h\nu \longrightarrow HO + NO$
其他反应	$N_2O_5 + H_2O \longrightarrow 2HNO_3$

（3）光化学烟雾形成的环境条件　光化学烟雾的形成要有各方面条件的配合：①首先要有 HC 和 NO_x 等一次污染物，且要达到一定含量；②要有一定强度的阳光照射，才能引起

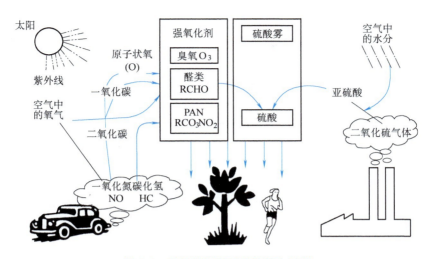

图 4-4　光化学烟雾形成的基本过程

光化学反应，生成臭氧等二次污染物；③要有适宜的气象条件配合，如大气稳定、风小、湿度小、气温高（24～32℃）等。

（4）洛杉矶型光化学烟雾的特征　表 4-4 为还原型（伦敦型）烟雾与氧化型（洛杉矶型）烟雾的特征比较。

表 4-4　氧化型和还原型大气污染的比较

比较项目		还原型（伦敦型）	氧化型（洛杉矶型）
一般印象		老问题，煤烟与雾混在一起	新问题，是一种光化学反应生成的二次毒气
主要污染源		工业炉窑和民用炉灶排烟	汽车排气
主要燃料		煤炭类	汽油类石油燃料
主要污染物		烟尘、二氧化硫、一氧化碳	一次污染物：氮氧化物。碳氢化合物 二次污染物：光学氧化剂（臭氧，过氧乙酰硝酸酯等）
化学反应		还原	氧化
气象条件	气温	低（5℃以下）	高（23℃以上）
	湿度	高（85%以上）	低（75%以下）
	风速	低（无风）	低（2～3m/s以下）
	日照	照射时不太明亮	照射时较明亮
发生时间	季节	冬季（以1月最为严重）	夏秋季（5～9月最严重）
		白天黑夜连续几天，清晨最重	只在白天出现，中午最重
降低大气能见度		严重（视程仅为100m以下）	中度到重度（视程为0.8～1.6km）
对人体危害		主要刺激上呼吸道	主要刺激眼睛

（5）光化学烟雾的危害及控制

1）危害。光化学烟雾成分复杂，对动物、植物和材料有害的是 O_3、PAN 和丙烯醛、甲醛等二次污染物。人和动物受到的主要伤害是眼睛和黏膜受刺激、头痛、呼吸障碍、慢性呼吸道疾病恶化、儿童肺功能异常等。植物受到臭氧的损害，开始时表皮褪色，呈蜡质状，经过一段时间后色素发生变化，叶片上出现红褐色斑点。PAN 使叶子背面呈银灰色或古铜色，影响植物的生长，降低植物对病虫害的抵抗力。O_3、PAN 等还能造成橡胶制品老化、脆裂，使染料褪色，并损害油漆涂料、纺织纤维和塑料制品等。

2）控制。与控制其他污染一样，首先要控制污染源。在国外，主要污染源是汽车废气，因而防治措施集中于汽车排放的 HC、NO_x 和 CO。例如，改善汽车发动机的工作状态，改进燃料供给和在排气系统安装催化反应器等。但是汽车并不是唯一的排放源，几乎所有的燃烧过程都产生氮氧化物，炼油工业、加油站和焚烧炉等也是重要的排放源。

4.1.6　伦敦型烟雾

（1）伦敦型烟雾由来　1952 年英国伦敦烟雾事件是震惊一时的公害事件。1952 年 12 月 5—8 日，不列颠岛许多地区由于反气旋气候条件，高空产生下沉逆温，地面则因辐射冷却强烈，近地层空气冷却很快，使空气中水汽趋于饱和而生成大雾，连续 4 天，空气静稳，浓雾不散，地面空气污染不断增加，烟尘的质量浓度最高达到 4.46mg/L，为平时的 10 倍，二氧化硫的质量浓度最高达到 3.829mg/m³，为平时的 6 倍。在这一异状下，几千市民感到胸口窒闷，并有咳嗽、喉痛、呕吐等症状发生，老人与病患者死亡数增加，到第三、四天发病率和死亡率急剧上升，4 天中死亡 4 千人，甚至在事件过后两个月内，还陆续有 8000 人死亡。

（2）伦敦型烟雾成因　伦敦型烟雾的主要污染物是煤烟粉尘和二氧化硫。伦敦地处泰晤士河下游的开阔河谷中，是英国的一个工业发达、人口稠密的大都市。1952 年 12 月 5 日清晨，伦敦地区上空为高气压控制，地面静风，雾很大，50～150m 的低空出现逆温层。因此，从工厂和家庭炉灶排出的烟尘在低空积聚，久久不能散开，致使低层大气中的烟尘和二氧化硫含量不断升高。表 4-5 为伦敦机关屋顶上大气污染物的含量。

表 4-5　伦敦机关屋顶上大气污染物的质量浓度

日　　期	飘尘/（mg/m³）	SO₂/（mg/m³）
12 月 3 日	0.61	0.629
4 日	0.49	0.644
5 日	2.60	0.644
6 日	3.45	0.734
7 日	4.46	1.147
8 日	4.46	1.148
9 日	1.22	0.405
10 日	1.22	0.405
11 日	0.32	0.192

可见，伦敦烟雾的起因，除气象及地理条件，还有大气中三种成分——二氧化硫、雾（微小水滴）、粉尘相互叠加。在煤粉尘颗粒的表面，二氧化硫氧化成三氧化硫，随即与水蒸气结合成硫酸，进而形成硫酸盐气溶胶。同时，二氧化硫可溶解在微小水滴中再氧化为硫酸。如有铁、锰等金属离子的催化，氧化速率会增大。因此，当大气中二氧化硫、雾（微小水滴）、煤粉尘三种成分具备，且有足够含量时，很快能形成硫酸雾。所以，伦敦烟雾实质是硫酸烟雾。

（3）伦敦烟雾的特征 低层大气中飘尘和二氧化硫的含量相当高，这是由家庭炉灶采暖和工厂的烟囱里排出的二氧化硫和煤粉尘，在大气静稳和低空逆温的情况下，扩散不开而在低空积聚而成的。灰褐色的烟雾笼罩，能见度很差，有一股硫黄和煤烟的刺激性气味。

（4）伦敦烟雾的危害 伦敦烟雾对眼、鼻和呼吸道有强烈刺激作用。飘尘和酸雾滴被人体吸入后，能沉积肺部，一些可溶性物质还能进入血液及肺组织，造成呼吸困难，危及心脏，形成急性和慢性疾病，造成死亡。

（5）对伦敦型烟雾的控制及防治

1）改变燃料性质和结构 措施之一是要求使用低硫燃料。美、日等国规定燃料的含硫量不得超过1%，对人口集中的大城市限制更严。此外，主要是扩大使用天然气。天然气含硫量一般在0.4%以下，烧得好基本没有烟尘。

2）燃料和烟气脱硫 燃料脱硫和烟气脱硫是国外防治二氧化硫和煤烟尘污染的重要技术措施，详见第6章。

3）高烟囱扩散 在一般情况下，高空风速大，扩散快，而且地面二氧化硫的含量大致与烟囱的有效高度的平方成反比。近年来，欧美和日本等城市多采取建造200m以上的高烟囱来防止二氧化硫的污染，收到了一定的效果。如伦敦目前排放二氧化硫比十年前增加了35%，但地面二氧化硫的含量反而减少了30%。不过，增加烟囱高度虽能减轻排放源周围地区的大气污染，但是并没有减少排入大气中二氧化硫的总量，往往以邻为壑，嫁祸于人。

 【阅读材料】

雾霾

2010年11月19日美联社报道，美国驻北京大使馆在它的微博中，每小时即时报道北京的空气污染情况。19日星期五的空气污染指数超过500，创下当年入冬以来最严重污染天。雾气最浓时，北京南局部地区能见度不足百米。美国大使馆在微博中表示，用光了所有惯用的形容词，一度用"糟得令人发疯（crazy bad）"来描述。但后来，将令人发疯改成"指数超标（beyond index）"。按照美国标准，空气污染最高指数为500。

1月12日《新闻联播》罕见地以头条新闻重点关注，直面问题话题，并呼吁公车减少出行、市民少开车多主动做出低碳环保行动。

中央气象台12日18时发布大雾黄色预警，12—13日京津地区、河北东部和南部、山东西部和半岛地区、河南东部、苏皖北部、四川盆地、重庆西部、湖北东部、湖南东北部和南部、贵州西部和南部、云南东南部、广西北部等地有能见度不足1000m的雾，部分地区能见度不足100m。其中北京PM2.5指数濒临"爆表"，空气质量持续六级严重污染。

面对这场严重雾霾，分析、质疑、批评、建议等各种声音和观点也纷至沓来……雾霾成了热门话题，成为旷日持久的环境污染事件。

◇雾霾的成因

雾霾是指空气中的灰尘、硫酸与硫酸盐、硝酸与硝酸盐、有机碳氢化合物等粒子使大气浑浊、视野模糊并导致能见度恶化的现象，其典型特征是非水成物组成的气溶胶系统造成的视程障碍。

雾霾是污染物和特殊天气条件共同作用的结果。污染物的含量不仅与排放源有关，还与污染物的迁移、扩散和沉降有关，而这些又取决于天气形势。静止的高压系统下产生晴天、下沉气流和相对稳定的天气，从而导致污染物的积累，混合层的高度与污染物的含量呈负相关。环境湿度也是影响雾霾形成的重要因素，允许细颗粒物和水蒸气同时积累的天气最有利于雾霾的形成。

◇ 雾霾和 PM2.5 的关系

大气中有非常庞大和复杂的颗粒物体系，颗粒物的大小不等，从几个纳米到 $100\mu m$，可跨越 4 个数量级，颗粒物越小，质量越轻，每立方厘米空间内颗粒物的数量就越多，对可见光的吸收、折射、散射作用就越强。研究表明，颗粒物粒径在 $2.5\mu m$ 左右的硝酸盐、硫酸盐等干尘胶污染物以人为为主，且与雾霾现象的发生有很好的相关性，当灰霾浓度大于 $75\mu g/m^3$ 时，易发生雾霾。也就是说，形成雾霾天气的主要原因是 PM2.5 含量上升。

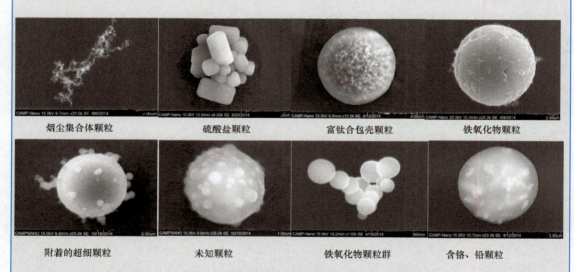

| 烟尘集合体颗粒 | 硫酸盐颗粒 | 富钛合包壳颗粒 | 铁氧化物颗粒 |

| 附着的超细颗粒 | 未知颗粒 | 铁氧化物颗粒群 | 含铬、铅颗粒 |

显微镜下的雾霾颗粒

PM2.5 又称"可入肺颗粒物"，是空气动力学当量直径小于或等于 $2.5\mu m$ 的细颗粒物的总称。由一次污染物和二次污染物组成，其中一次污染占 $20\% \sim 60\%$，二次污染占 $40\% \sim 80\%$。它的主要来源有以下三个方面：一是工厂直接排放的粉尘和机动车的道路扬尘，属于机械污染；二是燃煤排放到大气中的二氧化硫、氮氧化物、氨气等形成的气溶胶颗粒，属于化学污染；三是在太阳辐射下大气中的多种化学组分发生光化学反应形成的光化学烟雾，属于光化学污染。

◇ 工业气溶胶与雾霾形成的关系

气溶胶是液态或固态微粒在空气中的悬浮体系。气溶胶微粒一般呈球形，固体微粒则形状不规则，其半径一般为 $10^{-3} \sim 10^2 \mu m$，根据牛顿万有引力定律可知，两物体之间存在着吸引力，相邻的气溶胶核就会相互吸引，从而使得气溶胶可以稳定存在。除此之外，工业气溶胶化学成分复杂，无机成分主要包括 H_2O、SO_2、NO_x、SO_4^{2-}、HBr、HCl 以及 Ca、Mg、Fe、Ba 等金属离子，有机成分主要由工厂排放的有机废气中的各种有机污染物组成，行业不同，气溶胶的有机成分也相差很大，在大气污染源中占有相当大的一部分比例。由于气溶胶特殊的结构体系和独特的吸湿性能，在特殊的地理及气象环境下，气溶胶可在烟囱出口形成明显的可视烟带盘旋于烟囱上空，而不能自行散去。在这稳定的气溶胶团中含有的有机废气也难以得到降解去除，从而增加了有机污染物的停留时间，进一步加重空气污染。此外，它们能作为水滴和冰晶的凝结核、太阳辐射的吸收体和散射体，并参与各种化学循环，是大气的重要组成部分，没有气溶胶粒子无法形成霾，在实际大气中没有气溶胶粒子参与也无法形成雾。我国雾霾天出现的主要原因是居高不下的气溶胶污染。气溶胶与雾霾之间的关系如图所示：

工业气溶胶电镜

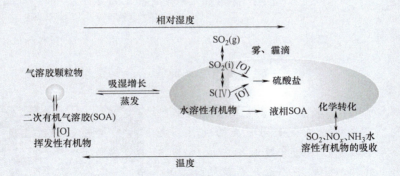

大气气溶胶在雾霾之间的循环机制

　　在我国大气中，包括沙尘、城市逸散性粉尘和煤烟尘等在内的矿物气溶胶的质量浓度就相当于欧美国家城市区域中各类气溶胶质量浓度的总和，这些颗粒污染物除了作为一次污染源直接排放（一次气溶胶约占颗粒物总量一半）外，同时也能与燃煤锅炉排放产生的大量氧化性气体（作为气态前体物）在大气中反应形成二次气溶胶。据文献，二次气溶胶对 PM2.5 和有机气溶胶（Organic Aerosol）质量浓度的平均贡献分别为 30%～77% 和 44%～71%；二次有机气溶胶（Secondary Organic Aerosol，SOA，主要指大气中各种化学反应形成的有机物，平均占 27% 的 PM2.5 质量浓度）与二次无机气溶胶（Secondary Inorganic Aerosol，SIA，主要由硫酸盐、硝酸盐和铵盐等无机成分组成，平均占 31% 的 PM2.5 质量浓度）具有相近的贡献度。这与燃煤和生物质燃烧排放的大量二次气溶胶前体物（特别是挥发性有机物，VOCs）密切相关。

　　燃煤烟气排放导致大气氧化性增强，从而使得气态污染物向颗粒态污染物的转化出现暴发，超过大气可以容纳的环境容量，要是遇到不利于污染物扩散的静稳天气，就会出现大面积雾霾。因此，控制燃煤排放烟气中的污染物对雾霾的减轻有很大帮助。

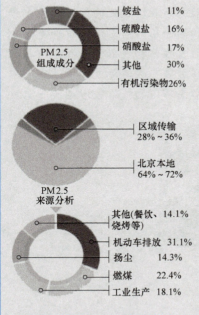

PM2.5组成成分
- 铵盐 11%
- 硫酸盐 16%
- 硝酸盐 17%
- 其他 30%
- 有机污染物26%

PM2.5来源分析
- 区域传输 28%～36%
- 北京本地 64%～72%

- 其他(餐饮、烧烤等) 14.1%
- 机动车排放 31.1%
- 扬尘 14.3%
- 燃煤 22.4%
- 工业生产 18.1%

PM2.5 源析（2013 年中科院以北京市为例）

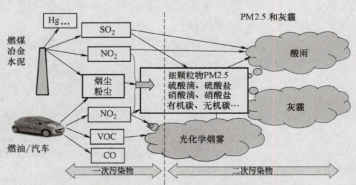

大气二次 PM2.5 和阴霾关系

PM2.5由一次和二次颗粒物组成，其中吸湿性成分(二次，硫酸及硝酸类组分) 在气象条件合适时(湿度和停滞)，会吸湿长大造成灰霾。

◇ 雾霾的危害

　　形成雾霾天气的有毒、有害颗粒物散播在空气中，对人类和生态系统会造成小同程度的危害，主要表现在以下几个方面：一是雾霾天气中的 PM 2.5 相对密度较大，其颗粒物较小，比表面积相对较大，可吸附大量有毒、有害物质，这些物质随 PM 2.5 能轻易穿过鼻腔中的鼻纤毛，直接进入肺部，甚至渗进血液，从而引发包括心脏病、动脉硬化、肺部硬

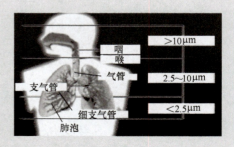

化、肺癌、哮喘等各种疾病，影响身体健康；二是雾霾通过对太阳光的吸收与散射，导致太阳辐射强度减弱与日照时数减少，从而影响植物的呼吸和光合作用，会造成农业减产、绿地生态系统生长受阻等；三是雾霾天气使能见度降低，容易引起交通阻塞，发生交通事故。

◇ 雾霾天的防治措施

　　针对雾霾天气的成因，我们应将污染防治重点放在控制 PM 2.5 浓度上，根据其不同的来源，可以采取以下几方面的措施：

√ 降低单位 GDP 的能耗，提高能源的利用率。

√ 发展清洁能源，有效利用水能、电能、风能和生物能。

√ 大力推广除尘效率，工业脱硫、脱硝是降低二次污染最重要的手段。

√ 对机动车进行总量控制，降低汽车尾气的排放（可以提高汽车质量，加快淘汰老轿车；提高汽油质量，提高含油量；提高道路质量，控制道路车辆的数量；发展公共交通事业等）。

√ 控制建筑施工工地的扬尘污染。扩大绿化面积，提升环境品质。

◇ 历史上，许多国家都发生过由颗粒物引起的空气污染事件。著名的事件有比利时1930年马斯河谷烟雾事件、美国1943年洛杉矶光烟雾事件和多诺拉烟雾事件、英国1952年伦敦烟雾事件。

发展是常态，而经济和环境螺旋式的上升也是必然的，只要建立合理的产业结构布局，出台正确的经济、环境政策，从源头上控制污染，选用高新技术，减少生产过程中污染物的排放量和产生量，我国大气环境一定会呈现好转趋势。

■ 4.2 生物多样性锐减

生物多样性（Biodiversity）保护和生物资源（Biological resources）的持续利用已经受到国际社会的极大关注。1992年6月在巴西召开的联合国环境与发展大会上，通过了《生物多样性公约》，该项公约的目标在于从事生物多样性保护，持久使用生物多样性的组成部分，公平合理地分享在利用遗传资源中所产生的惠益。中国和其他135个国家和地区在条约上签字。保护生物多样性已成为全球的联合行动。1994年，中国发布了《中国生物多样性保护行动计划》。

通过签订《生物多样性公约》，全球对生物多样性保护和生物资源的持续利用已经基本上达成了共识。这些共识的基本点可以归纳为：

1）人类的一些活动正在导致生物多样性的产量丢失。

2）生物多样性及其组成成分具有多方面的内在价值，如生态、遗传、社会、经济、科学、教育、文化、娱乐和美学价值。

3）生物多样性对保持生物圈的生命支持系统十分重要。

4）保护和持久使用生物多样性对于满足全世界日益增长的粮食、健康和其他需求至关重要。

5）确认生物多样性保护是全人类共同关心的事项。

那么，什么是生物多样性？中国和全球的生物多样性现状如何？如何保护生物多样性呢？这些就成了大家共同关心的问题。

4.2.1 生物多样性和生物资源

1. 生物多样性

生物多样性是指地球上所有生物——动物、植物和微生物及其构成的综合体。生物多样性通常包括三个层次：生态系统多样性、物种多样性和遗传多样性。生物多样性的三个层次完整描述了生命系统中从宏观到微观的不同认识方面。科学工作者可以采用十分不同的方法测定这三个不同层次的多样性。

（1）生态系统多样性（Ecosystem diversity） 是指生物群落和生境类型的多样性。地球上有海洋、陆地，有山川、河流，有森林、草原，有城市、乡村和农田，在这些不同的环境中生活着多种多样的生物。实际上，在每一种生存环境中，环境和生物构成的综合体就是一个生态系统。我国的生态系统多样性十分丰富，主要有森林生态系统、草原生态系统、荒漠生态系统、农田生态系统、湿地生态系统和海洋生态系统等。

生态系统的主要功能是物质交换和能量流动，它是维持系统内生物生存与演替的前提条件。保护生态系统多样性就是维持系统中能量和物质流动的合理过程，保证物种的正常发育和生存，从而保持物种在自然条件下的生存能力和种内的遗传变异度。因此，生态系统多样性是物种多样性和遗传多样性的前提和基础。

（2）物种多样性（Species diversity）　是指动物、植物、微生物物种的丰富性。物种是组成生物界的基本单位，是自然系统中处于相对稳定的基本组成成分。一个物种是由许许多多种群组成的，不同的种群显示了不同的遗传类型和丰富的遗传变异。

对于某个地区而言，物种数多，则多样性高，物种数少，则多样性低。自然生态系统中的物种多样性在很大程度上可以反映出生态系统的现状和发展趋势。通常，健康的生态系统往往物种多样性较高，退化的生态系统则物种多样性降低。

物种多样性构成的经济物种是农、林、牧、副、渔各业经营的主要对象。它为人类生活提供必要的粮食、医药，特别是随着高新技术的发展，许多生物的医用价值将不断被开发和利用。

（3）遗传多样性（Genetic diversity）　是指存在于生物个体内、单个物种内以及物种之间的基因多样性。物种的遗传组成决定着它的性状特征，其性状特征的多样性是遗传多样性的外在表现。通常所谓的"一母生九子，九子各异"，指的是同种个体间外部性状的不同，反映的是内部基因多样性。任何一个特定的个体和物种都保持有大量的遗传类型，可以看作单独基因库。

基因多样性包括分子水平、细胞水平、器官水平和个体水平上的遗传多样性。其表现形式是在分子、细胞和个体三个水平上的性状差异，即遗传变异度。遗传变异度是基因多样性的外在表现。基因多样性是物种对不同环境适应与品种分化的基础。遗传变异越丰富，物种对环境的适应能力越强，分化的品种、亚种也越多。基因多样性是改良生物品质的源泉，具有十分重要的现实意义。

遗传多样性是农、林、牧、副、渔各行业中的种植业和养殖业选育优良品种的物质基础。

中国是一个古老的农业大国，栽培作物的基因多样性异常丰富。中国栽培的农作物有600余种，其中有237种起源于中国。水稻在全国约有50000个品种，小麦约有30000个品种，大豆约有20000个品种；常见蔬菜有80余种，共有20000个品种；常见果树有30余种，约有10000个以上的品种。

2. 生物资源

（1）生物资源及其特性　生物资源是指对人类有直接、间接和潜在用途的生物多样性组分，包括生物的遗传资源、物种资源、生态系统的服务功能资源等。生物资源属于可更新资源，在一定环境条件下具有一定的可更新速率。作为可更新资源，似乎是无限的，永远存在的。然而，在时间、空间范围和环境条件一定的情况下，可更新速率是有限的。因此，生物资源也是有限的。如果过度开发，开发速率超过可更新速率，那么可更新资源就会转变成不可更新资源，造成资源枯竭。

生物资源，尤其是生态系统的服务功能资源，是一种公共资源，具有很强的自然属性，不具有市场贸易属性和交换的经济价值。因此，长期以来被人们认为是公共的、免费的资源。在人口数量增长、科技发达、对生态环境破坏日益严重的情况下，生物资源的经济价值和对社会经济的约束力日益明显。人们对生物资源的观念开始转变，开始以可持续发展的观念进行生物资源的管理，在这一过程中，生态经济学诞生了。

（2）生物资源的价值　人们已经意识到生物多样性及其组成成分的内在价值，包括在生态、社会、经济、科学、教育、文化、娱乐和美学等领域的价值，而且生物多样性对于人类社会经济的发展具有历史的、现实的和未来的价值。下面简单介绍两方面的价值。

1）生物多样性是人类赖以生存的生命支持系统。地球上的生物多样性及由此形成的生物资源构成了人类赖以生存的生命支持系统。人类社会从远古发展至今，无论是狩猎、游牧、农耕，还是集约化经营都建立在生物多样性基础之上。随着社会的进步和经济的发展，人类不仅不能摆脱对生物多样性的依赖，而且在食物、医药等方面更加依赖于对生物资源的高层次开发。

在工业化之前，世界人口只有8.5亿，如今已经超过50亿。人口数量增加也依赖于生物多样性资源的开发。例如，在农业上，遗传多样性的价值特别明显，为了稳产、高产，人们培养出大量的作物、蔬菜和果类的优良品种，以及家畜和家禽的优良品种。这种增加栽培作物生物多样性的技术，不断地满足着人口数量增大时粮食的需求。此外，野生生物资源的价值十分可观。据统计，美国在1967—1980年间，捕杀的野生生物资源的价值平均每年达870亿美元。生物资源在发展中国家经济中的比重远大于发达国家。

生物多样性资源（如传统的中草药、抗生素和近年来的转基因产品等）对人类健康至关重要。世界卫生组织也特别鼓励利用传统药物。发展中国家80%以上人口（30亿）的基本健康依赖于传统药物，使用的中草药涉及5100多个物种。近年来对药用植物的需求量较十年前翻了三番。英国20种最畅销的药品中都含有从生物中提取的化合物，其销售额在1988年达60亿美元。世界上3000多种抗生素都来自于微生物，这个数字还在扩大。可以预料，一些疑难病症如艾滋病、癌症的治疗，都寄希望于生物产品。

1973年，人类首次成功地利用基因工程技术，通过基因操作将外源基因转入目标生物体内，可以提高目标生物的竞争能力和对环境的适应，抑制有害基因的表达。国内外基因工程的药品和食品已经开始进入市场，显示了诱人的前景。基因多样性的价值受到世界各国的重视。

2）生态系统提供了极其重要的"生态服务"功能。生态系统的"生态服务"功能指的是生物在生长发育过程中，以及生态系统在发展变化过程中为人类提供的一种持续、稳定、高效、舒适的服务功能。例如，维护自然界的氧—碳平衡，提供氧气；净化环境，提供清洁的空气和饮用水；为人类提供优美的生态环境和休息娱乐场所；涵养水源，防止水土流失；降解有毒有害污染物质等。

生态系统的生态服务功能的资源特性长期以来被人类忽视。然而，生态服务功能的经济价值并不低于生态系统的直接经济价值。随着人类对生态系统破坏范围和强度的增加，生态服务功能本身受到了严重损伤，人们才强烈地感受到生态服务功能的存在。当人们企图恢复生态服务功能，却发现需要投入大量人力、物力、财力时，才感到生态服务功能是一种资源。

3. 生物多样性资源经济价值及其评估

生物多样性具有巨大的社会经济价值。生物资源性经济价值的评估能够为公众提供一个共同的生物多样性的经济价值观及评价尺度。

生物多样性的评估是当今世界生态经济学的热点和难点之一，是资源经济学、环境经济学、生态经济学的交叉前沿，涉及基因、物种及生态系统的经济评估，是对传统经济学的巨大挑战。

（1）经济价值分析　生物多样性的经济价值主要包括直接使用价值、间接使用价值和潜在使用价值。直接使用价值包括林业、农业（种植业和野生植物）、畜牧业、渔业、医药业和部分工业等产品和加工品的直接使用价值，还包括生物资源的旅游观赏价值、科学文化价值、畜力使用价值等。直接经济价值即资源产品或简单加工品的市场价值，或在缺乏市场定价情况下以替代花费的大小来衡量。间接使用价值主要体现在生态系统的结构和功能、演化、物质和遗传资源、生态服务功能等方面，可以采用一系列经济评估的方法进行概括性分析，但由于生物多样性的自然属性与市场、商品的社会属性距离甚远，存在一系列不确定性。潜在使用价值包括野生动植物在将来有用的选择价值和在伦理学上的存在价值。

（2）综合评估与初步结论　"中国生物多样性国情研究报告"（1998）报道了中国陆地生物多样性经济价值的初步评估结果（表4-6）。从表4-6中可以看出，生物多样性具有直接使用价值、间接使用价值和潜在使用价值，其社会经济价值巨大；生物多样性的间接经济价值远远大于直接经济价值。

表4-6　中国生物多样性经济价值初步评估结果

价 值 类 别	价值/10^{12}元	
直接使用价值	产品及加工品年净价值	1.02
	直接服务价值	0.78
	小计	1.80
间接使用价值	有机质生产价值	23.3
	CO_2固定价值	3.27
	O_2释放价值	3.11
	营养物质循环和贮存价值	0.32
	土壤保护价值	6.64
	涵养水源价值	0.27
	净化污染物价值	0.40
	小计	37.31
潜在使用价值	选择使用价值	0.09
	保留使用价值	0.13
	小计	0.22

采用同样的方法，"中国生物多样性国情研究报告"报道了对中国履行《生物多样性公约》投入产出的预测结果：到2010年以前，中国履约平均年投入 9.4×10^9 元，但是中国履约投入产生的年生态效益为 123.350×10^9 元，年经济效益为 55.620×10^9 元，二者之和为 178.970×10^9 元，效益明显大于投入。上述经济价值评价结果表明，生物多样性保护是一项

具有巨大经济效益和社会效益的公利事业。

4.2.2 生物多样性锐减

1. 全球生物多样性丰度

（1）全球生物圈的物种丰度 经过鉴定，用双命名法命名、记录的生物物种大约有170万种，其中6%的物种生活在寒带或极地地区，59%生活在温带，35%生活在热带（表4-7，1986）。然而人类对全世界的物种，特别是热带物种至今还不完全了解。如果把尚未了解的物种也估计在内，那么在全球的物种丰度至少增加86%。热带雨林物种量丰富，昆虫数量最大。无脊椎动物数量是已描述物种的最大成分，昆虫中数量量大、最多的是鞘翅目昆虫（表4-8，1986）。最近的热带森林考察证明，在潮湿的热带森林中尚未鉴定的昆虫和其他无脊椎动物数量十分惊人。

表4-7 3个气候带的物种数量估计

气 候 带	已鉴定物种/10^6 种	总物种数量估计值	
		最低/10^6 种	最高/10^6 种
寒带	0.1	0.1	0.1
温带	1.0	1.2	1.3
热带	0.6	3.7	8.6
合计	1.7	5.0	10.0

表4-8 各种生物物种数量的估计值

	已鉴定物种数	物种总数估计值
非维管束植物	150000	200000
维管束植物	250000	280000
无脊椎动物	1300000	4400000
鱼类	21000	23000
两栖类	3125	3500
爬行类	5115	6000
鸟类	8715	9000
哺乳类	4770	4300
合计	1742000	4926000

目前，已有的物种保护方案都集中在大型脊椎动物和特殊的有价值的植物上，昆虫常常被忽视。然而，昆虫及无脊椎动物的物种丰度以其自己的功能表明它们在生态学上是非常重要的。原因是：①昆虫是热带小型肉食性动物的主要食物；②昆虫是种子的捕食者，因而它影响了森林中物种组成；③昆虫是花粉传递者，常与特异植物种有特殊关系；④昆虫对热带生态系统结构与功能有明显的影响。

（2）中国生物多样性丰度 中国地域辽阔，地貌类型丰富，具有北半球所有的生态系统类型，形成了复杂的生物区系构成，从而使中国成为世界上生物多样性最丰富的8个国家之一。中国生物资源无论种类还是数量在世界上都占有相当重要的地位。例如，在植物种类数目上，中国约有30000种，仅次于马来西亚（约45000种）和巴西（约40000种），居世界第三位。中国是世界上野生动物资源最丰富的国家之一，有许多特有的珍稀种类。例如，全世界鹤类有 15 种，中国有 9 种；在欧美一些国家完全没有灵长类动物，中国有 17 种。全球海洋生物可以分为 40 多门，中国海洋生物几乎每门生物都有，在物种数量方面所占比例很大。

中国农业历史悠久，栽培作物、果树、经济作物均在世界上占据重要地位，是世界上八个作物起源地中心之一。世界上栽培作物有 1200 种，其中 200 种起源于中国。中国水稻品种繁多，遗传多样性十分丰富，栽种面积占世界第二位。此外，中国还拥有大量的特有物种和自然历史子遗物种，如大熊猫、白鳍豚、水杉、银衫等。表 4-9 为中国特有种属与世界已知种属的比较。

表 4-9　中国特有物种和特有属

分　类　群	世界已知属和种	中国特有属和种	占总种属（％）
哺乳类	499 种	72 种	14
鸟类	1186 种	99 种	8
爬行类	376 种	26 种	6.9
两栖类	279 种	30 种	10.8
鱼类	2804 种	440 种	15.5
苔藓	494 属	8 属	1.0
蕨类	224 属	5 属	2.2
裸子植物	32 属	8 属	2.5
被子植物	3116 属	232 属	7.4

2. 全球生物多样性锐减

（1）生态系统多样性的锐减　生态系统多样性的锐减主要是各类生态系统的数量减少、面积缩小和健康状况的下降。我国主要生态系统表现为森林生态系统、草原生态系统、荒漠生态系统、西藏高原高寒区生态系统、湿地生态系统、内陆水域生态系统、海岸生态系统、海洋生态系统、农区生态系统和城市生态系统等。各种生态系统均受到不同程度的威胁。

1）栖息地的改变和生物多样性的丢失。生物生态系统多样性的主要威胁是野生动植物栖息地的改变和丢失，这一过程与人类社会的发展密切相关。在整个人类的历史进程中，栖息地的改变经历了不同的速率和不同的空间尺度。在中国、中东、欧洲和中美，栖息地的改变大约经历了 1 万年，改变过程较慢。在北美，栖息地的改变较为迅速，从东到西横跨整个大陆的广大地区，栖息地的改变只经历 400 余年。严格地说，热带栖息地的改变主要发生在 20 世纪后半叶。目前，热带森林、温带森林和大平原及沿海湿地正在大规模地转变成农业用地、私人住宅、大型商场和城市。

栖息地的改变与丢失意味着生态系统多样性、物种多样性和遗传多样性的同时丢失。例如，热带雨林生活着上百万种尚未记录的热带无脊椎动物物种，由于这些生物类群中的大多数具有很强的地方性，随着热带雨林的砍伐和转化为农业用地，很多物种可能随之灭绝。又例如，大熊猫从中更新世、晚更新世的长达 70 万年的时间内曾广泛分布于我国珠江流域、华中长江流域及华北黄河流域。由于人类的农业开发、森林砍伐和狩猎等活动的规模和强度的不断加大，大熊猫的栖息地现在只局限在几个分散、孤立的区域。栖息地的碎裂化直接影响到大熊猫的生存。据中国林业部与世界野生动物基金会在 1985—1988 年的联合调查，大熊猫的栖息地不断缩小，与70年代相比，大熊猫分布区由45个县减少到34个县，栖息地的面积减少了$1.1 \times 10^4 km^2$，且分布不连续。栖息地的分离、破碎，将大熊猫分隔成24个亚群体，造成近亲繁殖，致使遗传狭窄，种群面临直接威胁。

2）中国生态系统受到的威胁。下面简述我国森林生态系统、荒漠生态和湿地生态系统多样性锐减的状况。

森林生态系统受到的威胁。中国现有原生性森林已不多，主要集中在东北和西南的天然林区。针叶林面积约占一半，阔叶林占47%，针阔混交林占3%。中国现有森林面积13370km²，仅占世界森林面积的4%，全国的森林覆盖率仅占13.92%，与世界森林平均覆盖率26%相比低一半。近年来我国的森林覆盖率呈增长趋势，但主要是人工林在增长，而作为生物多样性资源宝库的天然林仍在减少，并且残存的天然林也处于退化状态。中国公布的第一批珍稀濒危植物有388种，绝大多数属于森林野生种，它们的分布区在萎缩，种群数量在下降。

森林生态系统受到威胁的主要原因是森林采伐量一直大于生长量，而且呈增长和居高不下的趋势。森林过度砍伐对生物多样性的威胁一是减少了森林群落类型，二是由于森林生境的破坏引起动、植物种类的消失和被迫迁移。人工林产业的发展是以破坏蕴藏着丰富多样性资源的天然林为代价的。随着人工林面积的增加，森林病虫害将进入高发期。

战争造成森林和生物多样性资源的大量消亡。1940—1949年，战争和对中国林木资源的掠夺使中国的天然林锐减。当时中国近80%的原始森林被破坏和消失。抗日战争时期，森林资源遭受更严重破坏，仅东北森林就损失$642 \times 10^8 m^3$，占全国损失森林蓄积量的10%以上。

荒漠生态系统受到的威胁。中国西北的荒漠生态系统的类型多样，并不像人们想象得那么单调。据初步统计，沙质荒漠有8个生态系统，砾质—砂质荒漠有13个，石质—碎石质荒漠有10个，黏土荒漠（盐漠）有7个，此外在荒漠河岸及其他隐域生境还有9个生态系统。在广大的荒漠地区生活着许多特有的动、植物物种和特有的生物资源。尽管在一般人心目中，荒漠地广人稀，受人为活动影响较小，然而那里的许多环境已经受到破坏，生物多样性在急剧缩小。例如，由于破坏性的采掘，珍贵药材甘草、麻黄、锁阳遭到破坏，野生资源急剧减少。由于过度捕猎和栖息地的改变，原产准噶尔盆地的高鼻羚羊从20世纪50年代起就再也见不到了。新疆虎是亚洲虎的一个独特亚种，仅分布在塔里木河下游的罗布泊一带，由于猎杀和栖息地的改变，早在20世纪初就已经灭绝了。

湿地生态系统受到的威胁。湿地集土地资源、生物资源、水资源、矿产资源和旅游资源于一体。在长期的人类活动影响下，湿地被不断的围垦、污染和淤积，面积日益缩小，物种减少，已经遭到不同程度的破坏。农业围垦和城市开发是中国湿地破坏的主要原因。珠江三角洲，长江中下游平原的湿地，自古以来被开垦种植水稻。三江平原湿地是目前的农垦对象。据初步统计，近40余年，中国沿海地区累计围垦滩涂面积达$100 \times 10^4 hm^2$，相当于沿海湿地的50%。围海造地工程使中国沿海湿地每年以$2 \times 10^4 hm^2$的速度在减少。另据统计，在1950—1980的30年内，中国天然湖泊数量从2800个减少到2350个，湖泊总面积减少了11%。有的城市周围的湖泊由于严重的污染和富营养化，实际上或者几乎丧失了生态系统的正常功能。

（2）物种多样性锐减 自从大约38亿年以前地球上出现生命以来，就不断地有物种的产生和灭绝。物种的灭绝有自然灭绝和人为灭绝两种过程。物种的自然灭绝是一个按地质年代计算的缓慢过程，而物种的人为灭绝是伴随着人类的大规模开发产生的，自古有之，只不过当今人类活动的干扰大大加快了物种灭绝的速度和规模。有记录的人为灭绝的物种多集中于个体较大的有经济价值的物种，本来这些物种是潜在的可更新资源，由于人类过度地猎杀、捕获，导致了许多物种的灭绝和资源丧失。世界各国已经注意到，生物多样性的大量丢失和有限生物资源的破坏已经和正在直接或间接地抑制经济的发展和社会的进步。

物种多样性的丢失涉及物种灭绝（Extinction）和物种消失（Extirpation）两个概念。物种灭绝是指某一个物种在整个地球上丢失；物种消失是一个物种在其大部分分布区内丢失，但在个别分布区内仍有存活。物种消失可以恢复，但物种灭绝是不能恢复的，造成全球生物多样性的下降。

1）物种灭绝的自然过程。化石记录充满着已灭绝生物的证据。地质记载可以很好地证实：恐龙曾经在地球上出现过，但是经过一段时间后消失了。在爬行类动物中，已识别的12个目中，现在尚存的只有3个目，其他的9个目只是化石种类了。

生物物种自然灭绝的原因可能是：①生物之间的竞争、疾病、捕食等长期变化；②随机的灾难性环境事件。地球大约经历了46亿年的发展过程，在过去地质年代中，曾发生过许多灾难性事件，以物种丢失速率为特征，已经认定，约有9次灾难性的物种大灭绝事件。例如，大陆的沉降、漂移，冰河期，大洪水等使生活在地球上的人类和生物遭受毁灭性打击。在2.5亿年前，出现了一次规模和强度最大的物种灭绝，估计当时海洋中95%的物种都灭绝了。在6500万年前的白垩纪末期，很多爬行类动物．如恐龙、翼手龙等灭绝了。与此同时，约有76%的植物物种和无脊椎动物物种也灭绝了。

2）物种灭绝的人为过程。物种的人为灭绝自古有之。大约在更新世后期，世界各地同时发生了大型动物灭绝事件。这些大规模的灭绝事件，多数与大规模殖民化关联。这些土地原先是没有人居住的，野生动物自由的生活着。殖民化后，人口数量的增加，过度狩猎，超过了野生动物的繁殖速度，野生动物经不起人类突然的捕杀和栖息地的变化，许多大型动物因此灭绝了。

在南加利福尼亚发现的化石研究表明，在北美被殖民化后的不长一段时间里，发生了包含57种大型哺乳动物和几种大型鸟类的灭绝。其中包括10种野马、4种骆驼家族里的骆驼、2种野牛、1种原生奶牛、4种象，以及羚羊、大型的地面树懒、美洲虎、美洲狮和体重可达25kg的以腐肉为食的猛禽等。如今，这些大型动物尚存的唯一代表是严重濒危的加利福尼亚神鹰。

再如，大约1000年前，在波利尼西亚人统治新西兰的200年间，新西兰出现了物种灭绝浪潮。这一浪潮卷走了30种大型的鸟类，包括3m高、250kg重的大恐鸟，不会飞的鹅，不会飞的大鹈鹕和一种鹰，同时还有一些大个体的蜥蜴和青蛙、毛海豹等。

上述例子表明，可更新的生物资源由于人类的不可持续利用，转化成不可更新资源，结果是以物种资源的灭绝而告终；物种的人为灭绝并不是现代才有的现象，而是自古有之。假如史前的土著人能给那些可食的经济物种一些适宜的生存机会的话，情况会是另一种局面。

在近几个世纪，由于工业技术的广泛应用，人类开发自然的规模和强度增加，人为物种灭绝的速率和受灭绝威胁的物种数量大大增加。已知在过去的4个世纪中，人类活动已经引起全球700多个物种的灭绝，其中包括大约100多种哺乳动物和160种鸟类。其中1/3是19

世纪前消失的，1/3 是 19 世纪灭绝的，另 1/3 是近 50 年来灭绝的。有估计 20 世纪最后 10 年里灭绝的生物物种要比前 90 年灭绝的物种的总数还要多。

据统计，全世界每天有 75 个物种灭绝，每小时有 3 个物种灭绝；有专家称 2050 年地球上将有 100 万个物种灭绝。

中国的动物和植物的灭绝情况，按已有的资料统计，犀牛（*Rhinoceros SP.*）、麋鹿（*Elaphurus davidianus*）、高鼻羚羊（*Saiga tatarica*）、白臀叶猴（*Pygathrixnmaeus*）及植物的崖柏（*Thuja stichuanesis*）、雁荡润楠（*Machilus minutiliba*）、喜雨草（*Ombrocharis dulcis*）等已经消失几十年甚至几个世纪了，但高鼻羚羊是在 20 世纪 50 年代以后消失的。中国动物的遗传资源受威胁的现状十分严重。如中国优良的九斤黄鸡、定县猪已经灭绝。

此外，还有相当数量的植物种类和动物种类正面临着即将到来的灭绝，其数量之大是令人悲伤和遗憾的。中国国家重点保护野生动物名录中受保护的濒危野生动物已经在 400 多种，植物红皮书中记述的濒危植物高达 1019 种。实际上还有许多保护名录之外的生物物种很可能在尚未被人们认识之前就已经灭绝了。

人为活动直接或间接地导致很多物种濒临灭绝的边缘。引起物种灭绝或濒危的最重要的人为影响有：①栖息地的破坏和变化；②过度狩猎和砍伐；③捕食者、竞争者和疾病的引入产生的效应。这些压力导致产生了一些小而分散的种群，这些种群易遭受近亲繁殖和种群数量不稳定的有害影响，导致种群数量减少，最终消失或灭绝。其灭绝涡流如图 4-5 所示。

图 4-5　灭绝涡流

4.3　海洋污染

海洋以其巨大的容量消纳着一切来自自然源和人为源的污染物。随着人为活动的加剧，海洋已经遭受日益严重的人为污染，其中较引人瞩目的是海洋石油污染。

石油的大规模开采和应用是 20 世纪的现象。过去几十年内，在石油钻探、开采、提炼、运输和使用过程中，都有一部分石油流失到周围环境中。这些流失有些是作业过程中难以避免的，也有相当部分是意外事故造成的，其中以大型油轮事故最为引人瞩目，30 年来几乎每年都有此类恶性事故发生。由于大型油轮运行、管理费用较低，经济效益较高，在现代技术所能达到的范围内，油轮吨位越来越大，往往在 20 万 t 以上。大型油轮失事以后，常常流失原油几万吨至几十万吨。例如，1968 年 Torrey 号在英国海岸失事，流失原油约 10^5 t；1978 年 3 月 17 日 Amoco Cadiz 号在法国 Portsall 外出事，流失原油 21.6×10^4 t⋯⋯这些事件使附近海域的水生生物、海鸟和海滩旅游业蒙受极大损失。据统计，失事油轮 80% 是在利比亚和巴拿马注册的。因为这两国的注册标准低于美日等高度工业化海事国,加上注册费用便宜,手续简便,吸引了设备较差、船员素质较低的船主前来注册。目前世界所需石油的2/3 经海路运输,经常远行在航道上的油轮达 7000 艘之多。每年在海运过程中流失的石油估计达 $150 \times 10^4 t$,其中约 1/3 是在正常作业过程中流失的,如卸压仓水、洗船舱、卸油等作业。

除油轮污染外,近年来发展起来的近海采油平台及输油管的泄漏,以及陆地上排放与挥发的一切油品最终也将进入海洋。据联合国环境规划署报告,进入海洋的石油为 $(200 \sim 2000) \times 10^4 t/a$。即使按照经济与发展组织较保守的数字 $(350 \times 10^4 t/a)$ 计,每生产 1000t 原油,就有 1t 散失到海洋中。

海洋石油污染给海洋生态带来一系列有害影响:

1)不透明的油膜降低了光合作用的效率,使海洋藻类光合作用急剧降低,其结果一方面使海洋产氧量减少。据估计,海洋中藻类光合作用放出的氧气占全球产氧量的 1/4。另一方面,藻类生长阻滞也影响其他海洋生物的生长与繁殖,对整个海洋生态系统发生影响;

2)海面浮油浓集了分散于海水中的氯烃,如 DDT、狄氏剂、毒杀芬等农药和聚氯联苯等,浮油可从海水中把这些毒物浓集到表层,对浮游生物、甲壳类动物和晚上浮上海面的鱼苗产生有害影响,或直接触杀,或影响其生理、繁殖与行为。

3)最严重的石油污染往往发生在生产力量丰富的强海区域,该区域出产人类食用介壳类的全部和海鱼的一半。因此,浅海的污染对人类影响巨大。石油溢出后污染区内这两类海洋动物迅速死亡,海鸟也很难幸免,油类损害羽毛的功能,使海鸟体温降低,其潜泳、潜水和飞翔能力降低,最后冻饿而死。每年死于石油污染的海鸟以十万计。例如,1952 年 Ford Mercy 与 Pendleton 号相撞,溢油致死的绒毛鸭估计达 15 万 ~ 50 万只。

4)海面浮油使食物链被包括致癌物质在内的毒物污染。据分析,污染海域鱼、虾及海参体内苯并芘(致癌物)浓度明显增高。此外,石油中有些组分类同于一些海洋生物的化学信息。许多鱼、鳖、虾、蟹的行为,如觅食、归巢、交配、迁徙等,均依靠某些烃类传递信息。试验证明,十亿分之几的煤油可以使龙虾离开天然觅食场所游向溢油区。因石油污染造成的这种假信息泛滥对海洋生物的影响也是极其有害的。

海洋污染是一种全球性污染现象,南极企鹅体内脂肪中已检出 DDT,说明污染影响范围之广,而石油污染加剧了这种情况,因而引起公众的关切。

近海赤潮是由无机营养盐,主要是氮和磷引起的有机污染现象。农田退水和洗涤废水中富含这两种元素。当大量污水排入近海使得海水中无机氮质量浓度超过 $0.3 \mu g/g$,无机磷质量浓度超过 $0.01 \mu g/g$ 时,藻类群落就会"爆发"地增长,形成"藻花",并因不同藻类的不同颜色而被称为"赤潮""褐潮"或"绿潮"。藻花多在夏季高温时出现,常常造成严重的环境问题。例如,浓密的藻花遮蔽了阳光,使下层水生植物不能生长;大量藻类死亡腐烂消耗氧气,造成该海域的嫌气环境,产生 H_2S 等还原性有毒气体。近年来我国近海频频发生赤潮,给海洋渔业、水产业和旅游业带来巨大损失。

思 考 题

1. 全球大气污染问题的形成经历了哪几个阶段?全球气候变暖会对人类生活产生哪些影响?

2. 何谓酸雨？概述酸雨形成的主要化学过程、酸雨的危害及其防治方法。

3. 何谓臭氧层破坏？臭氧层破坏的原因有哪些？如何防治？

4. 何谓温室气体？温室效应是如何形成的？温室效应的防治对策有哪些？

5. 试述光化学烟雾的实质及其形成机理。

6. 伦敦型烟雾的实质及其形成机理。

7. 光化学烟雾和伦敦型烟雾时间对我国解决大气污染问题有哪些启示？

8. 何谓生物多样性？何谓生物多样性锐减？

9. 试述海洋污染及其影响。

参考文献

[1] 钱易，唐孝炎. 环境保护与可持续发展 [M]. 2 版. 北京：高等教育出版社，2007.

[2] 赵景联，史小妹. 环境科学导论 [M]. 2 版. 北京：机械工业出版社，2016.

[3] 何强，等. 环境学导论 [M]. 3 版. 北京：清华大学出版社，2004.

[4] 马光，等. 环境与可持续发展导论 [M]. 北京：科学出版社，2014.

[5] 孔昌俊，杨凤林. 环境科学与工程概论 [M]. 北京：科学出版社，2004.

[6] 王光辉，丁忠浩. 环境工程导论 [M]. 北京：机械工业出版社，2006.

[7] 龙湘犁，何美琴. 环境科学与工程概论 [M]. 上海：华东理工大学出版社，2007.

[8] 林肇信. 环境保护概论（修订版）[M]. 北京：高等教育出版社.

[9] 林春绵，李非里. 环境保护导论 [M]. 杭州：浙江科学技术出版社，2009.

[10] "中国生物多样性保护计划" 总报告编写组. 中国生物样性保护行动计划 [M]. 北京：中国环境科学出版社，1994.

[11] 中国生物多样性国情研究报告编写组. 中国生物多样性国情研究报告 [M]. 北京：中国环境科学出版社，1998.

推介网址

1. 中国环境保护网：http：//www. zhb. gov. cn

2. 中国大气环保网：http：//www. china-daqi. com/

3. 生物多样性网：http：//www. rcees. ac. cn

4. 气候变化

1）Official site of the United Nations Framework Convention on Climate Change：http：//www. unfccc. de/index. html

2）Climate Change Fact Sheets（UNEP）：http：//www. unep. ch/iucc/fs − index. html

3）The Intergovernmental Panel on Climate Change：http：//www. ipcc. ch/

4）Center for International Climate Change（IPCC）：http：//www. cicero. uio. no/eindex. html

5）Climate Change and Weather Extremes：http：//www. ncdc. noaa. gov/ol/climate/climateextremes. html

6）Global Warming Update：http：//www. ncdc. noaa. gov/ol/climate/research/papers/globalwarming/global. html

7）National Climate Data Center：http：//www. ncdc. noaa. gov

5. 酸雨

1）FAQ Acid Rain：http：//www. ns. ec. gc. ca/aeb/ssd/acid/acidfaq. html

2）Acid Rain，Norwegian Min. of Environment：http：//odin. dep. no/html/novofault/depter/md/publ/acid/

acidraine. html

 3）酸雨专题馆：http：//www. kepu. com. cn/gb/earth/acidrain

6. 臭氧

 1）The Ozone Secretariat WWW Home Page（UNEP）：http：//www. unep. ch/ozone/

 2）UV Index for Europe：http：//www-need-physik. vu-wien. ac. at/uv/uv-index/uvi_ eue. txt

 3）Norwegian Institute for Air Research：http：//www. nilu. no/

 4）Ozone Depletion over Antartica：http：//gridc. org. nz/science/ozone. html

 5）Shuttle solar backscatter Ultraviolet Project of NASA：http：//ssbuv. gsfc. nasa. gov/

 6）Total Ozone Mapping Satellite（TOMS）Digital Satellite Data：http：//www5. ncdc. noaa. gov/plwebapps/plsql/lta. ltamain

 7）平流层臭氧和人类健康网：http：//sedac. ciesin. org/ozne

7. http：//www. info. gov. hk/epd/air/chinese/cpolyou. htm

8. http：//www·itr·org. tw/homepage/b/t300/cfc/

9. gopher：//gopher·un·org/oo/conf/unced/english/tiodecl. txt

第5章

环境与可持续发展

[导读]　在浩瀚无垠的宇宙中，有一颗蔚蓝色的球形天体，这就是人类赖以生存与发展的家园——地球。在地球上每秒钟发生着许多事情：2.4 个新生命出生，生产出 28.6t 金属、4 台电视机、1.3 辆汽车……总交易额 240000 美元，排放 762t CO_2，减少 0.6hm 森林……

美丽的地球曾经是人类与自然和谐相处、风景如画、青山绿水的大家园。然而 20 世纪以来，随着科学技术的发展和经济规模的扩大，人类赖以生存的地球发生了巨大的变化：人口的剧增、资源短缺、环境恶化、生态危机等一系列的世界性问题，已直接威胁到我们子孙后代的生存和发展。面对这种状况，如果人类不及时改变经济社会的发展模式，长此下去，人类在地球上必定会越来越孤单，最终，地球也可能成为不再适合人类居住的星球。

令人欣慰的是，国际社会已经认识到了这一点。20 世纪六七十年代以后，随着公害问题的加剧和能源危机的出现，人们逐渐认识到把经济、社会和环境割裂开来谋求发展，只能给地球和人类社会带来毁灭性的灾难。源于这种危机感，可持续发展的思想在 80 年代逐步形成。

在可持续发展理念下，世界均承诺将不遗余力地通过清洁生产、循环经济、低碳经济等理论与模式的实施，技术创新、制度创新、产业转型、管理创新、新能源开发等多种手段，尽可能减少资源利用，减少温室气体排放，减少环境污染，达到经济社会发展与生态环境保护双赢的一种经济发展形态，把地球建设成一个人类与自然协调发展的美好家园。

[提要]　本章介绍了可持续发展、清洁生产、循环经济、低碳经济、环境伦理学、环境经济与环境管理等环境科学与工程新领域的基本理论和内容，结合我国的环境现状及面临的压力，探讨了我国实施可持续发展、清洁生产、循环经济和低碳经济、环境伦理学、环境经济与环境管理等方面的发展战略及对策。

[要求]　通过本章学习，了解可持续发展、清洁生产、循环经济和低碳经济环境伦理学、环境经济与环境管理等环境科学与工程新领域的基本理论、基本内容和战略对策。

■ 5.1 可持续发展理论

5.1.1 可持续发展概念

第二次世界大战以后，形成了一门新的学科——发展学。半个世纪以来，发展学经历了一个从经济增长理论到经济发展理论，再到社会经济协调发展理论，以及后来的"可持续发展理论"等几个逐渐深化过程。它反映出"可持续发展（Sustainable development）"概念的形成过程。

20世纪60年代后又形成了一门新的学科——"未来学"。未来学者们对"未来发展"存在着三个不同的观点：

一是"零增长理论"。持这种观点的主要是罗马俱乐部研究报告《增长的极限》和美国政府的研究报告《公元2000年环境》。他们认为，人口倍增必然要引起对粮食的需求倍增，进而引起自然资源消耗速度、环境污染程度的倍增，发展下去必然会达到"危机水平""世界末日来临"。因此，他们认为要避免这样的恶果，必须实行人口和经济的"零增长"，建立"稳定的世界模式"。

二是"大过渡理论"。这是一种乐观理论。他们认为：从工业革命开始到22世纪止的400年间是工业革命扩张时期，是人类现代化时期，是"大过渡"时期，在这个时期经济增长不是导向灾难，而是导向繁荣，经济增长过程中出现的环境污染、生态平衡、资源耗费等问题都能在经济增长中得到解决，不必杞人忧天。

三是所谓"巴里洛克模式"。他们不同意"零增长"观点，但也不赞成不发达国家重走发达国家高消费和无节制增长老路。他们认为世界面临的主要问题不是物质问题，而是社会政治问题，其根源是国际和一国内部权力不均衡造成的剥削和压迫。当今世界要避免灾难，其出路是建立全球性世界社会新秩序。

未来学各派观点反复争论后，逐渐形成这样一个共识，即人类不是要不要发展，而是应该如何发展的问题。这就为"可持续发展"概念的提出提供了认识基础。世界环境的发展态势则是导致可持续发展概念产生的现实基础。

1989年5月联合国召开的联合国环境署第15届理事会经过反复讨论才取得共识："可持续发展，就是既满足当代人的各种需要，又保护生态环境，不对后代的生存和发展构成危害的发展。这一共识包含的内容很广，既包含当代人的需要，又包含后代人的需要，既包含国家主权、国际公平，又包含自然资源、生态抗压力、环保与发展相结合。"

1992年，联合国环境与发展大会的《里约宣言》中对可持续发展进一步阐述为"人类应享有以自然和谐的方式过健康而富有成果的生活权利，并公平地满足今世后代在发展与环境方面的需要，求取发展的权利必须实现"。这个定义强调的是可持续发展应是人与自然和谐的发展，而不是破坏这种和谐的发展；当代人的发展不能损害后代人和谐发展的权利。

英国经济学家皮尔斯和沃福在1993年所著的《世界无末日》一书中提出了以经济学语言表达的可持续发展的定义，即"当发展能够保证当代的福利增加时，也不应使后代的福利减少"。

可持续发展是从环境与自然资源角度提出的关于人类长期发展的战略与模式，它不是一般意义上所指的一个发展进程在时间上的连续运行、不被中断，而是强调环境与自然资源的长期承载力对发展的重要性，以及发展对改善生活质量的重要性。它强调的是环境与经济的协调，追求的是人与自然的和谐。其核心思想就是经济的健康发展应该建立在生态持续能力、社会公正和人民积极参与自身发展决策的基础之上。它的目标不仅是满足人类的各种需求，做到人尽其才、物尽其用、地尽其利，还需要关注各种经济活动的生态合理性，保护生态资源，不对后代的生存和发展构成威胁。在发展指标上与传统发展模式不同的是，不再把国民生产总值（GNP）作为衡量发展的唯一标准，而是利用社会、经济、文化、环境、生活等各方面的指标来衡量发展。可持续发展是指导人类走向新的繁荣、新的文明的重要指南。

5.1.2　可持续发展的内涵

"可持续发展"包含了当代与后代的要求、国家主权、国际公平、自然资源、生态承载力、环境与发展相结合等重要内容。它首先从环境保护的角度来倡导保持人类社会的进步与发展。它号召人们在增加生产的同时，必须注意生态环境的保护与改善。它明确提出要变革人类沿袭已久的生产与消费方式，并调整现有的国际经济关系。总的来说，可持续发展包含两大方面的内容：一是对传统发展方式的反思和批判，二是对规范的可持续发展模式的理性设计。就理性设计而言，可持续发展具体表现在：工业应当是高产低耗，能源应当是被清洁利用，粮食需要保障长期供给，人口与资源应当保持相对平衡等许多方面。

可持续发展把发展与环境作为一个有机整体，其基本内涵如下：

1）可持续发展不否认经济增长，尤其是穷国的经济增长，但需要重新审视如何推动和实现经济增长，必须将生产方式从粗放型转变为集约型，减少每单位经济活动造成的环境压力，研究并解决经济上的扭曲和误区。环境退化的原因既然存在于经济过程之中，其解决答案也应从经济过程中去寻找。

2）可持续发展要求以自然资源为基础，同环境承载力相协调。"可持续性"可以通过适当的经济手段、技术措施和政府干预得以实现。要力求降低自然资产的耗竭速度，使之低于资源的再生速度或代替品的开发速度。要鼓励采用清洁生产和可持续发展消费方式，使每个单位经济活动产生的废物数量尽量减少。

3）可持续发展以提高生活质量为目标，同社会进步相适应。"经济发展"的概念远比"经济增长"的涵义广泛。经济增长一般被定义为人均国民生产总值的提高，发展则必须是社会和经济结构发生变化，是一系列社会发展目标得以实现。

4）可持续发展承认并要求体现自然资源的价值。这种价值不仅体现在对经济系统的支撑和服务价值上，也体现在环境对生命支持系统的存在价值上。应当把生产中的环境资源的投入和服务计入生产成本和产品价格之中，并逐步修改和改善国民经济核算体系。

5）可持续发展的实施以适宜的政策和法律体系为条件，强调"综合决策"与"公众参与"。需要改变过去各部门封闭的、单一的制定和实施经济、社会、环境政策的做法，提倡根据周密的经济、社会、环境科学的原则、全面的信息和综合的要求来制定政策并予以实施。可持续发展的原则要纳入人口、环境、经济、资源、社会等各项立法及重大决策之中。

5.1.3　可持续发展实现的途径

实现可持续发展是人类社会的共同要求，也是世界各国各地区发展的共同战略，我国政府和国家领导人一再公开表明，我国坚决采取可持续发展战略，并相应地采取一系列的方针、政策和有效措施以保证可持续发展逐步得到实现。

1. 实现可持续发展的根本途径是实施"两个根本转变"

在传统的经济体制下，我国的经济发展一直采取的是粗放型的增长方式，其基本特征是："三高"与"三低"的有机统一，即高速度、高投入、高消耗与低质量、低产出、低效益的统一。

传统的粗放型的增长方式走的是非持续发展的路子。高投入、高速度造成社会总供给与总需求之间结构严重失衡，引起部分产品大量积压，资源大量浪费；"投资饥渴"不断膨胀，不考虑资源合理配置，挤占了必要的环保投入，严重地削弱了产业结构调整机制作用，忽视了包括环保在内的基础产业和基础设施建设；追求产量增长，不顾资源浪费、生态破坏、后代人的生存和发展。

资源的公共性、外部性、不确定性等因素的存在，使得市场机制在合理配置资源所需的基本条件难以满足，导致市场机制调节功能在一些经济活动过程中"失效"。这就要求政府在市场机制充分发挥基础作用的前提下，加强宏观间接调控并予以引导。其中最主要的是：①对资源的开发必须坚持科学合理原则，开发程度决不能超过环境承载能力；②建立低消耗、高效益的社会经济结构，实施以节约资源为核心的战略；③坚持科教兴国的方针，正确选择技术发展方向，保持技术的先进性；④使在生产和消费中产生的外部成本内部化，迫使污染与破坏环境者必须付出应有的代价。

2. 建立资源节约型国民经济新体系

可持续发展的本质问题是资源节约使用。资源是人类社会存在和发展最基本的物质条件，而可支配的资源总是有限的。因此，资源储备是真正的宝贵财富。为此，必须建立科学的节约型的国民经济新体系，保证可支配资源得到合理而有效的利用。资源节约型的国民经济新体系的主要内容应该是：①建立以节地、节水为中心的，促进生态良性循环的集约化农业生产体系；②建立以节能、节材为中心，注重整体效益的清洁生产型工业生产体系；③建立以节省运力为中心，高效、节约型综合运输体系；④建立以节约资本和节约资源为中心，有利于环境的商业运营体系；⑤提高人的文化教育水平，发展最终归结到人自身的发展，归结到人的文化教育水平的提高；⑥建立以优化环境质量为中心的环境保护体系。

要大力开发高效率低成本的污染防治设备和技术，适用性生态工程和技术，现代化环境管理系统，创建环境监测、监理、科技、宣教等有效机制；发展环保产业，积极提高环保管理水平。整个国民经济新体系的主要功能就在于建立人口、资源、环境同社会、经济发展之间的协调的关系，促进经济增长方式由粗放型经营向集约型经营转变，这就是我国实现可持续发展的基本战略。

5.1.4 我国可持续发展战略的实施

《中国 21 世纪议程》初步提出了我国可持续发展的目标和模式，但在实际经济和社会发展过程中确立可持续发展，仍然是一个长期过程。

1. 可持续发展是我国的唯一选择

20 世纪 50 年代初，我国追随苏联工业化"赶超战略"，走上了一条用高消耗、高污染换取工业高增长的发展道路。到了 70 年代，在付出了惨痛的经济、社会和环境代价后，我国开始了经济改革和开放的进程，计划经济逐步解体，市场经济逐步确立，我国步入了长达40多年的经济高速增长，但资源消耗和环境污染也同样达到了令人震惊的新高度。从我国之后多年人口、经济增长的趋势看，人口、经济同环境的紧张关系尚难有大的缓解，环境、资源方面压力大、问题多、基础差这样一种不利状况还会延续相当长一个时期，内部和外部条件都受到严重制约：①拥有庞大的人口，其中低素质的人口和贫困人口比例很大；②自然资源基础薄弱，人均占有的资源十分贫乏，土地、水和重要矿物资源的可供量很少，环境容量狭小；③科学技术基础薄弱和国民文化素质与环境意识不强的问题不会在短期内得到解决，特别是有害环境与资源的意识、行为和政策在一些方面还是根深蒂固的；④国际市场竞争激烈，各国争夺世界资源和环境空间的竞争也非常激烈，我国获取国际资源和环境空间受到了极大限制。

在这种经济、资源与环境状况下，我国在解决环境问题上的回旋余地不大，如果继续沿用传统的发展模式，在达到令人满意的收入水平前，我国将会遭受难以承受的巨大国际国内环境压力，生态环境可能出现一系列灾难后果，几乎没有可能使我国大多数人口享有发达国家的生活质量。我国不得不寻求一种与大多数发达国家不同的、非传统的现代化发展模式，也就是一种可持续发展的模式。其核心思想就是实行低度消耗资源的生产体系，适度消费的生活体系，使经济持续稳定增长、经济效益不断提高的经济体系，保证效率与公平的社会体系，不断创新、充分吸收新技术、新工艺、新方法的适用技术体系，促进与国际市场紧密联系的、更加开放的贸易与非贸易的国际经济体系，合理开发利用资源，防止污染，保护生态平衡。

2. 我国可持续发展战略的基本目标

我国在 20 世纪 90 年代中期就提出了可持续发展战略，并编制了《中国可持续发展行动纲领》与《中国 21 世纪人口、环境与发展白皮书》。在 2004 年我国提出要"建立资源节约型、环境友好型社会"，目的是通过转变经济增长方式等措施，从根本上解决全面建设小康社会面临的资源与环境压力，保障经济社会的持续、健康、协调发展。此后，我国政府不断细化相关政策与任务指标。党的十八大报告提出构建"美丽中国"，要求逐步实现人与自然、人与人之间的和谐，是可持续发展战略在我国的进一步落实与深化。早在 2007 年，我国就把生态文明建设上升到国家战略水平，并提出了我国生态文明建设的战略目标。在十八大报告的基础上，我国的总体目标可以围绕三个"脱钩"展开：到 2030 年，实现经济社会发展与污染物排放量的绝对"脱钩"；到 2040 年，实现经济社会发展与化石能源和资源消费量的绝对"脱钩"；到 2050 年，实现资源消费和污染排放总量与承载约束的绝对"脱钩"。具体来说，即要求我国到 2030 年实现生态文明建设的长足进步，资源节约型、环境友好型社会基本建成，主要污染物排放总量在 2020 年的基础上消减 20%，化石能源消费量、二氧化碳排放量与有色金属消费总量增长明显减缓、城市灰霾问题基本得到解决，生物多样性基本恢复，生态系统稳定性增强；到 2040 年生态文明建设取得实质性的突破，主要污染物在 2020 年的基础上消减 35% 左右，化石能源消费量、二氧化碳排放量、有色金属消费总量等先后达到峰值，资源节约型、环境友好型社会更加健全；到 2050 年资源消费与污染排放总量持续稳定地下降到承载力约束范围内，主要污染物在 2020 年的基础上减半，生态文明在全社会确立并达到高度发达的水平，实现人与自然和谐发展。为了实现长期发展目标，我国采取了一系列措施落实可持续发展战略。从"一五"到"十三五"的国家发展计划，从三北防护林、三峡工程到西气东输、南水北调、退耕还林还草，都体现了国家在这方面的坚持与努力。我国也制定了一系列短期目标，2015 年的政府工作报告中提出要在该年度将二氧化碳排放强度降低 3.1% 以上，化学需氧量、氨氮排放减少 2% 左右，二氧化硫、氮氧化物排放分别减少 3% 左右和 5% 左右，2015 年新增退耕还林还草 1000 万亩、造林 9000 万亩的年度目标。

3. 我国可持续发展战略的成果

我国可持续发展战略通过不断地深化落实，取得了良好的效果。

1）有效控制了人口增长。从 20 世纪 50 年代起我国人口增速一直较快，一直到 80 年代才进入了缓慢增长阶段，并从 2001 年起进入了较低生育阶段，人口增速得以控制。随着我国计划生育政策的普及以及医疗水平的不断提高，我国国民的生育理念有了很大的转变，新增人口逐渐下降，使我国 13 亿人口日与世界 60 亿人口日均晚到了 4 年。经济的发展与国家政策的不断平衡，使我国的贫困地区获得了较多的发展机会。经济社会的发展使我国跨越了温饱阶段向全面小康社会迈进，人民群众的生活质量得到了全面的提高。

2）资源保护与管理日趋科学化。20 世纪五六十年代，公有制与计划经济体制决定了国家可以无偿占有资源，导致生产中成本意识薄弱、资源浪费严重、资源保护意识淡薄。70 年代初国家颁布了针对自然资源利用与保护的政策法规。70 年代末到 21 世纪初，建立了与市场经济现状相适应的资源保护与管理体系，加强了对资源能源的产权管理，资源利用率不断提高。节约和保护资源上升为基本国策，资源的保护与管理逐步实现科学化。

3）环保理念深入人心。自改革开放以来，我国长期实行粗放型的经济增长方式，这种方式带来了经济社会的快速发展，也带来了资源与环境问题。在发展的过程中一些环境问题逐渐暴露，如近年常发生的雾霾，还有水污染、大气污染，使大众逐渐意识到环境保护的重要性，环保理念深入人心。我国在 20 世纪 80 年代就建立了环保方面的专门法律，其后《清洁生产促进法》《环境影响评价法》等相继出台，法律体系逐步完善。我国不断加大环境污染治理投资，把环保落实到实处。

4）我国经济进入"新常态"。改革开放为我国带来了 30 多年的高速增长，低成本要素组合优势、人口红利、全球化红利使我国经济一直保持了 10% 的增长水平。从 2010 年开始我国经济增速回落，目前稳定在 7% 左右，这种不同于以往的相对稳定状态意味着我国经济换挡行驶、进入了一个新的增长阶段，即"新常态"时期。在这个新的发展阶段，我们一定要保持经济社会发展的正确方向，稳步实现经济结构转型升级。在此新的战略机遇期，我国在提升传统制造业水平的同时，要大力发展节能环保等新兴产业，提升服务业占比，大力发展绿色新兴产业，走绿色创新道路，做创新型国家。

4. 我国面向 21 世纪的可持续发展战略体系和新型机制

从我国未来的发展过程来看，为了能够为可持续发展奠定较为坚实的基础，我国政府需要在宏伟的跨世纪经济改革和社会变革中，构筑起可持续发展的战略体系和新型机制：

1）同环境保护和民主法制建设的发展相适应，构筑可持续发展的法律体系，它包括三个层次：把可持续发展原则纳入经济立法；完善环境与资源法律；加强与国际环境公约相配套的国内立法。

2）同市场经济发展相适应，有效利用市场机制保护环境。它包括三个方面：加快经济的改革，减少和取消对资源消耗大、经济效率低的国有企业的补贴；建立以市场供求为基础的自然资源价格体制；推行环境税。

3）同经济增长相适应，将公共投资重点向环境保护领域倾斜，并引导企业向环境保护投资。政府应在清洁能源、水资源保护和水污染治理、城市公共交通、大规模生态工程建设的投资方面发挥主导作用，并利用合理收费和企业化经营的方式，引导其他方面的资金进入环境保护领域，使我国的环保投资保持在 GNP 的 1% ～1.5% 。

4）同新的宏观调控机制的发展配套，建立环境与经济综合决策机制，其核心内容是政府的重要经济和社会决策、计划和项目，要按一定程序进行环境影响评价，要建立对政府的环境审计制度。

5）同政府体制改革相配套，建立廉洁、高效、协调的环境保护行政体系，加强其能力建设，使之能强有力地实施国家各项环境保护法律、法规。

5. 可持续发展的新课题

在我国实施可持续发展，可谓任重而道远。尽管已经有了不少文件和方案，但如何计算环境污染和生态破坏的损失，如何对国民生产总值增长率进行自然资源损耗的扣除，如何在不同城市和地区建立可持续发展的示范区，如何逐步取消不利于可持续发展的各种财政补贴，如何理顺价格体系，如何采用恰当的经济手段，如何在各级水平上建立起综合决策的机制，如何进一步发动公众参与，如何建立可持续消费和生产的模式等，都是需要研究的新课题。

■ 5.2 清洁生产

5.2.1 清洁生产概念

发达国家在 20 世纪 60 年代和 70 年代初，由于经济快速发展，忽视对工业污染的防治，致使环境污染问题日益严重，公害事件不断发生，如日本的水俣病事件，对人体健康造成极大危害，生态环境受到严重破坏，社会反应非常强烈。环境问题逐渐引起各国政府的极大关注，各国政府也采取了相应的环保措施和对策，如增大环保投资、建设污染控制和处理设施、制定污染物排放标准、实行环境立法等，以控制和改善环境污染问题，取得了一定的成绩。通过十多年的实践发现，这种仅着眼于控制排污口（末端），使排放的污染物通过治理达标排放的办法，虽在一定时期内或在局部地区起到一定的作用，但并未从根本上解决工业污染问题。

因此，发达国家通过治理污染的实践，逐步认识到防治工业污染不能只依靠末端治理，要从根本上解决工业污染问题，必须"预防为主"，将污染物消除在生产过程之中，实行工业生产全过程控制，清洁生产的思想由此产生。"清洁生产（Cleaner production）"的基本思想最早出现于 1974 年美国 3M 公司曾经推行的污染预防有回报 "3P" 计划中。一些国家在提出转变传统的生产发展模式和污染控制战略时，曾采用了不同的提法，如废料最少化、无废少废工艺、无公害工艺、清洁工艺、污染预防等，这些提法实际上描述了清洁生产概念的不同方面，但都不能确切表达当代融环境污染防治于生产可持续发展的新战略。联合国环境规划署综合了各种提法，于 1989 年 5 月提出了清洁生产的概念，并于次年 10 月正式提出清洁生产计划，希望摆脱传统的末端控制技术，超越废物最小化，使整个工业界走向清洁

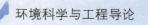

生产。

　　清洁生产作为一种新的创造性的思想，是一个相对的、抽象的概念，没有统一的标准。1996 年联合国环境署在 1989 年定义的基础上把清洁生产定义为：清洁生产是指将整体预防的环境战略持续应用于生产过程、产品和服务中，以增加生态效率和减少人类及环境的风险。对生产，要求节约原材料和能源，淘汰有毒原材料，减少所有废弃物的数量和毒性；对产品，要求减少从原材料提炼到产品最终处置的全生命周期的不利影响；对服务，要求将环境因素纳入设计和提供的服务中。

　　《中华人民共和国清洁生产促进法》中规定：清洁生产是指不断采取改进设计，使用清洁的能源和原料，采用先进的工艺技术与设备，改善管理、综合利用，从源头消减污染、提高资源利用效率，减少或者避免生产、服务和使用过程中污染物的产生和排放，以减轻或者消除对人类健康和环境的危害。

5.2.2　清洁生产内容

1. 清洁的能源

　　1）常规能源的清洁利用，如采用洁净煤技术，逐步提高液体燃料、天然气的使用比例。

　　2）可再生能源的利用，如水力资源的充分开发和利用。

　　3）新能源的开发，如太阳能、生物质能、风能、潮汐能、地热能的开发和利用。

　　4）各种节能技术和措施等，如在能耗大的化工行业采用热电联产技术，提高能源利用率。

2. 清洁的生产过程

　　1）尽量少用、不用有毒有害的原料，这就需要在工艺设计时充分考虑。

　　2）中间产品无毒、无害化。

　　3）减少或消除生产过程中的各种危险因素，如高温、高压、易燃、易爆、强噪声、强震动等。

　　4）采用少废、无废工艺。

　　5）采用高效设备。

　　6）物料再循环（厂内、厂外）。

　　7）尽量使操作控制简便、可靠。

　　8）完善管理等。

3. 清洁的产品

　　1）节约原料和能源，少用昂贵和稀缺原料，利用二次资源作为原料。

　　2）产品在使用过程中及使用后不含有危害人体健康和生态环境的因素。

　　3）合理包装、使用功能（以及具有节能、节水、降低噪声的功能）和使用寿命。

　　4）产品报废后易处理，易降解，易于回收、复用和再生等。

　　清洁生产强调的是解决问题的战略，而实现清洁生产的基本保证是清洁生产技术的研究和开发。因此，清洁生产也具有一定的时段性，随着清洁生产技术的不断研究和发展，清洁生产水平也将逐步提高。此外，以上三方面内容在生产实践中常互有交叉，但又各有侧重，主要可以归纳为面向生产工艺、面向产品和面向产品寿命期的战略。

5.2.3 与末端治理的区别

清洁生产是一种全新的发展战略，与过去的末端治理（即当污染产生后在排污口或烟囱口通过处理和处置进行污染控制）不同。清洁生产是要引起研究开发者、生产者、消费者也就是全社会对于工业产品生产及使用全过程对环境影响的关注，使污染物产生量、流失量和治理量达到最小，资源充分利用，是一种积极、主动的态度。而末端治理把环境责任只放在环保研究、管理等人员身上，仅仅把注意力集中在对生产过程中已经产生的污染物的处理上。对企业来说只有环保部门来处理这一问题，所以总是处于一种被动的、消极的地位。末端治理的主要问题表现在：

首先，末端治理与生产过程控制没有密切结合起来，资源和能源不能在生产过程中得到充分利用。处理设施基建投资大，运行费用高。"三废"处理与处置往往只有环境效益而无经济效益，因而给企业带来沉重的经济负担，使企业难以承受。

其次，现有的末端污染治理技术还有局限性，使得排放的"三废"在处理、处置过程中通常以单一环境介质（如空气、水、土壤等）为目标对污染物进行控制，往往鼓励污染物向非控制介质转移，对环境还有一定的风险性，如废渣堆存可能引起地下水污染，废物焚烧会产生有害气体，废水处理产生含重金属污泥及活性污泥等，都会对环境带来二次污染。清洁生产与末端治理的对比见表5-1。

表5-1 清洁生产与末端治理的比较

比较项目	清洁生产系统	末端治理（不含综合利用）
思考方法	污染物消除在生产过程中	污染物产生后再处理
产生时代	20世纪80年代末期	20世纪70—80年代
控制过程	生产全过程控制，产品生命周期全过程控制	污染物达标排放控制
控制效果	比较稳定	产污量影响处理效果
产污量	明显减少	间接可推动减少
排污量	减少	减少
资源利用率	增加	无显著变化
资源耗用	减少	增加（治理污染消耗）
产品产量	增加	无显著变化
产品成本	降低	增加（治理污染费用）
经济效益	增加	减少（用于治理污染）
治理污染费用	减少	随排放标准严格，费用增加
污染转移	无	有可能
目标对象	全社会	企业及周围环境

5.2.4 清洁生产的意义

清洁生产借助于各种理论和技术，在产品的整个生命周期的各个环节采取"预防"措施，通过将生产技术、生产过程、经营管理及产品等方面与物流、能量、信息等要素有机结合起来，并优化运行方式，从而实现最小的环境影响，最少的资源、能源使用，最佳的管理模式及最优化的经济增长水平。更重要的是，环境作为经济的载体，良好的环境可更好地支撑经济的发展，并为社会经济活动提供必需的资源和能源，从而实现经济的可持续发展。开展清洁生产的意义表现在以下四个方面：

（1）开展清洁生产是实现可持续发展战略的需要　清洁生产可看作是实现可持续发展的关键因素，它号召工业提高能效，开发更清洁的技术，更新、替代对环境有害的产品和原材料，实现环境、资源的保护和有效管理。清洁生产是可持续发展的最有意义的行动，是工业生产实现可持续发展的唯一途径。

（2）开展清洁生产是控制环境污染的有效手段　清洁生产彻底改变了过去被动的、滞后的污染控制手段，强调在污染产生之前就予以削减，即在产品生产过程和服务中减少污染物的产生和对环境的不利影响。

（3）开展清洁生产可大大减轻末端治理的负担　由于工业生产无法完全避免污染的产生，所以推行清洁生产也需要末端治理。只是清洁生产通过对生产全过程控制，减少甚至消除污染物的产生和排放。这样，不仅可以减少末端治理设施的建设投资，也减少了其日常运转费用，大大减轻了工业企业的负担。

（4）开展清洁生产是提高企业市场竞争力的最佳途径　实现经济、社会和环境效益的统一，提高企业的市场竞争力，是企业的根本要求和最终归宿。开展清洁生产的本质在于实行污染预防和全过程控制，它将给企业带来不可估量的经济、社会和环境效益。

5.2.5　清洁生产目标

清洁生产既要求对环境的破坏最小化，又要求企业经济效益最大化。其目标可以概括为以下两个：

1）通过资源的综合利用、短缺资源的代用、二次资源的利用以及节能、省料、节水，合理利用自然资源，减缓自然资源的耗竭。

2）减少废料和污染物的产生和排放，促进工业产品的生产、消费过程与环境相容，降低整个工业活动对人类和环境的风险。

这两个目标的实现，将体现工业生产的经济效益、社会效益和环境效益的相互统一，保证国民经济、社会和环境的可持续发展。

5.2.6　清洁生产实施步骤

1. 转变观念

实施清洁生产的首要问题是更新观念，真正把"预防"放在首位。企业领导要给予充分的重视，发动计划、财务、科研、技术、设备、生产、环保等部门共同参与，通过宣传教育，使各级领导和职工明白清洁生产的概念和意义。

2. 环境审计

企业环境审计是推行清洁生产、实行全过程污染控制的核心。环境审计包括现场工艺查定、物料能源平衡、污染源排序、污染物产生原因的初步分析等，并积极推行 ISO 14000 评估。

ISO 14000 环境管理体系是集近年来世界环境管理领域的最新经验与实践于一体的先进

体系，包括环境管理体系（EMS）、环境审计（EA）、生命周期评估（LCM）和环境标志（EL）等方面的系列国际标准。与其他环境质量标准、排放标准完全不同，它是自愿性的管理标准，为各类组织提供了一整套标准化的环境管理方法。ISO 14000 环境管理体系旨在指导并规范企业（及其他所有组织）建立先进的体系，引导企业建立自我约束机制和科学管理的行为标准。它适用于任何规模与组织，也可以与其他管理要求相结合，帮助企业实现环境目标与经济目标。

清洁生产与 ISO 14000 环境管理体系是从经济—环境协调可持续发展的角度提高的新思想、新措施，是 20 世纪 90 年代环境保护发展的新特点。但它们是两个不同的概念：

1）侧重点不同。清洁主产着眼于生产本身，以改进生产、减少污染产出为直接目标。而 ISO 14000 标准侧重于管理，强调标准化的集国内外环境管理经验于一体的、先进的环境管理体系模式。

2）实施目标不同。清洁生产是直接采用技术改造，辅以加强管理。而 ISO 14000 标准是以国家法律法规为依据，采用优良的管理，促进技术改造。

3）审核方法不同。清洁生产以工艺流程分析、物料和能量平衡等方法为主，确定最大污染源和最佳改进方法，环境管理体系则侧重于检查企业自我管理状况，审核对象有企业文件、现场状况及记录等具体内容。

4）产生的作用不同。清洁生产向技术人员和管理人员提供了一种新的环保思想，使企业环保工作重点转移到生产中来。ISO 14000 标准为管理层提供一种先进的管理模式，将环境管理纳入其他的管理之中，让所有的职工意识到环境问题并明确自己的职责。

清洁生产与 ISO 14000 环境管理体系的联系又是非常紧密的，两者共同体现了"治理污染，预防为主"的思想，两者相辅相成，互相促进。ISO 14000 环境管理体系为清洁生产提供了机制、组织保证，清洁生产又为 ISO 14000 环境管理体系提供了技术支持。在我国当前改革开放和实现"一控双达标"的过程中，结合实际情况，使 ISO 14000 环境管理体系和清洁生产有机结合，对改变我国环境管理模式和实施可持续发展战略具有重要意义。

3. 产生备选方案

通过转变观念和环境审计，广泛征求技术、管理、生产部门对来自生产全过程各环节的废物消减合理化建议和措施，从技术复杂程度、投资费用高低等方面进行综合分析，产生备选方案。清洁生产方案的考虑具有系统性、污染预防性和有效性三个基本特点。

4. 确定实施方案

备选方案产生后，通过技术、环境和经济三个方面的评估，确定最佳实施方案。

1）技术评估。从技术的先进性、可行性、成熟程度，对产品质量的保证程度、生产能力的影响、操作的难易性、设备维护等方面进行评估。

2）环境评估。方案实施后，对生产中的能耗变化，污染物排放量和形式变化，毒性变化，是否增加二次污染，可降解性、可回用性的变化和对环境影响程度，是否有污染物转移的可能性等进行综合评估。对能够使污染物明显减少，尤其能使困扰企业生产发展的环境问题有所缓解的清洁生产方案应予以优先选择。

3）经济评估。通过对各备选方案的实施中所需的投资与各种费用、实施后节省的费用、利润以及各种附加效益的评估，选择最少消耗和取得最佳经济效益的方案，为合理投资提供决策依据。

经上述技术、环境、经济等方面的综合评估，推荐出一个切实可行的最佳方案。方案一旦选定，即开始落实资金，组织实施。最终还要总结评价清洁生产方案的实施效果。

5.2.7 清洁生产发展现状

自 1989 年 5 月联合国环境署工业与环境规划活动中心（UNEP IE/PAC）制定《清洁生产计划》并在全球范围内推进清洁生产以来，清洁生产正受到越来越多国家和国际组织的重视。联合国环境署已先后在坎特伯雷、巴黎、华沙、牛津、汉城、蒙特利尔等地举办国际清洁生产高级研讨会，并出台了《国际清洁生产宣言》，这是对推行清洁生产的公开承诺。

美国 1990 年通过了《污染预防法案》，有 26 个州相继通过了要求实行污染预防或废物减量化的法规，13 个州的立法要求工业设施呈报污染预防计划，并将废物减量计划作为发放废物处理、处置、运输许可证的必要条件。污染预防已经形成一套完整的法规、政策、计算和实施体系。

欧洲最早开展清洁生产工作的国家是瑞典，并于 1987 年引入了美国废物最小化评估方法。随后，荷兰、丹麦和奥地利等国也相继开展了清洁生产。欧盟的重点是清洁技术，强调技术上的创新。同时欧盟几乎所有的国家，都把财政资助与补贴作为一项基本政策，其政策的基本点都着眼于如何减轻末端治理的压力，而将污染防治上溯到源头，拓展到全过程。

近年来，在联合国有关组织的资助和指导下泰国、印度等一些发展中国家清洁生产的推行也取得了积极的进展。印度环境部发起和资助了"废品率最小化示范项目"，并通过"咨询加培训"的方式实施，采取系统的废物审计方法，包括人员队伍形成、详细的废物监测、推荐的废物最小化措施的计划与实施。1993 年印度在草浆造纸、纺织印染、农药加工等行业实施了企业废物削减示范工程。1992 年，泰国政府通过了新的环境立法并对以前的法律进行了修正。新的立法强调国家管理的整体性，由官方进行管理，包括维护和支持《国家环境质量法》《工厂改革法》《危险品管理法》《促进能源储备法》，颁布新的《公共健康法》，修改《国家清洁和秩序法》。

我国是一个正在迅速工业化的发展中国家，经济增长给环境带来了巨大压力。20 世纪 80 年代我国就开始研究推广清洁生产工艺，陆续开发了一批清洁生产技术，为进一步实施清洁生产打下了基础。1993 年 10 月，在上海召开的第二次全国工业污染防治会议提出了清洁生产的重要意义和作用，明确了清洁生产在我国工业污染防治中的地位。1994 年 3 月，国务院常务会议讨论通过了《中国 21 世纪议程——中国 21 世纪人口、环境与发展白皮书》，专门设立了"开展清洁生产和生产绿色产品"这一领域。1996 年 8 月，国务院颁布了《关于环境保护若干问题的决定》，明确规定所有大、中、小型新建、扩建、改建和技术改造项目，要提高技术起点，采用能耗物耗小、污染物排放量少的清洁生产工艺。1997 年 4 月，国家环保总局制定并发布了《关于推行清洁生产的若干意见》，要求地方环境保护主管部门将清洁生产纳入已有的环境管理政策中，以便更深入地促进清洁生产。为指导企业开展清洁生产工作，国家环保总局还会同工业部门编制了《企业清洁生产审计手册》以及啤酒、造纸、有机化工、电镀、纺织等行业的清洁生产审计指南。

近年来，在环保部门、经济综合部门以及工业行业管理部门的推进下，全国共有 24 个省、自治区、直辖市已经开展或正在启动清洁生产示范项目，覆盖化学、轻工、建材、冶金、石化、电力、飞机制造、医药、采矿、电子、烟草、机械、纺织印染以及交通等行业，取得了良好的经济与社会效果。截至2000年末，全国已建立了21个行业或地方的清洁生产中心，包括1个国家级中心（中国国家清洁生产中心）、4个工业行业中心（包括石化、化工、冶金和飞机制造业）和16个地方中心。先后颁布了《固体废物污染环境防治法》《中华人民共和国大气污染防治法》《中华人民共和国水污染防治法》《建设项目环境保护管理条例》等，并于2003年1月1日开始实施《中华人民共和国清洁生产促进法》，在法律上确保了清洁生产在我国的推行。

5.3 循环经济

5.3.1 循环经济的产生和发展

循环经济的思想萌芽可以追溯到20世纪60年代，美国经济学家肯尼思·鲍尔丁敏锐地认识到必须从经济过程角度思考环境问题的根源，认为若不改变目前的经济发展模式，地球资源就会走向枯竭，地球环境将会毁灭，他提出要以新的"循环式经济"代替旧的"单程式经济"。然而循环经济的思想作为一种超前理念，一直没有引起人们的足够重视。到了20世纪90年代，循环经济的概念才变得较为清晰，"循环经济"一词首先由英国环境经济学家D. Pearce和R. K. Turner在其1990年出版的《自然资源和环境经济学》一书中提出。到20世纪末，循环经济在发达国家逐步发展为大规模的社会实践活动，并形成了相应的法律法规。德国是发展循环经济的先行者，先后颁布了《垃圾处理法》《避免废弃物产生及废弃物处理法》等法律。日本于2000年通过和修改了包括《推进形成循环型社会基本法》在内的多项法规，从法制上确定了日本21世纪循环型经济社会发展的方向。我国也于2009年开始实施《中华人民共和国循环经济促进法》，为促进我国循环经济发展奠定了法律基础，标志着我国循环经济发展进入了全新时期。

5.3.2 循环经济的定义和内涵

1. 循环经济的定义

目前还没有对循环经济进行统一的定义。我国2009年出台的《中华人民共和国循环经济促进法》中，把循环经济（Circular economy）定义为在生产、流通和消费等过程中进行的减量化（Reduce）、再利用（Reuse）、再循环（Recycle）活动的总称。其中，减量化是指在生产、流通和消费等过程中减少资源消费和废物的产生。再利用是指将废物直接作为产品或者经修复、翻新、再制造后继续作为产品使用，或者将废物的全部或者部分作为其他产品的部件予以使用。资源化是指将废物直接作为原料进行利用或者对废物进行再生利用。

2. 循环经济的内涵

1）循环经济注重提高资源利用效率，减少污染物排放，用科学发展观破除资源约束、环境容量瓶颈，促进资源节约型、环境友好型社会建设，实现经济社会可持续发展。

2）循环经济把经济发展建立在结构优化、质量提高、效益增长和消耗低的基础上，着力解决资源约束和产业结构问题。

3）循环经济按照"物质代谢"和"共生关系"组合相关企业形成产业生态群落，延长产业链，以"资源—产品—再生资源"为表现形式，讲求经济发展效益和生态效益的集约型经济发展。

4）循环经济既可促进资源节约和综合利用产业、废旧物质回收产业、环保产业等显性循环经济产业的形成，又可培育租赁、登记服务等隐性循环经济产业。这两大产业是经济社会及资源环境协调发展的有力保障。

5.3.3 循环经济的特征和原则

1. 循环经济的主要特征

（1）非线性　循环经济将传统的线性的开放式经济系统转变为非线性的闭环式经济系统，改变了传统的思维方式、生产方式和生活方式。政府、企业和社会在循环经济发展中承担不同的任务，政府在产业结构调整、科学技术发展、城市建设等重大决策中，综合考虑经济效益、社会效益和环境效益，节约利用资源，减少资源和环境的损耗，促进社会、经济和自然的良性循环；企业在从事经济活动时，兼顾经济发展、资源合理利用和环境保护，逐步实现"零排放"或"微排放"；社会要增强珍惜资源、循环利用资源、变废为宝、保护环境的意识。

（2）环境友好性　循环经济可以充分提高资源和能源的利用效率，最大限度地减少废物排放，充分体现了自然资源与环境的价值，促进整个社会减缓资源与环境财产的损耗。循环经济通过两种方式实现资源的最优使用，一是持久使用，即通过延长产品的使用寿命降低资源流动的速度，因为将产品的使用寿命延长一倍，相应可减少50%的废料产生；二是集约使用，即使产品的利用达到某种规模效应，从而减少分散使用导致的资源浪费，如提倡共享使用、合伙使用等。

（3）社会、经济和环境的"共赢"发展　循环经济以协调人与自然关系为准则，模拟自然生态系统运行方式和规律，倡导与资源环境和谐共生的经济发展模式。它使资源得到持久利用，并把经济活动对环境的影响尽可能降低，从根本上解决长期以来困扰人类的环境与发展的矛盾问题，实现社会、经济和环境的"共赢"发展。

（4）将不同层面的生产和消费有机结合　传统发展模式将物质生产与消费割裂开来，形成了大量消耗资源、大量生产产品、大量消费和大量废物排放的恶性循环。循环经济在三个层面将生产（包括资源消耗）和消费（包括废物排放）这两大人类生活最重要的环节有机结合起来，一是小循环模式，即企业内部的清洁生产和资源循环利用；二是中循环模式，即共生企业间的生态工程网络；三是大循环模式，即区域和整个社会的废物回收和再利用体系。

2. 循环经济的基本原则

循环经济以环境无害化技术为手段，以提高生态效率为核心，强调资源的减量化、再利用和资源化，以环境友好方式利用经济资源和环境资源，建立了以"减量化""再利用"和"再循环"为主要内容的基本原则。

（1）减量化原则　减量化或减物质化原则属于输入端方法，旨在减少进入生产和消费流程的物质，它要求用较少的原料和能源投入到既定的生产或消费目的，在经济活动的源头就注意节约资源和减少污染。在生产中，减量化主要表现为产品体积小型化和产品重量轻型化，即企业应减少每种产品的原料使用量，通过重新设计制造工艺来节约原料与资源，减少废物排放。在消费过程中，人们可减少对物品的过度需求，减少对自然资源的需求压力，相应减少垃圾处理的压力。

（2）再利用原则 再利用或反复利用原则属于过程性方法，即尽可能多次或以多种方式使用所购产品，通过再利用，防止物品过早成为垃圾。在生产中，制造商可以使用标准尺寸进行设计，鼓励重新制造业的发展，以便拆解、修理和组装用过的破碎的东西。如欧洲某些汽车制造商正在把他们的轿车设计成各种零件而易于拆卸和再使用。在生活中，人们把一件物品丢弃之前，应想一想在生活和工作中再利用的可能性，可将合用的或可维修的物品返回市场体系供他人使用或者捐献自己不需要的物品。通过再利用，防止物品过早成为废物。

（3）再循环原则 再循环、资源化或再生利用原则是输出端方法，通过把废物再次变成资源以减少最终处理量。它要求生产出来的物品在完成其使用功能后重新变成可以利用的资源而不是无用的垃圾。资源化可通过两种方式实现，一是原级资源化，即将消费者遗弃的废弃物资源化后形成与原来相同的新产品，如报纸变成报纸、铝罐变成铝罐；二是次级资源化，即废弃物被 变成不同类型的新产品。与资源化相适应，消费者和生产者应通过购买用最大比例消费后再生资源制成的产品，使得循环经济整个过程实现闭合。

5.3.4 循环经济的运行模式

按照经济社会活动的规模和涉及范围，循环经济可分为大、中、小三种模式运行。

1. 小循环模式

小循环模式是指企业内部的循环，即在企业内部，根据生态效率的理念，推行清洁生产，节能降耗，减少产品和服务中物料和能源的使用，实现污染物排放的最小化。要求企业做到：减少产品和服务的物料使用量；减少产品和服务的能源使用量；减少有毒物质的排放，加强物质的循环使用能力；最大限度可持续地利用可再生资源；提高产品的耐用性；提高产品与服务的强度等。

小循环模式典型的案例是美国杜邦化学公司模式。该公司于20世纪80年代末把工厂作为循环经济的实验室，创造性地把3R原则与化学工业实际相结合，减少了某些化学物质的使用量，并发明了回收本公司产品的新工艺。到1994年，该公司使生产造成的塑料废弃物减少了25%，空气污染物排放量减少了70%。

2. 中循环模式

中循环模式是指企业之间的物质循环，即把不同工厂或部门联系起来，按照生态工业学的原理，形成共享资源和互换副产品的产业共生组合，使得一个工厂或一个部门生产的废气、废热、废水、废物成为另一个工厂或部门的原料和能源，并通过企业间的物质集成、能量集成和信息集成，形成企业间的工业代谢和共生关系，建立生态工业园区。在中循环中，要优先考虑将上游企业生产的废物充分利用到下游企业中去，使所有的物质都得到循环往复的利用，最终实现废物的"再循环利用"。

中循环模式典型的案例是丹麦的卡伦堡生态工业园模式。该生态工业园是面向企业共生的循环经济模式，园区以发电厂、炼油厂、制药厂和石膏制板厂4个企业为核心，通过贸易方式把其他企业的废弃物或副产品作为本企业的生产原料，建立工业横生和代谢生态链关系，最终实现园区的污染"零排放"。

3. 大循环模式

大循环模式是循环经济在社会层面的体现，是指在整个经济社会领域，通过工业、农业、城市、农村的资源循环利用，不排放废物，最终建立循环型社会的实践模式。在社会层面的大循环主要通过废旧物资的再生利用，实现消费过程中和消费过程后物质和能量的循环。其具体形式是建立循环型城市或循环型区域，在区域内，以污染预防为出发点，以物质循环流动为特征，以经济、社会、环境的协调、可持续发展为最终目标，高效利用资源和能源，减少污染物的排放。

大循环模式的典型案例是德国的双元系统模式。该模式是针对消费后排放的循环经济，其中双轨制回收系统（Duales System Deutschland，DSD）起到了很好的示范作用。DSD 是一个专门组织对包装废弃物进行回收利用的非政府组织。它受企业委托，组织收运者对它们的包装废弃物进行回收和分类，然后送至相应的资源再利用厂家进行循环利用，能直接回用的包装废弃物则送返至制造商。DSD 系统的建立极大促进了德国包装废弃物的回收利用，至1997 年，包装垃圾从过去的每年 1300 万 t 下降到 500 万 t，塑料、纸箱等包装物回收利用率达到 86%。

5.3.5　我国循环经济实践

1. 青岛啤酒厂循环型企业模式

青岛啤酒厂为了积极实践循环型企业建设，遵循 3R 原则，不断开发清洁生产工艺和废料回收生产技术，推行污染排放的全过程控制，全面探索节水、节能、低耗的现代化新型循环企业生产模式。

（1）减量化　2004 年，通过合理调配、降低炉渣含碳量、采取煤炭分层燃烧等手段使煤炭充分燃烧，减少不必要的煤炭浪费，节约燃煤 1760t，减少 SO_2 排放 17707kg，减排烟尘 5115kg。在过滤工序中，改革过滤所需硅藻土用量，每吨酒耗量由 1.8kg 降为 1.0kg，年减少硅藻土用量 180t，价值 59 万元，同时对废硅藻土进行安全填埋。在包装车间，引进三台在线浓度仪，使包装酒损下降 1%，全年节酒折合人民币 127 万元。另外，为减少车辆尾气排放，一次性投资 18 万元，将叉车由燃油改为液化气。

（2）再利用　青岛啤酒厂将全厂冷凝水回收罐由原来的开放式改为闭式，建立锅炉总回收泵站，各车间的冷凝水全部回到闭式蓄水罐。采用远地传输自控装置，通过高效防汽蚀泵，把高达 110℃ 热水送到除氧罐与软化水混合后供锅炉使用。冷凝水可回收率达到90%，年可回收冷凝水 94500t，可创造价值 103.95 万元。在清洗和包装工序中设计了刷洗液滤清装置，使刷洗液经过滤清后可重复多次使用，碱液多次使用不能满足工艺刷洗要求后，再通过专门的管道运输到锅炉烟尘脱硫系统中作为脱硫的反应材料，重复利用的废液完全替代纯碱。回收废碱能力达 479t/d，用于脱硫装置年可节省纯碱 50.74t，价值约 15 万元，可除去 SO_2 约 171.68t。

（3）资源化　制麦工序中产生的副产品有浮麦、麦根、麦皮，全部出售给饲料加工厂，年创收 17 万余元。糖化工序中的主要副产品酒糟是饲喂牲畜的优质饲料，年可销售酒糟作为饲料 31517t，价值 151 万元。发酵工序中的副产品是啤酒酵母泥，通过购置两台酵母烘干设备，将产生酵母全部回收，作为制药企业的原材料。生产高附加值的产品复合核苷、复合氨基酸和膳食纤维等，年回收酵母 1900t，价值 68 万元，同时减少 COD 排放 6.2×10^4/a，收益良好。该厂燃烧煤炭产生的炉渣全部回收运往砖厂作为制砖原料，年可创造价值 11.78万元。包装工序中主要的固体废物是碎玻璃、废易拉罐、废纸板、废包装箱等，将废纸板加工成垫板，可重新用于生产，碎玻璃、废易拉罐和废纸箱送还生产厂家，再加工成成品以再利用，年回收价值46万元。另外，青岛啤酒还将生产过程中由于设备淘汰或设备损坏产生的旧设备和废零件制成各式各样的工艺品，用于美化城区环境。

2. 贵阳市循环经济建设试点

贵阳市是我国首个批准建设循环经济建设试点城市。自2003年3月启动循环经济生态城市建设以来，经过不断研究和实践，取得了明显成效。

贵阳市是资源性城市，经济的快速发展，加上一直沿用粗放式的经济发展模式，导致了资源枯竭、资源利用率低，污染排放量大等问题。由于市区地处半封闭的山间盆地底部，大气稀释能力差，极易造成局部大气污染。因此，发展循环经济、建设资源节约型社会，已经成为贵阳市提升城市发展水平的重要手段和途径。

（1）建设内容 贵阳市循环经济型生态城市建设的内容可以概括为：实现一个目标，转变两种模式，构建三个核心系统，推进八大循环体系建设（图5-1）。

1）实现一个目标，即全面建设小康社会，在保持经济持续快速增长的同时，不断提高人民的生活水平，并保持生态环境美好。

2）转变两种模式，一是转变生产环节模式，二是转变消费环节模式。

3）构建三个核心系统，一是循环经济产业体系的构架，二是城市基础设施建设，三是生态保障体系建设。

4）推进八大循环体系，一是磷产业循环体系，二是铝产业循环体系，三是中草药产业循环体系，四是煤产业循环体系，五是生态农业循环体系，六是建筑与城市基础设施产业循环体系，七是旅游和循环经济服务产业体系，八是循环型消费体系。八大循环体系及相互关系如图5-2所示。

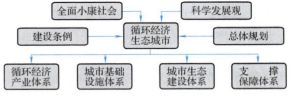

图5-1 贵阳市循环经济型生态城市建设框架

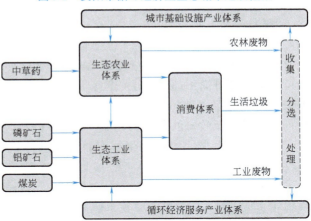

图5-2 贵阳市循环经济型生态城市建设的八大循环体系

（2）建设成效 至2010年，贵阳市基本形成了企业小循环、园区中循环、社会大循环的循环经济格局。在企业层面，实施完成了磷都公司黄磷尾气综合利用制甲酸，新鑫公司黄磷尾气及磷渣综合利用制草酸酯、加气混凝土，开磷集团磷石膏综合利用制磷石膏砖等循环经济项目。在园区层面，实施完成了开磷120t磷铵、开阳化工公司50万t合成氨项目，启动了安达公司氯碱项目，基本形成磷—煤—碱共生耦合产业体系；实施完成了紫江水泥公司综合利用黄磷渣生产特种水泥，市公交公司回收利用开磷集团合成氨池放气制车用燃料及配套的城市公交油改气工程，工业废物利用能力快速提升。社会层面，建成了覆盖城乡的绿色回收站（亭）500余个和贵阳废旧金属市场、贵阳金恒再生资源交易中心、贵阳报废汽车拆解中心、贵阳市再生资源分拣中心等城市废弃物利用项目，开办了全省首家收废网站——贵阳收废网（www.gysfw.com），编制完成了《贵阳市城市矿产基地实施方案》，开展了贵阳市城市废弃物循环经济综合处理厂前期选址等工作。农业循环经济方面，建成了台农公司生猪养殖基地沼气利用、南江现代农业公司沼气利用及畜禽粪便生产有机肥等项目，形成了以"草、畜、沼、（菜）果"为代表的农业循环经济发展模式。

目前，贵阳市循环经济产业体系形成了年综合利用工业废气9000余万 m^3 以上，工业固体废物240余万t、农业废弃物5万t的循环经济项目产能。通过试点项目实施，黄磷尾气、焦化尾气、合成氨尾气等尾气综合利用为基础的碳—化工技术、纯低温余热发电、湿法磷酸节能降耗萃取工艺、工业废渣制建材等一批先进适用技术得到应用，一批成熟的农业循环经济技术得到推广，循环经济发展成效显著。

■ 5.4 低碳经济

随着全球人口和经济规模的不断增长，人为碳排放造成的温室效应及其影响成为当前人类面临的最严重环境问题之一。为了缓解温室效应，1997年联合国气候变化框架公约（UNCFCCC）制定了旨在限制发达国家温室气体排放的《京都议定书》。碳减排和低碳发展成为当前研究重点，低碳经济也应运而生。

5.4.1 低碳经济的概念

"低碳经济"（Low carbon economy）最早见诸2003年英国政府发表的能源白皮书《我们能源的未来：创建低碳经济》。作为第一次工业革命的先驱和资源并不丰富的岛国，英国充分意识到了能源安全和气候变化的威胁。2007年英国首相布朗提出英国的主张，即努力维持全球温度升高不超过2℃，全球温室气体排放在未来10～15年达到峰值，到2050年则削减一半。为此，建立低碳排放的全球经济规模，确保未来20年全球22万亿美元的新能源投资。通过能源效率的提高和碳排放量的降低，应对全球变暖。

很多学者从不同角度对低碳经济的概念进行了探讨。从经济形态的层面来看，低碳经济是绿色生态经济，是低碳产业、低碳技术、低碳生活和低碳发展等经济形态的总称。从低碳经济的实质来看，低碳经济是以低能耗、低污染、低排放为基础的经济模式。其实质是高能源利用效率和清洁能源结构问题，核心是能源技术创新、制度创新和人类生存发展观念的根本性转变。低碳经济的发展模式，是一场涉及生产方式、生活方式和价值观念的全球性革命。

目前，普遍认为低碳经济是指在可持续发展理念指导下，通过社会生产生活技术的低碳化，严格控制温室气体排放总量，在自然生态环境和气候条件可承受范围内最大程度实现经济社会发展的一种经济发展形态。

低碳经济作为循环经济的一种形态，其特征主要表现在以下方面。

1）低碳经济是相对无严格约束的碳密集能源获取方式、能源利用方式和其他碳密集活动的高碳排放经济模式而言的，发展低碳经济的关键在于降低单位能源利用或降低经济产出（包括GDP、收入、产品等）的碳排放量，通过碳捕捉、碳封存、碳蓄积降低强度，控制乃至减少 CO_2 排放量。

2）低碳经济不同于基于化石能源的经济发展模式，它推行新能源经济发展模式。能源合理开采及利用是实现低碳排放的主要途径。因此，发展低碳经济的关键在于使经济增长与

由能源利用引发的碳排放增长脱钩，实现经济与碳排放错位增长。

3）低碳经济不仅是新型的经济运行方式，也是经济发展方式、能源消费方式、人类生活方式的一次新变革，它将全方位改造建立在化石燃料基础上的现代工业文明，使之转向生态文明。

4）低碳经济是一种为解决人为碳通量增加引发的地球生态圈碳失衡而实施的人类自救行为。发展低碳经济的关键在于改变人们的高碳消费倾向和偏好，减少碳足迹，实现低碳生存。

5）低碳经济以减少传统高碳能源消耗和碳排放为目标，实现低能耗和低污染，与循环经济有共同的出发点和目标。因此低碳经济既是循环经济的具体体现和应用，也是实现循环经济的重要途径。

5.4.2 低碳经济发展模式

低碳经济就是以低能耗、低污染为基础的绿色经济，其发展模式主要有绿色能源模式、碳排放交易模式和清洁生产模式。

1. 绿色能源模式

绿色能源模式（Green energy model）旨在建立一种减少高碳消费（如煤和石油），提高天然气、风能、核能、地热能消费比例，优化能源消费结构的模式。该模式的发展主要通过以下途径进行。

1）将适度、合理发展水电作为促进能源结构向清洁、低碳方向发展的重要措施之一，因地制宜开发小水电资源。

2）积极推进核电建设，将核能作为国家能源战略的重要组成部分，逐步提高核电在一次能源供应总量中的比重。

3）以生物质发电、沼气、生物质固体成型燃料和液体燃料为重点，合理推进生物质能源的开发和利用。

4）合理扶持风能、太阳能、地热能、海洋能等的开发利用。通过大规模的风电开发和建设，促进风电技术进步和发展。积极发展太阳能发电和太阳能热利用，推广太阳能一体化建筑、太阳能集中供热水工程、光伏发电系统、户用太阳能热水器、太阳房和太阳灶。积极推进地热和海洋能的开发利用，推广满足环境和水资源保护要求的地热供暖、供热水和地源热泵技术，研究开发深层地热发电技术。发展潮汐发电，研究利用波浪等其他海洋能的发电技术。

2. 碳排放交易模式

碳排放交易模式（Carbon emissions trading model）是一种缓解气候变化的重要机制，它在温室气体减排投资上具有灵活性。它是让一些低碳排放量者向碳排放量配额者出售自己的配额，以降低高碳排放者的减排成本。简而言之，就是发达国家用"资金 + 技术"换取发展中国家的温室气体的排放权（指标），由此抵消发达国家国内超额排放的额度，从而减少全球温室气体，减缓直至阻止"温室效应"的机制，实现双方的优势互补，实现"双赢"的局面。

目前国际上有多个碳排放交易市场，包括清洁发展机制（Clean development mechanism, CDM）项目的交易市场、欧盟排放交易体系、英国排放交易体系、芝加哥气候期货交易所和法国的 Power Next 的现货交易市场等，其中最具代表的是欧盟的排放交易体系和 CDM 项目的交易市场。

3. 清洁生产模式

清洁生产模式（Cleaner production model）是由清洁发展机制项目 CDM 来实现的。清洁发展机制 CDM 是《京都议定书》建立的三个减排机制之一，它是一种灵活的履约机制，允许发达国家通过资金和技术支持，在发展中国家温室气体减排项目上投资，来换取或认购经认证的温室气体减排量，从而部分履行其在《京都议定书》承诺的限制和减少的排放量。

清洁发展机制具有如下特点：

1）清洁发展机制 CDM 是一种双赢机制。通过 CDM，发达国家可以从在发展中国家实施的 CDM 项目中取得"经证明的减排量"，用于抵消一部分其在《京都协议书》中承诺的减排义务（其余减排量按规定需在本国内完成），以较低成本的"境外减排"实现部分减排目标，可帮助发达国家减轻其实现减排目标的压力。另一方面，在发展中国家实施的 CDM 绝大多数是提高能效、节约能源、可再生能源及资源综合利用、造林和再造林等项目，符合发展中国家优化能源结构、促进技术进步、保护区域和全球环境的经济社会发展目标和可持续发展战略。

2）清洁发展机制 CDM 是一种国际协作的环境保护策略。清洁生产机制 CDM 是为应对气候变化、减排温室气体而提出的一种跨国环保策略。它不同于一般意义上的环境保护及国内的清洁生产，而是由发达国家对发展中国家进行资金投资来实现减排。虽然对发达国家而言，是出于自身减排义务的需要，但该机制的出台和实施为全球环保协作提供了范例。

3）清洁发展机制 CDM 是一种新型的跨国贸易和投资机制。它将温室气体减排量作为一种资源或者商品在发达国家和发展中国家之间进行交易。资料显示，在发达国家完成的 CO_2 排放项目的成本比在发展中国家高出 5～20 倍。发展中国家较低的减排成本成为推动发达国家投资减排项目以获得低成本减排效益的根本动力。

5.4.3 国际社会碳减排行动

1992 年，联合国环境与发展大会通过了《联合国气候变化框架公约》，这是世界上第一个关于控制温室气体排放、遏制全球变暖的国际公约，也是国际社会在应对全球气候变化问题上进行国际合作的基本框架。会议设立的"共同但有区别的责任"至今仍然是气候变化国际公约的黄金定律。它既认同了历史责任造成的区别，又把大多数国家团结到的旗下，共同应对气候变化的挑战。由于只确定了框架性原则，参加国具体要承担的义务以及执行机制需要签署具有法律效力的文件。为此，联合国气候变化框架公约缔约国进行了不定期磋商，以探讨全球应对气候变化的途径。至 2015 年先后召开的 21 届会议取得的成果等信息见表 5-2。

表 5-2 《联合国气候变化框架公约》缔约方会议历程

会议名称	时间	地点	会议成果
COP1	1995.02	德国 柏林	通过了《柏林授权书》等文件，同意立即开始谈判，就 2000 年后应该采取何种适当的行动来保护气候进行磋商，以期最迟于 1997 年签订一项明确规定在一定期限内发达国家所应限制和减少的温室气体排放量的议定书
COP 2	1996.07	瑞士 日内瓦	发布《日内瓦宣言》，通过发展中国家准备开始信息通报、技术转让、共同执行活动等决定
COP 3	1997.12	日本 京都	形成并通过了《京都议定书》作为实施联合国气候变化框架公约的从属机制，该议定书规定 2008—2012 年期间，主要工业发达国家的温室气体排放量要在 1990 年的基础上平均减少 5.2%，其中欧盟将 6 种温室气体的排放削减

（续）

会议名称	时间	地　点	会议成果
COP 4	1998.11	阿根廷 布宜诺斯艾利斯	通过《布宜诺斯艾利斯行动计划》
COP 5	1999.10	德国 波恩	通过了《联合国气候变化框架公约》附件一所列缔约方国家信息通报编制指南、温室气体清单技术审查指南、全球气候观测系统报告编写指南
COP 6	2000.11	荷兰 海牙	未取得共识
COP 7	2001.11	摩洛哥 马拉喀什	通过《马拉喀什协议》并设立气候变化特别基金，作为《京都议定书》附件，为缔约方批准《京都议定书》并使其生效铺平了道路
COP 8	2002.10	印度 新德里	通过了《新德里宣言》，重申《京都议定书》要求，敦促工业化国家在 2012 年年底以前把温室气体的排放量在 1990 年的基础上减少 5.2%
COP 9	2003.12	意大利 米兰	通过了约20条具有法律约束力的环保决议，但未能形成任何纲领性文件
COP 10	2004.12	阿根廷 布宜诺斯艾利斯	总结了《联合国气候变化框架公约》生效10周年来取得的成就和未来面临的挑战、气候变化带来的影响、温室气体减排政策以及在公约框架下的技术转化、资金机制、能力建设等问题
COP 11	2005.02	加拿大 蒙特利尔	通过了"蒙特利尔路线图"，包括《京都议定书》正式生效，达成启动《京都议定书》新二阶段温室气体减排谈判等40多项决定
COP 12	2006.11	肯尼亚 内罗毕	达成包括"内罗毕工作计划"在内的几十项决定，在管理"适应基金"的问题上取得一致，将其用于支持发展中国家具体的适应气候变化活动
COP 13	2007.12	印尼 巴厘岛	通过了"巴厘岛路线图"，致力于在 2009 年年底前完成"后京都"时期全球应对气候变化新安排的谈判并签署有关协议
COP 14	2008.12	波兰 波兹南	就温室气体长期减排目标达成一致，并声明寻求与《联合国气候变化框架公约》其他缔约国共同实现到 2050 年将全球温室气体排放量减少至少一半的长期目标
COP 15	2009.12	丹麦 哥本哈根	达成不具法律约束力的《哥本哈根协议》，维护了"共同但有区别的责任"原则，并就全球长期目标、资金和技术支持、透明度等焦点问题达成广泛共识
COP 16	2010.11	墨西哥 坎昆	通过了《坎昆协议》，汇集了"双轨制"谈判以来的主要共识，维护了议定书二期减排谈判和公约长期合作行动谈判并行的"双轨制"谈判方式，增强了国际社会对联合国多边谈判机制的信心
COP 17	2011.12	南非 德班	通过了"德班一揽子决议"，决定实施《京都议定书》第二承诺期并启动绿色气候基金。德国和丹麦分别注资 4000 万欧元和 1500 万欧元作为其运营经费和首笔资助资金，为全人类应对气候变化描绘了详细图景
COP 18	2012.11	卡塔尔 多哈	从法律上确定了 2013 年起执行 8 年期限的《京都议定书》第二承诺期，通过了长期气候资金、德班平台以及损失补偿机制等多项决议，把联合国气候变化多边进程继续向前推进，向国际社会发出了积极信号

（续）

会议名称	时间	地点	会议成果
COP 19	2013.11	波兰华沙	就进一步推动德班平台达成决定，围绕资金、损失和损害问题达成了一系列机制安排。为推动绿色气候基金注资和运转奠定了基础，向国际社会发出了确保德班平台谈判于2015年达成协议的积极信号
COP 20	2014.12	秘鲁利马	形成了关于继续推动德班平台谈判的决议《利马气候变化行动倡议》，以利马倡议附件的形式进一步细化了2015年协议的要素，为各方在2015年巴黎气候大会上进一步起草并提出协议草案奠定了基础，就提高2020年前行动力度做出了进一步安排，绿色气候基金有所进展
COP 21	2015.12	法国巴黎	近200个缔约方一致同意通过《巴黎协定》。协定指出，各方将加强对气候变化威胁的全球应对，把全球平均气温较工业化前水平升高控制在2℃之内，并为把升温控制在1.5℃之内而努力。全球将尽快实现温室气体排放达标，21世纪下半叶实现温室气体净零排放
COP 22	2016.11	摩洛哥马拉喀什	这是《巴黎协定》正式生效生的第一次联合国气候变化大会，会议关注的主要内容：如何落实《巴黎协定》规定的各项内容，提出明确规划安排；如何督促各国落实2020年之前应对气候变化承诺，特别是发达国家为发展中国家提供每年1000亿美元资金的承诺；各国如何落实"国家自主贡献"行动等问题
COP 23	2017.11	德国波恩	会议重点关注《巴黎气候变化协议》的执行情况
COP 24	2018.12	波兰卡托维茨	会议就《巴黎协定》实施细则关键要素达成一致，但搁置重要的市场机制部分案文

5.4.4 我国碳减排计划和低碳发展对策

1. 我国碳减排计划

我国的碳减排计划分三步走，具体如下：

第一步（2006—2020年），减缓 CO_2 排放、适应气候变化阶段。到2020年左右，CO_2 排放量到达顶峰，即控制在80亿t左右。其中在"十二五"（2011—2015年）期间大大减少 CO_2 排放量速度，"十三五"（2016—2020年）期间 CO_2 排放量趋于稳定且达到高峰。到那时，全国工业比重下降至38%左右，可再生能源比重接近或达到20%，煤炭消费比例降至60%以下，清洁煤技术（特别是碳捕获和封存技术CCS）利用率较高，森林覆盖率为23%。

第二步（2020—2030年），进入 CO_2 减排阶段。到2030年 CO_2 排放量大幅度下降，力争达到2005年水平（约52亿t）。到那时，全国工业比重为30%，可再生能源比重超过25%，煤炭消费比例下降至45%~50%，清洁利用率很高，森林覆盖率达到24%。

第三步（2030—2050年）。到2050年 CO_2 排放量继续大幅度下降，与世界同步，达到1990年水平的一半，即22亿t。到那时，全国工业比重下降为不足20%，可再生能源比重超过55%，煤炭消费比例降至25%~30%，全部清洁利用，森林覆盖率为26%。基本实现绿色现代化，达到发达国家水平。

2. 我国低碳经济发展对策

1）高度重视气候变化问题，积极、主动进行应对并把握机遇。从长远看，气候变化问题既是挑战，更是发展机遇。作为世界最大的发展中国家，我国应正视和关注国际热点问题，从战略高度积极应对气候变化问题，发挥责任大国的作用。因此，我国应组建高级别、强有力的低碳发展领导机构，强化温室气体排放信息统计基础工作，将低碳发展纳入国家的中长期规划，明确国家重点支持的优先领域和重大工程，为低碳发展提供指导。

2）用低碳发展理念指导工业化、城市化、国际化和市场化。未来50年是我国工业化、城市化、市场化、国际化的快速发展期，必将带来能源消费的急剧增长。为此，要用新型工业化理念指导中国现实低碳型的工业化过程，强调升级传统产业，扩大高新技术产业，发展生产性服务业，严格控制高耗能工业的盲目发展；合理调控、引导居民消费，提高终端用能设备效率，建设高效低碳能源工业；培育低碳生产方式和生活方式，合理规划大城市、中等城市和小城市的匹配发展，合理规划城市内部功能区的配置，避免因城市规划不合理导致的能源浪费。

3）打造低碳能源供应体系。我国要尽快实现"以煤为主"的能源结构向"煤炭、油气、新能源三足鼎立"的能源结构转变。一是要通过市场机制，对煤炭消费做出越来越严格的限制。二是要顺应石油、天然气消费增长的客观要求，进一步拓宽进口渠道，完善油气战略储备体系，制定油气供应安全应急预案。三是要推进核能、风电、光伏发电等新能源、可再生能源发展，努力完善技术，降低成本，争取实现商业化大发展。四是要重视液体替代燃料的开发，将其作为21世纪国家能源战略不可或缺的组成部分。另外，要重视新能源与传统能源的"接轨"环节，加大对"智能电网"、车用新能源供应站等新技术的科技攻关力度，使新能源与传统能源供应体系更好地融合在一起。

4）引导合理需求，抑制能源服务水平的快速扩张。我国目前正处于居民消费结构升级换代阶段，汽车、住房等耐用消费品比重提高很快，交通、建筑物的能耗增长非常迅速，相应带动了基础原材料、资源性产品产量的快速增长。发展低碳经济、减少二氧化碳排放，首先要引导合理的消费需求，杜绝浪费型消费和过度消费，抑制能源服务水平的快速增长。预测模型计算表明，到2050年，我国通过引导合理需求对减缓能源需求增长的贡献率可达到35.6%，对减缓二氧化碳排放的贡献度为28.9%，节能减排效果明显。

5）加快技术研发和创新，推进终端用能部门能源效率水平的提高。提高终端部门用能设备的利用效率，可取得明显的节能减排效果。2035年前，我国的钢铁、水泥、乙烯、石化等高耗能行业通过技术水平进步，使先进工业用能技术采用率达到90%以上，其生产规模在现有基础上不再大幅增加，实现增产不增能。同时，商用、民用、交通部门通过技术进步、建筑设计、提高设备利用率等途径，提高节能减排力度，使其贡献率达到35%～40%。

6）建立有利于温室气体减排的市场信号。充分发挥市场配置资源的作用，以经济驱动力，促进企业家加大能源科技的创新与研发，推动消费者选择高效节能低碳的产品，建立有利于节能减排的市场信号，与政府的宏观调控相配合，推动我国低碳经济的快速发展。同时，要加快资源性产品价格和矿产资源产权制度改革，发挥市场配置资源的基础性作用，促进低碳经济和节能减排长效机制形成，建立并完善有利于能源资源和低碳经济发展的财政、税收政策。

7）加大低碳生产和低碳生活的宣传力度，充分调动全面参与积极性。从长远来看，选择合理的消费理念和生活方式对低碳经济发展将产生积极影响。通过电视、广播等媒体，加大节能减排的宣传力度，调动民众参与低碳经济发展的积极性。另外，将节能减排的理念、方法和技术纳入大学、中学、小学的课程，定期开展低碳经济和节能减排的社会公益活动。

8）加强国际合作，促进相互理解。积极参与国际气候变化谈判，加强低碳发展国际合作是大势所趋，我国要积极参与到国际气候变化谈判过程，共同维护广大发展中国家的国家利益和发展权益。通过气候谈判，首先，要明确发达国家在温室气体减排方面的责任和义务；其次，发达国家要带头建立以全球温室气体减排为目的的全球公共效益基金，帮助发展中国家实现低碳发展；最后，要加强我国与世界各国温室气体减排相关的产、学、研合作，共享发展低碳经济、走低碳发展道路的经验。

 【案例】

丹麦卡伦堡生态工业园简介

丹麦的卡伦堡（Kalundborg）生态工业园是国际上最成功的生态工业园，同时也是世界上最早的生态工业园。该工业园位于北海之滨，距哥本哈根以西120.7km，是一个仅有2万居民的工业小城市。20世纪70年代，卡伦堡的火力发电厂、炼油厂等几个重要企业试图在减少费用、废品管理等方面进行合作，建立了企业间的相互协作关系。20世纪80年代以来，当地的管理者和发展部门意识到这些企业自发地创造了一种新的工业体系，称为"生态工业园"。目前，卡伦堡生态工业园已经建成了由6家大型企业和10余家小型企业组成的，涉及蒸汽、热水、石膏、硫酸和生物技术材料的相互依存、共同发展的工业共生系统，如下图所示。

➢ 卡伦堡生态工业园六大核心组成部分概况

◇ 阿斯内斯（Asnaesvaerket）火力发电厂。该发电厂是丹麦最大的燃煤火力发电厂，有300名员工，发电能力为137.2万kW。其不仅为当地供电，而且为丹麦东部的高压网供电，供电量约占其50%。

◇ 斯塔托伊尔（Statoil）炼油厂。该炼油厂是丹麦最大的炼油厂，员工290人，年消耗原油520万t，产量超过250万t。

◇ 诺和诺德（Novo Nordisk）生物制药公司。该公司规模约1900人，是丹麦最大的制药公司，主要生产工业用酶、药用胰岛素和青霉素等产品，年销售收入20亿美元。

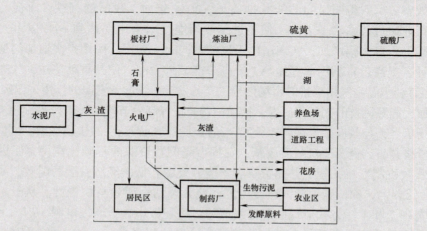

丹麦卡伦堡生态工业园共生系统结构

◇ 济普洛克（Gyproc）石膏板材厂。该厂有180名员工，具有年产1400万 m² 石膏建筑板材的能力。

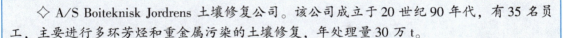

◇ A/S Boiteknisk Jordrens 土壤修复公司。该公司成立于20世纪90年代，有35名员工，主要进行多环芳烃和重金属污染的土壤修复，年处理量30万t。

◇ 卡伦堡市区有2万居民，需要供热、蒸汽和水。

➤ 卡伦堡生态工业园内的能源、水和物质流动过程

◇ 蒸汽、热能和炼油厂气流动过程。蒸汽和热能流动以阿斯内斯燃煤火力电厂为核心，除满足其自身需求外，分别向炼油厂和制药厂供应生产过程的蒸汽，炼油厂由此得到生产所需蒸汽的40%，制药厂所需蒸汽则全部来自电厂；同时还向市区供热。这个举措替代了约3500个燃油炉，大大减少了空气污染源。

斯塔托伊尔炼油厂的炼厂气首先在其内部进行综合利用，其余供应济普洛克石膏板材厂和阿斯内斯燃煤火力电厂。电厂使用炼厂气，每年可节煤3万t，节油1.9万t。此外，炼油厂通过对酸气脱硫生产稀硫酸，用罐车运到50km外的一家硫酸厂供生产硫酸之用。

◇ 水的流动过程。卡伦堡地区原来的淡水供应主要来自地下水，现在改为使用附近的湖水，企业用水量很大而水资源稀缺。因此采取了水资源重复利用模式。阿斯内斯火电厂建造了一个25万 m³ 的回用水塘，回用自己的废水，同时收集地表径流，减少了60%的水用量。斯塔托伊尔炼油厂的废水经过生物净化处理。通过管道向电厂输送，每年输送70万 m³ 冷却水，作为锅炉的补充水和洁净水。通过水的重复使用，减少了整个生态工业园25%的需水量。

◇ 物质流动过程。阿斯内斯火电厂投资115万美元安装了除尘脱硫设备，除尘脱硫的副产品是工业石膏，年产量约20万t，一部分出售给济普洛克石膏厂，替代了该场从西班牙进口天然石膏矿原料的50%，而且这些石膏纯度高，更适合石膏板生产。

诺和诺德制药厂利用土豆粉和玉米淀粉发酵生产酶，发酵过程每年产生9.7万 m³ 固体生物质和28万 m³ 液体生物质。这些生物质含有氮、磷和钙质，现采用管道运输或罐装运输到600家西泽兰（West Zealand）农场做肥料。此外，作为胰岛素生产的剩余酵母也用做动物饲料。

另外，斯塔托伊尔炼油厂燃气脱硫的副产物还有硫代硫酸铵，是一种液体肥料，年产量约2万t，大约相当于丹麦的年消耗量。阿斯内斯火电厂除尘生产的飞灰大部分被用来生产水泥，一部分用来筑路。来源于城市污水处理厂的污泥被土壤修复公司用做污染土壤修复处理中的营养物。

➤ 卡伦堡生态工业园的经济和环境效益

卡伦堡生态工业园作为世界上较典型的生态工业园，在20多年的发展建设过程中，充分发挥区域资源优势和工业优势，构建企业间相互利用副产品、废品的生态工业链，把污染物消灭在生产过程中，实现了区域内资源利用的最大化和污染物排放的最小化，产生了巨大的经济效益和环境效益，见下表。

卡伦堡生态工业园每年的经济和环境效益分析 （单位：t）

副产品和废品的再利用		节约的资源		减少的污染物排放量	
粉煤灰	70000	油	45000	二氧化碳	175000
硫	4500	煤	15000	二氧化硫	10200
石膏	200000	水	600000		
氮	800000				
磷	600				

■ 5.5 环境经济与环境管理

5.5.1 环境经济

环境经济学是研究如何充分利用经济杠杆来解决环境污染问题，使环境的价值体现得更为具体，将环境的价值纳入到生产和生活的成本中去，从而阻断了无偿使用和污染环境的通路。经济杠杆是目前解决环境问题最主要和最有效的手段。

1. 绿色 GDP

绿色 GDP 或可持续收入（Sustainable income，SI）是指一个国家或地区在考虑了自然资源（包括土地、森林、矿产、水和海洋）与环境因素（包括生态环境、自然环境、人文环境等）影响之后经济活动的最终成果，即将经济活动中付出的资源耗减成本和环境降级成本从 GDP 中予以扣除。简单地讲，就是从现行统计的 GDP 中，扣除由于环境污染、自然资源退化、教育低下、人口数量失控、管理不善等因素引起的经济损失成本，从而得出真实的国民财富总量。

（1）"绿色 GDP" 的产生 人类的经济活动包括两方面的活动。一方面在为社会创造着财富，即所谓"正面效应"，另一方面又在以种种形式和手段对社会生产力的发展起着阻碍作用，即所谓"负面效应"。这种负面效应集中表现在两个方面，一是无休止地向生态环境索取资源，使生态资源从绝对量上逐年减少；二是人类通过各种生产活动向生态环境排泄废弃物或砍伐资源使生态环境从质量上日益恶化。现行的国民经济核算制度只反映了经济活动的正面效应，而没有反映负面效应的影响，因此是不完整的，是有局限性的，是不符合可持续发展战略的。因此在改革现行的国民经济核算体系中，需要对环境资源进行核算，从现行GDP 中扣除环境资源成本和对环境资源的保护服务费用，其计算结果可称为"绿色 GDP"。

（2）"绿色 GDP" 的意义 绿色 GDP 这个指标，实质上代表了国民经济增长的净正效应。绿色 GDP 占 GDP 的比重越高，表明国民经济增长的正面效应越高，负面效应越低，反之亦然。

（3）中国如何实现"绿色 GDP" 中国正在竭力应对经济高速发展带来的环境后果，有 10 个省已在尝试测算并报告"绿色 GDP"。据估计，现在中国每单位 GDP 能耗是美国的3 倍、日本的 9 倍。中国政府希望将能源密集度在 5 年里降低 20%，即便对计划经济而言，这也实属不易。那么，中国如何实现这一目标呢？

第一，鉴于中国在蒙特利尔会议上的声明，中国应考虑贯彻《京都议定书》的规定，尽管作为附件一以外的国家，中国没有这种义务。如此一来，中国将承认其作为全球第二大二氧化碳排放国的责任，这也许比人民币升值更重要，而这些措施对于自我生存也是必需的。了解政策讨论的驻华专家表示，中国已预测了未来 50 年的能源选择，根据《京都议定书》控制人均二氧化碳排放量。很明显，这就是为什么中国在蒙特利尔宣布，她已经在削减温室气体，并承认其空气污染的严重程度。

第二，中国可建立一个内部排放交易机制，按中国自己的规则运行。该机制在珠江三角洲和香港试点后，其规模可能在 10 年内发展为全球最大。

第三，中国的汽车引擎必须实现飞跃，先使用混合动力，然后使用氢燃料。中国的汽车增长预测让人瞠目，这或许使中国成了唯一能使这些技术在经济上可行的国家。例如，可以通过一项方案，让公交车和政府车队采用这些技术，或向购买这些车的车主提供税收减免，或两种方法同时采用。

第四，中国应通过已融入中国经济和生活方式的各种技术，把所有这些都联系起来。中国环境与发展国际合作委员会（CCICED）已表明，技术能降低中国的碳排放，同时把石油和天然气进口限制到占消费的30%。这只比"一切照旧"的情况多花费3%～5%；而假如"一切照旧"，中国将背负巨大的排放重担，而且80%以上的石油和天然气都将依赖进口。把重点放在替代能源上，尤其是洁净煤（包括煤气化）上，加上碳捕捉和封存，将有助于降低排放和对进口能源的依赖。

中国也可从日本这个能源利用效率最高的国家那里获得启发。中国的工业巨头，可与为创新寻求新市场的日本集团携手。中国最大的汽车制造商一汽已与日本丰田在吉林开始生产丰田的普锐斯（Prius）混合动力车。

2. 环境税

环境税（Environmental taxation），也有人称之为生态税（Ecological taxation）、绿色税（Green tax），是20世纪末才在国际税收学界兴起的概念，至今没有一个被广泛接受的统一定义。它是把环境污染和生态破坏的社会成本，内化到生产成本和市场价格中去，再通过市场机制来分配环境资源的一种经济手段。部分发达国家征收的环境税主要有二氧化硫税、水污染税、噪声税、固体废物税和垃圾税5种。

（1）环境税的产生 一般认为，英国现代经济学家、福利经济学的创始人庇古（1877—1959）在其1920年出版的著作《福利经济学》中，最早开始系统地研究环境与税收的理论问题。庇古提出了社会资源适度配置理论，认为如果每一种生产要素在生产中的边际私人纯产值与边际社会纯产值相等，那么该种生产要素在各生产用途中的边际社会纯产值都相等，而当产品的价格等于生产该产品时使用的生产要素耗费的边际成本时，整个社会的资源利用就达到了最适宜的程度。但是，在现实生活中，很难单纯依靠市场机制来达到资源利用的最优状态，因此政府就应该采取征税或补贴等措施加以调节。按照庇古的观点，导致市场配置资源失效的原因是经济主体的私人成本与社会成本不一致，从而私人的最优导致社会的非最优。这两种成本之间存在的差异可能非常大，靠市场本身是无法解决的，只能由政府通过征税或者补贴来矫正经济当事人的私人成本。

这种纠正外部性的方法被后人称为"庇古税"（Pigovian taxs）方案。假定Y商品的生产对其他产品存在负的外部性，那么其私人成本低于社会成本。以PMC和SMC分别表示生产Y的私人成本和社会成本。假定该商品的市场需求决定的边际效益为MR，那么市场自发作用的结果是PMC＝MR确定的Q_p，而社会实现资源有效配置应该有的产量则是由SMC＝MR确定的Q_s，两者间的差异可以通过政府征收税收（如消费税等）加以弥补，使资源配置达到帕累托最优（Parelo optimality）。

（2）环境税的实施原则

1）公平原则。对庇古税方案的分析得到，可以通过以外部成本内部化的途径来维护社会经济中的公平原则问题。公平原则是设计和实施一国税制时首要的，也是最重要的原则。它往往成为检验一国税制和税收政策优劣的标准。税收的公平原则，又称公平税负原则，是指政府征税要使纳税人承受的负担与其经济状况相适应，并且在纳税人之间保持均衡。公平原则也是建立环境税的首要原则。因为市场经济体制下，由于市场经济主体为追求自身利益最大化而做出的决策选择和行为实施会产生外部性，高消耗、高污染、内部成本较低而外部成本较高的企业会在高额利润的刺激下发展，降低社会的总体福利水平和生态效率，而这些企业未付出相应的成本，也就是说其税收负担和自身的经济状况并不吻合，违背了税收的公平原则。因此，各国环境税大多以纠正市场失效、保护环境、实现可持续发展为政策目标。

2）**效率原则**。包括经济效率和行政效率两个方面。一般而言，税收引起的价格变化的总负担，并非简单地等同于所征收税款的绝对额。在现实中，征税常常带来纳税主体经济决策和行为选择的扭曲，干扰资源的配置。当这种扭曲超过一定限度时，纳税人或者改变其经济行为，或者采取不正当手段以减轻或逃避其税收负担，这种状况称为税收的"额外负担"。当然，征税的过程也同样会带来纳税人的"额外收益"，对经济产生良性刺激。因此，检验税收经济效率的标准，应当是本着税收中性原则，达到税收额外负担最小化和额外收益最大化。

环境税的征税目的主要是降低污染对环境的破坏，这必然会影响污染企业的税收负担，改变其成本收益比，迫使其重新评估本企业的资源配置效率；同时环境税也对其他企业的经济决策和行为选择产生了影响。

3. 生态补偿

生态补偿（Eco-compensation）**是以保护和可持续利用生态系统服务为目的，以经济手段为主调节相关者利益关系的制度安排。**更详细地说，生态补偿机制是以保护生态环境、促进人与自然和谐发展为目的，根据生态系统服务价值、生态保护成本、发展机会成本，运用政府和市场手段，调节生态保护利益相关者之间利益关系的公共制度。

广义的生态补偿既包括对生态系统和自然资源保护获得效益的奖励或破坏生态系统和自然资源造成损失的赔偿，也包括对造成环境污染者的收费。狭义的生态补偿则主要是指前者。从目前我国的实际情况来看，排污收费方面已经有了一套比较完善的法规，急需建立的是基于生态系统服务的生态补偿机制，所以在我们的研究中采用了狭义的概念。

（1）生态补偿的内容　生态补偿应包括以下四方面主要内容：①对生态系统本身保护（恢复）或破坏的成本进行补偿；②通过经济手段将经济效益的外部性内部化；③对个人或区域保护生态系统和环境的投入或放弃发展机会的损失的经济补偿；④对具有重大生态价值的区域或对象进行保护性投入。生态补偿机制的建立是以内化外部成本为原则，对保护行为的外部经济性的补偿依据是保护者为改善生态服务功能付出的额外的保护与相关建设成本，以及为此牺牲的发展机会成本；对破坏行为的外部不经济性的补偿依据是恢复生态服务功能的成本和因破坏行为造成的被补偿者发展机会成本的损失。狭义的生态补偿的概念与目前国际上使用的生态服务付费（Payment for ecosystem services，PES）或生态效益付费（Payment for ecological benefit，PEB）有相似之处，可以把它们作为同义词对待。

（2）我国生态补偿实施措施

1）加快建立"环境财政"，把环境财政作为公共财政的重要组成部分，加大财政转移支付中生态补偿的力度。

① 在中央和省级政府设立生态建设专项资金并列入财政预算，地方财政也要加大对生态补偿和生态环境保护的支持力度。为扩大资金来源，还可发行生态补偿基金彩票。按照完

善生态补偿机制的要求，进一步调整优化财政支出结构。资金的安排使用，应着重向欠发达地区、重要生态功能区、水系源头地区和自然保护区倾斜，优先支持生态环境保护作用明显的区域性、流域性重点环保项目，加大对区域性、流域性污染防治，以及污染防治新技术新工艺开发和应用的资金支持力度。重点支持矿山生态环境治理，推动矿山生态恢复与土地整理相结合，实现生态治理与土地资源开发的良性循环。采取"以能代赈"等措施，通过货币帮助或实物补贴，大力支持开发利用沼气、风能、太阳能等非植物可再生燃能源，来保证"休樵还植"，以解决农村特别是西部地区的农村燃能问题。

② 积极探索区域间生态补偿方式，从体制、政策上为欠发达地区的异地开发创造有利条件。加大生态脱贫的政策扶持力度，加强生态移民的转移就业培训工作，加快农民脱贫致富的进程。

③ 进一步加大力度支持西部地区改善发展环境，加快经济社会发展。支持西部地区特别是重要生态功能区加快转变经济增长方式、调整优化经济结构、发展替代产业和特色产业、大力推行清洁生产、发展循环经济、发展生态环保型产业、积极构建与生态环境保护要求相适应的生产力布局，推动区域间产业梯度转移和要素合理流动，促进西部地区加快发展，这是西部生态好转的根本保证。

2）完善现行保护环境的税收政策、增收生态补偿税、开征新的环境税、调整和完善现行资源税。将资源税的征收对象扩大到矿藏资源和非矿藏资源，增加水资源税，开征森林资源税和草场资源税，将现行资源税按应税资源产品销售量计税改为按实际产量计税，对非再生性、稀缺性资源课以重税。通过税收杠杆把资源开采使用同促进生态环境保护结合起来，提高资源的开发利用率。同时，加强资源费征收使用和管理工作，增强其生态补偿功能。进一步完善水、土地、矿产、森林、环境等各种资源税费的征收使用管理办法，加大各项资源税费使用中用于生态补偿的比重，并向欠发达地区、重要生态功能区、水系源头地区和自然保护区倾斜。

3）建立以政府投入为主、全社会支持生态环境建设的投资融资体制。建立健全生态补偿投融资体制，既要坚持政府主导，努力增加公共财政对生态补偿的投入，又要积极引导社会各方参与，探索多渠道多形式的生态补偿方式，拓宽生态补偿市场化、社会化运作的路子，形成多方并举，合力推进。逐步建立政府引导、市场推进、社会参与的生态补偿和生态建设投融资机制，积极引导国内外资金投向生态建设和环境保护。按照"谁投资、谁受益"的原则，支持鼓励社会资金参与生态建设、环境污染整治的投资。积极探索生态建设、环境污染整治与城乡土地开发相结合的有效途径，在土地开发中积累生态环境保护资金。积极利用国债资金、开发性贷款，以及国际组织和外国政府的贷款或赠款，努力形成多元化的资金格局。

4）积极探索市场化生态补偿模式，引导社会各方参与环境保护和生态建设。培育资源市场，开放生产要素市场，使资源资本化、生态资本化，使环境要素的价格真正反映它们的稀缺程度，可达到节约资源和减少污染的双重效应，积极探索资源使（取）用权、排污权交易等市场化的补偿模式。完善水资源合理配置和有偿使用制度，加快建立水资源取用权出让、转让和租赁的交易机制。探索建立区域内污染物排放指标有偿分配机制，逐步推行政府管制下的排污权交易，运用市场机制降低治污成本，提高治污效率。引导鼓励生态环境保护者和受益者之间通过自愿协商实现合理的生态补偿。

5）为完善生态补偿机制提供科技和理论支撑。建立和完善生态补偿机制是一项复杂的系统工程，尚有很多重大问题急需深入研究，为建立健全生态补偿机制提供科学依据。例如，需要探索加快建立资源环境价值评价体系、生态环境保护标准体系，建立自然资源和生态环境统计监测指标体系及"绿色GDP"核算体系，研究制定自然资源和生态环境价值的量化评价方法，研究提出资源耗减、环境损失的估价方法和单位产值的能源消耗、资源消耗、"三废"排放总量等统计指标，使生态补偿机制的经济性得到显现。还应努力提高生态恢复和建设的技术创新能力，大力开发利用生态建设、环境保护新技术和新能源技术等，为生态保护和建设提供技术支撑。

6）加强生态保护和生态补偿的立法工作。环境财政税收政策的稳定实施，生态项目建设的顺利进行，生态环境管理的有效开展，都必须以法律为保障。为此，必须加强生态补偿立法工作，从法律上明确生态补偿责任和各生态主体的义务，为生态补偿机制的规范化运作提供法律依据。应尽快制订《可持续发展法》《西部地区环境保护法》等，对生态、经济和社会的协调发展做出全局性的战略部署，对西部的生态环境建设做出科学、系统的安排。同时修订《环境保护法》，使其更加关注农村生态环境建设；完善环境污染整治法律法规，把生态补偿逐步纳入法制化轨道。

4. 排污权交易

排污权交易（Pollution rights trading）是指在一定区域内，在污染物排放总量不超过允许排放量的前提下，内部各污染源之间通过货币交换的方式相互调剂排污量，从而达到减少排污量、保护环境的目的。它的主要思想就是建立合法的污染物排放权利，即排污权（这种权利通常以排污许可证的形式表现），并允许这种权利像商品那样被买入和卖出，以此来进行污染物的排放控制。

1）排污权交易的产生。美国经济学家戴尔斯于1968年最先提出了排污权交易的理论，并首先被美国国家环保局（EPA）用于大气污染源及河流污染源管理。面对二氧化硫污染日益严重的现状，人为解决通过新建企业发展经济与环保之间的矛盾，在实现《清洁空气法》规定的空气质量目标时提出了排污权交易的设想，引入了"排放减少信用"这一概念，并从1977年开始围绕排放减少信用先后制定了一系列政策法规，允许不同工厂之间转让和交换排污削减量，这也为企业针对如何进行费用最小的污染削减提供了新的选择。而后德国、英国、澳大利亚等国家相继实行了排污权交易的实践。排污权交易是当前受到各国关注的环境经济政策之一。

2）实施"排污权交易"的意义。排污权交易作为以市场为基础的经济制度安排，对企业的经济激励在于排污权的卖出方由于超量减排而使排污权剩余，之后通过出售剩余排污权获得经济回报，实质是市场对企业环保行为的补偿。买方由于新增排污权不得不付出代价，其支出的费用实质上是环境污染的代价。排污权交易制度的意义在于它可使企业为自身的利益提高治污的积极性，使污染总量控制目标真正得以实现。这样，治污就从政府的强制行为变为企业自觉的市场行为，其交易也从政府与企业行政交易变成市场的经济交易，可以说排污权交易制度不失为实行总量控制的有效手段。

3）我国实施排污权交易的措施。首先由政府部门确定出一定区域的环境质量目标，并据此评估该区域的环境容量；然后推算出污染物的最大允许排放量，并将最大允许排放量分割成若干规定的排放量，即若干排污权；最后由政府选择不同的方式分配这些权利，并通过建立排污权交易市场使这种权利能合法地买卖。在排污权市场上，排污者从其利益出发，自主决定其污染治理程度，从而买入或卖出排污权。

5.5.2　环境管理

从 20 世纪 70 年代开始，随着环境问题的严重化，许多国家把环境保护提高到国家职能的地位，我国更是把保护环境作为现代化建设中的一项基本国策。保护环境基本国策的落实需要严格的环境管理和完善的环境管理体制。环境管理是指国家采用行政、经济、法律、科学技术、教育等手段，对各种影响环境的活动进行规划、调整和监督，协调经济发展与环境保护的关系，防治环境污染和破坏，维护生态平衡。

环境管理体制是指国家有关环境管理机构设置、行政隶属关系和管理权限划分等方面的组织体系和制度。它具体规定了中央、地方、部门、企业在环境保护方面的管理范围、权限职责、利益及相互关系，其核心是关于管理机构的设置、各管理机构的职权分配及各机构之间的相互协调等问题。

1. 行政管理

环境行政管理是国家和地方各级人民政府和其环境行政主管部门，为达到既能发展经济满足人类的基本需要，又不超出环境的容许极限的目的，按照有关法律法规所辖区域的环境保护实施统一的行政监督管理，并运用经济法律技术、教育等手段限制人类污染与破坏环境行为，保护环境，改善环境质量的行政活动。

环境行政管理是政府对社会各领域行政管理的一个重要方面，是各级政府行政管理的重要组成部分，是政府社会职能的体现，所以国家的环境行政管理体制的组成和作用就显得十分重要。我国的环境行政管理体制主要包括以下三个方面。

（1）中央级别的环境保护机构　20 世纪 70 年代初以来，我国的环境行政管理体制经历了从无到有、从弱到强的发展阶段，前后共四次调整。各级管理机构经过几次重大调整，得到不断的充实和加强，在管理职能上也经历了从污染防治到监督管理的根本转变，政府的环境执法职能日益强化。我国的环境管理体制实行的是统一管理与分级、分部门管理相结合的体制。统管部门是指国务院环境保护行政主管部门和县级以上地方人民政府环境保护行政主管部门。分管部门是指依法分管某一类污染源防治或者某一类自然资源保护管理工作的部门。我国现已建立起由全国人民代表大会立法监督，各级政府负责实施，环境保护行政管理部门统一监督管理，各有关部门依照法律规定实施监督管理的体制。全国人民代表大会设有环境与资源保护委员会，负责组织起草和审议环境保护方面的法律草案并提出报告，监督环境保护方面法律的执行，提出同环境保护问题有关的议案，开展与各国议会之间在环境保护领域的交往。

（2）地方级别的环境管理机构　省、市、县人民政府也相继设立了环境保护行政主管部门，对本辖区的环境保护工作实施统一监督管理。我国各级政府的综合部门、资源部门和工业部门也设立了环境保护机构，负责相应的环境保护工作。

（3）企业环境管理机构　我国多数大中型企业也设有环境保护机构，负责本企业的污染防治及推行清洁生产。

2. 环境法规

我国目前建立了由法律、国务院行政法规、政府部门规章、地方性法规和地方政府规章、环境标准、环境保护国际条约组成的完整的环境保护法律法规体系。

（1）环境保护法律法规体系

1）宪法。环境保护法律法规体系以《中华人民共和国宪法》（以下简称《宪法》）中对环境保护的规定为基础。《宪法》规定：国家保障资源的合理利用，保护珍贵的动物和植物，禁止任何组织或者个人用任何手段侵占或者破坏自然资源；国家保护和改善生活环境和生态环境，防治污染和其他公害。《宪法》中的这些规定是环境保护立法的依据和指导原则。

2）环境保护法律。环境保护法律包括环境保护综合法、环境保护单行法和环境保护相关法。

① 环境保护综合法是指 1989 年颁布的《中华人民共和国环境保护法》，该法共有六章，第一章"总则"规定了环境保护的任务、对象、适用领域、基本原则及环境监督管理体制；第二章"环境监督管理"规定了环境标准制订的权限、程序和实验要求、环境监测的管理和状况公报的发布、环境保护规划的拟订及建设项目环境影响评价制度、现场检查制度及跨地区环境问题的解决原则；第三章"保护和改善环境"，对环境保护责任制、资源保护区、自然资源开发利用、农业环境保护、海洋环境保护作了规定；第四章"防治环境污染和其他公害"规定了排污单位防治污染的基本要求、"三同时"制度、排污申报制度、排污收费制度、限期治理制度以及禁止污染转嫁和环境应急的规定；第五章"法律责任"规定了违反本法有关规定的法律责任；第六章"附则"规定了国内法与国际法的关系。

② 环境保护单行法包括污染防治法（《中华人民共和国水污染防治法》《中华人民共和国大气污染防治法》《中华人民共和国固体废弃物污染环境防治法》《中华人民共和国环境噪声污染防治法》《中华人民共和国放射性污染防治法》等）、生态保护法（《中华人民共和国水土保持法》《中华人民共和国野生动物保护法》《中华人民共和国防沙治沙法》《中华人民共和国海洋环境保护法》和《中华人民共和国环境影响评价法》）。

③ 环境保护相关法是指一些自然资源保护和其他有关部门法律，如《中华人民共和国森林法》《中华人民共和国草原法》《中华人民共和国渔业法》《中华人民共和国矿产资源法》《中华人民共和国水法》《中华人民共和国清洁生产促进法》等都涉及环境保护的有关要求，也是环境保护法律法规体系的一部分。

3）环境保护行政法规。环境保护行政法规是由国务院制定并公布或经国务院批准有关主管部门公布的环境保护规范性文件。一是根据法律受权制定的环境保护法的实施细则或条例，如《中华人民共和国水污染防治法实施细则》；二是针对环境保护的某个领域制定的条例、规定和办法，如《建设项目环境保护管理条例》。

4）政府部门规章。政府部门规章是指国务院环境保护行政主管部门单独发布或与国务院有关部门联合发布的环境保护规范性文件，以及政府其他有关行政主管部门依法制定的环境保护规范性文件。政府部门规章是以环境保护法律和行政法规为依据制定的，或者是针对某些尚未有相应法律和行政法规调整的领域做出的相应规定。

5）环境保护地方性法规和地方性规章。环境保护地方性法规和地方性规章是享有立法权的地方权力机关和地方政府机关依据《宪法》和相关法律制定的环境保护规范性文件。这些规范性文件是依据本地实际情况和特定环境问题制定的，并在本地区实施，有较强的可操作性。环境保护地方性法规和地方性规章不能和法律、国务院行政规章相抵触。

6）环境标准。环境标准是环境保护法律法规体系的一个组成部分，是环境执法和环境管理工作的技术依据。我国的环境标准分为国家环境标准和地方环境标准。

7）环境保护国际公约。环境保护国际公约是指我国缔结和参加的环境保护国际公约、条约和议定书。国际公约与我国环境法有不同规定时，优先适用国际公约的规定，但我国声明保留的条款除外。

（2）环境保护法律法规体系中各层次间的关系

1）《宪法》是环境保护法律法规体系建立的依据和基础，不管是环境保护的综合法、单行法还是相关法，其中对环境保护的要求、法律效力是一样的。如果法律规定中有不一致的地方，应遵从后法大于先法。

2）国务院环境保护行政法规的法律地位仅次于法律。部门行政规章、地方环境法规和地方政府规章均不得违背法律和行政法规的规定。地方法规和地方政府规章只在制定法规、规章的辖区内有效。

3）我国的环境保护法律法规，与参加和签署的国际公约有不同时，应优先适用国际公约的规定，但我国声明保留的条款除外。

3. 环境标准

（1）环境标准的概念　环境标准也称环境保护标准，是指为了防治环境污染，维护生态平衡，保护人体健康和社会物质财富，依据国家有关法律的规定，对环境保护工作中需要统一的各项技术规范和技术要求依法定程序制定的各种标准的总称。

环境标准既是标准体系的一个分支，又属于环境保护法体系的重要组成部分，具有如下三个特点：

1）规范性。其特点是不以法律条文形式规定人们的行为模式和法律后果，而是通过一些具体数字、指标、技术规范来表示行为规则的界限，以规范人们的行为。

2）强制性。环境质量标准、污染物排放标准和法律、法规规定必须执行的其他环境标准属于强制性标准，必须执行。强制性环境标准以外的环境标准，属于推荐性环境标准，若被强制性环境标准引用，也具有强制性。

3）环境标准同环境保护规章一样，要经授权由有关国家行政机关按照法定程序制定和发布。

（2）环境标准的分级　环境标准根据制定、批准、发布机关和适用范围的不同，分为国家环境标准、环境保护行业标准（也称国家环境保护总局标准）和地方环境标准三级：

1）国家环境标准，是指由国务院环境保护行政主管部门制定，由国务院环境保护行政主管部门和国务院标准化行政主管部门共同发布的在全国范围内适用的标准。

2）国家环境保护总局标准（也称环境保护行业标准），是指由国务院环境保护行政主管部门制定、发布的，在全国环境保护行业范围内适用的标准，需要在全国环境保护工作范围内统一的技术要求而又没有国家标准的，应制定国家环境保护总局标准，国家标准发布后，相应的国家环境保护总局标准自行废止。

3）地方环境标准，是指由省级人民政府批准发布的，在该行政区域内适用的标准，如上海市人民政府批准发布的《工业"废气""废水"排放试行标准》，只适用于上海市管辖的行政区域。

（3）环境标准的分类　根据环境标准的性质、内容和功能，我国的环境标准分为环境质量标准、污染物排放标准（或控制标准）、环境监测方法标准、环境标准样品标准和环境基础标准五类：

1）环境质量标准，是指在一定时间和空间范围内，对环境质量的要求所做的规定（即指在一定时间和空间范围内，对环境中有害物质或因素的容许浓度所做的规定），它是国家环境政策目标的具体体现，是制定污染物排放标准的依据，也是环境保护行政主管部门和有关部门对环境进行科学管理的重要手段。

2）污染物排放标准，是为了实现环境质量标准目标，结合技术经济条件和环境特点，对排入环境的污染物或有害因素所做的控制规定。

3）环境监测方法标准，是指为监测环境质量和污染物排放、规范采样、分析测试、数据处理等技术制定的国家环境监测方法标准。

4）环境样品标准，是指为保证环境监测数据的准确、可靠，对用于量值传递或质量控制的材料、实物样品制定的国家环境标准样品。

5）环境基础标准，是指对环境保护工作中，需要统一的技术术语、符号、代号（代码）、图形、指南、导则及信息编码等，制定的国家环境基础标准。

（4）环境标准的意义　环境标准在加强环境监督管理、控制环境污染和破坏、改善环境质量和维护生态平衡等方面具有重要的意义。主要体现在以下四方面：

1）环境标准是制定环境保护规划和计划的重要依据，是一定时期内环境保护目标的具体体现。制定环境保护规划和计划，必须要有明确的目标，同时还需要有一系列的环境指标，即以环境标准为依据，用环境标准来表示。

2）环境标准是实施环境保护法律、法规的基本保证，是强化环境监督管理的核心。我国颁布的《环境保护法》《大气污染防治法》《水污染防治法》《环境噪声污染防治法》等都规定了排放污染物必须符合国家规定的标准。特别是近年来修订后颁布施行的《海洋环境保护法》和《大气污染防治法》还进一步规定，超过国家和地方规定排放标准的行为属于违法，并将因此受到相应的法律制裁。

3）环境标准是提高环境质量的重要手段，是对环境质量和污染物排放所做的硬性规定。通过环境标准的发布和实施，可以促使排污者开展资源、能源的综合利用，结合技术改造防治工业污染，减少污染物的产生量和排放量，从而达到提高环境质量的目的。

4）环境标准是推动环境科学技术进步的动力。实施环境标准必然要淘汰落后的技术和设备，使环境标准在某种程度上成为判断污染防治技术、生产工艺与设备是否先进可行的依据，成为筛选、评价环境保护科学技术成果的一个重要尺度，以此推动环境保护科学技术的进步。

4. 我国环境管理制度

为了实现环境与资源保护的目标，环境资源法律法规从我国的国情出发，吸收各国的经验，规定了各种保护环境和资源的制度，其中最为重要的是下述两个具有全局意义的基本制度。

（1）**环境影响评价制度**　我国环境影响评价法规定：环境影响评价是指对规划和建设项目实施后可能造成的环境影响进行分析、预测和评估，提出预防或者减轻不良环境影响的对策和措施，进行跟踪监测的方法与制度。这是一项为规划和建设提供决策依据，防止产生不良环境影响的预防性制度。

环境影响评价制度最初由《美国国家环境政策法》规定。我国 1979 年通过的《中华人民共和国环境保护法（试行）》引进了这项制度，后来的各项环境保护法律都对这项制度做了相关规定，2002 年 10 月通过的《中华人民共和国环境影响评价法》进一步发展了这项制度。根据该法规定，我国的环境影响评价制度包括两个方面，一是对规划的环境影响评价，二是对建设项目的环境影响评价。

对法律规定的国家政府有关部门编制的土地利用规划，区域、流域、海域的建设、开发利用规划和关于工业、农业、畜牧业、水利、交通、城建、旅游、自然资源开发的专项规划，分别按照法定的要求和程序进行环境影响评价。对建设项目的环境影响评价实行分类管理：可能造成重大环境影响的建设项目，编制环境影响报告书；可能造成轻度影响的，编制环境影响报告表；对环境影响很小的，填报环境影响登记表，并按规定程序审批。

（2）"三同时"制度　"三同时"制度是指建设项目的环境保护设施必须与主体工程同时设计、同时施工、同时投产使用的制度。这是我国独创的，与建设项目环境影响评价制度相衔接的，预防产生新的环境污染和破坏的重要制度。该制度适用于新建、扩建、改建项目，技术改造项目和一切可能对环境造成污染和破坏的建设项目。《建设项目环境保护管理条例》对这项制度的有关事项做了具体规定。另外，《中华人民共和国水土保持法》规定，建设项目中的水土保持设施，必须与主体工程同时设计、同时施工、同时投产使用；《中华人民共和国水法》规定，新建、扩建、改建建设项目的节水设施，应当与主体工程同时设计、同时施工、同时投产使用。此外，还有以下六个重要制度。

1）排污收费制度。排污收费制度是指向环境排放污染物或超过规定标准的排放污染物的排污者，依照国家法律和有关规定按标准交纳费用的制度。征收排污费是为了促使排污者加强经营管理，节约和综合利用资源，治理污染，改善环境。排污收费制度是"污染者付费"原则的体现，可以使污染防治责任与排污者的经济利益直接挂钩，促进经济效益、社会效益和环境效益的统一。缴纳排污费的排污单位出于自身经济利益的考虑，必须加强经营管理，提高管理水平，以减少排污，并通过技术改造和资源能源综合利用以及开展节约活动，改变落后的生产工艺和技术，淘汰落后设备，大力开展综合利用和节约资源、能源，推动企业事业单位的技术进步，提高经济和环境效益。征收的排污费纳入预算内，作为环境保护补助资金，按专款资金管理，由环境保护部门会同财政部门统筹安排使用，实行专款专用，先收后用，量入为出，不能超支、挪用。环境保护补助资金，应当主要用于补助重点排污单位治理污染源以及环境污染的综合性治理措施。

2）环境保护目标责任制。环境保护目标责任制是我国环境体制中的一项重大举措。它是通过签订责任书的形式，具体落实到地方各级人民政府和有污染的单位对环境质量负责的行政管理制度。责任制是一种具体落实地方各级政府和有关污染的单位对环境质量负责的行政管理制度。一个区域、一个部门乃至一个单位环境保护的主要责任者和责任范围，运用目标化、定量化、制度化的管理方法，把贯彻执行环境保护这一基本国策作为各级领导的行为规范，推动环境保护工作的全面、深入发展，是责、权、利、义的有机结合，从而使改善环境质量的任务能够得到层层分解落实，达到既定的环境目标。

3）城市环境综合整治定量考核制度。所谓城市环境综合整治，就是把城市环境作为一个系统、一个整体，运用系统工程的理论和方法，采取多功能、多目标、多层次的综合战略、手段和措施，对城市环境进行综合规划、综合管理、综合控制，以最小的投入换取城市质量优化，做到经济建设、城乡建设、环境建设同步规划、同步实施、同步发展，从而使复杂的城市环境问题得以解决。这项制度要对环境综合整治的成效、城市环境质量，制定量化指标，进行考核，每年评定一次城市各项环境建设与环境管理的总体水平。

4）排污许可证制度。排污许可证制度是指凡是需要向环境排放各种污染物的单位或个人，都必须事先向环境保护部门办理申领排污许可证手续，经批准并获得排污许可证后方能向环境排放污染物的制度。

排污许可证制度是国家为加强环境管理而采用的一种卓有成效的管理制度，便于把影响环境的各种开发、建设、排污活动，纳入国家统一管理的轨道，把各种影响环境的活动和排污活动严格限制在国家规定的范围内，使国家能够有效地进行环境管理；便于主管机关针对不同情况，采取灵活的管理办法，规定具体的限制条件和特殊要求，这样，就可以使各种法规、标准和措施的执行更加具体化、合理化，更加适用；便于主管机关及时掌握各方面的情况，及时制止不当规划开发及各种损害环境的活动，及时发现违法者，从而加强国家环境管理部门的监督检查职能的行使，促使法律、法规的有效实施；促进企业加强环境管理，进行技术改造和工艺改造，采取无污染、少污染工艺；便于群众参与环境管理，特别是对损害环境活动的监督。

5）污染集中控制制度。污染集中控制制度是要求在一个特定范围内，为保护环境建立的集中治理设施和采用的管理设施，是强化环境管理的一种重要手段。污染集中控制以改善流域、区域等控制单元的环境质量为目的，依据污染防治规划，按照废水、废气、固体废物等的性质、种类和所处的地理位置，以集中治理为主，用尽可能小的投入获取尽可能大的环境、经济、社会效益。

6）污染限期治理制度。污染限期治理制度是指对严重污染环境的企业事业单位和在特殊保护的区域内超标排污的生产、经营设施和活动，由各级人民政府或其授权的环境保护部门决定并监督实施，在一定期限内治理并消除污染的法律制度。

污染限期治理制度有严厉的法律强制性。由国家行政机关做出的限期治理决定必须履行，给予未按规定履行限期治理决定的排污单位的法律制裁是严厉的，并可采取强制措施。污染限期治理制度有明确的时间要求。这一制度的实行是以时间限期为界线作为承担法律责任的依据之一。时间要求既体现了对限期治理对象的压力，也体现了留有余地的政策。污染限期治理制度有具体的治理任务。体现治理任务和要求的主要衡量尺度，是看是否达到消除或减轻污染的效果和是否符合排放标准，是否完成治理任务是另一个承担法律责任的依据。

■ 5.6 环境伦理观

5.6.1 环境伦理观的由来

"伦理"一词从汉字构成上讲，其意义是条理、纹理、顺序、秩序。英文 ethics 来自希腊词 ethos，意思是"惯例"（custom）。任何社会都有确定的秩序、惯例，而人与环境之间的伦理道德关系即环境伦理。环境伦理观是人类历史发展阶段中自然观演变的结果，其思想的形成与人类工业文明的进程紧密相关，它是人类在对资源过度开发和环境破坏问题反思的基础上形成的。随着工业化的飞速发展，环境问题日益严重，人们对自然资源的需求也不断增加，这些使得人与自然的冲突尖锐起来。一些有识之士注意到这一问题的严重性，为维护生存权利，保持环境和自然资源的永续利用，他们发起了环境保护运动。各种主题的环境保护运动催生了现代的环境伦理思想。

（1）对人类中心主义的批判　总的来讲人类中心主义是"一种认为人是宇宙中心的观点。它的实质是，一切以人为中心，或一切以人为尺度，一切为人的利益服务，一切从人的利益出发"。首先，人类中心主义者认为人既是认识的主体，又是道德行为的主体，人与自然之间不存在直接的道德关系。因此人应该以自己的方式来解决由自身制造的当代环境问题，其目的是为了满足当代人和后代人的利益，实现人类的价值。其次，人是唯一具有内在价值的生物。自然界及其他生物的价值是人类欲望的产物。上述的观点虽然有一定的依据，但人类中心主义以人为中心的唯我独尊的观念使其创立伊始就受到来自各方面的批判。

（2）关于非人类中心主义的几点看法　非人类中心主义产生的标志是利奥波德和他的《沙乡年鉴》，其真正得以发展是20世纪80年代以后。它是一种"把人与人之间的生态道德考虑同人与自然之间的生态道德关系并列起来，并把价值的焦点定位于自然实体和过程的一种现代生存伦理学"。王子彦教授认为其具体内容如下：①尊重自然，尊重生命；②自然界及其生物都有其相应的内在价值；③要在人与自然之间建立道德关系。非人类中心主义的可取之处在于它克服了人类中心主义的恣意妄为，强调了人与自然的和谐性和统一性。

（3）可持续发展的伦理观　在环境伦理学产生之后的20年，即20世纪六七十年代，可持续发展理论酝酿而生，并在20世纪八九十年代趋于成熟，与环境伦理学和第二次环境革命发生激烈的碰撞，形成了一种理论和实践较为一致的环境伦理观——可持续发展环境伦理观。

鉴于人类中心主义和非人类中心主义的弊端，可持续发展环境伦理观以二者的整合形式产生。它"强调人在自然和谐统一的基础上，更承认人类对自然的保护作用和道德代理人的责任，以及对一定社会中人类行为的环境道德规范的研究"。它的具体含义概括如下：①它承认自然界有其内在价值，但它的内在价值以人和自然的和谐统一为基础，因此把作为活动主体的人纳入内在价值中，使其在伦理上更符合人性和逻辑；②它建立在一种整体价值观的基础上，既承认人的主观能动性，又承认人类在生态系统之中的"理性生态人"的地位；③珍视生命，爱护自然，将人类的道德观扩展到整个生态系统领域，但人是道德主体的地位不变，这样，人类对其他生物和自然就有了一种无法推卸的责任，因为它们彼此是息息相关的。

伦理学与社会学相交织产生的社会伦理学，它的首要原则就是正义原则。所谓正义原则实际上就是要建立一种相应的网络状的公正体系。这是可持续发展伦理观在实践中的必由之路。环境正义是指"用正义的原则来规范受人与自然关系影响的人与人之间的伦理道德关系，建立起来的环境伦理观的道德规范系统，是可持续发展环境伦理观的重要内容"。可持续发展公正是指"人对自然的公正，以提升自然的地位或降低人的地位来捍卫自然的基本利益"。正是因为自然界和其他生物没有人类的主体性，人类就应该义务地"公正"地对待它们，就像父母对子女的爱护，任何对它们的破坏都是对道德的侵害，对公正的抵触。这样就在人际上、地区内和国际上形成了相应的公正体系，使人与人之间、地区之间、国家之间甚至是前后代之间以道德准绳紧密联系在一起，使它产生的效益真正为整个生态系统所共享。

5.6.2 环境伦理学研究的主要内容

环境伦理学研究的主要内容，是人类对自然环境的伦理责任。它的学科性质决定了它必然包含对三大主题的研究，即自然的价值和权利的研究、人对自然道德原则的确立与道德行为规范的研究、现实生活领域中环境伦理问题的研究。其中，自然的价值和权利的研究是环境伦理学研究的核心，它直接决定了我们对自然界及其存在的态度。因此，它是确立人对自然界责任的重要依据，也是确立人对自然的道德原则和行为规范的理论依据。围绕着对这些问题的讨论，产生了环境伦理学不同的理论流派。

对自然的价值和人对自然的责任的研究是决定自然是否具有获得道德关怀资格的依据，而这两者又是建立人对自然道德规范的前提。站在不同的立场去认识自然的价值和人对自然的责任得到的结果必然不同，由此制定的道德行为规范也必然不同。环境伦理学内部不同的流派正是基于对上述问题认识的差异产生的，如大多数人类中心主义者不承认自然界具有独立于人的内在价值，因而不认同人对自然有直接的道德义务；动物解放论者和动物权力论者认为是否有感受能力是判断内在价值的根据，而这种能力只有人和某些动物具有，因此只有他们才具有道德关怀的资格；生物中心主义者则认为一切有生命之物皆有内在价值，都具有获得道德关怀的资格；而生态中心主义者则要求承认一切自然存在都有内在价值，他们主张道德关怀的资格应该扩展到整个生态系统和生态过程；一些持盖亚假说的哲学家甚至提出了地球乃至宇宙的权利高于生活在其上的生命的权利的主张。因此，各流派在构建道德规范上的差异就不足为奇了。此外，道德规范具有可操作性的特点，使得它的构建并不完全取决于价值观和伦理观，还需要与一定的经济、政治、社会、文化形态相适应。尽管如此，各种学说在道德行为规范的构建中仍然具有共同性，差异性主要表现是道德境界层次上的。在不同的环境价值观和伦理观下，可以存在某些共同的环境道德行为规范。这是建立一个完整的环境伦理体系的基本前提。环境伦理学的道德原则和道德规范，正是指导和评价人类在对待自然上的行为价值取向的标准。因此，建立环境伦理的基本道德原则和道德规范，便成为环境伦理学研究的一个重要任务和内容。

5.6.3 学习和研究环境伦理学意义

环境伦理学不是抽象的理论探讨，而是有着明确的价值取向。它来源于对现实环境问题的思考，目的是为环境保护实践提供道德的理论支撑。它以人类与大自然的高度统一性作为出发点，要求人们认清人在自然界的位置，认清人对自然的依赖性，明确自己对自然的责任和义务，这是人类寻求摆脱环境危机过程中的理性思考的结果。把道德关怀和道义的力量纳入人与自然关系的调整中，这本身就是时代的根本要求。目前，环境伦理学正在成为环境保护强有力的思想武器，它唤醒人们的生态良知，要求人们付诸切身的行动，共同投入到拯救地球、开创未来的伟大事业中去。学习环境理论学的根本目的就是要把环境伦理学的立场、观点和方法运用到我们实际的生活中，使之成为我们生活的信念和行动的原则。具体地说，学习环境伦理学有以下三方面的意义。

1. 实现思维方式的根本性转变

当代严重的生态与环境问题表明人类只考虑自己的利己主义观念和行为已经造成了恶劣的后果，大自然已经向我们提出了转变思维方式的要求。如何有效抑制人类不断膨胀的物质占有欲望，把我们对美好生活的追求转变到注重充实精神生活的高度上来，是我们的社会和文化面临的紧迫课题。环境伦理学正是在这个意义上强调了超越狭隘的人类中心主义视野的必然性，它把人类的道德视野扩展到了自然的领域，从而能够用更宽广的视角重新确认人类生活的价值与意义。在这样一个层面上，我们可以重新审视和评价近代以来人类文明的发展模式，彻底反省现代的政治理念与经济结构。其结果必然会要求我们的思维方式发生一个根本性改变，即从对自然的征服者转变成为地球生态共同体中的普通一员。人的理性和智慧应该体现在他有能力认识到自己是大自然的朋友、伙伴，而不是大自然的征服者。

2. 明确我们对自然的责任和义务

明确我们对自然的责任和义务，这种思维方式的转变有助于我们认清自己在自然界中的位置，能够以道德的方式生活。在人类出现以前，地球自然系统通过植物生产者、动物消费者和微生物分解者的三角关系实现了精妙的无废物循环，人类的出现打破了这种最经济的循环方式。人类力量的增强使自然系统增加了新的角色，即人类充当调控者的角色，这是自然赋予人类最重要的责任。然而，迄今为止，人类的所作所为已经证明我们是一个不称职的调控者，我们滥用了自然赋予的权利，我们需要反省。在这个意义上，环境伦理学为我们在处理人与自然关系上的行为是否恰当提供了基本判断的道德依据，因而能够引导我们认识到，对自然的责任和义务就是要最大限度地维护地球生态系统的稳定、和谐与美丽。地球生态环境的命运与人类的命运息息相关。尊重生命、尊重自然和保护生态环境是人类必须履行的义务。

3. 唤起我们的生态意识和生态良知

环境伦理学告诉我们，地球是人类的家园，地球的完整性表明了地球变化与地球生命变化相互依存、协同进化。当今地球生态系统的异常特征反映了地球生态过程的异常变化，这种异常变化的持续可能危及人类和地球的生命。因此，我们要有一种危机意识。这种危机意识能够唤起我们的生态良知，从而激发潜藏于我们内心的生态意识。当拥有了这种生态意识，我们就能把这种意识升华为个人的品格和道德情操。生态意识是本来就潜藏于人的内心的东西，是一种狭隘的自我观念在心理上不断扩展的结果。个人狭隘的自我观念可以通过与家人、朋友、他人、全人类的认同，最终演变成为一种与生态系统和生物圈认同和相互渗透的自我意识，这是生态意识由浅入深的发展过程。一个人与他人和他物的认同能力越强，生态意识就越能自然地在深层显现。美国环境伦理学家 J. B. 克里考特就很形象地描述了这种生态意识，他说："当我盯着褐色的淤泥堵塞的河水，看着一抹黑色的从孟菲斯来的工业、市政污水，跟随在后的是不断从辛辛那提、路易斯维尔或圣路易斯漂来的一种不知名的混色线尼的碎片渣滓，我感到了一种明显的疼痛。它并不是清楚地局限在我四肢中的哪一肢上，也不像一阵头痛或恶心。但是，它却是非常真实的。我并不想在河中游泳，不需要喝这里的水，也不想在它的沿岸买不动产。我的狭隘的个人利益并未受到影响，但是，不知怎么我个人还是受到了伤害。在自我发现的那一刹那间，我想到，这河是我的一部分。"这就是我们所说的生态意识。

环境伦理学不只是要揭示人与自然关系中的伦理关系，更重要的是要通过对这种关系的阐述建立起另一种行动的原则，而能否将行动的原则付诸实施则需要我们每一个人的努力了。

5.6.4　环境伦理学的实践

人与自然协同进化的环境伦理，既是一种新的环境道德理念，更是一种指导人类活动的行为规范，它广泛渗透并应用于决策、科学技术和工程、人口和生态保护以及可持续发展、环境法制和环境教育等社会领域之中。

（1）决策中的环境理论　生态环境是公共财富，生态环境利益是公共利益。面对经济发展与生态环境保护的大量冲突，政府和企业的决策至关重要。决策的科学与否，对环境保护影响极大。环境问题的产生有着各种各样的因素，其中一个重要的原因，就是在经济和社会发展重大问题的决策过程中，由于环境意识的缺乏，没能充分考虑环境的影响，忽视了环境的承受能力，最终导致了经济发展产生的环境压力与环境实际承受能力失去平衡和协调，出现大量决策失误问题。

（2）科学技术与工程中的环境伦理　世界上所有的金钱和技术都不能代替生物圈的自动调节机制，传统人类中心主义的价值观念指导下的科技发展，已经造成人与自然关系的生态错位，如果不加以变革，人与自然关系就会更加恶化。因此，必须转变传统的科学发展模式，由传统的征服自然的价值观转变到人与自然协调进化的价值观，确立科技有限论的基本观念。科技和工程项目造成的生态环境风险应低于人类能够承受的风险。

（3）人口环境伦理　在当今人类面临的各种生态环境问题中，最大的挑战来自人类自身，即人类本身的种群数量问题。威胁人类生活条件的粮食不足、资源短缺和环境恶化等问题，莫不与人口迅速增长有着十分密切的关系，人口问题是当代最基本的生态环境问题。人口的增长不是孤立的现象，它在客观上受到物质资料生产和自然条件等各种因素的制约，反过来又给这些因素一定的影响。如果人口增长不能同社会生产和生态环境相适应，不仅会造成社会关系的失调，影响人类群体的生存问题，也会使地球生态系统生存失衡，影响地球上其他生物的生存，人口问题也因此具有深刻的环境伦理意义。

（4）生态保护中的环境伦理　生态环境的保护主要面临两个方面的环境伦理问题：一方面是生态保护问题；另一方面是资源如何符合环境道德的利用问题。在自然界中，我们观察到的具体的自然事物为什么是这个样子，或为什么具有这样或那样的性质，不是由这个具体的事物决定的，而是由它的整体决定的，而这个整体又是由更大的整体决定的，以此类推，我们看到的任何生态类型，湿地、森林、草原等都是自然界不可分割的组成部分，它们具有同一性也具有特殊性，这就是自然界的自然选择和安排。实质上，人与自然协同进化的环境伦理是学习大自然高尚的道德，利他与利己的进化、共生共荣的协同，是我们应当确立的人与自然伦理关系的一般立场。但是，我们在与自然的相互依存中更偏重于高尚的利他主义。

（5）环境伦理与可持续发展　面对人类社会发展的困境，环境伦理学和可持续发展理论在不同层面，从不同角度做出了异曲同工的阐释。环境伦理学是人类社会的行为范式，可持续发展是人类社会的发展模式。其产生的时代背景是相同的，追求保护地球的目标是一致的，环境伦理学侧重于伦理观的阐释，可持续发展侧重于发展观的论述。当代环境伦理学的思想被广泛吸纳到可持续发展理论之内，充分体现在可持续发展的基本理论当中，为可持续发展提供了理论基础。可持续发展的理论和实践充分证明了当代环境伦理学研究的必要性和它对现实的引导作用。两种理论相互渗透，互为补充，独立发展。

（6）环境伦理与环境法制　环境法发展到目前，它的一个显著特点是，环境法还要体现人与自然的关系，而这种关系还要受自然规律和生态规律的制约和支配。这正是环境法治与环境伦理的结合点。环境法的立法和实施过程，在继承了人类丰富的历史遗产的同时，也吸收了当代环境保护运动中形成的环境保护思想、可持续发展理论、环境法学理论和环境伦理学的思想精华，环境伦理学主张的与自然和谐相处和公平性两大原则在环境法治中得到了充分体现。环境法治与环境道德的关系正如一般的法治和道德的关系一样，环境法治是用法律条文来约束人们的环境行为，具有他律性；环境道德是用道德规范来约束人们的环境行为，具有自律性。当代环境法治与环境道德同样来源于当代人类的环境保护思想，包括环境伦理道德思想，环境伦理学的发展促进了环境法治的建设与完善。

（7）环境道德与环境教育　环境道德教育是当代人教育的一项新的内容，它是环境教育的一个重要组成部分，也是我国环境社会主义精神文明建设的一个重要组成部分。环境道德教育或环境伦理教育的概念目前还没有一个统一的界定，它是环境教育的一个重要组成部分，我国环境道德教育是和环境教育一起发展起来的。环境道德教育一般是指通过一定的社会结构，为推动人类社会的繁荣富强、文明进步、环境优美，为促进人与自然和谐，为实现社会主义的环境公正而有组织、有计划地对全体社会成员传授环境道德知识和培养环境道德素质的活动。

环境道德教育的基本功能和一般环境教育一样，知识教育侧重的内容有所不同。其基本功能包括两个方面：一方面是传授环境伦理和环境道德知识，包括环境伦理学、环境道德规范等；另一方面是养成教育，使人们养成良好的环境道德习惯，自觉遵守环境道德规范，理智地约束自己的环境行为。传授知识和养成教育是知与行的关系，在教育的过程中两者是不能截然分开的，人们在具有丰富的环境道德知识以后，才能提高自身的综合素质和修养，因此，环境道德教育也是素质教育的一个重要方面。

思 考 题

1. 什么是"可持续发展"？如何理解其内涵？
2. 我国是怎样结合自身情况制定"可持续发展"战略的？
3. 何为清洁生产？简述清洁生产思想产生的背景。
4. 清洁生产与传统的末端治理的主要区别是什么？
5. 清洁生产与ISO14000环境管理体系的关系如何？
6. 以工业生态园为例，说明其是如何运行的。
7. 何为循环经济？发展循环经济应遵循哪些原则？
8. 比较国内外循环经济发展实践的差距。
9. 低碳经济发展的模式有哪些？其实施途径有哪些？
10. 针对我国实际，如何发展低碳经济？
11. 环境伦理学的主要研究内容是什么？
12. 何为绿色GDP？其意义有哪些？我国实现新五年规划的"绿色GDP"的措施有哪些？
13. 什么是环境税？环境税的实施原则有哪些？
14. 我国的环境行政管理体制主要包括哪些内容？
15. 什么是环境标准？有哪些特点？我国的环境标准如何分级？又分哪几类？
16. 试述我国两个具有全局意义的环境管理基本制度。

参 考 文 献

［1］赵景联，史小妹．环境科学导论［M］．2 版．北京：机械工业出版社，2017．

［2］崔灵周，王传花，肖继波．环境科学导论［M］．北京：化学工业出版社，2014．

［3］陆钟武．工业生态学基础［M］．北京：科学出版社，2010．

［4］低碳经济课题组．低碳战争——中国引领低碳世界［M］．北京：化学工业出版社，2010．

［5］郭斌，庄源益．清洁生产工艺［M］．北京：化学工业出版社，2003．

［6］徐新华，吴忠标，陈红．环境保护与可持续发展［M］．北京：化学工业出版社，2000．

［7］崔兆杰，张凯，等．循环经济理论与方法［M］．北京：科学出版社，2008．

［8］马光，等．环境与可持续发展导论［M］．北京：科学出版社，2014．

［9］余谋昌，王耀先．环境伦理学［M］．北京：高等教育出版社，2004．

［10］孟璇．可持续发展战略的国际经验及启示［D］．北京：中共中央党校，2015．

推 介 网 址

1. 中国环保信息网：http：//www. 17huanbao. com/

2. 中国环境网：http：//www. cenews. com. cn/

3. 中国可持续发展网：http：//www. sdinfo. net. cn/

4. 环境与发展信息网：http：//www. ied. org. cn/

5. 环保部宣传教育中心 http：//www. chinaeol. net/

6. 联合国环保署 http：//www. unep. org/

7. 世界自然资源研究所 http：//www-wri · org/

8. 国际自然保护同盟 http：//www. iucn · org/

9. 清洁生产

1）Soources of Environment and Energy Information：

   http：//www. unido. org/stort/seires/environment/envinfo/navigator/htmls

2）UNEP's Industry and Environment Centre（UNEP IE）：http：//www. unepie. org/home. html

3）European Roundtable on Cleaner Production：http：//wwww. ineti. pt/ita/conferencia/erpc1. html.

第6章

大气污染及其控制

[导读]　洁净的大气对生命来说是至关重要的。大气质量的好坏，直接影响整个生态系统（包括人类）的健康。某些自然过程与大气不断地进行着物质和能量交换，影响着大气的质量；人类活动不断加强，特别是工业加速发展，对大气环境产生了更为深刻的影响，导致了严重的大气污染问题。从震惊世界的比利时马斯河谷事件、美国多诺拉事件、伦敦烟雾事件、洛杉矶光化学烟雾事件，到目前的温室效应、臭氧层破坏、酸雨以及雾霾等新问题，已使地球大气生态系统失去平衡，直接威胁到人类的生存。因此，大气污染已经成为当前我们面临的重要环境问题之一，大气污染理论、控制技术与应用研究已成为重要的课题。

[提要]　本章首先介绍了大气的组成以及大气圈的分层情况，分析影响大气污染扩散的气象因素，从湍流、逆温、大气稳定度等角度讨论了污染扩散问题；再分别详细介绍了大气污染机理，主要大气污染物的性质、危害，大气污染对全球大气环境的影响；最后，结合我国的国情，较为系统地介绍了国内外有效控制大气污染的先进技术。

[要求]　通过本章的学习，应对地球大气圈的组成及其结构有清楚的认识；了解影响大气污染的气象因素；熟悉各种大气污染源的排放特点和污染物的性质及危害；掌握各种大气污染控制技术，力求理论联系实际，培养分析问题和解决问题的能力。

■ 6.1　大气概述

6.1.1　大气环境结构

在自然地理学中，把由于地心引力而随地球旋转的大气层叫大气圈（Atmosphere）。大气圈最外层的界限是很难确切划定的，但是也不能认为大气圈是无限的。通常有两种划分方法确定大气圈垂直范围的最大高度。一是着眼于大气中出现的某些物理现象。根据观测资料，在大气中极光是出现高度最高的物理现象，它可以出现在1200km的高度上。因此，可以把大气的上界定为1200km，由此确定的大气上界称为大气的物理上界。另一种是着眼于地球大气密度随高度逐渐减少到与星际气体密度接近的高度定为大气上界。按照人造卫星探测到的资料推算，这个上界大约在2000～3000km的高度上。此外，在地球场内受引力而旋转的气层高度可达10000km，因此，也有以10000km高度作为大气圈的最外层的。

大气圈中的空气分布是不均匀的，海平面上的空气密度最大，近地层的空气密度随高度上升而逐渐减小。

温度随大气层高度的变化是地球大气最显著的特征。常用气温的垂直递减率 r（$r = \mathrm{d}T/\mathrm{d}Z$）来表示。$r$ 称为气温直减率或气温铅直梯度（Temperature gradient）。当气温随高度升高而降低时，$r > 0$；当气温随高度升高而升高时，$r < 0$。气温铅直梯度随地区、季节和高度不同而不同。

大气的化学成分和物理性质（温度、压力、电离状况等）在垂直方向上有着显著的差异，故可以将大气层分为若干层次。1962年世界卫生组织根据大气温度随高度垂直变化的特征，将大气分为对流层、平流层、中间层、电离层和散逸层，如图6-1所示（逸散层在800km以上，图中未予显示）。

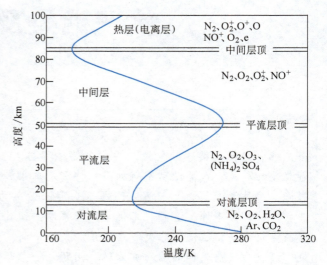

图6-1　大气的垂直分层

1. 对流层

对流层（Troposphere）是大气圈的最低一层，厚度随纬度和季节而变化，平均为12km。整个大气圈的质量约有80%～95%来自这一层。该层主要特征：①一般情况下，温度随高度增加而递减，平均每上升100m降温0.65℃（即气温直减率）；②大气对流运动强烈，云、雾、雨、雪等主要天气现象都发生在这一层；③受地面状况和人为活动影响最显著，大气的温度、湿度等气象要素水平分布差异大，从而形成不同的大气环境，出现各种大气污染现象（Atmospheric pollution phenomenon）。

在对流层和平流层之间，有一个厚度为数百米到1～2km的过渡层，称为对流层顶（Tropopause）。这一层的主要特征是随高度增加温度降低很慢或是几乎恒温。实际工作中往往根据这种温度变化的起始高度来确定对流层顶的位置。对流层顶对垂直气流有很大的阻挡作用。上升的水汽、尘埃多聚集其下，使得那里的能见度（Visibility）往往变差。

2. 平流层

从对流层顶到50km左右，这一层称为平流层（Stratosphere）。主要特征是：①温度先随高度升高缓慢升高，从30～35km起，温度随高度增加升温迅速；②大气多为平流运动，整个大气层比较平稳；③水汽和尘埃的含量很少，云也很少。在对流层顶以上臭氧量开始增加，至22～25km臭氧浓度达极大值，然后减少，到50km处臭氧量就极少了，因此主要的臭氧带包含在平流层内。

3. 中间层

自 50km 到 85km 左右这一层称为中间层（Mesosphere）。中间层的温度随高度迅速降低，顶界温度下降至约 −100℃附近时，再次出现空气的对流运动。

4. 电离层

从中间层顶至 800km 高度这一层称为电离层（Ionosphere）。此层的温度随高度迅速升高，大气处于高度电离状态，具有反射无线电波的能力，故有电离层之称。

5. 散逸层

高度 800km 以上的大气层，统称散逸层（Exosphere）。它是大气向星际空间的过渡地带。此层空气极其稀薄，气温很高，并随高度增加而继续升高。地球引力作用很小，空气质点经常散逸至星际空间（Interstellar space）。

电离层和散逸层也称为非均质层，在此以外就是宇宙空间（Space）。

6.1.2 大气的组成

自然状态下的大气由干燥清洁的空气、水蒸气和悬浮微粒三部分组成。在 85km 以下的低层大气中，干洁空气的组成基本上是不变的，主要成分是氮（N_2）、氧（O_2）和氩（Ar），它们占空气总体积的百分数分别为 78.09%、20.95%、0.93%，三者合计占干空气总体积的 99.97% 以上，其他还有少量的二氧化碳、氢、氖、氦、氙、臭氧等，总和不超过0.03%。大气的组成见表 6-1。

表 6-1　大气组成

气　体	体积分数（%）	相对分子质量	气　体	体积分数（%）	相对分子质量
氮（N_2）	78.09	28.016	氖（Ne）	0.0018	20.183
氧（O_2）	20.95	32.000	氦（He）	0.0005	4.003
氩（Ar）	0.93	39.944	氪（Kr）	0.0001	83.700
二氧化碳（CO_2）	0.03	44.010	氢（H_2）	0.00005	2.016
臭氧（O_3）	0.000001	48.000	氙（Xe）	0.000008	131.900

1）在 85km 以上的大气中，主要成分仍然是氮和氧。但是由于太阳紫外线的强烈照射，氮和氧产生不同程度的离解。100km 以上，氧分子几乎全部分解为氧原子。因而，85km 以上大气的主要成分的比例发生了变化。

2）大气中的二氧化碳、水汽、微量有害气体和固体杂质的含量是变化的。其中，二氧化碳主要来自生物的呼吸作用（Respiration）、有机体的燃烧与分解。由于地面状况和人为活动影响的不同，近地层大气中二氧化碳在不同地区变化很大，一般大气中二氧化碳的体积分数是 0.03%，而城市大气中二氧化碳体积分数可能超过 0.06%。

3）臭氧（Ozone）是由氧分子离解为氧原子，氧原子再与另外的氧分子结合而成的一种无色气体。从大气层 10km 处开始逐渐增加，在 20～25km 高度处达到最大值，形成明显的臭氧层（Ozonosphere），再向上又逐渐减少，到 55～60km 高度上就很少了。臭氧能大量吸收太阳紫外线，一方面使近地层生物免受其灼伤，同时使平流层增暖。大气中臭氧的含量与人体健康关系极为密切，据推测，臭氧含量减少 10%，就有可能导致皮肤癌患者增加 1

倍。为此，环境科学家呼吁要保护大气臭氧层。

4）水汽主要来自海洋和地面水的蒸发与植物蒸腾（Transpiration）。在大气中水汽可凝结为水珠和冰晶（Ice crystal），从而形成云、雾、雨、雪等多种大气现象。随着地面状况的不同，大气中的水汽体积分数变化在0.01%～4%，大气中水汽含量及其变化对生物的生长和发育有重大影响。

5）大气中除气体成分外，还有很多液体、固体杂质和微粒。液体杂质和微粒是指悬浮于大气中的水滴、过冷水滴和冰晶等水汽凝结物。固体杂质和微粒主要来源于火山爆发、尘沙飞扬、物质燃烧的颗粒、宇宙物落入大气和海水溅沫、蒸发等散发的烟粒、尘埃、盐粒和冰晶，还有细菌、微生物、植物的孢子花粉等。大气中的悬浮微粒增加会影响太阳辐射和地表热量的散失，从而对大气的温度和能见度产生影响。

6.1.3 环境空气质量标准

我国于1982年制定并颁布了GB 3095—1982《大气环境质量标准》，1996年第一次修订，2000年第二次修订，2012年做了第三次修订，并命名为《环境空气质量标准》（Ambient air quality standards）GB 3095—2012，自2016年1月1日起在全国实施。标准中把环境空气质量功能区分为二类：一类区为自然保护区、风景名胜区和其他需要特殊保护的地区；二类区为居住区、商业交通居民混合区、文化区、工业区和农村地区。一类区适用一级浓度极限值，二类区适用二级浓度极限值。一、二类环境空气功能区质量要求见表6-2和表6-3，各级人民政府制定地方环境空气质量标准提时参考标准的附录A，见表6-4。

表6-2　环境空气污染物基本项目浓度限值

序号	污染物项目	计算方法	浓度限值		单位
			一级	二级	
1	二氧化硫（SO_2）	年平均	20	60	$\mu g/m^3$
		24h平均	50	150	
		1h平均	150	500	
2	二氧化氮（NO_2）	年平均	40	40	
		24h平均	80	80	
		1h平均	200	200	
3	一氧化碳（CO）	24h平均	4	4	mg/m^3
		1h平均	10	10	
4	臭氧（O_3）	日最大8h平均	100	160	
		1h平均	160	200	
5	颗粒物（粒径小于等于10μm）	年平均	40	70	$\mu g/m^3$
		24h平均	50	150	
6	颗粒物（粒径小于等于2.5μm）	年平均	15	35	
		24h平均	35	75	

表6-3　环境空气污染物其他项目浓度限值

序号	污染物项目	计 算 方 法	浓度限值		单　位
			一级	二级	
1	总悬浮颗粒物（TSP）	年平均	80	200	μg/m³
		24h平均	120	300	
2	氮氧化物（NOₓ）	年平均	50	50	
		24h平均	100	100	
		1h平均	250	250	
3	铅（Pb）	年平均	0.5	0.5	
		季平均	1	1	
4	苯并[a]芘（BaP）	年平均	0.001	0.001	
		24h平均	0.0025	0.0025	

表6-4　环境空气中镉、汞、砷、六价铬和氟化物参考浓度极限值

序号	污染物项目	计 算 方 法	浓度（通量）限值		单　位
			一级	二级	
1	镉（Cd）	年平均	0.005	0.005	μg/m³
2	汞（Hg）	年平均	0.05	0.05	
3	砷（As）	年平均	0.006	0.006	
4	六价铬（Cr（Ⅵ））	年平均	0.000025	0.000025	
5	氟化物（F）	1h平均	20①	20①	
		24h平均	7①	7①	
		月平均	1.8②	3.0③	μg/(dm²·d)
		植物生长季平均	1.2②	2.0③	

①适用于城市地区；
②适用于牧区和以牧业为主的半农半牧区，蚕桑区；
③适应与农业和林业区。

 【阅读材料】

"大气十条"简介

　　2013年9月10日国务院印发了《大气污染防治行动计划》（简称"大气十条"）的通知。

　　历史背景：大气环境保护事关人民群众根本利益，事关经济持续健康发展，事关全面建成小康社会，事关实现中华民族伟大复兴中国梦。当前，我国大气污染形势严峻，以可吸入颗粒物（PM10）、细颗粒物（PM2.5）为特征污染物的区域性大气环境问题日益突出，损害人民群众身体健康，影响社会和谐稳定。随着我国工业化、城镇化的深入推进，能源资源消耗持续增加，大气污染防治压力继续加大。为切实改善空气质量，制定本行动计划。

　　总体要求：以邓小平理论、"三个代表"重要思想、科学发展观为指导，以保障人民

群众身体健康为出发点，大力推进生态文明建设，坚持政府调控与市场调节相结合、全面推进与重点突破相配合、区域协作与属地管理相协调、总量减排与质量改善相同步，形成政府统领、企业施治、市场驱动、公众参与的大气污染防治新机制，实施分区域、分阶段治理，推动产业结构优化、科技创新能力增强、经济增长质量提高，实现环境效益、经济效益与社会效益多赢，为建设美丽中国而奋斗。

奋斗目标：经过五年努力，全国空气质量总体改善，重污染天气较大幅度减少；京津冀、长三角、珠三角等区域空气质量明显好转。力争再用五年或更长时间，逐步消除重污染天气，全国空气质量明显改善。

具体指标：到2017年，全国地级及以上城市可吸入颗粒物浓度比2012年下降10%以上，优良天数逐年提高；京津冀、长三角、珠三角等区域细颗粒物浓度分别下降25%、20%、15%左右，其中北京市细颗粒物年均浓度控制在$60\mu g/m^3$左右。

十个（三十五条）方面的措施：

一、加大综合治理力度，减少多污染物排放。

二、调整优化产业结构，推动产业转型升级。

三、加快企业技术改造，提高科技创新能力。

四、加快调整能源结构，增加清洁能源供应。

五、严格节能环保准入，优化产业空间布局。

六、发挥市场机制作用，完善环境经济政策。

七、健全法律法规体系，严格依法监督管理。

八、建立区域协作机制，统筹区域环境治理。

九、建立监测预警应急体系，妥善应对重污染天气。

十、明确政府企业和社会的责任，动员全民参与环境保护。

我国仍然处于社会主义初级阶段，大气污染防治任务繁重艰巨，要坚定信心、综合治理、突出重点、逐步推进，重在落实、务求实效。各地区、各有关部门和企业要按照本行动计划的要求，紧密结合实际，狠抓贯彻落实，确保空气质量改善目标如期实现。

■ 6.2 大气污染

6.2.1 大气污染含义

在干洁的大气中，痕量气体（Trace gas）的组成是微不足道的。但是人类活动和自然过程给一定范围的大气带来了原来没有的微量物质，其数量和持续时间都有可能对人、动物、植物及物品、材料产生不利影响和危害。当大气中污染物质的含量达到有害程度时，对人或物造成危害的现象叫大气污染（Atmosphere pollution）。

大气污染根据影响所及的范围可分为局部性污染、地区性污染、广域性污染和全球性污染；根据能源性质和大气污染物的组成和反应，可分为煤炭型污染、石油型污染、混合型污染和特殊型污染；根据污染物的化学性质及其存在的大气环境状况，可分为还原型污染和氧化型污染。

造成大气污染的原因一是 人类活动，人类在从事生产和生活过程中，要向大气排放各种污染物；二是 自然过程，如火山爆发、森林火灾、岩石风化等也会向大气释放各种污染物质。大气污染的形成过程由三个部分组成，如图 6-2 所示。

由污染源排放污染物进入大气，经过混合、扩散、化学转化等一系列大气运动过程，最后到达接受者，对接受者施加作用。缺少任何一个环节，就构不成空气污染。

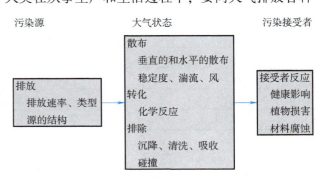

图 6-2　大气污染的形成过程

6.2.2　大气污染源

大气污染源（Atmospheric pollution sources）分为 自然源 和 人工源 两大类。自然源是指火山喷发、森林火灾、土壤风化等自然原因产生的沙尘、二氧化硫、一氧化碳等，这种污染多为暂时的、局部的。人工源是指任何向大气排放一次污染物的工厂、设备、车辆或行为等，由人类活动造成的这类污染通常是经常性的、大范围的，一般说的大气污染问题多是人为因素造成的。人为污染源较多，根据不同的研究目的及污染源的特点，人工源分类如图 6-3 所示。

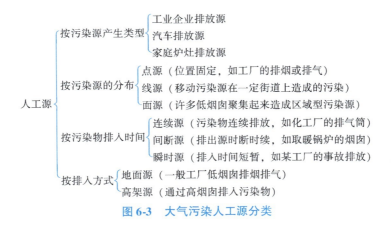

图 6-3　大气污染人工源分类

6.2.3　大气污染物

人类活动排出的污染物扩散到室外空气中称为大气污染物（Atmospheric pollutants）。这些物质是那些能在大气中传播的天然的或人造的元素或化合物。这些物质在化学性质上可以是有毒的，也可以是无毒的，关键是能够引起可以测量的有害影响。大气污染物，尤其是城市大气污染物，主要有粉尘、SO_2、CO、CO_2、氮氧化物、臭氧、碳氢化合物和一些有毒重金属等。表 6-5 为清洁空气与污染空气的质量浓度对比。表 6-6 为各类工业企业向大气中排放的主要污染物质。

表 6-5 清洁与污染空气的质量浓度对比

成分	清洁空气/(mg/m³)	污染空气/(mg/m³)
SO_2	0.0028 ~ 0.028	0.057 ~ 5.7
CO_2	608 ~ 648	687 ~ 1375
CO	<1.25	6.25 ~ 250
NO_2	0.00205 ~ 0.0205	0.0205 ~ 1.025
碳氢化合物	<0.58	0.58 ~ 11.6
颗粒物质	0.01 ~ 0.02	0.07 ~ 0.7

表 6-6 各类工业企业向大气中排放的主要污染物质

工业部门	企业名称	排放的主要大气污染物质
电力	火力发电厂	烟尘、二氧化硫、氮氧化物、一氧化碳、苯
冶金	钢铁厂	烟尘、二氧化硫、一氧化碳、氧化铁尘、氧化钙尘、锰尘
	有色金属冶炼厂	粉尘（各种重金属：铅、锌、镉、铜等）、二氧化硫
化工	炼焦厂	烟尘、二氧化硫、一氧化碳、硫化氢、苯、酚、萘、烃类
	石油化工厂	二氧化硫、硫化氢、氰化物、氮氧化物、氯化物、烃类
	氮肥厂	烟尘、氮氧化物、一氧化碳、氨、硫酸气溶胶
	磷肥厂	烟尘、氟化物、硫酸气溶胶
	硫酸厂	二氧化硫、氮氧化物、砷、硫酸气溶胶
	氯碱厂	氯气、氯化气
	化学纤维厂	烟尘、硫化氢、氨、二硫化碳、甲醇、丙酮、二氯甲苯
	合成橡胶厂	丁间二烯、苯乙烯、异乙烯、异戊二烯、丙烯、二氯乙烷、乙烯
		二氯乙醚、乙硫醇、氯化甲烷
	农药厂	砷、汞、氯、农药
	冰晶石厂	氯化氢
机械	机械加工厂	烟尘
轻工	造纸厂	烟尘、硫醇、硫化氢
	仪表厂	汞、氰化物
	灯泡厂	汞、烟尘
建材	水泥厂	水泥尘、烟尘等

6.2.4 大气污染物的物理状态

大气污染物以气体形式和气溶胶（Aerosol）形式存在，其中气体形式约占90%，气溶胶形式约占10%（体积分数）。

1. 气体形式污染物

气体形式污染物是指某些污染物质，在常温常压下以气体形式分散在大气中。包括某些在常温常压下是液体或固体的，但由于它们的沸点或熔点低，挥发性大，因而能以蒸气态挥发到空气中的物质。常见的气态污染物有一氧化碳、氮氧化物、氯气、氯化氢、氟化氢、臭氧等。它们的运动速度较大，扩散快，易受气流影响。

2. 气溶胶形式污染物

任何固态或液态物质当以小的颗粒形式分散在气流或大气中时都称为气溶胶（Aerosol）。各种气溶胶颗粒的粒度范围大体在 $0.0002 \sim 500\mu m$，由于其粒度大小不同，这些气溶胶颗粒的化学和物理性质有很大的差异。在固体颗粒物中，粒径在 $10\mu m$ 以上，受重力作用，很快沉降到地面上的称为降尘（Dustfall）；粒径在 $10\mu m$ 以下，能长期飘浮在大气中的气溶胶粒子叫飘尘（Floating dust）。气溶胶按其形成的方式不同又可分为分散性气溶胶、凝聚性气溶胶及化学反应性气溶胶。常见的雾（Fog）、烟（Smoke）、粉尘（Dust）和烟雾（Smog）便是不同形式的气溶胶。

6.2.5 大气污染物的类别

大气中的污染物可分为一次污染物和二次污染物两类，见表6-7。

表6-7 大气中的一次和二次污染物

污 染 物	一次污染物	二次污染物
含硫化合物	SO_2、H_2S	SO_3、H_2SO_4、硫酸盐
碳的氧化物	CO、CO_2	无
含氮化合物	NO、NH_3	NO_2、HNO_3、硝酸盐
碳氢化合物及衍生物	$C_1 \sim C_6$ 化合物	醛、酮、过氧乙酰硝酸酯
卤素化合物	HF、HCl	无

1. 大气一次污染物

大气一次污染物（Primary pollutant）是指直接从各类污染源排入大气的各种物质，如气体（Gas）、蒸汽（Vapor）及尘埃（Dust）。常见的有碳氢化合物、CO、氮氧化物（NO_x）、硫氧化物（SO_x）和微粒物质（Particulates）等。一次污染物又可分为反应性污染物和非反应性污染物两类。反应性污染物的性质不稳定，在大气中常与某些其他物质发生化学反应，或作为催化剂促进其他污染物发生化学反应。非反应性污染物性质较稳定，不发生化学反应，或反应速度很缓慢。

一次污染物在大气中的物理作用或化学反应可分为以下几种：

1）气体污染物之间的化学反应（可在有催化剂或无催化剂作用下发生）。常温下，有催化剂（Catalyst）存在时，硫化氢和二氧化硫气体污染物之间的反应是其中的一例

$$2H_2S + SO_2 \rightarrow 3S + 2H_2O \tag{6-1}$$

2）空气中颗粒状污染物对气体污染物的吸附作用（Adsorption），或颗粒状污染物表面上的化学物质与气体污染物之间的化学反应。如尘粒中的某些金属氧化物与二氧化硫直接反应，生成硫酸盐

$$4MgO + 4SO_2 \rightarrow 3MgSO_4 + MgS \tag{6-2}$$

3）气体污染物在气溶胶中的溶解作用。

4）气体污染物在太阳光作用下的光化学反应。

2. 大气二次污染物

大气二次污染物（Secondary pollutant）是由进入大气的一次污染物互相作用或与大气正常组分经过一系列的化学反应生成的污染物，以及在太阳辐射线的参与下发生光化学反应而产生的新污染物。常见的有臭氧、过氧化乙酰硝酸酯（PAN）、硫酸及硫酸盐气溶胶、硝酸及硝酸盐气溶胶，以及一些活性中间产物，如过氧化氢基（—HO_2）、氢氧基（—OH）、过氧化氮基（—NO_3）和氧原子等。如二次污染物硫酸烟雾（又称硫酸气溶胶）就是通过下述变化过程形成的

$$SO_2 \xrightarrow{\text{催化或光化学催化}} SO_3 \xrightarrow{H_2O} H_2SO_4 \xrightarrow{H_2O} (H_2SO_4)_m(H_2O)_n \qquad (6-3)$$

生成物 $(H_2SO_4)_m(H_2O)_n$ 是气溶胶，它继续吸附大量的 SO_2、SO_3 和 H_2SO_4 -H_2O，形成较大的粒子，这些小微粒分散在空气中，即形成硫酸气溶胶。

SO_2 在干燥空气中，其质量浓度在 $2285mg/m^3$ 以下时，人可以忍受。但在形成硫酸气溶胶后，其质量浓度达到 $2.28mg/m^3$ 时人即不可忍受，足以见得大气中的二次污染物对环境的危害很大。

6.2.6 主要的大气污染物简介

大气中的有害有毒物质达数十种之多，主要污染物的类型和源见表6-8。

表6-8 大气主要污染物的类型和源

类 型	天 然 源	人 为 源
颗粒物	火山、风的作用，流星、海浪、森林火灾	燃烧、工业生产过程
硫化物	细菌、火山、海浪	燃烧矿物燃料、工业生产过程
一氧化碳	火山、森林火灾	内燃机、燃烧矿物燃料
二氧化碳	火山、动物、植物	燃烧矿物燃料
碳氢化合物	细菌、植物	内燃机
氮化物	细菌	燃烧

1. 颗粒污染物

空气中分散的液态或固态物质，其粒度在分子级，即直径为 $0.0002 \sim 500\mu m$，颗粒污染物可分为以下几类：

（1）PM2.5（Particulate matter2.5） PM2.5是指大气中直径小于或等于 $2.5\mu m$ 的颗粒物，也称为可入肺颗粒物。

（2）PM10（Particulate matter10） 通常把粒径在 $10\mu m$ 以下的颗粒物称为PM10，又称为可吸入颗粒物、飘尘（Floating dust）或细粒子（Fine particle）。

（3）尘粒（Dust particle） 尘粒一般指粒径大于 $75\mu m$ 的颗粒物。这类颗粒物由于粒径较大，在气体分散介质中具有一定的沉降速度，因而易于沉降到地面。

（4）粉尘（Dust） 粉尘一般是指粒径小于 $75\mu m$ 的颗粒物。在这类颗粒物中，粒径大于 $10\mu m$、靠重力作用能在短时间内沉降到地面的称为降尘；粒径小于 $10\mu m$、不易沉降、能长期在大气中飘浮着的称为飘尘。

（5）烟尘（Smoke dust） 烟尘一般指粒径小于 $1\mu m$ 的固体颗粒。它包括了因升华、焙烧、氧化等过程形成的烟气，也包括燃料不完全燃烧产生的黑烟以及由于蒸汽凝结产生的

烟雾。

（6）雾尘（Fog dust） 雾尘是小液体微粒悬浮于大气中的悬浮物总称，其粒子粒径小于 $100\mu m$。这种小液体粒子一般是在蒸汽的凝结、液体的喷雾、雾化及化学反应过程中形成的。

（7）煤尘（Coal dust） 煤尘一般指粒径在 $1\sim20\mu m$ 的粉尘。这种粉尘是煤在燃烧过程中未被完全燃烧的粉尘，如大、中型煤码头的煤扬尘及露天煤矿的煤扬尘等。

所有的颗粒污染物约有90%来自天然源，人为源主要与燃烧、工农业生产过程及建筑活动引起的地面干扰有关。其中最重要的是粉尘污染物。粉尘的危害，不仅取决于它的暴露浓度，还在很大程度上取决于它的组成成分、理化性质、粒径和生物活性等。

粉尘的成分和理化性质是粉尘能对人体产生危害的主要因素，有毒的金属粉尘和非金属粉尘进入人体后，会引起中毒以至死亡，如吸入铬尘能引起鼻中溃疡和穿孔，肺癌发病率增加；无毒性粉尘对人体也有危害，如吸入含有游离二氧化硅的粉尘后，在肺内沉积，能引起纤维性病变，使肺组织逐渐硬化，严重损害呼吸功能，发生"矽肺"病。

粉尘的粒径大小是危害人体健康的另一重要因素，它主要表现在两个方面：粒径越小，越不易沉降，长时间飘浮在大气中容易被吸入体内，且容易深入肺部；粒径越小，粉尘比表面积越大，物理、化学活性越高，加剧了生理效应的发生与发展。此外，尘粒的表面可以附着空气中的各种有害气体及其他污染物，成为它们的载体，从而促进大气中的各种化学反应，形成二次污染物。

2. 硫氧化合物

硫氧化合物（Sulphur oxides） 主要指 SO_2 和 SO_3。硫以多种形式进入大气，特别作为 SO_2 和 H_2S 气体进入大气，但也有以亚硫酸、硫酸以及硫酸盐微粒形式进入大气的。整个大气中的硫约有三分之二来自天然源，其中以细菌活动产生的硫化氢最为重要。大气中的 H_2S 是不稳定的硫化物，在有颗粒物存在下，可迅速地被氧化成 SO_2。人类活动释放到大气中的硫以 SO_2 最为重要，其主要由含硫燃料在燃烧过程中作为废气被排出的。冶炼厂和石油精炼厂也可以排出大量的 SO_2。

SO_2 是一种无色的中等强度刺激性气体，低浓度时主要影响呼吸道，浓度较高时造成支气管炎、哮喘病，严重的可以引起肺气肿，甚至致人死亡。当人体吸入由 SO_2 氧化形成的 SO_3 和硫酸烟雾时，即使其浓度只相当于 SO_2 的十分之一，但其刺激和危害将更加显著。

3. 氮氧化合物

NO_x 种类很多，它是 NO、N_2O、NO_2、N_2O_3、N_2O_4、N_2O_5 等的总称。造成大气污染的 NO_x 主要是 NO 和 NO_2。天然排放的氮氧化物起因于土壤和海洋中有机物的分解。人为的氮氧化物大部分来源于矿物燃料的燃烧过程，也有来自生产或使用硝酸的工厂排放的尾气等。

NO 是无色、无刺激、不活泼的气体，在阳光照射下，并有碳氢化合物存在时，能迅速地氧化为 NO_2，而 NO_2 在阳光照射下又会分解成 NO 和 O，所以大气中 NO、NO_2 及 N_2O、N_2O_3、N_2O_5 等自成一个循环系统，而统称为 NO_x。NO_2 是红棕色气体，对呼吸器官有强烈刺激，能引起急性哮喘病。在大气环境中，NO_2 除与碳氢化合物反应生成光化学烟雾（Photochemical smog）外，同时能与 SO_2、CO 等污染物并存，在这种情况下将加剧 NO_2 的危害。

4. 碳氧化合物

大气中的碳氧化物（Carbon oxides）主要是 CO 和 CO_2。CO 又称"煤气"，是一种无色、无臭、有毒的气体，是大气的主要污染物之一。它是某些过程（包括含碳物质不完全燃烧）的产物，天然源相对比较少，主要的人为源为内燃机。CO 是一种不特别稳定的气体，它可以氧化成 CO_2 或被海洋吸收，但由于土壤微生物的活动土壤很可能成为 CO 主要的天然源。

CO 和血液中输送氧气的血红蛋白有很强的结合力，其结合力比氧与血红蛋白的结合力大 210 倍，一旦吸入 CO，就会迅速形成碳氧血红蛋白，妨碍氧气的补给，发生头晕、头疼、恶心、疲劳等氧气不足的症状，危害中枢神经系统，严重时会导致人窒息甚至死亡。一氧化碳的危害不仅与 CO 的分压、体内碳氧血红蛋白的饱和度有关，还与接触浓度、暴露时间、肌体活动时的肺通气量和血容量等许多复杂因素有关。

CO_2 一般不作为污染物来考虑，因为它是生命过程中的一种基本物质，无论什么时候在氧存在的情况下燃料完全燃烧都可以产生 CO_2。植物和动物是 CO_2 的天然源，它们在消耗碳水化合物燃料以后呼出 CO_2。植物和海洋是 CO_2 的天然汇，但是现今它们的消耗量已经无法和人为产生的 CO_2 增加速率相平衡，因此全球 CO_2 含量通常在增加。

5. 碳氢化合物

大气中的碳氢化合物（HC）通常是指 $C_1 \sim C_8$ 可挥发性的所有碳氢化合物（Hydrocarbons）。自然界中的碳氢化合物，主要是由生物的分解作用产生的。人为的碳氢化合物的来源有二，即不完全的燃烧和有机化合物的蒸发。城市空气中的碳氢化合物能生成有害的光化学烟雾。经证明，在上午 6：00—9：00 的 3h 内排出质量浓度达 $0.174mg/m^3$ 的碳氢化合物（甲烷除外），在 $2 \sim 4h$ 后就能产生光化学氧化剂，其质量浓度在一小时内可保持 $0.058mg/m^3$，从而引起危害。

6. 臭氧

O_3 有特殊的臭味，是已知的仅次于氟（F_2）的最强氧化剂。空气中 O_3 质量浓度在 $0.214mg/m^3$ 时，人在其中呼吸 2h 将使肺活量减少 20%；质量浓度在 $0.623mg/m^3$ 时，对鼻子和脑部有刺激；质量浓度达 $1 \sim 4.29mg/m^3$ 时，人在其中呼吸 $1 \sim 2h$ 后，眼和呼吸器官发干，有急性烧灼感，头痛，中枢神经发生障碍，时间再长思维就会紊乱。

7. 多环芳烃

多环芳烃（Polycyclic aromatic hydrocarbons，PAH）指多环结构的碳氢化合物，其种类很多，如芘、蒽、菲、荧蒽、苯并蒽、苯并 [b] 荧蒽及苯并 [a] 芘等。这类物质大多数有致癌作用，其中苯并 [a] 芘是国际上公认的致癌能力很强的物质，并作为计量大气 PAH 污染的依据。

城市大气中的苯并 [a] 芘主要来自煤、油等燃料的不完全燃烧，以及机动车的排气。大气中的苯并 [a] 芘主要通过呼吸道侵入肺部，并引起肺癌。实测数据说明，肺癌与大气污染、苯并 [a] 芘含量的相关性是显著的，从世界范围来看，城市肺癌死亡率约比农村高 2 倍，有的城市高达 9 倍。

6.2.7 大气污染的危害

1. 大气污染对人体的影响

大气污染物侵入人体的主要途径有呼吸道吸入、随食物和饮水摄入、与体表接触侵入等，如图 6-4 所示。

大气污染物对人体的影响分为急性和慢性两方面。

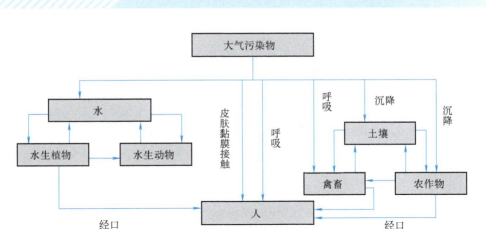

图 6-4　大气污染物侵入人体的途径

（1）急性影响　大气污染物对人体的急性影响（Acute effects）是以急性中毒形式表现出来的，有时是使患有呼吸系统疾病和心脏病的患者的病情恶化，进而加速这些患者死亡的间接影响。近代史上的几次重大空气污染事故，见表6-9。空气污染事故主要的特征：①逆温层和低风速，使空气处于停滞状态；②烟、二氧化硫及其他污染物含量增大引起咳嗽、眼疼及其他疾病；③污染水平达高峰时死亡率增大；④年龄越大，死亡越多；⑤各种年龄的死亡人数均增加；⑥死亡多由呼吸系统和心脏疾病引起；⑦多种污染物的结合，使各种疾病增加；⑧事故持续 5～7 天。

表 6-9　近代史上的重大空气污染事故

时　　间	地　　点	污染物及污染程度（24h 平均值）	死 亡 人 数
1930 年 12 月	比利时马斯河谷（Meuse Valley）	SO_2；氟化物；微粒	60～80
1948 年 10 月 27—31 日	美国多诺拉（Donora）	SO_2	20
1948 年 11 月 26 日—12 月 1 日	伦敦	微粒：2800μg/m³；SO_2：2.15mg/m³	700～800
1952 年 12 月 5—9 日	伦敦	微粒：4500μg/m³	4000
1954 年	美国洛杉矶（Los Angeles）	SO_2：3.83mg/m³；CO；NO_x；O_2；醛类	75% 患眼病
1956 年 1 月 3—6 日	伦敦	微粒：2400μg/m³；SO_2：1.57mg/m³	1000
1962 年 12 月 5—10 日	伦敦	SO_2：5.66mg/m³（1h 平均值）	700
1962 年 12 月 7—10 日	日本大阪	—	60
1963 年 1 月 29 日—2 月 12 日	纽约	SO_2：1.57 mg/m³	200～400

（2）慢性影响　大气污染物对人体的慢性影响（Chronic effects）主要指以 SO_2 和飘尘为指标的大气污染，它们与慢性呼吸道疾病有密切关系，患病率随大气污染程度增加而增加。由于空气污染引起的急性死亡显而易见，但低水平污染对健康的持续慢性影响很难得到精确的结论。故对于这种情况一般采用流行病学和毒理学的方法进行分析研究。

流行病学方法（Epidemiological methods）是统计分析空气污染对人们的影响的一种方法，由于因素复杂，此法并不能证明直接的因果关系。如"洛杉矶光化学烟雾"事故多发生在高度污染和天气较热的季节，死亡率的增加可能是由于每一个单独因素分别在起作用，也可能是由于二者结合产生的影响。

毒理学方法（Toxicology methods）是在实验室中控制一定条件下进行的。此法能取得结论性的因果关系，但与实际情况可能有出入，使结论不能完全适用。这两种方法是互相补充的。

2. 大气污染对植物的影响

在高浓度污染物影响下发生急性危害，使植物叶表面产生伤斑（或称坏死斑），或者直接使植物叶片枯萎脱落；在低浓度污染物长期影响下产生慢性危害，使植物叶片退绿，或产生所谓不可见危害，即植物外表不出现受害症状，但生理机能受到影响，造成植物生长减弱，降低对病虫害的抵抗能力。

而有时候大气污染对植物的危害，往往是两种以上气体污染物造成的，两种或多种污染物造成的危害称为复合危害。某些污染物共同作用时，有所谓增效或协同作用（Synergistic action）。

3. 大气污染对器物的损害

大气污染物对器物的损害包括玷污性损害和化学损害两个方面：玷污性损害是尘、烟等粒子落在器物表面造成的，有的可以通过清扫冲洗除去，有的很难除去；化学性损害是污染物的化学作用使器物腐蚀变质，如 SO_2 及其生成的酸雾、酸滴等，能使金属表面产生严重的腐蚀，使纸品、纺织品、皮革制品等腐蚀破碎，使金属涂料变质，降低其保护效果等。

■ 6.3 影响污染物在大气中扩散的因素

6.3.1 风对大气污染扩散的影响

空气的水平运动就叫风。风是一个表示气流运动的物理量，不仅具有数值（风速），还具有方向（风向）。风对大气污染扩散的影响包括风向和风速两个方面。风向影响着污染物的扩散方向，决定着污染物排放以后遵循的路径。风速常用风压表示。在气象服务中，常用风力等级（分为 13 级）表示风速大小。风速大小不仅决定着污染物的扩散和稀释的速度，还影响着污染物输送距离。最大的污染潜势经常出现在风力微弱的时候，因为风速小，水平输送和湍流扩散都很微弱，有利于污染物的积累，含量上升。酸雨天气时，风速多为 0 ~ 2m/s，其次多在 4m/s 以下。在这样的风速影响下，近地面层结构稳定，湍流交换较弱，污染物不易扩散，因而形成酸雨的概率较大。

通常采用风向频率（Frequency of wind direction）和污染系数（Pollution coefficient）来表示风向和风速对空气污染物扩散的影响。

1）风向频率，指某方向的风占全年各风向总和的百分率。

2）污染系数，表示风向、风速联合作用对空气污染物的扩散影响。其值可由下式计算

$$污染系数 = \frac{风向频率}{该风向的平均风速} \tag{6-4}$$

显然，不同方向的污染系数不尽相同，某方向污染系数的大小正好表示该方向空气污染的轻重不同。

6.3.2 湍流对大气污染扩散的影响

大气无规则的、杂乱无章的运动称为大气湍流，表现为气流的速度和方向随时间和空间

位置的不同呈随机变化。大气总是处于永不停息的湍流运动之中，排放到大气中的污染物在湍流作用下与大气充分混合，污染物含量不断降低。

大气中各种不同尺度的湍涡（Turbulent vortex）的无规则运动造成了流体各部分之间的强烈混合。此时，只要是在流场中存在或出现某种属性的不均匀性，就会因湍流的混合和交换作用将这种属性从它的高值区向低值区传输，进行再分布，如热量和水汽的湍流输送等。同样，当污染物从排放源进入大气时，就在流场中造成了污染物质分布的不均匀，形成浓度梯度。此时，它们除了随气流做整体的飘移，在湍流混合作用下，还不断将周围的清洁空气卷入污染的烟气，同时将烟气带到周围的空气中。这种湍流混合和交换的结果，造成污染物质从高浓度区向低浓度区输送，并逐渐被分散、稀释，这样的过程称为湍流扩散过程。在低空，这种湍流扩散（Turbulent diffusion）比分子扩散速率要大几个数量级。只有到了120km高度以上，分子扩散才变成占优势的因素。

湍流运动（Turbulent motion）是在一种比较简单的平均运动上叠加的不规则的脉动运动。风脉动包括风向和风速的脉动，是湍流运动的表现形式，它的强弱直接与湍流运动的强弱相关。铅直向湍流强度的大小受平均风速、地表粗糙度和大气稳定度的影响。平均风速越大，地表越粗糙，大气越不稳定，湍流就越发展。水平的纵向湍流强度和横向湍流强度随大气稳定度、平均风速、下垫面性质和高度而变化。

6.3.3　温度层结对大气污染扩散的影响

温度层结（Temperature stratification）是指大气温度随高度变化的情况，即大气温度的垂直分布。它决定着大气的稳定度，而大气的稳定度又影响湍流强度，因而温度层结与大气污染状况密切相关。

气温垂直变化的趋势通常用气温垂直递减率（Temperature gradient）γ 来表示（图6-5中的实线所示，虚线为干绝热直减率）。气温垂直递减率是指在垂直方向上每升高100m气温的变化值。对于标准大气来说，在对流层下层的 γ 值为 $0.3 \sim 0.4°C/100m$；中层为 $0.50 \sim 0.6°C/100m$；上层为 $0.65 \sim 0.75°C/100m$。在整个对流层内，γ 的平均值为 $0.65°C/100m$。由于近地层气象和地形条件比较复杂，因此，气温垂直递减率是随时随地变化的。当 $\gamma > 0$

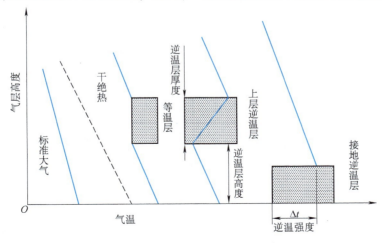

图6-5　气温垂直递减率

时，气温随高度增加而下降，空气形成上下对流，随之湍流发展，对污染物扩散有利，γ 越大，对流越快，污染物扩散越快。当 $\gamma = 0$ 时，温度随高度不变，形成等温层，空气没有垂直运动，大气较稳定，不利于污染物的扩散和稀释。当 $\gamma < 0$ 时，大气层的温度分布与标准大气情况下气温分布相反，形成"逆温层"，由于气温随高度增加而增加，空气的对流和湍流运动将被抑制，污染物极难扩散。

6.3.4　逆温层的形成及其对扩散的影响

由于气象条件不同，当气温垂直递减率小于零时，大气层的温度分布与标准情况下气温分布相反，称为逆温（Temperature inversion）。根据逆温层出现的高度不同，可分为接地逆温层与上层逆温层。造成逆温的原因很多，根据逆温层发生的原因，逆温层可分为以下几种：

（1）辐射逆温（Radiation inversion）　如经过一个寒冷而晴朗的夜晚后，次日早晨地表就会出现逆温。这是因为在夜里地表将热量辐射到空间后变冷了。如果当时有云，则有些能量可借云层反射回地面，使地表温度不致降得太多。但如果晴朗无云，地表就会迅速冷下来，紧接着使地面的空气也变冷，以致其温度低于上部空气的温度，从而产生逆温现象。只有到了白天，太阳晒热地表后，逆温现象才能消失。

（2）下沉逆温（Subsidence inversion）　是空气的下沉压缩增温作用形成的逆温，一般出现在高气压区，范围广，厚度大。在副热带，反气旋（即高气压）是半永久性的，大范围的下沉逆温对广大地区的近地层混合层形成一个非常严密的盖子，使地面污染物含量增大。

（3）地形逆温（Topography inversion）　是由局部地区的地形造成的。例如，盆地和谷地的逆温、山脉背风侧的逆温都属于地形逆温。冬天洛杉矶山脉背风侧，由于辐射冷却形成一个寒冷的气团，气团紧靠山脉堆积成一个冷空气池，越过山脉下降的暖空气在这个停滞的冷空气池的顶部展开。对向上扩散来说形成一顶几乎不能透过的帽子。另外，夏季午后，从上面下沉的气流在大气中两块积云之间发生绝热增温，在云底高度形成一层不连续的暖空气层，叫云底逆温，也是污染物扩散的障碍层。

（4）平流逆温（Advection inversion）　是当暖空气流到冷的下垫面上，使近地面空气因接触冷却作用而形成的逆温。平流逆温的强弱主要取决于暖空气和冷地面的温差，温差越大，逆温越强。冬季当海洋上的较暖空气流到大陆上时，就出现强的平流逆温。它的厚度不大，水平范围较广。

（5）锋面逆温（Frontal inversion）　是由大气中冷暖空气团相遇形成的一个倾斜的过渡层（称为锋面），较暖空气总是位于较冷空气之上而形成的逆温。锋面是一个倾斜的界面，自地面向上延伸到大气里，总是向冷空气一侧倾斜，所以锋面逆温只能在冷空气区域里观测到。锋面一般都在移动，因此在考虑空气污染时不是很重要。但是移动缓慢的暖锋（暖气团推动锋面向冷气团一侧移动的锋）就可能发生污染问题，因为暖锋坡度小（平均1：200），暖空气接近地面。此外，因峰面向较冷空气一侧倾斜，锋面临近使得混合层逐渐变薄，因此扩散条件在锋面通过以前就变得越来越差。

由于逆温层能阻碍空气上升运动的发展，使空气中的杂质、尘埃聚集在逆温层（Inversion layer）的底部，往往使低层大气能见度（Visibility）变差、污染物积聚、空气质量下降。在城市和工业区的上空，逆温层的形成可以加剧大气污染，使有毒物质不易扩散，造成很大危害。逆温强度越大，厚度越厚，维持时间越长，污染物越不易扩散和稀释，造成的危害也越大。造成一个地区高浓度大气污染的逆温，往往是好几种逆温结合在一起，但最受关注的是辐射逆温、下沉逆温和地形逆温。世界上一些严重的大气污染事件多与逆温存在有关。如美国洛杉矶的光化学烟雾的发生除了它的盆地地形以外，还与它的特定地理位置经常有强的逆温有关。洛杉矶处于副热带纬度的美国西海岸，位于北太平洋副热带高压东侧，强烈的下沉作用，一年差不多有 300 天左右会出现下沉逆温，加上沿岸又有冷洋流经过，流经其上的空气由于受冷洋流的影响，低层接触冷却，所以气层特别稳定，这就是洛杉矶多严重烟雾的一个很重要的气象原因。

6.3.5　气温干绝热垂直递减率

在物理上，如一系统在与周围物体没有热量交换而发生状态变化时，称为绝热变化（Adiabatic change）。状态变化经历的过程称为绝热过程。在大气中，做垂直运动的气块的状态变化接近于绝热变化。理论和实践都证明，一个干燥的气团（或未饱和的湿空气团）在大气中绝热垂直上升（或下降）100m 时，其温度降低（或升高）的数值就称为气温干绝热垂直递减率（Temperature dry adiabatic gradient），以 γ_d 表示，通常 $\gamma_d \approx 1℃/100m$（图 6-6中虚线）。这就是说，在干绝热过程中，气块每上升 100m，温度约降低 1℃。

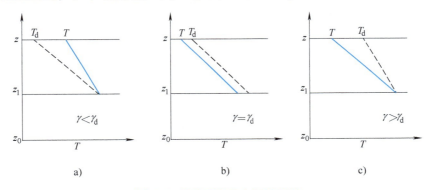

a)　　　　　　　　　　b)　　　　　　　　　　c)

图 6-6　三种不同的大气稳定度

T_d—干绝热直减率下的温度　T—气温直减率下的温度　z—气团高度　z_1—气团运动后高度（下降）　z_0—气团初始高度

注意：γ（气温递减率）与 γ_d 的含义是完全不同的。γ_d 是干空气块在绝热上升过程中气块本身的递减率，它近似为常数；而 γ 是表示环境大气的温度随高度的分布情况，在大气中随地–气系统之间热量交换的变化，γ 可以有不同的数值，即可以大于、小于或等于 γ_d。因此，比较 γ_d 和 γ 的大小，就可以判断大气层结的性质。

6.3.6　大气稳定度对大气污染扩散的影响

大气稳定度（Atmospheric stability）是指大气在垂直方向上的稳定程度，它取决于大气温度随高度的变化，是整层空气的稳定程度。它是用来描述环境大气层结对于在其中做垂直运动的气团起什么影响的一种热力性质。

假如有一团空气受到对流冲击力的作用，产生了向上或向下的运动，那么就可能出现三种情况：如空气团移动后逐渐减速，并有返回原来位置的趋势，这时的气层对于该空气团而言是稳定的；如空气团一离开原来位置就逐渐加速运动，并有远离起始高度的趋势，这时的气层对于该空气团而言是不稳定的；如空气团被推到某一高度后，既不加速也不减速，这时的气层对于该空气团而言是中性的气层。实际上，某一气层是否稳定的问题，就是运动的气团比周围大气是轻还是重的问题。空气的轻重，取决于气压和气温，在气压相同的情况下，两团空气的相对轻重实际上取决于两者的温度。

因此，大气是否稳定，通常用环境大气的气温垂直递减率（γ）与上升空气块的气温干绝热垂直递减率（γ_d）的对比来判断，一般存在三种情况（图6-6）。

考虑一气团在大气中做升降运动，并考虑到$\rho = p/RT$，其中，p为气团此状态的空气压力（Pa），R为空气的气体常数（J·kg^{-1}·K^{-1}），则其加速度为

$$a = (F_{浮} - F_G)/m = (\rho'gV - \rho gV)/\rho V = g \times \frac{\rho' - \rho}{\rho} = g\left(\frac{T - T'}{T'}\right) \tag{6-5}$$

式中　a——气团运动的加速度（m/s^2）；

　　$F_{浮}$——气团所受浮力（N）；

　　F_G——气团自身的重力（N）；

　ρ、ρ'——气团和环境大气的密度（kg/m^3）；

　　　V——气团体积（m^3）；

　T、T'——气团和环境大气的温度（K）；

　m、g——气团的质量与当地重力加速度。

假设气团在其初始位置时温度为T_0，环境大气的温度也为T_0，那么气团绝热上升一段距离Δz后温度变为$T = T_0 - \gamma_d \Delta z$，环境大气温度为$T' = T_0 - \gamma \Delta z$，于是$T - T' = (\gamma - \gamma_d)\Delta z$，故式（6-5）变为

$$a = g\frac{\gamma - \gamma_d}{T'}\Delta z \tag{6-6}$$

从上式可看出：①当$\gamma > \gamma_d$时，气团加速度大于零，气团在垂直方向上的运动被加强，此时大气是不稳定的；②当$\gamma = \gamma_d$时，气团加速度为零，气团可平衡在任意位置，此时大气是呈中性的；③当$\gamma < \gamma_d$时，气团加速度小于零，气团升降受到阻碍，大气是稳定的。

γ越大，大气越不稳定；γ越小，大气越稳定。如果γ很小，甚至等于零（等温）或小于零（逆温），就将成为对流发展的障碍。所以大气污染中，常将逆温、等温和γ很小的气层称为阻挡层。大气稳定度和一个地方的大气污染状况有着密切的关系。大气不稳定，湍流和对流充分发展，扩散稀释能力强，在同样的排放条件下，一般不会形成大气污染；大气稳定，对流和湍流不容易发展，污染物不容易扩散开，容易形成大气污染。另外，因大气稳定度有明显的日变化规律，所以污染物含量也会有相应的日变化。

6.3.7　大气稳定度与烟型

大气温度层结（Atmospheric temperature stratification）不同，烟囱里面排出的烟羽（Smoke plume）类型不同。归纳可以发现烟囱里面排出的烟羽大概有波浪型、锥型、扇型、屋脊型、熏蒸型五种类型。烟羽类型气象条件与地面污染浓度关系见表6-10。大气稳定度对烟流扩散的影响如图6-7所示。

表 6-10　烟羽类型气象条件与地面污染浓度关系

烟羽类型	形　状	温度层结	天气状况	风和湍流	地面污染程度
波浪型	波浪形	超绝热	晴天，日射强的白天	强对流、微风	近烟囱处污染物含量较高，远处低
锥型	规则的圆锥状	中性、弱逆温或等温	阴天、风强时	风较大、机械湍流强	地面污染含量低
扇型	垂直伸展小，延伸较远	很稳定	弱风的暗夜、早晨，地面平坦，有积雪时常发生	微风，湍流很弱	地面污染含量低
屋脊型	下部平展，上部迅速向上扩散	上部不稳定，下部稳定	常在晴天日落从地面开始形成逆温时发生	弱风，下部湍流弱	地面污染物含量较低
熏烟型	上部平展，下部迅速向下扩散	上部稳定，下部不稳定	多发生在清晨日出后	下部湍流扩散，上部湍流弱	地面污染物含量大，特别是烟囱低、逆温层长期持续时，污染物含量更大

（1）波浪型（翻卷型）　这种情况出现在不稳定条件下。此时流场中较大尺度的湍涡活动相当活跃，扩散十分迅速，于是可见浓烟滚滚，在污染源附近浓度较大，但能很快扩散。这种情况多见于晴天中午前后。夏季晴天出现时间更长更典型。

（2）锥型　这种情况出现在近中性条件下。此时，湍流强度比平展型大，但比不稳定时要小。这种扩散一般是烈风和云天的特征。

（3）扇型（平展型）　这种情形出现在稳定条件下。此时，湍流受到抑制，特别是铅直湍流交换十分微弱，烟流在铅直方向的伸展很小，像扁平的飘带伸向远方。烟流在水平方向是缓慢弯曲偏转的，从长时间来看，会造成有效的侧向扩散。

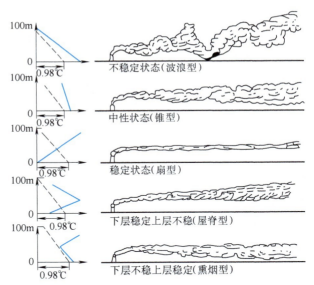

图 6-7　大气稳定度对烟流扩散的影响

（4）屋脊型（上升型）　温度层结与漫烟型相反，逆温层处在烟囱高度以下，烟囱高度以上不稳定。因而烟云主要向上扩散，使地面层比较清洁。这种烟羽一般出现在日落后一个短时间内，日落后地面辐射降温，并自而上逐渐形成逆温，在烟囱高度以上仍保持递减状态，所以烟云不向下方扩散。

（5）熏烟型（熏蒸型）　日出以后，由于地面增温，低层空气加热，结果使夜间形成的逆温自下而上逐渐破坏，但此时气温的垂直分布虽然下部已变成递减，但上部仍保持着逆温状态，便出现了这种烟型，此时一般风力较弱，由于烟气不能向上方扩散，只能向下方扩散，因此导致地面污染物浓度上升。往往形成近地面污染危害。

6.3.8　降水对大气污染扩散的影响

雨雪等各种形式降水使污染物从大气中清除到地表的过程，称为降水清除或降水洗脱过程。降水净化大气的作用包含两个方面：①许多污染微粒物质充当了降水凝结核，然后随降水一起降落到地面；②在雨滴下降过程中碰撞、捕获了一部分颗粒物。两者既发生在云中，也发生在云下降水下落过程中，通常称云中的清除过程为"雨除"或"雪除"，降水下落过程中的清除过程为"冲洗"，这种冲洗清除过程实际上比雨除要有效得多，其效率和速率取决于降水速率、雨滴大小及它们和污染物携带的电荷。

6.3.9　雾对大气污染扩散的影响

雾像一顶盖子，会使空气污染状况加剧。城市车辆的增多、城市建设的加快及不合理清扫都会使城市里粉尘增多，粉尘悬浮在空中，落不下来，形成了悬浮物，为雾的形成提供充分的条件。而光化学烟雾就是雾的一种。在重污染的城市中，清朗的夏季，强日光、低风速和低温度都具备的条件下，极易形成光化学烟雾。

6.3.10　混合层高度对扩散的影响

混合层高度实质上是表征污染物在垂直风向被热力湍流稀释的范围，即低层空气热力对流与湍流所能达到的高度。混合层高度随时随地变化，污染物稀释的速度也在随时随地变化。在一天中，早晨的混合层高度一般较低，表明早晨铅直稀释能力较弱；下午的混合层高度达最高值，意味着午后铅直稀释能力最强。这是因为日出以后，地面受热后对流发展。垂直混合的高度升高，地面排放的污染物可以在较大的空间范围内扩散，对减低地面污染浓度十分有利。

6.3.11　通风系数对扩散的影响

为了表示午后扩散能力的强弱，定义混合层高度和混合层平均风速的乘积为水平通风系数（即通风量）。显然水平通风系数越大，扩散越快。水平通风系数代表了混合层内空气的输送速率。

6.3.12　气压对扩散的影响

当高气压控制一个地区时，天气晴朗、风小、空气比较静稳，扩散缓慢。高气压内有大范围的空气下沉运动，往往在几百米到 $1 \sim 2 km$ 的高度上形成下沉逆温。逆温层像个盖子似地阻止污染物向上扩散，如果高压移动缓慢，长期停留在某一地区，那么由于高压控制，伴随而来的小风速和稳定层结，十分不利于稀释扩散。此时只要有足够的污染物排放，就会出现污染危害，如果加上不利的地形条件，往往会导致严重的污染事件。

6.3.13　下垫面对扩散的影响

下垫面对扩散的影响是通过改变气流和影响气象条件来实现的，其影响方式有动力作用和热力作用两种。动力作用如粗糙度增加机械湍流，地形可改变局地流场和气流路径等，从而改变污染物的扩散稀释条件。热力作用是由于下垫面性质不同或地形起伏，使得受热、散热不均匀，从而引起温度场和风场的变化，进而影响污染物的扩散。

（1）山谷地形的影响　在山谷地区，由于局地性加热、冷却的差异，白天气流顺坡、顺谷上升，形成上坡风和谷风，晚间气流顺坡、顺谷而下，形成下坡风和山风。这种昼夜交替的局地环流，往往使污染物在山谷内往返累积。在气流绕越山岭、小丘时，迎风坡气流抬升，流线密集，风速加大，而山峰背风面由于发生风引起的大气涡流而常常受到更严重的污染。谷地昼夜的空气环流的影响如图6-8所示。

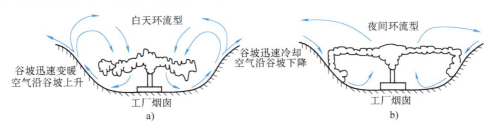

图6-8　谷地昼夜空气环流的影响

（2）大型局部水体的影响　在滨海地区，由于海陆面的导热率和热容量差异，常出现海陆风。白天，地面风从水面吹向陆地，称为海风。晚间，风从陆地吹向海洋，称为陆风。海风一般比陆风要强，可深入内地几千米，高度也可以达到几百米。如在海陆风影响地区建厂，海陆风交替的影响，容易造成近海地区的污染。另外，在海陆交界处，粗糙的陆地面和平滑的海面交界附近，形成的海陆边界层，对于大气污染扩散也有很大的影响。吹向平滑海面的风，湍流小；而吹向粗糙度大的陆地上的风，随着近陆面湍流逐渐变大并波及上层。在海陆边界层外面烟的扩散参数小，而在海陆边界层内侧扩散参数急剧增大，会造成污染物向地面迅速扩散。大型水体对污染物的影响如图6-9所示。

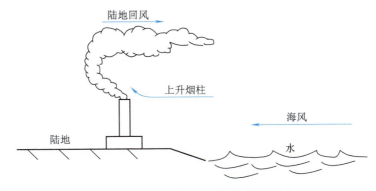

图6-9　大型水体对污染物输送的影响

（3）城市效应

1）城市粗糙面的动力效应。城市的建筑加大了地面糙度，使风速减小，从而减小了扩散率，这种现象在不顺风的街道尤为突出。另一方面，糙度的加大也增强了局地的机械湍流，从而加快了污染物的扩散。

2）城市风。**城市热岛**（Urban heat island）的存在，使得城市上空经常具有不稳定的温度层结，即下暖上冷。在郊区农村，日落以后地面强烈冷却，近地层空气也随即降温，很快产生逆温现象。但在城市中，逆温通常要在午夜以后才出现，发生频率也比郊区低。因此，总的来看，城市空气的不稳定度增大，污染物在城市边界层中的扩散比较强烈。这在冬季晴夜尤其明显。同时，由于热岛中心暖而轻的空气上升，周围郊区冷而重的空气下沉，从而在城市与郊区之间形成一个热岛环流。这在天晴风微的天气条件下表现明显。热岛环流的作用，可能会把市区的污染物质通过上升气流带到郊区集积起来，然后又通过从郊区吹向市区的风把这些污染物质和郊区工厂排放的污染物一起汇集到市区，使城市空气质量恶化。图6-10表示了城市与乡村间环流的不同。

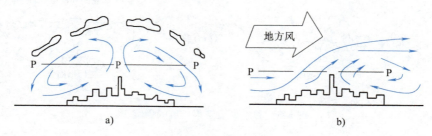

图 6-10　城市与乡村间环流

另外，城市内建筑物和街道影响，又形成"街道风"。白天，东西向街道，屋顶受热最强，热空气从屋顶上升，街道冷空气随之补充，构成环流。南北向街道，中午受热，形成对流。夜间屋顶急剧冷却，冷空气下沉，促使街道热空气向上，形成与白天相反的环流，下沉气流形成涡流。因此，不同走向的街道、同一街道的迎风面和背风面，污染物浓度不一样。这种"街道风"对汽车排放的污染物影响很大。

6.3.14　空气污染事故日与污染指数

上述诸气象因素达到什么水平才会使空气污染加剧至发生事故的程度呢？一般地，如果一个地区连续几天低混合高度、低风速和无雨，最可能发生空气污染。"事故日"的多少表示大气污染的可能性。经验证明，发生事故日的条件大致是：持续两天混合高度小于1500m、风速小于4m/s和无大雨。由事故日等值线图可看出，事故日最多的地区只应作为农业区，而事故日少的地区可作为工业区。

最近，人们又采用污染指数（Pollution index）来概括风、大气稳定性、降水及混合层高度等气象因素影响污染物扩散的共同作用。

污染指数可按下式计算求得

$$I_{d} = \frac{sp}{vh} \tag{6-7}$$

式中　I_{d}——d方向上的污染指数；

　　　　s——大气的稳定性；

　　　　v——风速；

　　　　h——混合高度；

　　　　p——降水。

式（6-7）中，s、v、h、p在计算时均按实际气象资料的数值转化成无量纲的相对值；

这样经过计算所得的 I_d 也是一个无量纲的数。I_d 值越大，说明 d 方向下侧的污染越重。

由大量的实际资料的计算发现，$I_d \leqslant 0.8$ 时，为洁净型大气。换言之，这些地区不易发生空气污染事故，可作为工业区。

6.4 大气污染控制

实施大气污染防治（Atmospheric pollution control），一是运用法律的手段限制和控制污染物排放数量和扩散影响范围；二是运用技术手段（包括各种人为的技术途经和技术措施）减少或防止污染物的排放，治理排出的污染物，合理利用环境的自净能力，从而达到保护环境的目的。

6.4.1 合理利用环境自净作用的技术措施

环境对大气污染物有一定的自净能力，合理利用环境的自净作用是大气污染防治技术的一项重要内容。

1. 合理工业布局

工业布局是否合理与大气污染的形成关系极为密切。工业过分集中的地区，大气污染物排放量必然过大，不易被稀释扩散；相反地，将工厂合理分散布设，在选择厂址时充分考虑地形、气象等环境条件，则有利于污染物的扩散、稀释，发挥环境的自净作用，可减少废气对大气环境的污染危害。

2. 选择有利于污染物扩散的排放方式

排放方式不同，其扩散效果也不一样。一般地，地面污染物浓度与烟囱高度的平方成反比。提高烟囱有效高度有利于烟气的稀释扩散，减轻地面污染。目前国外较普遍地采用高烟囱和集合式烟囱排放。但根据"总量控制"的原则，上述措施虽可减轻地面污染物浓度，而排烟范围却扩大了，污染问题不能从根本上得到解决。

3. 发展绿色植物

绿色植物具有美化环境、调节气候、吸附粉尘、吸收大气中的有害气体等功能，可以在大面积的范围内，长时间、连续地净化大气，尤其是在大气中的污染物影响范围广、浓度比较低的情况下，植物净化是行之有效的方法。在城市的工业区，根据当地大气污染物的排放特点，合理选择植物种类、扩大绿化面积是大气污染综合防治具有长效能和多功能的保护措施。

6.4.2 大气污染控制的基本原则和措施

污染源控制是控制大气污染的关键所在。控制大气污染应以合理利用资源为基点，以预防为主、防治结合、标本兼治为原则。控制大气污染主要有以下几个方面：

（1）改善能源结构　改革能源结构是防治大气污染的一项重要措施。一个城市若将煤燃料大部分改成油燃料和气燃料后，大气环境质量会显著改善。开发利用太阳能、地热能、风能、水能、生物能、核能等较洁净的能源来代替燃煤，可使大气中的粉尘降低。这是一种根本性控制和防治大气污染的方法，它对改善城市大气环境质量、节约能源、方便人民生活等方面都有重大意义。

（2）对燃料进行预处理　原煤经过洗选、筛分、成型及添加脱硫剂等加工处理，不仅可大大降低含硫量、减少二氧化硫的排放量，而且有可观的经济效益。实践表明，民用固硫型煤与燃用原煤相比，节煤 25% 左右，一氧化碳排放量减少 70% ～ 80%，烟尘排放量减少 90%，二氧化硫排放量减少 40% ～ 50%。据初步估算，洗煤带来的直接和间接效益为洗煤成本的 3 ～ 4 倍。这是最基本最现实的防治燃煤型大气污染的有效途径。

（3）改革工艺设备、改善燃烧过程　通过改革工艺及改造锅炉、改变燃烧方式等办法，减少燃煤量，相应减少排尘量。诸如通过改革工艺，力争把某一生产过程中产生的废气作为另一生产中的原料加以利用，这样就可以取得减少污染的排放和变废为宝的双重经济效益；控制空气过剩系数、有序地增加二次风；炉内添设导风器、革新煤炉炉排和燃油喷嘴；燃油制成水乳剂喷入炉内等，都是有效的技术措施。

（4）采用集中供热和联片供暖　利用集中供热取代分散供热的锅炉，是城市基础设施建设的重要内容，是综合防治大气污染的有效途径。集中供热比分散供热可节约 30.5% ～ 35% 的燃煤，且便于采取除尘和脱硫措施，分散的小炉灶，由于燃烧效率低，烟囱矮，同集中供热相比，使用相同数量的煤产生的烟尘高 1 ～ 2 倍，飘尘多 3 ～ 4 倍。目前，我国集中供热方式主要有热电联产、集中锅炉房供热及余热利用等方式。

（5）综合防治汽车尾气及扬尘污染　随着经济的持续高速发展，我国汽车的持有量急剧增加，因而汽车排气的污染危害日益明显，综合治理汽车尾气、普及无铅汽油、开发环保汽车、减少城市的裸地，是对大气环境保护的重要措施。

6.4.3　空气污染控制系统

空气污染的根源是排放源（Emission source），同排放源关联的是源控制（Source control），它是利用净化设备（Purification equipment）或源自身处理过程来减少排放到大气中的污染物数量。污染物经源控制设备出来后进入大气中，被大气稀释（attenuation）、迁移（Transference）、扩散（Diffusion）和化学转化（Chemical conversion）。随后污染物就被监测器或人、动植物、材料感应到，发出反馈信息，对污染源进行自动控制或公众施加压力经过立法再进行控制。典型的空气污染控制系统如图 6-11 所示。

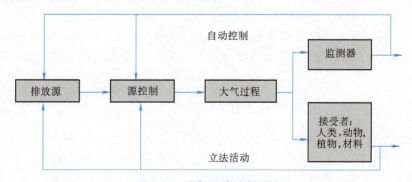

图 6-11　空气污染控制系统

从图 6-11 可以看出，控制空气污染应从三个方面着手：第一，对排放源进行控制，以减少进入大气中的污染物量；第二，直接对大气进行控制，如采用大动力设备改变空气的流向和流速；第三，对接受者进行防护，如使用防尘、防毒面罩。在这三种防治途径中，只有第一种是既可行的又最实际的。由此可见，控制大气污染的最佳途径是阻止污染物进入大气中。完全、彻底消灭空气污染物的产生是不可能的。科学合理的做法是将大气中的空气污染物削减到人类能承受的水平，那么这个"承受水平"是多少呢？这就需要研究污染物对人类的影响效应。再者大气是污染物的载体，它对污染物起着稀释、扩散、转化的作用，所以也必须对污染物在大气中的运动变化规律作研究。因此，大气污染工程的研究内容主要分布在三个领域：大气污染物从污染源的产生机制及控制技术；大气污染物在大气中的迁移、扩散、化学转化；大气污染物对人类、生态环境、材料等的影响。

6.4.4　大气污染控制方法

对排气施用某种工艺性方法手段，使污染物以有用物质形态得以回收或将其转为无害状态：①改变生产过程中所用的原材料以避免或减少污染物生成；②改变生产工艺条件以减少排气或排污；③稀释排放。

一般来说，经济核算是考虑方法抉择的首要因素，别的因素还有污染物危及环境质量的紧迫性和决策管理部门对各方面利弊的权衡等。表6-11列举了工厂治理生产废气的一些常用方法，图6-12所示为典型的空气污染控制流程。

表6-11　大气污染物的治理方法

方法类型	含颗粒物废气的治理方法	含气体污染物废气的治理方法
清洁生产法和预防污染法	减少或消除固体颗粒物生成： 革除生成过程中可产生固体颗粒物的单元操作 将固体物转化为液态 将干的固态物转化为湿态 固态粒子粗大化	减少或消除气体污染物的产生： 革除生产过程中可产生气体污染物的单元操作 将气态污染物转化为固态或无害化学形态
终端污染控制法	除尘技术： 重力除尘、离心力除尘、电除尘等 过滤 洗涤	净气技术： 直接燃烧、催化燃烧或焚烧 吸附、吸收或冷凝

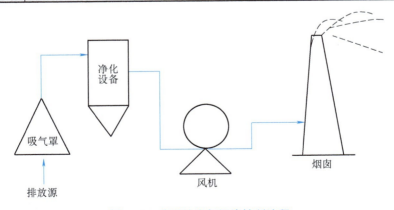

图6-12　典型的空气污染控制流程

在对污染源的治理中，除尘技术常用干法（多为物理法），净气技术常用湿法（多为化学法），对于组成复杂的废气常需要将几种方法组合使用，才能达到深度去污的目的。

6.4.5 烟尘控制

从废气中除去或收集固态或液态粒子的设备，称为除尘（集尘）装置，或叫除尘（集尘）器。除尘器种类繁多，根据不同的原则，可对除尘器进行不同的分类。依照除尘器除尘的主要机制可将其分为机械式除尘器（Mechanical collector）、过滤式除尘器（Filter dust separator）、湿式除尘器（Wet dust collector）、静电除尘器（Electrostatic precipitator）等四类。根据在除尘过程中是否使用水或其他液体可分为湿式除尘器、干式除尘器（Dry type deduster）。根据除尘过程中的粒子分离原理，除尘装置又可分为重力除尘装置（Gravity dust removal device）、惯性力除尘装置（Inertia force dust removal device）、离心力除尘装置（Centrifugal force dust removal device）、洗涤式除尘装置（Washing dust removal device）、过滤式除尘装置（Filter type dust removal device）、电除尘装置（Electric dust removal device）、声波除尘装置（Acoustic wave dust removal device）。

1. 重力除尘装置

重力除尘装置是使含尘气体中的尘粒借助重力作用沉降，并将其分离捕集的装置，分为单层沉降室和多层沉降室两种形式（图6-13），是各种除尘器中最简单的一种，只对 $50\mu m$ 以上的尘粒有较好的捕集作用。除尘效率约为 $40\% \sim 60\%$。

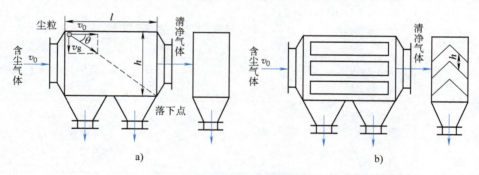

图6-13 重力除尘装置

2. 惯性除尘装置

惯性除尘装置是使含尘气流冲击挡板，气流方向发生急剧转变，然后借助尘粒本身惯性力作用，将尘粒从气流中分离的一种除尘装置。它有两种形式，一种是以含尘气体中的粒子冲击挡板来收集较粗粒子的冲击式除尘装置；另一种是通过改变含尘气流流动方向以收集较细粒子的反转式除尘装置。图6-14是几种形式的惯性除尘器的不同构造。惯性除尘装置一般多作为高性能除尘装置的前级，用它先除去较粗的尘粒或炽热状态的粒子。这类除尘装置通常可以去除 $10\mu m$ 左右的微粒。

3. 离心力除尘装置

含尘气体进入离心力除尘装置后，其中的尘粒主要受离心力的作用而被分离，其结构类型主要有切线进入式旋风除尘器和轴向进入式旋风除尘器两种（图6-15、图6-16）。这种除尘装置对于大于 $20\mu m$ 的尘粒有较好的捕集效果，效率可达 $80\% \sim 95\%$。

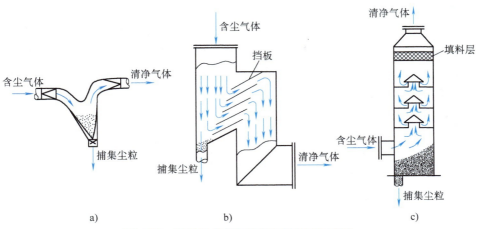

图 6-14　几种形式的惯性除尘器的不同构造

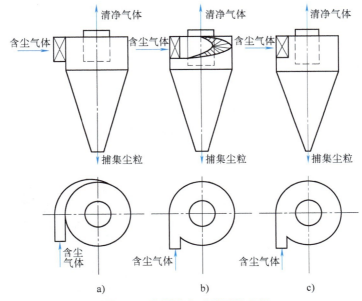

图 6-15　切线进入式旋风除尘器

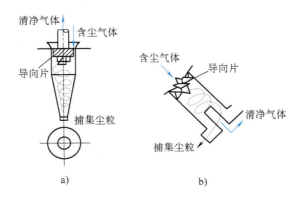

图 6-16　轴向进入式旋风除尘器

4. 洗涤式除尘装置

洗涤式除尘装置是用液体形成的液滴、液膜、雾沫等洗涤含尘烟气，而将尘粒进行分离的装置。洗涤式除尘装置是湿式除尘装置，形式多样，如贮水式（图6-17）、加压水式等。文丘里管洗涤式除尘器（图6-18）是使用广泛、效率较高的一种，除尘效率可达99%以上，如此高的效率和简单的结构，不仅能减少安装面积，还能脱出烟气中部分硫氧化物和氮氧化物。

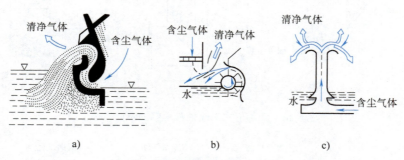

图 6-17　贮水式除尘装置工作原理

5. 过滤式除尘装置

过滤式除尘装置是使含尘气体通过滤料，将尘粒分离捕集的装置。分内部过滤和外部过滤两种形式。其中袋式除尘器（图6-19）是最常用的一种外部过滤，在新的滤料上可阻隔粒径1μm以上的尘粒形成除层，除尘效率可达90%～99%。

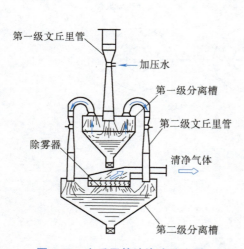

图 6-18　文丘里管洗涤式除尘器

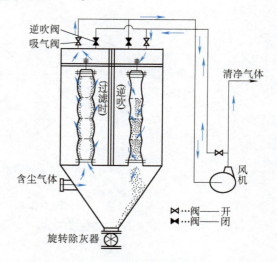

图 6-19　袋式除尘装置

6. 电除尘装置

电除尘器（Electric precipitator）是含尘气流在高压直流电源产生的不均匀电场中使尘粒荷电，荷电的尘粒在电场库仑力的作用下，集向集尘极而达到除尘目的的一种除尘装置，图6-20是电除尘器除尘机理。图6-21是单管电除尘器。电除尘装置除尘效率高，可达99.9%以上，能捕集粒径为0.1μm或更小的烟雾。

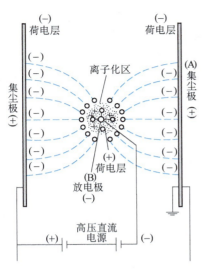

图 6-20 电除尘器除尘机理

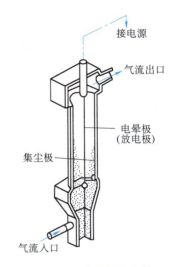

图 6-21 单管电除尘器

6.4.6 气态污染物控制

气态污染物（Gaseous pollutants）种类繁多，化学性质各异，对其控制要视具体情况采用不同的方法。目前用于气态污染物控制的主要方法按原理分为吸收法（absorption）、吸附法（Adsorption）、催化法（Catalyst）、燃烧法（Combustion）、冷凝法（Condensation）、生物法（Biological）等。

1. 排烟二氧化硫控制技术

（1）概述 从排烟中脱除 SO_2 的技术简称 "烟气脱硫（Flue Gas Desulfurization，FGD）"。目前烟气脱硫方法已经有了 100 多种，而用于工业化的方法仅有十几种，多数方法仍处于实验室或半工业性试验阶段。对低浓度 SO_2 烟气的治理，需要庞大的脱硫装置，并需用良好的耐腐蚀性材料制成。建立治理低浓度 SO_2 烟气的工业装置不仅在技术上，而且在吸收（或吸附）剂的选用和脱硫后的副产物的处理和利用上，存在着可行性和经济效益等方面的问题。这是低浓度 SO_2 烟气治理技术进展较缓的原因之一。

烟气脱硫方法可分为两类：抛弃法（Abandon method）和再生回收法（Regeneration recycling method）。抛弃法是指在脱硫过程中形成的固体产物被抛弃，必须连续不断地加入新鲜的化学吸收剂。再生回收法，顾名思义，与 SO_2 反应后的吸收剂可连续地在一个闭环系统中再生，再生后的脱硫剂和由于损耗需补充的新鲜吸收剂再回到脱硫系统循环使用。

烟气脱硫方法也按脱硫剂是否以溶液（浆液）状态进行脱硫而分为湿法（Wet flue gas desulfurization）、半干法（Half dry flue gas desulfurization）和干法脱硫（Dry flue gas desulfurization）三种，这也是常采用的一种分类方法。湿法系统指利用水溶液或碱性浆液吸收烟气中的 SO_2，生成的脱硫产物存在于水溶液或浆液中。干法系统指利用固体吸收剂和催化剂在不降低烟气温度和不增加湿度的条件下除去烟气中的 SO_2。半干法系统指利用脱硫剂浆液进行脱硫，但在脱硫过程中浆料水分被蒸发干燥，最后脱硫产物也呈干态。

（2）主要的湿法烟气脱硫技术 湿法脱硫是目前世界上应用最广泛的烟气脱硫技术，

它以水溶液或浆液作脱硫剂，生成的脱硫产物存在于水溶液或浆液中，系统位于烟道的末端除尘器之后。由于是气液反应，其脱硫反应速度快、效率高、脱硫剂利用率高。但是，初期投资大，运行费用也较高，适合大型燃煤电站的烟气脱硫，且存在设备腐蚀、结垢，废水处理等问题。湿法烟气脱硫主要包括湿式石灰石—石膏法、双碱法、氨法、氧化镁法和海水脱硫法等。

1）湿式石灰石—石膏法。湿式石灰石—石膏法脱硫（Wet Limestone-Gypsum Flue Gas Desulfurization，WFGD）最早由英国皇家化学公司在 20 世纪 30 年代提出，是目前应用最广泛、技术最为成熟的一种烟气脱硫方法，占湿法烟气脱硫的 70% 以上。该工艺是采用含亚硫酸钙和硫酸钙的石灰石/石灰浆液洗剂，SO_2 与浆液中的碱性物质发生化学反应生成亚硫酸盐和硫酸盐，新鲜石灰石或石灰浆液不断加入脱硫液的循环回路。浆液中的固体（包括燃烧飞灰）连续地从浆液中分离出来并排往沉淀池。图 6-22 所示为石灰石—石膏法烟气脱硫工艺流程，总的化学反应式为

石灰石 $$SO_2 + CaCO_3 + H_2O \longrightarrow CaSO_3 \cdot 2H_2O + CO_2 \qquad (6\text{-}8)$$

石膏 $$SO_2 + CaO + 2H_2O \longrightarrow CaSO_3 \cdot 2H_2O \qquad (6\text{-}9)$$

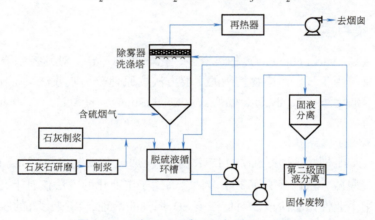

图 6-22 石灰石—石膏法烟气脱硫工艺流程

湿式石灰石—石膏法的特点是 SO_2 脱除率高，当钙硫比为 1 时，脱硫率可达到 90% 以上，能适应大容量机组、高浓度 SO_2 含量的烟气脱硫；吸收剂石灰石价廉易得，而且可生产出副产物石膏，高质量石膏具有综合利用的价值。但该法最大的缺点是设备庞大，占地面积大，投资和运行费用高，特别是装置容易结垢堵塞。

2）双碱法。双碱法脱硫（Double alkali desulfurization）工艺是为了克服石灰石—石膏法烟气脱硫容易结垢的缺点和提高 SO_2 脱除效率而发展起来的一种脱硫工艺。该法采用金属盐（Na^+、K^+、NH_4^+ 等）或碱类的水溶液吸收 SO_2，再用石灰或石灰石再生吸收 SO_2 后的吸收液，将 SO_2 以亚硫酸钙或硫酸钙形式沉淀析出，得到较高纯度的石膏，再生后的溶液返回吸收系统循环使用。以钠钙双碱法 $[Na_2CO_3\text{-}Ca(OH)_2]$ 为例，其基本脱硫化学原理可分为脱硫过程和再生过程两部分

脱硫过程：

$$Na_2CO_3 + SO_2 \longrightarrow Na_2SO_3 + CO_2 \qquad (6\text{-}10)$$

$$2NaOH + SO_2 \longrightarrow Na_2SO_3 + H_2O \qquad (6\text{-}11)$$

$$Na_2SO_3 + SO_2 + H_2O \longrightarrow 2NaHSO_3 \tag{6-12}$$

再生过程（石灰乳再生）：

$$2NaHSO_3 + Ca(OH)_2 \longrightarrow Na_2SO_3 + CaSO_3 + 2H_2O \tag{6-13}$$

$$Na_2SO_3 + Ca(OH)_2 \longrightarrow 2NaOH + CaSO_3 \tag{6-14}$$

双碱法与石灰石—石膏法相比，具有吸收速度快，可降低液气比，从而降低运行费用，塔内钠碱清液吸收，可大大降低结垢机会，纯碱循环利用，提高了脱硫剂的利用率等优点。双碱法脱硫工艺流程如图 6-23 所示。

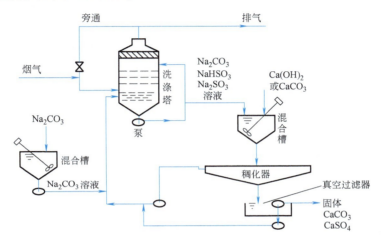

图 6-23　双碱法脱硫工艺流程

3）氨法。氨法脱硫（Ammonia absorption desulfurization）是用氨水（$NH_3 \cdot H_2O$）为吸收剂吸收烟气中的 SO_2，是较为成熟的方法，已较早应用于化学工业。氨法脱硫虽然有很多方法，但其吸收过程涉及的化学基本原理是相同的，不同的是由于对吸收液采取再生方法及工艺技术路线的不同，会得到不同的副产物。氨法脱硫工艺流程如图 6-24 所示，氨法吸收过程发生的主要反应有：

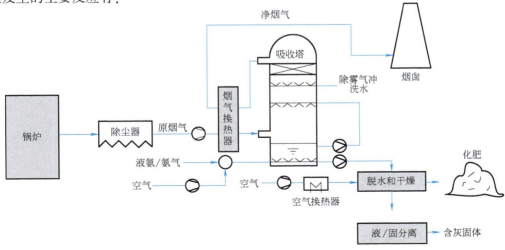

图 6-24　氨法脱硫工艺流程

$$2NH_3 \cdot H_2O + SO_2 \longrightarrow (NH_4)_2 SO_3 \tag{6-15}$$

$$NH_3 \cdot H_2O + SO_2 \longrightarrow NH_4 HSO_3 \tag{6-16}$$

$$(NH_4)_2 SO_3 + SO_2 + H_2O \longrightarrow 2NH_4 HSO_3 \tag{6-17}$$

4）海水脱硫法。海水脱硫法（Seawater desulfurization）是近几年发展起来的新型烟气脱硫工艺。根据是否添加其他化学吸附剂，海水脱硫工艺可分为两类。一类是用纯海水作为吸收剂的工艺，以挪威 ABB 公司开发的 Flakt-Hydro 工艺为代表，有较多的工业应用。另一类是在海水中添加一定量石灰以调节吸收液的碱度，以美国 Bechtel 公司的脱硫工艺为代表，在美国已建成示范工程，但未推广应用。中国第一座海水脱硫工程应用在深圳西部电厂，1999 年投产运行。

海水脱硫系统由烟气系统、SO₂吸收系统、供排海水系统和海水恢复系统、监测与控制系统组成。其工艺流程如图 6-25 所示。

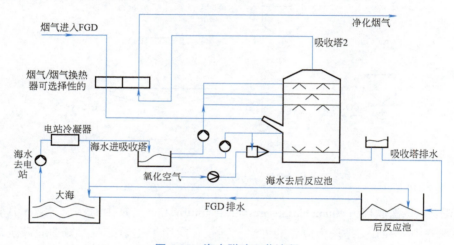

图 6-25　海水脱硫工艺流程

（3）主要的干法烟气脱硫技术　干法烟气脱硫（Dry flue gas desulfurization）是指应用粉状或粒状吸收剂、吸附剂或催化剂来脱除烟气中的 SO₂。常用的干法烟气脱硫工艺有活性炭法、接触氧化法和炉内燃烧脱硫法等。

1）活性炭法。活性炭烟气脱硫法（Activated carbon flue gas desulfurization）是利用活性炭的活性和较大的比表面积使烟气中 SO₂在其活性表面上与氧及水蒸气反应生成硫酸。其化学反应式如下：

$$SO_2 + \frac{1}{2}O_2 + H_2O \longrightarrow H_2SO_4 \tag{6-18}$$

水洗式固定床活性炭脱硫工艺流程如图 6-26 所示，其脱吸率可达 98%，回收产物为 15%～20% 的稀硫酸。

2）接触氧化法。接触氧化烟气脱硫法（Contact oxidation flue gas desulfurization）与工业接触法制酸一样是以硅石为载体，以五氧化二钒或硫酸钾等为催化剂，使 SO₂氧化成无水或78% 的硫酸。此法是高温操作，操作费和建设费用都比较高，但此法技术上比较成熟，国内外多采用此法治理高浓度 SO₂烟气。

3）炉内燃烧脱硫法。炉内燃烧脱硫（Furnace combustion desulfurization）的典型方法是

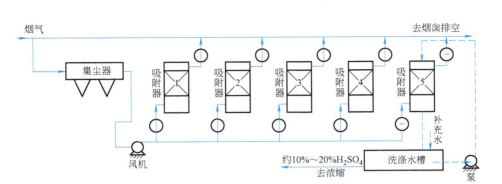

图 6-26　水洗式固定床活性炭脱硫流程

石灰石直接喷射法，将固体石灰石粉直接喷入炉膛，在炉膛内进行脱硫，石灰石粉直接喷入锅炉炉膛后在高温下被煅烧成 CaO，烟气中的 SO_2 被 CaO 吸收，当炉内有足够的氧气存在时，在吸收的同时还发生氧化反应，由于石灰石粉在炉膛内的停留时间很短，所以，必须在短时间内完成煅烧、吸收、氧化三个过程。该方法投资少，经济性高，工艺设备简单，维修方便，占地面积小，对于一般煤种，脱硫率可达到 40% 左右，可满足排放限额要求，有效减少对环境的污染，国内外均有少数成功应用实例。

（4）主要的半干法烟气脱硫技术　半干法烟气脱硫（Semi-dry flue gas desulfurization）是指脱硫剂在干燥状态下脱硫，在湿状态下再生（如水洗活性炭再生流程），或者在湿状态下脱硫，在干状态下处理脱硫产物（如喷雾干燥法）的烟气脱硫技术。半干法兼有干法与湿法的一些特点，特别是在湿状态下脱硫、在干状态下处理脱硫产物的半干法，既具有湿法脱硫反应速度快、脱硫效率高的优点，又具有干法无污水和废酸排出、脱硫后产物易于处理的优点。但目前半干法还存在运行的稳定性和可靠性较差、脱硫率和脱硫剂利用率较低、副产物不能得到很好的利用等问题，真正用于工业的装置不多，尚处于实验室探索阶段。较典型的工艺主要有旋转喷雾干燥法、循环流化床法、炉内喷钙 + 尾部增湿法等。

1）喷雾干燥法。喷雾干燥法（Spray dry absorption，SDA）是 20 世纪 80 年代迅速发展起来的一种半干法脱硫工艺。其脱硫过程是以石灰浆液为吸收剂，在脱硫塔中由高速旋转的喷雾装置将浆液雾化成 $100\mu m$ 以下的细小微滴与含 SO_2 热烟气接触，在雾滴蒸发干燥的同时，完成对 SO_2 的吸收反应生成亚硫酸钙，经除尘器分离排放，脱硫渣循环使用。目前，该工艺在全世界约有数百套装置应用于燃煤电厂，市场占有率仅仅次于湿法。主要过程的反应

$$Ca(OH)_2(s) + SO_2(g) + H_2O(l) \longrightarrow CaSO_3 \cdot 2H_2O(s)$$

$$CaSO_3 \cdot 2H_2O(s) + 0.5O_2(g) \longrightarrow CaSO_4 \cdot 2H_2O(s) \tag{6-19}$$

图 6-27 所示为喷雾干燥法烟气脱硫工艺流程，主要包括吸收剂制备、吸收和干燥、固体捕集及固体废物处置。

2）循环流化床法。循环流化床法（Circulating fluidized bed flue gas desulfurization，CFB-FGD）是 20 世纪 80 年代末德国鲁奇（LURGI）公司开发的一种新的半干法脱硫工艺，这种工艺以循环流化床原理为基础，以干态消石灰粉 $Ca(OH)_2$ 作为吸收剂，通过吸收剂的多次再循环，在脱硫塔内延长吸收剂与烟气的接触时间，以达到高效脱硫的目的，同时大大提高了吸收剂的利用率。通过化学反应，可有效除去烟气中的 SO_2、SO_3、HF 与 HCL 等酸性气

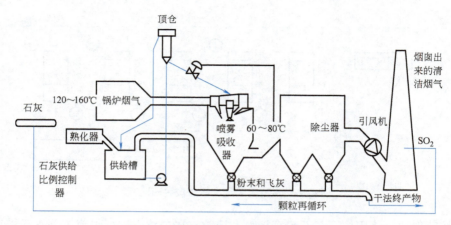

图 6-27　喷雾干燥法烟气脱硫工艺流程

体，脱硫终产物脱硫渣是一种自由流动的干粉混合物，无二次污染，还可以进一步综合利用。该工艺主要应用于电站锅炉烟气脱硫，单塔处理烟气量可适用于蒸发量 75～1025t/h 的锅炉，SO_2 脱除率可达到 90%～98%，是目前干法、半干法等脱硫技术中单塔处理能力最大、脱硫综合效益最优越的一种方法。整个循环流化床脱硫系统由石灰制备系统、脱硫反应系统和收尘引风系统三个部分组成，其工艺流程如图 6-28 所示。

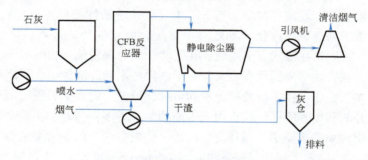

图 6-28　循环流化床脱硫工艺流程

3）炉内喷钙烟气增湿活化法。炉内喷钙烟气增湿活化法（Lime stone injection into the furnace and activation of calcium，LIFAC）首创于芬兰。早期的发展基础是炉内直喷石灰石，简洁而省费用。但随着环境标准的提高，这种纯干法脱硫效率只有 40% 左右，根本无法达标。在这种情况下，最可行的改造方案就是在炉后实施烟气增湿，使飞灰中过半未参与反应的脱硫剂在炉后完成第二次脱硫。结果总的脱硫效率可达到 75% 左右，基本可以满足环保要求，且改造费用并不高，仅需加设增湿活化塔。经过 20 多年的实践和改造，LIFAC 技术已日益成熟，在中型锅炉烟气脱硫工程中可占一席之地。炉内燃烧石灰石直接喷射法脱硫以芬兰 IVO 公司开发的 LIFAC 工艺为代表，其流程如图 6-29 所示。工艺的核

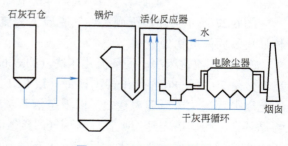

图 6-29　LIFAC 工艺流程

心是锅炉炉膛内石灰石粉部分和炉后的活化反应器。

（5）同时脱硫脱氮工艺 目前，我国燃煤锅炉烟气治理往往是对某一种污染物采取集中整治，如前阶段的集中脱硫和现阶段正在进行的密集脱硝，以及即将开展的集中减排微细颗粒物。这种做法存在环保设施庞大、投资大费用高、产生二次污染等诸多弊端。如目前的脱硫、脱硝工艺显著增加了微细颗粒物排放，虽然已大幅度减排二氧化硫、氮氧化物，但雾霾天气更严重了。湿法脱硫处理过的烟气湿度大，扩散性降低，同时携带石膏微细颗粒物。另外，湿法脱硫工艺对三氧化硫脱除效率低，其与水蒸气结合产生了三氧化硫的气溶胶（微型颗粒物的总称）被排放了。因此，我们经常看到脱硫烟囱出来的白烟能飘得很远而不散，实际就是石膏微细颗粒物、水蒸气雾滴、三氧化硫的气溶胶混合物。现在的主流脱硝工艺，需要注入氨气还原氮氧化物为氮气，但是反应不会完全，总有少量氨逃逸在空气中以微细颗粒物的形态存在。另外，脱硝时的催化剂会把二氧化硫成倍地氧化成三氧化硫，这又令后面的脱硫装置三氧化硫气溶胶排放增多。面对这些问题，唯一的解决路线是鼓励适应国情的"综合脱除"技术，避免头痛治头脚痛治脚的治理方式。烟气同时脱硫脱氮技术应运而生。

目前，烟气同时脱硫脱氮技术主要有三类，第一类是烟气脱硫和脱氮的组合技术；第二类是利用吸附剂同时脱除 SO_2 和 NO_x；第三类是对现有的烟气脱硫系统进行改造来增加脱氮功能。

1）电子束法。电子束法（Electron beam with ammonia，EBA）是一种物理和化学原理相结合的脱硫脱氮方法。它是利用电子加速器产生的等离子体氧化烟气中 SO_2 和 NO_x，同时与喷入的水和氨发生反应，生成硫铵和硝铵，达到同时脱硫和脱氮的目的。该工艺反应速率快，在一个装置内同时脱硫和脱氮，副产肥料，实现了废物资源化，没有废水排放，适用性强。但是控制系统复杂，整个反应器必须保持无辐射泄漏，要求严格，能耗高，目前仅限于吨位不大的燃煤锅炉烟气脱硫。电子束法烟气同时脱硫和脱氮的工艺过程大致由预除尘、加氨、电子束照射、副产品捕集工序组成。其工艺流程如图6-30所示。

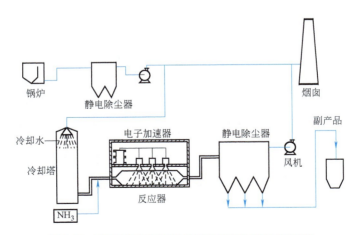

图6-30 电子束法烟气同时脱硫和脱氮的工艺流程

2）脉冲电晕等离子体法。脉冲电晕等离子体法（Pulse corona plasma）技术是在电子束法的基础上，用纳秒级高压脉冲电晕放电产生的等离子体化学技术，激活烟气气体并注入氨气，产生硫铵和硝铵及其复合盐的微粒，再用电除尘器收集，其去除原理与电子束法相似。图 6-31 为脉冲电晕等离子体法烟气同时脱硫和脱氮的工艺流程。

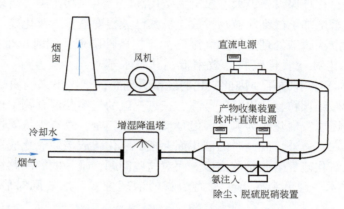

图 6-31　脉冲电晕等离子体法烟气同时脱硫和脱氮工艺流程

该技术成本较低，无二次污染，可同时脱硫脱硝，对烟气除尘也有利，形成的副产物可回收利用，有望成为一种新的脱硫、脱氮、除尘一体化的新工艺。也正因为如此，该方法目前已成为一个研究热点。

（6）烟气脱硫工艺综合比较　烟气脱硫技术性能的综合比较涉及如下主要因素：

1）脱硫率。脱硫率是由很多因素决定的，除了工艺本身的脱硫性能外，还取决于烟气的状况，如 SO_2 浓度、烟气量、烟温、烟气含水量等。湿法工艺的效率通常最高，可达到 95% 以上，而干法和半干法工艺的效率通常在 60%～85%。

2）钙硫比（Ca/S）。湿法工艺的反应条件较为理想，因此实用中的 Ca/S 接近于 1，一般为 1.0～1.2。干法和半干法的脱硫反应为气固反应，反应速率比在液相中慢，为达到标准要求的脱硫率，其 Ca/S 一般要比湿法大得多，如干法一般为 2.0～2.5，半干法为 1.5～1.6。

3）脱硫剂利用率。脱硫剂利用率指与 SO_2 反应消耗掉的脱硫剂与加入系统的脱硫剂总量之比。脱硫剂的利用率与 Ca/S 有密切关系，达到一定脱硫率时需要的 Ca/S 越低，脱硫剂的利用率越高，所需脱硫剂量及产生脱硫产物量也越少。在烟气脱硫工艺中，湿法的脱硫剂利用率最高，一般可达 90% 以上，半干法为 50% 左右，而干法最低，通常在 30% 以下。

4）脱硫剂来源。大部分烟气脱硫工艺都采用钙基化合物作为脱硫剂，其原因是钙基物如石灰石储量丰富，价格低廉且生成的脱硫产物稳定，不会对环境造成二次污染。有些工艺也采用钠基化合物、氨水、海水作为吸收剂。

5）脱硫副产物的处理。不同脱硫工艺产生的副产物不同，选用的脱硫工艺尽可能考虑到脱硫副产物可综合利用。

此外，应充分考虑对原锅炉系统的影响、对机组适应方式的影响、占地面积小、历程复杂程度、动力消耗、工艺成熟度等因素。表 6-12 为主要几种脱硫工艺的比较。

表 6-12　主要几种脱硫工艺的比较

技术性能指标	石灰石膏法	旋转喷雾干燥法	新氨法	磷铵复合肥法	炉内喷钙尾部增湿法	海水法
工艺流程简易程度	主流程简单、石灰石制备要求较高、流程复杂	流程较简单	流程复杂，要求电厂和化肥厂联合实现	脱硫流程简单、制肥部分较复杂	流程简单	流程较简单
工艺技术指标	脱硫率80%、钙硫比1:1	脱硫率80%、钙硫比1.5，利用率50%	脱硫率85%~90%，利用率大于90%	脱硫率95%以上	脱硫率70%、钙硫比2，利用率50%	脱硫率90%以上
脱硫副产品	脱硫渣主要为 $CaSO_4$，目前未利用	脱硫渣为和烟尘 Ca 的混合物	磷酸铵和高浓度二氧化硫气体(7%~11%)可直接用于工业硫酸生产	脱硫副产品为含 N + P_2O_5 的磷铵肥	脱硫渣为和烟尘 Ca 的混合物	脱硫渣主要为硫酸盐，排放
推广应用前景	燃烧高、中硫煤锅炉，当地有石灰石	燃烧高、中、低硫煤锅炉都可使用	燃烧高、中硫煤锅炉，当地有联合化肥厂和液氨	燃烧高硫煤锅炉，附近有磷矿资源	燃烧中、低硫煤锅炉	燃烧中、低硫煤锅炉，沿海地区
电耗占总发电量比例	1.5%~2%	1.0%	1.0%~1.5%	1.0%~1.5%	0.5%	1.0%
烟气再热	需再加热	不需再加热	需再加热	需再加热	不需再加热	需再加热
占地情况	多	少	中	多	少	
技术成熟度	国内通过引进已商业化	国内已中试	国内已中试	国内已中试	国内已进行工业示范	国内正在引进
环境特性	很好	好	好	很好	好	好
经济性能 FGD 占电厂总投资比例	13%~19%	8%~12%	8%~10%	12%~17%	3%~5%	7%~8%
脱硫成本/(元/t SO_2 脱除)	750~1550	720~1230	1000~1200	1400~2000	790~1290	400~700

2. 从排烟中去除氮氧化物的技术

从排烟中去除 NO_x 的过程简称"烟气脱氮（Flue gas denitrification）"。它与"烟气脱硫"相似，也需要应用液态或固态的吸收剂或吸附剂来吸收或吸附 NO_x 以达到脱氮目的。由于排烟中的 NO_x 主要是 NO，因此在用吸收法脱氮之前需要对 NO 进行氧化。

目前烟气脱氮的方法有非选择性催化还原法（Non selective catalytic reduction，NSCR）、选择性催化还原法（Selective catalytic reduction，SCR）、选择性非催化还原法（Selective non-catalytic reduction，SNCR）、吸收法（Absorption）、吸附法（Adsorption）等。

（1）非选择性催化还原法　非选择性催化还原法是采用 H_2、CH_4 或 CO 等还原性气体作为还原剂，在一定温度和催化剂作用下将烟气中的 NO_x 还原成 N_2，从而达到脱除 NO_x 的目的。非选择性是指反应时的温度条件不仅仅控制在只让烟气中的 NO_x 还原成 N_2，而且在反应过程中有一定量的还原剂与烟气中的过剩氧作用。此法选取的温度范围大约为 $400 \sim 500℃$。

以采用 H_2 作为还原剂为例，主要化学反应有

$$H_2 + NO_2 \longrightarrow NO + H_2O$$
$$2H_2 + O_2 \longrightarrow 2H_2O \tag{6-20}$$
$$2H_2 + 2NO \longrightarrow N_2 + 2H_2O$$

反应的第一步将有色的 NO_2 还原为无色的 NO，通常称为脱色反应。后一步将 NO 还原为 N_2，通常称为消除反应。工程上把还原剂的实际用量与理论用量的比值（又称燃料比）控制在 $1.10 \sim 1.20$，相应的净化效率可达 90% 以上。

非选择性催化还原法采用贵金属铂、钯作催化剂，通常以 $0.1\% \sim 0.5\%$ 的贵金属负载于氧化铝载体上，催化剂的还原活性随金属含量增加而增加，以 0.4% 为宜。钯催化剂的活性高，起燃温度低，价格相对便宜，因而多用于硝酸尾气的净化。也可采用非贵金属催化剂，如 $25\% CuO$ 和 $CuCrO_2$，活性比铂催化剂低，但价格便宜。如图 6-32 所示为一段流程和二段流程非选择性催化还原法。

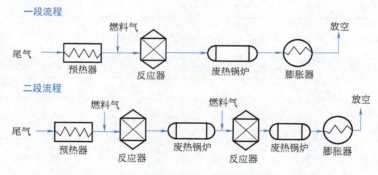

图 6-32　一段流程和二段流程非选择性催化还原法

（2）选择性催化还原法。选择性催化还原法是以贵金属铂 Pt 或 Cu、Cr、Fe、V、Mo、Co、Ni 等的氧化物（以铝矾土为载体）为催化剂，以氨、硫化氢、氯—氨及一氧化碳等为还原剂，选择出最适宜的温度范围进行脱氮反应。这个最适宜的温度范围随选用的催化剂、还原剂及烟气的流速不同而不同，一般为 $250 \sim 450℃$。该法是干法脱氮中较有希望的一种方法。

氨选择性催化还原法以氨为还原剂，选用铂为催化剂，反应温度控制在 $150 \sim 250℃$。此法还可同时除去烟气中的 SO_2，主要反应式如下：

$$6NO + 4NH_3 \xrightarrow{Pt} 5N_2 + 6H_2O \tag{6-21}$$
$$6NO_2 + 8NH_3 \longrightarrow 7N_2 + 12H_2O \tag{6-22}$$

图 6-33 所示为选择性催化还原法工艺流程。

催化还原法对催化剂的要求是活性高、寿命长、经济合理、不产生二次污染。但由于烟气中一般含有二氧化硫、尘粒和水雾，对催化剂不利，故要求在脱硝前对烟气进行除尘和

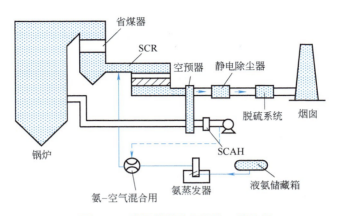

图 6-33 选择性催化还原法工艺流程

脱硫。

NH₃ 的用量应适当，如 NH₃ 的用量太少，不能满足脱硝的需要；NH₃ 的用量太大，造成 NH₃ 的损失，而且会产生氨泄漏问题。工业上采用 NH₃/NOₓ 摩尔比来衡量，一般控制在 1.4 ~ 1.5，相应的净化效率可达 60% ~ 90%。选择性催化还原法被认为是最有效、商业上应用较多的 NOₓ 控制技术。

（3）选择性非催化还原。选择性非催化还原法只用 NH₃、尿素［CO(NH₂)₂］等还原剂对 NOₓ 进行选择性反应，不用催化剂，因此必须在高温区加入还原剂，不同还原剂有不同的反应温度范围，此温度范围称为温度窗。NH₃ 的反应温度窗为 900 ~ 1100℃。该法的优点是不用催化剂，故设备和运行费用少，但因 NH₃ 等还原剂用量大，其泄漏量也大，同时很难保证反应温度及停留所需时间。考虑 NH₃ 的泄漏问题，有时要求先确定氨的摩尔比。此法脱硫效率较低，约为 40% ~ 60%。图 6-34 所示为工业锅炉选择性非催化还原法装置示意图。

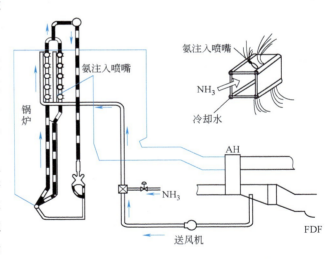

图 6-34 工业锅炉选择性非催化还原法装置

SNCR 法的费用低于 SCR，目前的趋势是用尿素代替 NH₃ 作为还原剂，使操作系统更加安全可靠，而不必担心 NH₃ 的泄漏造成新的污染。

（4）吸收法。氮氧化合物能够被水、氢氧化合物和碳酸盐溶液、盐酸、有机溶剂等吸收。按照使用的吸收剂不同可分为碱液吸收法、熔融盐吸收法、硫酸吸收法及氢氧化镁吸收法等。

1）碱液吸收法。此法可同时除去烟气中的二氧化硫。当烟气中 NO/NO₂ = 1 时，碱液的吸收速度比只有 1% 的 NO 时的吸收速度大约加快 10 倍。通常是采用 30% 的氢氧化钠溶

液或 $10\% \sim 15\%$ 的硫酸钠溶液作为吸收液。

2）熔融盐法。是以熔融状态的碱金属或碱土金属盐类吸收烟气中的 NO_x 的方法。此法可以同时除去烟气中的二氧化硫。

3）硫酸吸收法。此法可以同时除去烟气中的二氧化硫，基本上与铅室法制造硫酸的反应相似。

4）氢氧化镁吸收法。此法就是 ESSO 用 $Mg(OH)_2$ 脱出烟气中的二氧化硫法。

5）吸附法。吸附法既能比较彻底地消除 NO_x 的污染，又能将 NO_x 回收利用。常用的吸附剂为活性炭、分子筛、硅胶、含氨泥炭等。目前已经广泛研究了利用活性炭吸附氮氧化物的可能性。与其他材料相比，活性炭具有吸附速率快和吸附容量大等优点。但是，活性炭的再生是个大问题。此外，由于大多数烟气中有氧存在，活性炭材料防火或爆炸也是一个问题。

3. 挥发性有机化合物控制技术

挥发性有机化合物（Volatilc organic compounds, VOCs）是一类有机化合物的统称。在常温下它们的蒸发速率大，易挥发。有些 VOCs 是无毒无害的，有些则是有毒有害的，（如常见的甲苯（Toluene）、一甲苯（Xylene）、对-二氯苯（Para-dichlorobenzene）、苯乙烯（Styrene）、甲醛（Form aklehyde）、乙醛（Acetaldehyde）等。VOCs 的危害正在被人们逐渐认识，许多污染现象与危害都与其有关。VOCs 部分来源于大型固定源（如化工厂等）的排放，大量来自交通工具、电镀、喷漆以及有机溶剂使用过程中排放的废气。人们相信，VOCs 的天然源也是可观的。VOCs 是复合型大气污染的重要前体物，目前已成为仅次于颗粒污染物的第二大大气污染物，控制 VOCs 排放是减少雾霾和光化学烟雾的有效措施。目前对这类污染物的控制尚缺少经济有效的技术手段，我国已从法规、标准、税费等方面做出重点治理 VOCs 的排放的努力。本节仅在分析 VOCs 特征的基础上，简要介绍几种 VOCs 污染控制技术。

 【阅读材料】

VOCs 治理工作国家行动

◇ 2010 年 5 月环保部发布《关于推进污染物联防联控工作改善区域空气质量指导意见的通知》，正式从国家层面上提出了加强 VOCs 污染防治工作的要求，并将 VOCs 和颗粒物等一起列为防控重点污染物。

◇ 2012 年 10 月《重点区域大气污染防治"十二五"规划》，首次明确提出要控制 VOCs，构建和完善 VOCs 污染防治体系。

◇ 2013 年 5 月环保部发布《挥发性有机物（VOCs）污染防治技术政策》，政策提出，要通过积极开展 VOCs 摸底调查、制订重点行业 VOCs 排放标准和管理制度等文件、加强 VOCs 监测和治理、推广使用环境标志产品等措施，到 2015 年基本建立起重点区域 VOCs 污染防治体系，到 2020 年基本实现 VOCs 从原料到产品、从生产到消费的全过程减排。该技术政策提出了生产 VOCs 物料和含 VOCs 产品的生产、储存、运输、销售、使用、消费各环节的污染防治策略和方法。根据该政策，VOCs 污染防治应遵循源头和过程控制与末端治理相结合的综合防治原则。在工业生产中采用清洁生产技术，严格控制含 VOCs 原料与产品在生产和储运销过程中的 VOCs 排放，鼓励对资源和能源的回收利用，鼓励在生产和生活中使用不含 VOCs 的替代产品或低 VOCs 含量的产品。

◇ 2013 年 9 月国务院发布《大气污染防治行动计划》，首次提出将 VOCs 纳入排污费征收范围。

◇ 但由于此前治理工作重点放在除尘、脱硫和脱硝工作上，致使 VOCS 的减排与控制工作进展缓慢。

（1）燃烧法。燃烧法（Combustion）又分直接燃烧、热力燃烧和催化燃烧。直接燃烧法是把可燃的 VOCs 废气当作燃料来燃烧的一种方法。该法适合处理高浓度 VOCs 废气，燃烧温度控制在 1100℃ 以上时去除效率 99% 以上。但这种方法不仅造成浪费，还将产生的大量污染物排入大气，近年来已较少使用。热力燃烧是当废气中可燃物含量较低时，使其作为助燃气或燃烧对象，依靠辅助燃料产生的热力将废气温度提高，从而在燃烧室中使废气氧化销毁。其过程分两步：燃烧辅助燃料提供预热能量；高温燃气与废气混合以达到反应温度，使废气在反应温度下氧化销毁，净化后的气体经热回收装置回收热能后排空。催化燃烧法是在系统中使用合适的催化剂，使废气中的有机物质在较低温度下氧化分解的方法。催化燃烧技术是在近几十年对环保与节能的要求日益迫切的形势下应运而生的一门新型技术。此方法主要优点有起燃温度低、能耗低、处理效率高、无二次污染、对有机物浓度和组分处理范围宽、启动能耗低并能回收输出的部分热能、所需设备体积小，造价低；主要缺点是当有机废气浓度太低时，需要大量补充外加的热量才能维持催化反应的进行。热力燃烧工艺流程和催化燃烧炉系统如图 6-35 和图 6-36 所示。

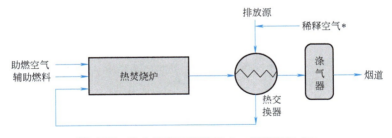

图 6-35　**热力燃烧工艺流程**（＊视情况加入）

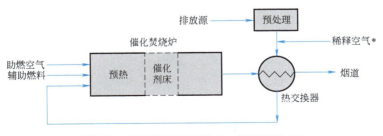

图 6-36　**催化燃烧炉系统**（＊视情况加入）

（2）吸附法。吸附法（Adsorption）是利用比表面积非常大的具有多孔结构的吸附剂将

VOCs 分子截留。当废气通过吸附床时，VOCs 就被吸附在孔内，使气体得到净化，净化后的气体排入大气。吸附效果主要取决于吸附剂的性质，VOCs 的种类、浓度，吸附系统的操作温度、湿度、压力等因素。常用的吸附剂有颗粒活性炭、活性炭纤维、沸石、分子筛、多孔黏土矿石、活性氧化铝、硅胶和高聚物吸附树脂等。但是此方法也存在不足之处，吸附剂的容量小，所需的吸附剂量较大，从而导致气流阻力大，设备投资高，占地面积大，吸附后的吸附剂需要定期再生处理和更换。吸附法控制 VOCs 污染的工艺流程如图 6-37 所示。

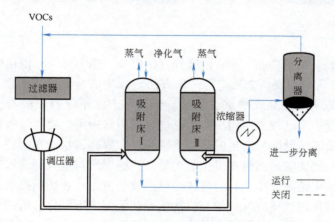

图 6-37　活性炭吸附 VOCs 工艺流程

　　（3）吸收法。吸收法（Absorption）是利用 VOCs 的物理和化学性质，使用液体吸收剂与废气直接接触而将 VOCs 转移到吸收剂中。通常对 VOCs 的吸收为物理吸收，使用的吸收剂主要为柴油、煤油、水等。任何可溶解于吸附剂的有机物均可以从气相转移到液相中，然后对吸收液进行处理。吸收效果主要取决于吸收剂的性能和吸收设备的结构特征。吸收剂选取的原则是：对 VOCs 溶解度大、选择性强、蒸气压低、无毒、化学性质稳定性好等。吸收装置有喷淋塔、填充塔、各类洗涤器、气泡塔、筛板塔等。根据吸收效率、设备本身阻力及操作难易程度来选择塔器种类，有时可选择多级联合吸收。此方法的不足之处在于吸收剂后处理投资大，对有机成分选择性大，易出现二次污染。吸收法控制 VOCs 污染的工艺流程如图 6-38 所示。

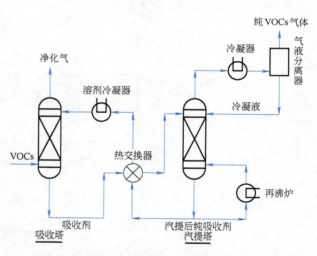

图 6-38　吸收法控制 VOCs 工艺流程

　　（4）冷凝法。冷凝法（Condensation）是最简单的回收方法，它是将废气冷却到低于有机物的露点温度，使有机物冷凝成液滴而从气体中分离出来。主要使用的冷却介质有冷水、冷冻盐水和液氨。通常该技术仅用于 VOCs 含量高、气体量较小的有机废气回收处理。其回收率与有机物的沸点有关，沸点较高时，回收率高；沸点较低时，回收效果不好。若回收的产品无使用价值时，还需要一次处理，从而增加了处理费用。由于操作温度低于 VOCs 的凝结点，因此需要不断除霜以免冻结在蛇形冷凝管上。该法往往与其他方法结合使用，例如，冷凝—吸附法、冷凝—压缩法等。典型的带制冷的冷凝系统工艺流程如图 6-39 所示。

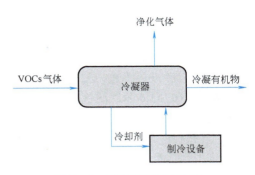

图 6-39　冷凝系统工艺流程

（5）生物分解法。生物分解法（Biological decomposition）是利用微生物以废气中的有机组分作为其生命活动的能源或其他养分，经代谢降解，转化为简单的无机物（CO_2、水等）及细胞组成物质。适合于微生物处理的废气污染组分主要有乙醇、硫醇、甲酚、酚、吲哚、脂肪酸、乙醛、酮、二硫化碳和胺等。用生物反应器处理有机废气，一般认为主要经历如下三个步骤：①废气中的有机物同水接触并溶于水中，即使气相中的分子转移到水中；②溶于水中的有机物被微生物吸附、吸收，作为吸收剂的水被再生复原，继而再用以溶解新的有机物；③被微生物细胞吸收的有机物，在微生物的代谢过程中被降解、转化成为微生物生长所需的养分或 CO_2 和 H_2O。

废气生物处理所需的基本条件主要为水分、养分、温度、氧气（有氧或无氧）及酸碱度等。因此，在确认是否可以应用生物法来处理有机废气时，首先应了解废气的基本条件。如废气的温度太低不行，太高也不行；如果气体过于干燥，必须在微生物上加水，以保持一定的水分；废气中富含氧的话，则应采用好氧微生物处理，反之，则应采取厌氧微生物法处理。

根据微生物在工业废气处理过程中存在的形式，可将其处理方法分为生物洗涤法（悬浮态）和生物过滤法（固着态）两类，其中生物过滤法包括生物滴滤池法。

1）生物洗涤法。生物洗涤法（Bioscrubber）是利用微生物、营养物和水组成的微生物吸收液处理废气，适合于吸收可溶性气态物。吸收了废气的微生物混合后再进行好氧处理，去除液体中吸收的污染物，经处理后的吸收液再重复使用。在生物洗涤法中，微生物及其营养物配料存在于液体中，气体中的污染物通过与悬浮液接触后转移到液体中从而被微生物所降解，其典型的形式有喷淋塔、鼓泡塔和穿孔板塔等生物洗涤器。

生物洗涤法的反应装置由一个吸收室和一个再生池构成，如图 6-40 所示。生物悬浮液（循环液）自吸收室顶部喷淋而下，使废气中的污染物和氧转入液相，实现质量传递，吸收了废气中组分的生物悬浮液流入再生反应器（活性污泥池）中，通入空气充氧再生。被吸收的有机物通过微生物作用，最终被再生池中的活性污泥悬浮液从液相中除去。生物洗涤法处理工业废气，其去除率除了与污泥的浓度、pH 值、溶解氧等因素有关外，还与污泥的驯

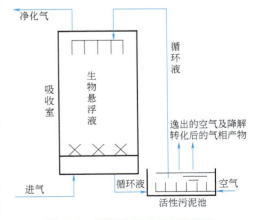

图 6-40　生物洗涤法的反应装置

化与否、营养盐的投加量及投加时间有关。当活性污泥体积浓度控制在 5000～10000mL/L、气速小于 20m³/h 时，装置的负荷及去除效率均较理想。

2）生物过滤法。生物过滤法（Biofliter）是用含有微生物的固体颗粒吸收废气中的污染物然后微生物再将其转换为无害物质。在生物过滤法中，微生物附着生长于介质上，废气通过由介质构成的固体床层时被吸附、吸收，最终被微生物降解，其典型的形式有土壤、堆肥等材料构成的生物滤床。

微生物过滤箱为封闭式装置，主要由箱体、生物活性床层、喷水器等组成，如图 6-41 所示。床层由多种有机物混合制成的颗粒状载体构成，有较强的生物活性和耐用性。微生物一部分附着于载体表面，一部分悬浮于床层水体中。废气通过床层，污染物部分被载体吸附，部分被水吸收，然后由微生物对污染物进行降解。

微生物过滤箱的净化过程可按需要控制，因而能选择适当的条件，充分发挥微生物的作用。微生物过滤箱已成功地用于化工厂、食品厂、污水泵站等方面的废气净化和脱臭。

3）生物滴滤法。生物滴滤池（Biological trickling filter）的结构如图 6-42 所示。在我国虽也称为生物滤池（Biological filter），但两者实际上是有区别的。在处理有机废气上，生物滴滤池和生物滤池主要不同之处如下：①使用的填料不同，滴滤池使用的填料（如粗碎石、塑料蜂窝状填料、塑料波纹板填料等）不具吸附性，填料之间的空隙很大；②回流水由生物滴滤池上部喷淋到填料床层上，并沿填料上的生物膜滴流而下，通过水回流可以控制滴滤池水相的 pH 值，也可以在回流水中加入 K_2HPO_4 和 NH_4NO_3 等物质，为微生物提供 N、P 等营养元素；③由于生物滴滤池中存在一个连续流动的水相，因此整个传质过程涉及气、液、固三相，但从整体上讲，仍然是一个传质与生化反应的串联过程；④如果设计合理，生物膜反应器具有微生物浓度高、净化反应速度快、停留时间短等优点，可以使反应装置小型化，从而降低设备投资。

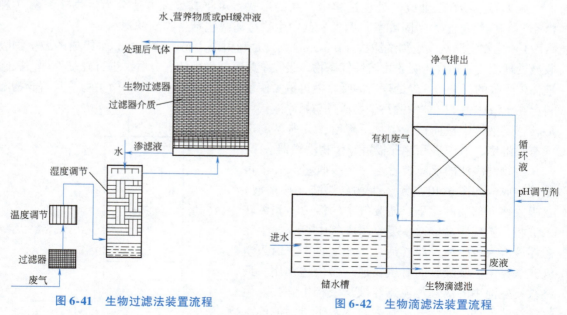

图 6-41　生物过滤法装置流程　　　　图 6-42　生物滴滤法装置流程

（6）生物过滤—滴滤组合法（"大风量低浓度 VOCs 治理工程"案例简介）　针对石油

化工、发酵、制药、食品、烟草、饲料、肥料、合成材料、垃圾处理、污泥干燥、生活污水处理等工业生产过程中产生的 VOCs 组分复杂、气味恶臭、风量大、浓度低、含尘量高、温度高、含湿量大、烟带明显的特征，研究人员开发了一种"大风量低浓度 VOCs 治理技术"并规模化应用于各类工业源 VOCs 的治理工程，为工业 VOCs 废气治理探索了一条新的途径。

大风量低浓度 VOCs 治理技术采用预处理＋除味＋除湿组合工艺。预处理单元：采用降温喷淋洗剂工艺，直接气液传热传质喷淋以降低气体温度、洗涤气体中的部分 VOCs、降低气体中含尘量。VOCs 处理单元：采用生物滴滤和生物过滤组合工艺将降温后气体中的 VOCs 降解，消除或极大程度上减轻气体的异味。VOCs 深度处理及除湿单元：采用低温等离子体技术处理尾气中 VOCs、湿蒸汽，达到 VOCs 深度净化及烟气消白一体化。

工程运行结果表明：该工艺可达到 VOC 去除率 80% 以上，烟气无明显气味；除湿率 80% 以上，无明显烟带；除尘率 95% 以上的治理效果，实现了该类废气的污染减排和深度治理。其工艺流程和效果分别如图 6-43 和图 6-44 所示。

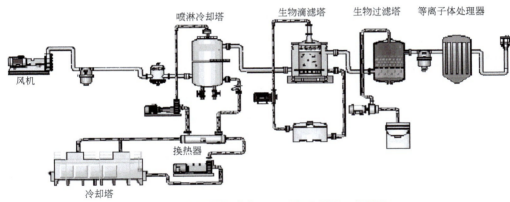

图 6-43 大风量低浓度 VOCs 治理系统工艺流程

设备关机状态

设备运行状态

图 6-44 大风量低浓度 VOCs 治理效果

【阅读材料】

我国部分 VOCs 恶臭污染事件

一切刺激嗅觉器官引起人们不愉快感觉及损害生活环境的气味统称为恶臭，具有恶臭气味的物质被称为恶臭污染物。恶臭是大气污染的一种形式，但由于它的特殊性，很多国家将它作为单列公害对待。恶臭已成为当今世界七种典型公害（大气污染、水质污染、土壤污染、噪声污染、振动、地面下沉、恶臭）中的一种。

迄今为止，地球上存在 200 万余种化合物，其中大约 1/5 具有各种气味，具有恶臭气味的物质接近 1 万种，凭人们的嗅觉即可感觉到的恶臭物质有 4000 多种，均为 VOCs，其中有几十种对人的危害较大。

1987 年 5 月上海某厂二硫化碳泄漏事件：某化纤厂玻璃纸车间发生泄漏事故，稀硫酸、二硫化碳及其他气体大量溢出，导致在场工人当场昏迷，经诊断为急性二硫化碳中度中毒。

1988 年 11 月江西九江恶臭事件：九江市区发生大面积恶臭污染，环境大气中出现一种具有强烈刺激性的气体，其气味类似鼹鼠释放的臭味，含有烂洋葱、烂大蒜的臭味，使人呼吸困难，出现胸闷、头晕、作呕、血压降低等症状和体征。经过调查，于 12 月 1 日上午找到了造成此次大气污染物的主要污染源：九江炼油厂废气燃烧火炬，废气中含有的有机硫化物燃烧不完全，排入大气所致。

1990 年福建厦门路达恶臭事件：厦门路达工业有限公司擅自将黄铜铸造车间迁入市区，与该厂一路之隔的福建省体育学院自此时常受到恶臭气体的侵袭，不少师生夜里经常不能入眠，口干、喉痛、咳嗽、胸闷等病症增多，一些班级无法正常训练，大运动量项目成绩下降。

2001 年江苏南京恶臭事件：城区出现大范围的恶臭污染。两年来，"恶臭"已经成为南京挥之不去的"城市之痛"。仅仅两年的时间，有关恶臭的投诉已高达 1763 次，给市民带来了很大的痛苦。

2003 年 9 月云南昆明女子中学恶臭事件：昆明市女子中学遭到不明恶臭气体袭击，前后共有 19 名学生住进医院接受治疗。

4. 从排烟中去除氟化物的技术

随着炼铝工业、磷肥工业、硅酸盐工业及氟化学工业的发展，氟化物的污染越来越严重。由于氟化物易溶于水和碱性水溶液中，因此去除气体中的氟化物一般多采用湿法。但是湿法的工艺流程及设备较为复杂，20 世纪 50 年代出现了用干法从烟气中回收氟化物的新工艺。

（1）湿法净化含氟化物烟气　流程分为地面排烟净化系统和天窗排烟净化系统。地面排烟净化系统是净化电解槽上方，由集气罩抽出的含氟化物多的烟气；而天窗排烟净化系统是净化由于加工操作或集气罩等装置不够严密而泄漏在车间的含氟化物烟气。

（2）干法净化含氟化物烟气　应用固态氧化铝为吸附剂，吸附后含氟化物的氧化铝可作为炼铝的原料。干法净化多用于地面排烟系统，也应用于磷矿石生产磷、磷酸、磷肥等过程发生的氟化物治理。干法的净化效率达 98% 以上。氟化物的治理除上述方法外，还有如下三种方法：①先用水吸收，再用石灰乳中和法，回收产物为氟化钙；②用硫酸钠水溶液为吸收剂的吸收法，回收产物为氟化氢；③用稀氟硅酸溶液吸收烟气中氟化氢和氟化硅法，回收产物为 10% ~25% 的氟硅酸。

5. 汽车排气净化

汽车排气中的主要污染物有一氧化碳、碳氢化合物、氮氧化物、硫氧化物、铅化合物、苯并芘等。目前，许多国家已制定的汽车排气标准中，都是把一氧化碳、碳氢化合物和氮氧化物作为主要污染物来控制。汽油机汽车和柴油机汽车排放的污染物的种类虽然几乎相同，但是由于柴油机汽车是采用压缩着火，经常是在过量空气下燃烧，所以生成的一氧化碳、碳氢化合物比汽油车少，而氮氧化物、黑烟和酸性物的生成量则较多，排气黑度较大。因此对这两种类型汽车采取的排气净化对策也有所不同。

（1）汽油机汽车排气的净化　汽油机汽车排气净化措施一般可分为燃烧前处理、机内净化和燃烧后的排气净化三个方面。

1）燃烧前处理（Burning treatment）是从根本上控制和减少一氧化碳、碳氢化合物和氮氧化物的生成。采取的主要措施是改质燃料、使用无铅汽油、改变空气—燃料的混合方式、增大空燃比、选用无污染燃料等。

2）机内净化（Built-in purification）是以改变内燃机的结构、控制或降低污染物的生成来治理排气的措施。其具体办法基本上有两种：一是设计出燃料消耗低、振动轻、噪声小、输出功率高、无污染或少污染的新型发动机；二是在现有的内燃机上加装辅助装置。

3）燃烧后排气净化（Combustion exhaust gas purification）是在汽车排气尾管安装催化转化器（Catalytic converter），与内燃机的排气系统连接在一起。从汽车发动机排出的一氧化碳、碳氢化合物、氮氧化物等有害气体通过催化转化器的催化剂床层后，转换为无害的二氧化碳、氮和水。

用于汽车发动机的催化转化器是由壳体、减振层、载体及催化剂四部分组成的。按不同的催化反应类型，催化转换器分为氧化催化转换器、氧化—还原催化转换器和三元催化转换器（图6-45）。其中三元催化转换器（Ternary catalytic converter）以其效率高、寿命长、适应发动机的动力性和经济性要求等特性获得普遍应用。实践证明，它不仅可一次性将 CO、HC 和 NO_x 三种有害成分除去，而且在 1000℃脉冲高温的废气环境中，在使用 8×10^4 km 后，其含量仍低于规定值。

其中的催化剂通常是指载体、催化活性组分和水洗涂层的合称，它是整个催化转化器的核心部分，决定着催化转化器的主要性能指标。其大致结构如图6-46所示。

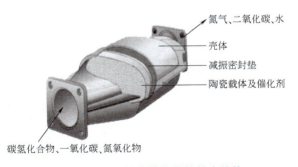

图6-45　三元催化转化器的基本结构

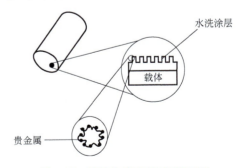

图6-46　汽车尾气催化剂的组成

催化转换器中催化剂的作用机理：

① 氧化反应。

$$CO + O_2 \rightarrow CO_2$$
$$H_2 + O_2 \rightarrow H_2O \qquad\qquad (6\text{-}23)$$
$$HC + O_2 \rightarrow CO_2 + H_2O$$

② 还原反应。

$$CO + NO \rightarrow CO_2 + N_2$$
$$HC + NO \rightarrow CO_2 + H_2O + N_2 \qquad (6-24)$$
$$H_2 + NO \rightarrow H_2O + N_2$$

③ 水蒸气重整反应。

$$HC + H_2O \rightarrow CO + H_2 \qquad (6-25)$$

④ 水煤气转换反应。

$$CO + H_2O \rightarrow CO_2 + H_2 \qquad (6-26)$$

（2）柴油机汽车排气的净化 柴油机排气控制也分为燃烧前处理、机内净化和燃烧后排气净化三个方面。由于柴油机是在过量空气下燃烧，排气中的一氧化碳和碳氢化合物较少，氮氧化物和黑烟较多，所以对柴油机排气的控制应着眼于控制氮氧化物和黑烟两类污染物。

1）柴油机的燃烧前处理主要是指选择低污染柴油或向柴油加入添加剂等调质处理。可作为柴油的添加剂的有如下三类：①金属盐料添加剂，主要指碱土金属和过渡金属的有机盐类；②非金属的无灰添加剂，主要指有机氮化物，是含氮化合物与多种有机物混合而成的消烟剂，除含氮有机化合物外，含磷、含氯元素的有机物质也可改善柴油燃烧冒黑烟；③有机硅消烟剂，分子式为（$SiCH_2\,CH_2COH$）$_2O_3$，这种有机硅消烟剂通用于各种燃料油，消烟效果比较明显。

2）柴油机的机内净化是设法改进发动机的燃烧条件，使柴油充分燃烧。但这类方法一般会降低柴油机的效率和输出功率。

3）柴油机的排气净化不同于汽油机的排气净化。由于柴油发动机排气中残留氧较多，故不能采用使 CO、HC 及 NO_x 三种污染物同时除去的三元催化净化法，而且也不宜采用排气回流降低燃烧温度以控制 NO_x 的生成。

尽管可以将柴油机氧化催化剂、微粒捕集器（Particulate Trap）和 NO_x 还原催化剂合三为一，做成一个整套的排气后处理装置，但其体积之庞大和成本之昂贵会令用户难以接受。像在三效催化转化器中 CO、HC 和 NO_x 互为氧化剂和还原剂那样，如果能使微粒和 NO_x 互为氧化剂和还原剂，则有可能在同一催化床上同时除去 CO、HC、Pt和 NO_x，如图 6-47 所示，实现一种柴油车"四效催化转化器（Four-way catalytic conversion）"的设计，这是一种最理想的柴油机排气净化方法。近年来，已开始研发这种四效催化转化器。

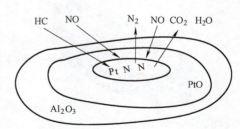

图 6-47　柴油机四效催化剂的概念

思　考　题

1. 计算干洁空气中 N_2、O_2、Ar 和 CO_2 气体的质量分数。

2. 环境学上将地球大气分为哪几层？它们各有什么特征？

3. 如何定义气溶胶？气溶胶粒子有哪些分类？气溶胶在大气二次污染物的形成中有哪些作用？

4. 大气中存在的主要污染物可分成哪几类？

5. 大气中的主要污染物对大气可能有哪些影响？

6. 哪些气象条件与空气污染密切相关？其中哪些可以减轻空气污染？哪些使空气污染加重？

7. 影响大气扩散的主要因素有哪些？并总结其相互之间的关系。

8. 试说明旋风除尘器的除尘效率高于重力沉降室和惯性除尘器的原因。

9. 试述袋式除尘器的滤尘机理。

10. 石灰/石灰石—石膏法与双碱法的反应原理有哪些不同？

11. 对比选择性和非选择性催化还原法净化 NO_x 的流程，分析各自特点及操作中应注意的问题。

12. 烟气中同时含有 SO_2 和 NO_x 时，采用哪些方法可以同时脱硫脱氮？试设计出一两种比较合理的工艺流程。

参考文献

［1］赵景联，史小妹. 环境科学导论［M］. 2版. 北京：机械工业出版社，2017.

［2］郝吉明，马广大，王书肖. 大气污染控制工程［M］. 3版. 北京：高等教育出版社，2010

［3］黄从国. 大气污染控制技术［M］. 北京：高等教育出版社，化学工业出版社，2013.

［4］马广大. 大气污染控制技术手册［M］. 北京：化学工业出版社，2010.

［5］鞠美庭. 环境学基础［M］. 2版. 北京：化学工业出版社，2010

［6］张秀宝. 大气环境污染概论［M］. 北京：中国环境科学出版社. 1989.

［7］莫天麟. 大气化学基础［M］. 北京：气象出版社. 1988.

［8］何强. 环境学导论［M］. 北京：清华大学出版社，2003.

［9］林肇信. 环境保护概论［M］. 北京：高等教育出版社，2002.

［10］王建昕. 汽车排气污染治理及催化转化器［M］. 北京：化学工业出版社，2002.

推介网址

1. 北极星节能环保网：http：//huanbao. bjx. com. cn/dqzl/

2. 中国大气环保网：http：//www. china‒daqi. com/

3. EEA Databases Air Emission：http：//www. eea. dk/locate/databases/default. html

4. The Global Climate Perspectives System（GCPS）：http：//www. ncdc. noaa. gov/gcps. html

5. The National Climatic Data Center（NCDC）：http：//www. ncdc. noaa. gov/

6. Monthly Temperature Anomalies（NCDC）：http：//www. ncdc. noaa/onlineprod/ghcnmcdwmonth/form. html

第7章

水污染及其控制

[导读]　水环境是人类社会和经济发展不可缺少的重要资源。我国是水资源比较贫乏的国家之一。大约有40%以上的人口生活在缺水地区，其中2000多万农村人口饮水困难，1.6亿多城市居民的正常生活受到影响。缺水造成地下水被超量开采，失水的绿洲正在变为荒漠。随着社会和经济的高速发展，一些不合理的开发活动导致了一系列新的水环境问题，全国废水排放量由1980年的315亿t增加到2014年的695.4亿t，50%的城市地下水受到不同程度的污染。大型淡水湖泊和城市湖泊、水库均达到中等以上的污染程度。同时，赤潮发生频率增加，海洋污染日益严重。严重的水环境污染问题对人类的生存环境及经济社会的可持续发展造成了严重威胁，水体污染防治已成为我国极紧迫的环境问题之一。

[提要]　本章在介绍了全球和我国的水资源状况、水质指标和水质标准、水污染和水体自净的基础上，系统介绍了水体污染防治的基本途径和国内外污水处理的先进适用技术。

[要求]　通过本章的学习，了解水资源对人类的重要性、水资源在世界范围内的匮乏情况；水体主要污染物的种类和危害、我国常用水质标准、水体污染的防治途径；重点掌握各种水污染控制技术，力求理论联系实际，培养分析问题和解决问题的能力。

■ 7.1　水环境概述

7.1.1　水资源

　　水资源（Water resource）指一切用于生产和生活的地表水、地下水和土壤水。水是地球上一切生命赖以生存、人类生活和生产不能缺少的基本物质，可直接用于灌溉、发电、给水、航运和养殖业等方面，是自然资源的重要组成部分。

　　水是地球上所有生命的生存之源，是生态环境中最活跃、影响最为广泛的因素，是人类社会进步和经济发展中无法替代的资源。根据有关资料统计，地球上的总水量约为 $1.386 \times 10^9 km^3$，其中海洋储水约 $1.35 \times 10^9 km^3$，占总水量的96.5%。在总水量中，含盐量不超过0.1%的淡水仅占2.5%，而其中68.7%以冰川和冰帽的形式存在于两极和高山之上，其余部分的 2/3 深埋在地下深处，很难被人类直接利用，江河、湖泊等地面水的总量还不到淡水总量的 0.5%。因此，人类可以直接利用的水资源极为有限，只有不足 20% 的淡水是易被人类利用的，而可直接利用的仅占淡水总量的 0.3% 左右。

1. 世界水资源概况

通常，人们以全球陆地入海径流总量 $4.7 \times 10^4 km^3$ 为理论水资源总量，但是水资源在全球的分布是不均匀的，各国水资源丰缺程度相差很大。某地区水资源的丰缺取决于多种因素，地理位置、地形、温度和太阳辐射、地面植被和人类活动都会对水资源的运动和分配造成显著的影响。

近 50 年来，世界农业用水量增加了 3 倍，工业用水增加了 7 倍，生活用水增加得更多。2000 年，全球用水总量已达 $6.11 \times 10^3 km^3$，占总径流量的 13%。但是可供人类利用的水资源并没有相应增长，反而由于人为污染等原因造成水资源质量和数量的下降。据估计，全球范围内，可用水量与总需水量在 2030 年前处于供大于求，2030 年为分界点，2030 年后进入供不应求的水资源危机阶段。目前，全世界有 100 多个国家缺水，43 个国家和地区严重缺水，占全球面积的 60%。

2. 我国水资源概况

我国水资源总量丰富。流域面积在 $100 km^2$ 以上的河流有 5 万余条，$1000 km^2$ 以上的有 1500 余条；面积 $1 km^2$ 以上的湖泊有 2300 余个，约占国土面积的 0.8%，湖水总储量约为 $708.8 km^3$，其中淡水量为 32%；我国还有丰富的冰川资源，共有冰川 43000 余条，集中分布在西部地区，总面积 $58700 km^2$，占亚洲冰川总量的一半以上，总储量约为 $5200 km^3$。我国平均年降水量为 $6188.9 km^3$，平均降水深 648.4mm，年均河川径流量 $2711.5 km^3$，合径流深 284.1mm。河川径流主要靠降水补给，由冰川补给的只有 $50 km^3$ 左右。

我国地表水和地下水的量分别为 2711 和 $829 km^3$，扣除两者之间重复量 $728 km^3$ 后，则我国多年平均水资源总量为 $2812 km^3$，居世界第六位，但人均占有量为 $2200 m^3$，只有世界人均占有量的 1/4，排在世界第 88 位。我国年总用水量已达 7000 多亿 m^3，占我国总水资源的 20% 以上，占总可用水量的 60%，占实际可用水量的 100%，占实际可用清洁水资源的 175%。由此可见我国水资源面临的严峻形势。

3. 我国水资源面临的主要问题

1）人均和亩均水量少。
2）水资源时空分布不均匀，水土资源组合不平衡。
3）水土流失严重，许多河流含沙量大。
4）开发利用各地很不平衡。
5）水资源污染、破坏严重。

7.1.2 水循环

水循环指自然界中各类水体相互联系的过程，又称水文循环（Hydrologic cycle）、水分循环（Water cycle）。

在太阳能的推动下，地球上的水在不断循环变化着。通过形态的变化，水在地球上起到热量输送和调节气候的作用。海洋和陆地间水分交换是自然界水循环的主要联系，洋面上的水汽随气流进入陆地凝结成降水（Precipitation）到达地面后，部分蒸发（Evaporation）〔还有植物的蒸腾（Transpiration）作用〕返回大气；部分则形成地面径流和地下径流，通过江河网排回海洋。这种不断往复的循环，使海洋中的水量在长时间内保持相对平衡。可以逐年得到更替，在较长时间内又可以保持动态平衡的这部分水量，就是目前通称的水资源（Water resources）。水的自然循环过程如图7-1所示。

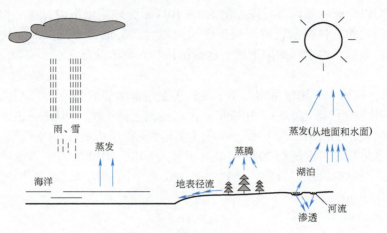

图7-1　水的自然循环过程

在过去的几个世纪里，人类已有能力干预水的循环，而且现在可以改变这一循环，在全球规模上影响环境。人类对水循环最重要的影响是对水的消耗性使用。人们从河流或含水层中抽水用于工业、农业和生活。虽然其中一部分仍返回河流，但很多却被直接蒸发或被作物吸收（Absorption），减少了河水流量，从而人为改变了水循环。

7.2　水体污染与自净

7.2.1　水体

水体（Water body）一般是指地球的地面水与地下水的总称。在环境学领域中，水体是指地球上的水及水中的悬浮物（Suspended solids）、溶解物质（Dissolved substances）、底泥（Bottom mud）和水生生物（Aquatic organisms）等完整的生态系统（Ecological system）或完整的综合自然体，而水只是水体中的一部分。

在水环境污染的研究中，区分"水"与"水体"的概念是十分重要的。例如，重金属污染物易于从水中转移到底泥中，水中的重金属含量一般都不高，如果只着眼于水，似乎并未受到污染，但是从水体来看，可能受到严重的污染，使该水体成为长期的初生污染源（Primary pollution source）。

水是自然界最好的溶剂。天然水在循环过程中不断地和周围物质接触，并且或多或少地溶解了一些物质，使天然水成为一种溶液，成分十分复杂。不同来源的天然水由于自然背景的不同，其水质状况也各不相同。天然水是在特定的自然条件下形成的，它溶解和混杂了某些固体物质和气体，这些物质大多以分子态、离子态或胶体悬浮态存在于水中，组成了各种水体的天然水质。表7-1列出了天然水体中的物质。

表7-1　天然水体中的物质

天然水体中的物质		
溶解气体	主要气体	N_2、O_2、CO_2
	微量气体	H_2、CH_4、H_2S
溶解物质	主要离子	Cl^-、SO_4^{2-}、HCO_3^-、CO_3^{2-}、Na^+、Ca^{2+}、Mg^{2+}
	生物生成物	NH_4^+、NO_3^-、NO_2^-、HPO_4^{2-}、$H_2PO_4^-$、PO_4^{3-}、Fe^{2+}、Fe^{3+}
	微量元素	Br^-、I^-、F^-、Ni^{2+}、Zn^{2+}、Ba^{2+}等
胶体物质	无机胶体	SiO_2、$Fe(OH)_3$、$Al(OH)_3$
	有机胶体	腐殖质胶体
悬浮物质	细菌、藻类及原生动物、黏土和其他不溶物质	

7.2.2　水体污染

　　水体污染（Water body pollution）是指污染物进入河流、海洋、湖泊或地下水等水体后，使其水质和沉积物的物理、化学性质或生物群落组成发生变化，从而降低了水体的使用价值和使用功能，并达到了影响人类正常生产、生活及生态平衡的现象。

　　水体污染根据来源的不同，可以分为自然污染（Nature pollution）和人为污染（Man-made pollution）两大类。自然污染是指自然界自行向水体释放有害物质或造成有害影响的现象。例如，岩石和矿物的风化和水解、大气降水及地面径流挟带的各种物质、天然植物在地球化学循环中释放出的物质进入水体后都会对水体水质产生影响。通常把自然原因造成的水中杂质的含量称为天然水体的背景值或本底浓度。人为污染是指人类生产生活活动中产生的废物对水体的污染，对水体造成较大危害的现象，包括工业废水、生活污水、农田水的排放等。此外，固体废物在地面上堆积或倾倒在水中、岸边，废气排放到大气中，经降水的淋洗及地面径流挟带污染物进入水体，都会造成水污染。

【小资料】

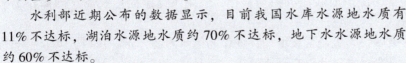
水污染触目惊心

　　监察部的统计显示，近10年来我国水污染事件高发，水污染事故近几年每年都在1700起以上。全国城镇中，饮用水源地水质不安全涉及的人口约1.4亿人。

　　水利部近期公布的数据显示，目前我国水库水源地水质有11%不达标，湖泊水源地水质约70%不达标，地下水水源地水质约60%不达标。

　　《2017中国环境状况公报》显示，全国地表水总体轻度污染，全国5100个地下水监测点中，六成以上水质较差和极差。112个重要湖泊（水库）中，Ⅰ～Ⅲ类水质的湖泊（水库）70个，占62.5%，劣Ⅴ类12个，占10.7%。太湖、巢湖和滇池湖体分别为轻度、中度和重度污染。

　　环保部数据显示，我国有2.5亿居民的住宅区靠近重点排污企业和交通干道，2.8亿居民使用不安全饮用水。

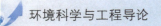

7.2.3　水体污染源

水体污染源（Water body pollution sources）是指造成水体污染的污染物发生源，通常指向水体排入污染物或对水体产生有害影响的场所、设备和装置。根据污染物来源的不同，水体污染源可以分为天然污染源（Natural pollution source）和人为污染源（Man-made pollution source）两大类。其中，人为污染源是环境保护研究和水污染防治中的主要对象。

人为污染源十分复杂，按人类活动可以分为工业、农业、生活、交通等污染源；按污染物种类可以分为物理性、化学性、生物性污染源，以及同时排放多种污染物的混合污染源；按污染物排放的空间分布方式可以分为点源（Point source）和非点源（Non-point source）。

水体污染点源是指以点状形式排放而使水体造成污染的发生源。这种点源含污染物含量高，成分复杂，工业废水和生活污水是重要的点源，其变化规律存在季节性和随机性。水体污染非点源，在我国多称为水体污染面源，是指污染物以面形式分布和排放而造成水体污染的发生源。坡面径流带来的污染物和农业灌溉水是重要的水体污染非点源。

7.2.4　主要污染物及其危害

水体污染的污染物种类很多，根据污染物特性的不同，总体上可以分为物理性污染物、化学性污染物和生物性污染物三类。

1. 水体的物理性污染及其危害

（1）热污染　热污染（Thermal pollution）是指高温废水排入水体后，使水温升高，物理性质发生变化，危害水生动、植物的繁殖与生长。造成的后果主要有：①水温升高，导致水中溶解氧含量降低，造成水生生物的窒息死亡；②导致水中化学反应速度加快，引发水体物理化学性质的急剧变化，臭味加剧；③加速水体中细菌和藻类的繁殖。

（2）色度　城市污水，特别是有色工业废水（印染、造纸、农药、焦化和有机化工等排放的废水）排入水体后，使水体形成色度（Chromacity），引起人们感官上的不悦。水体色度加深，使透光性降低，影响水生生物的光合作用，抑制其生长，妨碍水体的自净作用（Self-purification of water body）。

（3）固体污染物　水体受悬浮态（直径大于100nm）或胶体态（直径1~100nm）固体物污染后，主要产生以下危害：①浊度增加，透光性减弱，影响水生生物的生长；②悬浮固体可以堵塞鱼鳃，导致鱼类窒息死亡；③由于微生物对部分悬浮有机固体有代谢作用，消耗了水中的溶解氧；④沉积于河底造成底泥沉积与腐化，恶化水体水质；⑤悬浮固体作为载体，可以吸附其他污染物质，随水流迁移污染。

水体受溶解性固体污染后，无机盐含量增加，如作为给水水源，水味涩口，甚至引起腹泻，危害人体健康，工、农业用水对此也有严格要求。

2. 水体的化学性污染物及其危害

（1）酸、碱污染　水体的酸、碱污染往往伴随着无机盐污染。酸、碱污染可使水体pH值发生变化，微生物生长受到抑制，水体的自净能力受到影响。渔业水体规定的pH值范围为6~9.2，超过此范围，鱼类的生殖率下降，甚至死亡；农业用水的pH值为5.5~8.5；工业用水对pH值也有严格的要求。

（2）氮、磷污染与水体的富营养化　氮、磷是植物的营养物质，随污水排入水体后，会产生一系列的转化过程。硝酸盐（Nitrate）在缺氧、酸性的条件下，可以还原为亚硝酸盐（Nitrite），而亚硝酸盐与胺胺作用，会形成亚硝胺（Nitrosamine），这是一种三致（致突变、致癌、致畸变）物质，这种反应也能在人胃中进行。水体的氮、磷污染主要表现在对水体富营养化（Water eutrophication）的促进上。富营养化是湖泊分类和演化的一种概念，是湖泊水体老化的自然现象。在自然条件下，湖泊由贫营养湖演变成富营养湖，进而发展成沼泽地和旱地，需要几万年至几十万年。但受到氮、磷等植物营养物质污染后，水体中藻类（主要是裸藻、甲藻）和其他浮游生物（如夜光虫）大量繁殖生长，呈胶质状藻类覆盖水面（因占优势的浮游生物的不同，水面往往呈现出蓝色、红色、棕色和乳白色等。在江河、湖泊和水库中称为"水华"，在海洋中称为"赤潮"），隔绝水面与大气之间的复氧，加上藻类自身死亡与腐化，消耗水中大量的溶解氧，藻类堵塞鱼鳃，造成鱼类窒息死亡。死亡的藻类与鱼类不断沉积于水体底部，逐渐淤积，最终导致水体演变成沼泽甚至旱地，从而使富营养化进程大大加速。这种演变同样可以发生在近海、水库甚至水流速度较为缓慢的江河。

（3）需氧有机物污染　这类有机污染物主要包括糖、蛋白质、脂肪、有机酸类、醇类等，它们易被生物降解，在此过程中，需要消耗水中的溶解氧（Dissolved oxygen，DO）。如果这类物质排入水体过多，会大量消耗水中的溶解氧，造成水中缺氧，从而影响鱼类和其他水生生物的生长。水中溶解氧耗尽后，有机物将在微生物的作用下进行厌氧降解，产生大量硫化氢、氨气、硫醇等难闻物质，使水质变黑发臭，造成水体及周围环境的恶化。

（4）有机有毒物质污染　这类有机污染物（Organic pollutants）大多属于人工合成物质，常见的有农药、酚类、有机氯化合物、芳香族化合物等。它们具有三个主要特征：①多数不易被微生物降解，在自然环境中可存留十几年甚至上百年；②危害人体健康，有的甚至是致癌物质，如联苯、3，4-苯并芘、1，2-苯并蒽等，具有强烈致癌性；③这类物质在某些条件下能缓慢降解，也能消耗水中溶解氧。

（5）持久性有机污染物　按照《关于持久性有机污染物的斯德哥尔摩公约》界定，可将有机污染物分为持久性有机污染物（Persistent organic pollutants，POPs）和其他有机污染物，基本类别如图7-2所示。

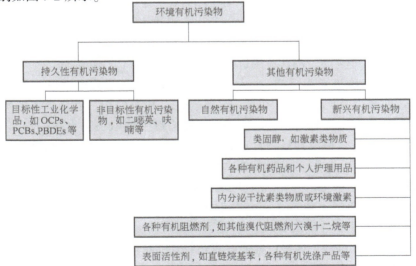

图7-2　环境有机污染物的基本类别

持久性有机污染物是指通过各种环境介质（大气、水、生物体等）能够长距离迁移并长期存在于环境，具有长期残留性、生物蓄积性、半挥发性和高毒性，，且能通过食物网积聚，对人类健康和环境具有严重危害的天然或人工合成的有机污染物质。国际 POPs 公约首批持久性有机污染物分为有机氯杀虫剂、工业化学品和非故意生产的副产物三类（详见第 11 章）。

2001 年 5 月，我国率先签署了《斯德哥尔摩公约》，这一公约是国际社会为保护人类免受持久性有机污染物危害而采取的共同行动，是继《蒙特利尔议定书》后第二个对发展中国家具有明确强制减排义务的环境公约，落实这一公约对人类社会的可持续发展具有重要意义。

国务院批准了《中国履行斯德哥尔摩公约国家实施计划》（以下简称《国家实施计划》），为落实《国家实施计划》要求，2009 年 4 月 16 日，环境保护部会同国家发展改革委等 10 个相关管理部门联合发布公告（2009 年 23 号），决定自 2009 年 5 月 17 日起，禁止在中国境内生产、流通、使用和进出口滴滴涕、氯丹、灭蚁灵及六氯苯（滴滴涕用于可接受用途除外），兑现了中国关于 2009 年 5 月停止特定豁免用途、全面淘汰杀虫剂 POPs 的履约承诺。

（6）油脂类污染　含油废水的排放和石油产品的泄漏是这类污染的主要来源。水体受到油脂类物质污染后，会呈现出五颜六色，感官性状差。油脂含量高时，水面上结成油膜，能隔绝水面与大气的接触，影响水生生物的生长与繁殖，破坏水体的自净功能。油脂还会堵塞鱼鳃，造成窒息。

3. 水体的生物性污染及其危害

生活污水，特别是医院污水和某些生物制品工业废水排入水体后，往往带入大量病原菌、寄生虫卵和病毒等。某些原来存在于人畜肠道中的病原细菌，如伤寒、霍乱、痢疾性细菌等都可以通过人畜粪便的污染进入水体，随水流动而传播。一些病毒，如肝炎病毒等也常在污水中发现。某些病源寄生虫病（如阿米巴痢疾、血吸虫、钩端螺旋体病等）也可通过污水进行传播。

7.2.5　水体自净

水体自净是指污染物随污水排入水体后，经物理、化学与生物化学作用，使污染物含量降低或总量减少，受污染的水体部分地或完全地恢复原状的现象。水体具备的这种能力称为水体自净能力或自净容量。水体的自净作用往往需要一定时间、一定范围的水域以及适当的水文条件。另一方面，水体自净作用还取决于污染物的性质、含量及排放方式等。若污染物的数量超过水体的自净能力，就会导致水体污染。

水体自净过程十分复杂，按其作用机制可以分成三类：

（1）物理自净　物理自净（Physical self-purification）是指污染物进入水体后，由于稀释（Dilution）、扩散（Diffusion）和沉淀（Precipitation）等作用，含量降低，使水体得到一定的净化，但是污染物总量保持不变。物理自净能力的强弱取决于水体的物理及水文条件，如温度、流速、流量等，以及污染物自身的物理性质，如密度、形态、粒度等。物理自净对海洋和流量大的河段等水体的自净起着重要的作用。

（2）化学自净　化学自净（Chemical self-purification）是指污染物在水体中以简单或复杂的离子或分子状态迁移（Migration），并发生化学性质或形态、价态上的转化（Transformation），使水质发生化学性质的变化，减少了污染危害，如酸碱中和、氧化还原、分解化合、吸附、溶胶凝聚等过程。这些过程能改变污染物在水体中的迁移能力和毒性大小，也能改变水环境化学反应条件。影响化学自净能力的环境条件有酸碱度、氧化还原电势、温度、化学组分等。污染物自身的形态和化学性质对化学自净也有很大的影响。

（3）生物自净 生物自净（Biological self-purification）是指水体中的污染物经生物吸收（Bioabsorption）、降解（Biodegradation）作用而发生含量降低的过程。如污染物的生物分解（Biodecomposition）、生物转化（bioconversion）和生物富集（Bioaccumulation）等作用，水体生物自净作用也称狭义的自净作用。淡水生态系统中的生物净化以细菌为主，需氧微生物在溶解氧充足时，能将悬浮和溶解在水中的有机物分解成简单、稳定的无机物（二氧化碳、水、硝酸盐和磷酸盐等），使水体得到净化。水中一些特殊的微生物种群和高等水生植物，如浮萍、凤眼莲等，能吸收浓缩水中的汞、镉等重金属或难降解的人工合成有机物，使水逐渐得到净化。影响水体生物自净的主要因素是水中的溶解氧含量、温度和营养物质的碳氮比例。水中溶解氧是维持水生生物生存和净化能力的基本条件，因此，它是衡量水体自净能力的主要指标。

水体自净的三种机制往往是同时发生，并相互交织在一起。哪一方面起主导作用取决于污染物性质和水体的水文学和生物学特征。

水体污染恶化过程和水体自净过程是同时产生和存在的。但在某一水体的部分区域或一定的时间内，这两种过程总有一种过程是相对主要的过程，它决定着水体污染的总特征。这两种过程的主次地位在一定的条件下可相互转化。如距污水排放口近的水域，往往表现为污染恶化过程，形成严重污染区。在下游水域，则以污染净化过程为主，形成轻度污染区，再向下游最后恢复到原来水体质量状态。所以，当污染物排入清洁水体之后，水体一般呈现出三个不同水质区：水质恶化区、水质恢复区和水质清洁区。

7.2.6 水环境容量

水体具有的自净能力就是水环境接纳一定量污染物的能力。一定水体所能容纳污染物的最大负荷称为水环境容量（Water environmental capacity），即某水域所能承担外加的某种污染物的最大允许负荷量。水环境容量与水体所处的自净条件（如流量、流速等）、水体中的生物类群组成、污染物本身的性质等有关。一般来说，污染物的物理化学性质越稳定，其环境容量越小；易降解有机物的水环境容量比难降解有机物的水环境容量大得多；重金属污染物的水环境容量则甚微。

水环境容量与水体的用途和功能有十分密切的关系。水体功能越强，对其要求的水质目标越高，其水环境容量将越小；反之，当水体的水质目标不很严格时，水环境容量可能会大一些。水体对某种污染物质的水环境容量可用下式表示

$$W = V(c_s - c_b) + C \tag{7-1}$$

式中 W——某地面水体对某污染物的水环境容量；

V——该地面水体的体积；

c_s——地面水中某污染物的环境标准值（水质目标）；

c_b——地面水中某污染物的环境背景值；

C——地面水对该污染物的自净能力。

■7.3 水质指标、水环境标准与水环境保护法规

7.3.1 水质指标

水质指标（Water quality index）就是水质性质及其量化的具体表现，还是控制和掌握污

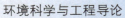

水处理设备的处理效果与运行状态的重要依据。

1. pH 值

pH 值反映水的酸碱性质。天然水体的 pH 值一般为 6 ~ 9，决定于水体所在环境的物理、化学和生物特性。饮用水的适宜 pH 值应为 6.5 ~ 8.5。生活污水一般呈弱碱性，而某些工业废水的 pH 值偏离中性范围较大，它们的排放会对天然水体的酸碱特性产生较大的影响。此外，大气中的污染物质（如 SO_2、NO_x 等）也会影响水体的 pH 值。水体一般具有一定的缓冲能力。

2. 悬浮固体

悬浮固体（Suspended solid）又称悬浮物，是水体中能被标准滤膜（$0.45\mu m$）截留的悬浮态固体物质。其中既有有机性颗粒（如动植物组织碎片等），也有无机固体颗粒（如泥沙、矿物等）。悬浮固体会使水体变得混浊，影响水体的透光性，还可以吸附其他污染物，沉积淤塞，形成更为严重的复合污染物。

3. 有机物含量

水体中有机污染物种类繁多，组成较为复杂。依靠现有技术很难分类测定其含量，而且实际应用中往往也没有必要。于是，从有机污染物消耗水中溶解氧的共性出发，以某些间接指标反映其总量或分类含量较为实用。因此，实际中一般以生物化学需氧量（Biochemical oxygen demand，BOD）、化学需氧量（Chemical oxygen demand，COD）、总需氧量（Total oxgen demand，TOD）及总有机碳（Total organic carbon，TOC）等指标反映这类污染物。

（1）生物化学需氧量　生物化学需氧量是指水中有机污染物被好氧微生物分解时所需的氧量，简称生化需氧量，单位为 mg/L。它反映了在有氧条件下，水中可生物降解的有机物的量。微生物的生理活动与环境温度有关，测定生化需氧量时一般以 20℃ 作为测定的标准温度，目前根据实际情况，以 5 天作为测定生化需氧量的标准时间，称为 5 日生化需氧量（以 BOD_5 表示）。

（2）化学需氧量　化学需氧量是指用化学氧化剂氧化水中有机污染物时与消耗的氧化剂量当量相当的氧量，单位为 mg/L。化学需氧量越高表示水中的有机污染物越多。常用的氧化剂为重铬酸钾，若氧化剂采用高锰酸钾，其测定值称为高锰酸盐指数。

（3）总需氧量和总有机碳　总需氧量是指有机物中碳、氢、氮、硫等元素全部被氧化为二氧化碳、水、一氧化氮和二氧化硫等时所需的氧量。总有机碳是指水样中所有有机污染物质的含碳量。这两个指标都是燃烧化学氧化反应，前者测定结果以氧表示，而后者则以碳表示。

4. 植物营养元素

氮、磷是植物的营养元素。植物营养元素对农作物生长有利，但是过多的氮磷进入天然水体易引起水体的富营养化，其中磷对富营养化的促进作用大于氮。因此，它们也是重要的水质指标。

5. 溶解氧

水中溶解氧是水生生物生存的基本条件，一般含量低于 4mg/L 时鱼类就会窒息死亡。溶解氧含量高，适于微生物生长，水体自净能力强。水中溶解氧含量过低时，厌氧菌大量繁殖，水体发臭。

6. 有毒有害物质指标

有毒有害物质指标（Toxic and harmful substances index）是防止长期积累导致慢性病或癌症的指标，确定的原则是人终身摄入而无觉察的健康风险。一般是根据动物试验及人群调查，由联合国粮农组织、世界卫生组织食品添加剂委员会、农药残留量联合会议推导出终身摄入而无觉察健康风险的可接受的日摄入量［mg/kg（体重）］，然后考虑摄入量中分配到水的部分。确定指标值时再除上四个不确定因素：物种间变异（人与动物之间）、物种内变异（物种个体之间）、研究或数据充分程度、影响健康作用的性质和程度。每个因素由专家在1～10间选择一个数字，即总不确定因素最大为10000。因为导入了较大的不确定因素值，故短时间超过指标值不会有有害影响和急性中毒。

7. 细菌污染指标

用两种指标表示水体被细菌污染的程度：细菌总数（个/mL）和总（或粪）大肠菌数（个/mL）。大肠菌群的值可以表明水样被粪便污染的程度，间接表明有肠道病菌存在的可能。

7.3.2　水环境标准

水是人类的重要资源，为了保障天然水的水质，不能随意向水体排放污水，在排放以前一定要进行无害化处理，以降低或消除其对水环境不利的影响。因此，各国政府都制定了有关的水环境标准（Water environmental quality standards）。我国有关部门与地方也制定了较详细的水环境标准，供规划、设计、管理、监测部门遵循。

1. 水环境质量标准及用水水质标准

我国已颁布的标准主要有：GB 3838—2002《地表水环境质量标准》、GB 5749—2006《生活饮用水卫生标准》、GB 5084—2005《农田灌溉水质标准》、GB 11607—1989《渔业水质标准》、GB 3097—1997《海水水质标准》、GB 12941—1991《景观娱乐用水水质标准》。以上各标准详细明确了各类水中污染物的允许最高浓度，以保证水环境及用水质量。

2. 污水排放标准

我国根据我国的具体自然条件、经济发展水平和科技发展水平，综合平衡，全面规划，充分考虑可持续发展的需要，有重点、有步骤地控制污染源，保护水环境质量，并为此制定了污水的各种排放标准（Wastewater discharge standard），分为一般排放标准和行业排放标准两大类。一般排放标准主要有：GB 8978—1996《污水综合排放标准》、GB 4284—1984《农用污泥中污染物控制标准》等。我国的造纸、纺织、钢铁、肉类加工等行业也都制定了相应的行业排放标准。

7.3.3　水环境保护法规

我国政府高度重视环境保护工作，自1979年制定并颁布实施了《中华人民共和国环境保护法》（1989年修正，2014年再次修订）以来，我国水环境保护工作取得了长足进步。尤其是在经济体制改革进程中，随着经济建设持续、快速发展，我国加大了环境保护法制化进程。为保护水环境，规范水资源开发利用秩序，实施社会经济可持续发展，制定《中华人民共和国水污染防治法》（1996年修正，2008年再次修订）《水污染物排放许可证管理暂行办法》《中华人民共和国防止拆船污染环境管理条例》《饮用水水源保护区污染防治管理规定》《中华人民共和国防治海岸工程建设项目污染损害海洋环境管理条例》《中华人民共和国水土保持法》等水环境与资源保护的法律、法规。通过实施"循环经济战略"《清洁生产促进法》，开展"一控双达标"，创建"国家环保模范城市"，建立"生态示范区"等环保活动以及防止水污染的综合治理工程，在一定程度上减缓了经济建设和水资源开发带来的水环境压力，促进了社会经济的可持续发展。

"水十条"简介

2015年4月16日，国务院正式发布《水污染防治行动计划》。简称"水十条"。

主要背景。水环境保护事关人民群众切身利益，事关全面建成小康社会，事关实现中华民族伟大复兴中国梦。当前，我国一些地区水环境质量差、水生态受损重、环境隐患多等问题十分突出，影响和损害群众健康，不利于经济社会持续发展。为切实加大水污染防治力度，保障国家水安全，制定本行动计划。

总体要求。全面贯彻党的十八大和十八届二中、三中、四中全会精神，大力推进生态文明建设，以改善水环境质量为核心，按照"节水优先、空间均衡、系统治理、两手发力"原则，贯彻"安全、清洁、健康"方针，强化源头控制，水陆统筹、河海兼顾，对江河湖海实施分流域、分区域、分阶段科学治理，系统推进水污染防治、水生态保护和水资源管理。坚持政府市场协同，注重改革创新；坚持全面依法推进，实行最严格环保制度；坚持落实各方责任，严格考核问责；坚持全民参与，推动节水洁水人人有责，形成"政府统领、企业施治、市场驱动、公众参与"的水污染防治新机制，实现环境效益、经济效益与社会效益多赢，为建设"蓝天常在、青山常在、绿水常在"的美丽中国而奋斗。

工作目标。到2020年，全国水环境质量得到阶段性改善，污染严重水体较大幅度减少，饮用水安全保障水平持续提升，地下水超采得到严格控制，地下水污染加剧趋势得到初步遏制，近岸海域环境质量稳中趋好，京津冀、长三角、珠三角等区域水生态环境状况有所好转。到2030年，力争全国水环境质量总体改善，水生态系统功能初步恢复。到21世纪中叶，生态环境质量全面改善，生态系统实现良性循环。

主要指标。到2020年，长江、黄河、珠江、松花江、淮河、海河、辽河等七大重点流域水质优良（达到或优于Ⅲ类）比例总体达到70%以上，地级及以上城市建成区黑臭水体均控制在10%以内，地级及以上城市集中式饮用水水源水质达到或优于Ⅲ类比例总体高于93%，全国地下水质量极差的比例控制在15%左右，近岸海域水质优良（Ⅰ、Ⅱ类）比例达到70%左右。京津冀区域丧失使用功能（劣于Ⅴ类）的水体断面比例下降15个百分点左右，长三角、珠三角区域力争消除丧失使用功能的水体。到2030年，全国七大重点流域水质优良比例总体达到75%以上，城市建成区黑臭水体总体得到消除，城市集中式饮用水水源水质达到或优于Ⅲ类比例总体为95%左右。

十个方面（三十五条）的措施：

一、全面控制污染物排放。

二、推动经济结构转型升级。

三、着力节约保护水资源。

四、强化科技支撑。

五、充分发挥市场机制作用。

六、严格环境执法监管。

七、切实加强水环境管理。

八、全力保障水生态环境安全。

九、明确和落实各方责任。

　　十、强化公众参与和社会监督。

　　我国正处于新型工业化、信息化、城镇化和农业现代化快速发展阶段，水污染防治任务繁重艰巨。各地区、各有关部门要切实处理好经济社会发展和生态文明建设的关系，按照"地方履行属地责任、部门强化行业管理"的要求，明确执法主体和责任主体，做到各司其职，恪尽职守，突出重点，综合整治，务求实效，以抓铁有痕、踏石留印的精神，依法依规狠抓贯彻落实，确保全国水环境治理与保护目标如期实现，为实现"两个一百年"奋斗目标和中华民族伟大复兴中国梦做出贡献。

■ 7.4　污水处理基本方法与系统

7.4.1　污水处理基本方法

　　污水处理（Waste water treatment）的基本任务，就是采用各种技术与手段，将污水中所含的污染物质分离去除回收利用，或将其转化为无害物质，使水得到净化。

　　根据污染物质的净化原理的不同，可以将现有的污水处理技术分为物理法、化学法、生物法三类（表7-2）。

表7-2　污水处理的基本方法

分类	处理方法		处理对象
物理法	稀释		污染物含量低，毒性低或含量高
	均衡调节		水质、水量波动大
	沉淀		可沉固体悬浮物
	离心分离法		悬浮物，污泥脱水
	隔油		大颗粒油滴、浮油
	气浮		乳化油和相对密度接近于1的悬浮物
	过滤分离法	格栅	粗大悬浮物
		筛网	较小悬浮物和纤维类悬浮物
		砂滤	细小悬浮物和乳油状物质
		布滤	细小悬浮物，沉渣脱水
		微孔管	极细小悬浮物
		微滤机	细小悬浮物
		超滤	相对分子质量较大的有机物
		反渗透	盐类和有机物油类
		电渗析	可离解物质，如金属盐类
		扩散渗析	酸碱废液
	热处理法	蒸发	高浓度废液
		结晶	有回收价值的可结晶物质
		冷凝	吹脱、汽提后回收高沸点物质
		冷却、冷冻	高温水、高浓度废液
	磁分离法		可磁化物质

（续）

分类		处理方法	处理对象
化学法	投药法	混凝	胶体和乳化油
		中和	稀酸性或碱性废水
		氧化还原	溶解性有害物质，如氰化物、硫化物
		化学沉淀	溶解性重金属离子
	传质法	吸附	溶解性物质（分子）
		离子交换	溶解性物质（离子）
		萃取	溶解性物质，如酚类
		吹脱	溶解性气体，如硫化氢、二氧化碳
		蒸馏	溶解性挥发物质，如酚类
		汽提	溶解性挥发物质，如酚类、苯胺、甲醛
	电解法		重金属离子
	水质稳定法		循环冷却水
	自然衰变法		放射性物质
	消毒法		含病原微生物废水
生物法	人工	活性污泥法	胶体状和溶解性有机物、氮和磷
		生物膜法	胶体状和溶解性有机物、氮和磷
		厌氧生物处理法	高浓度有机废水和有机污泥
	自然	稳定塘法	胶体状和溶解性有机物
		土地处理法	胶体状、溶解性有机物、氮和磷等

7.4.2 污水处理系统

污水中的污染物质是多种多样的，因此不可能只用一种方法就可以将所有的污染物都去除干净，往往需要将几种处理方法组合，才可以达到预期净化效果与排放标准。

根据处理程度的不同，污水处理系统可以分为一级处理、二级处理和三级处理。

一级处理（Primary treatment）主要解决悬浮固体、胶态固体、悬浮油类等污染物的分离，多采用物理法。一级处理通常是二级处理的预处理。

二级处理（Secondary treatment）主要去除污水中呈胶体和溶解状态的有机污染物质（即 BOD、COD 物质），多采用较为经济的生物处理法，它往往是废水处理的主体部分。经二级处理后，一般均可以达到排放标准。

三级处理（Tertiary treatment）是在一级、二级处理后，进一步处理难降解有机物、氮和磷等可溶性无机物等。处理后的水质可以达到工业用水和生活用水的标准。

污泥（Sludge）是污水处理过程中的产物。城市污水处理产生的污泥含有大量有机物，富有肥分，可以作为农肥使用，但又含有大量细菌、寄生虫卵及从工业废水中带来的重金属离子等，需要做稳定与无害化处理。污泥处理的主要方法是减量处理（如浓缩、脱水等）、稳定处理（如厌氧消化、好氧消化等）、综合利用（如生物气利用、污泥农业利用等）、最终处置（如干燥焚烧、填地投海、建筑材料等）。

对于某种污水，采用哪些处理方法组成系统，要根据污水的水质、水量，回收其中的有用物质的可能性、经济性、受纳水体的具体条件，并结合调查研究与经济技术比较后确定，必要时还需进行试验。图 7-3 为城市污水处理的典型流程。

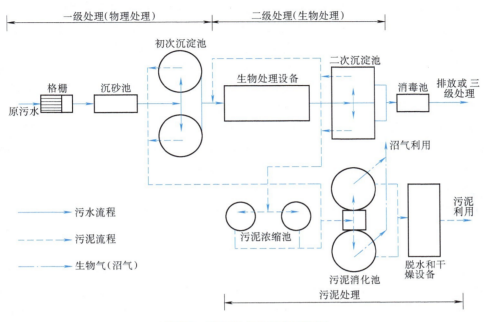

图 7-3　城市污水处理典型流程

■ 7.5　污水的物理处理

物理处理（Physical treatment）是指利用物理作用使污水中呈悬浮状态的污染物与污水分离的处理技术，在处理过程中污染物的性质不发生变化。

通常采用的处理方法与设备主要有筛滤截留法（格栅、筛网、滤池、微滤机等）、重力分离法（沉砂池、沉淀池、隔油池、气浮池等）和离心分离法（离心机、旋流分离器等）、浮力固液分离（隔油池、气浮池）和膜分离法。

7.5.1　格栅

格栅（Bar screen）由一组或多组相互平行的金属栅条与框架组成，安装在污水渠道、泵房集水井的进口处或污水处理厂的前端部，用以截留较大的悬浮物或漂浮物，如纤维、碎皮、毛发、木屑、果皮、蔬菜、塑料制品等，减轻后续处理构筑物的处理负荷，使之正常运行。被截留的物质称为栅渣，其含水率约为 70% ~ 80%，密度约为 $750kg/m^3$，通常对其进行卫生填埋处理。

7.5.2　沉淀

废水中许多悬浮固体的密度比水大，因此，在重力的作用下会自然沉降，利用这一原理进行的废水固液分离过程称为沉淀（Precipitation）。沉淀根据固体颗粒在沉降过程中出现物理现象的不同，可分为四类：

1）自由沉淀。固体颗粒在整个沉淀过程中单个独立完成，且其沉降速度不变。显然，形成自由沉淀的条件是水中悬浮固体含量很低，且固体颗粒不具有絮凝特性。

2）混凝沉淀。固体颗粒在整个沉淀过程中，互相碰撞凝结，颗粒粒径和沉降速度逐渐变大。形成混凝沉淀的条件是：悬浮固体含量较高，且具有絮凝特性。

3）成层沉淀。也称拥挤沉淀。固体颗粒在整个沉淀过程中互相保持相对位置不变，成整体下沉，因而形成浑液面，沉淀过程表现为浑液面的下沉过程。形成成层沉淀的条件是悬浮固体颗粒粒径大体相等，或者悬浮固体含量很高。

4）压缩沉淀。固体颗粒在整个沉淀过程中靠重力压缩下层颗粒，使下层颗粒间隙中的水被挤压而向上流。形成压缩沉淀的条件是悬浮固体含量很高，这时通常以固体的含水率来描述。

废水处理的重力沉淀装置一般分为两类：一类是以沉淀无机固体为主的，称为沉砂池；另一类是以沉淀有机固体为主的，称为沉淀池。

（1）沉砂池　沉砂池（Grit sedimentation chamber）的功能是去除比重较大的无机颗粒（如泥沙、煤渣等，相对密度约为 2.65）。常见的沉砂池有平流（Horizontal flow）沉砂池、曝气（Aerated）沉砂池、多尔沉砂池和钟式沉砂池等。

（2）沉淀池　沉淀池（Sedimentation chamber）按工艺布置的不同，可分为初次沉淀池和二次沉淀池。初次沉淀池是一级污水处理厂的主体处理构筑物，或作为二级污水处理厂的预处理构筑物，设在生物处理构筑物的前面。其主要作用是去除有机固体颗粒，一般可除去废水中悬浮固体的 40% ~ 50%，同时可以除去悬浮性的 BOD_5，一般占总 BOD_5 的 20% ~ 30%，从而可以改善生物处理构筑物的运行条件并降低其 BOD_5 负荷。二次沉淀池设在生物处理构筑物的后面，用于泥水分离，它是生物处理系统的重要组成部分。

根据池内水流的方向不同，沉淀池的形式分为平流式沉淀池、竖流式沉淀池（图7-4）、辐流式沉淀池（图7-5）和斜板（管）式沉淀池四种。表7-3 列出了各种沉淀池的特点及适用条件。

表7-3　平流、辐流和竖流式沉淀池的优、缺点及适用条件

沉淀池形式	优　点	缺　点	适　用　条　件
平流式	1）沉淀效果好。 2）对冲击负荷和温度变化的适应能力较强。 3）施工支模方便。 4）多个池子易于组合为一体，故节省面积。 5）便于污水处理厂扩容改造	1）池子配水不易均匀。 2）当有横向集泥槽或污泥斗时，需要单独设置各自的排泥设备，操作工作量大。采用链条式刮泥机时，由于许多部件浸于水中，易锈蚀，检修困难。 3）造价较高	1）适用于地下水位高及工程地质条件差的地区。 2）适用于大、中、小型污水处理厂
竖流式	1）无机械刮泥设备，排泥方便，管理简单。 2）占地面积小	1）池子深度大，施工困难。 2）对冲击负荷和温度变化的适应能力较差。 3）造价较高。 4）池子直径（或正方形边长）不宜过长，否则配水不均匀	适用于污水量不大的小型污水处理厂（单池容积小于 $1000m^3$ 为宜）

（续）

沉淀池形式	优 点	缺 点	适 用 条 件
辐流式	1）一般采用桁架式刮泥机。 2）机械（刮）排泥设备已为定型设备。 3）集水渠沿周边设置，故出水堰负荷较小。 4）结构受力条件好	1）占地面积大。 2）温度变化、风力、密度差等的影响，会对沉淀池水流产生不利影响	1）适用于地下水位高及工程地质条件差的地区。 2）适用于大、中、小型污水处理厂

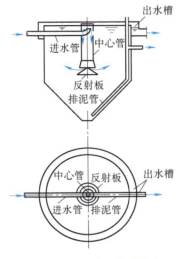

图7-4 竖流式沉淀池结构

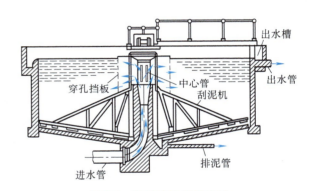

图7-5 辐流式沉淀池结构

斜板（管）式沉淀池是近些年才发展起来的新型沉淀池，是在沉淀池中按45°～60°的倾斜角设置一组相互重叠平行的平板或方管。水流从平行板或管道的上端流入，下端流出。每块板之间相当于一个小的沉淀池，每根方管相当一个小沉淀池，沉淀效果远远超过前述的三种沉淀池，是一种具有相当大发展潜力的沉淀池技术。

7.5.3 离心力分离

当废水在容器中绕轴线旋转时，由于废水与悬浮固体颗粒的密度差，重者（悬浮固体）将做离心运动集中至容器壁部分，轻者（废水）将做向心运动集中于容器中心轴部分，从而达到悬浮固体与废水的分离。

根据离心力（Centrifugal force）产生方式的不同，离心分离设备可分为水旋和器旋两类。水力旋流器、旋流离心池都属于前者，其特点是器体固定不动，而沿切向高速进入器内的物料产生离心力；后者则指离心机，其特点是高速旋转的转鼓带动物料产生离心力。

7.5.4 浮力固液分离

利用水对污染物的浮力达到污染物质与水分离的目的，主要设备有隔油池和气浮池两种类型。

（1）隔油池。隔油池（Oil separation chamber）主要分离含油废水中的油珠。油类在水中的存在形式有浮油、分散油、乳化油和溶解油。浮油的粒径较大，一般大于100μm，因而浮在水面；分散油粒径为10～100μm，悬浮于废水中，静置一定时间后可形成浮油；乳化油粒径小于10μm，一般为0.1～2μm，在废水中形成稳定的乳化液；溶解油是溶于水中的油粒，其粒径处于纳米级。隔油池主要用于废水中浮油和分散油的去除。目前常用的隔油池主要有平流式和斜板式两大类（图7-6）。

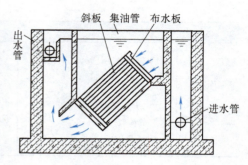

图7-6　CPI型波纹斜板式隔油池结构

（2）气浮。气浮（Air flotation）是向废水中注入大量微气泡，使其与废水中污染物黏附形成密度小于水的气浮体，在浮力作用下上浮至水面达到分离的目的。根据布气方式的不同，气浮可分为散气气浮、溶气气浮和电解气浮。气浮池一般有平流式和竖流式两种结构形式。全溶气加压溶气气浮法工艺流程如图7-7所示。

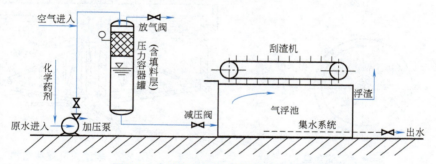

图7-7　全溶气加压溶气气浮法工艺流程

7.5.5　膜分离法

膜分离技术（Membrane separation technology）是利用隔膜使溶剂（通常是水）同溶质或微粒分离的处理方法。用隔膜分离溶液时，使溶质通过膜的方法称为渗析，使溶剂通过膜的方法称为渗透。

根据溶质或溶剂通过膜的推动力不同，膜分离法可分为三类。以电动势为推动力的方法有电渗析和电渗透。以浓度差为推动力的方法有扩散渗析和自然渗析。以压力差为推动力的方法有压渗析和反渗透、超滤、微滤和纳滤等。不同的膜分离过程所用的膜不同，分离过程的推动力、分离机理及适用对象也不同，见表7-4。

表7-4　各种膜分离过程的分离机理

膜过程	分离体系		推　动　力	分离机理	渗　透　物	截　留　物
	相1	相2				
微滤（MF）	L	L	压力差（0.01～0.2MPa）	筛分	水、溶剂溶解物	悬浮物、颗粒、纤维和细菌（0.01～10μm）
超滤（UF）	L	L	压力差（0.1～0.5MPa）	筛分	水、溶剂、离子和小分子（相对分子质量<1000）	生化制品、胶体和大分子（相对分子质量1000～3000000）

（续）

膜过程	分离体系		推　动　力	分离机理	渗　透　物	截　留　物
	相1	相2				
纳滤（NF）	L	L	压力差（0.5～2.5MPa）	筛分＋溶解/扩散	水、溶剂（相对分子质量<200）	溶质、二价盐、糖和染料分子（相对分子质量200～1000）
反渗透（RO）	L	L	压力差（1～10MPa）	溶解/扩散	水、溶剂	全部悬浮物、溶质和盐
电渗析（ED）	L	L	电位差	离子交换	电解离子	非解离和大分子物质

（1）电渗析法。电渗析法（Electrodialysis）是指外加直流电场作用下，利用阴阳离子交换膜对污水中的离子有选择性渗透的原理（即阳离子能通过阳离子交换膜，而被阴离子交换膜所阻；阴离子能通过阴离子交换膜，而被阳离子交换膜所阻），当污水通过由阴、阳离子交换膜组成的电渗析器时，污水中的阴、阳离子从污水中分离的处理技术。电渗析的工作原理如图7-8所示，图7-9为电渗析处理电镀含镍废水工艺流程。

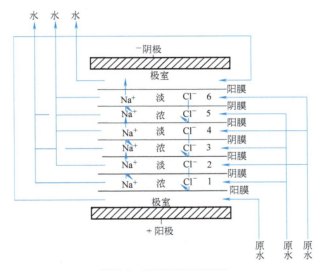

图7-8　电渗析工作原理

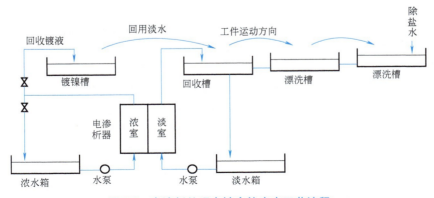

图7-9　电渗析处理电镀含镍废水工艺流程

（2）反渗透法。反渗透法（Reverse osmosis，RO）是将具有一定压力的污水通过半渗透膜，水分子被压滤过去，而溶解于水中的污染物质（离子或相对分子质量约为 300～1000，直径约为 0.1～1nm 的有机物）则被膜截留而分离出来的方法。半渗透膜是一种能够让溶液中的一种或几种组分通过而其他组分不通过的选择性膜，它可由醋酸纤维素等有机高分子材料制备。这种方法可用于海水淡化、含重金属离子污水的处理等方面。反渗透法处理电镀废水的工艺流程如图 7-10 所示，图 7-11 是一种常见的中空纤维式装置。

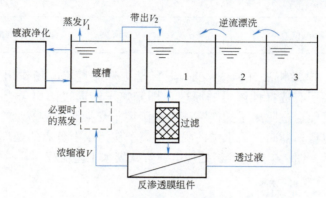

图 7-10　反渗透法处理电镀废水工艺流程

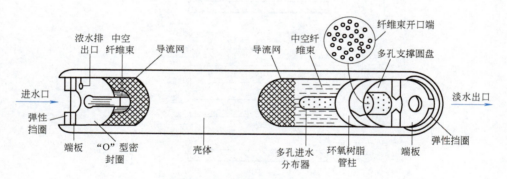

图 7-11　中空纤维式反渗透装置

（3）超滤法。超滤（Ultrafiltration，UF）是将具有一定压力的污水通过半渗透膜（孔径为 1～10nm），利用机械筛分原理使水分子压滤过去，而溶解于水的污染物质（相对分子量约为 500～500000，直径约为 10～100nm 的有机物）则被膜截留而分离出来的处理技术。这种方法能从污水中分离胶体物质、蛋白质和微生物等污染物质，可用于印染废水、含乳化油废水和生活污水处理等方面。超滤法处理印染废水的工艺流程如图 7-12 所示。

（4）超纯水制备技术。超纯水（Ultrapure water）的制备一般包括预处理、脱盐、后处理三道工序。目前，使用反渗透和超滤技术制备纯水的系统为最佳系统，反渗透能去除90% 以上的总溶解盐、95% 以上的溶解有机物、98% 以上的微生物及胶体，从而大大减轻了其后续离子交换装置的负荷和有机物。超滤、微滤可将系统中产生的微粒、细菌除去，有效地保证了终端用水的水质。图 7-13 为超纯水制备系统的一个例子。该系统是用反渗透、离子交换、紫外线氧化、超滤等方法脱除水中的离子和有机物。

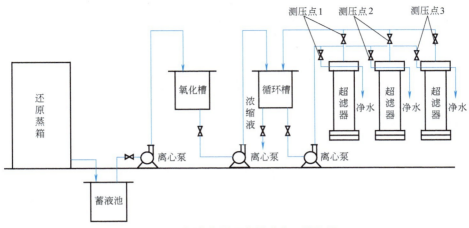

图 7-12 超滤法处理印染废水工艺流程

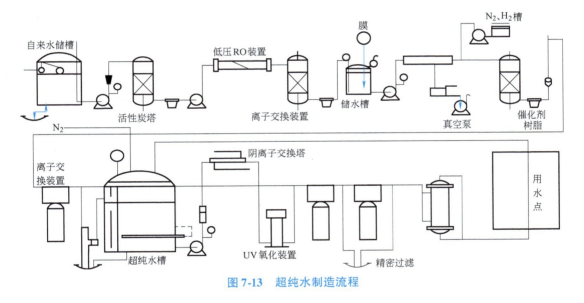

图 7-13 超纯水制造流程

7.6 污水的化学处理

化学处理（Chemical treatment）是指利用物理作用向污水中投加某种化学药剂，与污水中溶解性的物质发生化学反应，使污染物质生成沉淀或转变为无害物质的处理技术。通常采用的处理方法有中和法、化学沉淀法和氧化还原法。

7.6.1 中和法

中和（Neutralization）是指通过酸碱反应，使废水的 pH 值达到中性左右的过程，被处理的酸或碱主要是无机的。酸性废水的中和处理分为酸性废水与碱性废水互相中和、药剂中和及过滤中和（指酸性废水流过碱性滤料时与滤料进行中和反应的方法）等。碱性废水的中和处理分为碱性废水与酸性废水互相中和、药剂中和（图 7-14）等。

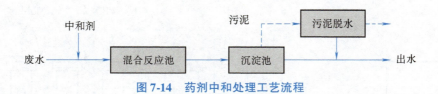

图 7-14 药剂中和处理工艺流程

7.6.2 化学沉淀法

化学沉淀（Chemical precipitation）是指向废水中投加化学药剂，使其与废水中的污染物发生化学反应，形成难溶的沉淀物沉淀下来的方法。

化学沉淀法根据投加的化学药剂的不同可以分为氢氧化物沉淀法、硫化物沉淀法和其他方法（石灰法、碳酸盐沉淀法、铁氧体沉淀法等）。石灰法去除铅锌冶炼过程中排出的含重金属等有害物质的污水工艺流程如图 7-15 所示。

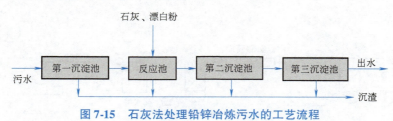

图 7-15 石灰法处理铅锌冶炼污水的工艺流程

7.6.3 氧化还原法

氧化还原（Oxidation reduction）是通过向废水中投加适量的氧化剂或还原剂，利用溶解于废水中的有毒有害物质在氧化还原反应中被还原或被氧化的性质，将其转化为无毒无害物质的废水处理方法。

1. 氧化法

氧化法（Oxidation）主要用于处理废水中的氰化物、硫化物及造成色度、嗅、味、BOD及 COD 的有机物，也可氧化某些金属离子，还可以杀菌防腐。常用的氧化剂有空气、氧气、臭氧、氯、次氯酸钠、二氧化氯、漂白粉和过氧化氢等。在实际处理过程中，可根据污染物的特征选择其他合适的氧化剂。图 7-16 是湿式氧化技术处理高浓度难降解有机废水的工艺流程。

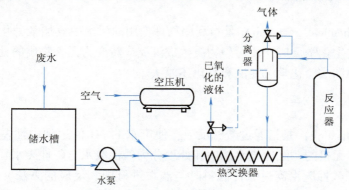

图 7-16 湿式氧化技术处理的工艺流程

2. 还原法

还原法（Reduction）目前多用于去除废水中无机离子，特别是重金属离子的还原，也用于水中染料、含氯有机污染物质的还原处理。图7-17所示为采用还原—吸附法处理含汞废水的工艺流程。

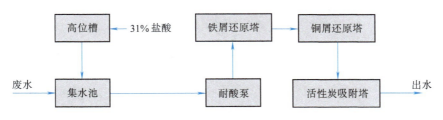

图7-17　还原—吸附法处理含汞废水的工艺流程

■ 7.7　污水的物理化学处理

物理化学处理（Physical and chemical treatment）是利用污水中的污染物质由水相转移到与水互不相溶的另一相中的物理化学过程，分离、回收污水中污染物质的处理技术。常用技术包括混凝法、气浮法、离子交换法和膜分离技术等。

7.7.1　混凝法

混凝法（Coagulation）就是向水中加入混凝剂（Coagulant）来破坏废水中的微小悬浮物和胶体粒子的稳定性，首先使其相互接触而凝聚，然后形成絮状物并下沉分离的处理方法。前者称为凝聚，后者称为絮凝，一般将这两个过程合称为混凝。

（1）混凝剂　用于水处理中的混凝剂应符合如下要求：混凝效果好，对人体无害，价廉易得，使用方便。根据所加药剂在混凝过程中所起作用的不同，混凝剂可分为凝聚剂和絮凝剂两类，分别起胶粒脱稳和结成絮体的作用。根据混凝剂的化学成分与性质的不同，混凝剂可以分为无机盐类混凝剂、高分子混凝剂和微生物混凝剂三大类。无机盐类混凝剂中，应用最广泛的是铝盐（如硫酸铝）和铁盐（如硫酸铁、硫酸亚铁、三氯化铁等）；高分子混凝剂有无机和有机两类。目前，无机高分子混凝剂中，聚合氯化铝（PAC）和聚合氯化铁研究和使用较为广泛。有机高分子混凝剂有天然的（如甲壳素）和人工合成的（如聚丙烯酰胺）两类。微生物混凝剂是现代生物学与水处理相结合的产物，是当前混凝剂研究发展的一个重要方向。

在某些情况下，单独使用混凝剂不能取得良好效果时，可投加辅助药剂来调节、改善混凝条件，提高处理效果，这种辅助药剂通常称为助凝剂。较常用的助凝剂有聚丙烯酰胺（PAM）、活化硅胶、骨胶、海藻酸钠等。

（2）混凝工艺流程　混凝处理是一个综合操作过程，包括药剂的制备、投加、混凝、絮凝和沉淀分离几个过程。其简单的工艺流程如图7-18所示。

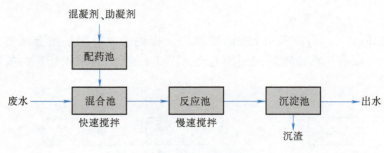

图 7-18　混凝工艺流程

7.7.2　吸附法

吸附（Adsorption）是利用多孔性的固体物质，使污水中的一种或多种物质吸附在固体表面而去除的方法。具有吸附能力的多孔性固体物质称为吸附剂，污水中被吸附的物质则称为吸附质。污水中常用的吸附剂有活性炭、磺化煤、焦炭、木炭、木屑、泥煤、高岭土、硅藻土等。

根据吸附剂表面吸附力的不同，吸附可分为物理吸附和化学吸附两种。吸附剂（Adsorbent）的吸附达到饱和以后必须进行再生，采用特定的方法将被吸附物从吸附剂的孔隙中清除，使之恢复活性，重复使用。常用的方法有水蒸气吹脱法、加热法、化学氧化法、溶剂萃取法，需要根据吸附剂与吸附质的性质加以选择。吸附的操作流程分为间歇式和连续式两类。

（1）固定床（Fixed bed）　间歇式是将吸附剂和废水按一定比例在吸附池内搅拌混合一段时间（一般为 30 分钟左右），后静置沉淀，然后将澄清液排出。吸附池一般需用两个，交替工作。间歇式操作一般只用于少量废水的处理，多数情况下都采用连续式。连续式吸附可以采用固定床、移动床和流化床三种不同的设备进行。图 7-19 所示为降流式固定床吸附塔结构，固定床吸附的常用操作模式如图 7-20 所示。

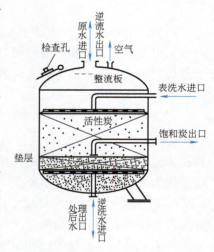

图 7-19　降流式固定床吸附塔结构

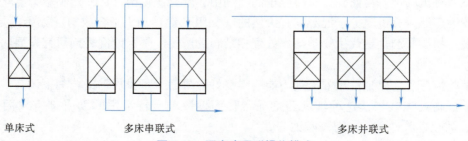

单床式　　　　多床串联式　　　　　　　多床并联式

图 7-20　固定床吸附操作模式

（2）移动床（Moving bed）　在吸附塔内原水自塔底向上流动，吸附剂自塔顶向下移动。

两者逆流接触并发生吸附作用，处理后的水从塔顶部流出，再生后的吸附剂从塔顶部加入，接近饱和的吸附剂从塔底间歇排除。

（3）流化床（Fluidized bed）　与固定床和移动床不同的地方在于吸附剂在塔内处于流化状态或膨胀状态。被处理的废水与活性炭也是逆流接触。由于活性炭处于流化状态，不存在堵塞问题，也不需要反冲洗，因此常用来处理悬浮物含量较高的废水。

7.7.3　离子交换法

离子交换（Ion exchange）是利用离子交换剂（Ion exchanger）与污水中的有害金属或非金属离子发生交换反应来分离有害物质的处理方法。离子交换剂分为阳离子交换树脂和阴离子交换树脂。前者用于分离阳离子，如去除或回收污水中的 Cu^{2+}、Ni^{2+}、Zn^{2+}、Hg^{2+}、Ag^+、Au^+、Cr^{3+} 等，后者用于分离阴离子，如氟离子、硝酸根，磷酸根等。

离子交换法处理污水的操作过程分四步：

1）交换。废水自上而下流过树脂层。

2）反洗。当树脂使用到终点时，自下而上逆流通水进行反洗，除去杂质，使树脂层松动。

3）再生。再生剂通过顺流或逆流进行再生，使树脂恢复交换能力。

4）正洗。自上而下通入清水进行淋洗，洗去树脂层中夹带的剩余再生剂，正洗后交换柱即可进入下一个循环工序。

其中，交换是工作阶段，而反洗、再生和正洗属于再生阶段。离子交换法处理镀镍废水工艺流程如图 7-21 所示。

图 7-21　离子交换法处理镀镍废水工艺流程

7.7.4　电解法

电解（Electrolysis）是指电解质溶液在直流电的作用下发生电化学反应的过程。与电源负极相连的电极从电源接受电子，称为电解槽的阴极；与电源正极相连的电极把电子传给电源，称为电解槽的阳极。电解过程中，在电场力的作用下，废水中的正、负离子分别向两极移动，并在电极表面发生氧化还原反应，生成新物质，这些新物质在电解过程中或沉积于电极表面，或沉淀于电解槽内，或生成气体从水中逸出，从而降低了废水中有毒物质的含量，这种利用电解原理来处理废水中有毒物质的方法称为电解法。

电解法主要适用于处理含重金属离子、含油废水的脱色、含氰废水等，其工艺流程如图 7-22 所示。

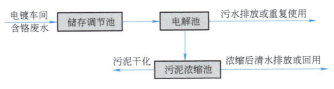

图 7-22　电解法处理废水工艺流程

■ 7.8 污水的生物处理

生物处理（Biological treatment）是利用水生生物（主要是微生物）对水中污染物的吸附、降解作用，使其含量降低或转变为无害物质的处理技术。生物方法可分为活性污泥法、生物膜法、自然生物处理技术和厌氧生物处理技术。

7.8.1 活性污泥法

1. 基本原理

活性污泥法（Activated sludge process）是以活性污泥为主体的污水生物处理技术。它是在人工充氧的条件下，对污水中的各种微生物群体进行培养和驯化，形成活性污泥。利用活性污泥的吸附和氧化作用，以分解去除污水中的有机污染物。然后进入二次沉淀池，进行污泥与水的分离，大部分污泥再回流到曝气池，多余部分则排出活性污泥系统。

活性污泥本身有巨大的比表面积，且表面上含有多糖类黏性物质，因此，它对废水中的有机物有很强的吸附作用。当它与废水开始接触时，废水中的有机污染物迅速地被吸附到活性污泥上，这一过程称为初期吸附。被吸附的有机物在酶的作用下经水解后，被微生物摄入体内，在水中的溶解氧较充分的条件下，进行生化反应，将部分有机物氧化分解成较简单的无机物（CO_2、H_2O、NH_4^+、PO_4^{3-}、SO_4^{2-} 等），并释放出细菌生长所需的能量，而将另一部分有机物转化为生物体必需的营养物质，合成新的原生质，如图 7-23 所示。

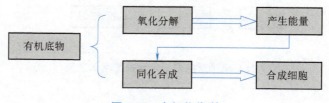

图 7-23　有机物代谢

活性污泥（Activated sludge）是一种褐色絮状体，充满了各种微生物（包括细菌、真菌、原生动物和后生动物等），还含有一些无机物和分解中的有机物，它们组成了一个特有的生态系统。其中最重要的是细菌和原生动物两类。

参与污染物去除的活性污泥微生物，根据其生理特征的不同可分为四类：①在好氧条件下，利用含碳有机物进行生长繁殖的异养微生物（包括细菌、原生动物和后生动物）；②在好氧条件下，将氨氮氧化为亚硝酸盐，将亚硝酸盐氧化为硝酸盐的自养菌（一般称为硝化菌）；③在缺氧（溶解氧很低）条件下，将硝态氮还原为氮分子的反硝化异养菌（一般称为反硝化菌）；④在厌氧（无溶解氧，且无硝酸盐和亚硝酸盐）条件下释磷和好氧条件下吸磷的异养菌（一般称为聚磷菌）。

活性污泥法运行条件的控制，就是创造使上述四类微生物各自发挥最佳生理特性的条件。例如，反应池的生物固体停留短，则去除含碳有机污染物的微生物可顺利进行，但不能氧化氨氮，即进行硝化过程；反之，生物固体停留时间较长，则硝化菌能生长繁殖，易进行氨氮的硝化。另外，已进行硝化的活性污泥混合液（含有亚硝酸盐和硝酸盐），在有机碳存在的条件下，如使混合液处于缺氧状态，则反硝化菌能进行脱氮。如具备聚磷菌的生长条件，则可以进行除磷。

2. 基本流程

活性污泥法的流程大体由以下两个步骤组成：

1）生物反应。使活性污泥和待处理废水充分混合，形成混合液，并在充分曝气提供足够溶解氧的条件下，进行生化反应，降低污染物含量。

2）二次沉淀。在二次沉淀池中对混合液进行固液分离。下层为分离出的活性污泥，大部分送回曝气池，称为回流污泥，其余作为废弃物排出；上层清水则为已处理废水，排除沉淀池。图7-24是活性污泥法的基本流程。

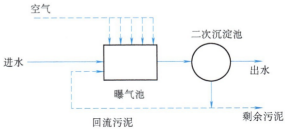

图7-24　活性污泥法基本流程

3. 曝气

活性污泥法是采用人工措施，创造适宜条件，强化活性污泥微生物的新陈代谢，加速污水中有机污染物降解的污水生物处理技术。重要的人工措施之一是向活性污泥反应器——曝气池中的混合液提供足够的溶解氧和使混合液中的活性污泥与污水充分接触，这两项任务是通过曝气（Aeration）这一手段实现的。现在通行的曝气方式有鼓风曝气、机械曝气和两者联合的鼓风—机械曝气。活性污泥系统的净化效果在很大程度上取决于曝气池的功能能否正常发挥。

4. 运行方式

随着污水处理的实际需要和处理技术的不断发展，目前已开发出多种活性污泥法工艺，如普通活性污泥法、阶段曝气活性污泥法、吸附再生活性污泥法、延时曝气活性污泥法、高负荷活性污泥法、AB两段活性污泥法、完全混合活性污泥法、序批式活性污泥法、氧化沟、深井曝气活性污泥法、富氧曝气活性污泥法、厌氧—好氧活性污泥法（生物除磷）、强化硝化活性污泥法、缺氧—好氧活性污泥法（生物脱氮）、好氧—缺氧—好氧活性污泥法（生物脱氮）、厌氧—缺氧—好氧活性污泥法（生物除磷脱氮）、水解酸化—好氧活性污泥法等。活性污泥法目前已成为生活污水、城市污水和有机工业废水的主要生物处理方法。

（1）普通活性污泥法　又称传统活性污泥法（Conventional activated sludge process）。污水和回流污泥从曝气池的首端进入，以推流式至曝气池末端流出。处理效果极好，BOD去除可达90%以上，适用于净化程度和稳定程度要求高的污水。但是普通活性污泥法耐冲击负荷能力较差，只适用于大、中型城市污水处理厂（水质较稳定）。此外，曝气池容积大，基建费用高，对氮、磷的去除率低，剩余污泥量大，从而提高了污泥处理处置的费用。普通活性污泥法的耗氧速率沿池长递减，而供氧速率很难与其吻合，在池前段可能出现耗氧速度高于供氧速度的现象，池后段则恰恰相反。为此，一般采取渐减供氧方式，以在一定程度上解决这个问题，如图7-25所示。

（2）AB两段活性污泥法　将活性污泥系统分为两个阶段，即A段和B段。它的工作原理是充分利用微生物种群的特性，为创造适宜的环境而分成两个阶段，使不同种群的微生物可以得到良好的增殖，通过生化作用来处理污水。图7-26是AB两段活性污泥法（Adsorp-

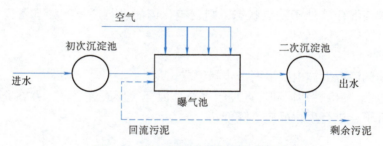

图 7-25   渐减曝气式活性污泥法系统

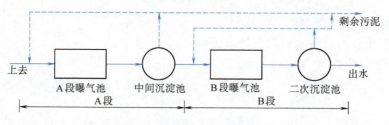

图 7-26   AB 段活性污泥法系统

tion biodegradation process，AB）的系统示意。与普通活性污泥法相比，AB 法具有以下特点：①对处理复杂的水质变化较大的污水，具有较强的适应能力；②可大幅度去除污水中难降解物质，可作为处理复杂的工业废水预处理的一种方法；③处理效率高，出水水质好，BOD 去除率高达 90% ~98%，还可以深度处理脱氮和除磷；④总反应时间短；⑤便于分期建设，可根据排放要求先建设 A 段再建设 B 段；⑥不设初沉池。

（3）完全混合活性污泥法   污水与回流污泥进入曝气池后立即与池内原有混合液充分混合，并替代出等量的混合液至二次沉淀池，从根本上改变了长条形池子中混合液的不均匀状态，如图 7-27 所示。

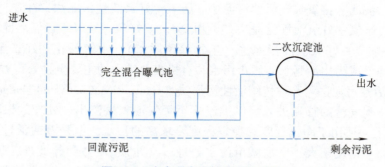

图 7-27   完全混合活性污泥法系统

（4）氧化沟   氧化沟（Oxidation ditch）又称循环曝气池（Circulating biological aerated filter），因其构筑物呈封闭的沟渠状而得名。运行时，污水和活性污泥的混合液在环状的曝气渠道中不断循环流动，如图 7-28 所示。由于处理污水出水水质好，运行稳定，管理方便，氧化沟法在近 30 年取得了迅速的发展。

（5）缺氧—好氧活性污泥法（生物脱氮）   缺氧—好氧活性污泥法（A/O 法）脱氮工

艺是 20 世纪 80 年代初开发的工艺流程，其主要特点是将反硝化反应器放置在系统之前，故又称前置反硝化生物脱氮系统（Biological denitrification system），是目前采用较广泛的一种脱氮工艺，其系统如图 7-29 所示。

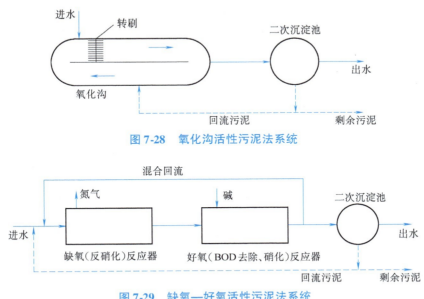

图 7-28　氧化沟活性污泥法系统

图 7-29　缺氧—好氧活性污泥法系统

（6）厌氧—好氧活性污泥法（生物除磷）　普通活性污泥法的除磷（Phosphorus Removal）能力是很有限的，除磷率一般为 10% ~ 30%。这是因为磷的去除量基本是由合成微生物体所需磷量决定的。一般认为活性污泥化学组成经验式为 $C_{118}H_{170}O_{51}N_{17}P$，由此可知，活性污泥中碳、氮、磷的比大体为 46∶8∶1。如果污水中营养物质的含量维持这个比例，则理论上磷可全部被去除，但城市污水磷的含量往往大于这个比例，因此，城市污水需要进行除磷，达到标准后才能排放。

厌氧—好氧活性污泥法的反应池由厌氧池和好氧池组成。经初次沉淀池处理的废水与回流活性污泥相互混合进入厌氧池，活性污泥中的聚磷菌在厌氧池内进行磷的释放，混合液中磷的含量随污水在厌氧池内停留时间的增长而增加；而后废水流入好氧池，活性污泥中的聚磷菌能大量吸收磷，在胞内形成聚合磷酸盐，使混合液中磷的含量随污水在厌氧池内停留时间的增长而降低；最后污水进入二次沉淀池固液分离后排放，富含磷的污泥一部分回流，另一部分剩余的排出，其系统如图 7-30 所示。该工艺除磷率可达 80% 以上，出水 BOD 和悬浮物的含量与普通活性污泥法相同。

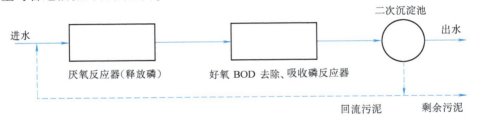

图 7-30　厌氧—好氧活性污泥法系统

7.8.2 生物膜法

1. 基本原理

污水流过固体介质表面时，其中的悬浮物被部分截留，胶体物质被吸附，污水中的微生物则以此为营养物质而生长繁殖，这些微生物进一步吸附水中的悬浮物、胶体和溶解性有机污染物，在适当的条件下逐步形成一层充满微生物的黏膜——生物膜（Biofilm）。

在正常运行过程中，生物膜表面经常附着一层水层，称为附着水层，其外侧则为流动的流动水层，如图7-31所示。

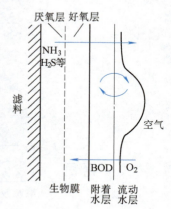

图7-31　生物膜结构

生物膜在有充足氧的条件下，对有机物进行氧化分解，产生的无机盐和二氧化碳沿相反方向从生物膜经附着水层进入流动水层排出。生物膜中的微生物也在这一代谢中获得能量，合成原生质，自身得到增殖。生物膜不断增厚，当增厚到一定程度时，溶解氧无法进入，生物膜内部转变为厌氧状态，并形成厌氧层。生物膜继续增厚，厌氧层也随之增厚，靠近载体表面的微生物由于得不到营养物质，其生长进入内源呼吸期，附着能力减弱，生物膜呈老化状态，在外部水流冲刷下脱落，然后开始生长新的生物膜。生物膜就这样不断生长、脱落、更新，从而保持生物膜的活性。厌氧层中脱氮菌的反硝化作用，使生物膜法在好氧条件下，同样具有脱氮功能。

2. 特征

生物膜法污水处理技术中，微生物生长繁衍的生物膜固着在载体（滤料或填料）的表面上，这是其与活性污泥法主要的区别。正是这一区别使其在微生物学、工艺、净化功能及运行管理等方面有着自身独特之处。

（1）在微生物学方面　生物膜上优势微生物在填料层内随污水流程而不断变化；生物膜上生息的生态系统的食物链明显长于活性污泥法。最后，硝化菌（在好氧层）及脱氮菌（在厌氧层）在生物膜上也能得到良好的增殖。

（2）在净化功能方面　硝化反应是生物膜法各种工艺共有的功能，同时还有脱氮的功能，且远高于活性污泥处理系统，污水水质、水量的波动对处理效果的影响较小，而且易于恢复；活性污泥法不适合处理BOD过低（低于50～60mg/L）的污水，而生物膜法的各种工艺对这样低的含量，甚至更低含量的废水也能够进行充分的处理。

（3）在维护管理方面　不需回流污泥，不需设污泥回流系统；脱落的生物膜中，原生动物较多，易于固液分离，二次沉淀池处理效果好，而且污泥产量低。

3. 工艺

（1）生物滤池　生物滤池（Biological filter）是以土壤自净原理为依据，在污水灌溉的实践基础上，经较原始的间歇砂滤池和接触滤池发展起来的人工生物处理技术，已有百余年的历史。生物滤池有普通生物滤池和塔式生物滤池两种典型工艺，其主要构件包括滤料、池壁、排水系统和布水系统。

1）普通生物滤池。普通生物滤池（Conventional biological filter）有方形、矩形和圆形等，多用砖石砌成或用混凝土浇筑而成，滤料一般采用碎石、卵石、炉渣、焦炭和塑料等，粒径应满足比表面积和空隙率的要求。布水设备的作用是使污水能够均匀分布。生物滤池的布水设备分为移动式（常用回转式）和固定喷嘴式两类。排水系统设于滤池底部，用于收集滤床流出的污水及脱落的生物膜，并起着支撑滤料和保证通风良好的作用。图7-32是普通生物滤池的构造。普通生物滤池具有处理效果好、运行稳定、易于管理和节省能源等特点，但它的处理负荷低，占地面积大，只适用于处理量小的场合，而且滤料容易堵塞，因而限制了它的应用。

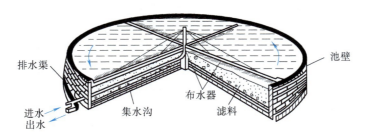

图 7-32 普通生物滤池构造

2）塔式生物滤池。塔式生物滤池（Tower biological filter）是一种新型的高负荷生物滤池，其工作原理和普通生物滤池相同，其构造如图7-33所示。塔内滤料多采用塑料滤料，如环氧树脂固化的玻璃布、纸蜂窝、塑料波纹板等。滤料层中的上几层去除污水中大部分有机物，下几层则主要进行硝化作用，进一步改善水质。塔式生物滤池的构造基本上类似普通生物滤池，就像几个单层的普通生物滤池串联运行，只是高度上有较大差异而已。池身加高，增大了通风量，从而具有了提高滤池处理能力的可能性。和普通生物滤池相比，它具有处理效率高、负荷率高、占地面积小，且具有较强的耐冲击负荷能力的优点。但是也具有容易发生堵塞的缺点，一般通过采用较大的回流，提高冲刷力来解决。

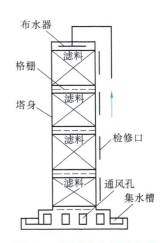

图 7-33 塔式生物滤池构造

（2）生物转盘 生物转盘（Biological rotating disc）又称旋转式生物反应器，主要组成部分有转盘、转动轴、污水处理槽和驱动装置等，如图7-34所示。生物转盘的优点是运行

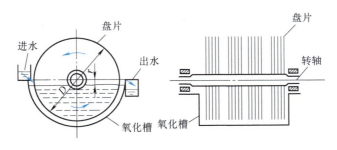

图 7-34 生物转盘构造

中的动力消耗低，耐冲击负荷能力强，工作稳定，操作管理简单，污泥产量小，颗粒大，易于分离脱水，出水水质较好。其缺点是占地面积大，建设投资大，处理易挥发有毒废水时对大气污染严重，生物膜易脱落。生物转盘法多用于生活污水的处理，也可用于处理食品加工、石油化工、纸浆造纸等工业废水。

（3）生物接触氧化法　生物接触氧化法（Biological contact oxidation process）又称浸没式生物滤池，实际上是生物膜法与活性污泥法的结合，即在曝气池中设置填料作为生物膜的载体，利用生物膜和悬浮活性污泥的联合作用来净化污水，因此，兼具生物滤池和活性污泥法的双重特点。

除以上三种工艺外，应用于化工领域的流化床，从 20 世纪 70 年代开始被一些国家应用于污水生物处理中，发展出了一种新型的污水生物处理方法——生物流化床法。多年的研究和实践表明，生物流化床具有容积负荷率高、处理效果好、效率高、占地面积小、投资省等特点，是一种极具发展前途的污水生物处理技术。

7.8.3　厌氧生物处理法

1. 基本原理

当污水中有机物含量较高，BOD_5 超过 1500mg/L 时，就不宜用好氧处理，而宜采用厌氧处理方法。污水厌氧生物处理（Anaerobic biological treatment）是指在无分子氧条件下，通过厌氧微生物（包括兼性微生物）的作用，将废水中的各种复杂有机污染物降解转化为甲烷和二氧化碳等物质的过程，又称为厌氧消化。厌氧生物处理过程不需要氧气，由此具有了一些与好氧处理法相区别的特点。

由于厌氧处理过程中产生的沼气（甲烷）可以作为能源加以回收利用，剩余污泥可作为肥料，不需供氧（能耗低）等优点，厌氧处理法日益受到世界各国的重视。厌氧生物处理技术不仅适用于污泥稳定处理，还适用于高浓度与中浓度有机废水的处理。

厌氧生物处理与好氧过程的根本区别在于不以分子态的氧作为受氢体，而以化合态的氧、碳、硫、氢等作为受氢体。

废水厌氧生物处理是一个复杂的生物化学过程，它主要是依靠三大类群的细菌（水解产酸细菌、产氢产乙酸细菌和产甲烷细菌）的联合作用来完成的，因此，可以粗略地将厌氧消化过程分为水解酸化、产氢产乙酸和产甲烷三个阶段。

（1）水解酸化阶段　复杂的大分子、不溶性有机物先在细胞外酶的作用下水解为小分子、溶解性有机物，然后被细菌摄入体内，分解产生挥发性有机酸、醇类等。糖类、脂肪和蛋白质的水解酸化过程如图 7-35 所示。

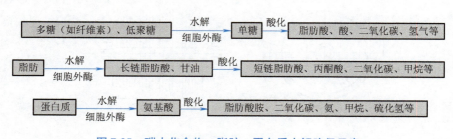

图 7-35　碳水化合物、脂肪、蛋白质水解路径示意

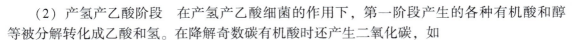

（2）产氢产乙酸阶段　在产氢产乙酸细菌的作用下，第一阶段产生的各种有机酸和醇等被分解转化成乙酸和氢。在降解奇数碳有机酸时还产生二氧化碳，如

$$CH_3CH_2CH_2CH_2COOH + 2H_2O \rightarrow CH_3CH_2COOH + CH_3COOH + 2H_2 \tag{7-2}$$

$$CH_3CH_2COOH + 2H_2O \rightarrow CH_3COOH + 3H_2 + CO_2 \tag{7-3}$$

（3）产甲烷阶段　产甲烷细菌将乙酸盐、二氧化碳和氢气等转化为甲烷。此过程由两组生理上不同的产甲烷细菌完成：一组把氢和二氧化碳转化为甲烷，另一组从乙酸或乙酸盐脱羧产生甲烷。前者约占总量的 1/3，后者约占 2/3，反应为

$$4H_2 + CO_2 \xrightarrow{\text{产甲烷菌}} CH_4 + 2H_2O$$
$$CH_3COOH \xrightarrow{\text{产甲烷菌}} CH_4 + CO_2 \tag{7-4}$$

虽然厌氧消化过程分为三个阶段，但是在厌氧反应器中，三个阶段是同时进行的，并保持某种程度的动态平衡，这种平衡一旦被 pH 值、温度、有机负荷、碳氮比及有毒物质等外加因素破坏，则首先将使产甲烷阶段受到抑制，其结果会导致低级脂肪酸的积存和厌氧进程的异常变化，甚至导致整个厌氧消化过程的停滞。

2. 特点

厌氧生物处理法与好氧生物处理法相比具有以下优点：

1）应用范围广。好氧法一般只适用于中、低浓度污水的处理，而厌氧法不仅适用于污泥处理，也能处理高、中、低浓度有机物废水，有些好氧难以降解的有机物质也能用厌氧法处理。

2）能耗低。好氧法需要消耗大量能量进行曝气，厌氧法则不需要，还能产生沼气抵偿部分消耗的能量。

3）污泥产率低，剩余污泥少，而且污泥浓缩、脱水性能好。

4）营养物质需要量少。好氧法需要量为 COD：N：P = 100：3：0.5，而厌氧法需要量为 COD：N：P = 100：1：0.1。

5）有机负荷高。一般好氧法的有机容积负荷（以 COD 计）为 0.7 ~ 1.2kg/（m³·d），而厌氧法为 10 ~ 60kg/（m³·d）。

6）厌氧处理过程有一定的杀菌作用。

同时，厌氧生物处理法也具有以下缺点：

1）厌氧微生物增殖缓慢，因此启动和处理时间较好氧生物处理长。

2）处理后出水水质较差，往往需要进一步处理才能达到排放标准，一般厌氧生物处理后串联好氧生物处理。

3）厌氧生物处理系统操作控制因素较复杂严格，对有毒有害物质的影响较敏感。

4）往往需要加热，且处理时间较长。

3. 工艺

（1）厌氧消化法　厌氧消化法（Anaerobic digestion process）主要用于生活污泥及高浓度有机废水的处理。传统的消化池不加搅拌，池水一般分为三层：上层为浮渣，中层为水流，下层为污泥。污泥在池底进行厌氧消化，这种消化池不能调节温度，微生物和有机物不能充分接触，因此消化速度很低。在厌氧处理中，对含有机固体污染物较多的和有机物含量较高的废水常用普通厌氧反应器（Conventional anaerobic bioreactor），又称普通污水消化池，如图 7-36 所示。

高速消化池克服了传统消化池的缺点，这类消化池装有加热设备和搅拌装置，使池内的污泥保持完全混合状态，温度一般维持在中温 30～35℃，给微生物的活动提供了适宜的条件，提高消化速度。

（2）厌氧接触法　厌氧接触法（Anaerobic contact process）的主要特征是在完全搅拌的厌氧接触反应器后设沉淀池，进行泥水分离，使污泥回流，这样可大大降低水力停留时间，提高处理负荷率。厌氧接触反应器如图 7-37 所示。厌氧接触法的 BOD 去除率可达 90% 以上，主要用于食品工业的废水处理。

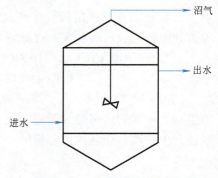

图 7-36　普通厌氧反应器

（3）厌氧生物滤池　厌氧生物滤池是装填料的厌氧生物反应器。厌氧微生物以生物膜的形态生长在滤料表面。在生物膜的吸附作用、微生物的代谢作用及滤料的截留作用下，废水中的有机污染物得以去除。产生的沼气则聚集于池顶部，并从顶部引出；处理水则由旁侧流出。为了分离出水挟带的脱落生物膜，一般在滤池后需设沉淀池。装填料的厌氧生物反应器如图 7-38 所示。厌氧生物滤池有较高的固体停留时间，因而有很好的处理效果，且能在高负荷下运行。其主要缺点是滤料容易堵塞，尤其是在池的下部生物膜含量大的区域。

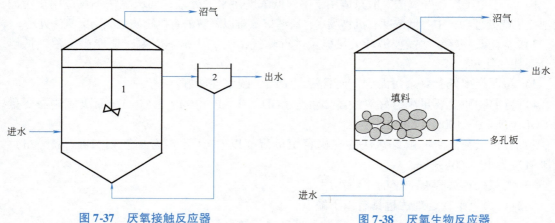

图 7-37　厌氧接触反应器
1—消化池　2—沉淀池

图 7-38　厌氧生物反应器

（4）升流式厌氧污泥床　升流式厌氧污泥床（Upflow anaerobic sludge bed，UASB）集生物反应与沉淀于一体，是一种结构紧凑的厌氧反应器。UASB 反应器内污泥的平均质量浓度可达 50g/L 以上，池底污泥质量浓度更是高达 100g/L 左右。反应器主要包括进水配水系统、反应区、三相分离器、气室和处理水排出系统几个部分，其构造如图 7-39 所示。其中，三相分离器的分离效果直接影响反应器的处理效果，其功能是将气（沼气）、液（处理水）和固（污泥）三相进行分离。

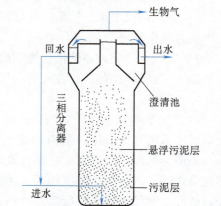

图 7-39　升流式厌氧污泥床反应器构造

UASB 反应器内之所以能维持较高的生物量，关键在于厌氧污泥的颗粒化。所谓污泥颗粒化是指床中的污泥形态发生了变化，由絮状污泥变为密实、边缘圆滑的颗粒。其主要特点是具有很高的产甲烷活性，沉降性能很好。

（5）厌氧膨胀床和厌氧流化床　厌氧膨胀床（Anaerobic expanded bed）和厌氧流化床（Anaerobic fluidized bed）基本上是相同的。床内填充细小的固体颗粒填料，如石英砂、无烟煤、活性炭、陶粒和沸石等，在其表面形成一层生物膜。废水从床底部流入，顶部流出，填料悬浮于上升的水流中，有时需将部分出水回流以提高床内水流的上升流速。一般认为床层膨胀率为 10% ~ 20% 的，称为膨胀床，此时颗粒略呈膨胀状态，但仍保持相互接触；当膨胀率达到 20% ~ 60% 时，填料处于流化状态，称为流化床。厌氧流化床反应器如图 7-40 所示。

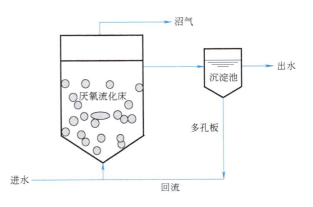

图 7-40　厌氧流化床反应器

除了上述几种工艺以外，还有两段厌氧法和复合厌氧法、厌氧生物转盘、厌氧挡板式反应器等厌氧生物处理工艺，而且在生产实践中也有一定的应用。

7.8.4　自然生物处理法

1. 稳定塘

稳定塘（Stabilization pond）又称氧化塘（Oxidation pond）或生物塘，是指经过人工适当修整，设围堤和防渗层的污水池塘，主要依靠自然生物净化功能使污水得到净化的一种污水处理设施。

（1）稳定塘的特点　作为一种污水的自然生物处理技术，稳定塘具有一系列显著的优点：

1）能够充分利用地形，工程简单，建设投资省。建设稳定塘，可以利用农业开发利用价值不高的废河道、沼泽地以及峡谷等地段，因此，能够起到整治国土、绿化、美化环境的作用。在建设上也具有周期短、易施工的优点。

2）能够实现污水资源化，使污水处理与利用相结合。稳定塘处理后的污水，一般能够达到农业灌溉的水质标准，可用于农业灌溉，充分利用污水的水肥资源。稳定塘内能够形成藻菌、水生植物、浮游生物、底栖动物以及虾、鱼、水禽等多级食物链，组成复合的生态系统。

3）污水处理能耗低，维护方便，成本低廉。

稳定塘也有一些问题：①占地面积大，没有空闲的余地是不宜采用的；②污水净化效果很大程度上受季节、气温、光照等自然因素的制约，在全年范围内不够稳定；③防渗处理不当，地下水可能遭到污染；④易散发臭气和滋生蚊蝇等。

（2）稳定塘的类型　根据塘水中微生物优势群体类型和塘水的溶解氧工况的不同，稳定塘可以分为以下四种类型：

1）好氧塘。为了使整个塘保持好氧状态，塘深不能太大，一般不超过 0.5m，阳光能够透入塘底。塘中的好氧微生物起降解有机污染物与净化污水的作用，所需的氧气由水面溶氧和生长在塘内的藻类光合作用提供。藻类是自养型微生物，它利用好氧微生物放出的二氧化碳作为碳源进行光合作用。一般污水在塘内停留时间较短，通常为 2～6 天，BOD_5 去除率可达 80% 以上。

好氧塘一般只适用于温暖而光照充足的气候条件，而且往往在需较高的 BOD 去除率且土地面积有限的场合应用。

好氧塘的主要优点有出水稳定、占地面积小、能耗低、停留时间较短等。但是好氧塘运转较为复杂，出水中含有大量藻类，排放前要经沉淀或过滤等将其去除。与养鱼塘结合，藻类可作为浮游动物的饵料。又由于其深度很小，故要对塘底进行铺砌或覆盖，以防杂草丛生。

2）兼性塘。这是一种最常用的稳定塘，水深一般在 1.5～2.0m。从塘面到一定深度（0.5m 左右），阳光能够透入，藻类光合作用旺盛，溶解氧比较充足，呈好氧状态，塘底为沉淀污泥，处于厌氧状态，进行厌氧发酵。介于好氧和厌氧之间的为兼性区，存活大量的兼性微生物。通常的水力停留时间为 7～30 天，BOD_5 去除率可达 70% 以上。由于污水停留时间长，降解反应可进入硝化阶段，产生的硝酸盐可在下层反硝化而除去氮，因此，兼性塘具有脱氮的功能。

兼性塘应用非常广泛，可用于处理原生的城市污水（通常是小城镇），一级或二级出水，以及工业废水的处理，此时，可将兼性塘接在曝气塘或厌氧塘之后使处理水在排放之前得到进一步的稳定。

兼性塘出水中也含有大量藻类，还需要很大的面积来使表面 BOD_5 负荷保持在适宜的范围内。

3）厌氧塘。水深一般在 2.0m 以上，可接收很高的有机负荷，以致没有任何好氧区，在其中进行水解、产酸及甲烷发酵等厌氧反应全过程，净化速率低，污水水力停留时间长（约 20～50 天）。

厌氧塘一般用作高浓度有机废水的首处理工艺，后续兼性塘、好氧塘甚至深度处理塘，还可作为工业废水排入城市污水系统前的预处理工艺。

厌氧塘的一个重要缺点是会产生难闻的臭味。塘的硬壳覆盖层，无论是由油脂自然形成的，还是由苯乙烯泡沫球形成的，都能有效控制臭味。

4）曝气塘。水深一般在 2.0m 以上，由机械或压缩空气曝气供氧。某些情况下，藻类光合作用和人工曝气都能有效供氧。污水水力停留时间为 3～10 天。曝气塘可以分为好氧曝气塘和兼性曝气塘两种，可用于处理城市污水和工业废水，其后可接兼性塘。曝气塘的主要优点是有机负荷较高，占地面积较小，但是由于需要人工曝气，增加了能耗，操作和维修复杂。

除以上四种稳定塘外，在应用上还存在一种专门用以处理二级处理后出水的深度处理塘。这种塘的功能是进一步降低二级处理水中残留的有机污染物、悬浮固体、细菌及氮、磷等植物营养物质等。

2. 污水土地处理系统

污水的土地处理系统是指在人工控制的条件下，将污水投配在土地上，通过土壤—植物系统进行一系列物理、化学和生物的净化过程，使污水得到净化，并转化为新水资源的一种污水自然生物处理方法。

污水灌溉作为水肥合一、综合利用的重要途径，在国内外已有很长的历史。近年来，由于对土壤及其生态系统和污水处理的关系有了深刻认识，常规的污水灌溉发展成为污水的土地处理系统。由于化学等三级处理方法往往成本很高，所以研究和开发土地处理系统作为污水三级处理的手段，并在某些条件下将其作为污水的二级处理手段，能够经济有效地净化污水，充分利用污水中的营养物质和水，强化农作物、牧草和林木的生产，促进水产和畜产的发展，绿化、整治国土，建立良好的生态环境，是一种环境生态工程。

（1）污水土地处理系统的组成　污水的土地处理系统由以下部分组成：①污水的预处理设备；②污水的调节、贮存设备；③污水的输送、配布和控制系统与设备；④土地净化田；⑤净化水的收集、利用系统。其中，土地净化田是土地处理系统的核心环节。

（2）污水土地处理系统的净化机理　土地处理系统对污水的净化作用是一个非常复杂的综合过程，其净化过程主要包括物理过程的过滤和吸附、化学反应和化学沉淀、植物的吸收利用及微生物代谢作用下的有机污染物的分解等。其大体过程是：污水通过土壤时，土壤把污水中悬浮及胶体态的有机污染物截留下来，在土壤颗粒的表面形成薄膜，这层薄膜里充满了细菌，它能吸附和吸收污水中的有机污染物，并利用从空气中透进土壤空隙中的氧气，在好氧细菌的作用下将污水中的有机污染物转化为无机物，植物通过光合作用利用细菌代谢的最终产物（CO_2、NH_4^+、NO_3^-、PO_4^{3-}等）为原料，进行自身的生长。由此可知，土地处理系统净化污水实际上是利用土地生态系统的自净能力消除环境污染的。因此，保持污水—土壤—微生物—植物的生态平衡是十分重要的。生态系统一旦被破坏，不仅达不到污水净化的目的，土地环境还将受到污染。

（3）污水土地处理系统的工艺

1）慢速渗滤处理系统。慢速渗滤处理系统是将污水投配到种有作物的土地表面，污水在土地表面缓慢流动并向土壤中渗滤，一部分污水直接被作物吸收，一部分渗入土壤中，从而使污水得到净化的一种土地处理工艺，如图7-41所示。慢速渗滤处理系统是污水土地处理中最常用的方法，它适用于渗水性能良好的土壤（如砂质土壤）和蒸发量小、气候湿润的地区。

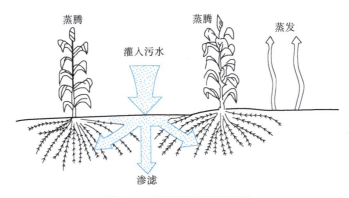

图7-41　慢速渗滤处理系统

2）快速渗滤处理系统。快速渗滤处理系统是将污水有控制的投配到具有良好渗滤性能的土地表面，在污水向下渗滤的过程中，通过过滤、沉淀、氧化、还原及生物氧化、硝化、反硝化等一系列物理、化学和生物的作用，使污水得到净化的一种土地处理工艺，如图 7-42 所示。

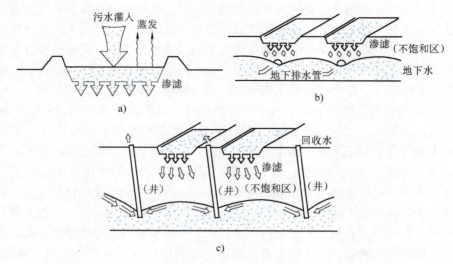

图 7-42   快速渗滤处理系统

a) 补给地下水   b) 由地下排水管收集处理水   c) 由井群收集处理水

3) 地表漫流处理系统。地表漫流处理系统是将污水有控制地投配到坡度和缓、土壤渗透性差的多年生牧草土地上，污水以薄层方式沿土地缓慢流动，在流动过程中得到净化的一种土地处理工艺，如图 7-43 所示。这种系统以处理污水为主，兼行生长牧草。它对污水的预处理程度要求较低，地表径流收集处理水，对地下水污染较轻。污水在地表漫流的过程中，只有少部分蒸发和渗入地下，大部分汇入建于低处的集水沟。地表漫流系统适用于渗透性较低的黏土、亚黏土，最佳坡度为 2% ~ 8%，处理效果良好，出水水质相当于传统生物处理的出水水质。

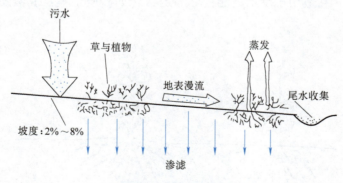

图 7-43   地表漫流处理系统

4) 湿地处理系统。湿地处理系统是将污水投放到土壤经常处于水饱和状态而且生长有芦苇、香蒲等耐水植物的沼泽上，污水沿一定方向流动，在流动过程中，在耐水植物和土壤联合作用下，使污水得到净化的一种土地处理工艺。

湿地一般可以分为天然湿地、自由水面人工湿地和地下水流人工湿地三类（图7-44）。湿地净化污水的物理、化学及生物过程除具有土地处理的基础反应和相互作用的一般功能外，其系统主要特征是生长有水生植物。茂盛的水生植物提供了微生物的栖息地。维管束植物向根茎周围充氧，同时又有均匀水流、衰减风速、抑制底泥卷起和避免光照、防止藻类生长等多种作用。

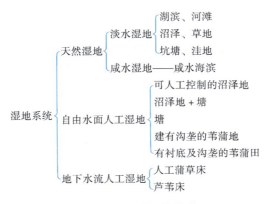

图7-44　湿地系统分类

污水的湿地处理系统，既能处理污水，又能改善环境，近年来受到了一些国家的重视，在我国"七五"期间曾作为国家重点科技攻关项目，进行了广泛深入的研究，取得了一定成果，并在实际中得到了应用。

5）地下渗滤处理系统。地下渗滤处理系统是将经过化粪池或酸化水解池预处理后的污水有控制地通入设于距地面约0.5m深处的渗滤田，在土壤的渗滤作用和毛细管作用下，污水向四周扩散，通过过滤、沉淀、吸附和在微生物作用下的降解作用，使污水得到净化的一种土地处理工艺。

这种系统具有以下一些特征：① 整体处理系统都设于地下，无损地面景观，而且能够种植绿色植物，美化环境；② 不受外界气温变化的影响，或影响较小；③建设运行费用低；④ 对进水负荷的变化适应性强，耐冲击负荷能力强；⑤ 如运行得当，处理水水质良好、稳定，可用于农业灌溉、城市绿化用水。

7.9　污泥的处理与处置

城市污水和工业废水在处理过程中都会产生相当数量的污泥（约占处理水量的0.3% ~ 0.5%），污泥中含有大量的有毒有害物质，如合成有机污染物、寄生虫卵、病原微生物及重金属离子等；也含有有利用价值物质，如植物营养物质等。因此，污泥需要及时处理与处置。其目的主要有：①降低含水率，使其变流态为固态，同时减少数量；②稳定其中容易腐化发臭的有机物；③使有毒有害物质得到妥善处理或利用，避免二次污染；④充分开发污泥的使用价值，使其得到综合利用，变害为利。

城市污水处理厂的污泥主要包括栅渣、沉砂池沉渣、初次沉淀池污泥和二次沉淀池污泥等。根据其成分的不同，可分为有机污泥和沉渣。以有机物为主要成分的一般称为污泥，初次沉淀池和二次沉淀池污泥都属于这一类，其特点是：富含有机物，容易腐化发臭；颗粒较细，含水率一般很高；不易脱水；相对密度接近于1，便于管道输送。以无机物为主要成分的一般称为沉渣，栅渣和沉砂池沉渣（还有工业废水处理中的沉淀物）属于这一类，其特点是：相对密度较大（一般约为2），颗粒较粗，含水率较低；容易脱水，流动性较差，一般作为垃圾处置。

工业废水处理后产生的污泥，有的和城市污水厂相同，有的则不同，有些特殊的工业污泥有可能作为资源利用。

污水处理厂的全部建设费用中，用于处理污泥的约占总额的 20% ~ 50%，所以污泥处理是污水处理系统的重要组成部分，必须予以充分重视。目前，污水处理中污泥处理和处置的方法如图7-45所示，其中应用较多的是浓缩和脱水，有的还进行厌氧消化和焚烧法。

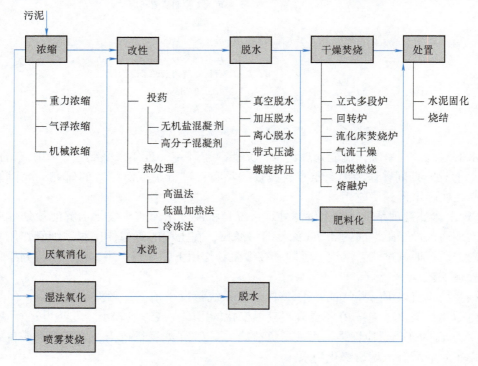

图 7-45　污泥处理和处置方法

思　考　题

1. 何谓水体？在环境学中，区分"水"与"水体"的概念为什么十分重要？

2. 请简述水体富营养化的成因、过程及对水环境的危害。

3. 为什么在描述水中有机物含量时，多以化学需氧量（COD）、生化需氧量（BOD）、总有机碳（TOC）等指标来反应，而不以各种具体有机物的含量表示？

4. 何谓水体自净？根据作用机理的不同，水体自净作用可分为哪几类？请分别叙述其作用过程。

5. 在实际污水处理过程中，为什么不能只采用一种水处理方法，而往往采用多种方法联合处理，形成一定的系统？根据处理目标的不同，污水处理系统如何分类？各自处理的目标是什么？

6. 请说明沉淀有哪几种类型？各自有何特点？重力沉淀法涉及的废水处理设备有哪几种？各自所起的

作用是什么？

7. 请列举废水化学处理的主要方法，并说明各自的适用场合。

8. 混凝法的原理是什么？化学沉淀法与其相比，在原理上有什么不同？两者使用的药剂有何不同？

9. 请简述吸附法的基本原理。物理吸附与化学吸附有何异同？

10. 请简述活性污泥法的基本原理，并列举主要的运行方式和各自的特点。

11. 在活性污泥法中，曝气的目的是什么？现在通用的曝气方式有哪些？

12. 与活性污泥法相比，生物膜法的主要不同有哪些？由此产生了哪些特征？

13. 生物膜法主要有哪些运行方式？各自的特点与适用范围如何？

14. 与好氧生物处理相比，厌氧生物处理有哪些特点？请简述厌氧生物处理的过程。

15. 请说明升流式厌氧污泥床反应器的工作原理和特点。

16. 请设计一个简单的污水二级处理系统，说明各处理单元在系统中所起的作用，并作出流程图。

17. 稳定塘与土地处理系统分别有哪些主要的类型？请简述其各自的特点与适用范围。

18. 为什么污泥的处理与处置在污水处理系统中占有重要的地位？

参考文献

［1］赵景联，史小妹．环境科学导论［M］．2 版．北京：机械工业出版社，2017.

［2］张希衡．水污染控制工程［M］．北京：冶金工业出版社，1993.

［3］张自杰．废水处理理论与设计［M］．北京：中国建筑工业出版社，2003.

［4］唐玉斌．水污染控制工程［M］．哈尔滨：哈尔滨工业大学出版社，2006.

［5］黄润华，贾振邦．环境学基础教程［M］．北京：高等教育出版社，1997.

［6］鞠美庭．环境学基础［M］．2 版．化学工业出版社，2010.

［7］高廷耀，顾国维．水污染控制工程：下册［M］．北京：高等教育出版社，1999.

［8］朱亦仁．环境污染治理技术［M］．北京：中国环境科学出版社，1996.

［9］邹家庆．工业废水处理技术［M］．北京：化学工业出版社环境科学与工程出版中心，2003.

［10］马占青．水污染控制与废水生物处理［M］．北京：中国水利水电出版社，2004.

［11］陈湘筑，郭正．环境工程：下册［M］．北京：教育科学出版社，1999.

推介网址

1. 北极星节能环保网：http：//huanbao. bjx. com. cn/scl/

2. 中国水处理网：http：//www. shuicl. net/news/

3. 富营养化：

1）Esbjerg-Declaration：http：//odin. dep. no/html. nofovalt/depter/md/publ/conf/esbjerg. html

2）Links on Eutrophication：http：//wwww. baltic-region. net/environ/eutroph. htm

第8章

土壤污染及其控制

[导读]　土壤是重要的自然资源，它是农业发展的物质基础。没有土壤就没有农业，也就没有人们赖以生存的衣、食基本原料。"民以食为天，农以土为本"道出了土壤对国民经济的重大作用。由于人口不断增加，人类对食物的需求量越来越大，土壤在人类生活中的作用也越来越大。人们必须要更深入地了解土壤，进而利用和保护土壤。但随着城乡工业不断发展，"三废"污染越来越严重，加上农药、化肥、除草剂、农膜等生产物质的大量使用，土壤难免会受到一定程度的污染。污染可以影响农产品的产量和质量，通过食物链影响人体健康，通过生态系统的能量流动和物质循环影响整个生态系统安全。美国、英国、德国、荷兰、中国等国家已经把治理土壤污染问题摆在与大气污染和水污染问题同等重要的位置，而且已从政府角度制定了相关的修复工程计划。目前，土壤科学研究已经从传统的农林土壤学发展为环境土壤学，污染土壤修复的研究已成为土壤科学的学科前沿。紧紧把握住污染土壤修复技术创新的方向，直接关系到国家的农业污染与生态安全。因此土壤污染修复技术日益受到人们的青睐，已开发出多种有效的土壤污染修复技术。

[提要]　本章在介绍了土壤的基本知识和土壤环境污染及其危害基础上，重点介绍了土壤污染预防措施和污染土壤环境修复技术。

[要求]　通过本章的学习可以了解土壤环境的污染源、土壤污染的危害及土壤的自净作用，了解重金属和农药在土壤中的积累、迁移、转化和生物效应，土壤污染的防治措施，熟悉各类污染土壤修复技术。

■ 8.1　土壤概述

8.1.1　土壤的组成

土壤（Soil）是由固态岩石经风化而成，由固、液、气三相物质组成的多相疏松多孔体系。土壤固相包括土壤矿物质和土壤有机质。土壤矿物质占土壤固体总重的90%以上。土壤有机质约占固体总重的 1%～10%，一般可耕性土壤有机质含量占土壤固体总重的5%，且绝大部分在土壤表层。土壤液相是指土壤中水分及其水溶物。气相指土壤孔隙存在的多种气体混合物。典型的土壤约有 35% 的体积是充满空气的孔隙。此外，土壤中有数量众多的微生物和土壤动物等。因此，土壤是一个以固相为主的不匀质多相体系（Heterogeneous）。

1. 土壤矿物质

土壤矿物质（Mineral）主要是由地壳岩石（母岩）和母质继承和演变而来，其成分和物质对土壤的形成过程和理化性质都有极大的影响。按成因可将土壤矿物质分为两类。

（1）原生矿物（Primary mineral） 原生矿物是各种岩石受到程度不同的物理风化而未经化学风化的碎屑物，其原来的化学组成和结晶构造未改变。原生矿物是土壤中各种化学元素的最初来源。土壤中最主要的原生矿物有硅酸盐类、氧化物类、硫化物类和磷酸盐类四类。硅酸盐矿物常见的有长石类、云母类、辉石类和角闪石类等，它们较易风化而释放出 K、Na、Ca、Mg、Fe 和 Al 等元素供植物吸收，同时形成新的次生矿物。氧化物类矿物有石英（SiO_2）、赤铁矿（Fe_2O_3）、金红石（TiO_2）、蓝晶石（Al_2O_3）等，它们相当稳定，不易风化，对植物养分意义不大。土壤中的硫化物类矿物通常只有铁的硫化物类矿物，即黄铁矿和白铁矿，它们易风化，是土壤中硫元素的主要来源。磷酸盐类矿物，土壤中分布最广的是磷灰石，包括氟磷灰石［$Ca_5(PO_4)_3F$］和氯磷灰石［$Ca_5(PO_4)_3Cl$］，其次是磷酸铁、铝，以及其他的磷化物，是土壤中无机磷的主要来源。

（2）次生矿物（Secondary minerals） 大多数次生矿物是由原生矿物经化学风化后重新形成的新矿物，其化学组成和晶体结构都有所改变。土壤次生矿物颗粒很小，粒径一般小于 0.25μm，具有胶体性质。土壤的许多重要物理性质（如黏结性、膨胀性等）和化学性质（如吸收、保蓄性等）都与次生矿物密切联系。土壤次生矿物通常可根据性质和结构分为简单盐类、氧化物类和次生铝硅酸盐类三类。简单盐类属水溶性盐，易淋溶，土壤中一般较少，多存在于盐渍土中。如方解石（$CaCO_3$）、白云石［$CaCO_3 \cdot Mg(CO_3)_2$ 或 $CaMg(CO_3)_2$］、石膏（$CaSO_4 \cdot 2H_2O$）等，是原生矿物化学风化后的最终产物结晶，构造较简单，常见于干旱和半干旱地区土壤中。氧化物类，如针铁矿（$Fe_2O_3 \cdot H_2O$）、三水铝石（$Al_2O_3 \cdot 3H_2O$）、褐铁矿（$Fe_2O_3 \cdot nH_2O$）等，是硅酸盐矿物彻底风化后的产物，结晶构造简单，常见于湿热的热带和亚热带地区土壤中。次生铝硅酸盐类，是长石等原生硅酸盐矿物风化后形成的，在土壤中普遍存在，种类很多，是土壤黏粒的主要成分。在干旱和半干旱气候条件下，风化程度较低，处于脱盐基初级阶段，主要形成伊利石；在温暖湿润或半湿润条件下，脱盐基作用增强，多形成蒙脱石和蛭石；在湿热气候条件下，原生矿物迅速脱盐基、脱硅，主要形成高岭石。

2. 土壤有机质

土壤有机质（Soil organic matter）是土壤中有机化合物的总称，包括腐殖质、生物残体和土壤生物。土壤中腐殖质是土壤有机质的主要部分，约占有机质总量的 50%~65%，它是一类特殊的有机化合物，主要是动植物残体经微生物作用转化而成的。在土壤中可以呈游离的腐殖酸盐类状态存在，也可以铁、铝的凝胶状态存在，还可与黏粒紧密结合，以有机—无机复合体等形态存在。这些存在形态对土壤的物理化学性质有很大影响。

3. 土壤水分

土壤水分主要来自大气降水和灌溉。在地下水位接近地面的情况下，地下水也是上层土壤水分的重要来源。此外，空气中水蒸气冷凝也会成为土壤水分。土壤水分并非纯水，而是土壤中各种成分溶解形成的溶液，不仅含有 Na^+、K^+、Mg^{2+}、Ca^{2+}、Cl^-、NO_3^-、SO_4^{2-}、HCO_3^- 等离子及有机物，还含有有机和无机污染物。因此，土壤水分既是植物养分的主要来源，也是进入土壤的各种污染物向其他环境圈层（如水圈、生物圈）迁移的媒介。

4. 土壤空气

土壤孔隙中存在的各种气体混合物称为土壤空气。这些气体主要来自大气，组成与大气基本相似，主要成分都是 N_2、O_2、CO_2 及水蒸气等，但是又与大气有着明显的差异。首先表现在 O_2 和 CO_2 含量上。土壤空气中 CO_2 含量远比大气中的含量高，大气中 CO_2 含量为 $0.02\% \sim 0.03\%$，而土壤中一般为 $0.15\% \sim 0.65\%$，甚至高达 5%，这主要来自生物呼吸及各种有机质分解。土壤空气中 O_2 含量则低于大气，这是由于土壤中耗氧细菌的代谢、植物根系的呼吸和种子发芽等。其次，土壤空气的含水量一般比大气高得多，并含有某些特殊成分，如 H_2S、NH_3、H_2、CH_4、NO_2、CO 等，这是土壤中生物化学作用的结果。另外，一些醇类、酸类及其他挥发性物质也通过挥发进入土壤。最后，土壤空气是不连续的，存在于相互隔离的孔隙中，这导致了土壤空气组成在土壤各处都不相同。

8.1.2 土壤剖面形态

典型的土壤随深度呈现不同的层次（图8-1）。最上层为覆盖层（A_0），由地面上的枯枝落叶构成；第二层为淋溶层（A），是土壤中生物最活跃的一层，土壤有机质大部分在这一层，金属离子和黏土颗粒在此层中被淋溶得最显著；第三层为溶积层（B），它受纳来自上一层淋溶出来的有机物、盐类和黏土类颗粒物质。第四层为母质层（C），是由风化的成土母岩构成；母质层下面为未风化的基岩，常用 D 层表示。

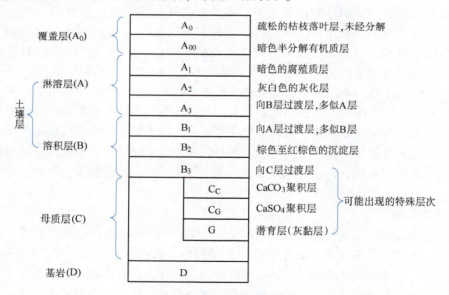

图8-1 自然土壤的综合剖面

以上这些层次统称为发生层。土壤发生层的形成是土壤形成过程中物质迁移、转化和积聚的结果，整个土层称为土壤发生剖面。

8.1.3 土壤的机械组成与质地分组

土壤中的矿物质由岩石风化和成土过程形成的不同大小的矿物颗粒组成。矿物颗粒的化学组成和物理化学性质有很大差别，大颗粒常由岩石、矿物碎屑或原生矿物组成，细颗粒主要由次生矿物组成。为研究方便，根据矿物颗粒直径大小，将大小相近、性质相似的归类称为粒级分级，一般可分为砾石、砂粒、粉砂粒和黏粒四级。土壤中各粒级所占的相对百分比或质量百分数叫作土壤矿物质的机械组成或土壤质地。一般可分为三或四大类，即砂土、壤土、黏壤土和黏土。土壤质地是影响土壤环境中物质与能量交换、迁移与转化的重要因素。

8.1.4　土壤性质

1. 土壤的吸附性质

土壤的吸附性质（Adsorbability）与土壤中胶体有关。土壤胶体（Soil colloid）是指土壤中颗粒直径小于 $1\mu m$，具有胶体性质的微粒。一般土壤中的黏土矿物和腐殖质都具有胶体性质。土壤胶体可按成分及来源分为三大类：

（1）有机胶体（Organic colloid）　主要是生物活动的产物，是高分子有机化合物，呈球形、三维空间网状结构，胶体直径在 $20\sim40nm$。

（2）无机胶体（Inorganic colloid）　主要包括土壤矿物和各种水合氧化物，如黏土矿物中的高岭石、伊利石、蒙脱石等，以及铁、铝、锰的水合氧化物。

（3）有机—无机复合体（Organic-inorganic colloid）　是由土壤中一部分矿物胶体和腐殖质胶体结合在一起形成的。这种结合可能是通过金属离子桥键，也可能通过交换阳离子周围的水分子氢键来完成。

土壤胶体具有巨大的比表面和表面能，从而使土壤具有吸附性。无机胶体中以蒙脱石表面积最大（$600\sim800m^2/g$），不仅有外表面并且有巨大的内表面，伊利石次之，高岭石最小（$7\sim30\ m^2/g$）。有机胶体具有巨大的外表面（约 $700\ m^2/g$），与蒙脱石相当。物质的比表面越大，表面能也越大，吸附性质表现也越强。

土壤胶体微粒具有双电层（Double electrode layer），微粒的内部称微粒核（Particles nuclear），一般带负电荷，形成一个负离子层，其外部由于电性吸引而形成一个正离子层，合称为双电层。也有的土壤胶体带正电，其外部则为负离子层。土壤胶体表面吸附的离子可以和溶液中相同电荷的离子以离子价为依据作等价交换，称为离子交换吸附（Ion exchange adsorption）。胶体所带电荷性质不同，离子交换作用包括阳离子交换吸附和阴离子交换吸附两类。土壤中常见阳离子交换能力顺序如下：

$$Fe^{3+}>Al^{3+}>H^+>Ba^{2+}>Sr^{2+}>Ca^{2+}>Mg^{2+}>Pb^+>K^+>NH_4^+>Na^+$$

土壤中阴离子交换吸附顺序如下：

$$F^->草酸根>柠檬酸根>PO_4^{3-}>AsO_4^{3-}>硅酸根>HCO_3^->H_2BO_3^->醋酸根>SCN^->$$
$$SO_4^{2-}>Cl^->NO_3^-$$

土壤胶体还具有凝聚性（Flocculation）和分散性（Dispersity）。由于胶体比表面和表面能都很大，为减小表面能，胶体具有相互吸引、凝聚的趋势，这就是胶体的凝聚性。但是在土壤溶液中，胶体常带负电荷，具有负的电动电位，所以胶体微粒又因相同电荷而相互排斥。电动电位越高，排斥越强，胶体微粒呈现出的分散性也越强。

2. 土壤的酸碱性

土壤的酸碱性（Soil acidity and basicity）是土壤的重要理化性质之一，主要取决于土壤中含盐基的情况。土壤的酸碱度一般以 pH 值表示。我国土壤 pH 值大多在 $4.5\sim8.5$，呈

"东南酸，西北碱"的规律。

（1）土壤酸度（Soil acidity）　土壤中的 H^+ 存在于土壤孔隙中，易被带负电的土壤颗粒吸附，具有置换被土粒吸附的金属离子的能力。酸雨、化肥和土壤微生物都会给土壤带来酸性。土壤酸度可分为：

1）活性酸度（Active acidity）。又称有效酸度，是土壤溶液中游离 H^+ 含量直接反映出的酸度，通常用 pH 表示。

2）潜性酸度（Potential Acidity）。土壤潜性酸度的来源是土壤胶体吸附的可代换性离子，当这些离子处于吸附状态时不显酸性，但当它们通过离子交换进入土壤溶液后，可增大土壤溶液 H^+ 含量，使 pH 值降低。

土壤中活性酸度和潜性酸度是一个平衡体系中的两种酸度。有活性酸度的土壤必然会导致潜性酸度的生成，有潜性酸度存在的土壤也必然会产生活性酸度。

（2）土壤碱度（Soil basicity）　当土壤溶液中 OH^- 含量超过 H^+ 含量时就显示碱性。土壤溶液中存在着弱酸强碱性盐类，其中最多的弱酸根是碳酸根和重碳酸根，因此常把碳酸根和重碳酸根的含量作为土壤液相碱度指标。

（3）土壤的缓冲性能（Soil buffer capacity）　土壤具有缓和酸碱度激烈变化的能力。首先，土壤溶液中有碳酸、硅酸、腐殖酸和其他有机酸等弱酸及其盐类，构成了一个良好的酸碱缓冲体系。其次，土壤胶体吸附有各种阳离子，其中盐基离子和氢离子能分别对酸和碱起缓冲作用。土壤胶体数量和盐基代换量越大，土壤缓冲性能越强，在代换量一定的条件下，盐基饱和度越高，对酸缓冲力越大；盐基饱和度越低，对碱缓冲力越大。

3. 土壤的氧化—还原性能

土壤中有许多有机和无机的氧化性和还原性物质，使土壤具有氧化—还原特性。这对土壤中物质的迁移转化具有重要影响。

土壤中主要的氧化剂有土壤中氧气、NO_3^- 和高价金属离子（如 Fe^{3+}、Mn^{4+}、Ti^{6+} 等）。土壤中主要的还原剂有有机质和低价金属离子（如 Fe^{2+}、Mn^{2+} 等）。此外，植物根系和土壤生物也是土壤中氧化还原反应的重要参与者。

土壤氧化还原能力（Soil oxido-reduction ability）的大小常用土壤的氧化还原电位（Eh）衡量，其值是以氧化态物质与还原态物质的相对含量比为依据的。一般旱地土壤 Eh 值为 $+400 \sim +700$mV，水田 Eh 值为 $-200 \sim +300$mV。根据土壤 Eh 值可确定土壤中有机质和无机物可能发生的氧化还原反应和环境行为。

4. 土壤的生物活性

土壤中的生物成分使土壤具有生物活性（Biological activity），这对于土壤中物质和能量的迁移转化起着重要的作用，影响着土壤环境的物理化学和生物化学过程、特征和结果。土壤的生物体系由微生物区系、动物区系和微动物区系组成，其中尤以微生物最为活跃。

土壤环境为微生物的生命活动提供了矿物质营养元素、有机和无机碳源、空气和水分等，是微生物的重要聚集地。土壤微生物种类繁多，主要类群有细菌、放线菌、真菌和藻类，它们个体小，繁殖迅速，数量大，易发生变异。据测定土壤表层每克土含微生物数目：细菌为 $10^8 \sim 10^9$ 个，放线菌为 $10^7 \sim 10^8$ 个，真菌为 $10^5 \sim 10^6$ 个，藻类为 $10^4 \sim 10^5$ 个。

土壤微生物（Soil microorganisms）是土壤肥力发展的决定性因素。自养型微生物（Autotrophic microorganism）可以从阳光或通过氧化无机物摄取能源，通过同化 CO_2 取得碳源，构成有机体，从而为土壤提供有机质。异养微生物（Heterotrophic microorganism）通过对有机体的腐生、寄生、共生和吞食等方式获取食物和能源，成为土壤有机质分解和合成的主宰者。土壤微生物能将不溶性盐类转化为可溶性盐类，把有机质矿化为能被吸附利用的化合物。固氮菌能固定空气中氮素，为土壤提供氮；微生物分解和合成腐殖质可改善土壤的理化性质。此外，微生物的生物活性在土壤污染物迁移转化进程中起着重要作用，有利于土壤的自净过程，并能减轻污染物的危害。

土壤动物种类繁多，包括原生动物、蠕虫动物、节肢动物、腹足动物及一些哺乳动物，对土壤性质的影响和污染物迁移转化也起着重要作用。

■ 8.2 土壤环境污染

8.2.1 土壤环境背景值

土壤环境背景值（Background value of soil environment）是指未受或少受人类活动（特别是人为污染）影响的土壤本身的化学元素组成及其含量。

土壤环境背景值是一个相对的概念。当今的工业污染已充满了整个世界的每一个角落，农用化学品的污染也是在世界范围内广为扩散的。因此，"零污染"土壤样本是不存在的。现在获得的土壤环境背景值只能是尽可能不受或少受人类活动影响的数值，是代表土壤环境发展的一个历史阶段的相对数值。

土壤环境背景值是一个范围值，而不是确定值。这是因为数万年来人类活动的综合影响，风化、淋溶和沉积等地球化学作用的影响，生物小循环的影响及母质成因、地质和有机质含量等影响使地球上不同区域，从岩石成分到地理环境、生物群落都有很大的差异，所以土壤的背景含量有一个较大的变化幅度，不仅不同类型的土壤之间不同，同一类型土壤之间相差也很大。

土壤环境背景值是环境科学的基础数据，广泛应用于环境质量评价、国土规划、土地资源评价、土地利用、环境监测与区划、作物灌溉与施肥、环境医学和食品卫生等领域。首先，土壤环境背景值是土壤环境质量评价，特别是土壤污染综合评价的基本依据。如判别土壤是否发生污染及污染程度均需以区域土壤背景值为对比基础数据。其次，土壤环境背景值是制定土壤环境质量标准的基础。第三，土壤环境背景值是研究污染元素和化合物在土壤环境中化学行为的依据。因为污染物进入土壤环境后的组成、数量、形态与分布都需与土壤环境背景值加以比较分析和判断。最后，在土地利用和规划，研究土壤、生态、施肥、污水灌溉、种植业规划，提高农、林、牧、副、渔业生产水平和品质质量，卫生等领域，土壤环境背景值也是重要的参比数据。

8.2.2 土壤环境容量

土壤环境容量（Soil environment capacity）是指土壤环境单元允许承纳的污染物质的最大负荷量。由定义可知，土壤环境容量等于污染起始值和最大负荷值之差，若以土壤环境标准作为土壤环境容量最大允许值，则土壤环境标准值减去背景值就应该是土壤环境容量计算值。但是在土壤环境标准尚未制定时，环境工作者往往通过环境污染的生态效应试验来拟定土壤环境最大允许污染物量。这个量值称为土壤环境的静容量，相当于土壤环境的基本容量。但是土壤环境静容量尚未考虑土壤的自净作用和缓冲性能，即外源污染物进入土壤后通过吸附与解吸、固定与溶解、累积与降解等迁移转化过程而毒性缓解和降低。这些过程处于不断的动态变化之中，其结果会影响土壤环境中污染物的最大容纳量。因此，目前环境学界认为，土壤环境容量应当包括静容量和这部分净化量。所以将土壤环境容量进一步定义："一定土壤环境单元，在一定范围内遵循环境质量标准，既维持土壤生态系统的正常结构与功能，保证农产品的生物学产量与质量，也不使环境系统污染的土壤环境所能容纳污染物的最大负荷值。"

对土壤环境容量的研究，有助于控制进入土壤污染物的数量。因此，土壤环境容量在土壤质量评价、制定"三废"排放标准、灌溉水质标准、污泥使用标准、微量元素累积施用量等方面均发挥着重要的作用。土壤环境容量充分体现了区域环境特征，是实现污染物总量控制的重要基础。有利于人们经济合理地制定污染物总量控制规划，也可充分利用土壤环境的容纳能力。

8.2.3 土壤污染

土壤污染（Soil pollution）是指人类活动产生的污染物质通过各种途径输入土壤，其数量和速度超过了土壤净化作用的速度，破坏了自然动态平衡，使污染物质的积累逐渐占据优势，导致土壤正常功能失调，土壤质量下降，从而影响土壤动物、植物、微生物的生长发育及农副产品的产量和质量的现象。

从上述定义可以看出，土壤污染不但要看含量的增加，还要看后果，即进入土壤的污染物是否对生态系统平衡构成危害。因此，判定土壤污染时，不仅要考虑土壤背景值，更要考虑土壤生态的变异，包括土壤微生物区系（种类、数量、活性）的变化，土壤酶活性的变化，土壤动植物体内有害物质含量生物反应和对人体健康的影响等。

有时，土壤污染物超过土壤背景值，却未对土壤生态功能造成明显影响；有时土壤污染物虽未超过土壤背景值，但由于某些动植物的富集作用，却对生态系统构成明显影响。因此，判断土壤污染的指标应包括两方面，一是土壤自净能力，二是动植物直接或间接吸收污染物而受害的情况（以临界含量表示）。

1. 土壤污染物

通过各种途径进入土壤环境的污染物（Pollutants）种类繁多，并可通过迁移转化污染大气和水体环境，可通过食物链最终影响人类健康。从污染物的属性考虑，一般可分为有机污染物、无机污染物、生物污染物和放射性污染物四大类。

（1）有机污染物（Organic pollutants） 主要有合成的有机农药、酚类化合物、腈、石油、稠环芳烃、洗涤剂以及高含量的可生化性有机物等。有机污染物进入土壤后可危及农作物生长和土壤生物生存。如施用含二苯醚的污泥曾造成稻田的大面积死亡和泥鳅、鳝鱼的绝迹。农药在农业生产中产生了良好的效果，但其残留物却在土壤中积累，污染了土壤和食物链。近年来，农用塑料地膜应用广泛，但由于管理不善，部分被遗弃田间成为一种新的有机污染物。

（2）无机污染物（Inorganic pollutants） 土壤中无机物有的是随地壳变迁、火山爆发、岩石风化等天然过程进入土壤，有的则是随人类生产和生活活动进入土壤。如采矿、冶炼、机械制造、建筑、化工等行业每天都排放出大量的无机污染物质，生活垃圾也是土壤无机污染物的一项重要来源。这些污染物包括重金属、有害元素的氧化物、酸、碱和盐类等。其中尤以重金属污染最具潜在威胁，一旦污染，就难以彻底消除，并且有许多重金属易被植物吸收，通过食物链，危及人类健康。

（3）生物污染物（Biological pollutants） 一些有害的生物，如各类病原菌、寄生虫卵等从外界环境进入土壤后，大量繁殖，从而破坏原有的土壤生态平衡，并可对人畜健康造成不良影响。这类污染物主要来源于未经处理的粪便、垃圾、城市生活污水、饲养场和屠宰场的废弃物等。其中传染病医院未经消毒处理的污水和污物危害最大。土壤生物污染不仅危害人畜健康，还能危害植物，造成农业减产。

（4）放射性污染物（Radioactive pollutants） 土壤放射性污染是指各种放射性核素通过各种途径进入土壤，使土壤的放射性水平高于本底值。这类污染物来源于大气沉降、污灌、固废的埋藏处置、施肥及核工业等几方面。污染程度一般较轻，但污染范围广泛。放射性衰变产生的 α、β、γ 射线能穿透动植物组织，损害细胞，造成外照射损伤或通过呼吸和吸收进入动植物体内，造成内照射损伤。

土壤环境主要污染物质见表8-1。

表 8-1　土壤环境主要污染物质

污染物种类			主要污染物
无机污染物	重金属	汞（Hg）	制烧碱、汞化物生产等工业废水和污泥，含汞农药，汞蒸气
		镉（Cd）	冶炼、电镀、染料等工业废水、污泥和废气，肥料杂质
		铜（Cu）	冶炼、铜制品生产等废水、废渣和污泥，含铜农药
		锌（Zn）	冶炼、镀锌、纺织等工业废水和污泥、废渣，含锌农药、磷肥
		铅（Pd）	颜料、冶金工业废水，汽油防爆燃烧排气，农药
		铬（Cr）	冶炼、电镀、制革、印染等工业废水和污泥
		镍（Ni）	冶炼、电镀、炼油、染料等工业废水和污泥
		砷（As）	硫酸、化肥、农药、医药、玻璃等工业废水、废气，农药
		硒（Se）	电子、电器、油漆、墨水等工业的排放物
	放射性元素	铯（^{137}Cs）	原子能、核动力、同位素生产等工业废水、废渣，核爆炸
		锶（^{90}Sr）	原子能、核动力、同位素生产等工业废水、废渣，核爆炸
	其他	氟（F）	冶炼、氟硅酸钠、磷酸和磷肥等工业废水、废气，肥料
		盐、碱	纸浆、纤维、化学等工业废水
		酸	硫酸、石油化工、酸洗、电镀等工业废水，大气酸沉降
有机污染物	有机农药		农药生产和使用
	酚		炼焦、炼油、合成苯酚、橡胶、化肥、农药等工业废水
	氰化物		电镀、冶金、印染等工业废水、废气
	苯并［a］芘		石油、炼焦等工业废水、废气
	石油		石油开采、炼油、输油管道漏油
	有机洗涤剂		城市污水、机械工业污水
	有害微生物		厩肥、城市污水、污泥、垃圾

2. 土壤污染源

土壤是一个开放的体系，土壤与其他环境要素间不断地进行着物质与能量的交换，所以污染物质来源十分广泛。有天然污染源，也有人为污染源。天然污染源是指自然界的自然活动（如火山爆发向环境排放的有害物质）。人为污染源是指人类排放的污染物的活动。后者是土壤环境污染研究的主要对象。根据污染物进入土壤的途径可将土壤污染源分为污水灌溉、固体废弃物土地利用、农药和化肥等农用化学品施用及大气沉降等几个方面。

（1）污水灌溉　　是指利用城市生活污水和某些工业废水或生活和生产排放的混合污水进行农田灌溉。污水中含有大量作物生长需要的 N、P 等营养物质，使得污水可以变废为宝。污水灌溉曾一度广为推广，然而在污水中营养物质被再利用的同时，污水中的有毒有害物质却在土壤中不断累积导致了土壤污染。如沈阳的张氏灌区在 20 多年的污水灌溉中产生了良好的农业经济效益，但却造成了超过 2500hm² 的土地受到镉污染，其中超过 330hm² 的土壤镉含量高达 5～7mg/kg，稻米含镉 0.4～1.0mg/kg，有的高达 3.4mg/kg。又如京津塘地区污水灌溉导致北京东郊 60% 土壤遭受污染。污染的糙米样品数占监测样品数的 36%。

（2）固体废弃物的土地利用　　固体废弃物包括工业废渣、污泥、城市生活垃圾等。污泥中含有一定养分，因而常被作为肥料施于农田。污泥成分复杂，与灌溉相同，施用不当势必造成土壤污染，一些城市历来都把垃圾运往农村，这些垃圾通过土壤填埋或施用农田得以处置，但却对土壤造成了污染与破坏。

（3）农药和化肥等农用化学品的施用　　施用在作物上的杀虫剂大约有一半会流入土壤。进入土壤中的农药虽然可通过生物降解、光解和化学降解等途径得以部分降解，但对于有机氯等这样的长效农药来说降解过程却十分缓慢。

化肥的不合理施用可促使土壤养分平衡失调，如硝酸盐污染。另外，有毒的磷肥，如三氯乙醛磷肥，是由含三氯乙醛的废硫酸生产而成的，施用后三氯乙醛可转化为三氯乙酸，两者均可毒害植物。另外，磷肥中的重金属，特别是镉，也是不容忽视的问题。世界各地磷矿含镉一般在 1～110mg/kg，甚至有个别矿高达 980mg/kg。据估计，我国每年随磷肥进入土壤的总镉量约为 37t。故含镉磷肥是一种潜在的污染源。

（4）大气沉降　　在金属加工集中地和交通繁忙的地区，往往伴随有金属尘埃进入大气（如含铅污染物）。这些飘尘会通过自身降落或随雨水接触植物体或进入土壤后被动植物吸收污染土壤。通常在大气污染严重的地区会有明显的由沉降引起的土壤污染。此外，酸沉降也是一种土壤污染源。我国长江以南的大部分地区属于酸性土壤，在酸雨作用下，土壤进一步酸化、养分淋溶、结构破坏、肥力下降、作物受损，从而破坏了土壤的生产力。此外，其他重金属、非金属和放射性有害散落物也可随大气沉降造成土壤污染。

8.2.4　土壤自净作用

土壤环境的自净作用（Soil self-purification）是指在自然因素作用下，通过土壤自身的作用，使污染物在土壤环境中的数量、浓度或毒性、活性降低的过程。按照不同的作用机理可将土壤自净作用划分为物理净化作用、物理化学净化作用、化学净化作用和生物净化作用四个方面。

（1）物理净化作用（Physical purification）　　土壤是一个多相疏松的多孔体系，引入土壤中的难溶性固体污染物可被土壤机械阻留；可溶性污染物可被土壤水分稀释而减少毒性，也可被土壤固相表面吸附，还可随水迁移至地表水或地下水，特别是那些成负吸附的污染物（如硝酸盐和亚硝酸盐）及呈中性分子态和阴离子态存在的农药等，极易随水迁移。另外，某些挥发性污染物可通过土壤空隙迁移、扩散到大气中。以上过程均属于物理过程，相对于该地区则统称为物理净化作用。但是，物理净化只能使污染物在土壤环境中含量降低或转至其他环境介质，而不能彻底消除这些污染物。

（2）化学净化作用（Chemical purification） 污染物进入土壤环境后可能发生诸如凝聚、沉淀、氧化—还原、络合—螯合、酸碱中和、同晶置换、水解、分解—化合等一系列化学反应，或经太阳能、紫外线辐射引起光化学降解反应等。通过这些化学反应，一方面可使污染物稳定化，即转化为难溶性、难解离性物质，从而使其毒性和危害程度降低；另一方面可使污染物降解为无毒物质。土壤环境的化学净化作用机理十分复杂，不同的污染物在不同的环境中有不同的反应过程。

（3）物理化学净化作用（Physico-chemical purification） 指污染物的阴、阳离子与土壤胶体表面原来吸附的阴、阳离子通过离子交换吸附得到浓度降低的作用。这种净化能力的大小取决于土壤阴、阳离子交换量。增加土壤中胶体含量，特别是有机胶体含量，可提高土壤的这种净化能力。物理化学净化也没有从根本上消除污染物，因为，经交换吸附到土壤胶体上的污染物离子，还可被相对交换能力更大或含量较大的其他离子替换下来，而重新进入土壤溶液恢复其原有的毒负性。因此，物理化学净化实质是污染物在土壤环境中的积累过程，具有潜在性和不稳定性。

（4）生物净化作用（Biological purification） 土壤是微生物生存的重要场所，这些微生物（细菌、真菌、放线菌等）以分解有机质为生，对有机污染物的净化起着重要的作用。土壤中的微生物种类繁多，各种有机污染物在不同的条件下存在多种分解形式。主要有氧化—还原、水解、脱羧、脱卤、芳环异构化、环裂解等过程，并最终将污染物转化为对生物无毒性的残留物和二氧化碳。此外，一些无机污染物也可在土壤微生物参与下发生一系列化学反应，而失去毒负性。

土壤中的动植物也有吸收、降解某些污染物的功能。如蚯蚓可吞食土壤中的病原体，还可富集重金属。另外，土壤植物根系和土壤动物活动有利于构建适于土壤微生物生活的土壤微生态系，对污染物的净化起到了良好的间接作用。

以上四种自净作用过程是相互交错的，其强度共同构成了土壤环境容量基础。尽管土壤环境具有多种自净功能，但净化能力是有限的。人类还要通过多种措施来提高其净化能力。

8.2.5　土壤环境的缓冲性能

近年来国内外学者从环境化学的角度出发，提出了土壤环境对污染物的缓冲性研究。将过去土壤对酸碱反应的缓冲性延伸为土壤对污染物的缓冲性。初步将其定义为土壤因水分、温度、时间等外界因素变化抵御污染物浓（活）度变化的性质。其数学表达式为

$$\delta = \Delta X / (\Delta T, \Delta t, \Delta w) \tag{8-1}$$

式中　　　δ——土壤缓冲性；

　　　　　ΔX——某污染物浓（活）度变化；

ΔT、Δt、Δw——温度、时间和水分变化。

土壤污染物缓冲性（Buffering effect of soil） 主要是通过土壤吸附—解吸、沉淀—溶解等过程实现的。其影响因素应包括土壤质量、黏粒矿物、铁铝氧化物、$CaCO_3$、有机质、土壤pH和Eh、土壤水分和温度等。

■ 8.3 土壤环境污染的危害

8.3.1 重金属污染及其特点

重金属（Heavy metal）是相对密度等于或大于 5.0 的金属，如 Fe、Mn、Cr、Pb、Cu、Zn、Cd、Hg、Ni、Co 等，As 是一种准金属，但由于其化学行为与重金属多有相似之处，故往往也将其归为重金属。由于土壤中 Fe、Mn 含量较高，一般认为它们不是土壤的污染元素，而 Cd、Hg、Cr、Pb、Ni、Zn、Cu 等对土壤的污染则应特别关注。但是目前工业锰渣的污染也很严重。

重金属元素可通过重金属的采掘、冶炼、矿物燃烧、污水灌溉、农药、化肥及人工饲料等农用化学品的使用进入农田土壤。它们与其他一类污染物（无机离子或有机污染物）不同，在土壤中一般不易迁移，也不能被生物降解。相反却可能在土壤或生物体内富集，有些重金属还能在土壤中转化为毒性更大的甲基化合物（如无机汞在厌氧微生物作用下转化为甲基汞）。一旦重金属进入土壤，便会通过吸附、沉淀、络合、氧化—还原、酸—碱反应等过程产生价态与形态的变化，不同价态和形态的重金属的活性、迁移性和生物毒性均不同。重金属进入环境的初期，不易表现出毒害效应，当积累到一定程度后毒害效应就会表现出来，且很难整治与恢复。如 20 世纪 50 年代日本的水俣病（汞中毒）事件和 60 年代的富山县疼痛病（镉中毒）事件，至今仍无经济有效的方法彻底清除。

8.3.2 重金属的土壤化学与生物化学行为

重金属在土壤环境中的迁移转化（Distribution and conversion）决定了其在土壤中的存在形态、累积状况、污染程度和毒性效应。重金属在土壤中的迁移转化形式十分复杂，往往是多种形式错综复杂地混合在一起。概括起来有物理迁移、物理化学与化学迁移与转化、生物固定与活化等。

1. 物理迁移

物理迁移（Physical migration）指重金属的机械搬运。土壤溶液中的重金属离子或络合物随径流作用向侧向和地下运动，从而导致重金属元素水平与垂直分布特征。水土流失和风蚀作用会引起的重金属随土壤颗粒发生机械搬运。有的重金属随土壤空气发生运动，如汞蒸气。还有的因其相对密度大而发生沉淀或闭蓄于其他有机和无机物沉积之中。

2. 物理化学与化学迁移与转化

物理化学与化学迁移与转化（Physico-chemical migration）指重金属在土壤中通过吸附、解吸、沉淀、溶解、氧化、还原、络合、螯合和水解等一系列物理化学与化学过程而发生的迁移转化，这是重金属在土壤中的主要运动形式。

（1）被无机胶体吸附固定

1）交换吸附（Exchange adsorption）。这种作用主要指电荷符号不同引起的静电吸附作用。土壤胶体表面一般带有负电荷，因此在其表面吸附了很多阳离子，如 H^+、Al^+、Ca^{2+}、Mg^{2+} 等，这些阳离子易被竞争性大的重金属离子替换出来。如二价重金属 Cd^{2+}、Pb^{2+}、Cu^{2+}、Zn^{2+} 的吸附竞争性均大于土壤中通常存在的 Ca^{2+}、Mg^{2+}、NH_4^+ 等离子，因此可以发

生交换吸附，方式可用下式表示

$$黏粒 - Ca^{2+} + M^{2+} = 黏粒 - M^{2+} + Ca^{2+} \tag{8-2}$$

在酸性土壤中由于对吸附位较强的阳离子（H^+、Fe^{3+}、Fe^{2+}、Al^{3+} 等）含量高，使外源性重金属阳离子趋于游离，而使之活性增强。此外，带正电荷的水合氧化铁胶体离子可以吸附 PO_4^{3-}、VO_4^{3-}、AsO_4^{3-} 等。

2）专性吸附（Specific adsorption）。重金属离子可以被水合氧化物牢固吸附，因为这些离子能进入氧化物的金属原子配位荷中，发生内海姆荷兹层的键合，与—OH 配位基重新配位，通过共价键或配位键结合在胶体颗粒表面，这种结合称为专性吸附。被专性吸附的重金属离子是不可交换态的，即不能被 NaOH 或 CaAc 等盐置换，只能被亲和力更强和性质更相似的元素解吸，或在较低 pH 下水解。因此，专性吸附能减少重金属的生物有效性。在重金属含量很低时，专性吸附的量所占比例较大。

3）与无机络合剂（Inorganic complexing agent）作用。土壤中还存在许多无机配位体，如 Cl^-、SO_4^{2-}、NH_4^+、CO_3^{2-} 等，能与部分重金属发生络合反应。对带负电荷的吸附表面，络合作用降低了吸附表面对重金属的吸附强度，甚至可以产生负吸附，使重金属的吸附量下降。但对带正电的吸附表面，如铁铝氧化物，络合作用会降低重金属离子的正电性而增加吸附。

（2）与有机胶体吸附固定（Organic colloid adsorption fixed）　有机胶体可与重金属发生离子吸附、络合或螯合作用。胶态有机质对金属离子有较强的亲和势，所以对重金属的保持能力往往与有机质含量有良好的相关性。从吸附作用看，有机胶体对重金属的吸附能力最强，可达 15～70mg（当量）/kg 土，平均为 30～40mg（当量）/kg 土。有机胶体对重金属的吸附顺序是：$Pb^{2+} > Cu^{2+} > Cd^{2+} > Zn^{2+} > Hg^{2+}$。

有机胶体主要是指相对分子质量大小不同的有机酸、氨基酸和腐殖质物质等，这些物质含有许多能与重金属发生络合或螯合的官能团，如羧基、醇羟基、烯醇羟基及不同类型的羰基结构。一般来说，在重金属含量低或污染初期，主要以与有机质络合和螯合作用为主，而在重金属含量进一步加大或污染时间进一步延长时，交换吸附开始占主导地位。络合物的稳定性随 pH 的增加而增加，这是由于增加了官能团的电离作用引起的。Cu 在一个很广的 pH 范围内都能形成非常稳定的化合物，其他一些重金属的络合物稳定性顺序为：$Fe^{2+} > Pb^{2+} > Ni^{2+} > Co^{2+} > Mn^{2+} > Zn^{2+}$。但并不是所有有机质与重金属的络合或螯合作用都能增加重金属的稳定性，大量的研究表明，土壤有机质腐解产生的小分子有机酸或有机络合剂，可与重金属形成可溶性物质，而增强其迁移性和活性。如与富里酸络合或螯合的重金属迁移能力和活性将增强，而与胡敏酸络合或螯合的重金属迁移性和活性将下降。

（3）沉淀—沉积（Precipitation-deposition）　重金属进入土壤后能与土壤中多种化学成分发生溶解和沉淀作用，与重金属发生沉淀作用的阴离子主要有 OH^-、CO_3^{2-}、S^{2-} 等。这种作用作为土壤环境中重金属化学迁移转化的重要形式，控制着土壤中重金属的迁移转化，这种过程却受土壤 pH、CO_2 分压、Eh 和络合离子的制约。当 pH < 6 时迁移能力强的主要是土壤中以中性离子存在的重金属；当 pH > 6 时迁移能力强的主要是土壤中以阴离子形态存在的重金属。在 pH 为 5～8 时，多数重金属元素溶解度较高。酸性土壤 pH 可能低于 4。碱性土壤 pH 可能高达 11，此时，多数重金属元素形成了难溶的氢氧化物。从 Eh 的影响来看，有的重金属（如 Cd、Zn、Cu 等）随 Eh 的降低，其随水迁移性和对作物造成的危害可能随之减少，有的（如 As 等）则具有相反的趋势。这和与其发生化学反应的土壤阴离子有关，以土壤中的 S 为例，当 Eh 较低时，其形态以 S^{2-} 为主，可与重金属发生硫化物沉淀；而当 Eh 升高时，则其形态以 SO_4^{2-} 为主，重金属元素多以溶解度较大的硫酸盐形式存在。

土壤中存在着各种各样的带有配位基的物质，如羟基、氯离子和腐殖酸物质等，各配位基的性质和含量及金属离子与络合离子的亲和力决定了络合形式，进而决定了金属化合物的溶解度，如 Cl 可与重金属络合成 MCl^+、MCl_2^0、MCl_3^-、MCl_4^{2-}，且 Cl 含量决定了以其中哪种络合态存在，且其与重金属的络合顺序为：$Hg^{2+} > Cd^{2+} > Zn^{2+} > Pb^{2+}$，氯离子与重金属形成络离子可大大提高重金属的溶解度，进而使其活性增大，迁移能力提高。

3. 生物固定与活化

生物体可从土壤中吸收重金属，并在体内累积（Accumulation）。植物可以通过根系从土壤中吸收有效态重金属（Available heavy metals），有效态主要指可溶态和可交换态重金属，难溶态一般不易被植物吸收利用。土壤微生物和土壤动物也可以吸收并富集某些重金属。此外，某些陆生动物啃食重金属含量较高的表土也是重金属发生生物迁移的一种途径。土壤 pH、Eh 和并存的各种络合离子及其他金属离子对生物吸收重金属有很大影响。如 pH 高时，植物吸收重金属数量减少；旱地 Eh 高于水田，所以其重金属活性较水田高。又如 Zn 的存在可以促进水稻对 Cd 的吸收，而 Fe 的存在可以抑制水稻对 Mo 的吸收。生物对重金属的迁移作用，一方面可以使重金属进入食物链危害生物乃至人体健康；另一方面人们可有效利用这种作用使污染土壤得以缓解。

8.3.3 化学农药污染危害

农药（Pesticide）是土壤环境中毒性最大、影响面最广、与人类生活关系最为密切的面源"污染物"。自从《寂静的春天》出版（1962）以后，人们开始普遍关注农药引起的环境公害，农药环境污染已成为农业可持续发展要解决的重要问题之一。

农药对环境的污染是多方面的，而且危害后果严重。农药对大气、水体和土壤的污染，可导致综合环境质量下降，特别是对地下水的污染问题引起了人们广泛的重视；农药污染对生态效应的影响十分深远，在有效去除病、虫、草等对农作物的危害的同时，还可能对农作物本身及土壤动物、土壤微生物、昆虫、鸟类甚至鱼类带来潜在的危害，影响生物多样性，使生态系统功能下降；农药还将通过食物链给人体健康带来损害，特别是"三致"效应和对人体生殖性能的影响，如导致男子不孕症，使人类健康和生存繁衍面临着挑战与威胁，如图 8-2 所示。

有学者研究指出，美国由于农药使用对环境和社会造成的经济损失达 81.23 亿美元，而我国则可能更高。据有关资料统计，1980 年我国农田农药污染面积达 2 亿亩左右，每年遭受的经济损失十分惊人，受农药和三废污染的粮食达 828 亿 kg 以上，年经济损失（以粮食折算）达 230 亿~260 亿元之巨。由于农药污染，我国农畜产品中许多品种不得不退出欧美市场，给国家创汇带来了很大损失。

土壤是农药的集散地，施入农田的农药大部分残留于土壤环境介质。研究表明，使用的农药有 80%~90% 的量最终进入土壤环境。农药的使用虽抑制了病虫草害，却导致了 90% 以上的蚯蚓死亡，进而破坏了土壤生态系统的功能，严重威胁着土壤环境安全。据调查，我国农业商品基地粮食和蔬菜的农药污染非常严重，对 117 个基地县调查发现，农药污染的粮

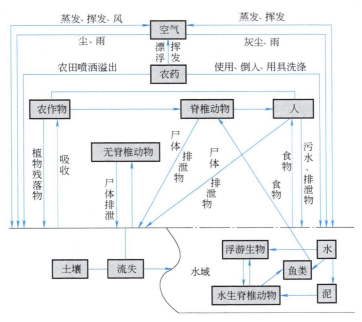

图 8-2　农药对环境的危害

食达 8.18 亿 kg，占总量的 1.12%，名特优农副产品有机磷检出率达 100%，六六六检出率为 95.1%。

8.3.4　化学农药迁移转化

农药对土壤环境的污染与农药自身理化性质、使用历史及施药地区自然环境条件（如土壤质地和有机质含量、环境中微生物种类与数量、光照、降水等）密切相关，这些因素决定了其在土壤中的残留（Residual）、迁移（Migration）和转化（Transformation）。

进入土壤环境中的农药，将发生被土壤胶粒及有机质吸附、随水分向四周运动（地表径流）或向深层土壤移动（淋溶）、向大气中挥发扩散、被动植物吸收、被土壤微生物降解等一系列物理、化学和生物化学过程。

1. 向大气与水体的迁移

大量资料证明，不论是非常易挥发的农药，还是不易挥发的农药，都能从土壤及植物表面进入大气环境。农药在土壤中挥发作用的大小主要取决于农药本身的溶解度和蒸气压，此外还与土壤温度、湿度、质地和结构等因素有关。如有机磷和氨基甲酸酯类农药的蒸气压高于 DDT、获氏剂和林丹的蒸气压，所以前者的挥发作用高于后者。

另外，农药能以水为介质进行迁移，主要方式有两种：一是直接溶于水中，如甲胺磷、乙草胺；二是被吸附于土壤固体细粒表面随水分移动而进行机械迁移，如难溶性农药 DDT。一般说来，农药在吸附性能小的砂性土壤中容易迁移，而在黏粒含量高或有机质含量多的土壤中则不易迁移，大多积累在土壤表层 30cm 土层内，通过土壤侵蚀经降水、灌溉和农耕等随地表径流进入水体。

2. 吸附

进入土壤中的化学农药可以经过物理吸附（Physical absorption）、化学吸附（Chemical

adsorption）、氢键结合（Hydrogen bonding）及配位键结合（Coordination bond）等方式吸附在土壤颗粒表面。农药被土壤吸附后，其移动性和生理毒性均会随之下降，所以土壤对农药的吸附在某种程度上说就是对农药的脱毒与净化，但这种作用是不稳定的，也是暂时的，只是在一定条件下的缓冲作用，实际上是农药在土壤中的积累作用。

进入土壤中的农药一般被解离为有机阳离子，为带负电荷的有机胶体所吸附。其吸附容量往往与土胶体的阳离子吸附容量有关。研究表明，土壤胶体对农药吸附能力的顺序是：有机胶体＞蛭石＞蒙脱石＞伊利石＞高岭石。此外，土壤胶体的阳离子组成对农药的吸附交换也有影响。如钠饱和的蛭石对农药的吸附能力比钙饱和的要大，K^+可将吸附在蛭石上的杀草快代换出98%，而对吸附在蒙脱石上的杀草快仅能代换出44%。

除土壤胶体的种类和数量以及胶体的阳离子组成外，土壤对化学农药的吸附作用还取决于农药本身的化学性质。在各种农药分子结构中，凡是带—OH、—$CONH_2$、—NHNOR、—NHR、—OCOR功能团的农药，都能增强其被土壤吸附的能力，特别是带—NH_2的农药被土壤吸附能力更强烈。并且同类农药中相对分子质量越大，吸附能力越强。在溶液中溶解度越小的农药，土壤对其吸附能力越大。

土壤 pH 能够影响农药离解为有机阳离子或有机阴离子，从而决定其被带负电或带正电的土壤胶体所吸附。

3. 光化学降解

土壤表面（soil surface）接受太阳辐射的活化和紫外线的能量引起的农药完全分解或部分降解。农药吸收光能后产生光化学反应（Photochemical reaction），使农药分子发生光解（Photolysis）、光氧化（Photooxidation）、光水解（Light induced hydrolysis）和异构（Isomerization）等，使农药分子结构中的碳碳键和碳氢键发生断裂，从而引起农药分子结构的转变。如有机磷杀虫剂能将硫磷光解为对氧磷、对硝基酚和硫已基对硫磷等。值得注意的是，光解产物的毒性可能比原化合物毒性大，如对氧磷毒性大于对硫磷。不过这些光解产物在环境中仍在不断分解，最终转化为低毒或无毒成分。由于紫外线很难穿透土壤，所以光化学降解解毒主要对土壤表面与土壤结合的农药起作用，而对土表以下的农药作用很小。

4. 化学降解

化学降解（Chemical degradation）主要是指与微生物无关的水解和氧化作用。许多有机磷农药进入土壤后，便可发生水解，如马拉硫磷和丁烯磷可发生碱水解，二嗪磷可发生酸水解。有机磷农药的加碱水解过程能导致其脱毒。水解的强度随土壤温度升高、土壤水分加大而加强。许多含硫和含氯农药在土壤中可以氧化，如对硫磷可以被氧化为对氧磷，艾氏剂可以被氧化为狄氏剂等。

5. 生物转化与降解

生物的生命活动可将农药分解为小分子化合物或转化为毒性较低的化合物，包括微生物、植物和动物降解。其中微生物降解是最重要的途径，目前所说的生物降解主要是指微生物降解（Microbial degradation）。微生物具有氧化—还原作用（Oxidation reduction action）、脱羧作用（Decarboxylation）、脱氨作用（Deamination）、水解作用（Hydrolysis）和脱水作用（Dehydration）等各种化学作用能力，且对能量的利用比高等生物体更有效；同时，微生物具有种类多、分布广、个体小、繁殖快、比表面积大和高度繁殖与变异性等特点，使其能以最快的速度适应环境的变化。当环境中存在新的化合物时，有的微生物就能逐步通过各种调节机制来适应变化了的环境，它们或通过自然突变形成新的突变种，或通过基因调控产生诱导酶以适应新的环境条件。产生新酶体系的微生物就具备了新的代谢功能，从而能降解或转化那些原来不能被生物降解的污染物。

微生物降解农药的途径主要有脱卤作用（Dehalogenation）、氧化—还原作用、脱烷基作用（Dealkylation）、水解作用和环裂解作用（Ring pyrolysis）等。如 DDT 经脱氯作用和脱氢作用转化为 DDD 和 DDE，并可进一步氧化为 DDA；带硝基的农药可被还原为氨基衍生物；氨基甲酸酯类、有机磷类和苯酰胺类农药可经过酯酶、酰胺酶和磷酸酶发生水解；苯酚则可经过细菌和真菌的作用发生环裂解而转化为脂肪酸。总之，农药的生物降解是农药从土壤环境中去除的最为重要的途径。

此外，农药可通过与土壤中的原生动物、节肢动物、环节动物、软体动物等及各种植物的相互接触，而被其中一些生物吸收利用，从而降解转化为毒性较低的物质或完全从土壤环境中消失。但大量的研究表明，动植物参与农药的降解更多是通过与土壤微生物发生协同作用来进行的。如植物根系和土壤动物体分泌的胞外酶，可促进农药的微生物降解。又如蚯蚓可吞食土壤中的微生物和农药，蚯蚓的消化系统可分泌大量的消化酶，从而促进消化道内的微生物降解农药。

6. 在土壤中的残留

进入土壤中的农药的性质不同，其降解速度与难易程度也不同，这直接决定了农药在土壤中的残留时间。农药在土壤中的残留时间常用半减（衰）期（Half life）和残留量（Residues）来表示。半减期是指施入土壤的农药因降解等原因使其含量减少一半所需的时间。而残留量是指土壤中农药因降解等原因含量减少而残留在土壤中的数量，单位是 mg/kg，残留量 R 可用下式表示

$$R = C_0 e^{-kt} \tag{8-3}$$

式中　C_0——农药在土壤中的初始含量；

　　t——农药在土壤中的衰减时间；

　　k——常数。

实际上，农药在土壤中的残留量的影响因素很多，故农药在土壤中含量变化实际上并不像式（8-3）那么简单。一般而言，农药在土壤中降解越慢，残留期越长，越易对土壤环境产生污染。表 8-2 列出不同农药品种在土壤中的大致残留时间。

表 8-2　不同类型农药品种在土壤中的大致残留时间

农药品种	大致半减期/年	农药品种	大致半减期/年
铅、砷、铜、汞	10 ~ 30	三嗪类除草剂	1 ~ 2
有机氯杀虫剂	2 ~ 4	苯氧羧酸类除草剂	0.2 ~ 2
有机磷杀虫剂	0.02 ~ 0.2	脲类除草剂	0.2 ~ 0.8
氨基甲酸酯	0.02 ~ 0.1	氯化除草剂	0.1 ~ 0.4

残留农药可通过食物链由低营养级向高营养级转移，还可能发生生物浓缩作用（Bioconcentration）。日本曾对 216 种食品进行调查，发现有 84 种食品残留有 DDT，37 种残留有六六六，45 种残留有获氏剂。我国 1988—1989 年曾对河南省污染状况进行调查，发现尽管六六六已停止使用，但在肉、蛋、奶和植物中的检出率仍为 100%，超标率为 12.5% ~

30%。目前，有机磷杀虫剂的残留污染日益严重，特别是在蔬菜与水果中残留较为突出。

📖【阅读材料】

全国土壤污染状况调查公报

（2014 年 4 月 17 日）　环境保护部　国土资源部

从数字看我国土壤污染现状

根据国务院决定，2005 年 4 月至 2013 年 12 月，我国开展了首次全国土壤污染状况调查。调查范围为中华人民共和国境内（未含香港特别行政区、澳门特别行政区和台湾地区）的陆地国土，调查点位覆盖全部耕地，部分林地、草地、未利用地和建设用地，实际调查面积约 630 万 km^2。调查采用统一的方法、标准，基本掌握了全国土壤环境质量的总体状况。现将主要数据成果公布如下：

一、总体情况

全国土壤环境状况总体不容乐观，部分地区土壤污染较重，耕地土壤环境质量堪忧，工矿业废弃地土壤环境问题突出。工矿业、农业等人为活动以及土壤环境背景值高是造成土壤污染或超标的主要原因。

全国土壤总的超标率为 16.1%，其中轻微、轻度、中度和重度污染点位比例分别为 11.2%、2.3%、1.5% 和 1.1%。污染类型以无机型为主，有机型次之，复合型污染比重较小，无机污染物超标点位数占全部超标点位的 82.8%。

从污染分布情况看，南方土壤污染重于北方；长江三角洲、珠江三角洲、东北老工业基地等部分区域土壤污染问题较为突出，西南、中南地区土壤重金属超标范围较大；镉、汞、砷、铅 4 种无机污染物含量分布呈现从西北到东南、从东北到西南方向逐渐升高的态势。

二、污染物超标情况

（一）无机污染物

镉、汞、砷、铜、铅、铬、锌、镍 8 种无机污染物点位超标率分别为 7.0%、1.6%、2.7%、2.1%、1.5%、1.1%、0.9%、4.8%。

无机污染物超标情况

污染物类型	点位超标率（%）	不同程度污染点位比例（%）			
		轻　微	轻　度	中　度	重　度
镉	7.0	5.2	0.8	0.5	0.5
汞	1.6	1.2	0.2	0.1	0.1
砷	2.7	2.0	0.2	0.2	0.1
铜	2.1	1.6	0.3	0.15	0.05
铅	1.5	1.1	0.2	0.1	0.1
铬	1.1	0.9	0.15	0.04	0.01
锌	0.9	0.75	0.08	0.05	0.02
镍	4.8	3.9	0.5	0.3	0.1

（二）有机污染物

六六六、滴滴涕、多环芳烃3类有机污染物点位超标率分别为0.5%、1.9%、1.4%。

有机污染物超标情况

污染物类型	点位超标率（%）	不同程度污染点位比例（%）			
		轻 微	轻 度	中 度	重 度
六六六	0.5	0.3	0.1	0.06	0.04
滴滴涕	1.9	1.1	0.3	0.25	0.25
多环芳烃	1.4	0.8	0.2	0.2	0.2

三、不同土地利用类型土壤的环境质量状况

耕地：土壤点位超标率为19.4%，其中轻微、轻度、中度和重度污染点位比例分别为13.7%、2.8%、1.8%和1.1%，主要污染物为镉、镍、铜、砷、汞、铅、滴滴涕和多环芳烃。

林地：土壤点位超标率为10.0%，其中轻微、轻度、中度和重度污染点位比例分别为5.9%、1.6%、1.2%和1.3%，主要污染物为砷、镉、六六六和滴滴涕。

草地：土壤点位超标率为10.4%，其中轻微、轻度、中度和重度污染点位比例分别为7.6%、1.2%、0.9%和0.7%，主要污染物为镍、镉和砷。

未利用地：土壤点位超标率为11.4%，其中轻微、轻度、中度和重度污染点位比例分别为8.4%、1.1%、0.9%和1.0%，主要污染物为镍和镉。

四、典型地块及其周边土壤污染状况

（一）重污染企业用地

在调查的690家重污染企业用地及周边的5846个土壤点位中，超标点位占36.3%，主要涉及黑色金属、有色金属、皮革制品、造纸、石油煤炭、化工医药、化纤橡塑、矿物制品、金属制品、电力等行业。

（二）工业废弃地

在调查的81块工业废弃地的775个土壤点位中，超标点位占34.9%，主要污染物为锌、汞、铅、铬、砷和多环芳烃，主要涉及化工业、矿业、冶金业等行业。

（三）工业园区

在调查的146家工业园区的2523个土壤点位中，超标点位占29.4%。其中，金属冶炼类工业园区及其周边土壤主要污染物为镉、铅、铜、砷和锌，化工类园区及周边土壤的主要污染物为多环芳烃。

（四）固体废物集中处理处置场地

在调查的188处固体废物处理处置场地的1351个土壤点位中，超标点位占21.3%，以无机污染为主，垃圾焚烧和填埋场有机污染严重。

（五）采油区

在调查的13个采油区的494个土壤点位中，超标点位占23.6%，主要污染物为石油烃和多环芳烃。

（六）采矿区

在调查的 70 个矿区的 1672 个土壤点位中，超标点位占 33.4%，主要污染物为镉、铅、砷和多环芳烃。有色金属矿区周边土壤镉、砷、铅等污染较为严重。

（七）污水灌溉区

在调查的 55 个污水灌溉区中，有 39 个存在土壤污染。在 1378 个土壤点位中，超标点位占 26.4%，主要污染物为镉、砷和多环芳烃。

（八）干线公路两侧

在调查的 267 条干线公路两侧的 1578 个土壤点位中，超标点位占 20.3%，主要污染物为铅、锌、砷和多环芳烃，一般集中在公路两侧 150 米范围内。

注释：

[1] 本公报中点位超标率是指土壤超标点位的数量占调查点位总数量的比例。

[2] 本次调查土壤污染程度分为 5 级：污染物含量未超过评价标准的，为无污染；在 1～2 倍（含）之间的，为轻微污染；2～3 倍（含）之间的，为轻度污染；3～5 倍（含）之间的，为中度污染；5 倍以上的，为重度污染。

■ 8.4 土壤污染预防

（1）控制和消除土壤污染源 采取措施控制进入土壤中的污染物的数量和速度，同时利用和强化土壤自身的净化能力来达到消除污染物的目的。

1）控制和消除工业"三废"的排放。大力推广循环工业，实现无毒工艺，倡导清洁生产和生态工业的发展；对可利用的工业"三废"进行回收利用，实现化害为利；对于不可利用又必须排放的工业"三废"，则要进行净化处理，实现污染物达标排放。

2）合理施用化肥和农药等农用化学品。禁止和限制使用剧毒、高残留农药，大力发展高效、低毒、低残留农药。根据农药特性，合理施用，指定使用农药的安全间隔期。发展生物防治措施，实现综合防治，既要防止病虫害对农作物的威胁，又要做到高效经济地把农药对环境和人体健康的影响限制在最低程度。合理地使用化肥，严格控制本身含有有毒物质的化肥品种的适用范围和数量。合理经济地施用硝酸盐和磷酸盐肥料，以避免使用过多造成土壤污染。

3）加强土壤污灌区的监测和管理。对于污水灌溉和污泥施肥的地区，要经常检测污水和污泥及土壤中污染物质成分、含量和动态变化情况，严格控制污水灌溉和污泥施肥施用量，避免盲目地污灌和滥用污泥，以免引起土壤的污染。

（2）增强土壤环境容量和提高土壤净化能力 通过增加土壤有机质含量，利用沙掺黏来改良沙性土壤，以增加土壤胶体的种类和数量，从而增加土壤对有毒有害物质的吸附能力和吸附量，来减少污染物在土壤中的活性。通过分离和培育新的微生物品种，改善微生物的土壤环境条件，以增加微生物的降解作用，提高土壤的净化功能。

【政策】

"土十条"简介

2016年5月28日，国务院正式发布了《土壤污染防治行动计划》，简称"土十条"。

● **主要背景**：土壤是经济社会可持续发展的物质基础，关系人民群众身体健康，关系美丽中国建设，保护好土壤环境是推进生态文明建设和维护国家生态安全的重要内容。当前，我国土壤环境总体状况堪忧，部分地区污染较为严重，已成为全面建成小康社会的突出短板之一。为切实加强土壤污染防治，逐步改善土壤环境质量，制定本行动计划。

● **总体要求**：全面贯彻党的十八大和十八届三中、四中、五中全会精神，按照"五位一体"总体布局和"四个全面"战略布局，牢固树立创新、协调、绿色、开放、共享的新发展理念，认真落实党中央、国务院决策部署，立足我国国情和发展阶段，着眼经济社会发展全局，以改善土壤环境质量为核心，以保障农产品质量和人居环境安全为出发点，坚持预防为主、保护优先、风险管控，突出重点区域、行业和污染物，实施分类别、分用途、分阶段治理，严控新增污染，逐步减少存量，形成政府主导、企业担责、公众参与、社会监督的土壤污染防治体系，促进土壤资源永续利用，为建设"蓝天常在、青山常在、绿水常在"的美丽中国而奋斗。

● **工作目标**：到2020年，全国土壤污染加重趋势得到初步遏制，土壤环境质量总体保持稳定，农用地和建设用地土壤环境安全得到基本保障，土壤环境风险得到基本管控。到2030年，全国土壤环境质量稳中向好，农用地和建设用地土壤环境安全得到有效保障，土壤环境风险得到全面管控。到本世纪中叶，土壤环境质量全面改善，生态系统实现良性循环。

● **主要指标**：到2020年，受污染耕地安全利用率达到90%左右，污染地块安全利用率达到90%以上。到2030年，受污染耕地安全利用率达到95%以上，污染地块安全利用率达到95%以上。

● **十个（三十五条）方面的措施**：

一、开展土壤污染调查，掌握土壤环境质量状况

二、推进土壤污染防治立法，建立健全法规标准体系

三、实施农用地分类管理，保障农业生产环境安全

四、实施建设用地准入管理，防范人居环境风险

五、强化未污染土壤保护，严控新增土壤污染

六、加强污染源监管，做好土壤污染预防工作

七、开展污染治理与修复，改善区域土壤环境质量

八、加大科技研发力度，推动环境保护产业发展

九、发挥政府主导作用，构建土壤环境治理体系

十、加强目标考核，严格责任追究

我国正处于全面建成小康社会决胜阶段，提高环境质量是人民群众的热切期盼，土壤污染防治任务艰巨。各地区、各有关部门要认清形势，坚定信心，狠抓落实，切实加强污染治理和生态保护，如期实现全国土壤污染防治目标，确保生态环境质量得到改善、各类自然生态系统安全稳定，为建设美丽中国、实现"两个一百年"奋斗目标和中华民族伟大复兴的中国梦做出贡献。

■ 8.5 污染土壤修复

8.5.1 污染土壤修复概述

1. 污染土壤修复的基本概念

污染土壤修复（Contaminated soil remediation）是指通过物理、化学、生物和生态学等方法和原理，并采用人工调控措施，使土壤污染物浓（活）度降低，实现污染物无害化和稳定化，以达到人们期望的解毒效果的技术和措施。对污染土壤实施修复，可阻断污染物进入食物链，防止对人体健康造成危害，对促进土地资源的保护和可持续发展具有重要意义。

2. 污染土壤修复的分类与技术体系

污染土壤修复分类与技术体系可概括为表 8-3。一般来说，按照修复场地可以将污染土壤修复分为原位修复和异位修复。按照技术类别可以将污染土壤修复方法分为物理修复、化学修复、生物修复、生态工程修复和联合修复。

表 8-3　污染土壤修复分类与技术体系

分　类		技　术　方　法
按修复场地分类	原位修复（In-situ）	蒸气浸提；生物通风；原位化学淋洗；热力学修复；化学还原处理墙；固化/稳定化；电动力学修复；原位微生物修复等
	异位修复（Ex-situ）	蒸气浸提；泥浆反应器；土壤耕作法；土壤堆腐；焚烧法；预制床；化学淋洗等
按技术类别分类	物理修复	物理分离、蒸气浸提、玻璃化、热力学、固定/稳定化、冰冻、电动力学等技术
	化学修复	化学淋洗、溶剂浸提、化学氧化、化学还原、土壤性能改良等技术
	生物修复	微生物修复：生物通风、泥浆反应器、预制床等
		植物修复：植物提取、植物挥发、植物固化等技术
	生态工程修复	生态覆盖系统、垂直控制系统和水平控制系统等技术
	联合修复	物理化学-生物：淋洗-生物反应器联合修复等；植物-微生物联合修复；菌根菌剂联合修复等

原位修复是对土壤污染物的就地处置，使之得以降解和减毒，不需要建设昂贵的地面环境工程基础设施和运输，操作维护比较简单，特别是可以对深层次污染的土壤进行修复。

异位修复是污染土壤的异地处理，与原位修复技术相比，技术的环境风险较低，系统处理的预测性高，但其修复过程复杂，工程造价高，且不利于异地对大面积的污染土壤进行修复。

8.5.2 污染土壤物理修复

物理修复作为一大类污染土壤修复技术，近年来得到了多方位的发展，主要包括物理分离修复、蒸气浸提修复、固定/稳定化修复、玻璃化修复、热解吸修复和电动力学修复等技术。

1. 物理分离修复

污染土壤的物理分离修复（Contaminated soil physical separation remediation）是依据污染物和土壤颗粒的特性，借助物理手段将污染物从土壤分离开来的技术，工艺简单，费用低。

依据物质颗粒的颗粒大小、密度、形状、表面特性和磁性等采用的主要方法有粒径分离（Particle separation）、密度分离（Density separation）、浮选分离（Flotation Separation）、水动力学分离（Hydrodynamic Separation）、磁分离（Magnetic separation）等。

物理分离技术通常需要挖掘土壤，在原位通过流动单元进行修复工程，其修复过程如图 8-3 所示。

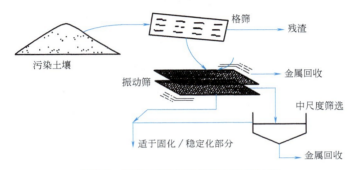

图 8-3　污染土壤的物理分离修复过程

2. 土壤蒸气浸提修复

土壤蒸气浸提（Soil vapor extraction）是在污染土壤内引入清洁空气产生驱动力，利用土壤固相、液相和气相之间的浓度梯度，在气压降低的情况下，将其转化为气态污染物排出土壤的过程。

（1）原位土壤蒸气浸提（In-situ soil vapor extraction）　利用真空通过布置在不饱和土壤层中的提取井向土壤中导入气流，气流经过土壤时，挥发性和半挥发性的有机物挥发随空气进入真空井，气流经过之后，土壤得到修复。污染土壤的原位蒸气浸提修复过程如图 8-4 所示。该技术适用处理污染物为高挥发性化学成分，如汽油、苯和四氯乙烯等环境污染。

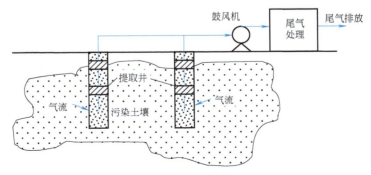

图 8-4　污染土壤的原位蒸气浸提修复过程

（2）异位土壤蒸气浸提（Ex-situ soil vapor extraction）　利用真空通过布置在堆积着的污

染土壤中开有狭缝的管道网络向土壤中引入气流，促使挥发性和半挥发性的污染物挥发进入土壤中的清洁空气流，进而被提取脱离土壤，如图 8-5 所示。

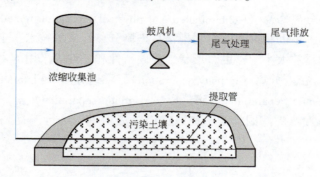

图 8-5　污染土壤异位蒸气浸提修复过程

蒸气浸提的主要优点：①能够原位操作，比较简单，对周围的干扰能够限定在尽可能小的范围之内；②非常有效地去除挥发性有机物；③在可接受的成本范围之内能够处理尽可能多的受污染的土壤；④系统容易安装和转移；⑤容易与其他技术组合使用。

蒸气浸提主要用于挥发性有机卤代物和非卤代物的修复，通常应用的污染物是那些亨利系数大于 0.01 或蒸汽压大于 66.66 Pa 的挥发性有机物，有时也应用于去除环境中的油类、重金属及其有机物、多环芳烃等污染物。

3. 固化/稳定化修复

固化/稳定化（Solidification/Stabilization）是用物理—化学方法将污染物固定或包封在密实的惰性基材中，使其稳定化的一种过程。其固化过程有的是将污染物通过化学转变或引入某种稳定的晶格中的过程，有的是将污染物用惰性材料加以包容的过程，有的兼有上述两种过程。

固化/稳定化技术既可以将污染介质（主要包括土壤和沉积物等）提取或挖掘出来，在地面混合后，投放到适当形状的模具中或放置到空地，进行稳定化处理，称为异位固化/稳定化技术；也可以在污染介质原位稳定处理。相比较而言，现场原位稳定处理比较经济，并且能够处理深达 30 m 处的污染物。图 8-6 和图 8-7 分别为异位和原位固化/稳定化修复污染土壤。

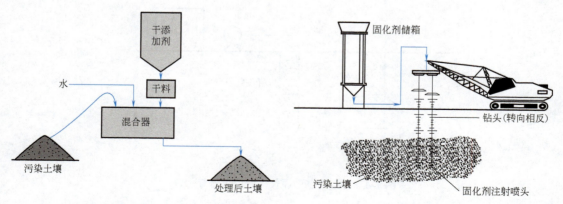

图 8-6　异位固化/稳定化修复污染土壤　　　　图 8-7　原位固化/稳定化修复污染土壤

固化与稳定化技术具有以下一些特点：①需要污染土壤与固化剂/稳定剂等进行原位或异位混合，与其他固定技术相比，无须破坏无机物质，但可能改变有机物质的性质；②稳定化可能与封装等其他固定技术联合应用，并可能增加污染物的总体积；③固化/稳定化处理后的污染土壤应当有利于后续处理；④现场应用需要安装全部或部分设施。原位修复需要螺旋钻井和混合设备、集尘系统、挥发性污染物控制系统、大型储存池。

原位固化/稳定化技术是少数几种能够原位修复金属污染土壤的技术之一，由于有机物不稳定，容易发生反应，原位固化/稳定化技术一般不适用于有机污染物污染土壤的修复。固化/稳定化技术一度用于异位修复，近年来才开始用于原位修复。原位固化/稳定化技术通过固态形式在物理上隔离污染物或者将污染物转化成化学性质不活泼的形态从而降低污染物质的毒害程度。

4. 玻璃化修复

玻璃化修复（Glass remediation technology）通过高强度能量输入，使污染土壤熔化，将含有挥发性污染物的蒸汽回收处理，同时将污染土壤冷却后成玻璃状团块固定，图 8-8 所示为玻璃化修复的工艺流程。

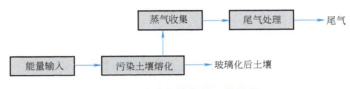

图8-8　玻璃化修复的工艺流程

玻璃化技术包括原位和异位玻璃化两个方面，图 8-9 和图 8-10 分别为原位和异位玻璃化修复过程。

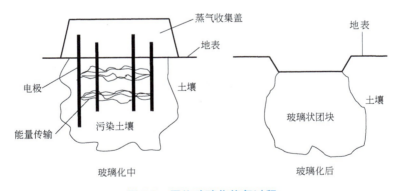

图8-9　原位玻璃化修复过程

玻璃化修复技术处理可以破坏和去除土壤和污泥等泥土类污染介质中的有机污染物和固定化大部分无机污染物。处理对象可以是放射性物质、有机物（如二噁英、呋喃和多氯联苯）、无机物（重金属）等多种污染物。

5. 热解吸修复

热解吸修复（Thermal desorption remediation）利用直接或间接热交换，通过控制热解吸系统的床温和物料停留时间有选择地使污染物得以挥发去除的技术。热解吸技术可分为两

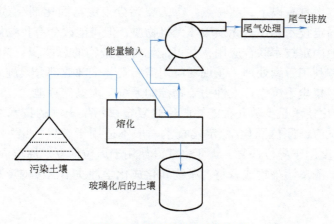

图8-10　异位玻璃化修复过程

步，即加热污染介质使污染物挥发和处理废气防止污染物扩散到大气中。污染土壤热解吸修复过程如图8-11所示。

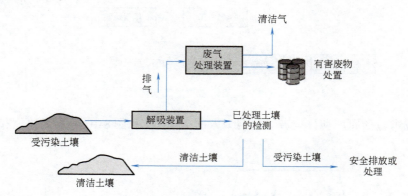

图8-11　污染土壤热解吸修复过程

　　根据土壤和沉积物的加热温度，可将热解吸修复分为高温热解吸（315～540℃）和低温热解吸（150～315℃）两类。根据加热方式，可以将热解吸系统分为直接和间接加热两类系统。直接加热可采用火焰加热和直接接触对流加热，包括直接火焰和直接接触加热热解吸系统。间接加热则可采用物理阻隔（如钢板）将热源和加热介质分开加热，包括间接火焰和间接接触加热热解吸系统。根据给料方式，可将热解吸系统分为连续给料和批量给料系统。

　　热解吸系统可以用在广泛意义上的挥发态有机物（VOCs）、半挥发态有机物（SVOCs）、农药，甚至高沸点氯代化合物，如多氯联苯、二噁英和呋喃类污染土壤的治理与修复上。待修复物除了土壤外，也包括污泥、沉积物等。但是，热解吸技术对仅被无机物（如重金属）污染的土壤、沉积物的修复是无效的。同时，不能把这项技术用于含腐蚀性有机物、活性氧化剂和还原剂污染的土壤处理与修复。

6. 电动力学修复

　　电动力学修复（Electrokinetic remediation）是向污染土壤中插入两个电极，形成低压直流电场，通过电化学和电动力学的复合作用，使水溶态和吸附于土壤的颗粒态污染物根据自身带电特性在电场内做定向移动，在电极附近富集或收集回收而去除的过程。污染物的去除过程涉及电迁移、电渗析、电泳和酸性迁移（pH 梯度）。该技术使用的装置一般由两个电极、电源、AC/DC 转换器组成，图 8-12 所示为污染土壤电动力修复的装置与过程。

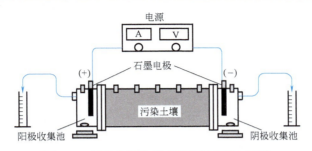

图 8-12　污染土壤电动力修复的装置与过程

电动力学修复主要用于均质土壤以及渗透性和含水量较高的土壤修复。电动力学修复对大部分无机污染物污染土壤是适用的，也可用于放射性物质和吸附性较强的有机污染物。大量的试验结果证明，其对铬、汞、镉、铅、锌、锰、钼、铜、镍和铀等无机金属和苯酚、乙酸、六氯苯、三氯乙烯和一些石油类污染物处理效果很好（最高去除率可达 90% 以上）。

8.5.3　污染土壤化学修复

污染土壤的化学修复（Contaminated soil chemical remediation）是根据污染物和土壤的性质，选择合适的化学修复剂（氧化剂、还原剂、沉淀剂、解吸剂和增溶剂等）加入土壤，使污染物与修复剂发生一定的化学反应而被降解或解毒的技术。修复技术手段可以是将液体、气体或活性胶体注入地下表层、含水层，或在地下水流经的路径上设置能滤出污染物的可渗透反应墙。通常情况下，在生物修复不能满足污染土壤修复的需要时才选择化学修复方法。

根据化学反应特点可将化学修复分为化学氧化、化学还原、化学淋洗及溶剂浸提等。

1. 化学氧化修复（Chemical oxidation remediation）

化学氧化修复是向污染环境中加入化学氧化剂，依靠化学氧化剂的氧化能力，分解破坏环境中污染物的结构，使污染物降解或转化为低毒、低移动性物质的一种修复技术。对于污染土壤来说，化学氧化修复不需将污染土壤全部挖掘出来，只是在污染区的不同深度钻井，将氧化剂注入土壤中，通过氧化剂与污染物的混合、反应使污染物降解或发生形态变化，达到使污染物降解或转化为低毒、低迁移性产物的一项污染土壤原位氧化修复技术。

图 8-13 所示为污染土壤化学氧化修复过程，由注射井、抽提井和氧化剂等三要素组成；图 8-14 是修复井的一般构造。该技术主要用于修复在土壤中污染期长和难生物降解的污染物，如油类、有机溶剂、多环芳烃（如萘）、PCP、农药及非水溶态氯化物（如三氯乙烯、TCE）等污染的土壤。

化学氧化技术的关键要素为化学氧化剂和分散技术。最常用的氧化剂（Oxidant）有液态的 H_2O_2、K_2MnO_4 和气态的 O_3。根据待处理土壤和污染物质的特性可以选择不同的氧化剂。有时，在应用氧化剂时可以加入催化剂，以增强氧化能力和反应速率。常用的氧化剂分散技术有竖直井、水平井、过滤装置和处理栅等。其中，竖直井和水平井都可用来向非饱和区的土壤注射气态氧化剂。一些氧化剂的分散系统如图 8-15 所示。

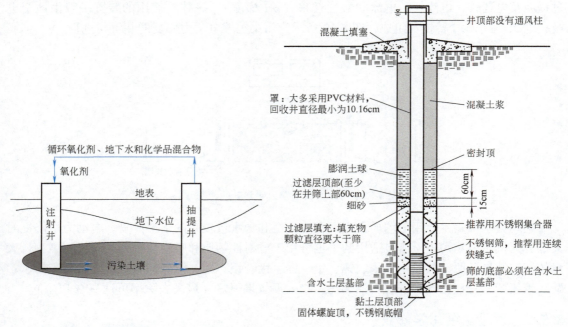

图 8-13　污染土壤化学氧化修复过程　　　　图 8-14　修复井的一般构造

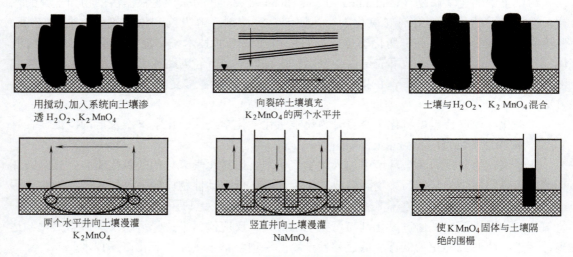

图 8-15　一些氧化剂的分散系统

　　修复剂良好的分散效果依赖于细心的工程设计和分散设备的正确建造。不论哪种化学分散技术，其建造注射系统的材料必须要与氧化剂相匹配。

2. 化学还原修复（Chemical reduction remediation）

　　化学还原修复是利用化学还原剂将污染物还原为难溶态，从而使污染物在土壤环境中的迁移性和生物可利用性降低的一项污染土壤原位修复技术。化学还原修复一般用于在地面下较深范围内很大区域成斑块扩散，对地下水构成污染，且用常规技术很难奏效的污染土壤。

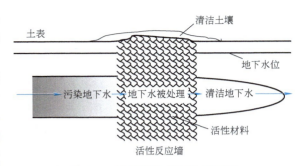

图8-16　可透性化学活性反应墙

化学还原修复技术通常是通过向土壤注射液态还原剂、气态还原剂或胶体还原剂，创建一个化学活性反应区或反应墙（Permeable reactive barrier）（图8-16），当污染物通过这个特殊区域时被降解和固定。活性反应区的还原能力能保持很长时间，试验表明注入的SO_2在一年后仍然保持还原活性。

与化学氧化修复相似，化学还原修复的关键要素包括化学药剂和系统设计两方面。代表性的还原剂（Reductant）主要有液态的SO_2、气态的H_2S和Fe^0胶体。化学还原修复的过程涉及注射、反应和将试剂与反应物抽提出来三个阶段。以Fe^0胶体活性反应栅（图8-17）为例，可通过一系列的井构造活性反应墙。首先将Fe^0胶体注射到第一口井中，然后用第二口井抽提地下水，使Fe^0胶体向第二口井移动，当第一口井和第二口井之间的介质被Fe^0胶体饱和时，第二口井转换为注射井，第三口井作为抽提井抽提地下水并使Fe^0胶体运动到它附近，其余井重复以上过程，就构造了活性反应墙系统。为使Fe^0胶体快速分散到待修复位点，通常采用高黏性液体为载体高速注入。

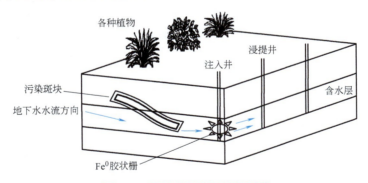

图8-17　零价铁胶体活性栅系统

3. 化学淋洗修复（Chemical leaching and flushing/washing remediation）

化学淋洗修复是借助能促进土壤环境中污染物溶解或迁移作用的溶剂，在重力作用下或通过水力压头推动淋洗液注入被污染土层中，然后把包含有污染物的液体从土层中抽提出来，进行分离和污水处理的技术。淋洗液通常具有淋洗、增溶、乳化或改变污染物化学性质的作用。到目前为止，化学淋洗技术主要围绕着用表面活性剂处理有机污染物，用螯合剂或酸处理重金属来修复被污染的土壤。与其他处理方法相比，淋洗法不仅可以去除土壤中大量的污染物，限制有害污染物的扩散范围，还具有投资及消耗相对较少，操作人员可不直接接触污染物等优点。

（1）原位化学淋洗修复　原位化学淋洗修复过程是向土壤施加冲洗剂，使其向下渗透，穿过污染土壤并与污染物相互作用。在这个相互作用过程中，冲洗剂或化学助剂从土壤中去除污染物，并与污染物结合，通过淋洗液的解吸、螯合、溶解或络合等物理、化学作用，最终形成可迁移态化合物。含有污染物的溶液可以用梯度井或其他方式收集、储存，再做进一步处理，以再次用于处理被污染的土壤。图8-18所示为原位化学淋洗工艺流程。

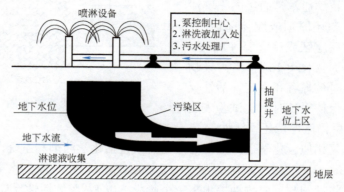

图8-18　原位化学淋洗工艺流程

原位化学淋洗修复污染土壤有很多优点，如长效性、易操作性、高渗透性、费用合理性（依赖于使用的淋洗助剂），治理的污染物范围很广泛。从污染土壤性质来看，原位化学淋洗技术最适用于多孔隙、易渗透的土壤。从污染物来看，原位化学淋洗技术适合重金属、具有低辛烷/水分配系数的有机化合物、羟基类化合物、相对分子质量小的乙醇和羧基酸类等污染物（表8-4），不适用于非水溶态液态污染物，如强烈吸附于土壤的呋喃类化合物、极易挥发的有机物以及石棉等。

表8-4　原位土壤淋洗技术适用的污染物种类

污　染　物	相　关　工　业
重金属（镉、铬、铅、铜、锌）	金属电镀、电池工业
芳烃（苯、甲苯、甲酚、苯酚）	木材加工
石油类	汽车、油脂业
卤代试剂（TCE、三氯烷）	干结产业、电子生产线
多氯联苯和氯代苯酚	农药、除草剂、电力工业

（2）异位化学淋洗修复　异位化学淋洗修复是指把污染土壤挖出来，用水或溶于水的化学试剂来清洗、去除污染物，再处理含有污染物的废水或废液，同时洁净的土壤可以回填或运到其他地点。

通常情况下，异位化学淋洗修复首先根据处理土壤的物理状况，将其分成不同的部分（石块、砂砾、砂、细砂以及黏粒），然后根据二次利用的用途和最终处理需求，采用不同的方法将这些不同部分清洁到不同的程度。由于污染物不能强烈地吸附于砂质土，所以砂质土只需要初步淋洗；而污染物容易吸附于土壤质地较细的部分，所以壤土和黏土通常需要进一步修复处理。在固液分离过程及淋洗液的处理过程中，污染物或被降解破坏，或被分离。最后将处理后的土壤置于恰当的位置。如图8-19所示为异位化学淋洗修复工艺流程。

4. 溶剂浸提修复（Solvent extraction remediation）

溶剂浸提修复是一种利用溶剂将有害化学物质从污染土壤中提取出来或去除的技术。该

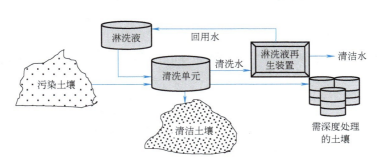

图 8-19　异位土壤化学淋洗修复工艺流程

技术属于土壤异位处理，一般先要将污染土壤中大块岩石和垃圾等杂质分离去除，然后将污染土壤放置于提取罐或箱（除排除口外密封严密的罐子）中，清洁溶剂从存储罐运送到提取罐，以慢浸方式加入土壤介质，以便于土壤污染物全面接触，在其中进行溶剂与污染物的离子交换等反应。如图 8-20 所示为土壤溶剂浸提修复工艺流程。

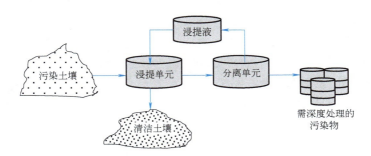

图 8-20　溶剂浸提修复工艺流程

8.5.4　污染土壤的生物修复

生物修复（Bioremediation）是利用生物（包括动物、植物和微生物），通过人为调控，将土壤中有毒有害污染物吸收、分解或转化为无害物质的过程。与物理、化学修复污染土壤技术相比，它具有成本低，不破坏植物生长所需的土壤环境，环境安全，无二次污染，处理效果好，操作简单，费用低廉等特点，是一种新型的环境友好替代技术。

根据土壤修复的位点和修复的主导生物可以将生物修复技术分为原位微生物修复、异位微生物修复和植物修复等类型。

1. 原位微生物修复（In-situ microbial remediation）

原位微生物修复是污染土壤不经搅动，在原位和易残留部位之间进行原位处理。最常用的原位处理方式是进入土壤饱和带对污染物进行生物降解。可采取添加营养物、供氧（加 H_2O_2）和接种特异工程菌等措施提高土壤的生物降解能力，也可把地下水抽至地表，进行生物处理后，再注入土壤中，以再循环的方式改良土壤。该法适用于渗透性好的不饱和土壤的生物修复。原位微生物修复的特点是在处理污染的过程中土壤的结构基本不受破坏，对周围环境影响小，生态风险小；工艺路线和处理过程相对简单，不需要复杂的设备，处理费用较低；但是整个处理过程很难控制。

该方法一般采用土著微生物处理，有时也加入经驯化和培养的微生物以加速处理。这种工艺经常采用各种工程化措施来强化处理效果，如生物强化法（Enhanced-bioremediation）、生物通风法（Bioventing）、泵出生物法（Pump out the biological）及渗滤系统等。图 8-21 为污染现场及通风系统。图 8-22 为泵出生物系统。

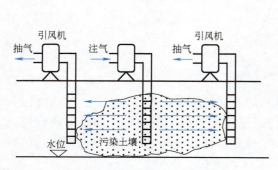

图 8-21　污染现场及通风系统

图 8-22　泵出生物系统

2. 异位微生物修复（Ex-situ microbial remediation）

异位微生物修复是将受污染的土壤、沉积物移离原地，在异地利用特异性微生物和工程技术手段进行处理，最终降解污染物，使受污染的土壤恢复原有功能的过程。主要的工艺类型包括土地填埋（Land fill）、土壤耕作（Soil cultivation）、预备床（Prepared）、堆腐（Composting）和泥浆生物反应器（Slurry bioreactor）。

泥浆生物反应器模型和典型流程如图 8-23 和图 8-24 所示。

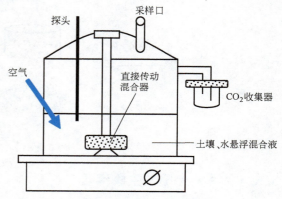

图 8-23　泥浆生物反应器模型

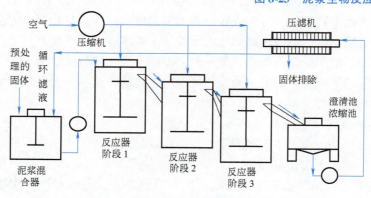

图 8-24　泥浆生物反应器修复的典型流程

泥浆生物反应器已经成功地应用到固体和污泥的污染修复，能够处理多环芳烃、杀虫剂、石油烃、杂环类和氯代芳烃等有毒污染物。

3. 植物修复（Plant remediation）

植物修复是运用农业技术改善污染土壤对植物生长不利的化学和物理方面的限制条件，使之适于种植，并通过种植优选的植物及其根际微生物直接或间接地吸收、挥发、分离或降解污染物，恢复和重建自然生态环境和植被景观，使之不再威胁人类的健康和生存环境。研究人员可根据需要对所种植物、灌溉条件、施肥制度及耕作制度进行优化，使修复效果达到最好。植物修复是一个低耗费、多收益、对人类和生物环境都有利的技术，其过程如图 8-25 所示。

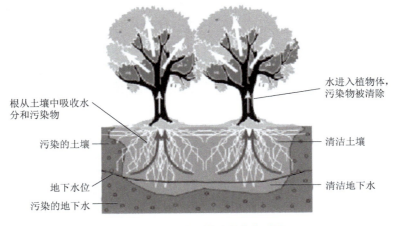

图 8-25　污染土壤植物修复过程

植物修复对环境扰动少，一般属于原位处理。与物理的、化学的和微生物处理技术比较而言，植物修复技术在修复土壤时也净化和绿化了周围的环境，植物修复污染土壤的过程也是土壤有机质含量和土壤肥力增加的过程，被植物修复净化后的土壤适合多种农作物的生长。植物固化技术使地表长期稳定，可控制风蚀、水蚀，减少水土流失，有利于生态环境的改善和野生生物的繁衍。植物修复的成本较低。

（1）有机污染物的修复　植物对有机污染物的修复集中于对有机物的吸收（Absorption）、降解（Degradation）和稳定等（Stabilization）方面。土壤遭受污染的情况十分复杂，几乎所有的污染都是多种污染物参与的复合污染，单一有机体一般并不具备降解复合污染物的一整套系统，它们常常组成根际圈联合修复体系一起将污染物质降解。例如，在石油烃污染的土壤中，欧洲赤松（*Pinus sylvestris*）与黏盖牛肝菌（*Suillus bovines*）或卷边桩菇（*Paxillus involutus*）形成的菌根，在外部菌丝表面形成了一层细菌生物膜，该膜带有烃降解基因，利于石油烃的降解。

（2）无机污染物的修复　植物对无机污染物的修复与能被矿化的有机物不同，有两种方式可供选择，即机械地将污染物移出土体和使污染物转变成一种无生物活性的形态。移去的方式可以是通过去除生物量来实现，对某些无机污染物也可通过将之气化挥发来实现。

目前关于无机污染土壤的植物修复主要集中于对重金属的污染修复。重金属不同于有机物，它不能被生物所降解，只有通过生物的吸收从土壤中去除。用微生物进行大面积现场修复时，一方面生物量小，吸收的金属量较少，另一方面则会因生物体很小而很难进行后处理。植物具有生物量大且易于后处理的优势，因此用植物对金属污染位点进行修复是解决环境中重金属污染问题的一个很有前景的选择。

1）超富集植物修复（Hyper-accumulation plants remediation）。1583 年意大利植物学家 Cesalpino 首次发现在意大利托斯卡纳"黑色的岩石"上生长的特殊植物，这是有关超富集植物的最早报道。1814 年 Desvaux 将其命名为 *Alyssum bertolonii*（庭芥属），1848 年 Minguzzi 和 Vergnino 首次测定该植物叶片中（干重）富含 Ni 达 7900ug/g。后来的研究证明这些植物是一些地方性的物种，其区域分布与土壤中某些重金属含量呈明显的相关性。这些植物作为指示植物在矿藏勘探中发挥了一定的作用。我国利用指示植物找矿的工作也开展较早，如在长江中下游安徽、湖北的一些铜矿区域分布的 *Elsholtzia haichowensis Sun*（海州香薷，俗称铜草）在铜矿勘探中发挥了重要作用。大量地方性植物物种的发现促进了重金属污染土壤上耐金属植物的研究，同时那些能够富集重金属的植物也相继被发现。1977 年 Brooks 提出了超富集植物的概念，1983 年 chaney 提出了利用超富集植物清除土壤重金属污染的思想。随后有关耐重金属植物与超富集植物的研究逐渐增多，植物修复作为一种治理污染土壤的技术被提出，工程性的试验研究及实地应用效果显示了植物修复技术商业化的巨大前景。

超积累植物可以从自然界现有资源中筛选，或利用突变体植株培育新的植物品种。自然筛选主要存在以下问题：一是超积累植物是在重金属胁迫环境下长期强化、驯化的一种适应性突变体，往往生长缓慢，周年生物量受到限制；二是超积累植物多为野生型稀有植物，对生物气候条件的要求比较严格，区域性分布较强，因而筛选工作量大，且超积累植物移植到本地时，其生态位低于本土植物，处于竞争劣势。利用基因工程定向培养超积累植物仍处于试验阶段，到实际应用还有一定的距离。

2）普通富集植物的强化修复（Common accumulation plants remediation）。鉴于本地植物特别是速生草本植物适应性强、周年生长量大，在现行栽培条件下，其重金属积累量有限，于是将驯化外地超积累植物和强化本地优势植物富集两者耦合的强化植物修复便应运而生。

土壤重金属污染植物修复的效率通常以单位面积植物能提取的重金属总量来表征。即

$$植物提取总量 = 重金属含量 \times 修复植物的生物量 \tag{8-4}$$

为了提高植物提取总量，一方面要提高植物体内重金属的蓄积量而不使植物中毒死亡；另一方面要增加植物的生物量，尤其是地上部分的生物量。因此，强化植物修复的第一个原理是从土壤入手，与抑制土壤重金属进入植物的习惯做法相反，围绕增加土壤中靶重金属的植物利用性，强化土壤中靶重金属向植物体迁移、转化与积累。强化修复的另一个原理是从植物入手，在保证超积累植物与本地优势植物等不出现毒害的前提下，一方面根据植物吸收、转运重金属的机制，采取相应的物理、化学、生物学方法提高植物地上部分对靶重金属的牵引力，促使土壤重金属顺利完成从土壤—植物根际—植物根系—植物茎叶的传输过程；另一方利用农艺措施调节、控制修复植物的生长发育，以获得较高的生物产量。一般情况下植物生长良好，也可反过来促进土壤重金属活性的提高，这可能与根系分泌物有关。

应用植物修复时，可根据现场污染情况，在不同的污染带种植具有不同修复功能（吸收、降解、挥发等）的植物，以联合发挥修复作用，达到最佳修复效果。如苜蓿根系深，具有固氮能力；杨树和柳树分布范围广，且具有耐涝和生长迅速的特点；黑麦和一些野草则具有生长茂密和覆盖力强等特点。

我国在植物修复领域也取得了重大进展，其中在砷污染土壤修复等领域已达国际水平，成为国际上真正掌握植物修复核心技术并具备产业化潜力的国家。

思　考　题

1. 试述土壤的物质组成和剖面形态。
2. 何谓土壤的机械组成？土壤的质地分组有哪些？
3. 土壤具有哪些基本性质？
4. 解释土壤环境背景值和土壤环境容量的概念。
5. 导致土壤污染的因素有哪些？
6. 何谓土壤自净作用和缓冲性能？土壤自净作用有哪些？对土壤有何意义？
7. 试述农药在土壤中迁移转化的途径。
8. 论述重金属污染的特点及其环境行为。
9. 谈一谈你对污染土壤生物修复的理解，试论其应用前景。

参考文献

[1] 赵景联，史小妹．环境科学导论［M］．2 版．北京：机械工业出版社，2017.
[2] 赵景联．环境修复原理与技术［M］．北京：化学工业出版社，2007.
[3] 黄昌勇．土壤学［M］．3 版．北京：中国农业出版社，2010.
[4] 张和平，刘云国．环境生态学［M］．北京：中国林业出版社，2002.
[5] 张宝莉．农业环境保护［M］．北京：化学工业出版社，2002.
[6] 张宝杰．城市生态与环境保护［M］．哈尔滨：哈尔滨工业大学出版社，2002.
[7] 闵九康．土壤生态毒理学和环境生物修复工程［M］．北京：中国农业科学技术出版社，2013.
[8] 崔灵周，王传华，肖继波．环境科学基础［M］．化学工业出版社，2014.
[9] 盛连喜．现代环境科学导论［M］．2 版．化学工业出版社，2011.
[10] 刘云国，李小明．环境生态学导论［M］．长沙：湖南大学出版社，2000.
[11] 蔡道基．农药环境毒理学研究［M］．北京：中国环境科学出版社，1999.
[12] 周启星，宋玉仿．污染土壤修复原理与方法［M］．北京：科学出版社，2004.

推 介 网 址

1. Centre for Soil and Environmental Research：http：//www. jordforsk. nlh. no/lenker/frame1. hmtl/
2. 北极星环境修复网：http：//huanbao. bjx. com. cn/trxf/

第 9 章

固体废物污染及其控制

[导读]　在人们的生产和生活中会产生大量的固体废弃物，俗称"垃圾"。它来自人类生产和生活活动的许多环节，来源极为广泛，种类极为复杂。在人类的生产与消费中或之后，所有投入经济体系的物质仅有10%～15%以建筑物、工具和奢侈品的形式积累起来，其余部分最终都将变成废弃物。目前，全世界每年产生数十亿吨工业固体废弃物和数亿吨危险废物，放射性废物的产生量也在逐年上升。大量堆置的固体废弃物，在自然条件影响下，其中的一些有害成分会转入大气、水体和土壤中，参与生态系统的物质循环；有些污染物质还会在生物机体内积蓄和富集，通过食物链影响人体健康，因而具有潜在的、长期的危害性，成为当今人类社会的四大公害之一。所以对于固体废弃物污染的科学处理与处置显得十分紧迫。

[提要]　本章首先介绍了固体废弃物的基本概念、污染控制途径（减量化、无害化、资源化）及管理；重点介绍了固体废弃物的主要处理与处置技术；最后简要介绍了固体废弃物资源化技术。

[要求]　通过本章的学习，了解固体废弃物有哪些种类，其特点和危害是什么，应该如何科学地处理和处置它们。

■ 9.1　固体废物概述

9.1.1　固体废物的定义

固体废物（Solid waste）是指在生产、生活和其他活动中产生，在一定时间和地点无法利用而被丢弃的污染环境的固态、半固态废弃物质。在具体生产环节中，由于原材料的混杂程度，产品的选择性及燃料、工艺设备的不同，被丢弃的这部分物质，从一个生产环节看，它们是废物，而从另一生产环节看，它们往往又可以作为另外产品的原料，而是不废之物。因此，固体废物又有"放错地点的原料"之称。

9.1.2　固体废物的来源

固体废物的来源大体上可分为两类：一是生产过程中产生的废物，称生产废物；另一类是在产品进入市场后在流动过程中或使用消费后产生的固体废物，称生活废物。固体废物的产生有其必然性。一方面是人们在索取和利用自然资源从事生产和生活活动时，限于实际需要和技术条件，总要将其中一部分作为废物丢弃；另一方面是各种产品本身有其使用寿命，超过了一定期限，就会成为废物。表9-1列出从各类发生源产生的主要固体废物。

表9-1　各类发生源产生的主要固体废物

发 生 源	产生的主要固体废物
矿业	废石、尾矿、废木、砖瓦和水泥、砂石等
冶金、金属结构、交通、机械等工业	金属、渣、砂石、模型、芯、陶瓷、管道、绝热和绝缘材料、粘结剂、污垢、废木、塑料、橡胶、纸、各种建筑材料、烟尘等
建筑材料工业	金属、水泥、黏土、陶瓷、石膏、石棉、砂、石、纸、纤维等
食品加工业	肉、谷物、蔬菜、硬壳果、水果、烟草等
橡胶、皮革、塑料等工业	橡胶、塑料、皮革、布、线、纤维、染料、金属等
石油化工工业	化学药剂、金属、塑料、橡胶、陶瓷、沥青、污泥油毡、石棉、涂料等
电器、仪器仪表等工业	金属、玻璃、木、橡胶、塑料、化学药剂、研磨料、陶瓷、绝缘材料等
纺织服装工业	布头、纤维、金属、橡胶、塑料等
造纸、木材、印刷等工业	刨花、锯末、碎木、化学药剂、金属填料、塑料等
居民生活	食物、垃圾、纸、木、布、庭院植物修剪物、金属、玻璃、塑料、陶瓷、燃料灰渣、脏土、碎砖瓦、废器具、粪便、杂品等
商业、机关	同上，另有管道、碎砌体、沥青、其他建筑材料，含有易爆、易燃、腐蚀性、放射性的废物以及废汽车、废电器、废器具等
市政维护、管理部门	脏土、碎砖瓦、树叶、死禽畜、金属、锅炉灰渣、污泥等
农业	秸秆、蔬菜、水果、果树枝条、糠秕、人和禽畜粪便、农药等
核工业和放射性医疗单位	金属、含放射性废渣、粉尘、污泥、器具和建筑材料等
旅客列车	纸、果屑、残剩食品、塑料、泡沫盒、玻璃瓶、金属罐、粪便等

9.1.3　固体废物的分类

固体废物的分类方法很多，按其形状可分为固体废物和泥状废物；按其组成可分为有机废物和无机废物；按其来源可分为工业固体废物、矿业固体废物、农业固体废物、有害固体废物和城市垃圾（Urban garbage）等；按其危害性可分为一般固体废物和危险性固体废物（Hazardous waste），如图9-1所示。有放射性的固体废物，在国际上单列一类，另行管理。

1）工业固体废物指在工业生产及加工过程中产生的废渣、粉尘、碎屑、污泥等。

2）矿业固体废物指在各种矿山开采过程中从主矿上剥离下来的各种围岩和在选矿过程中提取精矿以后的尾渣。

3）城市固体废物指居民生活、商业活动、市政建设与维护、机关办公等过程中产生的固体废物，如生活垃圾、城建渣土、废纸、废物废品、粪便等。

4）农业固体废物指在农业生产、畜禽饲养、农副产品加工以及农村居民生活活动中排出的废物，如植物秸秆、人和禽畜粪便等。

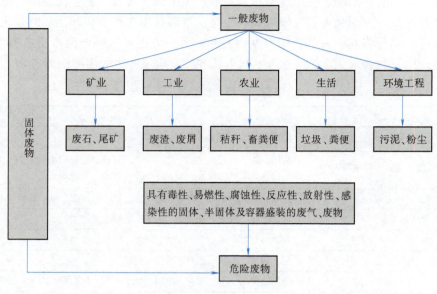

图 9-1　固体废物分类

5）危险废物指具有毒性、易燃性、反应性、腐蚀性、爆炸性、传染性的能对人类的生活环境产生危害的废物。

6）放射性固体废物指核燃料生产、加工，同位素应用，核电站、核研究机构、医疗单位、放射性废物处理设施产生的废物。

9.1.4　固体废物的特点

1. 资源性（Resource）

固体废物品种繁多，成分复杂，特别是工业废渣，不仅量大，具备某些天然原料、能源所具有的物理、化学特性，而且比废水、废气易于收集、运输、加工和再利用。城市垃圾也含有多种可再利用的物质和一定热值的可燃物质。因此，许多国家已把固体废物视为"二次资源"或"再生资源"，把利用废物替代天然资源作为可持续发展战略中的一个重要组成部分。

2. 污染"特殊性（Particularity）"

固体废物除直接占用土地和空间外，其对环境的影响通常是通过水、气和土壤进行的。固体废物是水、气和土壤环境污染的"源头"，其污染途径如图 9-2 所示。

被固体废物污染的水、气、土经治理后，生成含有污染物的污泥、粉尘、脏土等"新固体废物"。这些"新固体废物"如不进行彻底治理，则又会成为水、气、土壤环境的"新污染源"。如此循环，形成固体废物污染的"特殊性"。

3. 危害性（Harmfulness）

固体废物的危害性表现在对环境的危害、对人体健康的危害和严重危害性三方面。

（1）固体废物对环境的危害

1）侵占土地。固体废物需要占地堆放，每堆积 10^4 t 废物，约需占地 $667m^2$，随着我国生产的发展和消费的增长，城市垃圾受纳场地显得日益不足，垃圾与人争地的矛盾日益

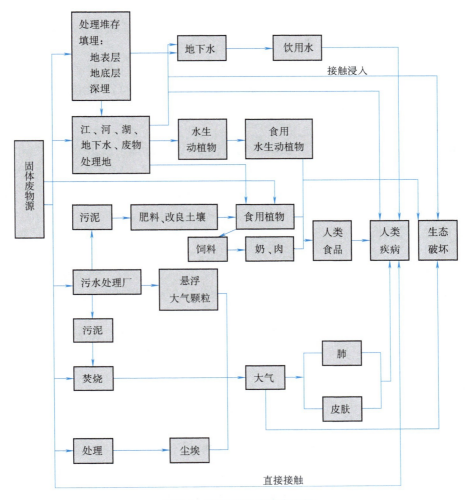

图9-2 固体废物的污染途径

尖锐。

2）污染大气。尾矿、粉煤灰、污泥和垃圾中的尘粒随风飞扬；运输过程中产生的有害气体和粉尘、固体废物本身或在处理（如焚烧）过程中散发的有害毒气和臭味等严重污染大气。煤矸石的自燃、垃圾爆炸事故等在我国曾多次发生。城市垃圾中有机质含量的提高和由露天分散堆放变为集中堆存，容易产生甲烷气体的厌氧环境，使垃圾产生沼气的危害日益突出，事故不断，造成重大损失。

3）污染土壤和地下水。废物堆置或没有采取防渗措施的垃圾简易填埋，其中的有害成分很容易随渗沥液浸出而污染土壤和地下水，一方面使人类的健康受到威胁，另一方面工业固体废物会破坏土壤的生态平衡。垃圾不但含有病原微生物，在堆放腐败过程中还会产生大量的酸性和碱性有机污染物，并会将垃圾中的重金属溶解出来，是有机物、重金属和病原微生物三位一体的污染源。任意堆放或简易填埋的垃圾，其内部的水和淋入堆放垃圾中的雨水产生的渗沥液流入周围地表水体或渗入土壤，会造成地表水或地下水的严重污染。

（2）对人体健康的危害 危险废物会对人体产生危害。危险废物的特殊性质表现在它们的短期危险性和长期危险性上。就短期而言，是通过摄入、吸入、皮肤吸收、眼睛接触而引起毒害或发生燃烧、爆炸等危险性事件；长期危害包括重复接触导致的长期中毒、致癌、致畸、致突变等。

（3）严重危害性　工业、矿业固体废物堆积，占用了大片土地造成环境污染，严重影响着生态环境；生活垃圾、粪便是细菌和蠕虫等的滋生地和繁殖场，能传播多种疾病，危害人畜健康；危险废物对环境和人体健康的危害更加严重。这些都与危险废物的特性密切相关，主要表现在以下几个方面：

1）易燃性。易燃性危险废物容易燃烧，并且能在燃烧过程中放出大量的热和烟，不仅会造成热污染和大气污染，还可能因间接地提供了一定的能量，导致另一些危险废物对环境和人体造成危害，或者使其他在常温条件下无害的废物变为危险废物（如由易燃废物燃烧导致塑料燃烧而产生有毒的烟雾）。

2）腐蚀性。腐蚀性危险废物不仅会直接对人体和其他生物造成损伤，而且会使盛装容器受到腐蚀发生渗漏，破坏金属、混凝土等构筑物。

3）反应性。反应性危险废物发生聚合与分解反应，或与空气、水等发生强力反应，以及因受热、冲击而发生爆炸，释放出的有毒烟雾和能量会对环境和人体健康造成极严重的破坏和损伤。

4）毒性。具有毒性的废物能使人和动植物中毒，严重时甚至导致死亡。

5）感染性。具有感染性的危险废物会因含有致病的微生物（病源菌）、病毒，使人和动植物出现病态，严重时导致死亡。

【小资料】

拉夫运河（Love canal）事件

美国尼亚加拉瀑布城近郊的文化区，濒临尼亚加拉河，环境幽雅，人称"爱河"。可是20世纪60年代以来，这里诞生的婴儿只有20%是正常的，其余的不是畸形就是早产死产。1978年这里的居民举行了示威游行，要求胡克化学公司赔偿数十亿美元，爆发了震动全美国的政治事件。这是怎么回事呢？原来，这里有一条废弃的运河——拉夫运河。1942年胡克化学公司取得这块地皮后，将8t有毒废渣陆运续堆于河道。1953年该公司填平河道，并转卖给教育部门建校舍和教师住宅，一部分卖给垦荒者耕作。后来居住在这里的2500人开始出现生育异常现象，幼儿易出皮疹，一些地方地塌屋裂。1978年，许多房屋过早朽败，出现明显异味。环保部门做了检测，查出六六六、氯苯、氯醌、苯等82种化学物质，其中11种有致癌危险。新生儿多有癫痫、溃疡、直肠出血等先天性病症。胡克公司自报填化学废渣2万t，实际是8万t，仅尼亚加拉大学附近的填地就含有大量致命的灭蚊剂，污染了附近的一条河流和河边的饮水井。1978年8月，卡特总统发布紧急法令，疏散拉夫运河周围的居民，封闭学校和200栋住宅。至于居民索赔几亿美元的问题，政府考虑到全国化学垃圾场已达3万多处，若均效法拉夫运河来赔偿，将难以收拾。该案遂推来推去，至今仍无结果。

9.1.5　固体废物污染控制

固体废物污染控制（Solid waste pollution control）归根到底应从两方面着手：一是防止固体废物污染，二是综合利用废物资源。下面介绍主要的控制措施。

1. 改革生产工艺

（1）采用清洁生产　生产工艺落后是产生固体废物的主要原因，因而首先应当结合技术改造，从工艺入手，采用无废或少废的清洁生产技术，从发生源消除或减少污染物的产生。清洁生产（Cleaner Production）工艺如图9-3所示。

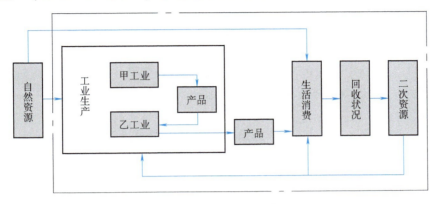

图 9-3　清洁生产工艺

（2）采用精料　原料品位低、质量差，也是固体废物大量产生的主要原因。如一些选矿技术落后、缺乏烧结能力的中小型炼铁厂，渣铁比相当高，如果在选矿过程提高矿石品位，便可少加造渣熔剂和焦炭，并大大降低高炉渣产生量。一些工业先进国家采用精料炼铁，高炉渣产生量可减少一半以上。因此，应当进行原料精选，采用精料，以减少固体废物的产量。

（3）提高产品质量和使用寿命，以产品不过快地变成废物。

2. 发展物质循环利用工艺

发展物质循环利用工艺（Material recycling process），使第一种产品的废物成为第二种产品的原料，使第二种产品的废物再成为第三种产品的原料……最后只有少量废物进入环境，从而取得经济、环境和社会的综合效益。

3. 进行综合利用

有些固体废物含有很多未起变化的原料或副产物，可以回收利用（Recycling and utilization）。如硫铁矿烧渣（Fe_2O_3质量分数为 33% ~ 57%，SiO_2质量分数为 10% ~ 18%，Al_2O_3质量分数为 26.6%）等可用来制砖和水泥。再如硫铁矿烧渣、废胶片、废催化剂中含有 Au、Ag、Pt 等贵金属，只要采用适当的物理、化学熔炼等加工方法，就可以将其中有价值的物质回收利用。

4. 进行无害化处理与处置

用焚烧、热解等方式，改变有害固体废物中有害物质的性质，可将它们转化为无害物质或使有害物质含量达到国家规定的排放标准。

9.1.6　固体废物处理处置利用原则

固体废物处理、处置和利用的原则是无害化、减量化和资源化。

1. 无害化

固体废物"无害化"处理（Detoxification）是将固体废物通过工程处理，达到不损害人体健康，不污染周围的自然环境的目的。

目前，固体废物"无害化"处理工程已经发展成为一门崭新的工程技术，如垃圾的焚烧、卫生填埋、堆肥、粪便的厌氧发酵、有害废物的热处理和解毒处理等。其中"高温快速堆肥处理工艺""高温厌氧发酵处理工艺"在我国都已达到实用程度。根据我国大多数城市生活垃圾的特点，在近期着重发展卫生填埋和高温堆肥处理技术是适宜的。卫生填埋处理量大，投资少，见效快；将高温堆肥深加工成垃圾复混肥则有更为广阔的发展前景。这两种处理方式可以迅速提高生活垃圾处理率，可以解决当前带有"爆炸性"的垃圾出路问题。至于焚烧处理方法，只能有条件地采用。

2. 减量化

固体废物"减量化（Reduction）"是通过适宜的手段减少和减小固体废物的数量和容积。这需要从两个方面着手：一是对固体废物进行处理利用，二是减少固体废物的产生。

生活垃圾采用焚烧法处理后，体积可减小80%～90%，余灰则便于运输和处置。固体废物采用压实、破碎等方法处理也可以达到减量和方便运输、处理的目的。

实现固体废物"减量化"，必须从"固体废物资源化"延伸到"资源综合利用"上来，其工作重点包括采用经济合理的综合利用工艺和技术，制定科学的资源消耗定额等。

3. 资源化

固体废物"资源化（Reclamation）"是指采取工艺技术，从固体废物中回收有用的物质与能源。

我国资源形势也十分严峻。首先，我国资源总量丰富，但人均资源不足。从世界45种主要矿产储量总计来看，我国居第3位，但人均占有量仅为世界人均水平的1/2。其次，我国资源利用率低，浪费严重，很大一部分资源没有发挥效益，变成了废物。几十年来，我国走的是一条资源消耗型发展经济的道路。第三，我国废物资源利用率很低，与发达国家比尚有很大的差距，我国"再生资源"流失造成的直接经济损失每年达300亿元以上。

（1）资源危机的出路——开发再生资源　众所周知，固体废物属于"二次资源"或"再生资源"，虽然它一般不再具有原有的使用价值，但是通过回收、加工等途径，可以获得新的使用价值。概括起来，固体废物目前主要用于生产建材、回收能源、回收原材料、提取金属、化工产品、农用生产资源、肥料、饲料等多种用途。据我国有关资料统计，在国民经济周转中，社会需要的最终产品仅占原料的20%～30%，即70%～80%成为废物。

目前我国工业废渣和尾矿的年排出量高达$6.4 \times 10^8 t$，其累计量则已超过$60 \times 10^8 t$。这些废物中含有大量的黑色金属、有色金属和稀有金属，规模之大已完全具备了开采的价值。

我国每年生活垃圾年排放量已达$4.0 \times 10^8 t$，城市生活垃圾2016年已达$2.0 \times 10^8 t$，其中含有大量可循环再用的纸类、纤维、塑料、金属、玻璃等，且回收率低，流失量大。生活垃圾中可燃物的发热量只要达到$4.18 \times 10^3 kJ/kg$以上，便具有燃烧回收热能的价值，有些国家的垃圾变能已在其总能耗中占一定比例。2000—2017 年，我国连续 17 年不断出台相关政策，提倡和鼓励生活垃圾焚烧发电。数据显示，2016 年年底，我国垃圾焚烧发电项目 273 个，年发电量 292.8 亿 kW，年处理垃圾量 1.0×10^8 t。

（2）"资源化"是我国强国富民的有效措施 再生资源和原生资源相比，可以省去开矿、采掘、选矿、富集等一系列复杂程序，保护和延长原生资源寿命，弥补资源不足，保证资源永续，且可以节省大量的投资，降低成本，减少环境污染，保持生态平衡，具有显著的社会效益。固体废物资源化具有下列优势：

1）环境效益高。固体废物资源化可以从环境中除去某些潜在的有毒性废物，减少废物堆置场地和废物贮放量。

2）生产成本低。有人计算过，用废铝炼铝比用铝矾土炼铝能减少能源 90% ~97%，减少空气污染 95%，减少水质污染 97%；用废钢炼钢可减少原生矿石资源 47% ~70%，减少空气污染 85%，减少矿山垃圾 97%。

3）生产效率高。如用铁矿石炼 1t 钢需 8 个工时，而用废铁炼 1t 电炉钢只需要 2~3 个工时。

4）能耗低。用废钢炼钢比用铁矿石炼钢可节约能耗 74%，用铁矿石炼钢的能耗为 2200×10^4 kJ/t，用废钢炼钢只需 6000 kJ/t。

我国是一个发展中国家，面对经济建设的巨大需求与资源、能源供应严重不足的严峻局面，推行固体废物资源化，不但可为国家节约投资、降低能耗和生产成本，并可减少自然资源的开采，还可治理环境，维持生态系统良性循环，是一项强国富民的有效措施。

9.1.7 固体废物管理

固体废物管理（Solid waste management）包括固体废弃物的产生、收集、运输、贮存、处理和最终处置等全过程的管理。作为当今世界面临的一个重要环境问题，固体废物的污染控制和管理已引起各国的广泛重视。

我国固体废物管理工作从 1982 年制定第一个专门性固体废物管理标准《农用污泥中污染物控制标准》算起，至今已有 30 多年的时间。《中华人民共和国固体废物污染环境防治法》于 1995 年 10 月 30 日正式公布，2004 年修订，2013 年再次修订，但目前仍未对固体废物进行专门的环境管理，各项行之有效的配套措施尚待完善，各工矿企业部门对固体废弃物的处理尚需一个适应过程；特别是有害固体废物任意丢弃，缺少专门堆场和严格的防渗措施，尤其缺少符合标准的有害废物填埋场。因此，需根据我国多年来的管理实践，并借鉴国外的经验，从以下三方面做好我国的固体废物管理工作。

（1）划分有害废物与非有害废物的种类和范围 目前，许多国家都对固体废物实施分类管理，并且都把有害废物作为重点，依据专门制定的法律和标准实施严格管理。通常采用以下两种方法。

1）名录法。"名录法（List method）"是根据经验与实验，将有害废物的品名列成一览表，将非有害废物列成排除表，用以表明某种废物属于有害废物或非有害废物，再由国家管理部门以立法形式予以公布。此法使人一目了然，方便使用。

2）鉴别法。"鉴别法（Identification method）"是在专门的立法中对有害废物的特性及其鉴别分析方法以"标准"的形式予以规制，依据鉴别分析方法，测定废物的特性，如易燃性、腐蚀性、反应性、放射性、浸出毒性以及其他毒性等，进而判定其属于有害废物或非有害废物。

（2）完善固体废物管理法规，加大执法力度　建立固体废物管理法规是废物管理的主要方法，这已被世界上许多国家的经验所证实。多年来我国根据国民经济发展计划和《环境保护法》关于环境保护的目标和要求，陆续制定了一部分固体废物应用方面应予以控制的污染含量标准，对于固体废物的基础研究（如本底调查等）也颇有成效，取得了许多宝贵的基础数据。这些都为我国固体废物法规的建立奠定了较好的基础。我国国土广阔，各地区经济、人口发展很不平衡，自然条件千差万别，面临着较为严峻的资源形势和固体废物污染形势，因此当务之急是加大执法力度，认真贯彻落实固体废物法规，并完善其子法，运用法律手段加强固体废物管理。

（3）建立固体废物综合管理模式　固体废物综合管理模式如图9-4所示，这一模式是许多发达国家在多年实践的基础上逐步形成的。其主要目标是通过促进资源回收、节约原材料和减少废物处理量来降低固体废物对环境的影响，即达到减量化、资源化和无害化的"三化"目的。综合管理将成为今后废物处理和处置的方向。

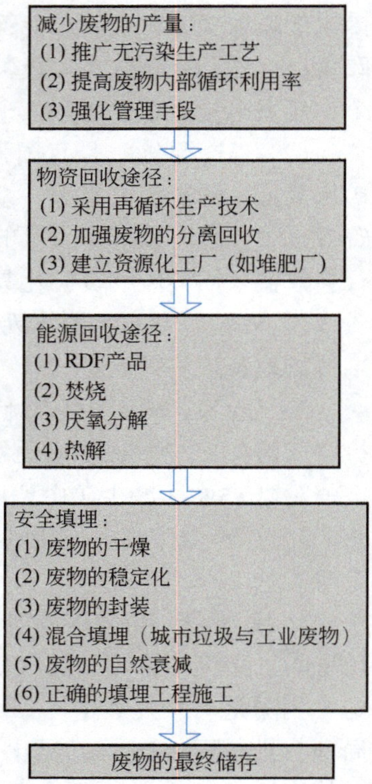

减少废物的产量：
(1) 推广无污染生产工艺
(2) 提高废物内部循环利用率
(3) 强化管理手段

物资回收途径：
(1) 采用再循环生产技术
(2) 加强废物的分离回收
(3) 建立资源化工厂（如堆肥厂）

能源回收途径：
(1) RDF产品
(2) 焚烧
(3) 厌氧分解
(4) 热解

安全填埋：
(1) 废物的干燥
(2) 废物的稳定化
(3) 废物的封装
(4) 混合填埋（城市垃圾与工业废物）
(5) 废物的自然衰减
(6) 正确的填埋工程施工

废物的最终储存

图9-4　固体废物综合管理模式

【政策】

我国目前关于固体废弃物管理的法律、法规和标准

《中华人民共和国固体废物污染环境防治法》（1995，2004年修订，2013年再次修订）。固体废物污染环境防治法修改的内容主要有：

1）确立国家对固体废物污染环境防治实行污染者依法负责的原则，并明确产品的生产者、销售者、进口者、使用者对其产生的固体废物依法承担污染防治责任（第五条）。

2）增加国家促进循环经济，鼓励购买、使用可再生产品和可重复利用产品的内容（第三条、第七条）。

3）针对一些产品存在过度包装的问题，明确制定有关标准，防止过度包装造成环境污染（第十八条）。

4）增加对农业和农村的固体废物污染防治的规定（第二十条、第三十八条、第四十四条、第四十九条）。

5）完善了固体废物的进口分类管理规定（第二十五条、第二十六条）。

6）明确产生固体废物的单位在发生变更、终止时的污染防治责任（第三十五条）。

7）加强和完善了管理危险废物的措施（第五十三条、第五十四条、第五十七条、第五十八条、第六十四条、第六十五条）。

8）完善了相关法律责任的规定。对一些违法行为加大了行政处罚力度，将严重污染环境的限期治理决定权赋予环保部门，增加环境污染损害赔偿诉讼中举证责任倒置、法律援助、环境监督机构提供监测数据方面的规定。

其他的法律、法规和标准有：《中华人民共和国清洁生产促进法》（2002，2012年修订）、《中华人民共和国放射性污染防治法》（2003）、《医疗废物管理条例》（2003）、《医疗卫生机构医疗废物管理办法》（2003）、《危险化学品登记管理办法》（2002，2012年修订）、《危险化学品安全条例》（2002，2013年修订）、《畜禽养殖污染防治管理办法》（2001）、《危险废物转移联单管理办法》（1999）、《防止船舶垃圾和沿岸固体废物污染长江水域管理规定》（1997）、《关于加强废弃电子电气设备环境管理的公告》（环发〔2003〕143号）、《关于限制进口类废料环境管理有关问题的通知》（环发〔2003〕106号）、《进口废物环境保护控制标准》（1996）、《医疗废物专用包装、容器标准和警示标识的规定》、《废电池污染防治技术政策》（环发〔2003〕163号）、《关于加强含铬危险废物污染防治的通知》（环发〔2003〕106号）、《生活垃圾焚烧污染控制标准》（GB 18485—2014）。

9.2　固体废物处理

9.2.1　固体废物处理概述

固体废物处理（Solid waste treatment）是通过物理处理、化学处理、生物处理、热解处理、焚烧处理、固化处理等不同方法，使固体废物转化为适于运输、贮存、资源化利用以及最终处置的一种过程。

（1）物理处理（Physical treatment）　物理处理是通过浓缩或相变化改变固体废物的结构，使之成为便于运输、贮存、利用或处置的形态。物理处理方法包括压实、破碎、分选、增稠、吸附等，是回收固体废物中有价物质的重要手段。

（2）化学处理（Chemical treatment）　化学处理是采用化学方法破坏固体废物中的有害成分从而使其达到无害化。化学处理方法包括氧化、还原、中和、化学沉淀和化学溶出等。有些有害固体废物，经过化学处理可能产生富含毒性成分的残渣，需对残渣进行解毒处理或安全处置。

（3）生物处理（Biological treatment）　生物处理是利用微生物分解固体废物中可降解的有机物，达到无害化或综合利用的目的。固体废物经过生物处理，在容积、形态、组成等方面均会发生重大变化，因而便于运输、贮存、利用和处置。生物处理方法包括好氧处理、厌氧处理和兼性厌氧处理。

（4）热处理（Heat treatment）　热处理是通过高温破坏和改变固体废物的组成和结构，同时达到减容、无害化或综合利用的目的。热处理方法包括焚烧、热解及焙烧、烧结等。

（5）固化处理（Curing process）　固化处理是采用固化基材将废物固定或包覆起来以降低其对环境的危害，从而能较安全地运输和处置。固化处理的主要对象是危险固体废物。

固体废物的处理技术起源于20世纪60年代，最初是以环境保护为目的的，70年代后随着工业发达国家的资源短缺，人们又把许多废弃的物品重新开发加工利用，将固体废物的处理技术推向了回收资源和能源的高度。到目前为止，固体废物的处理技术已形成了一系列的方法。通过相应的处理技术，许多固体废物可以得到适当的处理，既保护了环境，又开发了资源。我国固体废物的处理技术起步晚，由于受技术力量和经济能力的限制，许多固体废物尚未得到妥善的处理，但从长远的利益考虑，发展固体废物的处理技术是经济建设和资源供应的必然途径。20 世纪 80 年代中期，国家提出了"资源化""无害化""减量化"控制固体废物污染的技术政策，回收利用再生资源已成为我国国民经济发展中的重要战略决策。

9.2.2　固体废物压实

压实（Compaction）是利用机械方法减少固体废物体积的一种技术。压实处理后固体废物的体积减小，便于装卸、运输和填埋。另外，对有些固体废物可利用压实技术制取高密度的惰性材料或建筑材料，便于贮存或再次利用。如图 9-5 所示为常见的压实器，图 9-6 所示为城市垃圾压缩处理工艺流程。

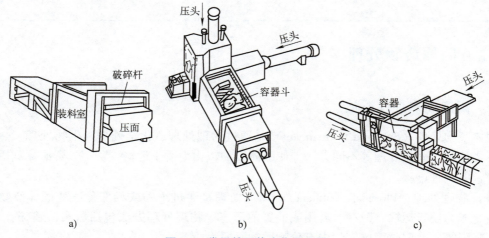

图 9-5　常见的固体废物压实器

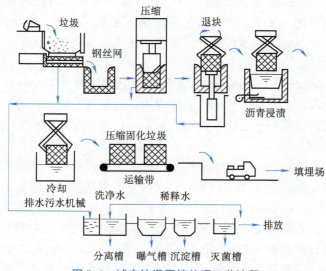

图 9-6　城市垃圾压缩处理工艺流程

9.2.3　固体废物破碎

破碎（Crush）是在外力的作用下将大块的固体废物分裂为小块或细粉的过程。经破碎处理后，固体废物尺寸变小，质地更均匀，密度增大，更易于压实，对后续处理很有利。破碎的基本方法如图9-7所示。常见的破碎机如图9-8所示。图9-9为一种塑料橡胶类废物在低温下脆化破碎的工艺流程。

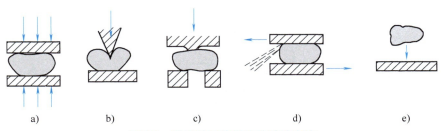

图9-7　常见的固体废物的破碎方法

a）压碎　b）剪碎　c）折碎　d）磨碎　e）击碎

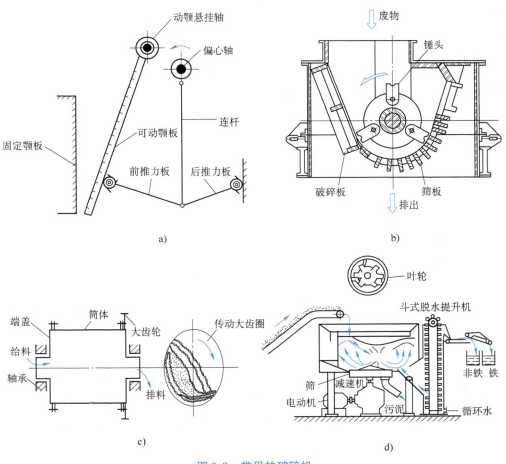

图9-8　常见的破碎机

a）简摆颚式破碎机工作原理　b）锤式破碎机　c）球磨机　d）湿式破碎机

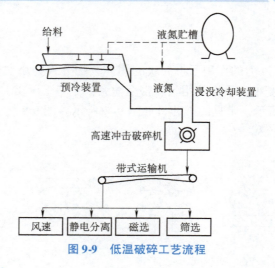

图 9-9　低温破碎工艺流程

9.2.4　固体废物分选

分选（Separation）是用人工或机械的方法把固体废物分门别类地分离开来，回收利用有用物质，或分离出不利于后续处理工艺的物料的一种废物处理技术。分选的方法很多，手工分选是最古老的方法，适用于废物产源地、收集站、处理中心、转运站或处理厂，发达国家目前也仍在采用，机械分选是根据物质的粒度、密度、磁性、电性、光电性、摩擦性、弹性及表面湿润性等的差异，采用相应的手段将其分离的过程。主要分选方法有筛选、重力分选、磁力分选、电力分选和浮选等。如图 9-10 所示为几种代表性的分选设备。图 9-11 为一种城市垃圾两级风选流程。

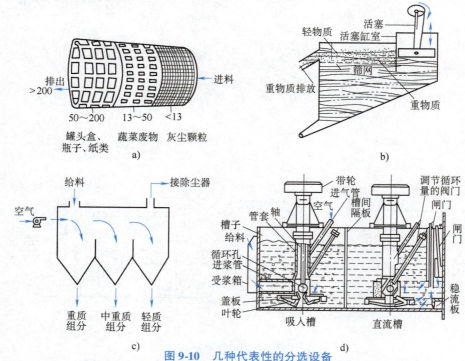

图 9-10　几种代表性的分选设备

a）滚筒筛设备　b）跳汰分选装置　c）卧式风力分选机的原理　d）机械搅拌式浮选机

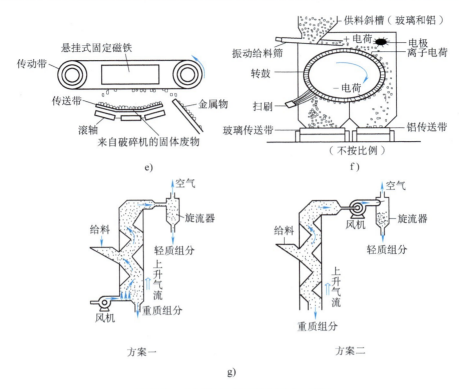

图 9-10　几种代表性的分选设备（续）

e）悬挂式磁选机工作原理　f）静电鼓式分选机　g）立式曲折型风力分选机工作原理

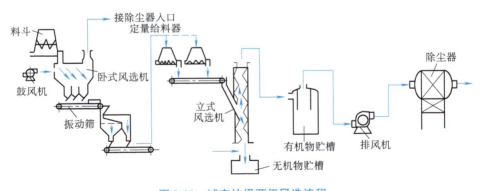

图 9-11　城市垃圾两级风选流程

9.2.5　固体废物固化

固化（Solidification）是用物理或化学方法，将有害固体废物固定或包容在惰性固体基质内，使之呈现化学稳定性或密封性的一种无害化处理方法。理想的固化产物应具有良好的机械性能，抗渗透、抗浸出、抗干—湿、抗冻—融特性，以方便进行最终处置或加以利用。固化处理技术目前主要是针对固体废物的有害物质和放射性物质的无害化处理。

目前采用的固化方法有的是使污染物化学转变或引入到某种稳定的晶格中去；有的是通过物理过程把污染成分直接掺入到惰性基材进行包封，有的则是两种过程兼而有之。就方法本身而言往往只适用于一种或几种类型的废物，且主要用于处理无机废物，对有机废物的处理效果欠佳。近年来固化处理技术不断发展，对核工业废物的处理和一些一般工业废物的处理已形成一种理想的废物无害化的处理方法，如电镀污泥、铬渣、砷渣、汞渣、氰渣、锡渣和铅渣等的固化。

固化处理的方法按原理可分为包胶固化（Package adhesive curing）、自胶结固化（Self-Cementing curing）和玻璃固化（Glass curing）。

1. 包胶固化

包胶固化是采用某种固化基材对废物进行包覆处理的一种方法。按使用的基材可分为：

（1）水泥固化　是以水泥为固化剂将危险废物进行固化的一种处理方法。如图 9-12 所示为电镀污泥水泥固化处理工艺流程。

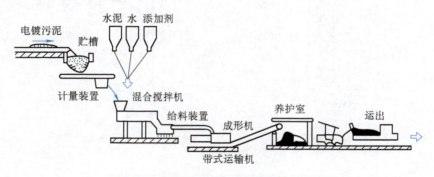

图 9-12　电镀污泥水泥固化处理工艺流程

（2）石灰固化　是以石灰为主要固化基材，以粉煤灰、水泥窑灰为添加剂，含有活性氧化铝和二氧化硅的水泥窑灰和粉煤灰与石灰、水反应生成坚硬物质将废物包容的方法。

（3）热塑性材料固化　是用热塑性物质做固化剂，在一定温度下将废物进行包覆处理。热塑性材料在常温下呈固态，在高温时可变成熔融胶黏性液体，故可用来包覆废物。

（4）有机物聚合固化　是将一种有机聚合物的单体与废物在一个特殊设计的混合容器中完全混合，然后加入一种催化剂搅拌均匀，使其聚合、固化，使废物被聚合物包胶。通常使用的有机聚合物有酚醛树脂和聚醋酸乙烯树脂。

2. 自胶结固化

自胶结固化是利用废物本身的胶结黏性进行固化处理的一种方法，主要用于处理硫酸钙和亚硫酸钙废物。亚硫酸钙半水化合物（$CaSO_2 \cdot 1/2H_2O$）在加热到脱水温度以后，会变成具有胶结作用的物质。首先是在控制温度的条件下，把含有硫酸钙或亚硫酸钙废物煅烧，部分脱水至产生有胶结作用的状态（$CaSO_3$ 或 $CaSO_3 \cdot 1/2H_2O$），然后与某些添加剂混合成稀浆，凝固后生成像塑料一样硬度的透水性差的物质。自胶结固化的优点是采用的添加剂是石灰、水泥灰、粉煤灰等工业废物，实现了废物利用；硬化时间短；产品性质稳定；对处理的废物不需要完全脱水。其缺点是只适用于含硫酸钙、亚硫酸钙泥渣的处理；需要熟练的操作技术和昂贵的设备，煅烧泥渣需消耗一定的能量。

3. 玻璃固化

这种固化方法的基质为玻璃原料。首先将待固化的废物在高温下煅烧，使之形成氧化物，再与加入的添加剂和熔融的玻璃料混合，在1000℃温度下烧结，冷却后形成十分坚固而稳定的玻璃体。玻璃固化的优点是处理效率最好；固化体中有害元素的浸出率最低；固化废物的减容系数最大；玻璃固化体有较高的导热性、热稳定性和辐射稳定性。其缺点是装置较复杂；处理费用昂贵；工作温度较高，设备腐蚀严重。图 9-13 所示为一种磷酸盐玻璃固化的工艺流程。

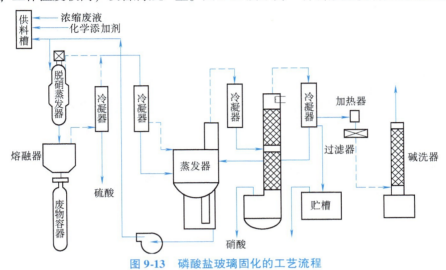

图 9-13　磷酸盐玻璃固化的工艺流程

9.2.6　固体废物焚烧

固体废物焚烧（Solid waste incineration）是利用处理装置使可燃性固体废物与空气中的氧在高温下发生燃烧反应，使其氧化分解，达到减容、去除毒性并回收能源的过程。

焚烧技术处理固体废物尤其是城市垃圾是当前固体废物处理的又一重要途径。除获取能源外，焚烧处理还可使废物体积减小 80% ~ 95%，质量也显著减小，使最终产物成为化学性质比较稳定的无害化灰渣。对于城市垃圾，这种处理方法能比较彻底地消灭各类病原体，消除腐化源。由于具有以上一系列优点，该处理技术受到了各国的重视。

固体废物焚烧系统由原料贮存、进料、焚烧、废气排放与污染控制、排渣、焚烧炉的控制与测试、能源回收等部分组成。如图 9-14 所示为固体废物焚烧系统全流程图。图 9-15 所示为有代表性的焚烧炉。

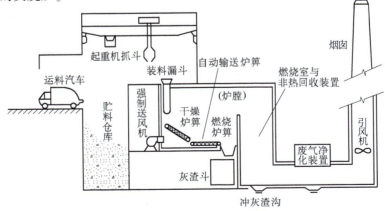

图 9-14　固体废物焚烧系统全流程

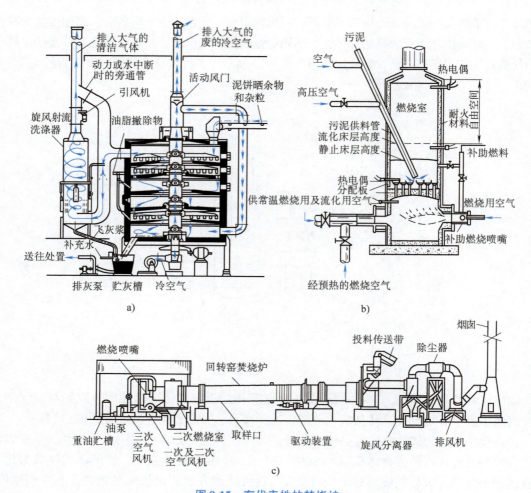

图 9-15　有代表性的焚烧炉

a）立式多膛炉　b）流化床焚烧炉　c）回转窑焚烧炉

9.2.7　固体废物热解

固体废物热解（Solid waste pyrolysis）是指在缺氧或无氧条件下，使可燃性固体废物在高温下分解，最终成为可燃气、油、固形炭的过程。燃烧一般为放热反应，热分解反应是吸热反应。有机物燃烧的主要生成物为二氧化碳和水。而热分解主要是使高分子化合物分解为低分子，因此热分解也称为"干馏"，其产物有气体部分（氢、甲烷、一氧化碳、二氧化碳等）、液体部分（甲醇、丙酮、醋酸，含其他有机物的焦油、溶剂油、水溶液等）、固体部分（主要为炭黑）。

可见，与焚烧处理相比，热解处理的显著特点为：焚烧会产生大量的废气和部分废渣，仅热能可回收，同时存在二次污染问题；而热解可产生燃气、燃油，便于储存运输。适用热解的废物主要有废塑料（含氯的除外）、废橡胶、废轮胎、废油及油泥和废有机污泥等。

热解反应器一般有立式炉、回转窑、高温熔化炉和流化床炉。如图 9-16 所示为两种典型的热解装置系统。

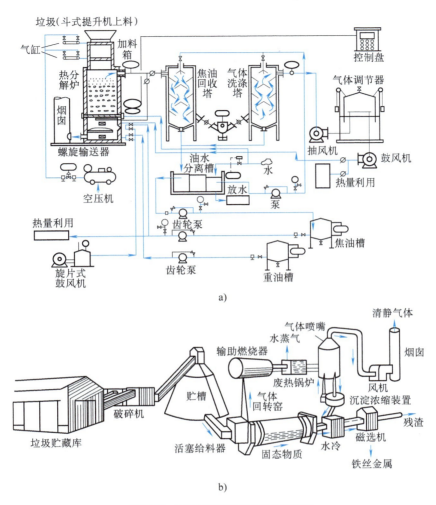

图9-16 两种典型的热解装置系统

a）立式炉热分解法系统　b）回转窑热分解装置系统

9.2.8　固体废物微生物分解

微生物分解技术（Microbial decomposition technology）是指依靠自然界广泛分布的微生物的作用，通过生物转化，将固体废物中易于生物降解的有机组分转化为腐殖肥料、沼气或其他生物化学转化品，如饲料蛋白、乙醇或糖类，从而达到固体废物无害化的一种处理方法。微生物转化工艺主要包括好氧堆肥技术和厌氧发酵技术。

1. 好氧堆肥技术

好氧堆肥（Aerobic composting）是在有氧条件下，好氧菌对废物进行吸收、氧化、分解。微生物通过自身的生命活动，把一部分被吸收的有机物氧化成简单的无机物，同时释放出可供微生物生长活动所需的能量，而另一部分有机物则被合成新的细胞质，使微生物不断生长繁殖。如图9-17所示。

由图9-18可知，有机物生化降解时伴有热量产生，使堆肥物料的温度升高，不耐高

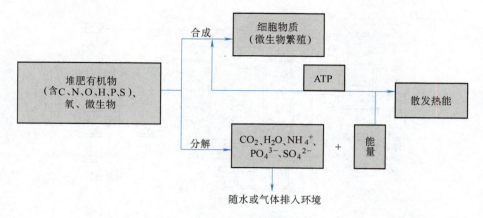

图 9-17　有机物的好氧堆肥分解

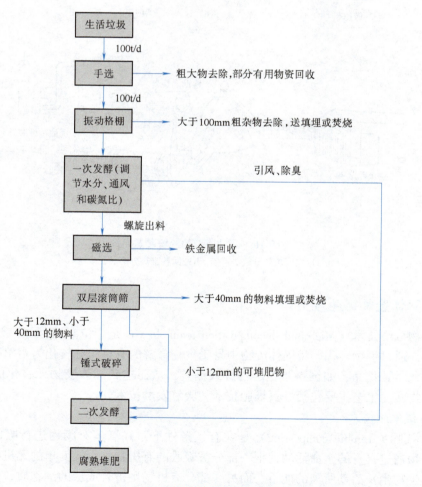

图 9-18　100t/d 垃圾处理试验场工艺流程

温的微生物死亡，耐高温的细菌快速繁殖。生态动力学表明，好氧分解中，发挥主要作用的是嗜热细菌群。该菌群在大量氧分子存在下将有机物氧化分解，同时释放出大量能量。所以堆肥过程应伴随着两次升温，将其分成如下三个过程：起始阶段、高温阶段和熟化阶段。

1）起始阶段。不耐高温的细菌分解有机物中易降解的葡萄糖、脂肪等，同时放出热量使温度上升。温度逐渐上升至40℃，此时该细菌群的生化能力受抑制。

2）高温阶段。此后耐高温菌开始繁殖，在供氧条件下，大部分较难降解的有机物（蛋白质、纤维等）继续被氧化分解，同时放出大量热能，使温度上升至60～70℃。当有机物基本降解完，嗜热菌因缺乏养料而停止生长，产热随之停止，堆肥的温度逐渐下降，当温度稳定在40℃，堆肥基本达到稳定，形成腐殖质。

3）熟化阶段。冷却后的堆肥，一些新的微生物借助残余有机物（包括死掉的细菌残体）生长，将堆肥过程最终完成。

好氧堆肥方法有野积式堆肥和工厂化机械堆肥两种。

1）野积式堆肥又称露天堆肥，是我国长期以来沿用的一种方法，图9-18所示为日处理生活垃圾100t的实验厂流程图。

该工艺采用二次发酵方式。第一次发酵为机械强制通风，经10d的发酵期，保持5d以上的60℃高温达到无害化。一次发酵后的堆肥经机械分选，除去非堆腐物再经10d左右的二次发酵达腐熟。

2）工厂化机械堆肥（连续堆积法）。现代化的堆肥操作，多采用成套密闭式机械连续堆制。连续堆制是使原料在一个专门设计的发酵器中完成中温和高温发酵过程，然后将物料运往发酵室堆成堆体，再熟化。该法具有发酵快、堆肥质量高、能防臭、能杀死全部细菌、成品质量高的特点。

连续堆积法采用的发酵器类型很多，一般分为立式发酵器（图9-19）和卧式发酵器（图9-20）。

2. 厌氧发酵

厌氧发酵（Anaerobic fermentation）是废物在厌氧条件下通过微生物的代谢活动而被稳定化，同时伴有甲烷（CH_4）和二氧化碳（CO_2）产生。厌氧发酵的产物——沼气是一种比较清洁的能源，发酵后的渣滓是一种优质肥料，实践证明，沼气渣对不同农作物均有不同程度的增产效果。

有机物的厌氧发酵经历水解酸化、产氢产乙酸和产甲烷三个过程，物态变化经历液化、酸化和气化三个过程。

厌氧发酵工艺类型较多，按发酵温度、发酵方式、发酵级差的不同可分为几种类型。使用较多的是按发酵温度划分的厌氧发酵工艺。

1）高温厌氧发酵工艺。最佳温度范围是50～55℃，此时有机物分解旺盛，发酵快，物料在厌氧池内停留时间短，非常适于城市垃圾、粪便和有机物的处理。

2）自然温度厌氧发酵工艺。指在自然温度下进行的厌氧发酵。这种工艺的发酵池结构简单，成本低廉，施工容易，便于推广。

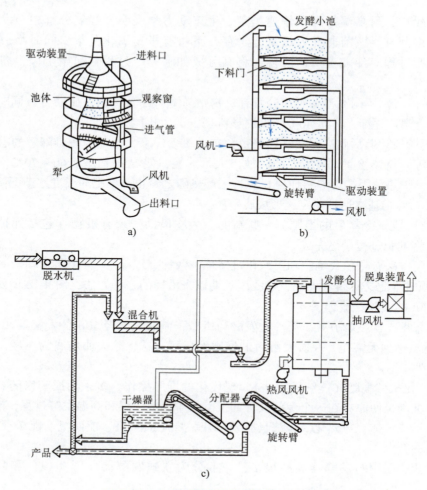

图 9-19　立式多段发酵塔及发酵系统流程
a）立式多层圆筒式堆肥发酵塔　b）立式多层板闭合式堆肥发酵塔　c）发酵系统流程

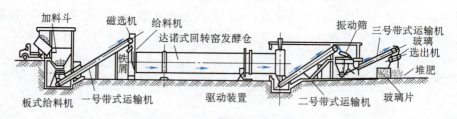

图 9-20　卧式回转圆筒形发酵仓

■ 9.3　固体废物处置

9.3.1　固体废物处置概述

固体废物处置（Solid waste disposal）是固体废物污染控制的末端环节，是解决固体废物的归宿问题。一些固体废物经过处理和利用，总还会有部分残渣存在，而且很难再加以利用，这些残渣往往又富集了大量有毒有害成分；还有些固体废物目前尚无法利用，它们将长期地保留在环境中，是一种潜在的污染源。为了控制固体废物对环境的污染，必须对其进行最终处置，使之最大限度地与生物圈隔离。

1. 固体废物处置的基本要求

固体废物的最终处置，原则上是最大限度地使其与生物圈隔离，防止因其扩散对环境造成污染，以保证现在和将来都不会对人类造成危害或危害较小。因此，固体废物的处置操作应满足如下基本要求：

1）通过天然屏障或人工屏障使固体废物被有效隔离，使污染物质不会对附近生态环境造成危害，更不能对人类活动造成影响。

2）处置方法必须有完善的环保监测设施，以使处置工程得到良好的管理和维护。

3）进行最终处置的固体废物的有害组分的含量要尽可能少，同时为减少处置的投资费用，对废物的体积应尽量压缩。

4）在选择处置方法时，既要简便经济，又要确保目前及将来的环境效益。

2. 固体废物处置方法分类

目前对固体废物的处置方法基本可分为两类，一类是按隔离屏障划分为天然屏障隔离处置和人工屏障隔离处置；另一类是按处置场所分为陆地处置和海洋处置。

天然屏障是利用自然界已有的地质构造及特殊的地质环境形成的屏障，对污染物形成阻滞作用。人工屏障的隔离界面是人为设置的，如使用适当的容器将废物包容或进行人工防渗工程等。在实际工作中，往往根据操作条件的不同而同时采用天然屏障或人工屏障来处置固体废物。

陆地处置是利用陆地的天然屏障或人工屏障处置固体废物的方法。根据操作不同可分成土地耕作、土地填埋等。这种处置方法具有简单、操作方便、投入成本低等优点。其缺点是处置场所离人群较近，安全感差，易产生二次污染。

海洋处置的方法有两种，即海洋倾倒和远洋焚烧。海洋倾倒可直接将废物倾倒，也可先将废物进行预处理后再沉入海底。远洋焚烧是将废物运到远海进行焚烧，以避免对人类生存区域的大气环境的污染。

9.3.2　固体废物填埋处置

固体废物填埋（Solid waste landfill）处置就是在陆地上选择合适的天然场所或人工改造出合适的场所，把固体废物用土层覆盖起来的技术，它是从堆放和回填处理方法发展起来的一项技术。这种处置方法可以有效地隔离污染物并保护好环境，能对填埋后的固体废物进行有效管理。土地填埋的最大优点是工艺简单，成本低，能处置多种类型的固体废物；致命的弱点是场地处理和防渗施工比较难达到要求。目前土地填埋处置在大多数国家已成为固体废物最终处置的一种重要方法。随着环境工程的迅速发展，填埋处置已不仅仅是简单的堆、填、埋，而是更注重对固体废物进行"屏蔽隔离"的工程储存。

填埋分两种，一般城市垃圾与无害化的工业废渣是基于环境卫生角度进行填埋，称为卫生填埋；而对有毒有害物质的填埋则是基于安全考虑，称为安全填埋。

1. 固体废物卫生填埋

卫生填埋（Sanitary landfill）是将被处置的固体废物如城市垃圾、炉渣、建筑垃圾等运到填埋场的限定区域内铺撒成 40~75cm 厚的薄层，然后压实以减少废物的体积，每天操作之后用一层 15~30cm 厚的土壤覆盖并压实。由此就构成了一个填筑单元。同样高度的一系列互相衔接的填筑单元构成一个升层。完整的卫生土地填埋场是由一个或多个升层组成的。当填埋达到最终设计高度后，最后再覆盖一层 90~120cm 厚的土壤压实，形成一个完整的卫生填埋场。图 9-21 为卫生填埋场剖面图。

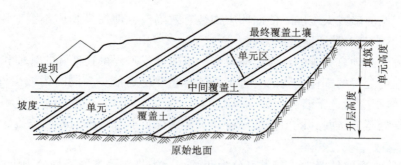

图 9-21　卫生填埋场剖面

固体废物的卫生填埋处置已有久远的历史。最初的垃圾填埋场的渗出液主要是依靠土壤的自净作用进行净化，所以渗出液难免会对地下水或周围环境造成污染。现在的卫生填埋在填埋场的底部或周边设置人工"屏障"以防止渗出液的渗漏。采用的材料有高强度聚乙烯膜、橡胶、沥青及黏土等。渗出液经收集后集中处理。这样有效地防止了渗出液对地下水及周围环境的污染。

卫生填埋会产生大量的渗出液。渗出液主要来源于垃圾本身、雨水和地表径流的渗入。渗出液中含有多种污染物，一旦渗出会污染地下水源。除选择合适的填埋场址外，目前多在设计施工方案及填埋方法上采取有效措施，实现对地下水源的保护。

1）设置防渗衬里。设置防渗衬里就是在填埋垃圾和土体之间设置一个不透水层。衬里分人造和天然两大类，沥青、橡胶和塑料属于人造衬里，天然衬里主要采用黏土。

2）设置导流渠或导流坝。在填埋场的上坡方向开挖导流渠或导流坝，防止地表径流进入填埋场，从而减少渗出液的量。

3）选用合适的覆盖材料。国内的填埋场多就地取用黏土，并分层压实。国外有的采用铺塑料布再覆盖黏土，从而更有效地起到防渗的作用。

在同一填埋场，如果同时使用几种方法，防护效果会更好。图 9-22 显示了多种防护方法的综合使用关系。

当固体废物（垃圾）进入填埋场后，微生物的生化降解作用会产生好氧与厌氧分解。填埋初期，废物中空气较多，垃圾中有机物开始进行好氧分解，产生 CO_2、H_2O、NH_3，这一阶段可持续数天；填埋区氧被耗尽时，垃圾中有机物开始厌氧分解，产生 CH_4、CO_2、N_2、NH_3、H_2O 以及 H_2S 等。因此应对这些废气进行控制或收集利用，以避免二次污染，常用的控制、收集方法如图 9-23 所示。

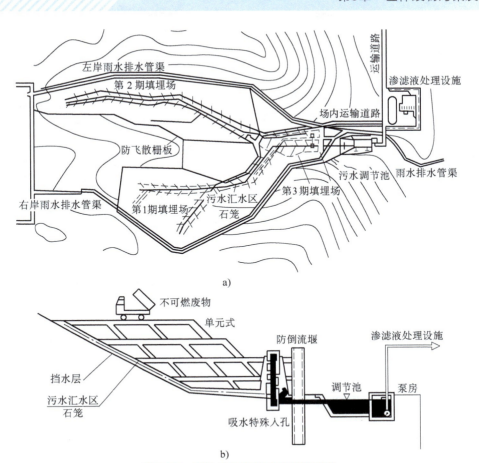

a)

b)

图 9-22　卫生填埋场地下水防护系统

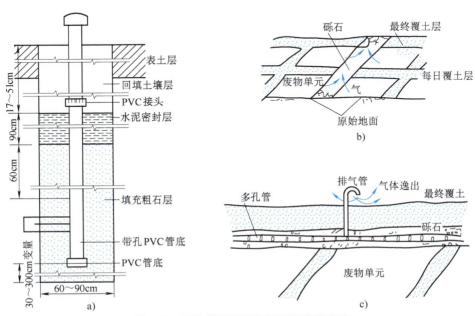

a)

b)

c)

图 9-23　卫生填埋场气体控制与收集方法

a）填埋场沼气收集井　b）控制水平排气的渗透性排气系统　c）密封法排气系统

实用的填埋作业方法有平面作业法、坑填作业法、沟填作业法和斜坡作业法。

2. 固体废物安全填埋

安全填埋（Safe landfill）主要是针对有毒有害固体废物的处置，在填埋场结构上更强调了对地下水的保护、渗出液的处理、填埋场的安全监测。安全填埋的要求：必须设置人造或天然衬里；下层土壤或与衬里相结合处的渗透率应小于 10^{-8} cm/s；最下层的土地填埋场要位于该处地下水位之上；要配置浸出液收集、处理及监测系统；如有必要，还要采取覆盖材料或衬里，以防气体释出；要记录处置废物的来源、性质及数量，把不相容的废物分开处置。图 9-24 所示为典型的安全土地填埋场的示意图。

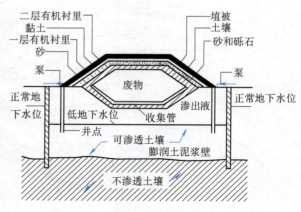

图 9-24　安全土地填埋场

（1）场地选择　在场地选择时可从工程、环境、经济、法律和社会学的角度综合考虑。根据地形条件、水文地质条件的差异，安全土地填埋场通常有如下三种结构：

1）人造托盘式。图 9-25 所示为该结构示意图。由四周的防渗边向下挖掘而成，并设衬垫，犹如一个盘子。这种结构适用于平原、表层土壤较厚的地区，土层要有较好的防渗性，最好是天然存在的不透水层。为增大容量，也可设计成半地上式或地上式。

2）洼地式。利用天然洼地的三个边构筑安全填埋场（图 9-26）。其优点是利用了天然地形，减少了大量的挖掘工作，贮存量大。其缺点是填埋场地的准备工作复杂，对地表水和地下水控制较难。采石场、露天矿坑、山谷都可作为洼地式填埋场。

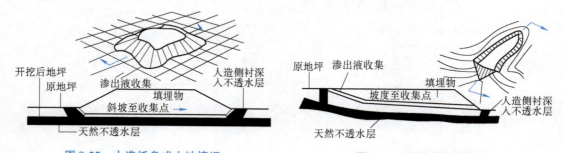

图 9-25　人造托盘式土地填埋　　　　图 9-26　洼地式土地填埋

3）斜坡式。如图 9-27 所示为该结构示意图，与卫生填埋的斜坡式相似。其特点是以天然斜坡为系统的一个边，减少了工作量，且方便废物倾倒。丘陵地区常用这种结构方式。

（2）场地监测系统　安全填埋比卫生填埋更注重对地下水保护系统的设置，采用的有效方法是选择适宜的防渗衬里，建立浸出液收集、监测和处理系统。场地监测是确保安全土地填埋场正常运营及保护附近环境必不可少的手段，监测系统主要包括浸出液监测、地下水监测、地表水监测及气体监测。

1）浸出液监测。包括浸出液位、性质及处理后排放的监测。浸出液位监测是指随时监

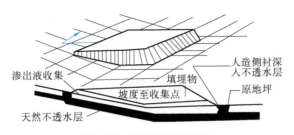

图 9-27 斜坡式土地填埋

测填埋场内浸出液的液位，定期采样分析其性质；处理后浸出液排放监测是分析浸出液是否达到排放标准。

2）地下水监测。经常对地下水进行监测，是检验防渗设施运转是否正常的有效措施。地下水监测是场地监测的重点，它主要包括充气区监测和饱和区监测两个方面。

① 充气区监测。充气区也称未饱和区，是指土地表层与地下水位之间的土壤层。该土壤层为空气和部分水所充满，浸出液必须通过它才能进入地下水。充气监测的目的是及早发现有害污染物质的浸出。充气区监测井紧贴填埋场四周设置，最佳位置是靠近衬垫结构的下部。充气区监测井一般用压力真空渗水器进行采样。为准确反映浸出液的迁移位置，可在同一监测井垂直设置几个渗水器。

② 饱和区监测。饱和区指地下水位以下的地带，其土壤空隙基本为水充填，且具流动方向性。该区监测的目的是了解填埋场运营前后地下水水质的变化情况。监测井分别设置在填埋场的水力上坡区和水力下坡区，前者反映填埋场运营操作前地下水的特性，后者则反映填埋场运营操作后地下水的特性。饱和区监测系统至少由四口井组成，各井位的布置如图 9-28 所示。

饱和区监测井的深度可根据场地的水文地质条件确定，井深应达地下水位以下 3m 以适应地下水位的波动变化。图 9-29 所示为监测井的结构。

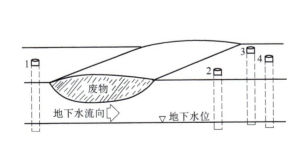

图 9-28 地下水监测系统

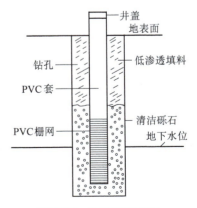

图 9-29 监测井的结构

③ 地表水监测。地表水监测是对填埋场附近地表水（如河流、湖泊）等进行监测，以监控浸出液对这些水体的污染情况。地表水监测方便简单，可在填埋场附近的水体取样。

④ 气体监测。气体监测包括对填埋场排出气体的监测和填埋场附近的大气监测。其目的是了解填埋废物释放出气体的特点和填埋场附近的大气质量。气体监测一般每 10 ~ 20 天进行一次。

■ 9.4 固体废物资源化

固体废物具有两重性，它虽占用大量土地，污染环境，但本身又含有多种有用物质，是一种资源。固体废物资源化（Solid waste recycling）是采取工艺技术从固体废物中回收有用的物质与能源。广义上说，表示资源的再循环，即从原料制成成品，经过市场消费后变成废物又引入新的生产—消费的循环系统。

1. 资源化的国内外现状

随着工农业迅速发展，固体废物的数量也以惊人的速度增长。在这种情形下，如能对固体废物实行资源化，必将减少原生资源的消耗，节省大量的投资，降低成本，减少固体废物的排出量、运输量和处理量，减少环境污染，具有可观的环境效益、经济效益和社会效益。世界各国的固体废物资源化实践表明，固体废物资源化具有巨大的潜力。表 9-2 为美国资源回收情况，从表中可以看出效益非常可观。

表 9-2   美国资源回收的经济潜力

废　物　料	年生产量/$10^6 t$	可实际回收量/（$10^6 t$/a）	二次物料价格/（美元/t）	年总收益/百万美元
纸	40.0	32.0	22.1	705
黑色金属	10.2	8.16	38.6	316
铝	0.91	0.73	220.5	160
玻璃	12.4	9.98	7.72	77
有色金属	0.36	0.29	132.3	38
总收益	—	—		1296

我国从 1970 年后提出了"综合利用、变废为宝"的口号，开展了固体废物综合利用技术的研究和推广工作，现已取得了显著成果。全国的工业固体废物综合利用率已从 1981 年的 20% 提高到 2014 年的 62.1%（2009 年曾达到 67.0%），部分地区的综合利用率已超过80%。同时，通过对固体废物的资源化，不仅减轻了环境污染，而且创造了大量的财富，取得了较为可观的经济效益。据不完全统计，从 1981 年到 2014 年，全国工业固体废物综合利用产品总价值累计数千亿元，其产品利润累计已超过了数百亿元。当然，与发达国家相比，我国在固体废物的资源化和综合利用方面仍有较大差距。因此，加强对固体废物的资源化和综合利用，是环境工作者奋斗的目标之一。

2. 固体废物的资源化原则

1）资源化的技术必须是可行的。

2）资源化的经济效果比较好，有较强的生命力。

3）资源化应尽可能在排放源附近处理利用固体废物，以节省固体废物在存放运输等方面的投资。

4）资源化产品应当符合国家相应产品的质量标准。

3. 固体废物资源化的基本途径

（1）提取各种金属　把有价金属提取出来是固体废物资源化的重要途径。从有色金属渣中可提取金、银、钴、锑、硒、碲、铊、钯、铂等，其中某些稀有贵金属的价值甚至超过主金属的价值。粉煤灰和煤矸石中含有铁、钼、锗、钒、铀、铝等金属，目前美国、日本等国对钼、锗、钒实行了工业化提取。

（2）生产建筑材料　利用工业固体废物生产建筑材料是一个较为广阔的途径。目前主要表现在以下几个方面：一是利用高炉渣、钢渣、铁合金渣等生产碎石，用作混凝土骨料、道路材料、铁路道砟等；二是利用粉煤灰、经水淬的高炉渣和钢渣等生产水泥；三是在粉煤灰中掺入一定量炉渣、矿渣等骨料，再加石灰、石膏和水拌和，制成蒸汽养护砖、砌块、大型墙体材料等硅酸盐建筑制品；四是利用冶金炉渣生产铸石，利用高炉渣或铁合金渣生产微晶玻璃；五是利用高炉渣、煤矸石、粉煤灰生产矿渣棉和轻质骨料。

（3）生产农肥　利用固体废物生产或代替农肥有着广阔的前景。城市垃圾、农业固体废物等可经过堆肥处理制成有机肥料。粉煤灰、高炉渣、钢渣和铁合金渣等可作为硅钙肥直接施用于农田；而钢渣含磷较高时可生产钙镁磷肥。

（4）回收能源　很多工业固体废物热值高，可以充分利用。粉煤灰中含碳量达10%，可以加以回收利用。德国拜尔公司每年焚烧2.5万t工业固体废物生产蒸汽。有机垃圾、植物秸秆、人畜粪便经过厌氧发酵可生成可燃性的沼气。

（5）取代某种工业原料　工业固体废物经一定加工处理后可代替某种工业原料，以节省资源。煤矸石生产磷肥。高炉渣代替砂、石作为滤料，处理废水；还可作为吸附剂，从水面回收石油制品。粉煤灰可作为塑料制品的填充剂；粉煤灰可作为过滤介质，过滤造纸废水，不仅效果好，而且还可以从纸浆废液中回收木质素。

4. 资源化系统

资源化系统（Recycling system）如图9-30所示。该系统关联着两个子系统。

前期系统是以相关处理技术如破碎、分选等的结合，形成加工与原材料分选过程，从而分离回收可直接利用的原料，并减少固体废物量。对城市垃圾来说，这一过程使可生物降解的有机物得以富集，为后期系统提供有利条件。对工业固体废物来说，这一过程也为后期的综合利用创造了有利条件，但由于其成分复杂，不同的行业具有显著的差异，因而对工业固体废物的处理，即前期系统必须根据具体的行业生产特点来确定，图9-30所示的工业废物只是一种象征的表示。后期系统是将前期系统经加工、处理后的可化学转化或可生物转化的物质，经生物或化学转化技术处理，回收转化产品与能源产品。如无可转化的物质，还可进行其他的综合利用。有的资源化系统，还将后期系统中的能源产品加以收集，进一步转化为可以直接利用的能源，而附加一个能源转化附属系统，共同构成资源系统部分，对于无任何可利用价值的废物，进行最终处置。

总之，固体废物一旦产生，就要千方百计充分利用，使之资源化，发挥其经济效益。但受科学技术水平或其他条件限制，有些固体废物目前还无法加以利用，对这部分固体废物，尤其是有害固体废物，必须进行无害化处理，以免污染环境。考虑到我国资源并不充分的国情以及经济迅速发展的趋势，目前对固体废物的处理应着重于资源化技术的研究和开发，并为其研究成果的工业化铺平道路。

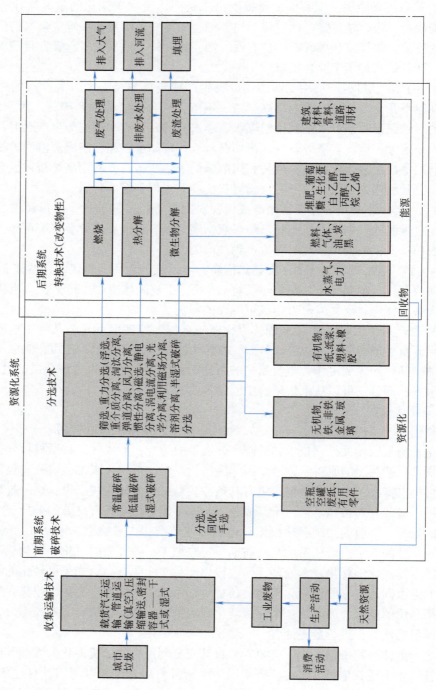

图 9-30 资源化系统

【小消息】

利用高铝粉煤灰生产氧化铝技术在大唐诞生

"从粉煤灰中可以提取铝硅铁合金"这一重大技术在大唐集团公司变成了现实。2009年1月9日，记者在大唐集团公司在京举行的"中国大唐利用高铝粉煤灰生产氧化铝技术成果发布会暨大唐国际与鄂尔多斯市项目合作框架协议签字仪式"上了解到：我国对废弃粉煤灰的处理利用工作取得重大进展，大唐集团公司经过四年多的科技攻关和产业化试验，已成功掌握具有自主知识产权的"利用高铝粉煤灰生产氧化铝技术"。围绕这一技术，一个年产3000t氧化铝的示范厂已由大唐国际发电公司在内蒙古自治区建成，并打通全部工艺流程，生产出了第一批氢氧化铝。"利用高铝粉煤灰生产氧化铝技术"的实施，符合循环经济及其战略发展要求，符合国家产业政策，对缓解我国铝土矿资源短缺、保障铝工业资源安全以及促进我国西部地区资源与环境的可持续发展具有重要意义。该技术的开发与应用具有重要的社会效益和经济效益。

【阅读材料】

我国工业固体废物产生及处理利用现状

近年来，我国经济发展迅速，工业固体废物产生量和贮存量不断增加。由表1可见，2000年工业固体废物产生量为8.16亿t，2010年达到24.09亿t，10年增长了2.95倍，年均增长11.4%。工业固体废物的排放量和贮存量呈逐年下降趋势，分别由2000年的3186.2万t和28921万t下降到2010年的198.2万t和23918万t，年均下降幅度为16.9%和1.9%。工业固体废物的利用量、处置量和综合利用率呈增长趋势，分别由2000年的37451万t、9152万t和45.9%增长到2010年的161772万t、57264万t和66.75%，年均增长幅度为15.8%、20.1%和3.8%。可以看到，我国基本实现了工业固体废物排放量的明显下降、利用总量逐年上升，但综合利用率增长缓慢，工业固体废物的利用潜力较大。

从我国一般工业固体废物的地区分布来看（表2），2011年全国一般工业固体废物产生量和综合利用量分别为32.3亿t和19.5亿t，综合利用率为60.4%，但各地区差别明显。工业固体废物产生量超过1亿t的地区达12个，分别是河北省、山西省、内蒙古自治区、辽宁省、江苏省、安徽省、江西省、山东省、河南省、四川省、云南省和青海省，其中河北省一般工业固体废物产生量最高，达到4.51亿t，辽宁省和山西省2.83亿t、2.76亿t，分别位居第二和第三。一般工业固体废物综合利用量超过1亿t的地区达6个，分布是河北省、山西省、内蒙古自治区、辽宁省、山东省和河南省，最高为河北省，为1.9亿t，山东省以1.8亿t位居第二。一般工业固体废物综合利用率超过90%的地区有5个，分别为天津市、上海市、江苏省、浙江省和山东省，其中天津市的一般工业固体废物综合利用率最高，达99.8%。

表1 我国工业固体废物产生及处理利用现状表

年 份	产生量/10^4t	排放量/10^4t	利用量/10^4t	贮存量/10^4t	处置量/10^4t	综合利用率/%
2000	81608	3186.2	37451	28921	9152	45.9
2001	88840	2893.8	47290	30183	14491	52.1
2002	94509	2635.2	50061	30040	16618	51.9
2003	100428	1940.9	56040	27667	17751	51.8
2004	120030	1762.0	67796	26012	26635	55.7
2005	134449	1654.7	76993	27876	31259	56.1
2006	151541	1302.1	92601	22399	42883	60.2
2007	175632	1196.7	110311	24119	41350	62.1
2008	190127	781.8	123482	21883	48291	64.3
2009	203943	710.5	138186	20929	47488	67.0
2010	240944	498.2	161772	23918	57264	66.7

注：根据《中国环境统计年鉴2012》数据整理。

表2 2011年我国各地区一般工业固体废物产生及处理利用现状表

地 区	产生量/10^4t	综合利用量/10^4t	处置量/10^4t	贮存量/10^4t	倾倒丢弃量/10^4t
北京	1126	749	349	28	
天津	1752	1749	9		
河北	45129	18821	6806	20184	0.40
山西	27556	15818	9187	2578	29.10
内蒙古	23584	13701	7429	2647	3.10
辽宁	28270	10748	13394	4335	8.18
吉林	5379	3171	920	1290	
黑龙江	6017	4139	643	1308	6.72
上海	2442	2358	75	11	0.47
江苏	10475	9997	335	220	
浙江	4446	4092	310	51	0.44
安徽	11473	9366	1761	1096	
福建	4415	3024	1304	98	0.87
江西	11372	6305	652	4420	15.44
山东	19533	18298	1106	350	0.00
河南	14574	10964	2602	1200	1.14
湖北	7596	6007	1424	268	16.64
湖南	8487	5679	2215	696	9.32
广东	5849	5119	810	75	3.41
广西	7438	4292	2050	1516	1.57
海南	421	201	182	42	0.05
重庆	3299	2585	518	199	24.15
四川	12684	6002	3988	2773	6.02
贵州	7598	4015	2033	1552	28.88
云南	17335	8728	4969	3687	168.70
西藏	301	8	16	284	0.02
陕西	7118	4266	1836	1008	9.15
甘肃	6524	3342	2041	1143	6.59
青海	12017	6785	14	5226	0.49
宁夏	3344	2048	865	435	1.72
新疆	5219	2838	621	1702	88.73

注：根据《中国环境统计年鉴2012》数据整理。

思　考　题

1. 何谓"固体废物"？
2. 固体废物按来源的不同可分为哪几类？各举 2~3 个主要固体废物说明。
3. 简述固体废物的污染特点，对环境有何危害。
4. 简述固体废物处理、处置方法和污染控制途径。
5. 何谓固体废物的处理？其原则有哪些？
6. 固体废物压实的目的是什么？压实设备有哪几种？
7. 试述固体废物破碎的目的、方法和设备。
8. 何谓固体废物的分选？其方法有哪几种？
9. 固体废物固化处理的方法按原理可分为哪几种？
10. 用于固体废物处理的焚烧设备有哪些？试比较其各自特点。
11. 固体废物热解处理的原理是什么？试比较热解处理与焚烧处理的区别及各自优缺点。
12. 试述好氧堆肥。
13. 试述厌氧发酵。
14. 何谓固体废物的处置？固体废物的处置方法有哪几种？
15. 何谓固体废物的卫生填埋？卫生填埋可分哪几种？各有何特点？
16. 试述土地安全填埋场地监测的目的及内容。
17. 何谓固体废物资源化？试述资源化的原则及基本途径。

参考文献

[1] 赵景联，史小妹. 环境科学导论 [M]. 2 版. 北京：机械工业出版社，2017.
[2] 芈振明. 固体废物的处理与处置 [M]. 北京：高等教育出版社，1999.
[3] 杨国清. 固体废物处理工程 [M]. 北京：科学出版社，2000.
[4] 庄伟强. 固体废物处理与利用 [M]. 北京：化学工业出版社，2001.
[5]《三废治理与利用》编委会. 三废治理与利用 [M]. 北京：冶金工业出版社，1995.
[6] 李国鼎. 固体废物处理与资源化 [M]. 北京：清华大学出版社，1990.
[7] 郭军. 固体废物处理与处置 [M]. 北京：中国劳动社会保障出版社，2010.
[8] 林肇信. 环境保护概论 [M]. 北京：高等教育出版社，2002.
[9] 宁平. 固体废物处理与处置 [M]. 北京：高等教育出版社，2007.

推介网址

1. 北极星节能环保网：http：//huanbao. bjx. com. cn/gfcl/
2. 中国固废网：http：//www. solidwaste. com. cn/

第 10 章

物理性污染及其控制

[导读]　声音、光和热是人类必需的，但不适宜的声音、光和热会给人类带来危害，这就是噪声污染、光污染和热污染。现代社会是一个信息化、电气化、核发展的时代，家用电器、电子设备和核电在供人们享用的同时，也让人类付出着代价。家用电器和电子设备在使用或生产过程中，都会产生不同波长和强度的电磁辐射，对人体健康具有潜在危害，对人类生存环境构成新的污染和威胁，成为当今社会存在的第四大污染—电磁污染，又称"电子烟雾"。

声音、光、热、电、磁、核衰变等都是物理学研究的范畴，故把噪声污染、光污染、热污染、电磁污染和放射性污染归为物理性污染。

物理性污染是如何产生的？有何危害？它们有没有共同的特性？如何防止这些污染，保障人们的身体健康？这些已是摆在人们面前十分重要和迫切需要解决的问题。

[提要]　本章系统阐述了噪声、振动、电磁辐射、放射性、热、光等物理因素的基础知识、污染特性、评价方法及标准、控制原理与技术。

[要求]　通过本章学习，了解和掌握各种物理性污染的定义、特点、特性、危害、防护措施和法律标准。

10.1　噪声污染及其控制

10.1.1　环境噪声

噪声（Noise）是指在人的生存环境中出现了一些妨碍人的生活、学习、生产与思考的，令人感到不愉快的声音。显然一种声音是否是噪声，不单独取决于声音本身的物理性质，而且与个人所处的生活环境与主观愿望有关。例如，听音乐会时，除演员和乐队的声音，其他都是噪声；但睡眠时再悦耳的音乐也是噪声。

10.1.2　噪声源及其分类

向外辐射声音的振动物体称为声源（Sound source）。噪声源（Noise source）可分为自然噪声源（Natural noise）和人为噪声源（Man-made noise）两大类。目前人们尚无法控制自然噪声，所以噪声的防治主要是指人为噪声的控制。就人为噪声而言，其来源可分为工业噪声（Industrial noise）、交通噪声（Traffic noise）、建筑噪声（Constructional noise）和社会生活噪声（Social activity noise）。从噪声产生的机理上分，噪声可以分为空气动力噪声（Aerodynamic noise）和机械振动噪声（Machinery vibration noise）两大类。前者主要是物体高速运动使周围空气发生压强突变而产生噪声，如喷气发动机运转、炸弹爆炸、鼓风机气流、内燃机燃烧等发生的噪声等；后者是机械运转中的机件摩擦、撞击及运转中因动力、磁力不平衡等原因产生机械振动而辐射出的噪声，如冲床、列车轮轨振动等噪声。

1. 交通噪声

交通噪声包括飞机、火车、轮船、各种机动车辆等交通运输工具发出的噪声。其中以飞机噪声强度最大。交通噪声是活动的噪声源，对环境影响范围极大。尤其是汽车和摩托车，它们量大、面广，几乎影响每一个城市居民。有资料表明，城市环境噪声的70%来自交通噪声。在车流量高峰期，市内大街上的噪声可高达90dB。遇到交通堵塞时，噪声甚至可达100dB以上，以致有的国家出现警察戴耳塞指挥交通的情况。交通工具对环境产生的噪声污染情况见表10-1。

表 10-1　典型机动车辆噪声级范围

车 辆 类 型	加速时噪声级/dB（A 计权）	匀速时噪声级/dB（A 计权）
重型货车	89～93	84～89
中型货车	85～91	79～85
轻型货车	82～90	76～84
公共汽车	82～89	80～85
中型汽车	83～86	73～77
小轿车	78～84	69～74
摩托车	81～90	75～83
拖拉机	83～90	79～88

机动车辆噪声的主要来源是喇叭声（电喇叭90～95dB、汽喇叭105～110dB）、发动机声、进气和排气声、启动和制动声、轮胎与地面的摩擦声等。汽车超载、加速和制动、路面粗糙不平都会增加噪声。

2. 工业噪声

工业噪声主要是由机器运转产生的，如空压机、通风机、纺织机、金属加工机床等，还有机器振动产生的噪声，如冲床、锻锤等。一些典型机械设备的噪声级范围见表10-2。工业噪声强度大，是造成职业性耳聋的主要原因，它不仅给生产工人带来危害，而且厂区附近的居民也深受其害。但工业噪声一般是有局限性的，噪声源是固定不变的。因此，污染范围比交通噪声要小得多，防治措施相对也容易。

表 10-2　一些机械设备产生的噪声

设 备 名 称	噪声级/dB（A计权）	设 备 名 称	噪声级/dB（A计权）
轧钢机	92～107	鼓风机	95～115
切管机	100～105	空压机	85～95
汽锤	95～105	车床	82～87

（续）

设 备 名 称	噪声级/dB（A 计权）	设 备 名 称	噪声级/dB（A 计权）
电锯	100～105	织布机	100～105
电刨	100～120	纺纱机	90～100
柴油机	110～125	印刷机	80～95
汽油机	95～100	蒸汽机	75～80
球磨机	100～120	超声波清洗机	90～100

3. 建筑施工噪声

建筑施工噪声包括打桩机、混凝土搅拌机、推土机等产生的噪声。它们虽然是暂时性的，但随着城市建设的发展，兴建和维修工程的工程量与范围不断扩大，影响越来越广泛。此外，施工现场多在居民区，有时施工在夜间进行，严重影响周围居民的睡眠和休息。施工机械噪声级范围见表 10-3。

表 10-3   建筑施工机械噪声级范围

机 械 名 称	距声源 15m 处噪声级/dB（A 计权）	机 械 名 称	距声源 15m 处噪声级/dB（A 计权）
打桩机	95～105	推土机	80～95
挖土机	70～95	铺路机	80～90
混凝土搅拌机	75～90	凿岩机	80～100
固定式起重机	80～90	风镐	80～100

4. 社会生活噪声

社会生活噪声主要指由社会活动和家庭生活设施产生的噪声，如娱乐场所、商业活动中心、运动高音喇叭、家用机械、电器设备等产生的噪声。表 10-4 为一些典型家庭用具噪声级的范围。

表 10-4   家庭噪声来源及噪声级范围

设 备 名 称	噪声级/dB（A 计权）	设 备 名 称	噪声级/dB（A 计权）
洗衣机	50～80	电视机	60～83
吸尘器	60～80	电风扇	30～65
排风机	45～70	缝纫机	45～75
抽水马桶	60～80	电冰箱	35～45

社会生活噪声一般在 80dB 以下，虽然对人体没有直接危害，但却能干扰人们的工作、学习和休息。

10.1.3 噪声的污染特性

噪声对周围环境造成的不良影响称为噪声污染。环境噪声污染是一种感觉公害，同时又是一种物理性污染，它与大气污染、水污染引起的公害不同，具有以下四个特点：

1）噪声是人们不需要的声音总称，因此一种声音是否属于噪声全由判断者心理和生理

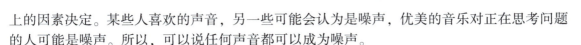
上的因素决定。某些人喜欢的声音，另一些可能会认为是噪声，优美的音乐对正在思考问题的人可能是噪声。所以，可以说任何声音都可以成为噪声。

2）噪声具有局部性。声音在空气中传播时衰减很快，它不像大气污染和水污染影响面广，而是带有局部的特点。但是在某些情况下噪声影响的范围很广，如发电厂高压排气放空，其噪声可能干扰周围几十公里内居民生活的安宁。

3）噪声污染在环境中不会有残剩的污染物质存在，一旦噪声源停止发声，噪声污染也立即消失。

4）噪声一般不直接致命或致病，它的危害是慢性的或间接的。

10.1.4　噪声的声学特性

噪声就是声音，因此它具有声音的一切声学特性和规律。但是，噪声对环境的影响和它的强弱有关，噪声越强，影响越大。下面简单介绍几个与声音强弱有关的物理量及衡量噪声强弱的物理量噪声级（Noise level）。

1. 频率（Frequency）

声音是物体的振动以波的形式在弹性介质（气体、固体、液体）中进行传播的一种物理现象。这种波就是通常所说的声波。声波的频率等于造成该声波的物体振动的频率，单位为 Hz。一个物体每秒钟振动的次数，就是该物体振动频率的赫兹数，即由此物体引起的声波的频率赫兹数。声波频率的高低，反映声调的高低，频率高，声音尖锐；频率低，声调低沉。人耳能听到的声波的频率范围为 20～20000Hz。20Hz 以下的称为次声，20000Hz 以上的称为超声。从 1000Hz 起，随着频率的减少，人耳听觉会逐渐迟钝。

2. 声压（Sound pressure）

在空气中传播的声波可使空气密度时疏时密，密处与大气压相比其压力稍许上升，疏处稍许下降。在声音传播的过程中，空气压力相对于大气压的变化称为声压，其单位为 Pa。

3. 声强（Sound intensity）

声强就是声音的强度。1s 内通过与声音前进方向垂直的 1m² 面积上的能量称为声强（用 I 表示），其单位为 W/m²。声强 I 与声压（用 P 表示）的平方成正比，其关系式如下

$$I = P^2/\rho c \qquad (10\text{-}1)$$

式中　ρ——介质的密度（kg/m³）；

c——声音传播速度（m/s）。

4. 声功率（Sound power）

在单位时间内声源发射出来的总声能，称为声功率。单位为 W，常用符号 W 来表示，声功率是声源特性的物理量，它的大小反映声源辐射声能的本领。

5. 声压级（Sound pressure level）

声压级是描述声压级别大小的物理量。相当于声压 P 的声压级定义为 L_p

$$L_p = 10\lg\frac{P^2}{P_0^2}(\text{dB}) \qquad (10\text{-}2)$$

由上式可得

$$L_p = 20\lg\frac{P}{P_0}(\text{dB}) \qquad (10\text{-}3)$$

式中　L_p——声压级（dB）；

P——声压（Pa）；

P_0——基准声压，即1000Hz纯声的听阈声压，取为2×10^{-5}Pa。

6. 声强级（Sound intensity level）

声强级是描述声波强弱级别的物理量。相当于声强I的声强级定义为L_1

$$L_1 = 10\lg \frac{I}{I_0}(\text{dB}) \tag{10-4}$$

式中　I——声强（W/m²）；

I_0——频率为1000Hz的基准声强值或听阈声强，取10^{-12}W/m²。

7. 声功率级（Sound power level）

声功率级相当于声功率W的声功率级，定义为L_W

$$L_W = 10\lg \frac{W}{W_0}(\text{dB}) \tag{10-5}$$

式中　W——声功率（W）；

W_0——基准声功率，取10^{-12}W。

8. 噪声级（Noise level）

声压级只反映了人们对声音强度的感觉，不能反映人们对频率的感觉，而且人耳对高频声音比对低频声音更为敏感，所以要表示噪声的强弱，就必须同时考虑声压级和频率对人的作用，这种共同作用的强弱称为噪声级。噪声级可借噪声计测量。噪声计中设有A、B、C三种计权网络，其中A网络可将声音的低频大部分滤掉，能较好地模拟人耳听觉特性。由A网络测出的噪声级称为A声级，单位为分贝，计作dB（A）。A声级越高，人们越觉吵闹，因此现在大都采用A声级来衡量噪声的强弱。

由于许多地区的噪声是时有时无、时强时弱的。如道路两旁的噪声，当有车辆通过时，测得的A声级就大，当没有车辆行驶时，测得的A声级较小，这与在稳定噪声源的区域中测得的A声级数值不同，后者随时间的变化较小。为了较准确地评价噪声强弱，1971年国际标准化组织公布了等效连续声级，它的定义是

$$L_{eq} = 10\lg \frac{1}{T_2 - T_1}\int_{T_1}^{T_2} 10^{0.1L_P}\mathrm{d}t \tag{10-6}$$

即把随时间变化的声级变为等声能稳定的声级，被认为是当前评价噪声最佳的一种方法。式（10-6）中T_1为噪声测量的起始时刻，T_2为终止时刻，不过式中L_P是时间的函数，不便于应用；一般进行噪声测量时，都是以一定时间间隔来读数的，如每隔5s读一个数，因此采用下式计算等效连续A声级较为方便

$$L_{cp} = 10\lg \frac{1}{n}\sum_{i=1}^{n} 10^{0.1L_i} \tag{10-7}$$

式中　L_i——等间隔时间t读的噪声级；

n——读得的噪声级L_i的总个数。

反映夜间噪声对人的干扰大于白天的昼夜等效A声级（用L_{dn}表示），其计算公式如下

$$L_{dn} = 10\lg\left\{\frac{1}{24}\left[15 \times 10^{0.1L_d} - 9 \times 10^{0.1(L_n+10)}\right]\right\} \tag{10-8}$$

式中　L_d——白天（7：00—22：00）的等效A声级；

L_n——夜间（22：00—7：00）的等效 A 声级。

式中，夜间加上 10dB 以修正噪声在夜间对人的干扰作用。

此外，统计 A 声级（用 L_N 表示）则是反映噪声的时间分布特性，常见的有：L_{10} 表示 10% 的时间内超过的噪声级；L_{50} 表示 50% 的时间内超过的噪声级；L_{90} 表示 90% 的时间内超过的噪声级。

如 $L_{10} = 70dB$，就是表示一天（或测量噪声的整段时间）内有 10% 的时间噪声超过 70dB（A），而 90% 的时间，噪声都低于 70dB（A）。

9. 响度和响度级（Loudness and loudness level）

实验证明，两个声源的声压相同但频率不同，人耳的主观感觉是不一样的，即人耳对声音大小的感觉不但与声压有关，还与频率有关。如大型离心压缩机与汽车的噪声，声压级均为 90dB，但人耳的感觉是前者比后者响得多，原因是前者的噪声以高频成分为主，后者则主要是低频声音。由此可知，人耳对高频声音较为敏感，而对低频声音较为迟钝。人们对人耳听觉与声压级及频率相互关系进行了大量的实验和研究，得到了反映三者之间关系的曲线——等响曲线，如图 10-1 所示，纵坐标是声压级（或声压、声强），横坐标是频率。等响曲线是以 1000Hz 纯音作为基准声学信号，依照声压级的概念提出一个"响度级"数，以 L_N 表示，单位称为"方"（phon）。一个声学信号听起来与 1000Hz 纯音一样响，则其响度级"方"值就等于 1000Hz 纯音声压级的分贝值。例如，某声音听起来与频率为 1000Hz、声压级为 90dB 的纯音一样响，则此声音的响度级为 90 方。响度级既考虑了声音的物理效应，又考虑了人耳的听觉生理效应，它反映了人耳对声音的主观评价。

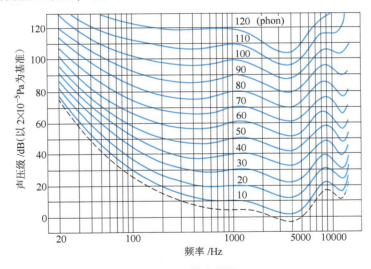

图 10-1 等响曲线

在等响曲线图中，每一条曲线上各点，虽然代表不同频率和声压级的声音，但是人耳主观感觉到的声音响度是一样的，即响度级是相等的，所以称为等响曲线。由等响曲线可知：

1）最下面的虚线是闻阈曲线，称为零响度级线。痛阈线是 120phon 的响度级曲线。每个频率都有各自的闻阈声压级与痛阈声压级。闻阈曲线与痛阈曲线之间是人耳能听到的全部声音。

2）人耳对低频声较迟钝。频率很低时，即使有较高的声压级也不一定能听到。

3）声压级越小和频率越低的声音，其声压级与响度级之差也越大。

4）人耳对高频声较敏感，特别是对 3000~4000Hz 的声音尤为敏感。正是由于这种原因，在噪声控制中，应当首先将中、高频的刺耳声降低。

5）当声压级为 100dB 以上时，等响曲线渐趋水平，此时频率变化对响度级的影响不明显。

10.1.5 噪声的危害

1. 对人体健康的影响

一般来讲，40dB 以下的环境声音是合适的，大于 40dB 则可能是有害的噪声，可能影响人们的睡眠和休息，干扰工作，妨碍谈话，使听力受损，甚至引起心血管系统、神经系统、消化系统等方面的疾病。

噪声对人体主要产生两类不良的影响，一是对听觉器官的伤害，二是对神经系统、心血管系统和内分泌系统的损害。

噪声会引起听觉器官损伤。短促的、强烈的噪声，会使人感到刺耳。人刚进入噪声环境中，常会感到烦恼、难受、耳鸣，甚至出现听觉器官的敏感性下降，听不清一般的说话声，但这种情况持续时间并不长，几分钟就会恢复原状，这种现象称为听觉适应。但长期在噪声环境里工作，就会产生听觉疲劳、听觉敏锐性下降，听觉器官发生永久性病变——噪声性耳聋病症。实验证实，噪声性耳聋主要表现在高频范围，一般是在 4000Hz 附近首先引起听力降低。随着在噪声环境下工作时间的延长，这种听力损失将会逐渐延伸到 3000~6000Hz。由于语言频率一般在 500~1000Hz，因此人们在主观上并没有感到听力降低。当听力损失一旦影响到语言频率的范围时，人们就会感觉到听力困难，这时实际上已经到了中度噪声性耳聋阶段了。一般来说，听力损失在 10dB 以内，可认为是正常的；听力损失在 30dB 以内，称为轻度性耳聋；听力损失在 60dB 以上，称为重度噪声性耳聋。当听力损失在 80dB 时，就是在耳边大喊大叫也听不到了。据调查，在高噪声车间里，噪声性耳聋的发病率有时可达 50%~60%，甚至高达 90%。目前大多数国家听力保护标准定为 90dB（A）。但在此噪声标准下工作 40 年后，噪声性耳聋发病率仍在 20% 左右，故听力保护标准有日渐提高的趋势。

噪声通过人的听觉器官长期作用于中枢神经，可使大脑皮层的兴奋和抑制平衡失调，形成"噪声病"。长期的实验表明：80~85dB 时，人表现出头痛、睡眠不好；90~100dB 时，表现出情绪激动，感到疲劳；100~120dB 时，出现头晕、失眠、记忆力明显下降；140~145dB 时，出现耳痛，引起恐惧症。噪声还容易影响人的工作效率，干扰人们的正常谈话。在噪声环境中工作往往使人烦躁、注意力不集中、差错率明显上升。在 65dB 以上的噪声环境中，必须提高嗓门交谈；而在 80dB 以上，就算是大叫大喊也无济于事。

当人们突然暴露于极其强烈的噪声之下时，由于声压很大，常伴有冲击波，可引起耳膜破裂出血，两耳完全变聋，语言紊乱，神志不清，发展为脑震荡和休克，甚至死亡。

噪声是一种恶性刺激波。长期作用于中枢神经可形成条件反射异常，脑血管张力遭到损害。这些变化在早期是可能复原的，时间过长，就可能形成顽固的兴奋灶，并累及自主神经系统，产生头痛、头晕、耳鸣、失眠或嗜睡和全身无力等神经衰弱症状；严重者，可以导致精神错乱。

噪声还可能引起高血压，可致心肌损害，使冠心病和动脉硬化的发病率逐渐升高。噪声使人们的健康水平下降，抵抗力减弱，导致某些疾病的发病率增加。

噪声会影响人的睡眠。连续的噪声可以加快熟睡的回转，使人多梦，熟睡的时间短；突然的噪声可以使人惊醒。一般来说，40dB 的连续噪声可使 10% 的人受到影响，70dB 即可影响 50%；突然的噪声在 40dB 时，可使 10% 的人惊醒，到 60dB 时，可使 70% 的人惊醒。

在噪声的环境下，人对一个声音的听阈会因受噪声的影响而提高。这个被提高的听阈叫掩蔽阈。造成这一现象的噪声称为掩蔽噪声。噪声能掩蔽讲话的声音而影响正常交谈、通信（表 10-5），也能掩蔽警报信号。

表 10-5　噪声对谈话的干扰程度

噪声级/dB（A）	主观反映	保证正常谈话的距离/m	通信质量
45	安静	10	很好
55	稍吵	3.5	好
65	吵	1.2	较困难
75	很吵	0.3	困难
85	大吵	0.1	不可能

【小知识】

噪声竟能"杀"人

据新华社 12 月 9 日报道，日前，河北省迁安市建昌营镇农民万田林因不堪忍受邻居"家庭工厂"的噪声干扰自缢身亡一案，由迁安市人民法院做出一审判决。这是我国首例噪声致死案。

被害人万田林与在自家院内开办饮料厂的何文臣是邻居，两家的房后是一条马路。何文臣与他人合伙开办的饮料厂的出口与万田林家的后窗近在咫尺，饮料厂运输车的马达声、小推车铁轱辘与水泥地面发出的刺耳的摩擦声等各种噪声，不管是在清晨还是中午，经常把万田林从熟睡中惊醒。七八年来，万田林一家碍于情面一直忍受。事发前两年，何文臣的饮料厂吸收他人入股，扩大了生产规模，噪声加大，装卸货的时间也延长了，万田林慢慢得上了神经症，严重时不敢回家，借住在亲戚家里。迫于无奈，万田林到环保局投诉。环保局说，流动噪声如何处理没有规定。万田林因制止噪声与邻居何文臣家发生摩擦，事后派出所抓走了万田林上学的孩子。作为一家主要劳动力的万田林患上神经症后，已经不能从事正常的生产劳动，在走投无路的情况下，万田林于 2001 年 8 月 1 日中午在村边的小树林自缢身亡。万田林的家人认为，饮料厂的噪声"杀死"了万田林；饮料厂则认为，万田林是自杀死亡，与饮料厂毫无关系。中国政法大学环境污染受害者法律援助中心得知此事后，决定为受害人家属提供法律援助。万田林家属遂将饮料厂的开办人何文臣等人告上法院。

在此案的诉讼中，万田林的死亡与饮料厂噪声污染之间有无因果关系成为本案争议的焦点。中国政法大学、中国人民大学、清华大学的法学教授对此案出具了法律意见书，认为应适用举证责任倒置原则。迁安市环保局噪声测试结果显示饮料厂的噪声超过了法定标准。国家环保局专门就此案对流动噪声标准的适用做出解释。受害人的邻居纷纷作证，证明受到饮料厂的噪声干扰，强烈要求饮料厂搬家。

法院经审理认为，被告的饮料厂产生的噪声超过了环境噪声标准，其行为具有违法性，构成了对原告及万田林生前的侵权。因有医学资料表明，噪声可导致神经症，故对因此造成万田林神经症的事实予以认定，对因治疗神经症的医疗费535元，被告应予赔偿；万田林患神经症后自缢身亡，虽然死亡的直接原因是自缢，但万田林生前曾向他人表示被告排放的噪声使他实在难以忍受，而被告又没能提供自缢是他因所致的证据，故推断万田林的死亡与被告排放的噪声之间具有法律上的因果关系，给被告造成的损失包括丧葬费1200元，死亡补偿费3.5万元，被抚养人生活费7000元，计4.3万余元，酌定被告赔偿30%，总计13495元，被告立即停止对原告的噪声侵害。

2. 对动物的影响

噪声对自然界的生物也有影响。实验证实，把一只豚鼠放在170dB的强声环境中，五分钟后就会死亡，解剖后的豚鼠肺和内脏都有出血现象。有人给奶牛播放轻音乐后，牛奶的产量大大增加，而强烈的噪声可使奶牛不再产奶。20世纪60年代，美国空军的F-104喷气飞机，在俄克拉荷马城上空作超音速飞行试验，每天飞越8次，高度为10000m，整整飞了6个月。结果在飞机轰鸣声的作用下，一个农场的10000只鸡只剩下4000只。解剖鸡的尸体后发现，暴露于轰鸣声下的鸡脑神经细胞与未暴露的有本质区别。强噪声会使鸟羽毛脱落，不产卵，甚至会使其体内出血和死亡。

【事件】

飞机吓小鸡，鸡主告飞机

1997年7月27日8时左右，辽宁省新民市大民屯镇南岗村养鸡户张廷岩又像往常一样来到距离村外150多米处的两个鸡舍照料饲养的7000多只肉食鸡。他共养了1.2万只肉食鸡，在村里的另一处鸡舍里还饲养着4500只肉食鸡。这些鸡长势良好，还有10天就要出栏了，张廷岩的心情十分兴奋。

正当张廷岩给鸡添饲料的时候，一阵巨大的飞机轰鸣声传来，由远而近，震耳欲聋。张廷岩抬头一看，只见一架农用飞机从鸡场上空七八米处飞过。张廷岩知道这是市里为南岗村和西章士台村稻田喷洒农药的飞机。

飞机飞走了，可是，张廷岩却被眼前的一幕惊呆了：只见刚才还在欢快觅食的鸡，被飞机噪声惊吓一个个惊恐万状，乱飞乱撞，发出凄惨的叫声，不一会儿就挤成一团，下面的鸡承受不了上边的重负都被压死了，而有的鸡还在往上爬……正当张廷岩为鸡的死着急的时候，飞机又飞了过来。张廷岩的雇工站在2米多高的鸡舍上摇晃着编织袋给飞机发信号，飞机没有反应，从鸡场飞过的气流险些把他带到地上。张廷岩找到村领导，请他赶快跟机场联系改变航线，可是村里却无法与机场取得联系。这一天，飞机先后3次从鸡舍上空飞过，每经过一次，鸡房像地震一样颤动着，小鸡随着飞机经过的方向，惊恐万状地由鸡舍的东侧涌向西侧，挤成一团，摞成1米多高。在极度的惊吓中，当天就有67只鸡死去。之后数日，受到惊吓的鸡每天都以少则 50～60 只，多则百八十只的速度死亡，到 8 月 13 日，共清查出死鸡 1021 只。剩下的 6000 多只鸡也因受到惊吓精神不振，食欲大减。张廷岩在村里饲养的 4590 只鸡未受到惊吓，至 8 月 9 日正常出栏 4300 只，平均体重达到 2.695kg，被牧业公司按照合同价格回收。而养在村外稻田附近的 6000 多只鸡（受惊吓而死的除外），因受到惊吓发育迟缓，尽管延迟了 4 天出栏，平均体重仅有 1.84kg，比正常出栏鸡的体重少了 0.85kg。对未达标准体重的鸡，牧业公司按照合同规定，仅以 1.5 元/kg 的价格回收，加上死鸡的损失，张廷岩总计亏损 10.8 万元。

本报沈阳 4 月 14 日消息：全国首例因飞机噪声造成他人财产损害的诉讼案 5 年内历经 8 次审理，令首次接触此类型案件的法官们深感棘手。昨天，此案终于在沈阳市中级人民法院做出终审判决，涉案当事人均服判。1997 年 7 月 27 日上午，一架 B3875 型飞机超低空飞行至我国新民市大民屯镇大南岗村和西章士台村进行病虫害飞防作业。由于飞机三次超低空飞临鸡舍上空，产生的噪声使鸡群受到惊吓，累计死亡 1021 只。而鸡舍内未死亡的肉食鸡由于受到惊吓而生长缓慢，出栏的平均体重减少近 1kg，张某为此蒙受很大损失。在弄清楚此次飞防是由新民市农业技术推广中心组织协调，张某遂将推广中心、大南岗村和西章士台村村委会一齐告上法庭，要求赔偿损失，共计 17.2 万余元。从 1998 年 6 月到 2003 年 4 月，法院在 5 年内历经 8 次审理终审判决，张某获赔 9 万余元。

3. 对物质结构的影响

声音是由物体振动产生的。振动波在空气中来回运动和振动时，产生了声波。强烈的声波能冲撞任何建筑物。150dB 以上的噪声，声波的振动会使玻璃破碎、建筑物产生裂缝、金属结构产生裂纹和断裂现象，这种现象叫声疲劳。在 160dB 以上，声波会导致墙体震裂以致倒塌。当然，在建筑物受损的同时，发声体本身也因"声疲劳"而损坏。例如，在英法合作研制的协和式飞机试航过程中，航道下的一些古老教堂建筑物等在飞机轰鸣声的影响下受到损坏，出现了裂缝。航天器在起飞和进入大气层时（喷气飞机也如此），都处在强噪声环境中，声频交变负载的反复作用会引起铆钉松动，有时还会引起蒙皮撕裂。随着航天器发动推力的不断增加，噪声对航天器结构的影响也越来越大。

10.1.6 环境噪声标准

噪声标准是噪声控制的基本依据，但由于噪声标准随着地区和时间的不同而不同，因此制定噪声标准时应有所区别，对环境影响大的噪声源，也应有特定的标准。此外，制定噪声标准时，还应以保护人体健康为依据，以经济合理、技术可行为原则。环境噪声标准主要包括声环境质量标准和环境噪声排放标准等。

1. 声环境质量标准

表 10-6 中列出了 GB 3096—2008《声环境质量标准》（Environmental quality standard for noise）中规定了城市五类区域的环境噪声最高限值。标准适用于城市区域。乡村生活区域可参照本标准执行。

表 10-6　城市 5 类环境噪声标准值［等效声级 Leq/dB（A）］

类　　别	昼　　间	夜　　间
0	50	40
1	55	45
2	60	50
3	65	55
4	70	55

注：0 类标准适用于疗养区、高级别墅区、高级宾馆区等特别需要安静的区域。位于城郊和乡村的这一类区域分别按严于 0 类标准 5dB 执行。1 类标准适用于以居住、文教机关为主的区域。乡村居住环境可参照执行该类标准。2 类标准适用于居住、商业、工业混杂区。3 类标准适用于工业区。4 类标准适用于城市中的道路交通干线道路两侧区域，穿越城区的内河航道两侧区域。穿越城区的铁路主、次干线两侧区域的背景噪声（指不通过列车时的噪声水平）限值也执行该类标准。

夜间突发的噪声，其最大值不允许超过标准值 15dB。

2. 环境噪声排放标准

主要包括 GB 12348—2008《工业企业厂界环境噪声排放标准》（Environmental quality standard for noise）、GB 12523—2011《建筑施工场界环境噪声排放标准》（Emission standard of environment noise for boundary of constructionsite）、GB 9660—88 机场周围飞机噪声环境标准（Environment standard of aircraft noise around airport）等。

工业企业厂界环境噪声排放标准见表 10-7。

表 10-7　工业企业厂界环境噪声排放标准［等效声级 Leq/dB（A）］

厂界外声环境功能区类别	昼　　间	夜　　间
0	50	40
1	55	45
2	60	50
3	65	55
4	70	55

注：0 类标准适用于以居住、文教机关为主的区域。1 类标准适用于居住、商业、工业混杂区及商业中心区。2 类标准适用于工业区。3 类标准适用于交通干线道路两侧区域，4 业企业厂界噪声标准适用于工厂及有可能造成噪声污染的企事业单位的边界。

夜间频繁突发的噪声（如排气噪声），其峰值不允许超过标准值 10dB（A），夜间偶然突发的噪声（如短促鸣笛声），其峰值不允许超过标准值 15dB（A）。标准昼间、夜间的时间由当地人民政府按当地习惯和季节变化划定。

建筑施工场界环境噪声排放标准见表 10-8。

表 10-8　建筑施工场界环境噪声排放标准［等效声级 Leq/dB（A）］

施工阶段	主要噪声源	噪 声 限 值	
		昼　　间	夜　　间
土石方	推土机、挖掘机、装载机等	75	55
打桩	各种打桩机等	85	禁止施工
结构	混凝土搅拌机、振捣棒、电锯等	70	55
装修	起重机、升降机等	65	55

表中所列噪声值是指与敏感区域相应的建筑施工场地边界线处的限值。如有几个施工阶段同时进行，以高噪声阶段的限值为准。

机场周围飞机噪声环境标准见表10-9。

表 10-9　机场周围飞机噪声环境标准

使 用 区 域	标准值/dB
一类区域	≤70
二类区域	≤75

注：一类区域指特殊住宅区、居住、文教区。二类区域指除一类区域以外的生活区。

10.1.7　噪声控制

1. 噪声控制措施

噪声由声源发出，经过一定的传播途径到达接受者，才会产生危害作用。因此对噪声的控制治理必须从分析声源、传声途径和接受者这三个环节组成的声学系统出发，综合考虑，制定出技术上成熟、经济上合理的治理方案。

（1）控制噪声源　降低噪声源产生的噪声，是防治噪声污染最根本的途径。对噪声源的控制，一般可采取下面的一些方法。

1）改进设备的结构设计。金属材料消耗振动能量的能力较弱，因此用它做成的机械零件会产生较强的噪声。如果采用材料内耗大的高分子材料来制作机械零件，则会使噪声大大降低。例如，将纺织厂织机的铸铁传动齿轮改为尼龙齿轮，可使噪声降低5dB左右。改革设备结构来降低噪声也有明显的效果。例如，风机叶片的形状对风机产生噪声的大小有很大影响，若将风机叶片由直片形改为后弯形，则可降低噪声约10dB。又如将齿轮传动装置改为带传动，也可使噪声降低16dB。

2）改革生产工艺和操作方式。在生产过程中，尽量采用低噪声的设备和工艺，如以焊接代替铆接，以液压加工代替冲压式锻打加工等。

3）提高机械的加工质量和装配精度。提高机械的加工质量和装配精度，可以减少机械各部件间的摩擦、振动或运动平衡不完善产生的噪声。例如，将轴承滚珠加工精度提高一级，就可使轴承噪声降低10dB。

（2）在传播途径上降低噪声

在传播过程中，噪声的强度是随距离的增加逐渐减少的，因此可在城市、工厂的总体设计时进行合理布局，做到"闹静分开"。如将工厂区和居民区分开，把高噪声的设备与低噪声的设备分开，利用噪声在传播过程中的自然衰减，减少噪声的污染范围。

利用山冈、山坡、高大建筑物、树林等自然屏障来阻止和屏蔽噪声的传播也能起到一定的减噪作用。特别是将城市绿化和降噪结合起来考虑，更能起到美化环境和降低噪声污染的双重效果。

对于工业噪声，最有效的措施还是在噪声的传播途径上采用声学控制措施，包括吸声、隔声、隔振、减振、消声等常用的噪声控制技术。

（3）噪声接受点的防护　在噪声接受点进行个人防护是控制噪声的最后一个环节。在其他措施无法实现或只有少数人在强噪声环境中工作时，加强个人防护也是一种经济有效的方法。个人防护主要是利用隔声原理来阻挡噪声进入人耳，从而保护个人的听力和身心健康。目前常用的防护用具有耳塞、防声棉、耳罩、头盔等。

2. 噪声控制技术简介

（1）吸声降噪　吸声降噪（Sound absorption lowering noise）是一种简单易行的噪声治理技术，它主要利用吸声材料（Sound absorption materials）松软多孔的特性来吸收一部分声波，当声波进入多孔材料的孔隙之后，能引起孔隙中的空气和材料的细小纤维发生振动，由于空气与孔壁的摩擦阻力、空气的黏滞阻力和热传导等作用，相当一部分声能就会转变成热能而耗散掉，从而起到吸声降噪作用。常用的吸声材料主要有无机纤维材料、泡沫塑料、有机纤维材料和建筑吸声材料等。多孔吸声材料对于中、高频声波有很大的吸声作用，但对低频声波吸收效果较差，为了弥补这一不足，通常采用共振吸收结构来加以处理。共振吸声结构（Resonant acoustic structure）是利用共振原理做成的各种吸声结构，用于对低频声波的吸收，常用的有薄板共振吸声结构、薄膜共振吸声结构、穿孔板、微穿孔板和空间吸声体等。

（2）隔声降噪　隔声（Sound insulation）是噪声控制工程中常用的一种技术措施，它是利用墙体、各种板材及构件作为屏蔽物或是利用围护结构把噪声控制在一定范围之内，使噪声在空气中的传播受阻而不能顺利通过，从而达到降低噪声的目的。常用的隔声构件有隔声罩、隔声间、隔声屏、隔声窗、隔声门等。

（3）消声降噪　消声降噪（Muffler noise reduction）可通过消声器来实现。消声器是一类既能允许气流通过，又能阻止或减弱声波传播的装置，它是控制气流噪声通过管道向外传播的有效工具。一般应用在空气动力设备的进排气口或气流通道口。消声器种类繁多，根据其消声原理的不同，大致可分为以下几类：

1）阻性消声器。阻性消声器是利用装置在管道（或气流通道）内壁或中部的阻性材料（吸声材料）的吸声作用使噪声衰减，从而达到消声目的。阻性消声器结构简单，对中高频噪声的消声效果好，但对低频噪声的消声性能较差，不适合在高温、高湿的环境中使用，多用于风机、燃气轮机进排气的消声处理。

2）抗性消声器。抗性消声器并不直接吸收声能，它是通过流道截面的突变或旁接共振腔的方法，利用声波的反射、干扰来达到消声的目的。常见的抗性消声器有扩张室式和共振腔式两种。扩张室式消声器是利用管道截面的突然扩大和缩小，造成通道内声阻抗的突变，使某些频率的声波因反射或干扰而不能通过，达到消声目的。共振腔消声器实际上是共振吸声结构的一种应用，它是由一段在道壁上开小孔的气流通道和管外的一个密闭空腔组成，主要有同心式和旁支式两种。抗性消声器适用于消除低、中频噪声，可以在高温、高速、脉动气流下工作，其缺点是消声频率带窄，对高频噪声消声效果较差。

3）微孔板式消声器。微孔板式消声器是近年来研制的一种新型消声器，属于共振兼阻性消声范畴。它是以微穿孔板吸声结构作为消声器的贴衬材料，由于共振孔很小（$d <$ 1mm），从而提高了声阻，减少声质量而达到消声作用。选择微穿孔板上不同的穿孔率和板后不同的腔深，就可在较宽的频率范围内获得消声效果。

■ 10.2　振动公害污染及其控制

10.2.1　振动公害污染

1. 振动污染（Vibration pollution）

振动是一种很普遍的运动形式，当一个物体处于周期性往复运动的状态，就可以说物体在振动。振动和噪声一样，是当前一大公害。过强的振动会使房屋、桥梁等建筑强度降低甚至损坏，使机器和交通工具等设备的部件损耗增大。而且振动本身可以形成噪声源，以噪声的形式影响和污染环境。振动是一种危害人体健康的感觉公害，是一种瞬时性的能量污染，过量的振动会使人感到不舒服和疲劳，甚至导致人体损伤。

2. 振动的来源

环境振动污染主要来源于自然振动和人为振动。自然振动主要由地震、火山爆发等自然现象引起。自然振动带来的灾害很难避免，只能加强预报，减少损失。

人为振动主要来源是工厂、施工现场、公路和铁路等场所。在工业生产中，振动源主要是锻压、铸造、切削、风动、破碎、球磨等动力机械，以及矿山的爆破、凿岩机打孔、空气压缩机和高压鼓风机等。施工现场的振动源主要是各类打桩机、振动机、辗压设备及爆破作业等。

3. 振动的特征

振动与噪声有着密切的关系，当振动的频率在 20～20000 Hz 的声频范围内时，振动源又是噪声源。这种振动会以弹性波的形式在固体中传播，并在传播中向外辐射噪声，特别当引起共振时，会辐射很强的噪声。

4. 振动的危害

振动能直接作用于人体、设备和建筑等，损伤人的机体，引起各种病症；损坏设备，使建筑物开裂、倒塌等。

振动对人的影响主要取决于振动频率、振幅或加速度（振动强度）。人体各部分器官都有自己的固有频率，对人体最有害的振动频率是与人体某些器官的固有频率相吻合的频率（即共振频率）。

当振动频率为 4～8 Hz 时，对人的胸腔和腹腔系统危害最大；当振动频率为 20～30 Hz 时，能引起"头—颈—肩"系统的共振；当振动频率为 60～90 Hz 时，能引起眼球共振；当振动频率为 100～200 Hz 时，能引起"下颚—头盖骨"的共振。

不同的频率、强度和持续时间的低频振动对人体的危害程度是不同的。危害轻的可使人感到不舒服、注意力转移、头晕，但振动停止后这些生理影响是可以消除的。反冲力过于猛烈的振动会使手、肘、肩的关节发生损伤。中频振动则会引起骨关节变化和血管痉挛。长期处于高频振动作业的人，例如以压缩空气为动力的风动工具和凿岩机操作者会产生一种振动病，使手指变白，称白蜡病。

10.2.2 振动公害污染的控制

1. 减少物体的振动

在设计产品时，应考虑减振问题，如往复机构设计中，若能使离心惯性力及往复惯性力和力矩尽量做到静平衡和动平衡，则机器的振动必然大大减少。如安装或更换锤式破碎机的锤头时，应注意锤的质量平衡；更换选粉机大小风叶和更换风机的叶轮时均要考虑动力的平衡问题。

常用的技术措施有隔振、吸振、阻尼等：

（1）隔振（Vibration isolation） 隔振是指在机器和地基之间合理地安装减振装置，以减少和阻止振动传入地基的一种技术措施，把振动能量限制在振源上，减少和阻止振动的传播和扩散。通常采用的隔振措施是安装隔振器、隔振元件和填充各种隔振材料。弹簧、橡皮、软木、毛毡、矿棉和玻璃纤维等是很好的隔振材料。

（2）阻尼（Damping） 阻尼是通过黏滞效应或摩擦作用把振动能量转换成热能而耗散的措施。阻尼能抑制振动物体产生共振和降低振动物体在共振频区的振幅。具体措施是在振动构件上铺设阻尼材料和阻尼结构。如减振合金材料具有很大的内阻力和足够大的刚性，可用于制造低噪声的机械产品。

（3）吸振（Vibration absorption） 在振动源上安装动力吸振器，也是有效降低振动的措施。如安装电子吸振器，利用电子设备产生一个与原来振动振幅相等、相位相反的振动来抵消原来的振动，以达到降低振动的目的。

2. 控制振动传播途径

在振动传播途径上采取改变振源位置、加大与振源的距离，或设置隔离沟以降低和隔离振动传播的措施。隔离沟深度应大于振动波长的1/3。

3. 个人防护

为了保护在强烈振动环境下的人免受振动危害，可以采用个人防振保护措施，如穿防振鞋、带防振手套等可防止全身振动和局部振动。

综上所述，只有当振源、振动传播途径和受振对象三个因素同时存在时，振动才能造成危害。因此必须从这三个环节进行振动治理，结合技术、经济和使用等因素分别采取合理措施。

■ 10.3 放射性污染及其控制

10.3.1 放射性物质

1895 年德国科学家伦琴在研究高真空放电管时发现了被他称作 X 光的射线，法国科学家贝可勒尔在进一步研究 X 光时发现铀（U）的化合物也能放出射线，这是被发现的第一个天然放射性元素。1898 年波兰科学家居里夫妇发现钍（Th）的化合物也有射线放出，并在当年又相继发现了新的放射性元素钋（Po）和镭（Ra）。这些天然放射性元素的发现，开创了人类认识放射性现象的先河。

凡具有自发地放出射线特征的物质，叫放射性物质（Radioactive material）。这些物质的原子核处于不稳定的状态，在其蜕变的过程中，可以自发地放出由粒子或光子组成的射线，并辐射出能量，同时本身转变成另一种物质，或是成为原来物质的较低能态。放出的光子或粒子，将对周围介质包括肌体产生电离作用，造成放射性污染和损伤。

射线的种类很多，主要的有以下三种：①α 射线，由 α 粒子（氦的原子核$_2^4$He）组成，带有 2 个正电荷，质量数为 4，对物质的穿透力较小；②β 射线，由 β 粒子（高速运动的电子）组成，带有 1 个负电荷，对物质的穿透力比 α 粒子强 100 倍；③γ 射线，γ 射线是波长在 10^{-8} 以下的电磁波，不带电荷，但具有很强的穿透力，对生物组织造成的损伤最大。

10.3.2 放射线性质

放射性物质在本身的转变过程中，并非同时放出三种射线，多数仅放射一种，至多两种。

（1）每一种射线都具有一定的能量 如 α 射线具有很高的能量，它能击碎$_{13}^{27}$Al 核，产生核反应

$$_{13}^{27}\text{Al} + _2^4\text{He} \rightarrow _{15}^{30}\text{P} + _0^1\text{n} \tag{10-9}$$

其中，$_0^1$n 为中子，而$_{15}^{30}$P 就是人工产生的放射性核素，它可以通过衰变产生正电子（$_1^0$e）

$$_{15}^{30}\text{P} \rightarrow _{14}^{30}\text{Si} + _1^0\text{e} \tag{10-10}$$

（2）它们都具有一定的电离能力 电离是指物质的分子或原子离解成带电粒子的现象。α 粒子和 β 粒子会与原子中的电子产生库仑力的作用，从而使原子中的某些电子脱离原子，使原子变成正离子。

（3）它们各自具有不同的贯穿能力 贯穿能力是指粒子在物质中所走路程的长短。路程又称射程，射程的长短主要是由电离能力决定的。每产生一对离子，带电粒子都要消耗一定的动能，电离能力越强，射程越短。

（4）它们能使某些物质产生荧光 人们可以利用这种荧光效应检测放射性核素的存在与放射性的强弱。

（5）特殊的生物效应 这种效应可以损伤细胞组织，对人体造成急性和慢性伤害，有时还可以改变某些生物的遗传特性。

10.3.3 放射性度量单位

1. 放射性活度（A）

放射性活度（Radioactive activity）也称放射性强度，是指处于某一特定能态的放射性核素在给定时间内的衰变数，即放射性物质在单位时间内发生的核衰变的次数。

$$A = \mathrm{d}N/\mathrm{d}t = \lambda N \tag{10-11}$$

放射性活度单位为贝可勒尔，简称贝可（Bq）。1Bq 表示放射性核素在 1s 内发生 1 次衰变，即 $1\text{Bq} = 1\text{s}^{-1}$。$N$ 为某时刻衰变的核素数；t 为时间；λ 为衰变常数，表示放射性核素在单位时间内的衰变概率。

2. 吸收剂量（D）

电离辐射（Ionizing radiation）在机体的生物效应与机体吸收的辐射能量有关。吸收剂量 D 是表示在电离辐射与物质发生相互作用时单位质量的物质吸收电离辐射能量大小的物理量，用下式表示

$$D = \mathrm{d}\bar{\varepsilon}/\mathrm{d}m \tag{10-12}$$

式中 D——吸收剂量；

$\mathrm{d}\bar{\varepsilon}$——电离辐射给予质量为 d$m$ 的物质的平均能量。

吸收剂量单位为戈瑞（Gy），简称戈，1Gy 表示任何 1kg 物质吸收 1J 的辐射能量，即

$$1\text{Gy} = 1\text{J/kg} \tag{10-13}$$

吸收剂量率是指单位时间内的吸收剂量，单位为 Gy/s。

3. 照射量（X）

照射量只适用于 X 和 γ 辐射，它是用于 X 和 γ 射线对空气电离程度的度量。照射量（X）是指在一个体积单元的空气中（质量为 dm），有光子释放的所有电子（负电子和正电子）在空气中全部被阻时，形成的离子总电荷的绝对值（负电子或正电子）。关系式

如下

$$X = dQ/dm \qquad (10-14)$$

照射剂量单位为库仑/千克（C/kg）。单位时间的照射量率，单位为库仑/（千克·秒）[C/（kg·s）]。

4. 剂量当量（H）

剂量当量（H）指在被研究的组织内，某一点上的吸收剂量（D）、品质因数（Q）和其他修正因素（N）的乘积，即 $H = DQN$。剂量当量的 SI 单位为 J/kg，并给定其专名为希沃特（Sv）。1Sv = 1J/kg。

剂量当量率（H'）为时间间隔（dt）内剂量当量（dH）的变化量，即

$$H' = dH/dt \qquad (10-15)$$

剂量当量率的 SI 单位为 Sv/h。

5. 集体剂量当量

集体剂量当量（S）用于评价人群受到照射时付出的危害代价。为受照群体某组（i）内 P_i 名成员平均每人的全身或某一器官受到的剂量当量之和，即

$$S = \sum_i H_i P_i \qquad (10-16)$$

6. 有效剂量当量

有效剂量当量（H_E）为人体各器官或组织受照射的剂量当量加权后的总和。所得结果能用同一剂量限值加以衡量，据此评价人体所受总损伤。用下式计算

$$H_E = \sum_T H_T W_T \qquad (10-17)$$

式中　H_T——T 器官（或组织）接受的剂量当量（Sv）；

　　　W_T——T 器官（或组织）的权重因子，表示相对稳定度。

$$W_T = \frac{T\,器官（或组织）接受\,1Sv\,的危险度}{全身均匀接受\,1Sv\,的总危险度} \qquad (10-18)$$

一些器官或组织的危险度及权重因子可由表 10-10 查得。

表 10-10　器官或组织的危险度及权重因子

器官或组织	危险度/（10^{-4}/Sv）	权重因子	器官或组织	危险度/（10^{-4}/Sv）	权重因子
性腺	40	0.25	甲状腺	5	0.03
乳腺	25	0.15	骨表面	5	0.03
红骨髓	20	0.12	其余组织	50	0.30
肺	20	0.12	总计	165	1.00

10.3.4　放射性污染

放射性污染（Radioactive pollution）通常是指对人体健康带来危害的人工放射性污染。第二次世界大战后，随着原子能工业的发展，核武器试验频繁，核能和放射性同位素的应用日益增多，使得放射性物质大量增加，因此环境的污染越来越受到人们的重视。

【事件】

切尔诺贝利核事故

切尔诺贝利核电站事故于 1986 年 4 月 26 日发生在乌克兰苏维埃共和国境内的普里皮亚季市，该电站第 4 发电机组爆炸，核反应堆全部炸毁，8t 多强辐射物质泄漏，尘埃随风飘散，使俄罗斯、白俄罗斯和乌克兰许多地区遭到核辐射的污染，成为核电时代以来最大的事故，也是首例被国际核事件分级表评为第七级事件的特大事故。辐射危害严重，导致事故后前 3 个月内有 31 人死亡，之后 15 年内有 6 万~8 万人死亡，13.4 万人遭受各种程度的辐射疾病折磨，方圆 30km 地区的 11.5 万多民众被迫疏散。为消除事故后果，耗费了大量人力、物力资源。为消除辐射危害，保证事故地区生态安全，乌克兰和国际社会一直在努力。

福岛核事故

福岛核电站地处日本福岛工业区，是当时世界上最大的在役核电站，由福岛第一核电站、福岛第二核电站组成，共 10 台机组（一站 6 台，二站 4 台），均为沸水堆。2011 年 3 月 11 日日本东北太平洋地区发生里氏 9.0 级地震，继而发生海啸，该地震导致福岛第一核电站、福岛第二核电站受到严重的影响。2011 年 3 月 12 日，日本经济产业省原子能安全和保安院宣布，受地震影响，福岛第一核电厂的放射性物质泄漏到外部。2011 年 4 月 12 日，日本原子力安全保安院将福岛核事故等级定为核事故最高分级 7 级（特大事故），与切尔诺贝利核事故同级。

福岛县在核事故后以县内所有儿童约 38 万人为对象实施了甲状腺检查。截至 2018 年 2 月，已诊断 159 人患癌，34 人疑似患癌。其中被诊断为甲状腺癌并接受手术的 84 名福岛县内患者中，约一成的 8 人癌症复发，再次接受了手术。

1. 射线的度量单位

（1）居里（Ci） 居里（Ci）是放射性物质放射源的强度。1Ci 相当于每秒衰变 3.7×10^{10} 次。

（2）伦琴（R） 伦琴（R）是 X 或 γ 射线照射量。1R 的照射量能在 1kg 空气中产生 2.58×10^{-4} 库仑电荷，即 $1R = 2.58 \times 10^{-4} \text{C/kg}$。

（3）拉德（rad） 拉德（rad）是吸收剂量，曾经使用的度量单位，$1\text{rad} = 0.01\text{Gy}$。

（4）雷姆（rem） 雷姆（rem）是剂量当量，曾经使用的度量单位，$1 \text{ rem} = 0.01 s_v$。

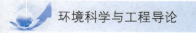

四种单位的关系见表10-11。

表10-11　辐射量单位对照

辐射量	曾用单位	国际制单位	国际制专名	换算关系
放射性活度（A）	居里（Ci）	s^{-1}	贝可（Bq）	$1Ci = 3.7 \times 10^{10} Bq$ $1Bq = 2.7 \times 10^{-11} Ci$
辐照量（X）	伦琴（R）	C/kg	库仑/千克（C/kg）	$1R = 2.58 \times 10^{-4} C/kg$ $1C/kg = 3.88 \times 10^{3} R$
吸收剂量（D）	拉德（rad）	J/kg	戈瑞（Gy）	$1rad = 0.01 Gy$ $1Gy = 100 rad$
剂量当量（H）	雷姆（rem）	J/kg	希沃特（Sv）	$1rem = 0.01 Sv$ $1Sv = 100 rem$

2. 放射性污染的特点

放射性污染主要具有以下特点：

1）绝大多数放射性核素具有毒性，按致毒物本身重量计算，均远远高于一般的化学毒物。

2）按辐射损伤产生的效应，可能影响遗传，给后代带来隐患。

3）放射性剂量的大小，只有辐射探测仪器方可探测，非人的感觉器官所能感觉到。

4）射线的辐照具有穿透性，特别是 γ 射线可穿过一定厚度的屏障层。

5）放射性核素具有蜕变能力，当形态变化时，可使污染范围扩散。如^{226}Ra（镭）的衰变子体^{222}Rn（氡）为气态物，可在大气中逸散，而此物的衰变子体^{218}Po（钋）则为固态，易在空气中形成气溶胶，进入人体后会在肺内沉积。

6）放射性活度只能通过自然衰变而减弱。

7）放射性污染物种类繁多，在形态、射线种类、毒性、比活度、半衰期、能量等方面均有极大差异，在处理上相当复杂。

10.3.5　放射性污染源

1. 核试验的沉降物

核试验是全球放射性污染的主要来源，在大气层中进行核试验时，带有放射性的颗粒沉降物最后沉降到地面，造成对大气、海洋、地面、动植物和人体的污染，而且这种污染通过大气的扩散将污染全球环境。这些进入平流层的碎片几乎全部沉积在地球表面。其中未衰变完全的放射性，大部分尚存在于土壤、农作物和动物组织中。

自1963年后美国等国家将核试验转入了地下，但因为会发生"冒顶"和其他泄漏事故，仍然会对人类环境造成污染。

核电站的放射性逸出事故，也会给环境带来散落物而造成污染。由于不充分的实验和设计，美国三里岛核电站于1979年发生严重的技术事故，逸出的散落物相当于一次大规模的核试验。

2. 核工业的"三废"排放

原子能工业在核燃料的生产、使用与回收的核燃料循环过程中均会产生"三废"，给周

围环境带来污染，以上各阶段对环境的影响大致如下：

1）核燃料的生产过程产生放射性废物，包括铀矿开采、铀水法冶炼工厂、核燃料精制与加工过程。

2）核反应堆运行过程产生放射性废物，包括生产性反应堆、核电站与其他核动力装置的运行过程。

3）核燃料处理过程产生放射性废物，包括废燃料元件的切割、脱壳、酸溶与燃料的分离与净化过程。

3. 其他各方面的放射性污染

1）医疗照射引起的放射性污染。使用医用射线源对癌症进行诊断和医治过程中，患者所受的局部剂量差别较大，大约比通过天然源所受的年平均剂量高出几十倍，甚至上千倍。

2）一般居民消费用品，包括含有天然或人工放射性核素的产品，如放射性发光表盘、夜光表及彩电产生的照射等。

10.3.6 放射性污染分类

放射性污染主要由放射性废物引起，在核工业生产中产生的放射性固体、液体和气体废物，各自的放射水平有显著的差异，为能经济有效地分别处理各类放射性废料，各国按放射性废物的放射性水平制订了分类标准。

1. 我国放射性废物的分类

我国 2018 年 1 月 1 日实行的《放射性废物的分类标准》中，根据各类废物的潜在危害及处置时所需的包容和隔离程度，将其分为极短寿命放射性废物、极低水平放射性废物、低水平放射性废物、中水平放射性废物和高水平放射性废物五类，其中极短寿命放射性废物和极低水平放射性废物属于低水平放射性废物范畴。原则上，上述五种放射性废物对应的处理方式分别为贮存衰变后解控、填埋处置、近地表处置、中等深度处置和深地质处置。医疗中使用碘-131 产生的废物就属于极短寿命放射性废物，核设施退役过程中产生的污染土壤和建筑垃圾则属于极低水平放射性废物，核电厂正常运行过程中产生的离子交换树脂和放射性浓缩液则属于低水平放射性废物。

2. 国际原子能机构建议的放射性废物分类标准

1977 年国际原子能机构推荐一种新的放射性分类标准。分类表见表 10-12。

表 10-12 国际原子能机构建议的放射性废物分类

相态	类别	放射性活度 $A/$ $(3.7 \times 10^{10} \mathrm{Bq/m^3})$	废物表面辐照剂量 $D/$ $[2.58 \times 10^{-4} \mathrm{C/(kg \cdot h)}]$	备 注
液体	1	$A \leq 10^{-6}$	—	一般可不处理
	2	$10^{-6} < A \leq 10^{-2}$		处理时不用屏蔽
	3	$10^{-3} < A \leq 10^{-1}$		处理时可能需要屏蔽
	4	$10^{-1} < A \leq 10^4$		处理时必须屏蔽
	5	$10^4 < A$		必须先冷却
气体	1	$A \leq 10^{-10}$	—	一般不处理
	2	$10^{-10} < A \leq 10^{-6}$		一般用过滤法处理
	3	$10^{-6} < A$		用其他严格方法处理

（续）

相态	类别	放射性活度 $A/$ $(3.7 \times 10^{10} \, \mathrm{Bq/m^3})$	废物表面辐照剂量 $D/$ $[2.58 \times 10^{-4} \, \mathrm{C/(kg \cdot h)}]$	备　注
固体	1		$D \leqslant 0.2$	β、γ 辐射体占优势
	2		$0.2 < D \leqslant 2.0$	含 α 辐射体微量
	3		$2.0 < D$	
	4		α 放射性用 $\mathrm{Bq/m^3}$ 表示	从危害观点确定 α 辐射占优势 β、γ 辐射微量

10.3.7　放射性危害

1. 放射性作用机理

放射性核素释放的辐射能被生物体吸收以后（图 10-2），要经历辐射作用的物理、物理化学、化学和生物学的四个阶段。当生物体吸收辐射能之后，先在分子水平发生变化，引起分子的电离和激发，尤其是生物大分子的损伤。有的发生在瞬间，有的需经物理的、化学的及生物的放大过程才能显示组织器官的可见损伤，因此需要很长时间甚至延迟若干年后才会表现出来。人体对辐射最敏感的组织是骨髓、淋巴系统及肠道内壁。

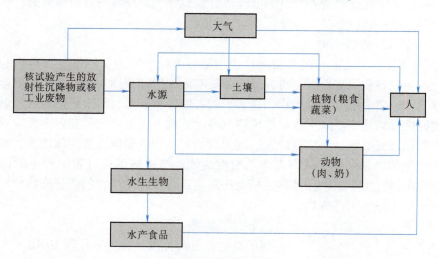

图 10-2　放射性物质进入人体的途径

（1）急性效应（Acute radiation effect）　大剂量辐射造成的伤害表现为急性伤害。当核爆炸或反应堆发生意外事故，其产生的辐射生物效应立即呈现出来。急性损伤的死亡率取决于辐照剂量。辐照剂量在 6Gy 以上，通常在几小时或几天内立即引起死亡，死亡率达 100%，称为致死量；辐照剂量在 4Gy 左右，死亡率下降到 50%，称为半致死量。

（2）远期效应（Long-term effects）　放射性核素排入环境后，可造成对大气、水体和土壤的污染，这是由于大气扩散和水流输送可在自然界稀释和迁移。放射性核素可被生物富集，使一些动物、植物，特别是一些水生生物体内放射性核素的含量比环境含量高许多倍。进入人体的放射性核素，不同于体外照射可以隔离、回避，这种照射直接作用于人体细胞内部，这种辐射方式称为内照射。内照射具有以下几个特点：

1）单位长度电离本领大的射线损伤效应强，同样能量的 α 粒子比 β 粒子损伤效应强，如果是外照射的话，α 粒子穿透不过衣物和皮肤。

2）作用持续时间长。核素进入人体内的持续作用时间要按 6 个半衰期时间计算，除非因新陈代谢排出体外。

3）绝大多数放射性核素都具有很高的比活度（单位质量的活度）。

4）放射性核素进入人肌体后，不是均匀地分散于人体，而常显示在某一器官或某一组织选择性蓄积，这一特性造成内照射对某一器官或某几种器官的损伤力集中。

综合放射性核素内照射的上述特点可以看出，一旦环境污染后，内照射难以早期觉察，体内核素难以清除，照射无法隔离，照射时间持久，即使小剂量，长年累月之后也会产生不良后果。内照射远期效应的结果会出现肿瘤、白血病和遗传障碍等疾病。

2. 放射性对人的危害

放射性物质可通过空气、饮用水和复杂的食物链等途径进入人体，还能以外照射方式危害人体健康。过量的放射性物质进入人体（即过量的内照射剂量）或受到过量的放射性外照射，会发生急性的或慢性的放射病（表 10-13），引起恶性肿瘤、白血病，或损害其他器官，如骨髓、生殖腺等。因此应注意研究放射性同位素在环境中的分布、转移和进入人体的危害等问题，以便随时进行检查和控制。

表 10-13 高辐照剂量对人体的影响

剂量当量/Sv	影　　　　响
100000	几分钟内死亡
10000	几小时内死亡
1000	几天内死亡
700	几个月内 90% 死亡，10% 幸免
200	几个月内 10% 死亡，90% 幸免
100	没有人在短期内死亡，但是大大增加了患癌症和其他缩短寿命疾病的机会，女子永远不育，男子在 2~3 年内也不育

放射性污染对生物的危害是十分严重的。放射性污染引起的放射性损伤有急性损伤和慢性损伤之分。如果人在短时间内受到大剂量的 X 射线、γ 射线和中子的全身照射，就会产生急性损伤。轻者有脱毛、感染等症状。当剂量更大时，会出现腹泻、呕吐等肠胃损伤症状。在极高的剂量照射下，会导致人群白血病和各种癌症发病率的增加。

10.3.8 放射性"三废"的处理与防治

放射性污染是关系到人体健康的大问题，应积极研究防治办法，认真做好对"三废"的处理和防治工作，目前主要采取以下措施和方法：

1）核工业厂址应选在周围人口密度较稀，气象和水文条件有利于废水废气扩散、稀释，以及地震烈度较低的地区。核企业工艺流程的选择和设备选型应考虑废物产生量少和运行安全可靠，严格防止泄漏事故的发生。

2）加强对核企业周围可能遭受放射性污染地区的监护，经常检测环境介质中的放射水平的变化，保障居民和工作人员不受放射性伤害。

3）对从事放射性工作的人员，应做好外照射防护工作。尽量减少外照射时间，增大人体与放射源的距离，进行远距离操作，在放射源与人体间设置屏蔽，阻挡或减弱射线对人体的伤害。常用的屏蔽材料有铁、铅、水泥、含硼聚乙烯等。

4）加强对核工业废气、废水和废物的净化处理。对于放射性强度较低的废液可采用稀释分散的方法，不少国家采用直接排入河流、海洋或地下的方法。这种不加区别的处理，势必对人类环境造成严重影响。我国《放射防护规定》规定：排入本单位下水道的废水浓度不得超过露天水源中的限制浓度的100倍，否则必须经过专门净化处理。

对于放射性浓度较高的废液，可将其浓缩以便长期贮存处理。如可采用蒸发法进行浓缩以减小体积，然后装入容器投入海洋或封存于地下，但这仅是权宜之计，因它的体积仍然较大，而且随着原子能工业的发展，有待贮存的量必然增多，长期贮存有发生容器渗漏事故的可能。

放射性固体废物可采用填埋、燃烧、再熔化等办法处理。填埋前应用水泥、沥青、玻璃固化。可燃固体废物多用燃烧法，金属固体废物多用熔化法。伴随着核工业的发展，放射性固体废物越来越多，因此核废物的处理是一个严重的问题。

放射性废气的处理比起液体、固体废料要简单些。对于含有粉尘、烟、蒸气的放射性废气的工作场所，一般可通过操作条件和通风来解决。如旋风分离器、过滤器、静电除尘器及高效除尘器等空气净化设备进行综合处理。难处理的放射性废气可通过高烟囱直接排入大气。

10.4 电磁辐射污染及其控制

10.4.1 电磁辐射

电磁辐射（Electromagnetic radiation）是由振荡的电磁波产生的。在电磁振荡的发射过程中，电磁波在自由空间以一定的速度向四周传递能量的过程或现象称为电磁波辐射。

电磁波有很多种，各种电磁波的波长与频率各不相同。电磁波波长 λ 与频率 f 的关系可用下式表示

$$f\lambda = c \tag{10-19}$$

式中，c 为真空中的光速，其值为 $2.993 \times 10^8 \mathrm{m/s}$，实际应用中常用空气代表真空。由此可知，在空气中，不论电磁波的频率如何，它每秒传播距离均为固定值（$3 \times 10^8 \mathrm{m/s}$）。因此，频率越高的电磁波，波长越短，两者呈反比例关系。

本书中电磁波是指长波、中波、短波、超短波和微波。长波指频率为 $100 \sim 300 \mathrm{kHz}$，波长为 $3 \sim 1 \mathrm{km}$ 范围的电磁波。中波指频率 $300 \mathrm{kHz} \sim 3 \mathrm{MHz}$，波长为 $1 \sim 100 \mathrm{km}$ 范围的电磁波。短波指频率为 $3 \sim 3 \mathrm{MHz}$，波长为 $100 \sim 10 \mathrm{m}$ 范围内的电磁波。超短波指频率为 $30 \sim 300 \mathrm{MHz}$，波长为 $10 \sim 1 \mathrm{m}$ 范围内的电磁波。微波指频率 $300 \mathrm{MHz} \sim 300 \mathrm{GHz}$，波长为 $1 \mathrm{m} \sim 1 \mathrm{mm}$ 范围的电磁波。混合波段指长、中、短波、超短波和微波中有两种或两种以上波段混合在一起的电磁波。

10.4.2 电磁污染

电磁污染又称电磁波污染（Electromagnetic wave pollution）或称射频辐射污染，是指电

磁辐射强度超过人体所能承受的或仪器设备允许的限度，它是以电磁场的场力为特征，并和电磁波的性质、功率、密度及频率等因素密切相关。它是一种无形的污染，已成为人们非常关注的公害，给人类社会带来的影响已引起世界各国重视，被列为环境保护项目之一。

最常用的电磁方面的标准是 GB 8702—88《电磁辐射防护规定》、GB 9175—88《环境电磁波卫生标准》、GB 4824.1—84《工业、科学、医疗射频设备无线电干扰辐射允许值》。

10.4.3 电磁污染源

电磁污染源主要包括广播、电视、雷达等大功率发射设备可生的电磁场；工业、科研、医疗部门使用的射频设备的强辐射产生的电磁场；高压、超高压输电线路的强辐射产生的电磁场；电气化铁道电力供电线路；各类家用电器产生的电磁泄漏。

电磁污染源可以分为以下两类：天然电磁污染源（表10-14）和人为电磁污染源（表10-15）。

表 10-14　天然电磁污染源

分　类	来　源
大气与空间污染源	火花放电、雷电、台风、高寒地区飘雪、火山喷烟等
太阳电磁场源	太阳的黑子活动与黑体放射等
宇宙电磁场源	银河系恒星的爆发、宇宙间电子移动等

表 10-15　人为电磁污染源

分　类	设备名称	污染来源与部件
放电所致污染源	电晕放电　电力线（送配电线）	高电压、大电流引起静电感应、电磁感应、大地漏泄电流所造成
	辉光放电　放电管	白炽灯、高压汞灯及其他放电管
	弧光放电　开关、电气铁道、放电管	点火系统、发电机、整流装置等
	火花放电　电气设备、发动机、冷藏车、汽车等	整流器、发电机、放电管、点火系统等
工频辐射场源	大功率输电线、电气设备、电气铁道	污染来自高电压、大电流的电力现场电气设备
射频辐射场源	无线电发射机、雷达等	广播、电视与通风设备的振荡与发射系统
	高频加热设备、热合机、微波干燥机等	工业用射频利用设备的工作电路与振荡系统等
	理疗机、治疗机	医学用射频利用设备的工作电路与振荡系统等
建筑物反射	高层楼群以及大的金属构件	墙壁、钢筋、起重机等

天然源是由自然现象引起的，如大气中发生电离作用，导致电荷积蓄，从而引起放电现象。这种放电的频带较宽，可从几千周到几百兆周，乃至更高的频率。如雷电、火山喷发、地震和太阳黑子活动的磁爆都能产生电磁干扰。

人为源按频率的不同可分为工频场源（Power frequency field source）与射频场源（Radio frequency field source）。工频场源以大功频输电线路产生的电磁污染为主，也包括若干放电型污染源。射频场源主要是由无线电或射频设备工作过程产生的电磁感应与电磁辐射引起的。目前人为电磁污染源已成为环境污染的主要来源。

10.4.4 电磁污染的传播途径

1. 空间辐射（Space Radiation）

电子设备与电气工作过程，本身相当于一个多向发射天线，不断地向空间辐射电磁能。这种辐射分为两种方式：一种是以场源为核心，在半径为一个波长范围内，电磁能向周围传播，是以电磁感应方式为主，将能量施加于附近的仪器及人体。另一种是在半径为一个波长范围之外，电磁能进行传播，以空间放射方式将能量施加于敏感元件。在远区场中，输电线路、控制线等具有天线效应，接收空间电磁辐射能进行再传播而构成危害。

2. 导线传播（Wire transmission）

当射频设备与其他设备共用同一电源，或两者间有电气连接关系，电磁能即可通过导线进行传播。此外，信号输出、输入电路、控制电路等，也能在该磁场中拾取信号进行传播。

3. 复合传播污染（Composite transmission pollution）

空间传播与导线传播同时存在造成的电磁辐射污染，称为复合传播的污染。

10.4.5 电磁污染危害

1. 电磁辐射影响生物组织

电磁与生物体相互作用，会使生物体组织发生相位变化和衰减。电磁波对人体的作用有：

（1）热效应　热效应是指电磁波照射生物体时引起器官加热导致生理障碍或伤害的作用，严重时会产生酸中毒、过度换气、流泪、盗汗、抽搐等症状，如不及时治疗，会危及生命安全。

（2）非热效应　非热效应主要指电磁波对生物体组织加热之外的其他特殊的生理影响。电磁污染之所以会产生生物效应，是因为生物体本身是一个电位源，每一个生物体都有自己的电化学传输系统，体内细胞之间存在着互相联络的电化学小道，如果经常处在高强度电磁场环境中，体内生物电的自然生理平衡会被破坏，使体内生物钟失衡，节奏发生紊乱，从而降低抵抗力，影响生物体健康。

（3）累积效应　累积效应是指热效应和非热效应作用于人体后，对人体的伤害尚未来得及自我修复之前（通常所说的人体承受力、内抗力），再次受到电磁波辐射的话，其伤害程度就会发生累积，久而久之会成为永久性病态，危及生命。对于长期接触电磁波辐射的群体，即使功率很小，频率很低，也可能会诱发想不到的病变，应引起警惕。

2. 电磁辐射导致人体的病变

电磁辐射对人体危害程度随波长而异，波长越短，对人体作用越强。因此，处于超短波与微波电磁场中的人员，其受伤害程度要比中、短波严重。长时间在中、短波频段电磁场（高频电磁场）中工作的操作人员，经受一定强度与时间的辐射，身体会出现不适感，严重的还会出现神经衰弱，如心血管系统的自主神经失调。但这种作用是可逆的，脱离作用区，经过一定时间的恢复，症状可以消失，不会造成永久性损伤。

当然，与电磁波对生物体的作用类似，在电磁波作用下，人体除将部分能量反射外，还会吸收部分能量后产生热效应。这种热效应是由人体组织的分子反复地极向和非极向的运动摩擦产生的。热效应会使人体内温度升高，如果过热还会引起损伤，一般以微波辐射最为有害。这种危害主要的病理表现为：引起严重神经衰弱症状，特别是造成自主神经机能紊乱。在高强度与长时间作用下，对视觉器官造成严重损伤，同时对生育机能也有显著不良影响。

人体是个导电体，电磁辐射作用于人体产生电磁感应，并有部分的能量沉积。电磁感应可使非极性分子的电荷再分布，产生极性，同时又使极性分子再分布，即生成偶极子。偶极子在电磁场的作用下的取向异常将导致生物膜电位异常，从而干扰生物膜上受体表达酶的活性，导致细胞功能的异常及细胞状态的异常。当人体吸收了高强度的电磁波辐射后，机体也会产生极化和定向弛豫效应，导致分子的振动和摩擦，使人体温度升高。若人体的调节功能不能适应某些部位的过高温升，就会带来一定的伤害。电磁辐射也会使机体产生某些生理变化，因为强电场、强磁场可使人体内分子自旋轴发生偏转，使体内的电子链出现反常排列，导致体内电磁阵容发生变化，从而引起白细胞、血小板减少，可能造成心血管系统和中枢神经系统机能障碍。特别是微波污染会引起神经系统、心血管系统、生殖系统等发生某些功能病变。电磁辐射对人的眼睛伤害尤其大，因为眼睛是人体中对微波辐射比较敏感且易受伤害的器官。

射频电磁波对人体作用受到以下因素的影响：

1）功率大小。设备输出功率越大，辐射强度越大，对人体的影响就越大。

2）频率高低。辐射能的波长越短，频率越高，对人体的影响就越大。长波对人体的影响较弱，波长缩短，对人体的影响加重，微波作用最突出。

3）距离远近。离辐射源越近，辐射强度越大，对人体的影响越大。

4）振荡性质。脉冲波对机体的不良影响比连续波严重。

3. 电磁波对电子设备的干扰

许多正常工作的电子、电气设备发生的电磁波能使邻近的电子、电气设备产生干扰、性能下降乃至无法工作，甚至造成事故和设备损坏。电磁辐射能干扰电视的收看，使图像不清或变形，并发出令人难受的噪声。电磁辐射会干扰收音机和通信系统工作，使自动控制装置发生故障，使飞机导航仪表发生错误和偏差，影响地面站对人造卫星、宇宙飞船的控制。例如，在身上安装起搏器的人，只要靠近正在运行的电力变压器、电冰箱等，就会有不舒服的感觉，起搏器可能会失调。

10.4.6　电磁污染的防治

根据电磁污染的特点，必须采取防重于治的策略。电磁污染的主要防治方法有屏蔽辐射源、距离控制及个人防护等方面。

1. 执行电磁辐射安全标准

目前我国有关电磁辐射的法规尚不健全，应尽快制定各种法规、标准、监察管理条例，做到依法治理。在产生电磁辐射的作业场所，应定期进行监测，发现电磁场强度超过标准的要尽快采取措施。

2. 电磁屏蔽

电磁屏蔽（Electromagnetic shielding）是采用一些能抑制电磁辐射能扩散的材料，将电磁辐射源与外界隔离开来，将电磁辐射能有效地控制在规定的空间内，阻止它向外扩散与传播，达到防止电磁污染的目的。屏蔽装置一般是金属材料（良导体）制成的封闭壳体，当交变电磁场传向金属壳体时，一部分被金属壳体表面所反射，一部分被壳体内部吸收，这样透过壳体的电磁场强度被大幅度衰减。对小型辐射源可用屏蔽罩，对大型辐射源采用屏蔽室，以上属于主动场屏蔽。特点是场源与屏蔽体之间距离小，结构严密，可以屏蔽电磁场强大的场源。被动场屏蔽是将场源置于屏蔽体之外，使限定范围内的生物机体或仪器不产生影响，其特点是屏蔽体与场源间距大，屏蔽体可不接地。

为了减少电子设备的电磁泄漏，防止电磁辐射污染环境、危害人体健康，也可以从城市规划、产品设计、电磁屏蔽和吸收等角度着手。植树绿化森林、花木可衰减辐射场强，保护人体健康。

3. 远距离控制和自动作业

电磁辐射，尤其是中、短波辐射，其场强随距离的增大而迅速衰减，对产生电磁辐射的电子设备进行远距离控制或自动化作业，可减少辐射能对操作人员的损害。

4. 个人防护

对个人而言，可穿戴防护头盔、防护眼镜、防护服装等，以减轻电磁污染对人体的伤害。鉴于当前电磁辐射对人体健康的危害日益严重，特别是这种看不见、摸不着、闻不到的危害不易为人们察觉，往往会被忽视，当无屏蔽条件的操作人员直接暴露于微波辐射近区场时，必须采取个人防护措施。

除以上方法外，还可采用吸收法控制、线路滤波、合理设计工作参数保证射频设备在匹配状态下操作等"抑制"技术。

■ 10.5　光污染及其控制

10.5.1　光污染

光污染（Light pollution）泛指过量光辐射对环境造成的不良影响。光污染既可影响自然环境，又可对人类正常生活、工作、休息和娱乐带来不利影响，损害人们观察物体的能力，引起人体不舒适感，损害人体健康。

光污染的类型有可见光污染、红外光污染、紫外光污染和激光污染。

1. 可见光污染

可见光污染（Visible light pollution）主要包括眩光污染、灯光污染、视觉污染及其他可见光污染。

（1）眩光污染（Glare pollution）　眩光分直射眩光和反射眩光两种。直射眩光是由人正常视野内出现的过亮的直射光源引起；反射眩光是由光滑表面内光源的映像引起。人们接触较多的如电焊时产生的强烈眩光，在无防护情况下会对人的眼睛造成伤害；夜间迎面驶来的汽车头灯的强光，会使人视物极度不清，造成事故；长期工作在强光条件下，视觉受损；车站、机场、控制室过多闪动的信号灯，在电视中为渲染气氛快速地切换画面也属于眩光污染，使人视觉不舒服。

（2）灯光污染（Light pollution）　城市夜间灯光不加控制，使夜空亮度增加，影响天文观测；路灯控制不当或建筑工地安装的聚光灯照进住宅，影响居民休息。

（3）视觉污染（Visual pollution）　城市中杂乱的视觉环境，如杂乱的垃圾堆物、乱摆的货摊、五颜六色的广告和招贴等，是一种特殊形式的光污染。

（4）其他可见光污染　现代城市的商店、写字楼、大厦等，外墙用玻璃或反光玻璃装饰，在阳光或强烈灯光的照射下，发出的反光会扰乱驾驶员或行人的视觉，存在交通隐患。

2. 红外光污染

近年来，红外线在军事、科研、工业、卫生等方面应用日益广泛，由此可产生红外线污染（Infrared light pollution）。红外线通过高温灼伤人的皮肤，还可透过眼睛角膜对视网膜造成伤害，波长较长的红外线还能伤害人眼睛的角膜，长期的红外照射可以引起白内障（Cataract）。

3. 紫外光污染

波长为250～320nm的紫外光（Ultraviolet light），对人具有伤害作用，主要表现为角膜损伤和皮肤损伤。

人在日常生活中不可避免地要接受红外辐射和紫外辐射。对于穿透性不强的光辐射，一般直接受损伤的是眼睛和皮肤。过量的红外和紫外辐射，会造成眼睛的光照性角膜炎、温热性光化学视网膜损伤和皮肤的红斑与灼伤。长久性的损伤包括白内障的形成、视网膜变性及皮肤的加速老化和皮肤癌。尤其是近红外辐射，会被眼睛晶体大量吸收，当波长大于1400nm时，入射辐射几乎全部被角膜吸收，造成眼睛内部损伤。因为眼睛晶状细胞更新速度很慢，这种损伤在很长时间内难以恢复。

4. 激光污染

激光（Laser light）技术在国防军工、工农业和卫生、科技领域中的应用日益广泛并已进入现代生活领域，包括在一些公共场所和娱乐场所中，因此接触激光的人员和机会也越来越多。

激光光谱大部分属于可见光范围。激光具有指向性好、能量集中、波长单一等特点，在通过人眼晶状体的聚焦作用后，到达眼底时的光强度可增大几百至几万倍，所以激光对人眼有较大的伤害作用。激光光谱还有一部分属于紫外和红外范围，会伤害眼结膜、虹膜和晶状体。舞厅是人们消遣娱乐的场所之一，色彩斑斓的激光束透过眼睛晶状体，聚焦后集中于视网膜上，焦点温度可高达709℃，对眼睛造成损伤。另外，功率很大的激光能危害人体深层组织和神经系统。当人们受到过度的激光辐射后，会出现种种不适，严重的还会出现痉挛、休克等。

10.5.2　光污染的控制

人类采用的各种光源，不仅可以发出可见光，而且其中很多种光源还含有较多的紫外辐射和红外辐射。因此在不同的场合使用不同光源时，应尽量避免光污染，以减少对人体的损害。当采用白炽灯、卤钨灯等光源照明时，尤其是局部照明（如台灯）时，应采用遮光性好的灯具，以避免光线直接照射眼睛。舞台、影视和剧场等场所采用高压气体放电灯（HID灯），如最常用的金属卤化物灯，此类光源含有较多的紫外辐射和红外辐射，应采用带隔紫外线辐射玻璃罩的灯具，其辐射通量应符国际电工委员会有关标准的要求。演员、工作人员也不宜长时间不间断地在此类光源下工作。

采用荧光灯照明可以避免紫外线和红外线辐射带来的伤害。荧光灯是一种较理想的光源。但在市电交流电源50Hz频率下工作时，荧光灯存在每秒100次的闪烁，含有光束由强到弱和由弱到强的不断变换。荧光粉的余辉效应和人眼的暂留作用，使人们感觉不到这种光的变化。但这种闪烁是客观存在的，并不断影响人眼和视神经。在这种光线下观看时间长了，人眼会产生疲劳，甚至会出现头痛等不适反应。在某些条件下，还会引起视觉错觉，造成对工作的影响和对身体的损伤，如羽毛球、乒乓球等运动在荧光灯照明下进行，运动员对球的运行速度和方向会产生错觉，影响成绩；对高速运转的车床纺织机等，可能产生静止的错觉（如车速为 100r/s），对人体造成伤害。采用高品质的电子镇流器的荧光灯，其工作频率在 20kHz 以上，荧光灯的闪烁度大幅下降，改善了视觉环境，有利于人体健康。

眩光是一种严重的光污染。根据眩光对人的影响，眩光污染分为失能眩光、损害视觉眩光和不舒适眩光。眩光也是应重视的一种污染，如高大建筑物的玻璃墙对光的反射，道路边灯光装饰和夜景照明光源产生的眩光，对路上行人尤其是司机会产生干扰，很容易引发交通事故。大量的眩光会影响人们的正常工作、娱乐、休息和身心健康。因此，在室内照明中，在城市环境、道路照明和夜景照明中应重视眩光干扰的克服。

■ 10.6　热污染及其控制

10.6.1　热污染

热污染（Thermal pollution）是指工业生产和现代生活中排出的废热造成的环境污染，主要包括城市热岛效应和对水体的热污染。

随着城市化进程持续加速发展，城市人口急剧增加并且出现都市集聚化的趋势，这势必对局地气候产生重大影响。人类活动对气候的影响，在城市气候中表现最为突出。在人口高度密集、工商业集中的城市区域，人类活动排放的大量热量加上其他自然条件的作用，使城区气温普遍高于周围郊区的气温，人们把这种现象称为"人造火山"。在温度的空间分布上，高温的城市处于低温的郊区的包围之中，犹如汪洋大海中的一个小岛，故也称为"城市热岛"现象。此外，城市中高大的建筑物密集，成了气流通行的障碍物，使城市风速减小，不利于热量的扩散。

高温水体热污染来源于很多工业部门，如电力、冶金、化工和纺织等部门。在生产工艺流程中要进行蒸馏、漂洗、稀释、冲刷和冷却，这些过程都有可能产生大量的废热水，其中一部分是水量小温度高、总热量很大的温排水；另一部分是水量大温度低、总热量大的温排水。这些温排水流入水体后，使水体的热负荷或温度增高，从而引起水体物理、化学和生物过程的变化，既影响了环境生态平衡，又浪费能源。

10.6.2　热污染对生态的影响

1. 城市热岛的危害

城市热岛（Urban heat island）是城市化气候效应的主要特征之一，是城市化对气候影响最典型的表现。城市热岛现象早在 18 世纪初首先在英国伦敦发现。此后，随着世界各城市的发展和人口稠密化，特别是近几十年来，在世界范围内城市化过程持续发展，大量农村人口涌入城市，城市化潮流汹涌澎湃，大城市、特大城市、城市带、城市群、城市化国家不断涌现，使得城市热岛效应变得日益突出。

城市热岛效应（Urban heat island effect）主要是由以下因素综合形成：①城市建筑物和铺砌水泥地面的道路热容量大，改变了地表的热交换特性，白天吸收的太阳辐射能，到夜晚大部分又传输给大气，使得气温升高；②人口高度密集，工业集中，大量人为热量散发；③高大建筑物造成的地表风速小且通风不良；④人类活动释放的废气排入大气，改变了城市上空的大气组成，使其吸收太阳辐射的能力及对地面长波辐射的吸收能力增强。

城市热岛效应的强度与城市规模、人口密度及气象条件有关。一般百万人口的大城市年平均温度比周围农村约高 $0.5 \sim 1.0℃$。如美国洛杉矶市区温度年平均值约比周围农村高 $0.5 \sim 1.5℃$。又如在我国的上海，每年平均35℃以上的高温天数要比郊区多 $5 \sim 10$ 天以上。

暴雨是造成城市洪涝灾害的首要原因。热岛效应、雨岛效应，加剧了城市暴雨的危害，使城市雨洪径流增大，增加了城市的防洪压力，同时使地面侵蚀加强，非点源污染加大，使受纳水体的污染情况恶化及河道、蓄水池淤积加速等。下雨时能见度下降，路滑泥泞，阻碍交通，增加了交通事故率的发生率。

冬季，城市热岛效应使气温升高出现暖冬现象，使城市取暖季节比郊区缩短，节省城市取暖的能源消耗，削减大气污染；另一方面，减少城市积雪时间和深度，延长无霜期，利于植物生长，这些都是有利的一面。但夏季城市热岛可加强城市高温的酷热程度，尤其是对于低纬度城市，这种"过热环境"使居民感到不适，不仅使人们工作效率降低，严重时还会引起中暑和心血管功能失调等疾病；空调降温消耗能量，污染环境，影响城市生态环境质量，而且夏季高温易导致火灾多发，加剧光化学烟雾的危害等。

2. 水体热污染的危害

1）使水体溶解氧含量降低。水温增高不仅会使水中氧气逸出，降低水体中溶解氧含量，还会加快水生生物的代谢速度及底泥中有机物的生物降解速度，从而加大了对水体溶解氧的需要量，势必造成水中溶解氧缺乏，从而影响鱼类和其他水生生物的正常生活。

2）加重水体中某些重金属及有毒物质的毒性。水温升高后，水体生物化学的反应速度也会加快，在 $0 \sim 40℃$ 的范围内温度每升高 $10℃$，可使化学反应速率约增加一倍，能使某些毒物毒性提高。

3）加剧水体富营养化进程。氮、磷等物质过剩是产生富营养化的主要原因，但水体增温也是一个不可忽视的因素。这主要表现在以下两方面：一方面增温可增加水体中氮、磷含量；另一方面增温可改变浮游植物群落组成，一些耐温性或温性种类增加、水中浮游植物异常增殖是富营养化的主要特征。因此，增温可加速水体富营养化的进程，是不可忽视的一个原因。

4）影响水生生物。水中溶解氧的减少，会使存在的有机负荷因消化降解过程加快而加速耗氧，出现缺氧。鱼类会因缺氧而死亡。温度升高还会使水中化学物质的溶解度增大，生化反应加速，影响水生生物的适应能力。

5）热水使河面蒸发量大，失水严重。水温升高增大了水温和气温的差值，使水面上产生温度不稳定层，从而加强了水汽在垂直方向上的对流运动，进而导致蒸发量加大。因此，当其他条件相同时，热水面比普通情况下的水面的蒸发量大 $1.3 \sim 1.5$ 倍。水温升高加速了蒸发速率，导致失水严重，使湖泊、水库等储水量下降，又会影响了正常的民用及生产用水。

6）水温升高，降低冷却效率，造成资源浪费。水温升高，给许多循环水生产的工厂造成了安全和经济上的危害，其中尤以对电厂的影响最大。水温可直接影响电厂的热机效率和发电的煤耗、油耗，如循环水温在 10～15℃，每上升 1℃，煤耗上升 2.5g。钢铁厂、化工厂等也有增加煤耗的问题。可见，含热废水引起水体增温，导致冷却效率的降低，不仅影响了热机效率，还增加了对煤、油、水等资源的消耗，必将对资源造成极大的浪费。

7）热污染对农业生产的影响。当温排水灌溉农田使环境温度超过作物忍受温度上限后，会出现高温与热害。例如，我国江苏望亭电厂在 1979 年和 1980 年夏季都遇到了几十年来未曾出现过的高温天气，电厂进水水温已达 39～40℃。排水口水温高达 45～49℃，致使电厂附近水稻生长受到严重热害，造成大面积减产。此外，工业废热若排向空中，则会导致大气中的热量增加，地面反射太阳热能的反射率增高，吸收太阳辐射减少，使地面上升的气流相应减弱，阻碍云雨的形成，造成局部地区干旱少雨，改变局部地区的气候，影响农作物生长，严重时会造成大灾害，使人类生命财产受到威胁。

热污染还会引起致病微生物的滋生与繁殖，给人类健康带来危害。例如，1965 年，澳大利亚曾流行一种脑膜炎，致死率很高，经科学家研究证实，其祸根是一种能引起脑膜炎的变形原虫在作怪，这种变形原虫就来自于河水。因为发电厂排出的热水使河水温度升高，适宜在温水中生长的变形原虫便大量滋生繁殖，使水源污染，人们饮用受污染的水体后便引发了脑膜炎。

10.6.3　热污染的防治

人类的生活永远离不开热能，但人类面临的问题是，如何在利用热能的同时减少热污染。这是一个系统问题，但解决问题的切入点应在源头和途径上。随着现代工业的发展和人口的不断增长，环境热污染将日趋严重。然而，人们并没有一个量值来界定污染的程度，这表明人们并未对热污染有足够的重视。防治热污染可以从以下方面着手：

1）在源头上，应尽可能多地开发和利用太阳能、风能、潮汐能、地热能等可再生能源。

2）加强绿化，增加森林覆盖面积。绿色植物具有光合作用，可以吸收 CO_2，释放 O_2，还可以产生负离子。植物的蒸腾作用可以释放大量水汽，增加空气湿度，降低气温。林木还可以遮光、吸热、反射长波辐射，降低地表温度。绿色植物对防治热污染有巨大的可持续生态功能。具体措施有：提高城市行道树建设水平，加强机关、学校、小区等的绿化布局，发展城市周边及郊区绿化等。

3）提高热能转化和利用率及对废热的综合利用。像热电厂、核电站的热能向电能的转化，生产、生活中热能的利用应提高热能的转化和使用效率，把排放到大气中的热能和 CO_2 降低到最小量。在电能的消耗上，应使用设计良好的节能的、散发额外热能少的电器等。这样做，既节约了能源，又有利于环境。另外，产生的废热可以作为热源加以利用，如用于水产养殖、农业灌溉、冬季供暖、预防水运航道和港口结冰等。

4）提高冷却排放技术水平，减少废热排放。

5）有关职能部门应加强监督管理，制定法律、法规和标准，严格限制热排放。

【阅读材料】

部分家用电器的电磁辐射污染

电磁辐射污染无处不在，即便是身边常用的各种家用电器，如电视机、微波炉、手机、电脑等，其发射的电磁辐射也或多或少会对我们的身体健康造成一定的危害。下面介绍部分家用电器的电磁辐射污染及防范方法。

1. 电视机

不同类型电视机的电磁辐射有很大差别，其中普通电视（CRT电视）和等离子电视产生的电磁辐射较大，液晶电视的电磁辐射较小，保持一定的观看距离是减少电视电磁辐射的有效方法。液晶电视的辐射范围一般在2m以内，42英寸以上平板电视的最佳观看距离在30m以上。另外，还要提防电视产生的辐射积累，当液晶电视暂停使用时，最好不要处于待机状态，因为此时可产生较微弱的电磁场，长时间也会产生辐射积累，危及人体健康。

2. 微波炉

微波炉是家用电器中的"辐射大王"，其中门缝处和开启时的辐射最大。在微波炉工作时，人至少离炉0.50m以上，不可在炉前久站。食物从炉中取出后，应先放几分钟再吃。另外，还应经常检测有无微波泄漏，其简单的方法是：将收音机打开放在炉边，打开微波炉后若收音机受到干扰，则表示有微波泄漏，应及时请技术人员检修。

3. 手机

随着手机作为移动通信工具的迅速普及，其辐射问题也越来越引发人们的关注。据测定，手机初起寻呼时的辐射场强最大，一般持续1~3s，最长为4s。当手机寻呼网络接通后，其辐射场强明显降低。长时间使用手机可诱发脑肿瘤等脑疾病、损害神经系统、影响心血管系统功能。因此，最好给手机装上合格的防辐射机套；手机接通最初7s最好不要马上贴耳接听；每次通话时间都不宜过长，若确需要较长时间，可分成两三次通话；使用分离耳机和分离话筒，能用座机时尽可能不用手机；最好在信号不好的地方不使用手机；手机充电时不应置于有人处或卧室中。

4. 电脑

电脑的电磁辐射主要来源于电脑屏幕、主机、无线鼠标和键盘等，开机瞬间电脑屏幕的电磁辐射最大。在使用电脑时，应至少保持50cm以上的距离；尽量不让屏幕的背面朝着有人的地方；要调整好屏幕的亮度，一般来说，屏幕亮度越大，电磁辐射越强，反之越小；电脑使用后，脸上会吸附不少电磁辐射的颗粒，要及时用清水洗脸，这样将使所受辐射减轻70%以上；另外，放置电脑的房间要注意通风，尽量使用新款电脑等。

5. 台灯

台灯一般以日光灯为光源。研究表明，两只20W日光灯并列在一起时，10cm外磁场强度为100mG，而25cm以外磁场强度为6.5mG。另外，为了提高光源稳定性，台灯大多采用高频振荡器。因此，长期使用台灯可造成失眠、多梦、食欲不振、记忆力减退和注意力下降等症状。

思 考 题

1. 什么叫噪声？解释声压、声强、声压级与声强级等概念。

2. 试比较噪声公害与其他公害的异同。

3. 生活中的常见噪声有什么？噪声源是什么？噪声会造成哪些方面的危害？

4. 试述防止噪声污染的技术方法。

5. 生活中的常见振动污染有哪些？如何衡量它的强度？已经造成哪些方面的危害？

6. 如何防治振动污染？

7. 什么叫微波？它对环境有哪些危害？如何防护？

8. 电磁辐射污染的污染源有哪些？如何防护？

9. 简述放射性污染的来源和放射性废物的处理措施。

10. 什么叫光污染？它对环境有哪些危害？如何防护？

11. 什么叫热污染？它对环境有哪些危害？如何防护？

12. 实际调查周围环境放射性污染、光污染、热污染、电磁污染的状况。依据国家的防治标准给出具体的污染级别。提出具体的防治意见。

参考文献

[1] 赵景联，史小妹. 环境科学导论 [M]. 2版. 北京：机械工业出版社，2017.

[2] 竹涛. 物理性污染控制 [M]. 北京：冶金工业出版社，2014.

[3] 黄勇. 物理性污染控制技术 [M]. 北京：中国石化出版社，2013.

[4] 戴树桂. 环境化学 [M]. 2版. 北京：高等教育出版社，2006.

[5] 陈杰瑢. 物理性污染控制 [M]. 北京：高等教育出版社，2007.

[6] 叶文虎. 环境质量评价 [M]. 北京：高等教育出版社，1998.

[7] 赵玉峰. 现代环境中的电磁污染 [M]. 北京：电子工业出版社，2003.

[8] 李连山. 环境物理性污染控制工程 [M]. 武汉：华中科技大学出版社，2009.

[9] 何强. 环境学概论 [M]. 北京：清华大学出版社，2004.

[10] 孙兴滨. 环境物理性污染控制 [M]. 2版. 北京：化学工业出版社，2010.

[11] 鞠美庭，邵超峰，李智. 环境学基础 [M]. 2版. 北京：化学工业出版社，2010.

[12] 周新祥. 噪声控制及其应用实例 [M]. 北京：海洋出版社，1999.

[13] 刘文魁. 电磁辐射的污染及防护与治理 [M]. 北京：科学出版社，2003.

[14] 罗上庚. 放射性废物处理与处置 [M]. 北京：中国环境科学出版社，2007.

推 介 网 址

1. 环保部宣传教育中心 http：//www. chinaeol. net/

2. 联合国环保署 http：//www. unep. org/

3. 中国环境保护网：http：//www. zhb. gov. cn

4. 北极星节能环保网：http：//huanbao. bjx. com. cn/scl/

第11章

有毒化学物质污染及其控制

[导读] 目前世界上大约有 800 万种物质，其中常用的化学品就有 7 万多种，每年还有上千种新的化学品问世。在品种繁多的化学品中，有许多是有毒化学物质（通过其对生命过程的化学作用而能够对人类或动物造成死亡、暂时失能或永久伤害的任何化学品），在生产、使用、贮存和运输过程中有可能对环境产生污染，对人体产生危害，甚至危及人的生命，造成巨大灾难性事故。因此，了解和掌握有毒化学物质对人体的危害、典型有毒化学污染物、污染源和优先控制污染物的种类，有毒化学物质进入生物体途径及其生物机理等基本知识，对于加强有毒化学物质的污染控制和管理，防止其对人体的危害和中毒事故的发生，无论对从事环境污染治理工作者，还是有毒化学物质生产者和管理使用人员，都是十分必要的。

[提要] 本章介绍了有毒化学物质概念、分类、进入生物机体途径、在体内的生物效应、机理及表示污染物毒性的基本参数；阐述了典型有毒化学污染物、污染源和优先控制污染物的种类及在环境中和人体中的分布、迁移、转化和生物效应；介绍了有毒化学物质的污染控制技术、对策和措施。

[要求] 通过本章学习，了解有毒化学物质基本概念、典型有毒化学物质对环境和人体的危害，掌握有毒化学物质的污染控制技术、对策和措施。

■ 11.1 有毒化学物质概述

11.1.1 有毒化学物质

当今世界，科学技术飞速发展，商品生产给人类的物质文明不断增添光彩。在丰富的物质世界中，化学品（Chemicals）生产规模的扩大尤为迅速，人类的文明促使化学品的家庭成员不断发展。据估计，人类财富的 50% 来源于化学品。

绝大部分化学品是低毒的（或称无毒的），它们给人类带来巨大的利益和享受。但实践多次证明，少数化学品能给生态环境和人体健康带来严重危害。由于化学品种类繁多，它们对环境及人体健康的影响要通过大量的科学实验才能获得证实。因此，究竟怎样来区分哪些化学品是属于有毒的至今尚无确切的定义和统一的概念。一般认为某种化学物质接触或进入机体以后，损害机体的组织器官，并能在组织与器官内发生化学或物理化学作用，从而破坏了机体的正常生理功能，引起机体功能性或器质性病理改变，具于这种作用的化学物质，称为有毒化学物质或者有毒化学品（Toxic chemicals）。

有毒化学物质通过多种不同的机理对生物系统起作用，而且这些相互作用的总结果也是复杂而不同的。它们对环境的污染包括以下几个方面：

1）人类活动产生的废弃物（包括工业废弃物、生活废弃物、商业废弃物等），由于处理处置不当，其所含的有毒化学物质经各种途径进入环境。

2）化学品生产、排放、流通、使用过程中，一些有毒化学品及有毒副产物进入环境。

3）一些本来不含毒性或毒性不大的化学品在进入环境后，经历某种反应生成有毒的二次产物。

4）环境自身天然释放的有毒化学物质，如亚硝胺、某些重金属等。

11.1.2 有毒化学物质分类

根据毒性物质的总效应，可以把有毒化学物质分为诱变剂（Mutagenic agent）、致病物（Causative agent）和致畸剂（Teratogens）；根据毒性物质的化学性质可以把它们分成元素有毒物、有机有毒物和放射性有毒物等；按毒性物质的来源可以分为大气污染物、水污染物、土壤污染物、食品添加剂、农药污染物和溶剂。

美国"化学文摘（Chemical abstracts）"中登记的化学物质已达600万种之多，并且正以每周6000种的速度增加着，其中大部分是自然界中未发现的新化合物。1973年美国职业卫生研究所列出的有毒物质有25043种，据估计已有96000种化学物质进入人类环境。各国从如此众多的污染物中优先选择了一些潜在危害性大的有毒污染物作为环境优先控制污染物（Priority pollutants）。表11-1为我国环境优先控制的污染物名单。

表 11-1 我国环境优先控制污染物名单

二氯甲烷	多氯联苯	苯并 [k] 荧蒽
三氯甲烷	苯酚	苯并 [a] 芘
四氯化碳	碱甲酚	茚并 [1，2，3-c，d] 芘
1，2-二氯乙烷	2，4-二氯酚	苯并 [ghi] 芘
1，1，1-三氯乙烷	2，4，6-三氯酚	酞酸二甲酯
1，1，2-三氯乙烷	五氯酚	酞酸二丁酯
1，1，2，2-四氯乙烷	对硝基酚	酞酸二辛酯
三氯乙烯	硝基酚	六六六
四氯乙烯	对硝基甲苯	DDT
三溴甲烷	2，4-二硝基甲苯	敌敌畏
苯	三硝基甲苯	乐果
甲苯	对硝基甲苯	对硫磷
乙苯	2，4-二硝基氯苯	甲基对硫磷
邻二甲苯	苯胺	除草醚
间二甲苯	二硝基苯胺	敌百虫
对二甲苯	对硝基苯胺	丙烯腈
氯苯	2，6-二氯-1-硝基苯胺	N-亚硝基二甲胺
邻二氯苯	萘	N-亚硝基二丙胺
对二氯苯	荧蒽	
六氯苯	苯并 [b] 荧蒽	

"黑名单"中，共有19类，68种优先控制的污染物，其中优先控制的有毒有机化合物有12类58种，占总数的58.29%，包括10种卤代烯烃类、6种苯系物、4种氯代苯类、1种多氯联苯、7种酚类、6种硝基苯、4种苯胺、7种多环芳烃、3种酞酸酯、8种农药、丙烯腈和两种亚硝胺。

11.1.3　有毒化学物质进入人体的途径

有毒化学物质进入人体的主要途径是经口摄食、呼吸道和肺吸入及皮肤吸收；次要的途径是直肠、生殖道及药物注射进入。有毒物进入人体的途径如图11-1所示。

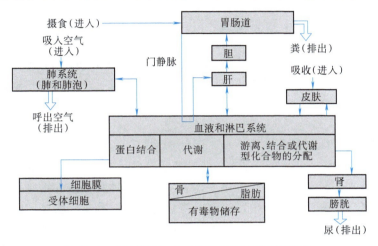

图11-1　有毒物进入体内的途径及在体内的转移

1）呼吸道是工业生产中毒物进入体内的最重要的途径。凡是以气体、蒸气、雾、烟、粉尘形式存在的毒物，均可经呼吸道侵入体内。人的肺脏由亿万个肺泡组成，肺泡壁很薄，壁上有丰富的毛细血管，毒物一旦进入肺脏，很快就会通过肺泡壁进入血液循环系统而被运送到全身。呼吸道吸收的最重要的影响因素是其在空气中的含量，含量越高，吸收越快。

2）在工业生产中，毒物经皮肤吸收引起中毒也比较常见。脂溶性毒物经表皮吸收后，还需兼有水溶性，才能进一步扩散和吸收，所以水、脂均溶的物质（如苯胺）易被皮肤吸收。

3）在工业生产中，毒物经消化道吸收多半是由于个人卫生习惯不良，手沾染的毒物随进食、饮水或吸烟等进入消化道和呼吸道，进入呼吸道的难溶性毒物被清除后，可经由咽部被咽下而进入消化道。

11.1.4　有毒化学物质在体内的分布

1）有毒化学物质被吸收后，随血液循环（部分随淋巴液）分布到全身。当在作用点达到一定含量时，就可发生中毒。毒物在体内各部位的分布是不均匀的，同一种毒物在不同的组织和器官的分布量有多有少。有些毒物相对集中于某组织或器官中，如铅、氟主要集中在骨质，苯多分布于骨髓及类脂质。

2）毒物吸收后受到体内生化过程的作用，其化学结构会发生一定的改变，称为毒物的生物转化。其结果可使毒性降低（解毒作用）或增加（增毒作用）。毒物的生物转化可归结为氧化、还原、水解及结合。经转化形成的毒性代谢产物排出体外。

3）毒物在体内可经转化或不经转化而排出。毒物经肾、呼吸道及消化道途径排出，其中经肾随尿排出是最主要的途径。尿液中毒物的含量与血液中的含量密切相关，常通过测定尿中毒物及其代谢物，以监测和诊断毒物的吸收和中毒。

4）毒物进入体内的总量超过转化和排出总量时，体内的毒物就会逐渐增加，这种现象称为毒物的蓄积。此时毒物大多相对集中于某些部位，并对这些蓄积部位产生毒害作用。毒物在体内的蓄积是发生慢性中毒的根源。

11.1.5 有毒化学物质对人体的危害

有毒化学物质对人体的危害主要表现为引起中毒（Toxication）。中毒分为急性、亚急性和慢性。毒物一次短时间内大量进入人体后可引起急性中毒；小量毒物长期进入人体引起的中毒称为慢性中毒；介于两者之间的，称为亚急性中毒。接触毒物不同，中毒后的病状不一样。

有毒物质可以对人体的各个系统产生不同的危害。

（1）呼吸系统（Respiratory system）　在工业生产中，呼吸道最易接触毒物，特别是刺激性毒物，一旦吸入，轻者引起呼吸困难，重者发生化学性肺炎或肺水肿。常见引起呼吸系统损害的毒物有氯气、氨、二氧化硫、光气、氮氧化物，以及某些酸类、酯类、磷化物等。

（2）神经系统（Nervous system）　有毒物质可损害中枢神经和周围神经。主要侵犯神经系统的毒物称为"亲神经性毒物"，如一氧化碳、硫化氢、氰化物、氮气、甲烷等。

（3）血液系统（Blood system）　在工业生产中，有许多毒物能引起血液系统损害。如苯、砷、铅等能引起贫血；苯、巯基乙酸等能引起粒细胞减少症；苯的氨基和硝基化合物（如苯胺、硝基苯）可引起高铁血红蛋白血症，患者突出的表现为皮肤、黏膜青紫；氧化砷可破坏红细胞，引起溶血；苯、三硝基甲苯、砷化合物、四氯化碳等可抑制造血机能，引起血液中红细胞、白细胞和血小板减少，发生再生障碍性贫血；苯可致白血症已得到公认，其发病率为 0.14/1000。

（4）消化系统（Digestive system）　有毒物质对消化系统的损害很大。如汞可致毒性口腔炎，氟可导致"氟斑牙"；汞、砷等毒物经口侵入可引起出血性胃肠炎；铅中毒可致腹绞痛；黄磷、砷化合物、四氯化碳、苯胺等物质可致中毒性肝病。

（5）循环系统（Circulatory system）　有机溶剂中的苯、有机农药、某些刺激性气体和窒息性气体对心肌产生损害，其表现为心慌、胸闷、心前区不适、心率快等；急性中毒可出现休克；长期接触一氧化碳可促进动脉粥样硬化等。

（6）泌尿系统（Urinary system）　经肾随尿排出是有毒物质排出体外的最重要的途径。泌尿系统各部位都可能受到有毒物质损害，如慢性铍中毒常伴有尿路结石，杀虫脒中毒可出现出血性膀胱炎等，但常见的还是肾损害。不少毒物对肾有毒性，尤以重金属和卤代烃最为突出，如汞、铅、铊、镉、四氯化碳、六氟丙烯、二氯乙烷、溴甲烷、溴乙烷、碘乙烷等。

11.1.6　有毒化学物质引起的人体病变

1. 化学致突变作用

化学致突变作用（Chemical mutagenic effect）是指化学物质引起生物细胞内 DNA 发生突变从而引起的遗传特性突变的作用。这种突变可以遗传至后代。诱发突变的化学物质称为化学致突变物。化学致突变分为两大类：

（1）基因突变（Gene mutation）　基因突变是指在化学致突变物的作用下，DNA 中碱基对的化学组成和排列顺序发生了变化，它包含碱基对的转换、颠换、插入和缺失四种类型。

（2）染色体畸变（Chromosome aberration）　细胞内染色体是一种复杂的核蛋白结构，主要成分是 DNA。在染色体上排列着很多基因。若其改变只是限于基因范围，就是上述的基因突变，而若这种突变涉及整个染色体，反应为染色体结构和数目的改变，则称为染色体畸变。

常见的具有化学致突变作用的有毒物包括亚硝酸类、苯并［a］芘、甲醛、苯、砷、铅、烷基汞化合物、甲基硫磷、敌敌畏、百草枯、黄曲霉素 B_1 等。

2. 化学致畸作用

化学致畸作用（Chemical abnormality）是指化学物质引起人或动物胚胎发育过程中形态结构异常，引起生育缺陷作用。具有致畸作用的有毒物质称为致畸物。化学致畸作用机理目前尚不完全清楚，认为可能的化学致畸作用机理主要有四类：

（1）突变引起胚胎发育异常　化学品作用于胚胎体细胞会引起胚胎发育异常，造成畸胎，这种畸形是非遗传的，除形态缺陷外，有时还产生代谢功能缺陷。

（2）胚胎细胞代谢异常　一些化学品可引起细胞膜转运和通透性改变，另一些化学品从胚胎排出的速度较从母体慢而引起蓄积，由此影响所有发育分化过程的酶活性并产生发育过程障碍。

（3）细胞死亡和增殖速度减慢　许多化学毒物致畸作用是因能杀死细胞，尤其是正在增殖的细胞。致畸物进入胚胎后，常在数小时或数天内引起某些组织的明显坏死，导致这些组织的器官畸形。

（4）胚胎组织发育过程的不协调　化学致畸物进入胚胎可引起某些组织或某细胞生长发育过程改变，造成各组织细胞之间在时间和空间关系上的紊乱，导致特定的组织和器官的发育异常。

目前已确认的对人体有致畸作用的化学品只有 25 种，但对动物有致畸作用的化学品有 800 种之多。其中，影响最大的人类致畸物是"反应停"（沙利度胺），它曾于 20 世纪 60 年代初在欧洲及日本被用于妊娠早期安眠镇定药物，结果导致约一万名产儿四肢不全或四肢严重短小。其他已知对人体具有致畸作用的化学品还有甲基汞、超剂量的维生素 D、雌性激素、雄性激素及用于抗癌的某些化学治疗药物。

3. 化学致癌作用

体细胞恶性生长的病变称为癌症（Cancer）。化学品致癌作用过程如图 11-2 所示。能在动物和人体中引起癌症的化学品叫致癌物。致癌物根据性质可分为化学性致癌物、物理性致癌物、放射性致癌物和生物性致癌物。据估计，人类癌症的 80% ~ 85% 与化学致癌有关，在化学致癌物中又以合成化学物质为主。化学致癌物的致癌机制非常复杂，仍在研究之中。目前主要有两大学派：

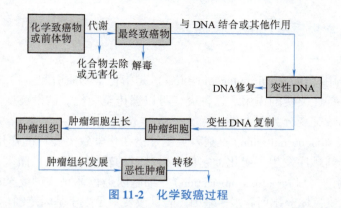

图 11-2　化学致癌过程

（1）基因机制学派　认为癌变是基因（DNA）发生改变，即外来致癌因素引起细胞基因改变或外来基因整合到细胞基因中，细胞基因改变而导致癌变。

（2）基因外机制学派　认为基因本身并未发生改变，而是基因调节和表达发生改变，使细胞分化异常。

到 1978 年为止，确定为动物致癌物的化学品达 3000 种，以后每年都有数以百计新致癌物被发现。目前已确认对人体有致癌作用的化学品只有 20 余种，如苯并［a］芘、二甲基亚硝胺、2-萘胺、砷及其化合物、石棉等。表 11-2 列出了美国卫生部与环保局公布的已知或可疑的致癌物。

表 11-2　美国有关部门公布的已确定或高度可疑的人类致癌物

2-乙酰氨基芴	茚并［1，2，3-c，d］芘
丙烯腈	葡聚糖铁（右旋糖酐铁）
黄曲霉毒素	异丙醇制作工艺（强酸工序）
4-氨基联苯	开蓬（Kepone）
氨三唑（杀草强）	醋酸铅及磷酸铅
异黄樟油素（杀螨特）	高丙体六六六及其他六六六异构体
砷及某些砷化物	美法仑（苯丙氨酸氮芥）
石棉	全氯五环癸烷（灭蚁灵）
金胺及其制造工艺	芥子气
苯并［a］蒽	2-萘胺
苯	镍，某些镍化合物及镍的冶炼
联苯胺	N-亚硝基二-N-丁胺
苯并［a］芘	N-亚硝基二乙醇胺
苯并［a］荧蒽和苯并［j］荧蒽	N-亚硝基二乙胺
铍及某些化合物	N-亚硝基二甲胺
N，N-联（2-氯乙基）-2-萘胺	N-亚硝基二-N-丙胺
二（氯甲基）醚及工业氯甲基甲醚	N-亚硝基-N-乙脲
镉及某些镉化合物	N-亚硝基-N-甲脲
四氯化碳	N-亚硝基丙烯胺
对丙丁酸氮芥	N-亚硝基吗啉
三氯甲烷	N-亚硝基降烟碱
铬及某些铬化合物	N-亚硝基哌啶
炼焦炉排气物	N-亚硝基吡咯烷
对-甲酚定	N-亚硝基肌氨酸
苏铁碱	烃甲烯龙（蛋白同化激素）
环磷酰胺	非那西汀

（续）

2,4-二氨基甲苯	偶氮酚吡啶盐酸盐
二苯并[a,h]吖啶	苯妥英
二苯并[a,j]吖啶	多氯联苯
二苯并[a,h]蒽	丙卡巴肼及盐酸丙卡巴肼
7H-二苯并[c,g]咔唑	B-丙内酯
二苯并[a,h]芘	利舍平
二苯并[a,j]芘	糖精
1,2-二溴-3-氯丙烷	黄樟脑
1,2-二溴乙烷	煤烟,焦油及矿物油
己烯雌酚	链脲佐菌素
2-二甲氨基偶氮苯	2,3,7,8-四氯联苯-对-二氧杂蒽
二甲基氨基甲酰氯	二氧化钍
硫酸二甲酯	邻甲苯胺盐酸盐
1,4-二氧杂环己烷	毒杀芬
甲醛	三(1-吖丙啶基)硫化磷
赤铁矿(地下赤铁矿藏)	三(2,3-二溴丙基)磷酸酯
二苯胺	氯乙烯
二氯联苯胺	1,2-二氯乙烯

11.1.7　有毒化学物质毒性指标

有毒化学物质毒性作用的大小，可以用多种毒性指标（Toxicity index）来表示，常用的有：

1. 致死浓度或致死剂量

1）LC_{50} 或 LD_{50} 为半致死浓度或半致死剂量：指一次染毒后能引起半数动物死亡的浓度或剂量，LC_{50} 或 LD_{50} 是根据急性毒性的实验结果，经数理统计处理后求得的，因此它受动物个体差异的影响少，波动范围小，是一种比较准确、稳定的急性毒性指标。

2）LC_{100} 或 LD_{100} 为绝对致死浓度或剂量：指一次染毒后引起实验动物全部死亡的最低浓度或剂量。

3）MLC 或 MLD 最小致死浓度或剂量：指一次染毒后引起个别动物死亡的浓度或剂量。

4）LC_0 或 LD_0 最大耐受浓度与剂量：指在一次染毒后保持实验动物全部存活的化学毒物的最高浓度或剂量。

2. C_{20} 吸入中毒的可能性系数

C_{20} 表示在20℃条件下化学毒物的饱和蒸汽浓度。吸入中毒的可能性系数除了与毒物的绝对毒性有关，还与毒物的饱和蒸气压（挥发性）有密切关系。在毒性相等的条件下，饱和蒸汽压越高，此系数的值也越大，吸入中毒的危险性也越大。

3. 蓄积系数 K

多次染毒引起某种效应（如死亡）的总剂量与一次染毒时出现相同效应的剂量间的比值，即

$$K = \frac{\sum LD_{50}(n)}{LD_{50}(1)} \tag{11-1}$$

K 值越小，表示蓄积作用越强，毒物的蓄积作用是引起慢性中毒的基础，凡能产生这种

作用的毒物，均有可能引起慢性中毒。一般 $K<1$ 为高度蓄积，$1\sim3$ 为明显蓄积，$3\sim5$ 为中度蓄积，>5 为轻度蓄积。

4. 阈浓度或阈剂量

当毒物的浓度（剂量）逐渐减少到一定程度时，接触毒物的群体中所有个体不再出现任何轻微效应，只引起群体中极少数个体出现最轻毒效应的最小浓度（或剂量）称为阈浓度（或阈剂量）。它又可分为急性阈浓度和慢性阈浓度，是评价毒物毒性、制定最高允许浓度的重要依据。

■ 11.2 典型有毒化学物质的污染

11.2.1 重金属污染

重金属污染（Heavy metal pollution）是指人们的生产和生活活动造成的重金属对大气、水体、土壤、生物等的环境污染。

分布于自然界中的重金属约 60 余种，人类为开发利用它们，在进行采掘、冶炼、提纯一系列工作过程中，都可能造成重金属对环境的污染。此外，燃烧重油产生的钒，燃烧汽油（指加有抗爆剂四乙基铅的汽油）产生的铅，焚烧垃圾产生的锌、锡、钛、钡、铅、铜、镉、汞等化合物，施用化肥或农药带来的铅、锰、汞、锌、钼、锡、砷（类金属，毒性与金属相似）等，也可以通过大气、水、食物对环境造成严重的污染，并经过食物链为人体摄取和积累。进入人体的重金属，尤其是有害的重金属，有的会在人体内积累和浓缩，如果超过人体所能耐受的限度，可造成人体急性中毒、亚急性中毒、慢性中毒等危害。

重金属污染与其他有机化合物的污染不同。不少有机化合物可以通过自然界本身物理的、化学的或生物的净化，使有害性降低或解除。重金属即使含量很低，也极难降低或消除它的有害性。

防治重金属污染，必须对污染源严格控制，加强和提高工程技术治理（包括企业生产活动前的设计方案和生产过程中及生产过程后的治理方案的实施），防止或减少重金属进入环境，造成环境的第一次污染。这是防治重金属污染的关键和核心。对已排入环境的重金属要做到尽可能地回收再利用，实在不能再利用的要设法固定（如用水泥凝固）或收藏于安全场所。为了防止有害重金属与人体接触，要采取相应的控制和保护措施。对于已受到重金属污染危害的人体，要积极进行治疗。

1. 汞（Hg）

常温下汞（Mercury）呈液态，熔点和沸点都很低，金属汞及许多汞化合物对人体都是剧毒的。进入环境中的汞以无机汞和有机汞两种形式存在，无机汞包括单质和汞盐（如 $HgCl_2$、HgS）；有机汞包括烷基汞、芳基汞、烷氧基烷基汞。大气、土壤等处都有微量的汞及其化合物，它们随雨水而转移到水体。无机汞盐大多不溶或微溶于水；有机汞，如甲基汞 $Hg(CH_3)_2$，脂溶性较水溶性大 100 倍，故人和动物（如鱼类）摄入时，几乎全部吸收。它在人体中不易分解和排出，而在体内积累，所以汞中毒以甲基汞最为严重。国家规定生活饮用水含汞不得超过 0.001mg/L。

各种污染源排放的汞污染物，主要存在于排污口附近的底泥和悬浮物中。其主要原因是水体的腐殖质、底泥、悬浮物中有多种无机物及有机胶体，它们对汞具有强烈的吸附作用，其中以腐殖质吸附力最大。

排入水体中的汞可以发生多种化学反应。汞离子及有机汞离子可与多种配位体 X^-（如 Cl^-、OH^- 等）发生配位反应生成 HgX_2，S^{2-} 和含有巯基的蛋白质对汞的亲和力最强，生成的配位化合物稳定性最强，反应式如下

$$Hg^{2+} + 2S^{2-} \longrightarrow HgS_2^{2-} \tag{11-2}$$

当水体中无 S^{2-} 和含巯基的有机物存在时，汞离子主要与腐殖质螯合，此外汞离子和有机汞离子也能发生水解反应，生成相应的羟基化合物

$$Hg^{2+} + H_2O \longrightarrow Hg(OH)^+ + H^+$$
$$Hg^{2+} + 2H_2O \longrightarrow Hg(OH)_2 + 2H^+ \tag{11-3}$$

此外，水体底泥中的汞，无论以何种状态存在，都会直接或间接地在微生物的作用下转化为一甲基汞和二甲基汞，这种转化称为汞的生物甲基化作用。水体中微生物代谢类型不同，汞的甲基化可在厌氧条件下发生，也可在好氧条件下发生。在厌氧条件下主要转化为二甲基汞（$CH_3-Hg-CH_3$），它难溶于水，易挥发，易被光解为甲烷、乙烷和汞；在好氧条件下主要转化为一甲基汞（Hg^+-CH_3），在 pH 值为 4~5 的水体中二甲基汞可转化为一甲基汞，后者易被水体吸收而进入食物链。此外，在鱼体内也可进行汞的甲基化作用。

金属汞中毒常以汞蒸气的形式发生。由于汞蒸气具有高度的扩散性和较大的脂溶性，通过呼吸道进入肺泡，经血液循环运至全身。血液中的金属汞进入脑组织后，被氧化成汞离子，逐渐在脑组织中积累，达到一定的量，就会对脑组织造成损害。另外一部分汞离子转移到肾脏。无机汞化合物难以吸收，但 Hg^{2+} 与体内的巯基有很强的亲和力，能使含巯基较多的蛋白质和酶失去活性，危害人体健康。

甲基汞具有脂溶性，能通过食物链进行富集。当它进入人胃后，产生氯化甲基汞，几乎全部吸收进入血液，并运输到肝、肾，其中约有 15% 进入脑细胞。由于脑细胞富含脂质，所以甲基汞很容易蓄积在大脑皮层和小脑。故有向心性视野缩小、运动失调、肢端感觉障碍等临床表现。甲基汞造成的脑损伤是不可逆的，往往导致死亡，并能危及后代健康。

2. 镉（Cd）

镉（Cadmium）主要以硫化物形式存在于锌、铅、铜矿中，天然淡水中的镉主要同有机物呈配位状态存在，海水中的镉主要以 $CdCl_2$ 的胶体状态存在。水体的镉污染主要来自铅锌矿的选矿废水和电镀、碱性电池等工业废水排入地面水或渗入地下水引起的。金属镉本身无毒，但它的化合物毒性很大。国家规定生活饮用水中含镉不得超过 0.01mg/L。

镉在环境中以多种状态存在，大致可分成水溶性镉、难溶性镉和吸附性镉。大气中的镉主要存在于颗粒物和气溶胶中。水体中的 Cd^{2+} 可与 OH^-、Cl^-、SO_4^{2-} 等无机配体配位，也可能与腐殖质等有机物配体配位。一般的河水中 Cl^- 的浓度不小于 10^{-3} mol/L，Cd^{2+} 主要形成 $CdCl_2^-$、$CdCl_3^-$、$CdCl_4^{2-}$ 各种配位形态。当水体中有 S^{2-} 时，在较宽 pH 值范围内形成 CdS。若水体中不存在 S^{2-}，可能形成 $Cd(OH)_2$ 和 $CdCO_3$ 沉淀。在碱性较强时可能出现 $Cd(OH)_2$ 和 $Cd(OH)_3^-$ 形态，而在 pH 值小于 7 时，$Cd(OH)_2$ 和 $CdCO_3$ 溶解度是很高的。

水体中的悬浮物和水底沉积物对镉的亲和力较强，因此，镉在悬浮物和水底沉积物中含量较高，占水体镉总含量的 90% 以上。随水流迁移的镉易被悬浮物和水底沉积物吸附而沉

降，离开水流主体，水体由此得到净化。由于水生生物对镉的富集能力很强，可以造成水体中镉的生物迁移，再通过食物链的作用，对人类造成威胁。

镉是人体非必需元素，在自然界中常以化合物状态存在，一般含量很低，正常环境状态下，不会影响人体健康。

在自然界中镉常与锌、铅共生。当环境受到镉污染后，镉可在生物体内富集，通过食物链进入人体引起慢性中毒。镉被人体吸收后，在体内形成镉硫蛋白，选择性地蓄积于肝、肾中。其中，肾脏可吸收进入体内近 1/3 的镉，是镉中毒的"靶器官"。其他脏器（如脾、胰、甲状腺和毛发等）也有一定量的蓄积。由于镉损伤肾小管，患者会出现糖尿、蛋白尿和氨基酸尿。尤其是能使骨骼的代谢受阻，造成骨质疏松、萎缩、变形等一系列症状。

3. 铬（Cr）

铬（Chromium）在自然界中分布极广，还是一种人体必需的微量元素，缺乏时对人体健康会造成一些不良影响，如导致糖、脂肪等代谢系统紊乱。铬污染主要来源于含铬矿石的加工、重金属表面处理、皮革鞣制、印刷、耐火材料、燃料、化工等行业。在铬污染中，排入大气的量最大，水次之，铬渣居再次之。国家规定生活饮用水中总铬不得超过 1.5mg/L，《污水综合排放标准》中，六价铬属第一类污染物，最高允许排放质量浓度为 0.5mg/L。

铬的化合物常见的价态有三价和六价。在水体中六价铬一般以两种阴离子形式存在。受水中 pH 值、有机物、氧化还原物质、温度及硬度等条件影响，三价铬和六价铬的化合物可以互相转化。三价铬大多数被悬浮物和底泥吸附转入固相，迁移能力弱；六价铬在碱性溶液中呈溶解态，迁移能力强，但也有一部分可生成沉淀于底泥。

土壤中三价铬是主要存在形式，但也存在三价铬和六价铬的转化。吸收入植物的铬以三价为存在形式，不同植物的种类和品种对铬的吸收差异极大。

铬是生物必需的微量元素之一，但含量过高会对生物体有害。铬的毒性与其存在价态有关，通常认为六价铬的毒性比三价铬高 100 倍。三价铬更易被人体吸收而且在体内蓄积。同价铬的不同化合物的毒性也不相同。如六价铬呈阴离子状态存在时，毒性大，对皮肤有刺激性，能使皮肤溃疡。铬经呼吸道进入人体时，可引起溃疡、鼻中隔穿孔。铬在体内可影响氧化还原过程，并可使蛋白变性，核酸、核蛋白沉淀，干扰酶系统。此外，现在已公认铬有致癌作用。

4. 铅（Pb）

铅（Plumbum）在自然界中分布极广，是地壳中含量最高的重金属元素，也是人类最早发现并予以开发的重金属之一，应用十分广泛，由此带来的人为污染也日益严重。污染主要来源于蓄电池、冶炼、五金、机械、涂料和电镀工业。世界每年排入大气的铅量为 18050t。汽车废气中的烷基铅污染主要来源于汽油添加剂，毒性达无机铅的 100 倍，各国现在已经严格限制了汽油铅含量。水体中铅污染的主要来源有大气降落的含铅污染物及向水体排放的工业废水。我国规定饮用水中铅含量不得超过 0.1mg/L。

进入大气的铅大部分经雨水进入海洋，其余部分散落地面。

环境中的铅有二价和四价两种价态，分为无机铅、有机铅（烷基铅）两大类，其中，烷基铅毒性较强。水中铅化合物存在多种溶解平衡与络合平衡，有可溶态和不溶态两种。可溶态铅可随水流迁移，且在水流迁移过程中很容易净化，原因在于悬浮物和底质物对铅的强烈吸附作用，以及水中某些阴离子与铅生成不溶性的化合物。进入土壤的铅易被黏土矿物和有机质吸附，故土壤中的铅迁移性弱。一些植物对铅也有吸收和积累作用。

人体摄入铅后，主要效应与血液、神经、肠胃和肾四个组织系统相关。急件铅中毒通常表现为肠胃效应。在剧烈的爆发性腹痛后，出现厌食、消化不良和便秘。慢性铅中毒可引起慢性脑综合征，具有呕吐、嗜睡、昏迷、运动失调、活动过度等神经病学症状。铅中毒后对中枢神经系统和周围神经系统产生不良影响也是常见的，特别是对幼儿的智力发育和行为有极其不良的影响。职业接触铅的工人容易患贫血症，这是由于铅进入人体后阻断了血红素生物合成途径的缘故。用含铅 $0.1 \sim 4.4 \, \mathrm{mg/L}$ 的水灌溉水稻和小麦时，作物中铅含量明显增加。小鼠试验表明，四乙基铅有诱发肺癌的作用。

5. 砷（As）

自然界中的砷（Arsenic）多以化合物的形式存在，种类很多，三价和五价两种价态较为常见，其中三价砷的毒性强于五价的。按化合物性质，砷分为无机砷和有机砷，无机砷毒性强于有机砷。

人类对砷的认识已有很长的历史，古代炼金术士曾用一条盘绕着的毒蛇作为砷的符号，其毒性可见一斑。在中世纪，砷曾被作为他杀和自杀的药剂盛行一时。由于砷化物广泛用于玻璃、木材、制革、颜料、制药，以及含砷农药等制造业，随着砷化物的开采、冶炼、制造和使用，大量砷进入环境，造成砷污染。许多国家把砷列为优先污染物。

进入水体的砷可和水中的物质发生氧化还原、配位体交换、沉淀与吸附及生物化学等作用，构成砷在水中的循环，使砷发生水流迁移、沉积迁移、气态迁移、生物迁移。其随水流的迁移性强于汞、铅等重金属。沉积迁移的砷从水体沉积到底质中，包括吸附到黏粒上、共沉淀和进入金属离子的沉淀中。深水层低 Eh 条件下，砷主要以三价形式存在，在含 S^{2-} 体系中则可能形成 AsS_2^{2-}，进而由于吸附或晶体生长作用使砷转移到沉积物中。

砷在土壤中迁移转化过程取决于土壤的理化性质和砷的存在形态，它们影响土壤对易溶性和难溶性砷化合物相互转化的能力。例如，土壤 Eh 降低、pH 值升高时，可显著增加砷的可溶性，使土壤中以亚砷酸盐存在的可溶性砷增加。旱田中土壤处于氧化状态，砷多数以砷酸盐形式存在，土壤固砷量增加。水田 Eh 降低，大部分砷以亚砷酸盐形式存在，故可促进砷的可溶性迁移。

水体和土壤中的砷可以通过生物效应进入动植物体内，转移程度取决于环境和生物双方的情况。多数陆生植物体内砷含量往往小于 10^{-6}，海生植物含砷量则较高。

砷对人体和动物的影响，主要是通过食物和饮水引起的。砷在人体和动物体内生化作用和中毒症状有许多相似之处。砷的生化作用及其毒性主要是由于砷与酶蛋白质中的疏基、蛋白质物质的胱氨酸、半胱氨酸含硫的氨基有很强的亲和力。由于三价砷的亲和力比五价砷大，所以三价砷毒性比五价砷大 60 倍。人体接触或服用过量的砷可发生急、慢性中毒。急性砷中毒主要表现有呕吐、腹痛、头痛及神经系统疾病，甚至昏迷，严重者可发生心肌衰竭而死亡。慢性中毒表现为食欲减退、肌无力和皮肤病。在神经系统方向表现为多发性神经炎，严重者行动困难、运动失调、四肢远端麻木乃至失去知觉。砷中毒最典型的临床表现是砷性皮肤损伤，包括色素过度沉着、色素脱失，手、脚掌过度角化，砷性包纹氏病和皮肤癌等。根据最近有关专家的评估，中国砷危害，尤其是饮水型砷中毒将成为 21 世纪中国急需解决的饮水卫生重大问题。

据许多砷慢性中毒的流行病调查资料表明，在慢性砷中毒的人群中常常伴随有皮肤癌、肝癌、肾癌和肺癌的发病率显著升高。砷化合物对胚胎发育也有一定影响。同时，二甲基砷酸钠和砷酸钠有致畸作用，是很强的致畸剂。

11.2.2　非金属污染

常见的有毒非金属有氰、氟、氯、硫、氮化物、磷化物、硒和硼等。其中有些是动植物和人类的必需微量元素，有些尚未证明是必需元素，但即使是必需元素，生物体摄入过量也会造成伤害。因此，应对这些元素在环境中的含量加以限制。

1. 氟（F）及氟化物

氟（Fluorine）的负电性最强，接受电子的能力最强。因此，它总是呈负一价，是最活泼的元素之一。氟常形成高价多氟的化合物，如 SF_6、UF_6 和络阴离子 HF_2^-、SiF_6^{2-} 等。氟的化合物有很高的溶解度，因此，氟能在水中和大气中广泛迁移。氟是自然界中固有的化学物质，是地球表面广泛分布的元素之一，水中、土壤中、岩石及动植物体内部均含有氟。

废水、废气中的氟化物直接在环境中迁移。含氟废气进入大气后，氟化物可直接转入水体、土壤，被动植物吸收，对整个环境造成污染。含氟废水通过灌溉而污染土壤进而被植物吸收，进入水体时还可被水生生物吸收。空气、土壤、水体中的氟化物不仅能被植物吸收，而且可在植物体内积聚、富集。植物从土壤中吸收积聚氟化物的能力，随土壤的性质与植物的品种而异，植物一般易从酸性土壤中吸收氟化物。水体和植物中的氟化物通过饮用水和饲料进入动物体，并在动物体中积聚。

氟是人体必需的微量元素，缺氟时，容易发生龋齿和骨质变形症。但是过量的氟对人体和动物都会产生严重的毒害作用，造成氟骨病。低浓度氟污染对人畜的危害主要表现在牙齿和骨骼。牙齿氟中毒表现为牙齿斑釉病，使牙齿松脆、缺损或脱落；骨骼氟中毒表现为腰腿病、关节病、骨质硬化等病，接下来便是肌肉萎缩、肌体变形，骨硬化，韧带、关节囊钙化，椎管及椎间孔变窄后压迫脊髓神经根导致麻痹、瘫痪。氟还会对其他系统及器官产生危害，如影响内分泌功能，影响中枢神经系统，破坏条件反射；造成儿童发育迟缓，机能降低，白细胞减少。高浓度氟污染（主要是氟化氢）可刺激皮肤和黏膜，引起皮肤灼伤、皮炎及呼吸道炎症。

2. 氰化物（CN^-）

化学结构中含有氰根（CN^-）的化合物均属于氰化物（Cyanide）。一般将其无机化合物归为氰类，有机化合物归为腈类。常见的氰化物是氰化钠、氰化钾、氰化氢，这三种简单的氰化物都能溶于水，都有剧毒。

氰化物的毒性主要由其在体内释放的氰根引起。氰根离子在体内能很快与细胞色素氧化酶中的三价铁离子结合，抑制该酶活性，使组织不能利用氧。氰化物对人体的危害分为急性中毒和慢性影响两方面。氰化物所致的急性中毒分为轻、中、重三级。轻度中毒表现为眼及上呼吸道刺激症状，口唇及咽部麻木，继而可出现恶心、呕吐、震颤等；中度中毒表现为叹息样呼吸，皮肤、黏膜常呈鲜红色，其他症状加重；重度中毒表现为意识丧失，出现强直性和阵发性抽搐，血压下降，尿、便失禁，常伴发脑水肿和呼吸衰竭。

3. 光化学氧化剂

光化学氧化剂（Photochemical oxidants）是指大气中氧以外的具有光氧化性的全部污染物，通常指能氧化碘化钾析出碘的物质，主要包括臭氧、少量的过氧乙酰硝酸酯以及过氧化氢等。臭氧占光化学氧化剂的90%以上，故总氧化剂的含量以臭氧计。臭氧是一种浅蓝色气体，相对密度为空气的1.6倍，化学活性很强，而且对波长小于300nm的紫外线有强烈的吸收作用，所以臭氧层的臭氧能有效地保护人和生物免受强烈的太阳紫外辐射的损伤，但在近地面层，排入大气的氮氧化物和碳氢化合物在紫外线照射下产生了具有刺激性的光化学氧化剂，主要是臭氧，还有过氧乙酰硝酸酯、丙烯醛等。

11.2.3　有毒有机物污染

随着近代工业的发展，有机化合物的排放与日俱增，其污染遍及全球的各个角落，如河流、湖泊、海洋及地下水等。甚至在一些人类很少涉足的地区，如南极、高山雪地等，也可觅得其踪迹。在我国，近年来也同样面临着有机化合物污染的挑战，有的学者警告说，这些物质进入土壤、水环境，积累在植物和动物组织里，甚至进入生物生殖细胞，破坏或者改变决定未来的遗传物质。西方发达国家更是把有机化合物的污染列入当今世界"三大环境问题"之首。一般有毒有害有机污染物主要包括链状烃类、苯和低取代芳烃及杂环化合物、醛、酮、醇、酸、酯、酚类等。

1. 苯和低取代芳烃及杂环化合物

苯（Benzene）、甲苯（Methylbenzene）、二甲苯（Xylene）和苯乙烯（Phenylethylene）等都属于低取代芳烃，为无色、有芳香味、有挥发性、易燃的液体。苯、甲苯和二甲苯以蒸气状态存在于空气中，中毒作用一般是由于吸入蒸气所致。苯属中等毒类，急性中毒主要对中枢神经系统有毒害，慢性中毒主要对造血组织及神经系统有损害。苯乙烯属低毒类物质，主要为刺激和麻醉作用，其毒性低于苯，刺激作用略高于苯。慢性影响可能对血液和肝有轻度损害作用。

2. 酚

酚类（Phenol）化合物是苯环上的氢原子被羟基取代后的产物。酚类化合物都具有特殊的芳香气味，其化学性质主要取决于苯环上羟基的位置和数目。它们之间有许多共同的性质，如都呈弱酸性，都可以和三氯化铁反应而呈现不同的颜色，在环境中都易被氧化等。就酚类化合物的毒性程度来说，以苯酚为最大，含酚废水中通常又以苯酚和甲酚含量为最高，因此，目前环境监测中往往以苯酚、甲酚等挥发性酚作为污染指标。

水体中酚污染物主要来源于工业企业（如焦化厂、城市煤气站、炼油厂、树脂厂、绝缘材料厂、玻璃纤维厂、制药厂等）排放的含酚废水。大气中酚污染主要来自炼焦、炼油、煤气发生、制酚及应用酚做原料的生产过程。此外，动物、植物和微生物的代谢和腐败等都能产生少量的酚。

酚对微生物虽然具有一定的毒害作用，但在适当条件下仍可被微生物分解。土壤、污水中均发现一些可以分解酚类的微生物。有人曾研究300个菌株，其中约有42%的菌株具有解酚能力。而酚的分解速度取决于酚化合物的结构、起始浓度、微生物条件、温度及曝气条件等一系列因素。

除了生物分解外，也存在空气中氧对酚化合物的化学氧化过程，但其氧化速度极为缓慢。酚的化学氧化需要"起曝作用"，如在紫外线照射或过氧化物参与下，这一反应在自然条件下才可能发生。酚的化学氧化过程有两个主要氧化方向，或者形成一系列循序的氧化物，最终分解为碳酸、水和脂肪酸，或者由于缩合和聚合，形成胡杨酸或其他更复杂更稳定的有机化合物。

酚类化合物的毒性作用是与细胞原浆中蛋白质发生化学反应，形成不溶性蛋白质，从而使细胞失去活性，低浓度时使细胞变形，高浓度时使蛋白质凝固，前者对局部的损害虽不如后者，但由于其渗透力强，因而后果同样严重。酚类化合物可继续向深部组织渗透，侵犯神经中枢，引起脊髓刺激，进而导致全身中毒。高浓度酚可引起急性中毒，以至昏迷死亡，低浓度可引起蓄积性慢性中毒。环境中的酚中毒，则呈慢性状态，长期、慢性吸收酚类化合物并蓄积于体内，人会出现不同程度的头昏、头痛、精神不安等神经症状及食欲不振、吞咽困难、流涎、呕吐、腹泻等慢性消化道症状。中毒通常仅仅发生在接触含酚废水质量浓度大于0.2mg/L 的人群中，并且未见留有长期后遗症的病例报道。

11.2.4　持久性有机污染物

持久性有机污染物（Persistent organic pollutants，POPs）是指通过各种环境介质（大气、水、生物体等）能够长距离迁移并长期存在于环境，具有长期残留性、生物蓄积性、半挥发性和高毒性，且能通过食物网积聚，对人类健康和环境具有严重危害的天然或人工合成的有机污染物质。它是严重威胁人类健康和生态环境的全球性环境问题，由于其持久性、生物累积性和长距离迁移性，这种危害是长期而复杂的，因此 POPs 问题已引起国际社会的广泛关注，并对 POPs 物质采取了全球统一控制行动。经过长达四年的多轮政府间谈判，127 个国家和地区（包括中国）的代表在 2001 年 5 月 23 日签署了旨在严格禁止或限制使用 12 种持久性有机污染物的《斯德哥尔摩公约》。这 12 种持久性有机污染物是艾氏剂、氯丹、狄氏剂、异狄氏剂、七氯、灭蚁灵、毒杀芬、滴滴涕（DDT）、六氯代苯、多氯联苯（PCBs）、二噁英和呋喃类。

1. 艾氏剂（Aldrin）

艾氏剂是一种很有效的杀虫剂，主要用于防治地下害虫和某些大田、饲料、蔬菜、果实作物害虫。艾氏剂是一种高毒性的农药，尤其对水生生物和鸟类更具毒害。它在环境中持久存在，并且产生生物累积。在环境中它一般缓慢降解生成狄氏剂（也是一种农药）。艾氏剂在水体、土壤和作物中的生物降解或代谢过程是极为缓慢的，一旦以气态进入大气中则会与羟基自由基（·OH）发生光化学反应而在数小时内就被降解。研究表明，艾氏剂可以在各种环境样品中被检出，尤其是由农田进入地表水体（如湖泊、河流）和地下水体的径流中。

2. 氯丹（Chlordane）

氯丹作为一种强持久性的有机氯杀虫剂曾被广泛使用，曾在蔬菜、小谷、玉米、其他含油种子、土豆、甘蔗、甜菜、水果、坚果、棉花和黄麻属植物上被使用，用于防治蝼蛄、金针虫、蛴螬等地下害虫，以及蝗虫、棉象鼻虫、红蜘蛛、棉蚜虫、甲虫、扁虱、蝇等。它也被广泛用于控制白蚁，作为地下电缆的保护措施。

美国于 1983 年禁止氯丹用于控制白蚁外的一般使用，1988 年全面禁止使用。此外，欧盟、巴西、韩国、土耳其等国已禁止使用氯丹。阿根廷、加拿大、中国、埃及、以色列、墨西哥等国则对氯丹的使用严格限制或被限制使用于非农业方面。

3. 狄氏剂与异狄氏剂

狄氏剂用于防治蚊、蝇、非蠊、羊毛蠹虫、白蚁、蝗蝻，以及地下害虫、棉作物害虫、森林害虫等。可与其他药剂和肥料混用。

异狄氏剂为白色晶体，不溶于水，用于大田作物时，在杀虫剂浓度范围内无药害，但对玉米可能有损害。它是非内吸的、有特效的杀虫剂。

4. 七氯（Heptachlor）

七氯主要用于杀死土壤中的昆虫和白蚁，也广泛用于杀死棉花害虫、蝗虫、农作物害虫及携带疟疾的蚊子，具有一定的熏蒸作用，因此可用于土壤和种子。

由于七氯的危害性，许多国家已经限制或取消了七氯的使用。如美国环保局已经取消了含有七氯的农药的登记号，在美国七氯的使用限于注入地下以控制白蚁、控制变电器中的火蚁和浸泡非食用性植物的根部和上部。此外，欧盟和土耳其等已禁止使用七氯；阿根廷、以色列、加拿大、丹麦、芬兰、日本、新西兰、菲律宾则对七氯的使用严格限制。

5. 灭蚁灵

灭蚁灵是一种高度稳定的杀虫剂，美国东南部曾使用它控制火蚁。灭蚁灵也用作阻燃剂。灭蚁灵市场上的商业品名是"Dichloride"，用于塑料、橡胶、油漆、纸张和电器的阻燃膜。它还用在防污油漆、灭鼠剂及高分子材料、销蚀材料、驱虫剂和润滑剂中抗氧化剂和阻燃剂混合添加物。它也可用在热塑性、热固性和弹性树脂等体系。

灭蚁灵通过制造业废水排放进入环境，在其用作聚合物阻燃剂、杀虫剂时也会进入环境。它在环境中可长期持留。它可能会光解。不过，吸附可能是更为重要的归趋途径。开蓬（十氯酮）和灭蚁灵的单氢、双氢衍生物等持久性化合物被证实为灭蚁灵非常慢的转化产物。

6. 毒杀芬（Toxaphene）

毒杀芬是一种由超过175～179种组分组成的混合物，它是由莰烯氯化而得到的。1947年由 W. L. Parker 和 J. R. Beacher 首先报道，并在1948年由 Hercules 开发生产。

毒杀芬是非内吸性触杀和胃毒杀虫剂，并具有一定的杀螨活性。除葫芦科植物外，对其他作物均无药害。主要被应用到棉花作物、猫、猪和一些食用性作物，也被用于动物寄生虫、蝗虫、黏虫、毛虫及所有主要的棉花害虫的防治。它能防治家畜身上的寄生虫，如苍蝇、虱子、扁虱、结痂螨虫及家畜疥，也能够防治蚊子的幼虫、叶蝉、结草虫、松毛虫等。毒杀芬还在一定条件下有限制地作为果树叶子的杀昆虫剂和杀螨剂。

7. 滴滴涕（DDT）

滴滴涕是人们比较熟悉的有机氯化物农药。在20世纪40—60年代，DDT曾在全世界大量生产和广泛使用。它的药效持久，属于高残留农药。人们在使用它除灭农作物或林业病虫时，飞鸟、河鱼等动物也被杀害。许多国家在20世纪70年代已停止使用DDT，我国于1983年停止生产DDT。

8. 二噁英（Dioxin）

氯代二苯并二噁英（简称PCDDs）和氯代二苯并呋喃（简称PCDFs）通常总称为氯代二噁英或二噁英类，它们是三环氯代芳香化合物，具有相似的物化性质和生物效应。环境污染主要归结于前述二噁英的初级来源，人体暴露则归结于污染的饮用水、空气和食品等二级污染源。氯代二噁英属于全球性污染物质，人类不可避免地暴露于微量氯代二噁英污染的空气中。

在焚烧炉内焚烧城市固体废物或野外焚烧垃圾是这两类污染物的主要大气污染源；存在于垃圾中的某些含氯化合物，如聚氯乙烯塑料废物在焚烧过程中可能产生酚类化合物和强反应性的氯、氯化氢等，从而成为进一步生成 PCDDs/Fs 类化合物的前驱物。除生活垃圾外，煤和石油等化石燃料、氯苯类化合物、含除草剂的枯草残叶等在燃烧过程及森林火灾中也会产生 PCDDs/Fs 类化合物；在氯酚类、多氯联苯类化学品及某些农药生产过程中也会产生 PCDDs/Fs 类化合物。

二噁英主要引起人体免疫系统损害，这是因为受到破坏的胸腺导致细胞免疫力的改变。此效应对儿童的影响更大；对生殖系统和神经系统的影响也较大，可造成流产、不育、新生儿畸形。二噁英是目前所知最具致癌力的物质。

9. 多氯联苯（Polychlorinated biphenyls toxaphene，PCB）

多氯联苯（简称 PCB）是一组由多个氯原子取代联苯不同位置而形成的氯代芳烃类化合物。多氯联苯是一种稳定的有机物质，具有化学惰性、难溶于水、强绝缘性、不燃性和耐热性、与塑料的良好混合性等特点而广泛应用于绝缘油、热介质、特殊润滑油、可塑剂、涂料及复写纸等的制造中。

PCB 在生产过程、使用和加工过程中，以及在其制品的存储和其废弃物的燃烧过程中均会挥发，并积蓄在大气、水和土壤中。

PCB 随工业废水和城市污水进入江河、湖泊，更为严重的是 PCB 对海洋环境的污染，它在海水中的分布一般是沿海水域较高，远洋中较低，而且各海区的含量差别极大。在海洋浮游生物中发现 PCB 通过鱼类摄食进入食物链。PCB 在食物链中有积累作用，这与其极高的稳定性和它们在脂肪中的高溶解度有关，但是其积累的程度并不一定按食物链的食性层次而增长。在土壤和大气中也发现有 PCB。

PCB 在大气中的残留时间，平均为 2～3 天，一般是随着尘粒和雨水降至地面。土壤中的 PCB 可通过挥发而损失，其挥发速率随土壤黏粒含量与联苯的氯化程度增多而降低，但随温度升高而增高，也可借助土壤微生物的作用，使低氯联苯得以分解。水中 PCB 也是低氯化合物比高氯化合物易于消失。它们通过挥发进入大气，或者通过砂、砾、有机质和藻类的吸附，转入到底质或食物链中。

海水中含有 PCB 能影响浮游生物的生长繁殖，浮游生物不仅是海洋生产力的基础，也是地球上氧气和碳水化合物的主要来源之一，如果 PCB 污染加剧，则有可能打乱局部水域的生态平衡。PCB 对鱼类和水生无脊椎动物也具有毒性。

进入人体的多氯联苯主要积累在脂肪组织及各种脏器中。

10. 苯并［a］芘（Benzo（a）pyrene）

苯并［a］芘是多环芳烃（PAHs）中的一种，是一种强致癌污染物，易溶于苯，稍溶于醇，不溶于水。在多环芳烃类化合物中，有许多致癌物，其中以苯并［a］芘致癌性最强。

苯并［a］芘主要来源是工业企业排出的废气、废液和废渣，第二位的污染源是汽车废气，道路尘土及炉灶烟尘也有一定作用。土壤中的苯并［a］芘具有相当的稳定性，可被植物吸收而蓄积于植物体内。地面水中苯并［a］芘的污染来源，主要是工业废水，如焦化、焦煤气、炼油、硫酸铵、塑料和颜料等工业，其浓度波动很大，视废水的种类及处理程度而有极大的不同。地面水中的苯并［a］芘有相当的稳定性，可随悬浮性固体下沉到水底。

苯并［a］芘进入到机体与控制细胞分裂、生长、繁殖的核酸分子结合，使核酸分子结构改变，影响生物合成和细胞的正常功能，促进细胞的异常分裂和生长。经呼吸道吸入的苯

并［a］芘一部分在肺组织内经羟基化酶的作用生成单羟基及双羟基化合物，再被血液吸收经肝脏解毒，由胆道及肾脏排出体外，阻留在气管及支气管的部分苯并［a］芘则通过呼吸道上皮细胞的纤毛运动、黏液流动和飘尘一起被咳出体外或吞入胃肠道。苯并［a］芘的致癌作用可以使人得皮肤癌、肺癌、胃癌等。

持续性有机污染物是各种污染物中最危险的高毒污染物。首先，POPs 具有长期残留性。对于自然环境下的生物代谢、光降解、化学分解等具有很强的抵抗能力，一旦排放到环境中，它们很难被分解，因此可以在水体、土壤和底泥等环境介质中存留数年甚至数十年或更长时间。其次，POPs 具有半挥发性。因此，这些高度稳定的化合物可以通过重复的蒸发和沉积过程在大气中传播，到达远离污染源的区域。再次，POPs 具有生物蓄积性。这些物质虽然不溶于水，但极易被脂肪组织吸收，并能放大到原始值的 7 万倍。由于人类处于食物链的顶端，所以会大量吸收聚集 POPs。最后，POPs 具有高毒性。这些物质中有 1 种（二噁英）已被国际癌症研究机构确认为人体致癌物，7 种为人体可能致癌物，可造成一系列负面影响，特别严重的可导致动物及人类的死亡、疾病、畸形儿。POPs 的特殊影响还包括癌症、过敏、超敏感、中枢及周围神经系统损伤、生殖系统及免疫系统伤害等。其中一些 POPs 还可通过改变荷尔蒙引起内分泌失调而破坏生殖与免疫系统，它们不仅危害暴露于 POPs 的个体，对他们的后代也有影响。POPs 还具有发展性与致癌性的特征。

11.2.5 环境内分泌干扰素污染

近年来，由环境污染引起的自然界动物雌性化问题已成为全球关注的话题。在自然界中，已发现鱼类、鸟类、爬行动物类及哺乳动物类出现了生殖器官变异、内分泌系统失常、种群退化等现象，环境污染同样使人类生殖功能下降。导致上述现象的罪魁祸首被认为是一类叫作环境内分泌干扰素（Endocrine disruptor compounds）或内分泌活性化合物（Endocrine active compounds）。所谓内分泌干扰素是指那些能干扰合成、分泌、迁移、键合、活动或消除体内荷尔蒙的外来物质。这类有害化学物质多数是由人类活动释放到环境中的，它们在动物和人体内发挥着类似雌性激素的作用，能干扰体内荷尔蒙，故又称为环境荷尔蒙（Environmental Hormone）。它们可能引起内分泌系统或相关的免疫系统、神经系统出现各种异常现象，如生殖率下降、性器官发育异常、器官畸变或出现肿瘤癌变、免疫系统受损或神经活动异常等。目前，对环境内分泌干扰素的分析研究已成为环境工作者研究的热点。

环境内分泌干扰素具有激素活性，极微量便会影响人类及动物体的内分泌系统，产生负面作用，而且这种危害是长期甚至多代的。环境内分泌干扰素往往是一些与动物或人体内激素结构相似的有机化合物。这些物质大多具有较好的脂溶性和化学稳定性，毒性大，极微量即可起到扰乱内分泌系统的作用，且一般很难降解，持留时间长，容易通过食物链而富集，最终对人类的生存造成威胁。目前值得怀疑的这类环境物质包括农药、除草剂、染料、芳香剂、涂料、除污剂、洗洁剂、表面活性剂、氟氯烃、重金属、多种塑料制品、一些药物、食品添加剂、化妆品及动植物激素等。代表性的物质如滴滴涕（DDT）等有机氯农药、多氯联苯（PCBs）类化学物质、二噁英类、三丁基锡及作为女性合成激素来使用的己烯雌酚（DES）等医药品。世界上一些发达国家和组织列出了环境内分泌干扰素的名单，公布了农药、工业原料及产品、金属和其他等四类共计 68 种环境荷尔蒙物质。

环境污染导致青蛙变性　1/3 的蛙类面临灭绝

法国媒体报道称，环境污染对生态系统与动物性别的影响，如今在实验室有了最明显的证据。瑞典进行的一项新研究表明，雄性蝌蚪在类似自然界中含雌性激素的污染物环境下，最终会长成雌性青蛙。

据报道，瑞典乌普萨拉大学实验室的科研人员，模拟欧洲、美国与加拿大等国的工业污染环境，并将三组蝌蚪喂养在含雌性激素污染物的环境中，以研究青蛙性别的改变。

变性青蛙

实验结果令人震惊：在实验前，三组蝌蚪中雌性的比例都被控制在50%（在自然界中，这是一种正常比例）；在实验过程中，喂养在含不同剂量雌性激素污染物环境中的三组小蝌蚪，性别比例都发生了变化。

其中一组小蝌蚪生活在雌激素浓度最低的污染物环境下，它们长成雌性青蛙的比例，是实验前雌性小蝌蚪的两倍。另两组小蝌蚪被喂养在最高剂量雌激素的污染物环境中，其中一组有95%的蝌蚪变成雌性，而另一组的性别改变率则为100%。

➤ 有些变成"阴阳蛙"

实验还表明，有些雄性青蛙经过变性后，完全具备了雌性青蛙的功能，但另一些雄性蛙虽然有卵巢，却无输卵管，变成了终身不孕的"阴阳蛙"。环境毒物学研究专家塞西莉亚·博格说："这一结果让人震惊。通过实验可以看出，我们只是向青蛙生长的环境中加入了一种污染物，就发生了如此明显的性别变化。而在自然状态下，青蛙面临的很可能是多种污染物混杂的环境。"

➤ 杀虫剂也有类似作用

博格补充说，在此之前，美国研究人员也曾进行过类似的研究：他们对雪豹蛙进行了性别变化实验，其中一组在实验室进行，另一组则在野外喷洒杀虫剂以产生含雌性激素的污染物，结果两组雪豹蛙都发生了类似的性别变化。

此前曾有报道称，美国一种使用广泛而且使用时剂量较低的除草剂阿托拉辛，阻碍了青蛙正常的性发育，使它们从雄性变成雌性，或是不雌不雄的"阴阳蛙"。博格说："杀虫剂与其他工业化学制品，都具有类似雌激素的作用。"

➤ 三成青蛙面临灭绝

尽管研究未对环境污染对整个青蛙物种的潜在影响进行评估，但实验结果还是让人感到了环境污染对青蛙物种的严重影响。

博格称："很明显，如果青蛙种群都变成了雌性，将对青蛙的繁衍造成有害影响。"博格表示，各国必须改善影响青蛙生活的下水道污水处理系统，过滤含有雌性激素的避孕药品残留物与工业污染物。实验结果表明，世界上近三分之一的青蛙物种，可能因环境污染面临灭绝的危险。

11.2.6　霉变污染

霉变（Mildew）指食物在微生物的作用下，降低或失去食用价值，甚至产生毒素

（Mycotoxin）的变化过程。食物霉变时，各种微生物活动猖獗，产生毒素和致病菌。使食物发生腐败变质的微生物有细菌、酵母和霉菌。通常情况下，细菌比酵母和霉菌占优势。有些细菌会产生色素，发光，使肉、蛋、鱼、禽及其腌制品带有红色、黄色、黄褐色、黑色、荧光、磷光等；有些细菌使食物变黏，使食物的香、味和形状发生变化。

黄曲霉素（Aflatoxin）是霉变污染过程中产生的重要毒素之一，可引起急性中毒。花生、花生油、大豆、芝麻、棉籽、玉米、大米感染黄曲霉素的机会最多，其次是小麦、大麦、白薯干、高粱等。在花生酱、啤酒和果酱等食品中，也不同程度地存在有黄曲霉素。一些坚果如杏仁、胡桃、椰干、榛子、棉籽等收获或储藏时，一定温度和湿度下也可能受到黄曲霉菌的污染。

黄曲霉素耐热，280℃以上才发生裂解。防止食品黄曲霉素污染，首先是控制食物储存环境温度不超过20℃，湿度应低于7%，使得黄曲霉菌难以繁殖；其次是对大米、玉米、花生等进行去毒处理，通过精碾多淘、深加工、化学熏蒸与吸附、使用添加剂、辐照除去其中的大部分毒素。

 【小资料】

黄曲霉毒素

➤ 发现历史

1960年，英国发现有10万只火鸡死于一种以前没见过的病，被称为"火鸡X病"，再后来鸭子也被波及。追根溯源，最大的嫌疑是饲料。这些可怜的火鸡和鸭子吃的是从巴西进口的花生饼。花生饼是花生榨油之后剩下的残渣，富含蛋白质，是很好的禽畜饲料。

科学家们很快从花生饼中找到了罪魁祸首，一种来自真菌黄曲霉（*Aspergillus flavus*）产生的有毒代谢物质，它被命名为黄曲霉毒素（Aflatoxin）。自那以后，黄曲霉毒素就获得了科学家们的特别关照，对它的研究可能是所有的真菌毒素中最深入最广泛的。

目前已发现的黄曲霉素有十几种。黄曲霉毒素M1主要出现在各种奶中。M就是"奶"的意思。它还有一个兄弟M2。其实M1和M2并不是黄曲霉菌产生的，毒性也并不是最强。毒性最强的是B1，B表示蓝色，因为它在紫外光的照射下会发出蓝色荧光。除了亲兄弟B2之外，它还有堂兄弟G1和G2，因为在紫外光下发射黄绿色荧光而得名。B1、B2和G1、G2就是经常出现在农产品中的黄曲霉毒素的代表。B1和B2被奶牛吃了之后，分别有一小部分会转化为M1和M2进入奶中。这就是牛奶中黄曲霉毒素的来源。

黄曲霉毒素在农产品中几乎无法避免，不想饿死的人类也只好无奈地吃下一些。世界各国，都只能设定一个"限量标准"。不超过那个标准，危害就小到可以忽略了。

花生和玉米是最容易被黄曲霉污染的粮食。这也就是那10万只可怜的火鸡被害的原因。或许会有敏感的读者想到：既然那些花生被污染了，那么它们榨的油呢？

1966年，就有一篇科学论文探索过这个问题。研究者找了一批严重发霉的花生，其中的黄曲霉毒素B1已经超标到不可思议的地步。食物中的黄曲霉毒素用ppb为单位，1ppb相当于1t粮食中含有1mg。中国的现行标准是花生不超过20ppb，而那批花生中的含量是5500ppb，无异于毒药了。有研究者用有机溶剂浸取的方法来得到油，发现油中的

B1 含量是 120ppb，虽然比原料中要低得多，但仍然大大高于安全标准。花生饼中的含量则高达 11000ppb，如果拿去喂动物，动物就只能追随那批可怜的火鸡了。

按照工业加工的流程，浸取出来的"粗油"要经过几步精炼。经过了第一步精炼，B1 含量降到了 10ppb，已经达到食用标准。再经过第二步精炼，含量就低于 1ppb，可以忽略了。

在我国还有很多榨油作坊。压榨出来的油又如何呢？那位研究者也用这批花生进行了压榨，结果是油中的 B1 超过了 800ppb。这么高的原因在于，压榨出的油中会带入一些残渣，而残渣中的黄曲霉毒素含量非常高。同样地，经过两步精炼，油中的黄曲霉毒素基本上会被除去。

通常的花生当然不可能发霉到这种地步。不过在粮食发生肉眼可见的霉变之前，其中的黄曲霉毒素也可能达到危险的含量。从安全的角度，经过精炼的油是要更加优越的。如果实在喜欢"自己榨"的粗油，应该尽量使用收割之后及时干燥而且保存良好的花生或者其他油料作物。

许多人都知道粮食收割之后受潮长霉会产生黄曲霉毒素。其实，黄曲霉毒素在农作物正常的生长期中就可以形成。比如玉米，土壤中的黄曲霉"种子"会在玉米棒中"萌发"。如果那段时间干燥而且高温，黄曲霉毒素的含量就会明显升高。此外，种植太密、野草太多、氮肥不足、虫等因素，也有利于黄曲霉毒素的形成。美国曾经连续几年跟踪过中部一些州的玉米。发现 1988 年，那些州的玉米中黄曲霉毒素普遍很高。在有些农场的抽检样品中，超过食用标准 20ppb 的比例甚至高达 36%。

农业生产中，黄曲霉毒素超标的玉米并不少见。如果全部销毁，将会是很大的损失。科学家们也找到了一些使用它们的合理方式。比如可以与不超标的混合，把总的含量降到比较低。这样的做法不能用于人的食物，但对于禽畜饲料是可以接受的。如果超标不是很多，也可以喂给成年的猪、牛、鸡等，黄曲霉素很难残留在肉中。此外，酿酒也是一种出路。经过蒸馏，黄曲霉毒素无法进入酒中。只是剩下的酒糟中含有很多毒素，也就不能用来做饲料了。

➤ 基本认识

1993 年黄曲霉毒素被世界卫生组织（WHO）的癌症研究机构划定为 1 类致癌物，是一种毒性极强的剧毒物质。黄曲霉毒素的危害性在于对人及动物肝脏组织有破坏作用，严重时可导致肝癌甚至死亡。在天然污染的食品中以黄曲霉毒素 B1 最为多见，其毒性和致癌性也最强。

B1 是最危险的致癌物，经常在玉米、花生、棉花种子、一些干果中检测到。它们在紫外线照射下能产生荧光，根据荧光颜色不同，将其分为 B 族和 G 族两大类及其衍生物。AFT 已发现 20 余种。AFT 主要污染粮油食品、动植物食品等，如花生、玉米、大米、小麦、豆类、坚果类、肉类、乳及乳制品、水产品等均有黄曲霉毒素污染。

➤ 化学结构

黄曲霉毒素（Aflatoxins）CAS 号 1402-68-2，是一组化学结构类似的化合物，已分离鉴定出 12 种，包括 B1、B2、G1、G2、M1、M2、P1、Q、H1、GM、B2a 和毒醇。黄曲霉毒素的基本结构为二呋喃环和香豆素，B1 是二氢呋喃氧杂萘邻酮的衍生物，即含有一个双呋喃环和一个氧杂萘邻酮（香豆素）。前者为基本毒性结构，后者与致癌有关。M1 是黄曲霉毒素 B1 在体内羟化后衍生成的代谢产物。黄曲霉毒素的主要分子形式含 B1、B2、G1、G2、M1、M2 等，其中 M1 和 M2 主要存在于牛奶中，B1 为毒性及致癌性最强的物质。

➤ 物质特点

在紫外线下黄曲霉毒素 B1、B2 发蓝色荧光，黄曲霉毒素 G1、G2 发绿色荧光。黄曲霉毒素的相对分子量为 312～346，难溶于水，易溶于油、甲醇丙酮和氯仿等有机溶剂，但不溶于石油醚、己烷和乙醚中。一般在中性溶液中较稳定，但在强酸性溶液中稍有分解，在 pH 为 9～10 的强碱溶液中分解迅速。其纯品为无色结晶，耐高温，黄曲霉毒素 B1 的分解温度为 268℃，紫外线对低浓度黄曲霉毒素有一定的破坏性。

➤ 毒性极强

对健康的危害。黄曲霉毒素进入人体后，主要在肝细胞内质网微粒体混合功能氧化酶系的作用下进行代谢。黄曲霉毒素没有经过代谢活化是无致癌性的，因此黄曲霉毒素被称为前致癌物。黄曲霉毒素毒性远远高于氰化物、砷化物和有机农药的毒性，其中以 B1 毒性最大，毒性比砒霜大 68 倍，仅次于肉毒霉素，是目前已知霉菌中毒性最强的。当人摄入的量很大时，可发生急性中毒，出现急性肝炎、出血性坏死、肝细胞脂肪变性和胆管增生。微量持续摄入可造成慢性中毒、生长障碍，引起纤维性病变，致使纤维组织增生。AFT 的致癌力也居首位，是目前已知最强致癌物之一。

黄曲霉毒素具耐热性，一般烹调加工温度不能将其破坏，裂解温度为 280℃。在水中溶解度较低，溶于油及一些有机溶剂，如氯仿和甲醇，但不溶于乙醚、石油醚及乙烷。

➤ 主要来源

黄曲霉毒素是黄曲霉、寄生曲霉等产生的代谢产物。当粮食未能及时晒干及储藏不当时，往往容易被黄曲霉或寄生曲霉污染而产生此类毒素。

➤ 分布特点

黄曲霉毒素存在于土壤、动植物各种坚果，特别是花生和核桃中。在大豆、稻谷、玉米、通心粉、调味品、牛奶、奶制品、食用油等制品中也经常发现黄曲霉毒素。一般在热带和亚热带地区，食品中黄曲霉毒素的检出率比较高。在中国，产生黄曲霉毒素的产毒菌种主要为黄曲霉。1980 年测定了从 17 个省粮食中分离的黄曲霉 1660 株，广西地区的产毒黄曲霉最多检出率为 58%。总的分布情况为：华中、华南、华北产毒株多，产毒量也大；东北、西北地区较少。

➤ 产菌及产毒条件

能够产生黄曲霉毒素的最主要的菌种是黄曲霉和寄生曲霉，此外曲霉属的黑曲霉、灰绿曲霉、赭曲霉等，青霉属的桔青霉、扩展青霉、指状青霉等，毛霉，镰孢霉，根霉，链霉菌等也能产生黄曲霉毒素。它们产生黄曲霉毒素的条件是基质、温度、pH 值、相对湿度。

➤ 物质代谢

√ 分布与排泄。黄曲霉毒素进入机体后，在肝脏中的量较其他组织器官为高，说明肝脏可能受黄曲霉毒素的影响最大。肾脏、脾脏和肾上腺也可检出，肌肉中一般不能检出。

黄曲霉毒素如不连续摄入，一般不在体内积蓄。一次摄入后约 1 周即经呼吸、尿、粪等将大部分排出。

√ 代谢。AFB1 在动物体内经细胞内质网微粒体混合功能氧化酶系代谢，在微粒体混合功能氧化酶系的作用下 AFB1 发生脱甲基、羟化及环氧化反应，主要代谢产物为 AFM1、AFP1、AFQ1 和 AFB1-2，3-环氧化物。

➢ 造成危害

√ 概述。黄曲霉毒素对人和动物健康的危害均与黄曲霉毒素抑制蛋白质的合成有关。黄曲霉毒素分子中的双呋喃环结构是产生毒性的重要结构。研究表明，黄曲霉毒素的细胞毒作用是干扰信息 RNA 和 DNA 的合成，进而干扰细胞蛋白质的合成，导致动物全身性损害（Nibbelink，1988）。黄光琪等（1993）研究指出，黄曲霉毒素 B1 能与 tRNA 结合形成加成物，黄曲霉毒素-tRNA 加成物能抑制 tRNA 与某些氨基酸结合的活性，对蛋白质生物合成中的必需氨基酸，如赖氨酸亮氨酸、精氨酸和甘氨酸与 tRNA 的结合均有不同的抑制作用，从而在翻译水平上干扰了蛋白质生物合成，影响细胞代谢。

√ 黄曲霉毒素与动物疾病。黄曲霉毒素中毒主要对动物肝脏产生伤害，受伤害的个体因动物种类年龄、性别和营养状态而异。研究结果表明，黄曲霉毒素可导致肝功能下降，降低牛奶产量和产蛋率，并使动物的免疫力降低易受有害微生物的感染。此外，长期食用含低浓度黄曲霉毒素的饲料也可导致胚胎内中毒，通常年幼的动物对黄曲霉毒素更敏感。黄曲霉毒素的临床表现为消化系统功能紊乱，降低生育能力，降低饲料利用率，贫血等。黄曲霉毒素不仅能够使奶牛的产奶量下降，还使牛奶中含有转型的黄曲霉毒素 M1 和 M2。据美国农业经济学家统计，食用黄曲霉毒素污染的饲料每年至少要使美国畜牧业遭受 10% 的经济损失。在中国，由此带来的畜牧业损失可能会更大。黄曲霉毒素能导致家禽法氏囊和胸腺萎缩，皮下出血，反应差，抵抗力下降，疫苗失效，受疫病感受性提高，蛋变小，蛋黄重量变低，受精率、孵化率降低，胚胎死亡增加及不健康。对家畜引起生长缓慢，饲料率下降，黄疸，皮毛粗糙，低蛋白血症，肝癌和免疫抑制。

√ 黄曲霉毒素与人类的健康。人类健康受黄曲霉毒素的危害主要源于人们食用被黄曲霉毒素污染的食物。对于这一污染的预防是非常困难的。原因是真菌在食物或食品原料中的存在是很普遍的。国家卫生部门禁止企业使用被严重污染的粮食进行食品加工生产，并制定相关的标准监督企业执行，但对含黄曲霉毒素含量较低的粮食和食品无法进行控制。在发展中国家，食用被黄曲霉毒素污染的食物与癌症的发病率呈正相关性。亚洲和非洲的疾病研究机构的研究工作表明，食物中黄曲霉毒素与肝细胞癌变（Liver Cell Cancer，LCC）呈正相关性，长时间食用含低浓度黄曲霉毒素的食物被认为是导致肝癌、胃癌、肠癌等疾病的主要原因。除此以外黄曲霉毒素与其他致病因素（如肝炎病毒）等对人类疾病的诱发具有叠加效应。

黄曲霉毒素 Bl 的半数致死量为 0.36mg/kg 体重，属于特剧毒的毒物范围（动物半数致死量 <10mg/kg，毒性比氰化钾大 10 倍，比砒霜大 68 倍），它引起人的中毒主要是损害肝脏，发生肝炎、肝硬化、肝坏死等。临床表现有胃部不适、食欲减退、恶心呕吐、腹胀及肝区触痛等；严重者出现水肿昏迷，以至抽搐而死。黄曲霉毒素是目前发现的最强的致癌物质，其致癌力是奶油黄的 900 倍，比二甲基亚硝胺诱发肝癌的能力大 75 倍，比 3，4

苯并芘大 4000 倍。它主要诱使动物发生肝癌，也能诱发胃癌、肾癌、直肠癌及乳腺、卵巢、小肠等部位的癌症。

➤ 预防措施

防霉霉菌生长繁殖需要一定的温度、湿度、氧气及水分含量，如能控制这些因素的其中之一，即可达到防霉的目的。对黄曲霉毒素含量超过国家标准规定的粮油食品必须进行去毒处理。目前常用的去毒方法有物理去除法、化学去除法和生物学脱毒去除法。

➤ 典型超标事件

√ 2011 年 12 月 24 日，国家质量监督检验检疫总局公布了对全国液体乳产品进行抽检结果的公告，蒙牛乳业（眉山）有限公司生产的一批次产品被检出黄曲霉毒素 M1 超标 140%。此次涉事的四川眉山工厂在 2008 年 4 月全面启动建设，其一期项目总投资 3 亿元，设计能力为日处理鲜奶 800t。此事发生后，蒙牛在 25 日凌晨及晚上 9 点钟两次连发道歉声明。2011 年 12 月 26 日，蒙牛副总裁卢建军解释称："黄曲霉素是因为眉山地处四川，多阴雨天气，个别供方对饲料管理不当，霉变导致牛奶产生黄曲霉素。"

√ 2011 年 12 月 27 日在植物油产品中，广东省有 3 个产品的部分批次抽检不及格，分别是云浮市云城区满意花生油厂的花生油（压榨）、云城区富盛粮油厂的花生油（压榨）和高要市孖宝油有限公司的花生油（2.73L/瓶），原因均为黄曲霉毒素 B1 指标不合格。

■ 11.3 有毒化学物质污染的控制

11.3.1 强化监督管理

1976 年，联合国环境规划署（United nations environment programme，UNEP）设立了"潜在有毒化学品国际登记中心"，负责搜集有毒化学品对人体健康影响的资料，对潜在的有毒化学品进行鉴定，提出控制有毒化学品的政策、措施和标准方面的对策。中国于 1979 年也加入了这个组织。目前许多国家都建立了有毒化学品的登记制度，颁发了有毒化学品的控制法规，确定了从化学品在生产、销售、运输、使用、贮存、废弃六个环节上实行全过程控制和管理等方面的细则，制定了严格的标准。

11.3.2 加强毒性鉴定

要强化有毒化学物质的管理工作，应建立新化学品的毒性检测机构，对投产的或进口的新化学物质进行生物分解性、生物蓄积性和致突变性试验，鉴定其毒性大小。

11.3.3 采取综合防治措施

1. 改革工艺流程，从根本上消除污染危害

改革生产工艺流程，提高原料的循环利用率，将有毒化学物质污染"消灭"在生产过程中。如国内外已开始采用无氰工艺，从根本上消除了氰化物污染。在电镀行业进行的无氰

电镀的广泛试验，探索出一些无氰电镀的配方与工艺。

2. 开展综合利用，积极治理"三废"

（1）焚化处理（Incineration treatment）　在工业"三废"治理中对有机氯化合物的治理，一直是让人们感到棘手的问题。法国采用氯化残留物综合利用治理技术，焚化处理有机氯化合物。该处理技术不仅可有效地处理有机氯化合物，而且在处理过程中可回收大量盐酸或氯化氢气体，并能从废蒸气中回收 70% ~ 75% 的热能。美国用焚化法处理剧毒物质二噁英，效率可达到 99.9999%，残渣和处理液中的有害成分都低于国家规定的标准，烟气中的颗粒物含量也达到国家规定的标准。

（2）降解处理（Degradation treatment）　降解处理是运用物理、化学和生物等方法降低毒性大的有毒化学品的毒性。如含酚废水在臭氧的氧化作用下，可大大降低废水中酚的含量。

（3）安全土地掩埋处理（Safe landfill disposal land）　土地处理方法简单，掩埋量大，投资节约。如对一些剧毒的或难以降解的危害又很大的有毒化学品，采用安全土地掩埋处理效果较好。然而值得指出的是土地掩埋处理后，有毒化学品的毒性并未降低，还会不断产生各种有害的气体和渗出液。更为严重的是，如果土地掩埋处理措施不当，有毒化学品就会污染土壤和地下水，酿成持续长久的无法治理的严重后果。因此，在进行土地掩埋处理前，应先在剧毒化学品中加入一定量的化学物质（化学固化剂）进行化学固化处理，再回填到报废的矿井中或埋入土中。

3. 利用环境自然净化能力

有毒化学物质进入环境后，可经稀释、扩散等自然净化作用，大大降低有害物质的含量。另外自然界还广泛存在着物理、化学和生物作用，可改变有害物质的形态和化学性质，使之由有毒转化为无毒，高毒转化为低毒。因此，应充分利用环境的自净能力。环境自然净化的成本低，简单易行，如果运用恰当也能有效地控制环境中有毒化学品的含量。目前较佳的选择是先采用工程治理技术治理工业"三废"，再利用环境的自净能力，以便进一步降低环境中有害化学品的含量。

改革工艺流程可从根本上消除污染危害，积极治理"三废"和利用环境自然净化能力可降低和控制环境中有毒化学物质的浓度。

11.3.4　物理处理

物理处理（Physical treatment）有毒化学物质是利用各种物理场的作用进行溶液氧化还原反应或将溶液中的溶质与水分离的一种物理化学过程，主要有电解法（Electrolytic process）、电渗析法（Electrodialysis process）等。

1. 处理重金属废水的电解法

电解是利用直流电进行溶液氧化还原反应的过程。如电解含氰废水时，氰在阳极被氧化成氰酸盐、二氧化碳和氮气等物质。其反应是

$$CN^- + 2OH^- - 2e \longrightarrow CNO^- + H_2O \tag{11-4}$$

$$2CNO^- + 4OH^- - 6e \longrightarrow 2CO_2 + N_2 + H_2O \tag{11-5}$$

废水中的污染物质也可以在阴极上直接还原，如将高价的有毒 Cr^{+6} 还原为毒性小的 Cr^{+3}。

$$Cr_2O_7^{2-} + 6e + 14H^+ \longrightarrow 2Cr^{3+} + 7H_2O \qquad (11\text{-}6)$$

$$CrO_4^{2-} + 3e + 8H^+ \longrightarrow Cr^{3+} + 4H_2O \qquad (11\text{-}7)$$

或在阴极直接还原析出金属，如

$$Cu^{2+} + 2e \longrightarrow Cu \qquad (11\text{-}8)$$

$$Ag^{2+} + e \longrightarrow Ag \qquad (11\text{-}9)$$

利用阴极还原反应析出金属的反应原理，可以回收纯净的 Au、Ag 和 Cu 等金属。利用控制电极电位还可以把同一溶液中的多种金属离子逐一分离开，分别回收、提纯，得到纯度比较高的某单一金属。

2. 处理重金属废水的电渗析法

电渗析是在直流电场的作用下，利用阴、阳离子交换膜对溶液中阴、阳离子的选择透过性（即阳膜只允许阳离子子通过，阴膜只允许阴离子通过），而使溶液中的粒子与水分离的一种物理化学过程。

电渗析系统由一组阴膜和阳膜交替排列于两电极之间，组成许多由膜隔开的小水室，如图 11-3 所示。当原水进入这些小室时，在直流电场的作用下，溶液中的离子定向迁移——阳离子向阴极迁移，阴离子向阳极迁移。但由于离子交换膜具有选择透过性，可使一些小室离子含量降低而成为淡水室，与淡水室相邻的小室则因富集了大量离子而成为浓水室，然后从淡水室和浓水室可分别得到淡水和浓水。这样原水中的离子得到了分离和浓缩，水便得到了净化。

根据工艺特点，废水处理中的电渗析操作有两种类型，一种是由阳膜和阴膜交替排列而成的普通电渗析工艺，主要用于从废水中单纯分离污染物离子，或者把废水中的污染物离子和非电解质污染物分离开，再用其他方法处理；另一种是由复合膜与阳膜构成的特殊电渗析工艺，利用复合膜中的极化反应和极室中的电极反应产生 H^+ 和 OH^-，从废水中制取酸和碱。

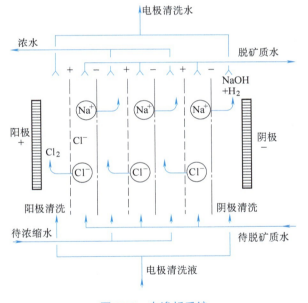

图 11-3　电渗析系统

11.3.5　化学处理

化学处理（Chemical treatment）是利用化学反应的作用将有毒化学物质分解成无毒物质，主要方法有化学沉淀法、氧化还原法、离子交换法和吸附法等。

1. 处理重金属离子废水的化学沉淀法

化学沉淀法（Chemical precipitation）是指向废水中投加沉淀剂，使之与废水中的重金属离子发生沉淀反应，形成难溶的固体，然后进行固液分离，从而将其从废水中去除的一种方法。

常用的化学沉淀剂有 OH^-、S^{2-}、CO_3^{2-} 等，相应的方法有氢氧化物沉淀法、硫化物沉淀法和碳酸盐沉淀法。

2. 氧化还原法

化学氧化（Chemical oxidation）是指利用强氧化剂氧化分解废水中的污染物质，使其转变为无毒无害的或毒性较小的新物质的方法，常用的氧化法有氯氧化法、空气氧化法和臭氧氧化法等。化学还原（Chemical reduction）是指利用还原剂还原废水中的有毒物质，使其转变为无毒的或毒性较小的新物质。常用的还原法有金属还原法、硼氢化钠法、硫酸亚铁法和亚硫酸氢钠法等，常用的氧化还原法一般分为药剂氧化法和药剂还原法。

（1）药剂氧化法　投加化学氧化剂，将废水中的有毒物质氧化为无毒或低毒物质的处理方法叫药剂氧化法。药剂氧化法主要用以处理废水中的 CN^-、S^{2-}、Fe^{2-}、Mn^{2+} 等离子，造成色度、味臭、BOD、COD 的有机物及致病微生物。常用的氧化剂可以是中性分子，如 Cl_2、O_3、O_2 等，它们接受电子后变为负离子；也可以是氧化数高的带电离子，如 O^{2-}、Cl^+ 等，它们在接受电子后氧化数降低；还可以是电解槽的阳极。

（2）药剂还原法　投加化学还原剂，将废水中的有毒物质还原为无毒或低毒物质的处理方法叫药剂还原法。药剂还原法主要用于处理废水中的 Cr^{6+}、Cd^{2+} 和 Hg^{2+} 等重金属离子。常用的还原剂有 SO_2，水合肼、亚硫酸氢钠、硫代硫酸钠、硫酸亚铁、硼氢化钠，金属铁、锌、铜、锰、镁等。另外，可以在很多废水处理中用铁屑作还原剂，如处理含 Cr^{6+} 和 Hg^{2+} 的废水等。

3. 处理重金属废水的离子树脂交换法

一般把具有离子交换能力的物质称为离子交换体（Ion exchange body）。离子交换体分为有机和无机两类。

方钠石（$Na_3Al_6Si_6Cl_2$）是一种无机交换体，人工合成的泡沸石和菱沸石、片沸石、方沸石、高岭土及海绿砂等都是具有吸附作用的无机交换体。

有机离子交换体又有碳质和树脂交换体之分。碳质离子交换体如磺化煤（煤粉经硫酸处理得到的产物）是一种阳离子交换剂。离子交换树脂则是由单体聚合或缩聚而成的人造树脂（母体）经化学处理，引入活性基因而成的产物。因活性基团的交换性能不同，可分阳离子交换树脂和阴离子交换树脂。离子交换树脂的离子交换作用较为理想，广泛用于各领域。

4. 处理重金属废水的吸附法

吸附法（Adsorption）是利用多孔性的固体物质，使水中的一种或多种物质被吸附在固体表面而去除的方法。具有吸附能力的多孔性固体物质称为吸附剂，水中被吸附的物质称为吸附质。根据固体表面吸附能力的不同，吸附可分为物理吸附和化学吸附两种类型。常用的吸附剂有活性炭、沸石、活性白土、硅藻土、腐殖质、焦炭和木屑等。

（1）活性炭吸附法　活性炭（Activated carbon）是一种非极性吸附剂，外观为暗黑色，有粒状、粉状和纤维状三种，目前工业上大量采用的是粒状活性炭。活性炭主要成分除碳以外，还含有少量的氧、氢、硫等元素，以及水分、灰分。它具有良好的吸附性能和稳定的化学性质，可以耐强酸、强碱，能经受水浸、高温、高压作用，不易破碎。

活性炭是目前废水处理中普遍采用的吸附剂。其中粒状活性炭因工艺简单、操作方便，用量最大。国内多用柱状煤质炭。

利用活性炭的吸附作用和还原作用，可以处理矿山冶炼和电镀工业产生的含重金属离子废水。如可处理含铬废水、含氰废水、含镉废水、含铜废水。活性炭的预处理、再生恢复吸附性能的工艺比较简单，容易实现，装备制造比较便宜，操作简单，维修方便，因而获得了广泛的应用。

（2）腐殖酸树脂吸附法 腐殖酸（Humic acid）类物质可用于处理工业废水，尤其是重金属离子废水及放射性废水，可除去其中的离子。腐殖酸的吸附性能是由其本身的性质和结构决定的。一般认为腐殖酸是一组具芳香结构、性质相似的酸性物质的复合混合物，它的大分子约由 10 个分子大小的微结构单元组成，每个结构单元由核（主要由五元环或六元环组成）、连接核的桥键（如—O—、—CH$_2$—、—NH—）及核上的活性基团组成。据测定，腐殖酸含的活性基团有羟基、羧基、羰基、氨基、磺酸基、甲氧基等，这些基团决定了腐殖酸对阳离子的吸附性能。

腐殖酸对阳离子的吸附，包括离子交换、螯合、表面吸附、凝聚等作用，既有化学吸附，又有物理吸附。当金属离子含量低时，以螯合作用为主；当金属离子含量高时，离子交换占主导地位。

用作吸附剂的腐殖酸类物质有两大类，一类是天然的富含腐殖酸的风化煤、泥煤、褐煤等，直接作为吸附剂用或经简单处理后作为吸附剂用；另一类是把富含腐殖酸的物质用适当的黏结剂做成腐殖酸系树脂，造粒成型，以便用于管式或塔式吸附装置中。

腐殖酸树脂具有螯合（Chelation）、吸附两种性能，能吸附多种金属离子（如 Hg、Zn、Pb、Cu、Cd），吸附率可达到 90% ~ 99%。腐殖酸树脂价格低，再生、恢复和吸附操作容易，常用的再生剂有 0.5 ~ 2mol/L 的 H$_2$SO$_4$、HCl、NaCl、CaCl$_2$ 等。腐殖酸树脂吸附在处理电镀工业废水方面已有成功的经验和设备，更适于处理水量大、含多种重金属离子但黏度低的矿山废水。

（3）麦饭石吸附法 麦饭石（Medical stone）的矿物组成主要有石英、长石、黑云母、磁铁石、高岭石和蒙托石等，主要化学组成为 SiO$_2$ 63.14%、Al$_2$O$_3$ 13.82%、Fe$_2$O$_3$ 4.69%、CaO 2.24%、MgO 2.02%、K$_2$O 5.08%、Na$_2$O 2.24%。麦饭石对重金属离子的吸附作用主要表现为离子交换和表面络合吸附。

用 80 目的麦饭石处理重金属离子废水，pH 值不同时吸附效率也不同。pH < 4 时吸附效率低，pH = 4.5 ~ 8.8 吸附效率较高，其中对 Zn^{2+}、Ca^{2+} 的吸附率可接近 80%，而对 Pb^{2+}、Cu^{2+} 的吸附可以达到 95% 以上，吸附顺序是 Pb^{2+} > Cu^{2+} > Zn^{2+} > Ca^{2+}。

麦饭石来源广泛，价格便宜，可以处理含多种金属离子的矿山废水。

11.3.6 生物处理

生物处理法（Biological treatment）是在人工创造的有利于微生物生命活动的环境中，使微生物大量繁殖，提高微生物氧化分解、富集和转化污染物的一种水处理方法。

微生物对金属离子同时有静电吸附、酶的催化转化、螯合或络合、絮凝和包藏共沉淀等作用，以及对 pH 的缓冲作用，使得金属离子沉积从而净化废水。

利用微生物处理金属离子工业废水的研究起源于 20 世纪 80 年代，曾有报道称日本用铁细菌氧化 Fe^{2+} 获得成功。该系统用回转圆板装置槽内通空气进行，试验用槽容积为 140L，分成四层，分别装有 8 个 0.5m 直径的回转圆板，圆板的整个表面积为 22.3m^2。Fe^{2+} 的氧化率随回转圆板表面浓缩的铁细菌含量的增加而增加，而且在 20 ~ 80min 内就可将 Fe^{2+} 氧化。我国科技工作者的研究开发进展也很快，现已有中科院成都生物研究所在处理电镀废水中铬、铜、锌、镉的工业化装置。

11.3.7　有毒有机物的污染控制

对有毒化学物质造成的污染有很多处理方法，常用的有化学法、物理法和生物法等。这些方法的有效性和经济性取决于有毒化学物质在环境中的化学形态、初始含量、其他存在组分的性质和含量、处理深度等。此外，对有毒有机物的污染控制应从生产源头杜绝，在使用过程中尽量减少其泄漏，对操作和接触人员采取适当的防护措施等。

（1）多环芳烃　燃料燃烧充分，可减少多环芳烃的生成量。室内加强通风换气，降低空内的多环芳烃含量。

（2）二噁英　20 世纪 90 年代以来，发达国家二噁英的总排放量已经呈现下降趋势，采取的主要措施包括造纸厂工艺的改进，具有合理处理装置的新型垃圾焚烧炉的使用，减少含氯芳香族化工产品生产及对其杂质的控制等。欧美等国对二噁英的管制很严格，一般规定成人每日摄入量为 1 ~ 10pg/kg（体重），德国规定土壤中的二噁英必须低于 0.004μg/kg，否则不能种植蔬菜和庄稼。

（3）甲醛　新装饰的房间内，会有大量的甲醛（Methyl aldehyde）散发出来。其散发速度与室内温度有关，温度高，容易散发，室内甲醛含量降低较快；温度低，甲醛不易散发，通常要待温度转暖后继续散发，这样甲醛含量降低的时间就会延长。室内通风换气良好，可以促使甲醛加快排出室外，反之则慢。水汽能吸附甲醛，故室内湿度大，甲醛不易排出室外，湿度低则较易排出室外。据专家调查，初夏装修房间，大致 2 周到 2 个月可使甲醛降至安全水平；秋冬季装修则需半年甚至 1 年才能降到安全水平。

（4）氰化物　氰化物（Cyanide）的运输、贮存、使用及废弃物的处理均应按有关规定严格执行。工业操作时应穿防护服、戴防护眼镜，工作场所设置安全信号灯、洗眼剂和冲洗设备。对工人进行就业前及定期的体检。氰化物进入眼中，应用洗眼剂或清水大量冲洗。皮肤接触应用肥皂和清水洗干净。大量吸入时应立即移至空气清新处，必要时吸氧及人工呼吸。误服时应催吐、洗胃，严重者立即送医院。

（5）苯、甲苯及氯代烃　苯（Benzene）、甲苯（Methylbenzene）和氯代烃（Chloro-hydrocarbon）进入眼和污染皮肤，应立即用水冲洗受污染的部位。急性吸入高浓度这类化合物，应离开现场，必要时可进行人工呼吸。误服者迅速洗胃并送医院对症治疗。操作现场应通风良好，生产设备应密闭。操作人员应穿防护工作服，避免皮肤反复或长时间接触。操作人员应戴防护眼镜，以防止眼接触。工作服如被弄湿，应立即脱去。居室装修完成后，使房屋保持良好的通风环境，待污染物释放一段时间后再居住。

11.3.8　农药污染控制对策和措施

防治农药污染是一项复杂的系统工程。首先，需要各部门的大力协作，这包括化工、农业、环保、农资、卫生、科教和宣传等行政管理和技术业务部门。其次，采取的防污措施应该是综合性的和多层次的，主要包括以下方面：贯彻执行我国病虫草害综合防治的方针，尽量减少化学农药的用量；从宏观上调控和优化使用农药的品种结构，选择使用高效、低毒、低残留的化学农药；充分利用科技进步，改善农药使用技术和方法，减少其对人体健康和生态环境的危害；加强农药在登记、生产、运输、销售、贮存和使用过程中的管理，完善农药的法制管理；贯彻可持续发展战略，提高全民的环保意识。

1. 积极贯彻病虫草害综合防治的方针

病虫草害综合防治不以全部杀灭害虫、病菌和杂草为目标，而应允许它们在经济不受损失的情况下存在，这就在一定程度上减少了农药使用量。要以一定的农业生态系统或林业生态系统为病虫害防治的管理单位，充分利用自然控制因素，包括生物和非生物的。各项防治措施不应是简单的叠加，而要强调它们之间的相互协调和综合。要充分利用科学技术的最新成果，如抗性品种和转基因作物等。综合防治的方法可归纳为农业、生物、化学和物理等类型。

（1）农业防治方法　农业防治是综合防治的基础，在病虫草害控制中占有重要地位。进行农业防治基于病虫草的发生和危害不仅与病虫草本身有关，还与农田环境条件、农作物的耐受能力或抗逆性和农业栽培措施有关。人们可以采取一系列的农业措施和管理技术，根据农田环境和病虫草间的关系，有目的地改变某些因子，控制病虫草的发生和危害，尽量做到不用或少用农药。病虫草农业防治的主要措施还有耕作轮作，选用抗病、抗虫作物品种，合理施肥用水和加强田间管理等。

（2）生物防治方法　生物防治包括利用天敌和使用生物农药防治病虫草害，这里也把转基因作物列入生物防治之列。使用天敌、生物农药和转基因作物都能够减少化学农药的用量和减轻农药污染。

（3）化学防治方法　在目前的农业生产条件和技术水平下，化学防治仍然是防治病虫草害的重要手段，在一般情况下是综合防治的重要组成部分。总的说来，使用化学农药为主要手段的化学防治是成功的，因为它具有一些明显的优点。在病虫草害达到或超过经济阈值时化学防治是最好的应急措施；化学农药具有广泛的防治谱，使用灵活方便；化学农药是工业产品，便于大规模生产，经济效益高。然而化学防治的缺陷也是明显的，大量使用农药增强了病虫草对农药的抗性，对生态系统的组成产生了不利影响，污染了环境和农产品，并对人体健康产生危害。这一切要求我们正确评估化学防治在综合防治中的作用和地位，强调化学农药的控制使用和合理使用。化学防治本身也需克服上述缺点，以维持，甚至在某些情况下增强它在综合防治中的地位。

（4）物理防治方法　在农业生产中使用的防治病虫草害的物理方法有：人工捕杀、糖浆诱杀、灯光诱杀，人工捕杀（害鼠）；人工和机械除草，人工去除病叶、病株；在蔬菜生产中使用灰色塑料薄膜、银膜避蚜、黄板避蚜，使用冷纱覆盖隔离；进行高温处理种子杀菌、高温闷棚灭菌；控制人员进出，减少操作接触感染等。

2. 选择使用高效、低毒、低残留农药

（1）选择安全和较安全级农药　新开发农药、绿色食品生产和大棚生产中使用农药应该是安全级或较安全级的。显然，在其他作物的病虫草害防治过程中也需选择安全级或较安全级的农药，不使用极危险级农药，加快淘汰危险级农药，逐步淘汰较危险级农药，特别是急性毒性接近高毒的较危险级农药。

（2）选用高效农药　强调选用高效或超高效农药。这至少有两个优点：一是减少一次施药的用量，从而减少农药对生物和环境的毒性负荷；二是减少农药在作物上的起始残留浓

度（PIRC），这对容易农药超标的叶菜和多次采收性蔬菜尤为重要。

3. 合理安全使用农药

提高和改善农药使用技术，做到合理安全使用，是防治农药污染的又一类重要措施。

（1）进行预测预报，做到适时防治　做好病虫草害的预测预报工作是适时合理防治的关键。在预测预报的基础上，根据病虫草害发生情况、危害的经济阈值、气象条件和农田其他情况，确定农药施用时间和农药品种等。

（2）严格遵守相关规定，做到安全用药　国家和农业部对农药的安全使用做出了明确规定，并以《农药安全使用标准》和《农药合理使用准则》的法规颁布。对这些规定需严格遵守而不能随意改动，不能滥用农药品种和随意增加用量和药液浓度，对于一些高毒农药更不能随意扩大使用作物种类和使用方法，否则会产生严重后果。

（3）进行科学防治，减缓抗性发展　应该避免一种农药的大面积单一使用和长时期连续使用，最好几种防治机制不同的农药分片使用和分期使用。在确定农药用量和防治次数时，防治指标不宜过高。在防治害虫时，对成虫和幼虫分别使用不同农药。

4. 加强农药管理

实施对农药生产、经营和使用的监督管理，不仅对于保证农药质量，发展和保护农业、林业生产，而且对保护生态环境和维护人畜安全都是必需的。加强农药管理可以保证病虫草害的防治效果，避免或减轻作物受到药害，也可在很大程度上减少生产性和非生产性农药中毒事件，并减轻农药对生态环境的污染程度。与其他管理工作一样，农药的从严管理可起到事半功倍的作用。

思 考 题

1. 什么是有毒有害化学物质？它们是如何分类的？
2. 试述有毒有害化学物质进入人体的主要途径及其在人体内的分布。
3. 试述有毒有害化学物质引起人体病变的机理。
4. 简述致癌物的致癌机理。
5. 重金属废水的治理方法一般有哪些？它们各自的特点是什么？
6. 简述 PCDD/Fs 污染物来源。这类化合物具有怎样的结构和环境特性？
7. 何为 POPs 污染物？简述其来源。这类化合物具有怎样的结构和环境特性？
8. 何为内分泌干扰物？这类化合物对人体的影响有哪些？
9. 试述多氯联苯（PCBs）在环境中的分布、迁移与转化规律。
10. 试述农药污染控制对策和措施。

参考文献

[1] 赵景联，史小妹. 环境科学导论 [M]. 2 版. 北京：机械工业出版社，2017.

[2] 杨若明. 环境中有毒有害化学物质的污染与监测 [M]. 北京：中央民族大学出版社，2001.

[3] 王晓蓉. 环境化学 [M]. 南京：南京大学出版社，2000.

[4] 刘兆荣，陈忠明，赵广英，等. 环境化学教程 [M]. 北京：化学工业出版社，2003.

[5] 何燧源，金云云，何方. 环境化学 [M]. 上海：华东理工大学出版社，2001.

［6］Sawyer C N，McCarty P L，Parkin G F. Chemistry for Environmental Engineering［M］. 4th ed. New york：McGraw-Hill，1994.

［7］王连生．有机污染物化学：下册［M］.北京：科学出版社，1991.

［8］戴树桂．环境化学［M］.北京：高等教育出版社，2000.

［9］Manahan S E. Environmental Chemistry［M］. Boston：Willard Grant Press，1999.

［10］叶常明．多介质环境污染研究［M］.北京：科学出版社，1997.

［11］任仁，张敦信．化学与环境［M］.北京：化学工业出版社，2002.

［12］关伯仁．环境科学基础教程［M］.北京：中国环境科学出版社，1995.

［13］胡望均．常见有毒化学品环境事故应急处治技术与监测方法［M］.北京：中国环境科学出版社，1993.

推 介 网 址

1. International register of potentially toxic chemicals（IRPTC）：http：//www/irptc. unep. ch/irptc/irptc. html

2. Agency for Toxic Substances and Disease Registry：http：//atsdr1. atsdr. cdc. gov：8080/atsdrhome. html

3. Hormone disrupting Toxicity：http：//easyweb. easynet. co. uk/ ~ mwarhurst/index. html

4. Environmental Health：http：//www. yahoo. com/Health/Environmental_ Health/

5. Persistent Organic Pollutants（POPs）：http：//irtpc. unep. ch/pops/welcome. html

6. Prior Informed Consent（PIC）http：//irtpc. unep. ch/pic/h1. html

7. Toxicology Profile Query：http：//atsdr1. atsdr. cds. gov：8080/gsql/toxprof. script

第12章

环境质量评价

[导读]　环境影响评价的概念诞生于20世纪70年代，在当时的世界经济发展中，发达国家的建设发展呈飞速上升状态，同时，环境污染、资源破坏、生态恶化现象明显。环境影响评价的产生基础就是经济发展对环境的破坏。为了科学地规划人类的生产和生活环境，约束开发行为，环境影响评价应运而生。我国正处于经济和社会发展的关键时期，经济建设的发展带来了物质世界的初步繁荣，同时也给自然环境带来了一定的破坏，在新时期的建设发展中，我国越来越重视开发过程中的环境保护问题。这是经济建设发展到一定时期的必然产物，是资源与环境协调发展的必然需要。

环境评价实际上是为开发建设提供的科学依据和方法论，环境评价具有技术性、专业性、导向性的特点，在新一轮深化改革过程中，环境评价将成为环境保护重要举措。

[提要]　本章在介绍环境质量评价基本概念、基本原理、评价制度及标准体系、基本程序和基本方法基础上，重点阐述了建设项目环境影响评价定义、内容、评价大纲和报告书的编写。

[要求]　通过本章学习，要了解环境评价在环境保护工作和研究中的重要性，掌握环境影响评价的基本理论、基本技术和基本方法，熟悉建设项目环境影响评价相关内容和知识要点，培养环境规划和评价工作的基本技能。

■ 12.1　环境质量评价概述

1. 环境质量

环境质量（Environmental quality）是指环境系统的内在结构和外部表现的状态对人类及生物界的生存和繁衍的适宜性。如空气质量是由氮、氧和稀有气体等恒定组分和二氧化碳、水蒸气、尘埃、硫氧化物、氮氧化物与臭氧等不定组分以一定的含量构成的，表现出无色、无味、透明、流动性好等状态。空气的这种结构和状态很适于人类和其他生物的生存和发展。但是一旦空气的组成结构被破坏，如氧气含量过低或硫氧化物含量过高，就会不适于人和生物生存，这时就说空气质量恶化或变坏了。区域环境系统是由许多环境要素组成的，其环境质量不仅与各环境要素质量有关，还与要素之间的互相作用有关。

2. 环境质量评价

环境质量评价（Environmental quality assessment）是按照一定的评价标准和评价方法评估环境质量的优劣，预测环境质量的发展趋势和评价人类活动的环境影响的学科。环境质量评价是认识和研究环境的一种科学方法，是对环境质量优劣的定量描述。从广泛的领域理解，环境质量评价是对环境的结构、状态、质量、功能的现状进行分析，对可能发生的变化进行预测，对其与社会、经济发展的协调性进行定性或定量的评估等。一般环境质量评价可表示为：根据环境本身的性质和结构、环境因子的组成和变化、对人及生态系统的影响，按照不同的目的和要求，对区域环境要素的环境质量状况或整体环境质量合理地划分其类型和级别，并在空间上按环境质量性质和程度上的差异划分为不同的质量区域。

3. 环境质量评价分类

按照所需评价的环境质量的时间属性，环境评价可以分为回顾评价、现状评价和影响评价三种类型。

（1）环境质量回顾评价　环境质量回顾评价（Environmental quality review assessment）是对某一区域某一历史阶段的环境质量的历史变化的评价，评价的资料为历史数据。这种评价可以揭示出区域环境质量的发展变化过程。

（2）环境质量现状评价　环境质量现状评价（Environmental quality status assessment）是利用近期的环境监测数据，反映区域环境质量的现状。环境质量现状评价是区域环境综合整治和区域环境规划的基础。

（3）环境影响评价　环境影响评价（Environmental impact assessment）是对拟议中的重要决策或开发活动可能对环境产生的物理性、化学性或生物性的作用，以及其造成的环境变化和对人类健康和福利的可能影响进行的系统分析和评估，并提出减免这些影响的对策和措施。环境影响评价是目前开展得最多的环境评价。

按照评价涉及的环境要素，可以将环境评价分为综合评价（涉及区域所有重要环境要素）和单要素评价（如大气环境质量评价、水环境质量评价、土壤环境质量评价等）。按评价的区域类型，环境评价可分为行政区域评价（如北京市环境评价）和自然地理区域评价（如长江中上游水环境质量评价）。按照自然地理区域进行环境评价有利于揭示污染物的迁移转化规律；按照行政区域进行环境评价易于获取监测数据等原始资料，也有利于环境评价提出的措施和建议的采纳。

4. 环境质量评价方法

从实际应用出发，环境质量评价方法分为两大类：环境评价方法和环境影响预测技术。环境评价方法指环境影响识别、评价和各种方案决策中应用的许多通用方法。环境影响预测技术指应用各种环境模型（包括物理模型和数学模型）及专家的职业经验进行预测，其中运用数学模型进行模拟是常用的方法。由于许多环境影响难以定量地模拟预测，故又常需应用专家经验判断方法。本书把专家预测法归入环境评价方法类。

常用的环境评价方法可分为两种类型：

（1）综合评价方法　这类方法主要用于综合地描述、识别、分析和（或）评价一项开发行动对各种环境因子的影响或引起的总体环境质量的变化。因为综合地识别、分析和评价环境影响需要大量信息或数据，所以必须通过监测调查和从文献资料中收集信息，或者采用专项分析和评价方法间接地获取信息。

常用的综合评价方法包括核查表法（Checklist）、矩阵法（Matrix）、网络法（Network）、环境指数法（Environmental index）、叠图法（Overlay）和幕景分析法（Scenario analysis）等。每种方法又可衍生出许多改型的方法以适应不同的对象和不同的评价任务。如核查表可分为简单的、描述性的和决策用等多种。随着地理信息系统（Geographic information system，GIS）的广泛应用，叠图法和幕景分析法都可利用地理信息系统在计算机上实现。逐层分解综合影响评价法则是以上方法的综合运用。

（2）专项分析和评价方法　这一类型方法常用于定性、定量地确定环境影响程度、大小及重要性，对影响大小排序、分级，描述单项环境要素及各种评价因子质量的现状或变化，对不同性质的影响按环境价值的判断进行归一化处理。

属于这一类型的方法有环境影响特征度量法、环境指数和指标法、专家判断法（Expert judgment）、智暴法（Brainstorming）、德尔斐法（Delphi technique）、巴特尔指数法（Battele environmental evaluation system）、费用—效益分析法（cost-benefit analysis）及定权法等。

■ 12.2　环境质量现状评价

1. 环境质量现状评价的概念

对一定区域内人类近期的和当前的活动致使环境质量变化，以及此变化引起的人类与环境质量之间的价值关系的改变进行评价，称为环境质量现状评价。环境质量的现状反映了人类已经进行或当前正进行的活动对环境质量的影响。对于环境质量，人类除了要求维持生存繁衍的基本条件，还要求能满足人类追求安逸舒适的需求。因此，对这种影响的评价应根据一定区域内人类对环境质量的价值取向来进行。环境质量状况能反映出的价值大致有自然资源的价值、生态价值、社会经济价值和生活质量价值四种。

自然资源的价值主要是指大气、水和土壤在人类利用它们的过程中体现出来的一种属性。人们把大气、水和土壤看作一种有限的资源，工业化革命以来，污染事件不断发生，人们逐渐认识到它们作为自然资源的价值。因此，人们在对大气、水和土壤进行评价时更多地注意污染评价，即评估人类的生产与生活活动排放出来的各种污染物对大气、水和土壤的污染程度，以及由此对人体健康所造成的危害程度。

生态价值的评估主要以生态学原理为基础，以保护生态平衡、可持续利用自然资源为目的，评估一定区域内生态系统是否处于良性循环状态，以及生态系统被破坏的程度。

社会经济价值与生活质量价值可称为文化价值，它们可从不同的角度去评价。例如，以适应人类生活的美好舒适的需要，可从审美的观点出发，采用一定的评价方法对环境美学价值进行评价；以适应人类公共健康的需要，可从卫生学的角度进行评价；以社会经济协调发展为目的，可从经济学的角度进行评价。

2. 环境质量现状评价的基本程序

环境质量现状评价的程序因其目的、要求及评价的要素不同，可能略有差异，但基本过程相同，具体步骤如下：

1）确定评价目的、制定实施计划。进行环境质量现状评价首先要确定评价目的，划定评价区的范围，制定评价工作大纲及实施计划。

2）收集与评价有关的背景资料。评价的目的和内容不同，收集的背景资料也要有所侧

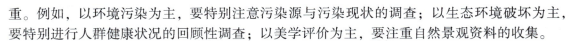

重。例如，以环境污染为主，要特别注意污染源与污染现状的调查；以生态环境破坏为主，要特别进行人群健康状况的回顾性调查；以美学评价为主，要注重自然景观资料的收集。

3）环境质量现状监测。在背景资料收集、整理、分析的基础上，确定主要监测因子。

4）背景值的预测。对背景值进行预测有时是非常必要的。如在评价区域比较大或监测能力有限的条件下，就需要根据监测到的污染物浓度值，建立背景值预测模式。

5）进行环境质量现状的分析。要选取适当的方法，指出主要的污染因子、污染程度及危害程度等。

6）评价结论及对策。对环境质量状况给出总的结论，并提出建设意见。

3. 环境质量现状评价的方法

（1）环境污染评价方法　环境污染评价（Environmental pollution evaluation）的目的在于分析现有的污染程度，划分污染等级，确定污染类型。经常使用的是污染指数法（Pollution index method），分为单因子指数和综合指数两大类。

单因子污染指数的计算公式为

$$P_i = \frac{C_i}{S_i} \tag{12-1}$$

其算术平均值为

$$\overline{P_i} = \sum_{i=1}^{K} \frac{P_i}{K} \tag{12-2}$$

式中　P_i——污染物 i 的污染指数；

$\quad C_i$——污染物 i 的实测浓度；

$\quad S_i$——污染物 i 的评价标准值；

$\quad \overline{P_i}$——污染物 i 的平均污染指数；

$\quad K$——监测次数。

综合污染指数有以下几种形式：

叠加型指数

$$I = \sum_{i=1}^{n} \frac{C_i}{S_i} \tag{12-3}$$

均值型指数

$$I = \frac{1}{n} \sum_{i=1}^{n} \frac{C_i}{S_i} \tag{12-4}$$

加权均值型指数

$$I = \frac{1}{n} \sum_{i=1}^{n} W_i P_i \tag{12-5}$$

均方根型指数

$$I = \sqrt{\frac{1}{n} \sum_{i=1}^{n} P_i^2} \tag{12-6}$$

式中　I——综合污染指数；

$\quad n$——评价因子数；

$\quad W_i$——污染物 i 的权系数。

上述指数形式仅是基本形式，根据评价工作的需要可自行设计。

（2）生态学评价方法　生态学评价（Ecology evaluation）是通过各种生态因素的调查研究，建立生态因素与环境质量之间的效应函数关系，评价自然景观破坏、物种灭绝、植被减少、作物品质下降与人体健康和人类生存发展需要的关系。由于生态学的内容非常丰富，生态学评价方法也有许多种，这里主要介绍植物群落评价、动物群落评价和水生生物评价。

1）植物群落评价（plant community evaluation）。一个地区的植物与环境有一定的关系。评价这种关系可用下列指标：

① 植物数量。植物数量说明该地区的植被组成、植被类型和各物种的相对丰盛度。

② 优势度。优势度是指一个种群的绝对数量在群落中占优势的相对程度。

③ 净生产力。净生产力是指单位时间的生长量或产生的生物量，这是一个很有用的生物学指标。

④ 种群多样性。种群多样性是用种群数量和每个种群的个体里来反映群落的繁茂程度，它反映了群落的复杂程度和"健康"情况。通常使用辛普生指数，其公式为

$$D = \frac{N(N-1)}{\sum n(n-1)} \tag{12-7}$$

式中　D——多样性指数（辛普生指数）；

N——所有种群的个体总数；

n——一个种群的个体数。

由于辛普生指数受到样本大小的影响，所以必须用两个以上同样大小的群落进行对比研究。

2）动物群落评价（Animal community evaluation）。一个地区的动物构成取决于植物情况。因此，植物群落的评价结果及方法，在动物群落评价中有重要作用。动物群落评价注重优势种、罕见种或濒危种，通过物种表、直接观察等方法确定动物种群的大小。

3）水生生物评价（Aquatic life evaluation）。水体生态系统（包括河流、湖泊、海洋）的生物在很多方面与陆生生物和陆生群落不一样，因此，采集的方法和评价的方法也不同。例如，由于藻类是水生生物王国中主要的食物生产者，如果水质、水温、水位、流量等发生变化，藻类的生产就会受到影响，故某些评价工作就需要对藻类进行评价。在评价过程中，通常需要了解：①组成成分，即某区域内有什么生物体存在；②丰盛度，某种水生生物在该研究区域内所有水生生物中相对数量；③生产力，为了说明某种生物在它的群落食物链中的相对重要性。其次是对水生动物的评价，水生动物包括范围很广，种类繁多，应根据评价的目的选择评价因子。

（3）美学评价法　美学评价（Aesthetic evaluation）是从审美准则出发，以满足人们追求舒适安逸的需求为目标，对环境质量的文化价值进行评价。评价的方法主要有定性评价，如美感的描述；定量评价，如美感评分。对风景环境的美学评价还可以采用艺术评价手段，如摄影艺术，以此可以烘托出环境美的意境来。美感的描述主要包括对人文要素和环境要素的构成美的内在联系的描述。美感评分，是采用主观概率法计算美感值，其计算公式为

$$Q = \sum_{i=1}^{n} W_i Q_i \tag{12-8}$$

式中　Q——评价对象的美感值；

Q_i——第 i 个要素美感值；

W_i——第 i 个要素的权系数。

例如，在北戴河风景区环境质量评价中，确定的美学评分等级见表 12-1。

表 12-1　北戴河风景区环境质量评价中的美学评分等级

Q	100 ~ 90	89 ~ 80	79 ~ 70	< 70
等级	最美	较美	美	一般

需要指出的是，美感值的评价结果往往受评价者主观因素影响较大。在评价中应该使有经验的专家评分与公众的调查评定结果相结合，再加以综合分析，才能得到比较客观的评价结果。目前环境质量的美学评价方法还不成熟，需要进一步完善。

■ 12.3　环境影响评价

1. 环境影响

环境影响（Environmental impact）是指人类活动（经济活动、政治活动和社会活动）导致的环境变化及由此引起的对人类社会的效应。可见，环境影响的概念包括人类活动对环境的作用和环境对人类的反作用两个方面。环境影响的概念既强调人类活动对环境的作用，即认识和评价人类活动使环境发生了或将发生哪些变化；又强调这种变化对人类的反作用，即认识和评价环境对人类的反作用的手段，是基础的东西，是前提条件。认识和评价环境对人类的反作用是为了制定出缓和不利影响的对策，改善生活环境，维护人类健康，保证和促进人类社会的可持续发展，这是我们研究环境影响的根本目的。而且，环境对人类的反作用要远比人类活动对环境的作用复杂。

2. 环境影响评价

环境影响评价（Environmental impact assessment）是指对拟议中的建设项目、区域开发计划和国家政策实施后可能对环境产生的影响（后果）进行的系统性识别、预测和评估。环境影响评价的根本目的是鼓励在规划和决策中考虑环境因素，最终达到更具环境相容性的人类活动。

一种理想的环境影响评价过程，应该满足以下条件：

1）基本上适应于所有可能对环境造成显著影响的项目，并能够对所有可能的显著影响做出识别和评估。

2）对各种替代方案（包括项目不建设或地区不开发的情况）、管理技术、减缓措施进行比较。

3）编制清楚的环境影响报告书（Enviromental impact statements，EIS），以使专家和非专家都能了解可能的影响的特征及其重要性。

4）包括广泛的公众参与和严格的行政审查程序。

5）及时、清晰的结论，以便为决策提供信息。

另外，环境影响评价过程还应延伸至评价活动开始及结束以后的监测和信息反馈程序。

进行环境影响评价的主体依各国环境影响评价制度而定，我国的环境影响评价主体可以是学术研究机构，工程、规划和环境咨询机构，但必须获得国家或地方环境保护行政机构认可的环境影响评价资格证书。

3. 环境影响评价制度

环境影响评价制度（Environmental impact assessment system）是指把环境影响评价工作以法律、法规或行政规章的形式确定下来从而必须遵守的制度。环境影响评价不能代替环境影响评价制度。前者是评价技术，后者是进行评价的法律依据。环境影响评价制度要求在工程、项目、计划和政策等活动的拟定和实施中，除了传统的经济和技术等因素外，还要考虑环境影响，并把这种考虑体现到决策中去。对于可能显著影响人类环境的重要的开发建设行为，必须编写环境影响报告书。

环境影响评价制度的建立，体现了人类环境意识的提高，是正确处理人类与环境关系，保证社会经济与环境协调发展的一个进步。我国环境影响评价制度由《中华人民共和国环境保护法》规定为一切建设项目必须遵守的法律制度，其目的是为了防止造成环境污染与破坏。

4. 环境影响评价的重要性

环境影响评价是强化环境管理的有效手段，在确定经济发展方向和保护环境等一系列重大决策上都有重要作用。具体表现在以下几个方面：

（1）保证建设项目选址和布局的合理性　合理的经济布局是保证环境与经济持续发展的前提条件，不合理的布局则是造成环境污染的重要原因。环境影响评价是从建设项目所在地区的整体出发，考察建设项目的不同选址和布局对区域整体的不同影响，并进行比较和取舍，选择最有利的方案，保证建设项目选址和布局的合理性。

（2）指导环境保护措施的设计，强化环境管理　一般来说，开发建设活动和生产活动，都要消耗一定的资源，给环境带来一定的污染与破坏，因此必须采取相应的环境保护措施。环境影响评价是针对具体的开发建设活动或生产活动，综合考虑开发活动特征和环境特征，通过对污染治理设施的技术、经济和环境论证，得到相对最合理的环境保护对策和措施，把人类活动产生的环境污染或生态破坏限制在最小范围。

（3）为区域的社会经济发展提供导向　环境影响评价可以通过对区域的自然条件、资源条件、社会条件和经济发展状况等进行综合分析，掌握该地区的资源、环境和社会承受能力等状况，从而对该地区发展方向、发展规模、产业结构和产业布局等做出科学的决策和规划，以指导区域活动，实现可持续发展。

（4）促进相关环境科学技术的发展　环境影响评价涉及自然科学和社会科学的广泛领域，包括基础理论研究和应用技术开发。环境影响评价工作中遇到的问题，必然是对相关环境科学技术的挑战，进而推动相关环境科学技术的发展。

5. 环境影响报告书

环境影响报告书就是环境影响评价工作的书面总结。它提供了评价工作中的有关信息和评价结论。它是环境影响评价工作成果的集中体现，是环境影响评价承担单位向其委托单位——工程建设单位或其主管单位提交的工作文件。评价工作每一步骤的方法、过程和结论都清楚详细地包含在环境影响报告书中。

我国《建设项目环境保护管理条例》规定，建设项目环境影响报告书，应当包括下列内容：①建设项目概况；②建设项目周围环境状况；③建设项目对环境可能造成影响的分析和预测；④环境保护措施及其经济、技术论证；⑤环境影响经济损益分析；⑥对建设项目实施环境监测的建议；⑦环境影响评价结论。涉及水土保持的建设项目，还必须有经行政主管部门审查同意的水土保持方案。

环境影响报告书对于开发决策有很重要的价值，在行政决策中占有重要地位。例如，一份揭示了诸多不利影响的环境影响报告书，可使有关部门对拟议的开发活动或政策进行很大修改甚至取消。科学、严格的环境影响评价过程是生成良好的环境影响报告书的前提。

6. 环境影响评价的标准体系

环境标准（Environmental standard）是控制污染、保护环境的各种标准的总称。它是为了保护人群健康、社会物质财富和促进生态良性循环，对环境结构和状态，在综合考虑自然环境特征、科学技术水平和经济条件的基础上，由国家按照法定程序制定和批准的技术规范；是国家环境政策在技术方面的具体体现，也是执行各项环境法规的基本依据。

（1）环境标准在环境保护中所起的作用

1）环境标准是制定环境规划和环境计划的主要依据　为了协调社会经济和环境的关系，需要制定环境保护规划，而环境保护规划需要一个明确的环境目标。这个环境目标应当是从保护人民群众的健康出发，使环境质量和污染物排放控制在适宜的水平上，也就是要符合环境标准要求。根据环境标准的要求来控制污染、改善环境，并使环境保护工作纳入整个国民经济和社会发展计划中。

2）环境标准是环境评价的准绳　无论是进行环境质量现状评价，编制环境质量报告书，还是进行环境影响评价，编制环境影响报告书，都需要环境标准。只有依靠环境标准，方能做出定量化的比较和评价，正确判断环境质量的好坏，从而为控制环境质量，进行环境污染综合整治，设计确实可行的治理方案提供科学的依据。

3）环境标准是环境管理的技术基础　环境管理包括环境立法、环境政策、环境规划、环境评价和环境监测等。如大气、水质、噪声、固体废弃物等方面的法令和条例，这些法规包含了环境标准的要求。环境标准用具体数字体现了环境质量和污染物排放应控制的界限和尺度。违背这些界限，污染了环境，即违背了环境保护法规。环境法规的执行过程与实施环境标准的过程是紧密联系的，如果没有各种环境标准，环境法规将难以具体执行。

显然，环境标准的作用不仅表现在环境效益上，也表现在经济效益和社会效益上。

（2）环境标准体系　按照环境标准的性质、功能和内在联系进行分级、分类，构成一个统一的有机整体，称为环境标准体系（Environmental standard system）。各环境标准之间互相联系、互相依存、互相补充，具有配套性，相互之间协调发展。这个体系不是一成不变的，它与各个时期社会经济的发展相适应，不断变化、充实和发展。我国目前的环境标准体系，是根据我国国情，总结多年环境标准工作经验，参考国外的环境标准体系而制定的。它分为两级，7种类型。此外，还可分为强制性标准和推荐性标准。图12-1简要描述了我国目前的环境标准体系。

1）环境质量标准。环境质量标准（Environmental quality standard）是指在一定时间和空间范围内，对各种环境介质（如大气、水、土壤等）中的有害物质和因素规定的允许容量和要求，是衡量环境是否受到污染的尺度，以及有关部门进行环境管理、制定污染排放标准的依据。环境质量标准分为国家和地方两级。环境质量标准主要包括大气质量标准、水质质量标准、环境噪声及土壤、生物质量标准等。

2）污染物排放标准。污染物排放标准（Pollutants discharge standard）是根据环境质量要求，结合环境特点和社会、经济、技术条件，对污染源排入环境的有害物质和产生的有害因素制定的控制标准，或者说是排入环境的污染物和产生的有害因素的允许的限值或排放量（浓度）。它对于直接控制污染源，防治环境污染，保护和改善环境质量具有重要作用，是实现环境质量目标的重要手段。污染物排放标准也分为国家污染物排放标准和地方污染物排放标准两级。

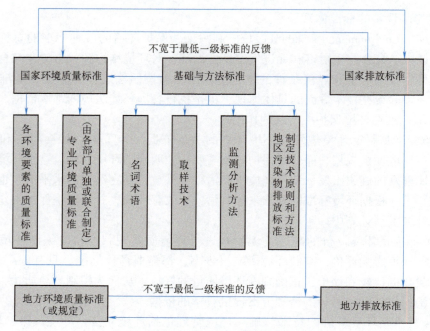

图 12-1　我国目前的环境标准体系

3）环境基础标准。环境基础标准（Basic environmental standard）是在环境保护工作范围内，对有指导意义的有关名词术语、符号、指南、导则等所做的统一规定。在环境标准体系中它处于指导地位，是制定其他环境标准的基础，如地方大气污染物排放标准的技术方法，地方水污染物排放标准的技术原则和方法，环境保护标准的编制、出版、印刷标准等。

4）环境方法标准。环境方法标准（Environmental method standard）是环境保护工作中，以试验、分析、抽样、统计、计算等方法为对象制定的标准，是制定和执行环境质量标准和污染物排放标准，实现统一管理的基础，如锅炉大气污染物测试方法、建筑施工场界噪声测量方法、水质分析方法标准。

5）环境标准样品标准。环境标准样品标准（Environmental standard samples standard）是对环境标准样品必须达到的要求所做的规定。环境标准样品是环境保护工作中用来标定仪器、验证测量方法、进行量值传递或质量控制的标准材料或物质，如 GSBZ 500011—1987 土壤 ESS-l 标准样品、GSBZ 500001—1987 水质 COD 标准样品等。

6）环保仪器设备标准。为了保证污染物监测仪器的监测数据的可比性和可靠性，以保证污染治理设备运行的各项效率，对有关环境保护仪器设备的各项技术要求也编制了统一的规范和规定，即环保仪器设备标准（Environmental protection equipment standard）。

7）强制性标准和推荐性标准。环境保护法规、条例和标准化方法上规定的强制执行的标准为强制性标准（Mandatory standards），如污染物排放标准、环境基础标准、标准方法标准、环境标准物质标准和环保仪器设备标准中的大部分标准均属强制性标准；环境质量标准中的警戒性标准也属强制性标准。其余属推荐性标准（Recommended standards）。

7. 环境影响评价程序

环境影响评价程序是指按一定的顺序或步骤指导完成环境影响评价工作的过程。其程序可分为管理程序和工作程序，经常用流程图来表示。前者主要用于指导环境影响评价的监督与管理，后者用于指导环境影响评价的工作内容和进程。

（1）环境影响评价程序遵循的原则

1）目的性原则。区域环境有特定的结构和功能，特定的功能要求有特定的环境目标，因此进行任何形式的环境影响评价都必须有明确的目的性，并根据其目的性确定环境影响评价的内容和任务。

2）整体性原则。在环境影响评价中应该注意各种政策及项目建设对区域人类—生态系统的整体影响。在预测了各环境要素的影响之后，应该着重分析其综合效应，只有这样，才能正确、全面地估算整个区域环境可能受到的整体影响，以便对各种建议或替代方案进行比较和选择。

3）相关性原则。在环境影响评价中应考虑到人类—生态系统中各子系统之间的联系，研究同一层次子系统间的关系及不同层次各子系统之间的关系。研究各子系统间关联的性质、联系的方式及联系紧密的程度，从而判别环境影响的传递性。环境影响的传递是个大的人类—生态网络系统，应根据其相关性，研究其逐层、逐级传递的方式、速度及强度。

4）主导性原则。在环境影响评价中必须抓住各种政策或项目建议可能引起的主要环境问题。针对不同的评价对象，环境影响评价表现出千差万别的性质和特征，但根据协同学原理，当一个开放的系统形成有序结构时，各子系统之间会通过非线性作用产生协同现象和相干效应，使整个系统形成具有一定功能的自组织结构。此时，可用模式对该系统进行描述，但必须首先找出支配环境影响评价系统主要行为的变量——序参量，然后建立序参量满足的方程，根据"支配原则"，某些序参量的变化可以支配其他序参量的变化。

5）等衡性原则。环境系统的各子系统和各要素之间既相互联系又相互独立，各自表现出独特的属性。根据系统论中著名的"木桶原理"，一只木桶的容量是由组成木桶壁的最短木片决定的，因此在环境影响评价中重视整体效应和相关性时，还要充分注意各子系统和要素之间的协调和均衡，并且要特别关注某些具有"阈值效应"的要素，因为如果此类要素所受的影响超过其固有的阈值或遭到毁灭，很可能会导致整个系统的衰落或瓦解。所以在环境影响评价中，环境影响的预测和综合评价不应该掩盖或忽视某些关键环境要素受到的压力。

6）动态性原则。各种政策和项目建设的环境影响是一个不断变化的动态过程，在环境影响评价中必须研究其历史过程，研究在不同层次、不同时段、不同阶段的环境影响特征，并分析和区分直接和间接影响、短期和长期影响、可逆和不可逆影响，同时注意影响的叠加性和累积性特点。

7）随机性原则。环境影响评价是个涉及多因素、复杂多变的随机系统。各种政策和项目建设在实施过程中可能引起各种随机事件，有些会带来严重的环境后果，为了避免严重公害事件的形成和产生，必须根据实际情况，随时增加必要的研究内容，特别是应增加环境风险评价的研究。

8）社会经济性原则。在可持续发展思想的指导下，环境影响评价应该从环境的系统性和整体方面对环境的价值做出评价，并以社会、经济和环境可持续发展理论为基础对环境开发行为做出合理的判断。而且，对于环境信息的处理和表达除了要使用物理数据（如浓度和数量），更主要的是应该解释和说明这些数据的社会经济含意，以此来实现环境、经济、社会三者之间的比较和权衡，使环境影响评价能够真正促进综合决策，发挥正常的功能。

9）公众参与原则。环境影响评价的过程要公开、透明，公众有权了解环境影响评价的相关信息。

（2）环境影响评价的管理程序

1）环境影响分类筛选。凡新建或扩建工程，要根据我国《分类管理名录》确定应编制环境影响报告书、环境影响报告表或填报环境影响登记表。

① 编写环境影响报告书的项目。新建或扩建工程对环境可能造成重大的不利影响，这些影响可能是敏感的、不可逆的、综合的或以往尚未有过的。这类项目需要编写全面的环境影响报告书。

② 编写环境影响报告表的项目。新建或扩建工程对环境可能产生有限的不利影响，这些影响是较小的或者减缓影响的补救措施是很容易找到的，通过规定控制或补救措施可以减缓对环境的影响。这类项目可直接编写环境影响报告表，对其中个别环境要素或污染因子需要进一步分析的，可附单项环境影响专题报告。

③ 填报环境影响登记表的项目。对环境不产生不利影响或影响极小的建设项目，只填报环境影响登记表。

生态环境部根据分类原则确定评价类别，如需要进行环境影响评价，则由建设单位委托有相应评价资格证书的单位来承担。

2）环境影响评价项目的监督管理。环境影响评价项目的监督管理工作的主要内容是：评价单位资格考核与人员培训；评价大纲的审查；环境影响评价的质量管理；环境影响评价报告书的审批。图12-2所示为我国基本建设程序与环境管理程序的关系。

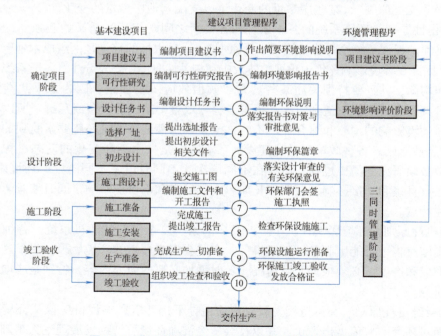

图12-2　我国基本建设程序与环境管理程序的关系

（3）环境影响评价的工作程序　环境影响评价工作程序如图12-3所示。环境影响评价工作大体分为三个阶段：

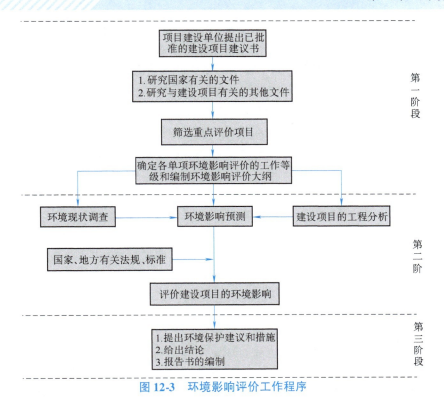

图 12-3 环境影响评价工作程序

第一阶段为准备阶段，主要工作为研究有关文件，进行初步的工程分析和环境现状调查，筛选重点评价项目，确定各单项环境影响评价的工作等级，编制评价工作大纲。

第二阶段为正式工作阶段，主要工作为工程分析和环境现状调查，并进行环境影响预测和评价环境影响。

第三阶段为报告书编制阶段，主要工作为汇总、分析第二阶段工作得到的各种资料、数据，得出结论，完成环境影响报告书的编制。

（4）评价工作的等级　环境影响评价工作的等级是指需要编制环境影响评价和各专题工作深度的划分。各单项环境影响评价划分为三个工作等级，一级评价最详细，二级次之，三级较简略。各单项影响评价工作等级划分的详细规定，可参阅相应导则。工作等级的划分依据如下：

1）建设项目的工程特点（工程性质、工程规模、能源及资源的使用量及类别等）。

2）项目所在地区的环境特征（自然环境特点、环境敏感程度、环境质量现状及社会经济状况等）。

3）国家或地方政府颁布的有关法规（包括环境质量标准和污染物排放标准）。

12.4　建设项目环境影响评价

1. 建设项目环境影响评价的目的

建设项目环境影响评价（Environmental Impact Assessment on construction project）的目的，就是为某一工程建设项目的布局、选址和确定发展规模，提出环保措施。换句话说，就是在造成环境损害之前，为早期识别和解决某一工程建设项目可能对环境造成的影响，尽可能提供全部信息。它可以为工程项目的实施带来很多好处：

1）确保在工程项目的规划中，对工程的环境影响后果及环境对工程项目的制约因素给予全面的考虑。

2）改善工程项目决策的效果，工程项目环境影响评价的结果和工程设计之间始终存在着反馈，环境影响评价可用在检验备选项目设计方案的早期阶段，有助于选择效益最大、有害影响小的设计方案。因此，工程项目的环境影响评价不仅可用来考察和避免有害影响，还可增加效益。

3）减少工程费用和工程设计时间。如果在工程设计的早期发现潜在的环境问题，就可以在设计阶段进行修正，减少在工程的建设和实施阶段用在环保方面的费用和时间。

4）在一工程项目有多个地址和多种替代方案的情况下，环境影响评价提供了进行决策的基础。它有助于确定哪些地区对不利影响最敏感，从而指导选定收益最大而有害影响最小的合适地址。

2. 建设项目环境影响评价的工作内容

建设项目环境影响评价的工作内容取决于建设项目对环境产生的影响，由于工程项目的类型千差万别，产生的影响也有明显差别。但就评价工作而言，应有一个基本内容：

（1）工程分析　工程分析是从有可能对环境产生影响的角度对工程项目的建设性质、生产规模、原料来源、工艺方法、土地利用、移民安置等进行系统分析。其目的是确定主要影响因子，查清其影响的过程及危害特性。工程分析的工作内容应根据工程项目的特征来确定。

（2）各类工程项目的环境影响分类及其识别　工程项目的类型比较繁杂，但目前对各种环境资源影响比较显著的工程项目有工业工程类、能源工程类、水利工程类、交通工程类和农业工程类。上述五类工程对环境的可能影响如下：

1）对自然资源价值的影响。主要包括对水、大气、土壤等环境要素的影响。

① 对水质的影响（地下水和地表水）。许多工程需要大量的水用于生产或冷却，这会严重影响地表水文。同时需要考虑工厂兴建带来的服务行业，特别是人口的增长，都会增加地表水文和供水需求的矛盾。伴随着工业发展而来的新兴城镇与其他行业的发展对水质也会产生影响，对水质影响评价不仅要考虑现状和未来，还要特别注意目前的排水状况和历史上洪水排泄状况。因为排水不佳会使大量污染物质流入水体中去。在地下水是主要供水水源的地区尤其要强调工程建设项目对地下水文、水质的影响。高浓度的废水和固体废弃物若处置不当会污染地下水。地表水与地下水之间通过渗滤、蒸腾、回灌、排放也会相互影响，使地下水质发生变化，由此产生对水源地的影响。

② 对大气环境质量的影响。主要是指排放的气体污染物对人类与动植物的健康和生产力产生不利的影响，如酸雨对建筑物的破坏等。在进行影响评价时，应充分注意大气运动的无界特性，需要对风向、风速、温度等进行足够的论述。逆温层的存在对大气污染物的输送扩散很不利，而有些地区很容易形成逆温层，对明显的大气污染物及其发生源应进行分析，并掌握排放的数量及形式。

③ 对土壤质量的影响。一般包括三个方面：污染，指大气悬浮物沉降、地表水的渗透、污水灌溉和固体废弃物的自然淋滤和机械风化产生的影响；土壤退化，指建设活动引起的水土流失、土壤沙化、土壤酸化、土壤次生盐渍化及沼泽化等；土地资源破坏。

2）生态价值的影响。是指对动植物种类的分布和丰度造成的影响。物种多样性是衡量某一生态系统的重要指标，而某一区域内物种的多少是相互依赖的，因而其影响并不仅限于直接的影响，间接的影响可能也很重要。例如，动物常常由于在其生活地区赖以生存的食物或植物遭到破坏而受到间接影响。一般地说，植被和野生生物有可能受工程项目的不利影响，尤其是珍稀物种。维持陆生生物群落和水生生物群落的多样性，应是选择影响因子时必须考虑的，也是工程项目设计中的一个重要目的。

3）美学影响。是指工程建设项目对与美感有关事物的作用。美学影响因子的选择可考虑土地、空气、水、生物和人造景物。前四种因子已经介绍了许多，此处只强调它们的美学价值，如山脉和溪流、大气的能见度与气味、水的美丽景色、生物景观等方面。人造景物的影响，重要的并不一定是其本身受损，而是破坏了其周围的环境。因此，人造景物对环境产生影响的因素主要有拟建工程项目的设计造型与现有景观是否协调。

4）社会经济影响。简单地说是工程建设项目对人的影响，这些影响可能是工程建设项目对经济、社会、人类健康和福利产生的直接影响，也可能是通过改变各种环境因子而造成的间接影响。工程建设项目的环境影响评价不能仅仅局限于生物、物理、化学影响的考虑，还应该对社会或人的影响予以足够的重视，因为社会经济影响是环境影响的组成部分。通常从下面四个范畴中选择社会经济影响因子：

① 对人口的影响。从事工程项目的工人的移入引起人口大量增加，使人口的组成、分布等产生变化，以至于影响劳力市场，影响本地居民就业。

② 厂区服务设施的影响。为就业者及其家属提供住房、交通、卫生、教育等社会服务是这一类影响的主要选择因子。

③ 对经济的影响。对经济影响是好是坏的判别具有社会性，影响的后果不可能均匀分配于全社会或每个人。可以设想，如果其一工程建设项目没有经济效益，是不会批准建设的。因此，关键的问题是要了解经济利益是怎样分配的，社会的受益程度如何。

④ 对价值观的影响。主要是指对生活方式和生活质量的影响。工程建设的经济活动影响，使厂区附近的居住、文化、精神水平及生活方式发生了改变，生活质量发生变化。

（3）环境影响预测 环境影响预测通常是对现有的相应资料数据加以合理的研究和分析之后，对受人类活动影响的未来的环境状况做出预计或推测。环境影响预测是环境影响评价结论的重要依据之一。它是根据事物规律来判断未来，它强调对环境影响的论述、求证和应用的统一，重点不在于认识规律，而是在认识了规律的基础上证得出、用得上。换句话说，环境影响预测是从方法论上探讨人类活动与环境变化之间的某些规律。

一般说来，构成环境影响预测有三部分内容：一是环境影响预测分析，二是环境影响预测技术，三是环境影响预测应用。

环境影响预测分析就是研究各种可能受影响的环境信息。首先需要回答预测的对象或重点是什么，如某一火电厂的建设项目，对环境的可能影响是大气质量的变化及由此产生的对人类生活质量的影响。其次要确定调查什么，根据已经确定了的预测目标和有关的受影响的环境因素，调查与该预测有关的从过去到现在的环境质量状况，即环境质量现状的监测与评价。第三要回答分析什么，通过对环境影响信息的数据处理及经验的主观判断，可以得出某些环境的演变规律。这种演变规律是对环境影响预测目标的历史发展程度与趋势用数字模型或图表表示出来的一种科学概括。最后要回答怎样预测，不是任何演变规律都有预测意义，因为用不同的预测信息、同一信息的不同取材和用不同的处理方法都有可能得到多种演变规律，因此必须进行选择，选择出可以代表或说明受人类活动影响的未来环境的演变规律。

环境影响的预测技术是影响预测分析的方法和手段。可以根据环境影响预测技术在预测分析中的不同作用进行分类，一般可分为两类：

一类是定性预测技术——定性分析，是用于确定受人类活动影响的环境未来发展的性质，其中包括明确已知受影响性质的概念，如 SO_2 对人类呼吸道的影响等，判断其未来发展，揭示某些不确定因素等。定性分析的主要用途有：为定量分析做准备；在缺乏定量数据时直接用于预测；对定量预测结果进行评价，与定量方法结合起来，提高预测可信程度。定性分析多采用专家调查法、主观概率法和交叉概率法等。

另一类是定量预测技术——因果分析，主要研究受影响的环境因素与预测目标之间的因果关系及其影响程度。影响因素是前因，造成预测目标的某种变化是后果。建立这种因果关系和确定受影响的程度，往往采用数学模拟法和物理模拟法。如模拟大气环境质量变化的高斯公式、水质量变化的 S–P 模型等；在物理模拟方面有风洞、水洞等技术。

预测应用就是运用预测规律来判断未来。环境影响预测是决策科学化的前提，在环境影响评价的实际工作中，预测和决策往往结合起来使用。假定预测未来的环境质量状况严重恶化，决策者接受这一预测，并采取措施加以预防，可以避免或者减缓这种影响。因此，环境影响预测的价值在于它是否有用，而不是能否实现。

3. 环境影响评价大纲的编写

环境影响评价大纲是环境影响评价报告书的总体设计和行动指南。评价大纲应在开展评价工作之前编制，它是具体指导环境影响评价的技术文件，也是检查报告书内容和质量的主要判据。该大纲应在充分研读有关文件、进行初步的工程分析和环境现状调查后形成。

评价大纲一般包括以下内容：

1）总则。包括评价任务的由来、编制依据、控制污染和保护环境的目标、采用的评价标准、评价项目及其工作等级和重点等。

2）建设项目概况。

3）拟建项目地区环境简况。

4）建设项目工程分析的内容与方法。

5）环境现状调查。根据已确定的各评价项目工作等级、环境特点和影响预测的需要，尽量详细地说明调查参数、调查范围及调查的方法、时期、地点、次数等。

6）环境影响预测与评价建设项目的环境影响。包括预测方法、内容、范围、时段及有关参数的估值方法，对于环境影响综合评价，应说明拟采用的评价方法。

7）评价工作成果清单。包括拟提出的结论和建议的内容。

8）评价工作组织、计划安排。

9）经费概算。

4. 环境影响评价报告书的编制

环境影响报告书的编制要点和环境影响报告书的编写提纲，在《建设项目环境保护管理条例》中已有规定，以下是典型的报告书编排格式：

（1）总论

1）环境影响评价项目的由来。

2）编制环境影响报告书的目的。

3）编制依据。

4）评价标准。

5）评价范围。

6）控制及保护目标。

（2）建设项目概况　应介绍建设项目规模、生产工艺水平、产品方案、原料燃料及用水量、污染物排放量、环保措施，并进行工程影响环境因素分析等。

1）建设规模。

2）生产工艺简介。

3）原料、燃料及用水量。

4）污染物的排放量清单。

5）建设项目采取的环保措施。

6）工程影响环境因素分析。

（3）环境现状（背景）调查

1）自然环境调查。

2）社会环境调查。

3）评价区大气环境质量现状（背景）调查。

4）地面水环境质量现状调查。

5）地下水质现状（背景）调查。

6）土壤及农作物现状调查。

7）环境噪声现状（背景）调查。

8）评价区内人体健康及地方病调查。

9）其他社会、经济活动污染、破坏环境现状调查。

（4）污染源调查与评价　污染源向环境排放污染物是环境污染的根本原因。污染源排放污染物的种类、数量、方式、途径及污染源的类型和位置，直接关系到它危害的对象、范围和程度。因此，污染源调查与评价是环境影响评价的基础工作。

1）建设项目污染源预估。

2）评价区内污染源调查与评价。

（5）环境影响预测与评价

1）大气环境影响预测与评价。

2）水环境影响预测与评价。

3）噪声环境影响预测及评价。

4）土壤及农作物环境影响分析。

5）对人群健康影响分析。

6）振动及电磁波的环境影响分析。

7）对周围地区的地质、水文、气象可能产生的影响。

（6）环保措施的可行性分析及建议

1）大气污染防治措施的可行性分析及建议。

2）废水治理措施的可行性分析与建议。

3）对废渣处理及处置的可行性分析。

4）对噪声、振动等其他污染控制措施的可行性分析。

5）对绿化措施的评价及建议。

6）环境监测制度建议。

（7）环境影响经济损益简要分析　环境影响经济损益简要分析是从社会效益、经济效益、环境效益统一的角度论述建设项目的可行性。这三个效益的估算难度很大，特别是环境效益中的环境代价估算难度更大，目前还没有较好的方法。因此，环境影响经济损益简要分析还处于探索阶段，有待今后的研究。目前，主要从以下几方面进行。

1）建设项目的经济效益。

2）建设项目的环境效益。

3）建设项目的社会效益。

（8）结论及建议　要简要、明确、客观地阐述评价工作的主要结论，包括下述内容：

1）评价区的环境质量现状。

2）污染源评价的主要结论，主要污染源及主要污染物。

3）建设项目对评价区环境的影响。

4）环保措施可行性分析的主要结论及建议。

5）从三个效益统一的角度，综合提出建设项目的选址、规模、布局等是否可行，建议应包括各节中的主要建议。

（9）附件、附图及参考文献

1）附件主要有建设项目建议书及其批复，评价大纲及其批复。

2）附图，在图、表特别多的报告书中可编附图分册，一般情况下不另编附图分册。没有该图对理解报告书内容有较大困难时，该图应编入报告书中，不入附图。

3）参考文献应给出作者、文献名称、出版单位、版次、出版日期等。

📖 【阅读材料】

我国当前形势下开展环境影响评价的必要性

1. 环境影响评价是经济建设科学发展的依据

环境影响评价这一概念诞生于 20 世纪 70 年代，在当时的世界经济发展中，发达国家的建设发展呈飞速上升状态，同时，环境污染、资源破坏、生态恶化现象大量出现。环境影响评价的产生基础就是经济发展对环境的破坏，为了科学地规划人类的生产和生活环境，约束开发行为，环境影响评价应运而生。

当前，我国正处于经济建设的关键时期，国家的基础建设初步形成，继续深化改革的步伐日益加紧，在这样的发展速度下，对自然环境的破坏是不容忽视的。气候变暖、大气污染、雾霾频出、酸雨频发，城市建设笼罩着一层背负环境发展的代价。土地的过度使用，使耕地萎缩，水源的大量污染，使自然失去平衡。在这样的严峻形势下，必须要进行环境治理。环境影响评价是环境治理的基础性依据，环境保护的开展和进步，必须要依靠准确及时的环境评估报告。

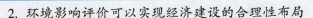

2. 环境影响评价可以实现经济建设的合理性布局

改革开放以来，我国大力开发东南部区域经济，在20世纪90年代，东南部的经济发展活力被彻底唤醒，形成了我国经济建设的繁荣局面。为了保持国家发展的平衡，进入21世纪以后，我国大力推进西部建设，在西部大开发的号角下，西部建设呈现出飞速发展的状态。但是，建设项目的丰富，给环境保护提出了新的课题，重工业发展与农业发展形成一定程度的对立，重工业发展必然会侵犯耕地与水源，而耕地与水源是人类生存的根本。环境影响评价工作的重要性就在于能够根据国家建设的各个时期的需要，对建设项目进行必要的制度干预，提示建设部门重视开发对环境的危害。

我国是发展中国家，经济建设是主要任务，但进入到新经济时代后，社会发展的和谐性倍受关注。在科学技术发达的今天，通过环境技术的进步来提示建设发展的矛盾，是科学技术转化为生产力的直接表现。

3. 环境影响评价能够为建设发展提供预测性研究

环境影响评价体系中包含的主要内容就是对环境进行识别、预测和评估。然而，在当前经济发展形势下，环境预测尤为重要。我国大力推进经济建设的步伐不能停留，因为经济建设是国家繁荣富强的重要依托。

因此，环境影响评价过程中，对经济建设与环境产生的结果预测，能够为经济建设提供必要的决策基础。只有开展完整准确的环境预测，才能规避矛盾，使经济建设能够大踏步前进，形成物理性影响、化学性影响、生态性影响的最低标准。环境影响评价是继环境质量评价之后的延伸和发展，环境影响评价是环境保护技术发展的必然需要。

环境保护这一理念进入人们视线中，一方面是受国际社会的影响，一方面是受我国环境明显变化的影响。环境影响评价工程的重要学术意义就是能够促进我国环境保护科学的进步。我国环境保护科学发展相对缓慢，对环境保护的研究始终处于片面发展状态。

环境影响评价能够促进环境保护科学快速发展，形成制度上的科学发展、措施上的技术进步。环境保护科学在我国要想取得实效性发展，需要专业部门进行全面调研后，根据具体的项目制定相关措施。环境保护技术发展的依据需要与我国实际环境相结合得出结论。

任何经济活动的进步和发展，都不能以环境破坏为代价。环境是人类赖以生存的基础自然条件，环境保护的重要意义是显而易见的。环境影响评价是一项具体的评价工程，可以应用于各个建设领域和开发项目。环境影响评价需要在实施过程中，坚持真实性原则、发展性原则、科学性原则、决策性原则。环境影响评价不是做表面功夫，而是要从建设和发展的根本目的出发，以保护人民群众的长期发展利益为目标，促进经济建设和自然环境永久和谐发展的现代化管理方式。

思 考 题

1. 什么是环境评价？环境评价主要有哪些方法？
2. 什么是环境质量评价？进行环境质量评价的基本程序是什么？进行环境质量评价主要有哪些方法？

3. 大气、水环境质量现状评价指数评价法中有哪些指数？

4. 什么是环境影响评价？为何要进行环境影响评价？

5. 环境标准在环境保护中有何作用？我国目前的环境标准体系是什么？

6. 进行环境影响评价的程序是什么？

7. 什么是建设项目环境影响评价？其目的和工作内容有哪些？

8. 什么是环境影响评价大纲？什么是环境影响评价报告书？

参考文献

[1] 赵景联，史小妹. 环境科学导论 [M]. 2版. 北京：机械工业出版社，2017.

[2] 王罗春. 环境影响评价 [M]. 北京：冶金工业出版社，2012.

[3] 柳松. 环境影响评价技术方法 [M]. 天津：天津大学出版社，2014.

[4] 晁春艳. 环境影响评价技术导则与标准 [M]. 天津：天津大学出版社，2014.

[5] 陆书玉，栾胜基，朱坦. 环境影响评价 [M]. 北京：高等教育出版社，2001.

[6] 陆雍森. 环境评价 [M]. 上海：同济大学出版社，1999.

[7] 丁桑岚. 环境评价概论 [M]. 北京：化学工业出版社，2001.

[8] 叶文虎，栾胜基. 环境质量评价学 [M]. 北京：高等教育出版社，2000.

[9] 郦桂芬. 环境质量评价 [M]. 北京：中国环境科学出版社，1994.

[10] 程胜高，张聪辰. 环境影响评价与环境规划 [M]. 北京：中国环境科学出版社，1999.

[11] 国家环境保护总局监督管理司. 中国环境影响评价培训教材 [M]. 北京：化学工业出版社，2000.

推介网址

1. 中国环境影响评价网：http://www.china-eia.com/

2. 中国环境质量标准网：http://www.es.org.cn/

3. Environmental Management and Compliance：http://www.sfts.com/emais.htm

4. US Environment Protection Centre：http://www.epa.gov/ncepihom/